科技運作
圖解百科

STEM 新思維培養

科技運作圖解百科

HOW TECHNOLOGY WORKS

傑克・查隆納（Jack Challoner）等　著
肖悅　付斌　譯

DK Penguin Random House

Original Title: *How Technology Works*
Copyright © Dorling Kindersley Limited, 2019
A Penguin Random House Company

本書中文繁體版由 DK 授權出版。
本書中文譯文由電子工業出版社有限公司授權使用。

科技運作圖解百科

作　　者：傑克・查隆納（Jack Challoner）
克萊夫・吉福德（Clive Gifford）
伊恩・格拉漢姆（Ian Graham）
溫迪・霍羅賓（Wendy Horobin）
安德魯・漢弗萊斯（Andrew Humphreys）
希拉莉・蘭姆（Hilary Lamb）
凱蒂・約翰（Katie John）
譯　　者：肖悦　付斌
審　　校：周靖程　張瑜廉
責任編輯：林雪伶
出　　版：商務印書館（香港）有限公司
香港筲箕灣耀興道 3 號東滙廣場 8 樓
http://www.commercialpress.com.hk
發　　行：香港聯合書刊物流有限公司
香港新界大埔汀麗路 36 號中華商務印刷大廈 3 字樓
版　　次：2022 年 12 月第 1 版第 1 次印刷
© 2022 商務印書館（香港）有限公司
ISBN 978 962 07 6664 0
Published in Hong Kong SAR. Printed in China.

For the curious
www.dk.com

能源科技

運輸技術

物料和建築科技

家居科技

聲音和影像技術

電腦科技

通訊技術

農業與食品科技

醫療技術

能源
科技

功率與能量

從最小的電脈衝到巨大的爆炸，能量推動着世間萬事萬物的運轉。能量的單位是焦耳，衡量功率的方法是計算能量從一種形式轉換為另一種形式的速率。

功率的測量

用轉換的能量除以所耗的時間，便可以計算出功率。在特定的時間內，轉換的能量愈多，或者說能量轉換速度越快，功率就愈大。因此，相比起 600 瓦電加熱器，1,800 瓦電加熱器每秒可轉換的熱能正正是它的 3 倍。

甚麼是扭矩？

扭矩常用於描述發動機的「牽引力」，它是一種特殊力矩，能夠使物體產生轉動。

功率的產生和應用

我們依據機器類型和工作來衡量功率。對一些機器而言，功率指的是產生功率的大小；而有些機器則表示消耗功率的大小。

功率的單位

功率通過發動機、電器、人等各種事物呈現，因此也可用多種方式測量。

瓦特（W）

瓦特簡稱瓦。1瓦表示物體在1秒內完成1焦耳，或每秒轉換1焦耳的能量。燈泡的功率就是以瓦為單位來衡量，瓦數越高，功率愈大。

千瓦（kW）和兆瓦（MW）

1千瓦等於1,000瓦，它是表示大型發動機和電器設備功率的主要單位。1兆瓦（MW）等於1,000,000瓦，只有巨型發電機、航空母艦及用於粒子物理實驗的超級對撞機等大型機器設備才會使用這等量級的功率。

千瓦時（kW·h）

1kWh表示功率為1,000瓦的電器運作60分鐘後消耗的能量，即360萬焦耳，我們通常用千瓦時來監測電量。

馬力（hp）

汽車發動機的功率常以公制馬力（hp）為單位，1公制馬力等於735.5瓦。制動馬力（bhp）指的是發動機飛輪的輸出馬力，它等於總輸出功率減去各種機械損失功率。

核電站　1,000MW

跟風力發電機一樣，核電站以最大容量運轉時產生的發電量來定義核設施的功率。

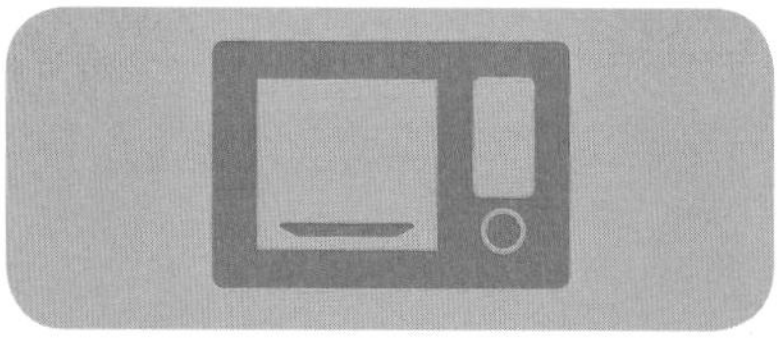

微波爐　1,000W

我們衡量微波爐的功率時，一般會按它消耗的功率（如 1,000W）和每年消耗的能量（通常為 62kWh）來計算。

汽油發電超級跑車　1,479hp

汽車引擎的峰值馬力指其最大輸出功率。以超級跑車布卡堤奇龍為例，其峰值馬力可達到 1,479hp 。

風力發電機　3.5MW

一台海上風力發電機的每年發電總量高達 3.5MW ，可滿足約 1,000 戶家庭的全年用電需求。

液晶電視　60W

儘管液晶電視的額定功率（通常為 60W）遠低於微波爐，但因其使用時間比微波爐長得多，因此其每年消耗能量（約 54kWh）與微波爐相差無幾。

新能源電動汽車　147hp

大多數電動車的功率比汽油汽車要低得多，但電動車的摩打在靜止和低速運轉時產生的扭矩更大。

能量轉換

根據能量守恆定律，能量既不會憑空產生，也不會憑空消失，它只會從一種形式轉化為另一種形式，或者從一個物體轉移到另一個物體，而能量的總量保持不變。電能是一種具特殊價值的能源，因為它可轉換成聲能、熱能、光能，甚至在藉摩打轉換成動能。

化學能

化學能是物質的化學鍵內儲存的能量，食物、電池、化石燃料等都含有化學能。化學能可以通過化學反應釋出，這是因為化學反應破壞了原子之間的化學鍵。例如，燃燒煤可以將儲存在煤中的化學能轉化為光和熱。

動能

動能是由物體運動而產生的能量，例如跑步衝刺的運動員或下坡的滑雪者都具有動能。動能有多種類型，包括轉動能和振動能。一個物體具有的動能大小取決於其運動速度和自身質量。

機械能

機械能是物體的動能與勢能的總和。勢能是物體因位置或位形而產生的能量，它處靜止狀態，卻可轉換成其他形式的能量。例如當壓縮的彈簧彈回原始位置時，它便會釋出蘊含的勢能。

熱能

熱能的本質是物體內部所有分子的動能之和。熱傳遞指熱能從一個地方流到另一個地方的過程，例如，熱能從火焰上傳遞到爐子上的炊具上。

損失的能量

任何機器都會有一部分能量流失，燈泡只能將接收到的部分電能轉化為光能，而其他則會轉化為熱能，因而浪費能量。而無法正常運作的機器會浪費更多，譬如雪櫃門的密封條損壞便會泄漏冷空氣，使雪櫃消耗更多能量。

太陽能電池板的能量轉換

每塊太陽能電池板含一系列光伏電池（見第 30 頁），這些電池能將太陽光中的輻射能轉換成電子流形式的電能。

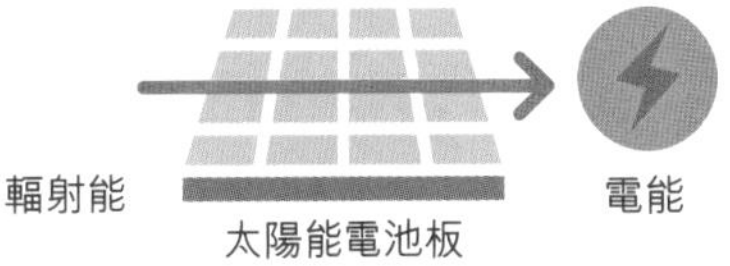

化石燃料

古代生物遺骸產生的燃料能提供全球約三分之二的電能，還可為十億多輛汽車和其他機器提供動力。這些化石燃料（石油、煤炭和天然氣）是存量有限的不可再生資源。燃燒時它們的化學能主要會轉化為熱能，同時排放出大量的溫室氣體。

美國和中國的溫室氣體排放量共佔全球溫室氣體排放總量的 40%。

供水系統

許多國家都會為人們供應充足且乾淨的淡水。為適合人們使用，在到達水龍頭前，這些水都經過不同處理。

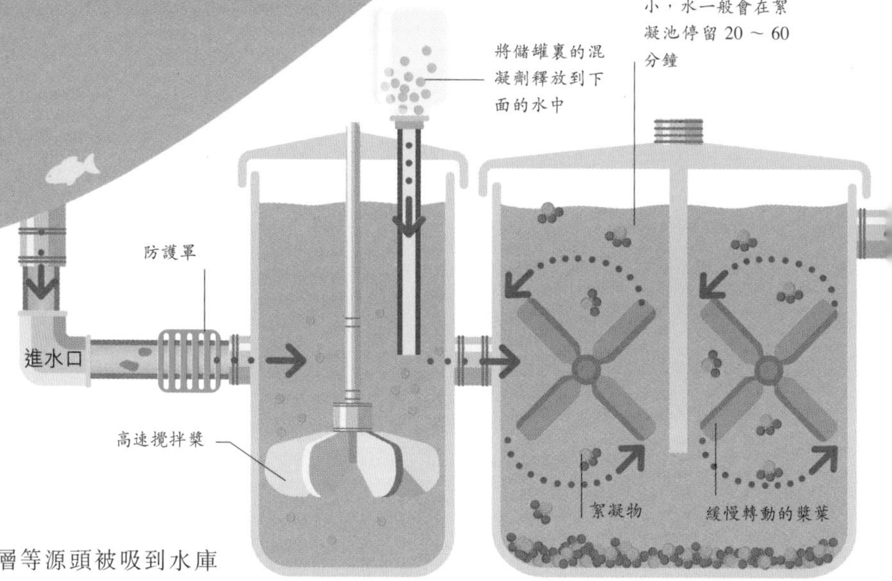
為增加絮凝物的大小，水一般會在絮凝池停留 20 ～ 60 分鐘
將儲罐裏的混凝劑釋放到下面的水中
防護罩
進水口
高速攪拌槳
絮凝物
緩慢轉動的槳葉

1 進水口
水會先流經不同濾網，避免魚類、沙礫、垃圾和樹葉等碎屑進入水處理系統。

水的處理過程

淡水從湖泊、河流和地下蓄水層等源頭被吸到水庫中；在淡水短缺的地區，海水化淡廠會先除掉海水中的鹽分再加以使用。而無論採用哪種水源，都必須對其進行淨化處理以殺死微生物以免疾病傳播，同時亦可去除水中有害化學物和異味。在每個階段都要對水進行檢測，以監控其質量。

2 混凝沉澱
將水與混凝劑（如硫酸鋁）快速混合，有助於懸浮在水中的顆粒相互碰撞並聚集在一起。

3 絮凝
緩慢轉動的槳葉促使顆粒（稱為「絮凝物」）結合形成更大的沉澱物。這些沉澱物和一些細菌會沉澱在絮凝池底部，而乾淨的水則會進入下一階段等待進一步處理。

飲用水氟化

有些公共供水系統會被加入氟化物，以補充在蛀牙過程中牙釉質丟失的礦物質。然而有人指出幼兒過度接觸氟化物會導致「點蝕」（牙釉質中出現小的凹陷或斷層）和牙齒變色。

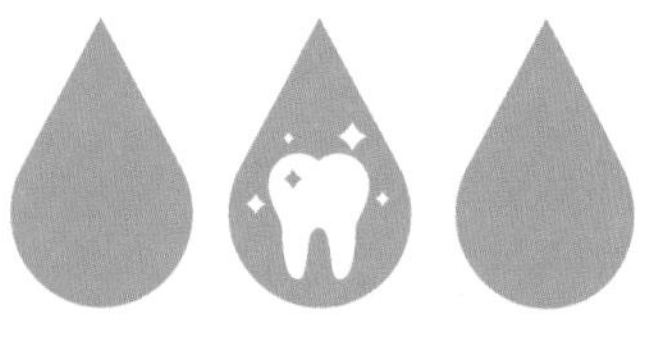

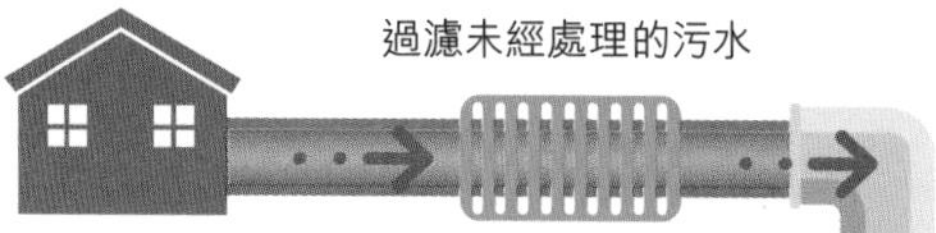
過濾未經處理的污水

污水處理

生活污水或工業污水經污水管排入公共污水管道。污水運到污水處理廠後，先會過濾大顆殘渣，再進入特定處理程序，盡量減少水中磷和氮的積聚，並且去除脂肪、廢物顆粒和有害微生物。

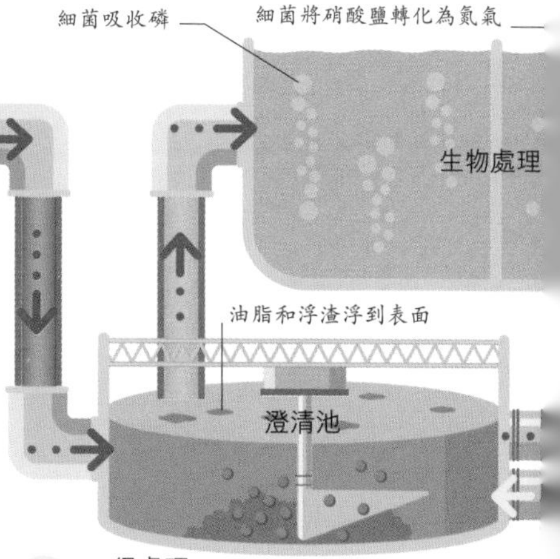
細菌吸收磷
細菌將硝酸鹽轉化為氮氣
生物處理
油脂和浮渣浮到表面
澄清池

1 一級處理
固體廢物如人類糞便會在澄清池的底部沉澱後被抽走；撇渣器能去除表面的油脂和浮渣。

8.44 億人口缺乏**清潔飲用水。**

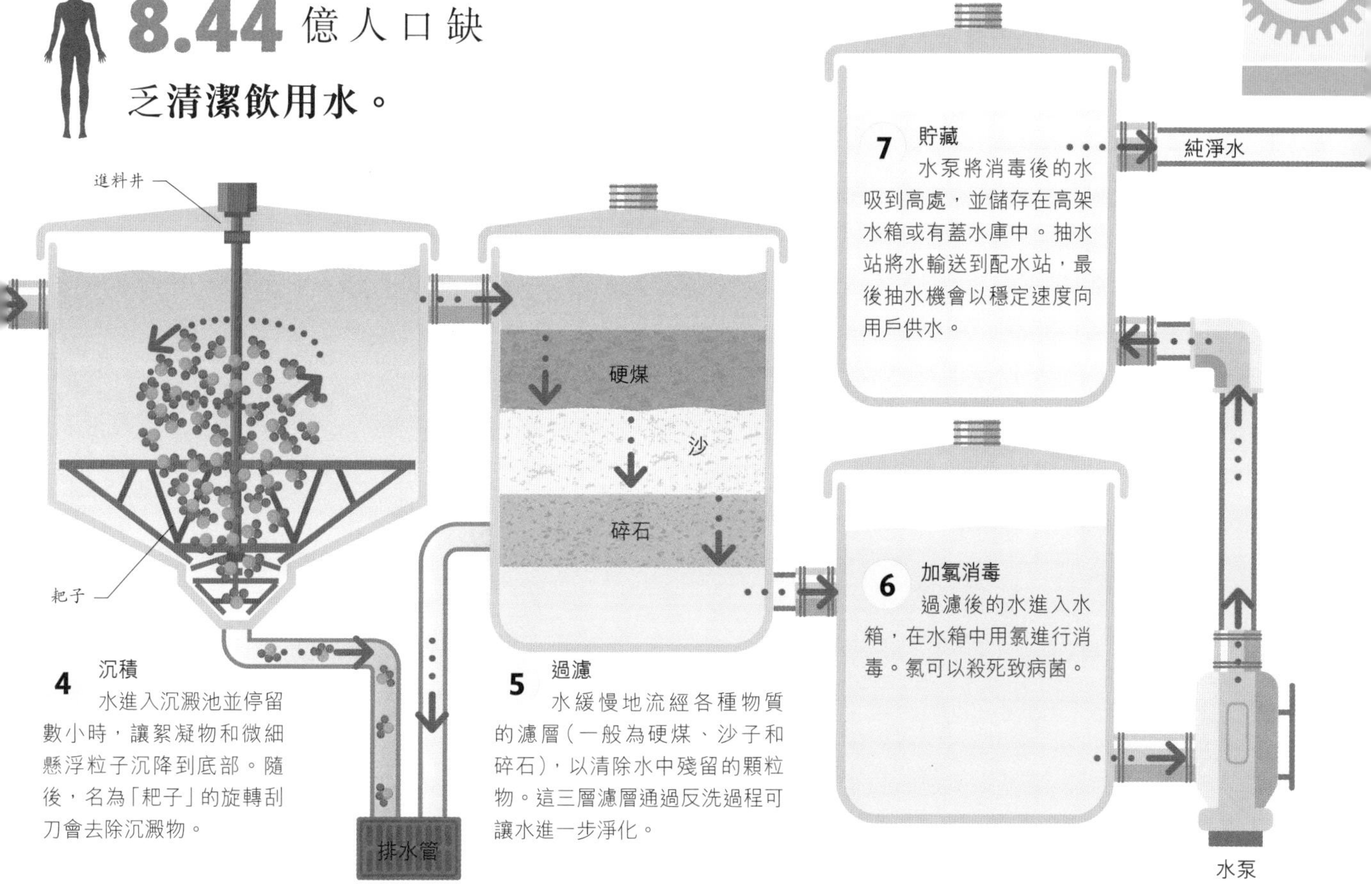

4 **沉積**
水進入沉澱池並停留數小時，讓絮凝物和微細懸浮粒子沉降到底部。隨後，名為「耙子」的旋轉刮刀會去除沉澱物。

5 **過濾**
水緩慢地流經各種物質的濾層（一般為硬煤、沙子和碎石），以清除水中殘留的顆粒物。這三層濾層通過反洗過程可讓水進一步淨化。

6 **加氯消毒**
過濾後的水進入水箱，在水箱中用氯進行消毒。氯可以殺死致病菌。

7 **貯藏**
水泵將消毒後的水吸到高處，並儲存在高架水箱或有蓋水庫中。抽水站將水輸送到配水站，最後抽水機會以穩定速度向用戶供水。

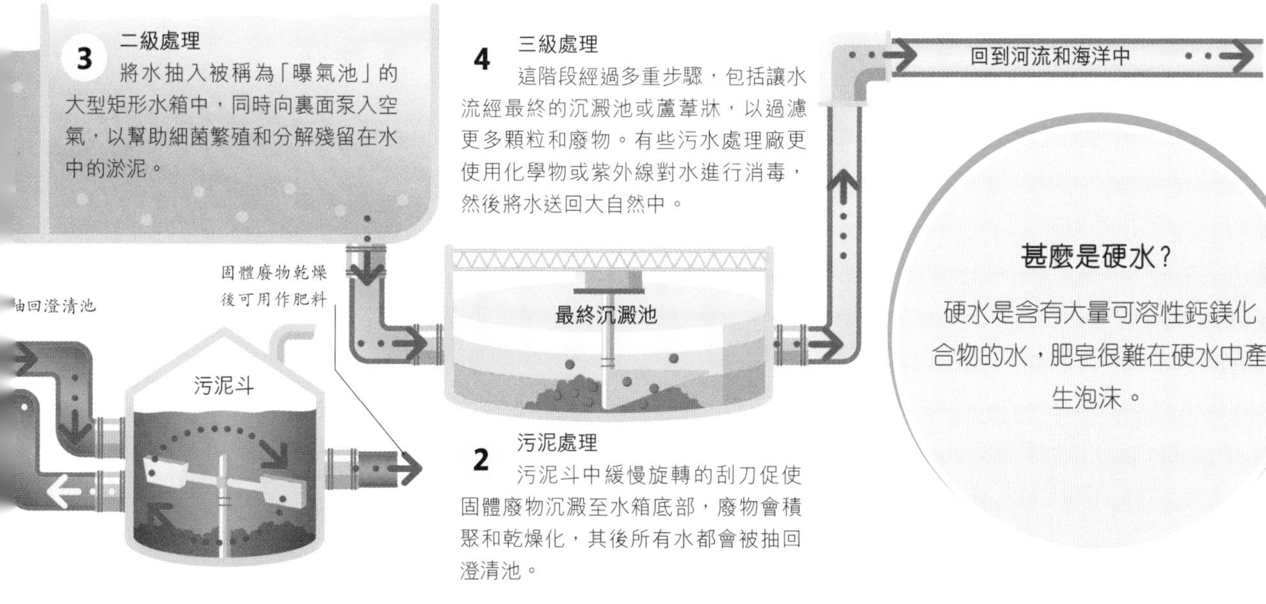

3 **二級處理**
將水抽入被稱為「曝氣池」的大型矩形水箱中，同時向裏面泵入空氣，以幫助細菌繁殖和分解殘留在水中的淤泥。

4 **三級處理**
這階段經過多重步驟，包括讓水流經最終的沉澱池或蘆葦牀，以過濾更多顆粒和廢物。有些污水處理廠更使用化學物或紫外線對水進行消毒，然後將水送回大自然中。

2 **污泥處理**
污泥斗中緩慢旋轉的刮刀促使固體廢物沉澱至水箱底部，廢物會積聚和乾燥化，其後所有水都會被抽回澄清池。

甚麼是硬水？
硬水是含有大量可溶性鈣鎂化合物的水，肥皂很難在硬水中產生泡沫。

石油精煉廠

原油從地殼中的石油沉積物中提取，是一種具有特殊氣味的黏稠性油狀液體。原油由多種碳氫化合物組成，它們可被分離成不同用途的產品。

分餾

原油中的多種碳氫化合物各有不同的沸點，意味我們可通過蒸餾，將它們經高溫氣化分開，再在不同的溫度下再凝結成各種產品。蒸餾原油的過程在蒸餾塔裏進行，沸點較低的物質在蒸餾塔的較高處凝結，這些被稱為「餾分」的物質會在對應高度的塔板上匯聚。

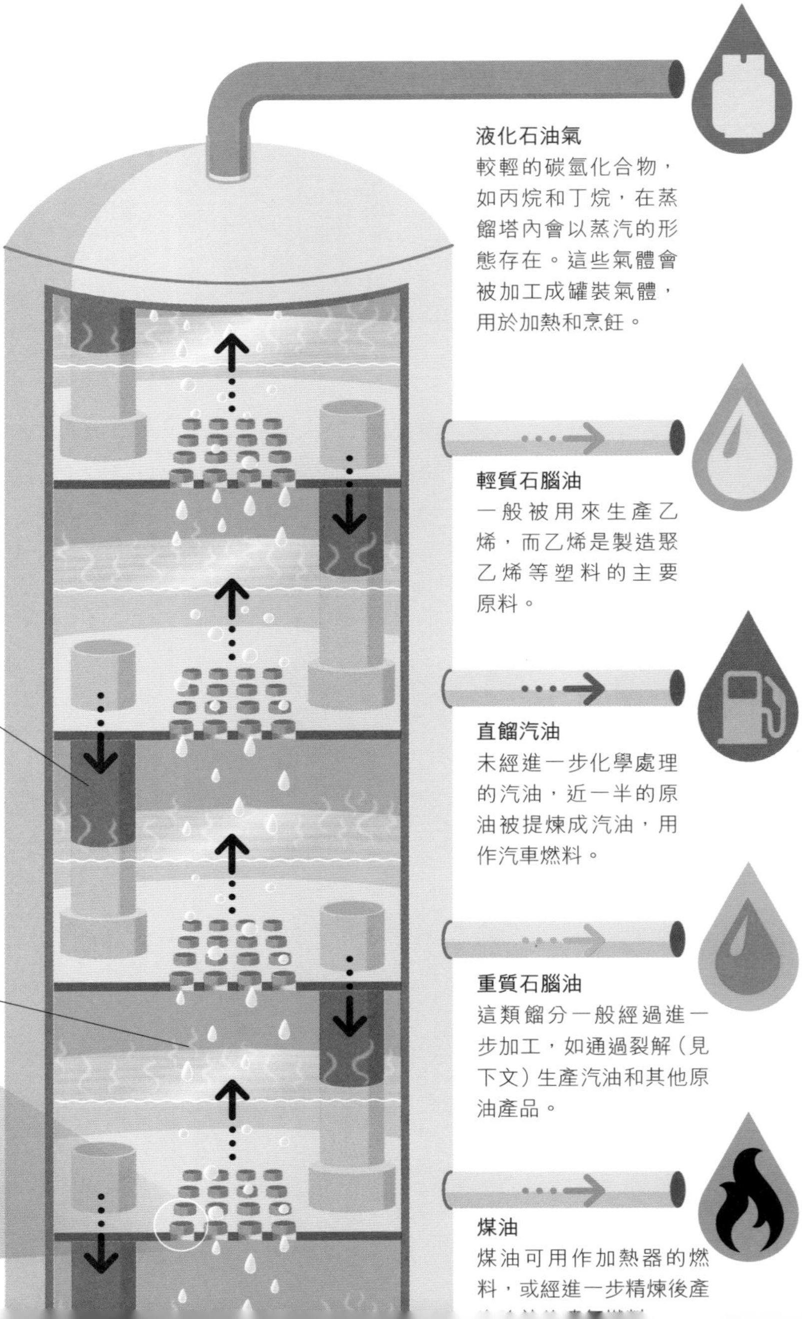

5 塔板收集
蒸餾塔每層都有部分石油蒸汽冷卻並凝結成液體，該液體在塔板上匯聚，並經管道輸送出去，然後進行加工和儲存。

稱為「降液管」的管道可將液體從一個塔板輸送到另一個塔板

4 蒸汽上升
沸點低的碳氫化合物的餾分通過塔板上的孔繼續上升，它們比沸點高的餾分上升得更高。

蒸汽穿過塔板上的孔上升

3 蒸餾
在蒸餾塔內的特定高度和溫度下，對應的餾分凝結成液體，與其餘繼續上升的石油蒸汽分離開。

液化石油氣
較輕的碳氫化合物，如丙烷和丁烷，在蒸餾塔內會以蒸汽的形態存在。這些氣體會被加工成罐裝氣體，用於加熱和烹飪。

輕質石腦油
一般被用來生產乙烯，而乙烯是製造聚乙烯等塑料的主要原料。

直餾汽油
未經進一步化學處理的汽油，近一半的原油被提煉成汽油，用作汽車燃料。

重質石腦油
這類餾分一般經過進一步加工，如通過裂解（見下文）生產汽油和其他原油產品。

煤油
煤油可用作加熱器的燃料，或經進一步精煉後產

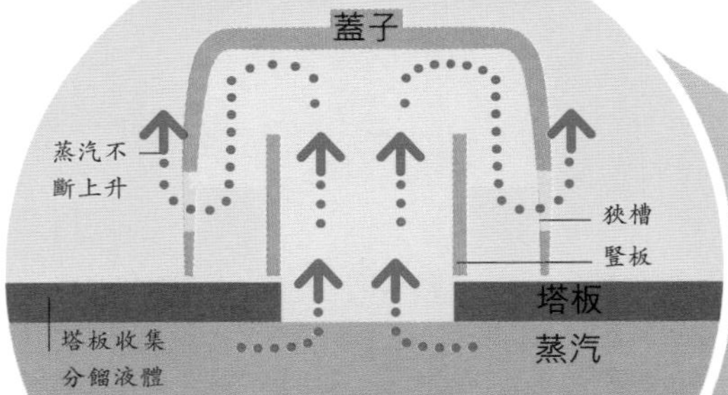

泡罩塔板
蒸餾塔塔板孔上的小浮帽既可讓石油蒸汽通過塔板上升，並防止液體油回流。

位於印度古吉拉特邦的賈姆納加爾聯合煉油廠，是目前世界上最大的煉油廠，每天的煉油總產能高達124萬桶。

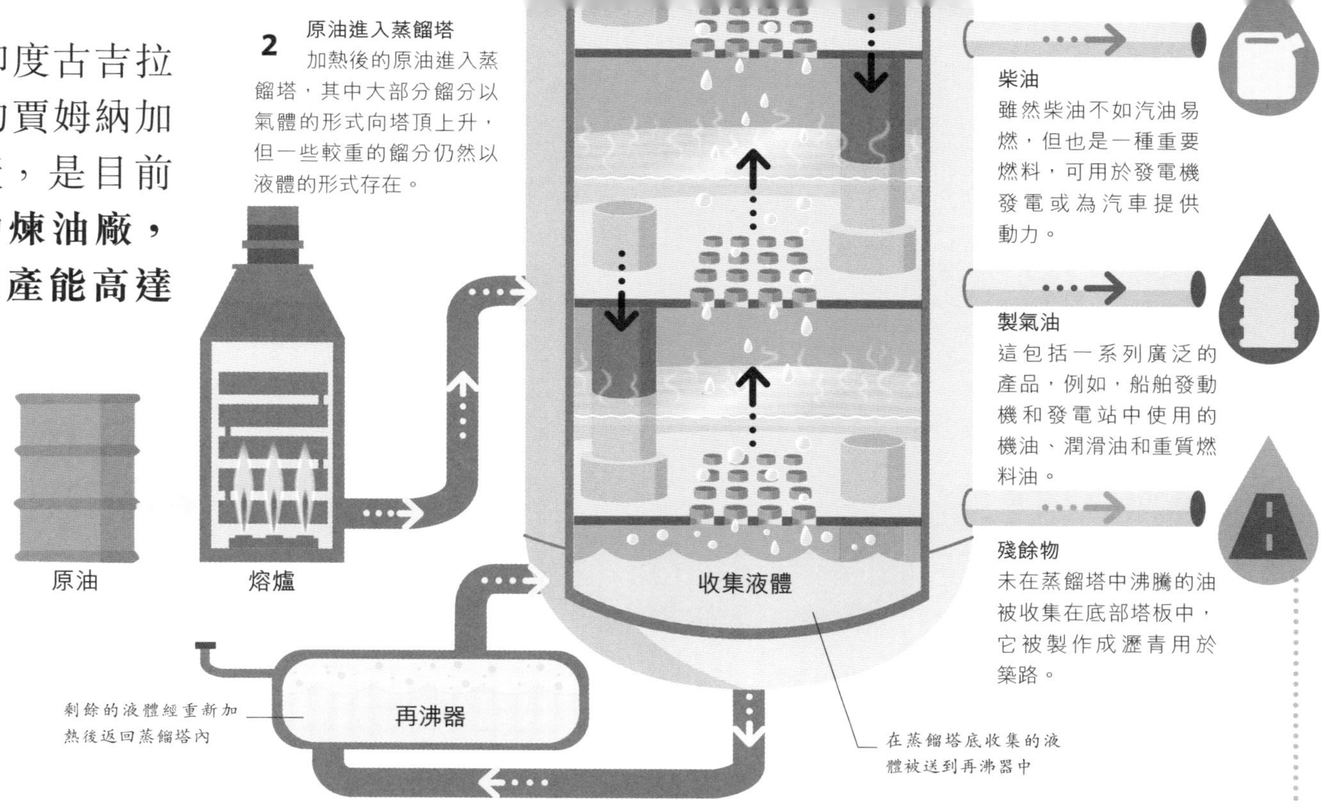
1 脫鹽原油進入熔爐
在去除鹽和其他雜質後，原油被送到熔爐中，與熱蒸汽一同被加熱到400℃左右。
2 原油進入蒸餾塔
加熱後的原油進入蒸餾塔，其中大部分餾分以氣體的形式向塔頂上升，但一些較重的餾分仍然以液體的形式存在。
原油
熔爐
收集液體
再沸器
剩餘的液體經重新加熱後返回蒸餾塔內
在蒸餾塔底收集的液體被送到再沸器中
柴油
雖然柴油不如汽油易燃，但也是一種重要燃料，可用於發電機發電或為汽車提供動力。
製氣油
這包括一系列廣泛的產品，例如，船舶發動機和發電站中使用的機油、潤滑油和重質燃料油。
殘餘物
未在蒸餾塔中沸騰的油被收集在底部塔板中，它被製作成瀝青用於築路。

蒸餾塔
煉油廠的蒸餾塔與地面垂直，它被分成多個部分，各個部分都包含用於收集餾分的塔板。

處理石油泄漏

油輪事故和管道泄漏會將原油泄漏到自然環境中，對生態系統造成災難性破壞。海上的清理方法包括用長吊杆打撈水面上的原油、化學處理等。

把稱為「石油分解劑」的化學物質噴灑到水中
石油分解劑穿過浮油表面，融入其內部，使表面活性劑對原油產生化學作用
表面活性劑降低了原油表面張力，使單個油滴從浮油中脫離出來
分散的油滴經過長時間後被細菌等微生物降解

加工與處理

低沸點的原油餾分更易燃，且燃燒時火焰更純淨，因此人們對它們的需求往往高於高沸點原油。為了滿足使用需求，人們把一些由長分子鏈組成的較重餾分通過裂解過程轉化為更有價值的產品。

發電機

發電機基於電磁感應原理工作。當線圈在磁鐵的兩極之間旋轉時，線圈迴路內部會產生流動的感應電流。

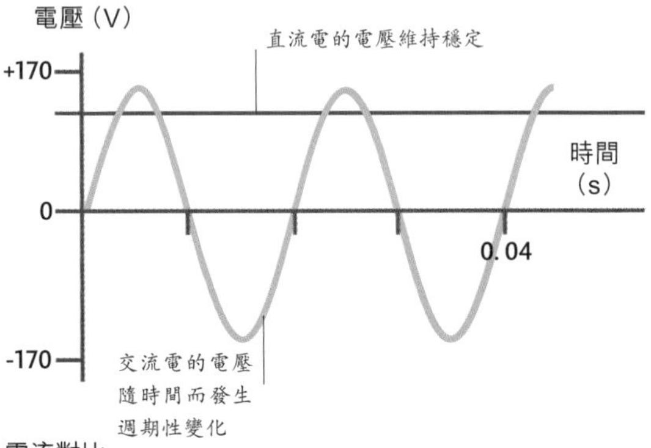

電流對比
直流電產生穩定的電壓，而交流電產生的電壓隨着方向的不斷反轉而持續變化。交流電的最大電壓必須高於直流電的恆定電壓，才能在同一時間段內傳導相同的能量。

直流電和交流電

發電機能產生交流電（AC）和直流電（DC）。直流電由蓄電池組產生，只沿一個方向流過電路。交流電一秒內會多次轉變流動方向，變壓器可以顯著增加或降低它的電壓，使它在遠距離的傳輸中效率更高，這也是我們的電源主要採用交流電的原因。

交流發電機

AC 發電機也稱為「交流發電機」，它的線圈通過旋轉滑環和電刷連接到輸出電路上。電刷與輸出電路持續接觸，在旋轉滑環與連接在電刷上的固定導線之間傳導電流。在線圈完成一次 360° 旋轉的過程中，交流發電機中的感應電流會改變兩次方向。

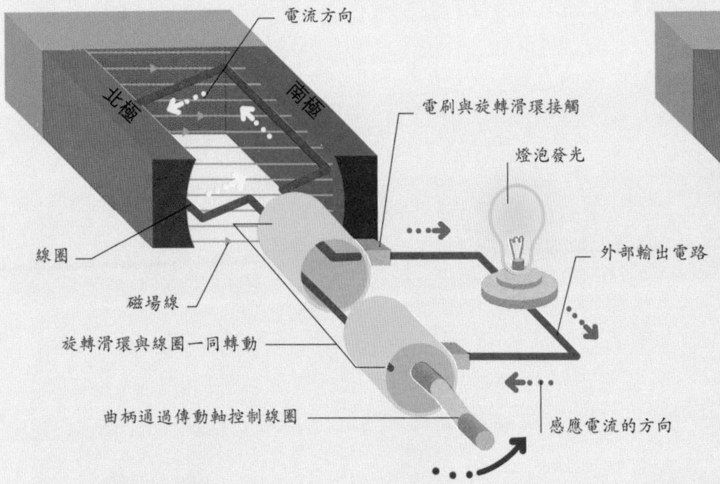

1 線圈開始轉動
實驗中的這種交流發電機的傳動軸是依靠轉動曲柄傳遞的機械力來旋轉的，該傳動軸使線圈能在永磁體南北極產生的磁場中不斷轉動。線圈切割磁場時，會產生向一個方向流動的電流，當線圈水平通過磁場時，產生的電流大小達到峰值。

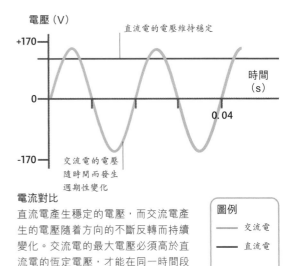

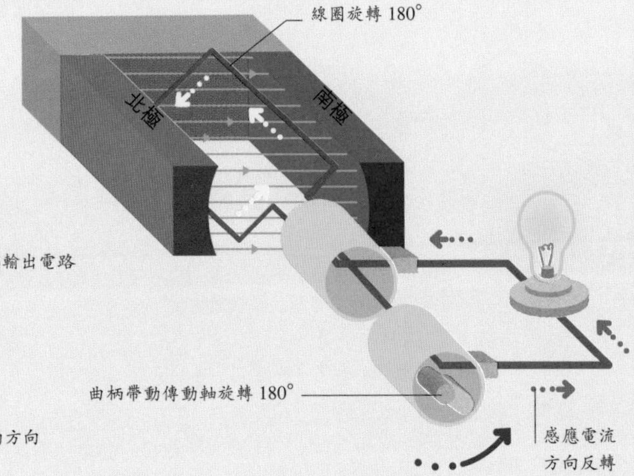

2 電流方向改變
當線圈在磁場中旋轉 180° 時，最初朝上的點現在朝下，相對於線圈南北極的位置發生改變，其磁極極性隨之發生改變，因此感應電流的方向發生反轉。電流每半圈反向一次，流向旋轉滑環和電刷，然後進入外部輸出電路。

單車發電機

單車發電機通過旋轉的滾花輪來驅動車頭燈，而滾花輪能轉動是由於它與不斷滾動的輪胎壁相連。因此，旋轉的輪胎摩擦着永磁體的傳動軸。隨着磁鐵的旋轉，其磁場不斷發生變化，從而在發電機電磁鐵的線圈中產生感應電流。

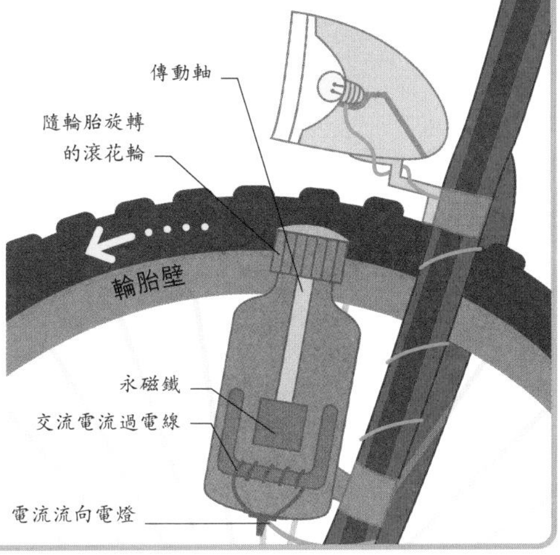
傳動軸
隨輪胎旋轉
的滾花輪
輪胎壁
永磁鐵
交流電流過電線
電流流向電燈

交流電的頻率是甚麼？

交流電的頻率即為交流電單位時間內週期性變化的次數，以赫茲（Hz）為單位。1 Hz 代表每秒變化一次。美國交流電的頻率為 60 Hz，歐洲的通常是 50 Hz。

直流發電機

直流發電機使用一種稱為「換向器」的裝置將交流電轉化為直流電。換向器由彼此絕緣的兩部分構成，它們之間沒有電流流動。換向器在交流信號反轉方向的同時切換極性，使電流始終沿一個方向流向輸出電路。

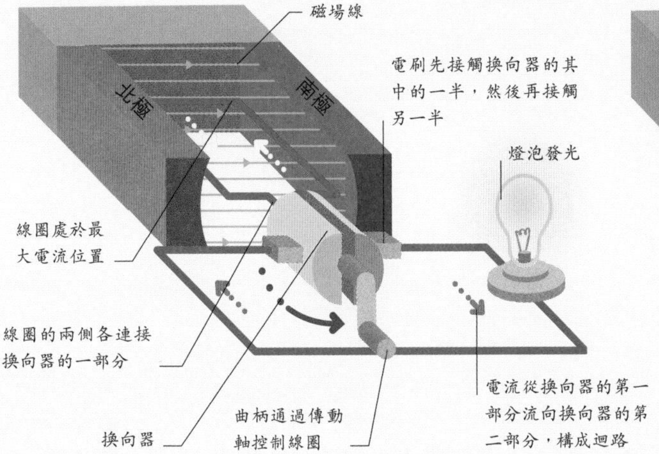
磁場線
北極
南極
電刷先接觸換向器的其中的一半，然後再接觸另一半
燈泡發光
線圈處於最大電流位置
線圈的兩側各連接換向器的一部分
換向器
曲柄通過傳動軸控制線圈
電流從換向器的第一部分流向換向器的第二部分，構成迴路

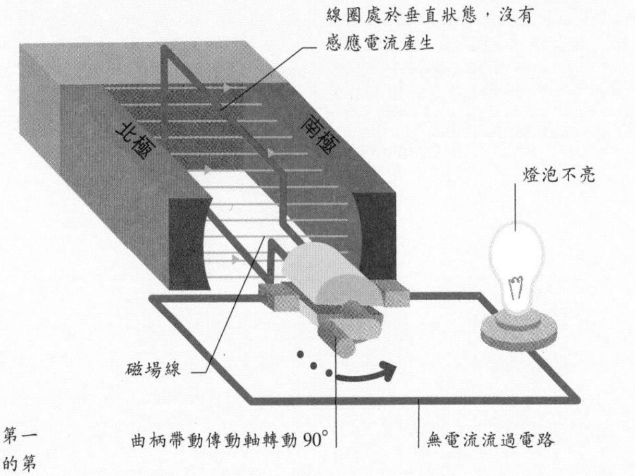
線圈處於垂直狀態，沒有感應電流產生
北極
南極
燈泡不亮
磁場線
曲柄帶動傳動軸轉動 90°
無電流流過電路

1 反向連接

在峰值位置，電流流向換向器的一部分，再通過電路流向另一部分，隨後進入線圈，構成迴路。當線圈旋轉 180° 時，電刷與第一部分斷開接觸，與第二部分接觸，與之前電路相反。在旋轉的第一個 180° 和第二個 180° 內，電流流向都相同。

2 非恆定電流

當線圈處於垂直狀態且不做切割水平磁場線運動時，線圈中不會產生電流。這意味着直流電是以脈衝的形式產生的，它並不是一個穩態流。實際中，大多數直流發電機通過採用多個線圈（當其他線圈處於不太理想的位置時，總會有一個線圈處於水平位置）和額外的換向器來解決這個問題。

通用摩打

在通用摩打中，永磁體由有電流通過的線圈構成的電磁鐵代替，這樣就產生了磁場，被稱為「電樞」的線圈在磁場中旋轉。因為電樞和周圍的定子繞組是串聯的，因此它們都接收相同大小的電流。這意味着通用摩打既可以用直流電供電，也可以用交流電供電。

電鑽內部

許多電鑽裝有通用摩打，這可以為電鑽提供較大的轉動力（扭矩），用戶還可以根據特定的用途選擇最佳轉動速度。

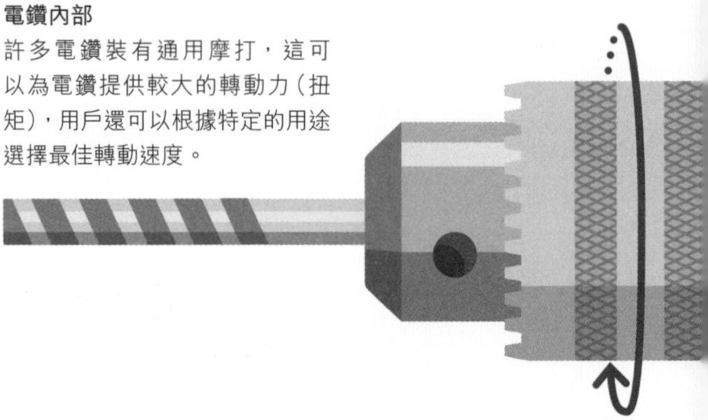

摩打

摩打利用電流和磁場之間的吸引力和排斥力進行轉動。摩打的大小各不相同，小到電子產品內部的微型致動器，大到推動大型船舶的巨型摩打。

大約 **45%** 的**電力**用於驅動摩打。

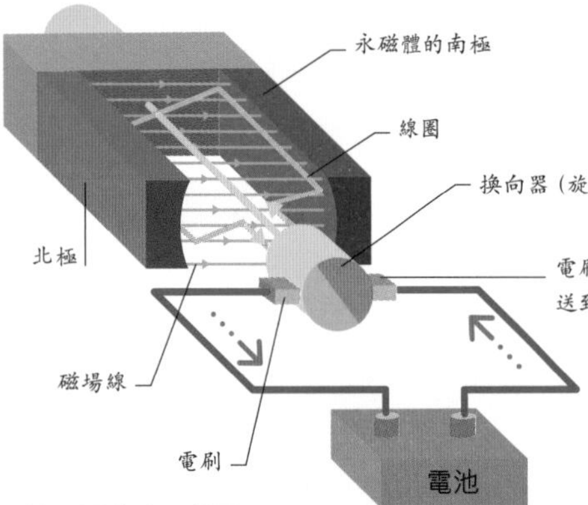

1 電流流入線圈
電流流入位於永磁體兩極之間的線圈，從而形成電磁鐵。

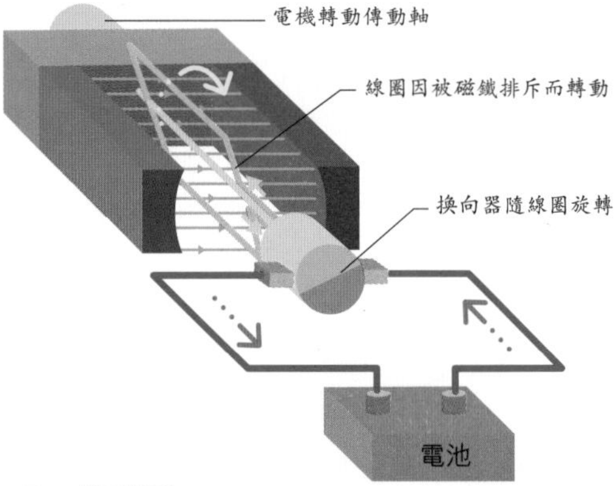

2 線圈轉動
由於被同性磁極排斥，線圈發生轉動。經過四分之一的旋轉後，異性磁極相互吸引，迫使線圈繼續旋轉半圈。

摩打的工作原理

在許多摩打中，線圈在固定磁鐵產生的磁場中運動。當電流流過線圈時，線圈自身就變成了具有南北磁極的電磁鐵。線圈旋轉以使其磁極與永磁體的磁極對齊。換向器每半圈反轉線圈的電流，以切換線圈的兩極，並保持它在相同的方向上旋轉。線圈與傳動軸相連，傳動軸將摩打的轉動力傳遞給車輪等部件。

直流摩打旋轉速度有多快呢？

直流摩打的平均轉速為 25,000 轉／分，但也有一些直流摩打，如吸塵機的摩打的轉速可達到 125,000 轉／分。

4 傳動軸轉動
轉動的電樞使傳動軸轉動。變速箱降低了速度，但增大了扭矩，能產生足夠大的力來穿透預置的材料。

3 換向器
換向器改變磁場的極性，使電樞被交替地排斥和吸引，以實現旋轉。

2 磁荷
電流到達定子繞組和電樞，並產生磁場。因為兩者是串聯的，所以二者接收的電流相同。

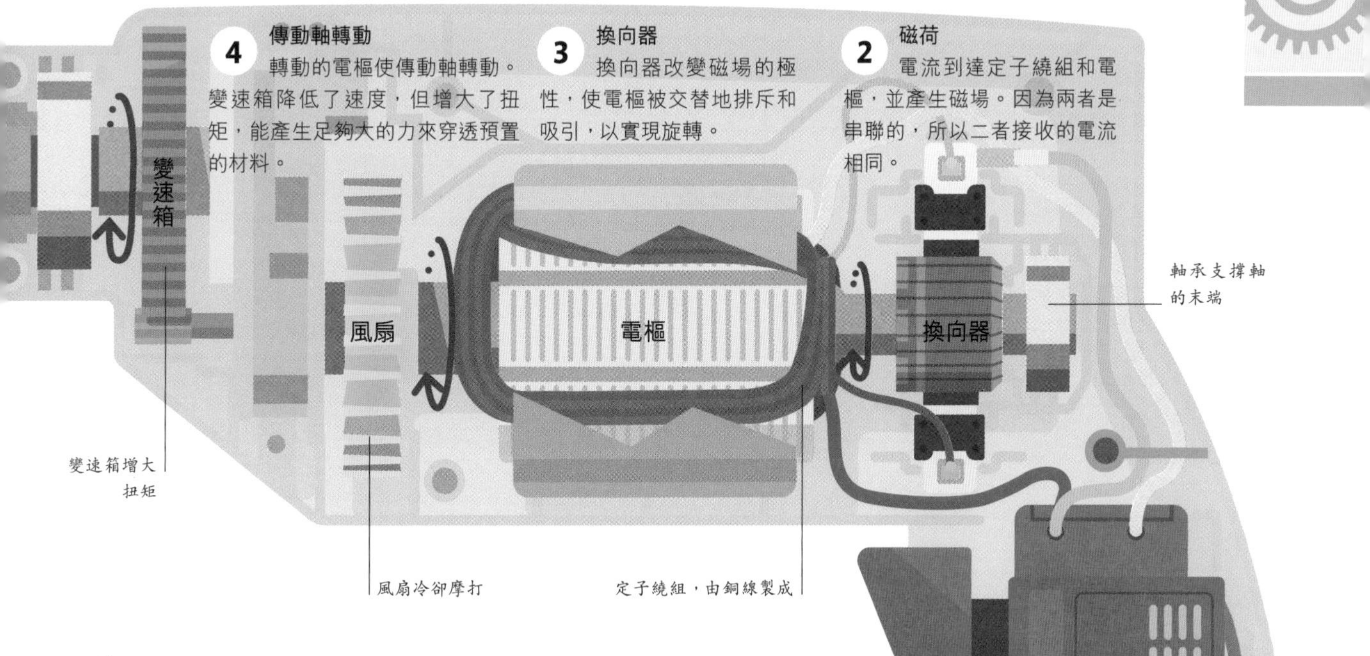

1 供電
市電通過電纜進入鑽頭開關總成。只有當觸發開關被按下，迴路導通時，電流才會流向通用摩打。一些電鑽是由可充電電池供電的。

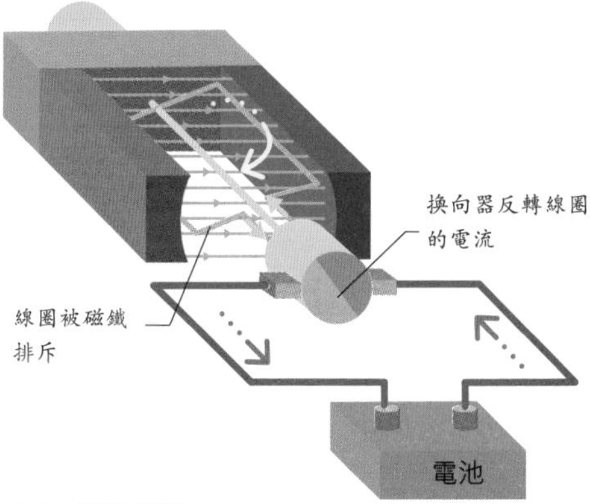

3 電流反轉
換向器反轉電流的方向。這改變了線圈磁場的極性，所以它的磁極再次被排斥。

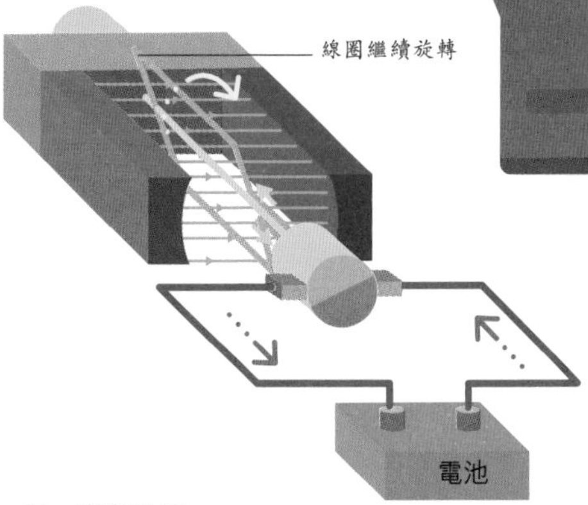

4 磁極排斥
線圈繼續旋轉，電流不斷反轉，線圈被永磁體不斷排斥、吸引。

弗萊明左手定則

這是判斷摩打線圈轉動方向的一種簡單方法。伸出你的左手拇指、食指和中指，使其在空間內相互垂直。食指指向磁場方向，中指代表電流方向，拇指表示線圈轉動方向。

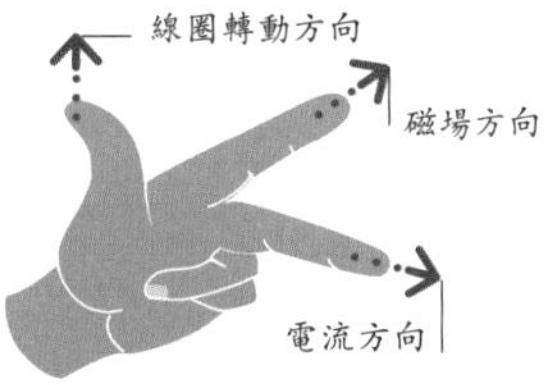

發電站

電能是一種用途極其廣泛的能源，可以被遠距離傳輸且具有數之不盡的應用領域。大量的電力是由發電站產生的，大部分發電站燃燒煤炭等化石燃料進行發電。

全球 66% 的電力供應來自化石燃料。

發電站的工作原理

傳統的燃煤發電站通過鍋爐加熱水來產生熱蒸汽，熱蒸汽驅動渦輪機轉動，進而為發電機提供動力。一座大型發電站可以產生 2,000 兆瓦的電力，這足以為 100 多萬戶家庭供電。發電過程中使用過的蒸汽冷凝成水後可重複使用；廢氣得到處理和淨化；而爐灰通常被加工成煤渣塊。

我們對煤炭的依賴減少了嗎？

恰恰相反，近幾十年來，煤炭的使用量一直在飆升。20 世紀 70 年代以來，煤炭的年消耗量增長了 200% 以上。

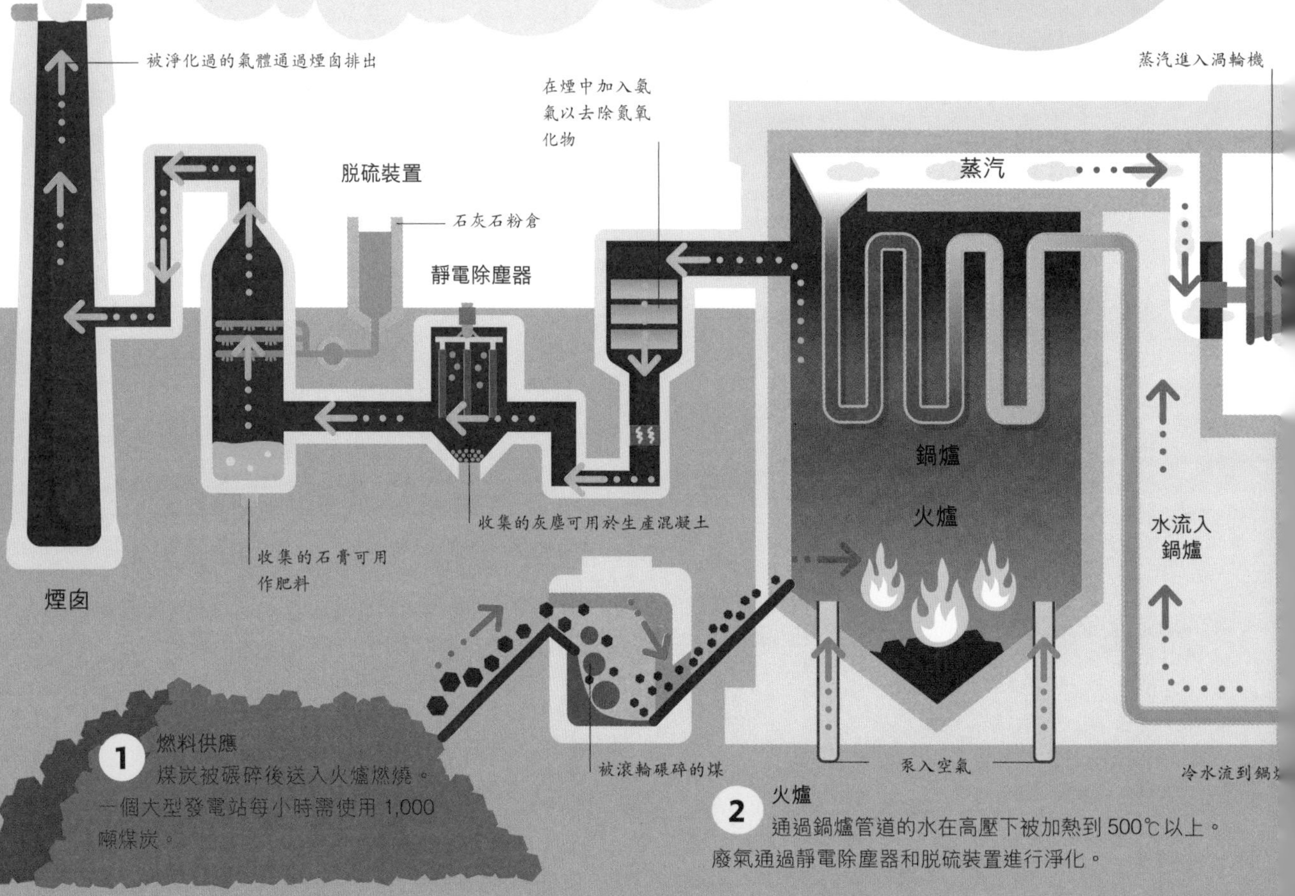
被淨化過的氣體通過煙囪排出
在煙中加入氨氣以去除氮氧化物
蒸汽進入渦輪機
脫硫裝置
石灰石粉倉
蒸汽
靜電除塵器
鍋爐
火爐
收集的灰塵可用於生產混凝土
水流入鍋爐
收集的石膏可用作肥料
煙囪
1 燃料供應
煤炭被碾碎後送入火爐燃燒。一個大型發電站每小時需使用 1,000 噸煤炭。
被滾輪碾碎的煤
泵入空氣
冷水流到鍋
2 火爐
通過鍋爐管道的水在高壓下被加熱到 500℃ 以上。廢氣通過靜電除塵器和脫硫裝置進行淨化。

淨化排放物

廢氣在排放前要去除其中含有的有害污染物。除塵器使用電荷去除微粒，而煙氣脫硫系統則能去除 95% 以上的硫（見第 20 頁）。但是，仍然有有害氣體被排放到大氣中。美國燃煤發電站每年排放約 100 萬噸二氧化硫。

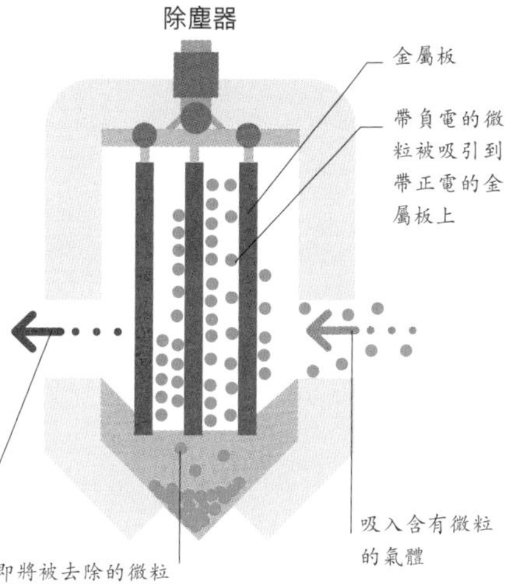

能量效率

燃料中只有大約三分之一的能量能被傳輸給用戶，而發電站會損失 60% 以上的能量。

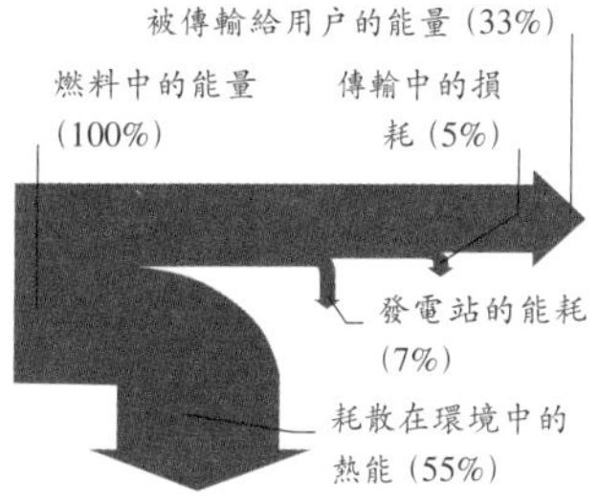

3 渦輪機

高壓蒸汽以巨大的力量和速度帶動渦輪機的風扇轉動。這種旋轉運動通過傳動軸傳送給發電機。

5 電力供應

升壓變壓器能大大提高輸電電壓，這能提高傳輸的效率。

6 冷卻塔

蒸汽在冷凝器中得到冷卻，然後噴射到冷卻塔中，其中大部分的水被冷卻，並通過管道返回以重複使用，部分蒸汽逸出導致熱能流失。

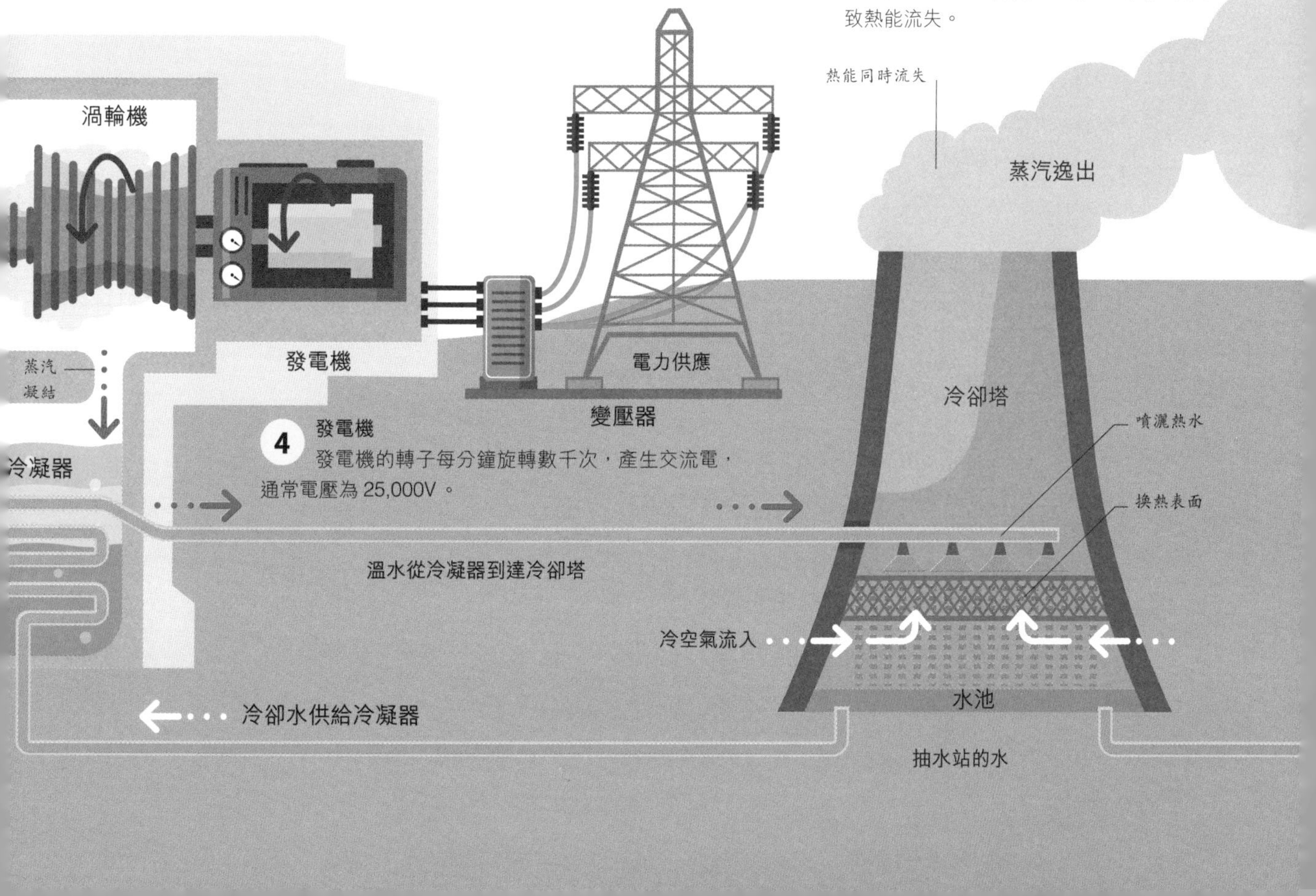

4 發電機

發電機的轉子每分鐘旋轉數千次，產生交流電，通常電壓為 25,000V。

電力供應

大部分電力是在大型發電站中產生的（見第 20 ～ 21 頁），之後電力會被輸送給遙遠的用戶，例如，工廠和家庭。這個輸電過程涉及一個龐大而複雜的、含有電纜和各種設施的網絡系統，我們將其統稱為「電網」。

電塔

電塔，或稱「輸電塔」，通常是用鋼和鋁製成的高塔，具有晶格或管狀框架。它們在遠離地面的安全高度承載電線，並採用絕緣子將高壓電纜與接地塔隔開。

電力傳輸

工廠、企業和家庭所需的大量電力必須被精確地分配到需要的地方。地上和地下的電線用於傳輸電力，而變壓器（其中一些位於變電站中）則用來調整電壓。傳感器網絡可以確保這些重要設備都處在最佳工作狀態。

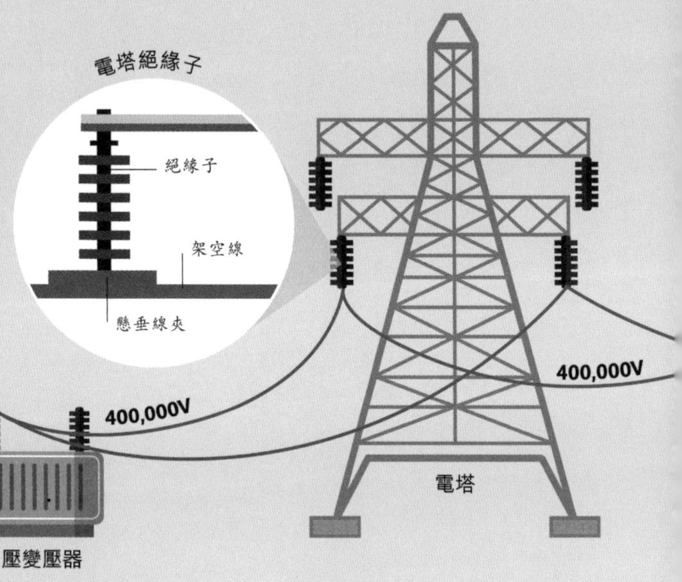

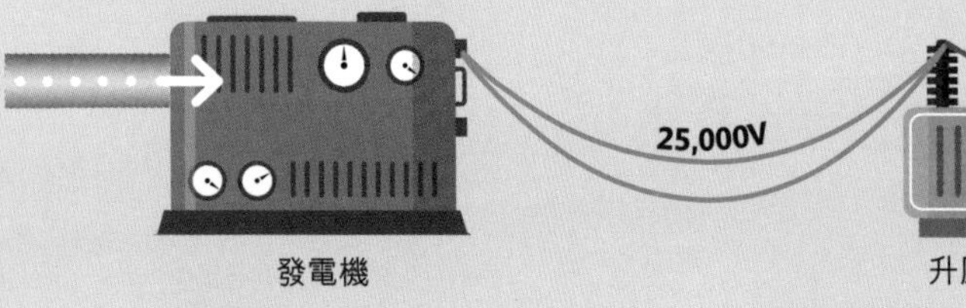

1 發電站

位於發電站的發電機將動能轉化為電能，從而產生交流電（見第 16 頁），交流電的電壓通常為 25,000V。

2 電網變電站

電網變電站使用升壓變壓器來增加電壓，通常會將電壓增加到 400,000V。電壓越高，電力沿着電線傳輸時由於電阻而產生的熱能損失就愈少。

3 高壓塔線

電塔通常由鋼和鋁建造而成。玻璃或陶瓷絕緣子被安裝在塔架和電線之間，以防止電流沿電塔傳輸到地面。

變壓器

變壓器通過電磁感應過程改變電壓。首先，交流電流過繞在鐵芯周圍的變壓器初級線圈，這會產生一個不斷變化的磁場，從而在次級線圈中產生電壓。如果次級線圈包含的線圈數目比初級線圈的多，則電壓升高；若次級線圈包含的線圈數目比初級線圈的少，則電壓降低。

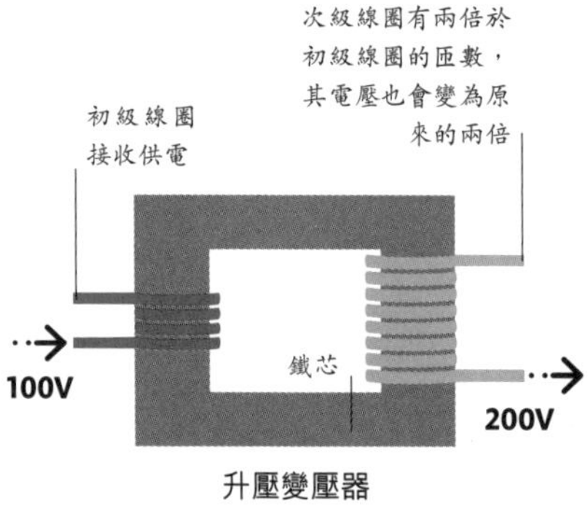

鳥類如何棲息在電線上？

電流總會沿着阻力最小的路徑流動。鳥類的導電性不好，所以當它們栖息在電線上時，電流會繞過它們繼續沿着電線傳輸。

世界上最高的電塔位於中國，高 380 米。

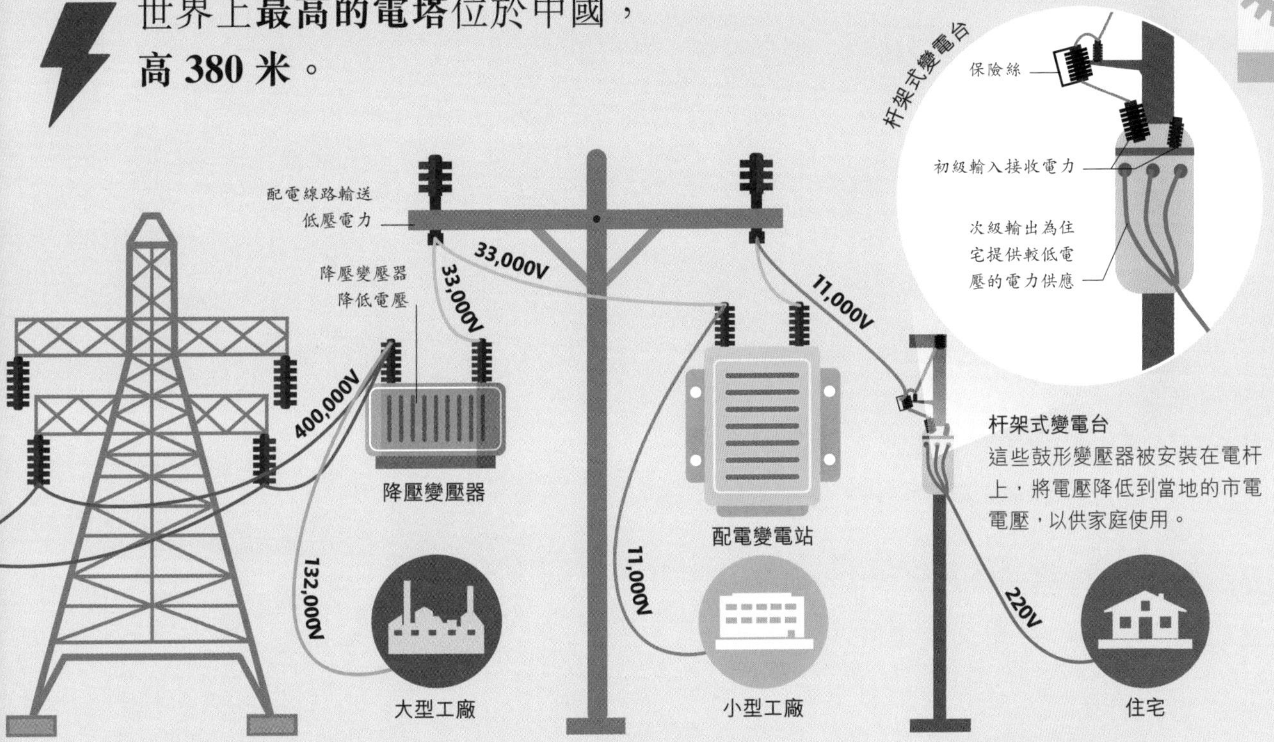

4 工業直供電

一些用電要求高的大型工廠可能會直接從高壓線上取電。其他工廠則需要通過降壓變壓器將電壓降至 132,000V 左右後再使用。

5 配電變電站

在配電變電站，高壓電通常被幾個降壓變壓器降低至更低的電壓，之後供應給小型工廠。

6 家庭供電

配電線路網絡向住宅供電。在電力進入家庭的保險絲盒之前，杆架式變電台會將電壓降低至可用電壓。

地下電纜

為了減少成排的塔架帶來的密集視覺衝擊，同時也為了提高土地利用率，許多供電電纜被埋在地下。這些電纜需要多層保護，它們被放置在溝槽中，個別電纜可長達 1 千米，針對電纜連接點的溝槽，需要進行額外的加固。電纜有混凝土保護層保護，以防止其被意外切斷。

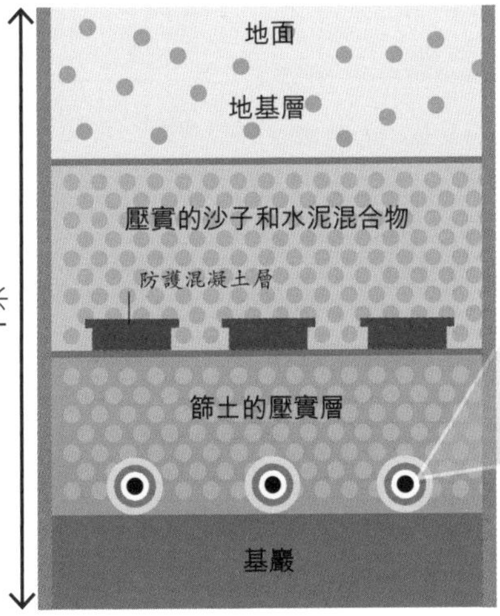

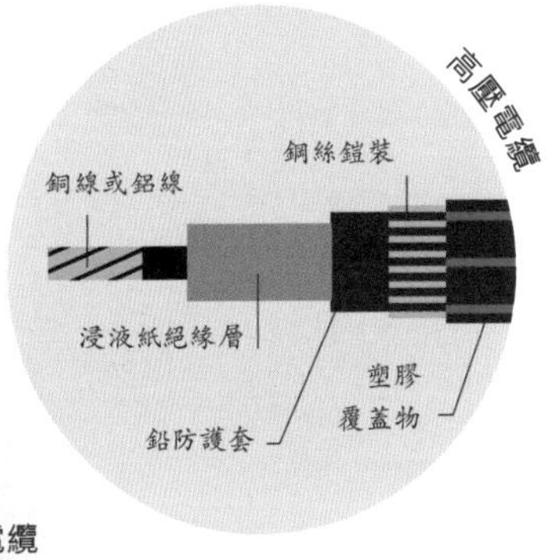

直埋電纜

直埋電纜是一種為了適應地下土壤和潮濕環境而專門設計的特殊電纜。這些高導電性電線外部有四層保護，被埋在深 1 米左右的溝槽中。

核能

原子核在分裂（核裂變）或聚合（核聚變）時，會釋放出核能。核電站利用核裂變釋放的能量發電。

核裂變

核電站以鈾等放射性元素為燃料。當作為燃料的原子分裂時，大量的能量以熱能的形式釋放出來。這些熱能推動以蒸汽驅動的渦輪機旋轉，從而帶動發電機轉子旋轉以產生電能。核裂變使用極少量的燃料，溫室氣體排放量遠低於化石燃料。

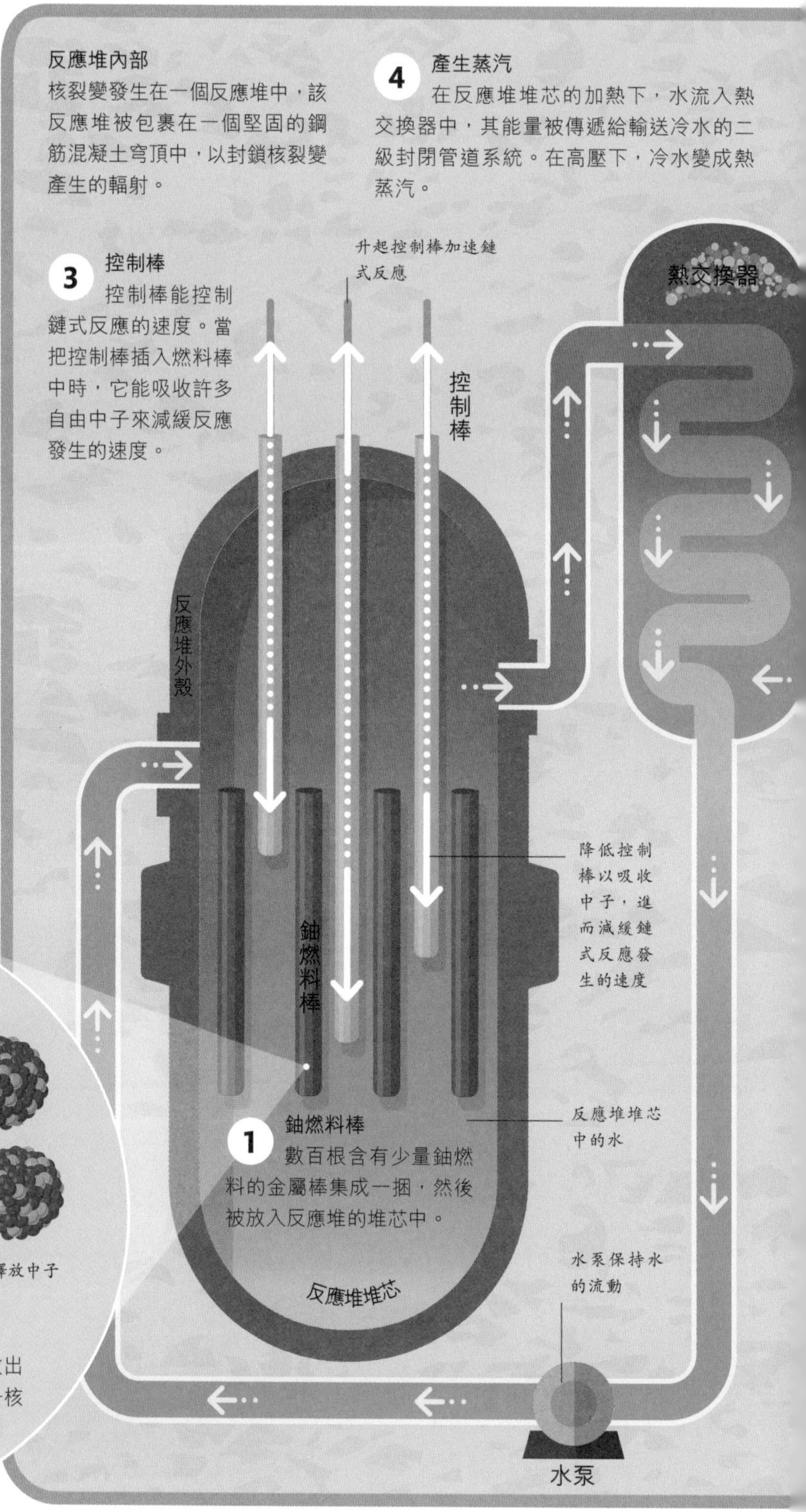
反應堆內部
核裂變發生在一個反應堆中，該反應堆被包裹在一個堅固的鋼筋混凝土穹頂中，以封鎖核裂變產生的輻射。
4 產生蒸汽
在反應堆堆芯的加熱下，水流入熱交換器中，其能量被傳遞給輸送冷水的二級封閉管道系統。在高壓下，冷水變成熱蒸汽。
3 控制棒
控制棒能控制鏈式反應的速度。當把控制棒插入燃料棒中時，它能吸收許多自由中子來減緩反應發生的速度。
升起控制棒加速鏈式反應
熱交換器
控制棒
反應堆外殼
降低控制棒以吸收中子，進而減緩鏈式反應發生的速度
鈾燃料棒
反應堆堆芯中的水
1 鈾燃料棒
數百根含有少量鈾燃料的金屬棒集成一捆，然後被放入反應堆的堆芯中。
反應堆堆芯
水泵保持水的流動
水泵

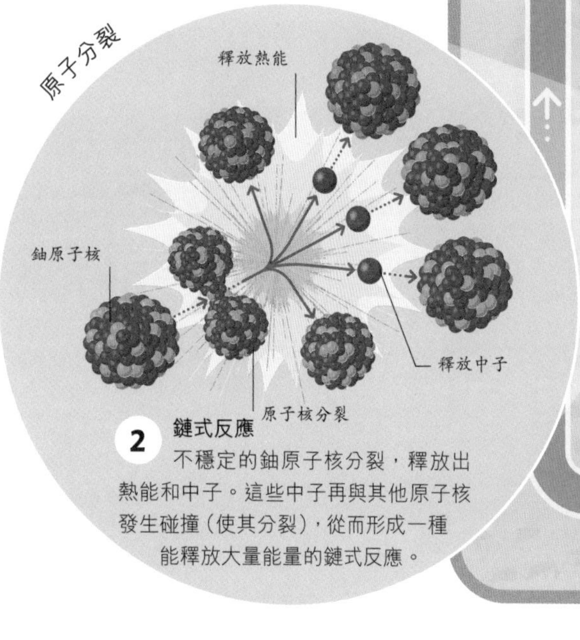
原子分裂
釋放熱能
鈾原子核
釋放中子
原子核分裂
2 鏈式反應
不穩定的鈾原子核分裂，釋放出熱能和中子。這些中子再與其他原子核發生碰撞（使其分裂），從而形成一種能釋放大量能量的鏈式反應。

5 轉動渦輪機
渦輪機放置在風機大廳中，來自熱交換器的熱蒸汽使其風扇葉片轉動。渦輪機通常以 1,800 ～ 3,600 轉 / 分的速度旋轉。

6 供電
發電機由渦輪機的傳動軸驅動。變壓器可以提高電壓，從而使電力可以在當地電網或區域電網低損耗傳輸。

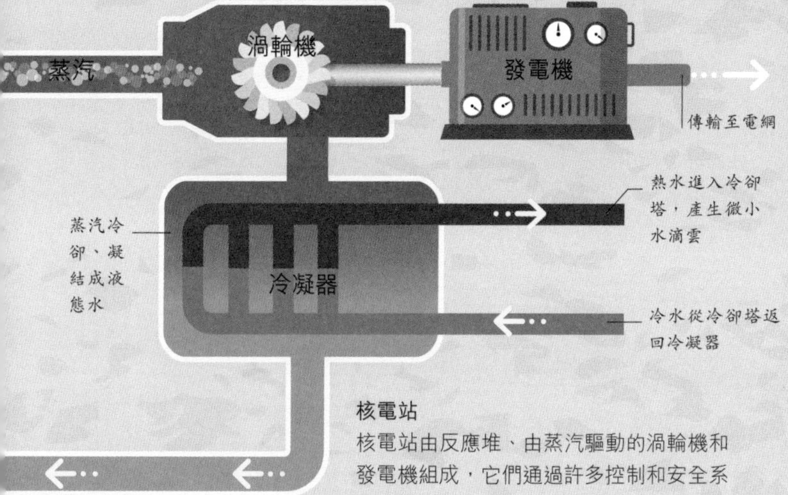

核電站
核電站由反應堆、由蒸汽驅動的渦輪機和發電機組成，它們通過許多控制和安全系統連接。

核泄漏

反應堆冷卻劑系統出現故障，會導致燃料棒中積聚過多的熱能。在極端情況下，燃料棒會熔化並燃燒掉反應堆外殼。這會釋放大量可能污染環境的放射性物質。2011 年，在地震和海嘯襲擊之後，日本福島第一核電站的三個反應堆就發生了部分熔燬。

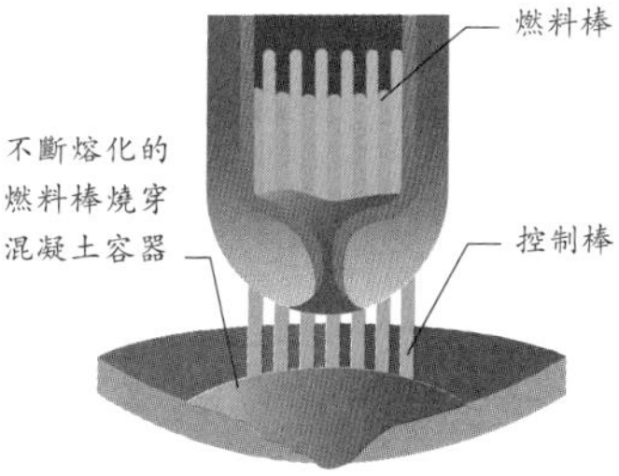

1 燃料棒束
釋放出高熱能的燃料棒在廢棄後需要幾年時間冷卻。

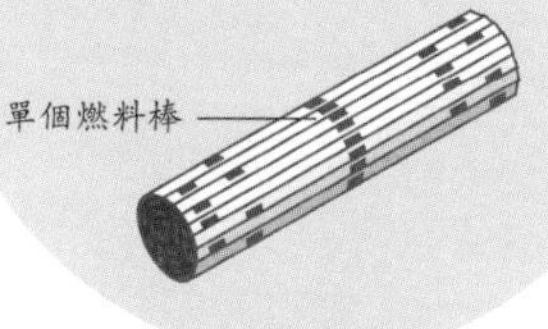

2 貯存罐
將核廢料與惰性熔融玻璃混合實現玻璃化，混合物會在貯存罐內凝固。

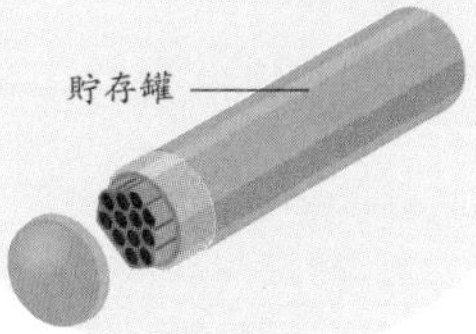

3 用黏土密封
用一層厚厚的防滲黏土將核廢料貯存罐包裹起來，作為額外的保護屏障。

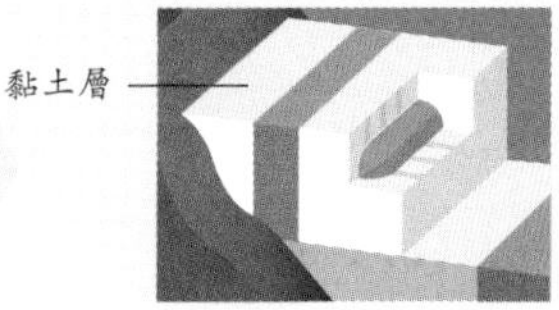

4 埋葬地點
密封后的貯存罐被掩埋在地球表面以下 500 ～ 1,000 米的安全掩埋場，並接受持續監測和維護。

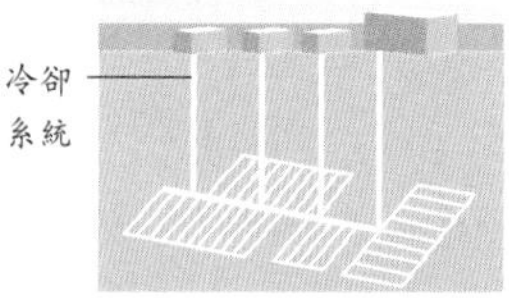

核廢料處理

每隔 2 ～ 5 年就需從反應堆中取出用過的燃料棒，但之後它們仍會繼續釋放數十年的熱能，甚至會在更長的時間內繼續釋放強烈的有害輻射。大多數廢棄燃料棒會先被放入很深的冷水貯存池中若干年，然後進行再加工或者被放置在混凝土圍住的桶中。一些國家提出了將核廢料深埋地下的計劃，但目前還沒有任何一個地點投入使用。

地質貯存庫計劃
人們提出了一種核廢料處理方案：採用已有的玻璃化技術處理廢料，然後將其埋在溫度可調節的深孔中。

一座 1,000 兆瓦的核電站每年產生約 **27 噸核廢料**。

風力渦輪機的工作原理

渦輪機的葉片將風能轉化為機械能，從而為發電機的傳動軸提供動力。發電機和變速箱被安置在渦輪機的內部。雖然渦輪機依賴定期的風力供應，但它可以日夜運轉，並且發電時不會排放有害物質。渦輪機通常被放置在陸地或海上的「風電場」中，並且與電力傳輸網絡相連。

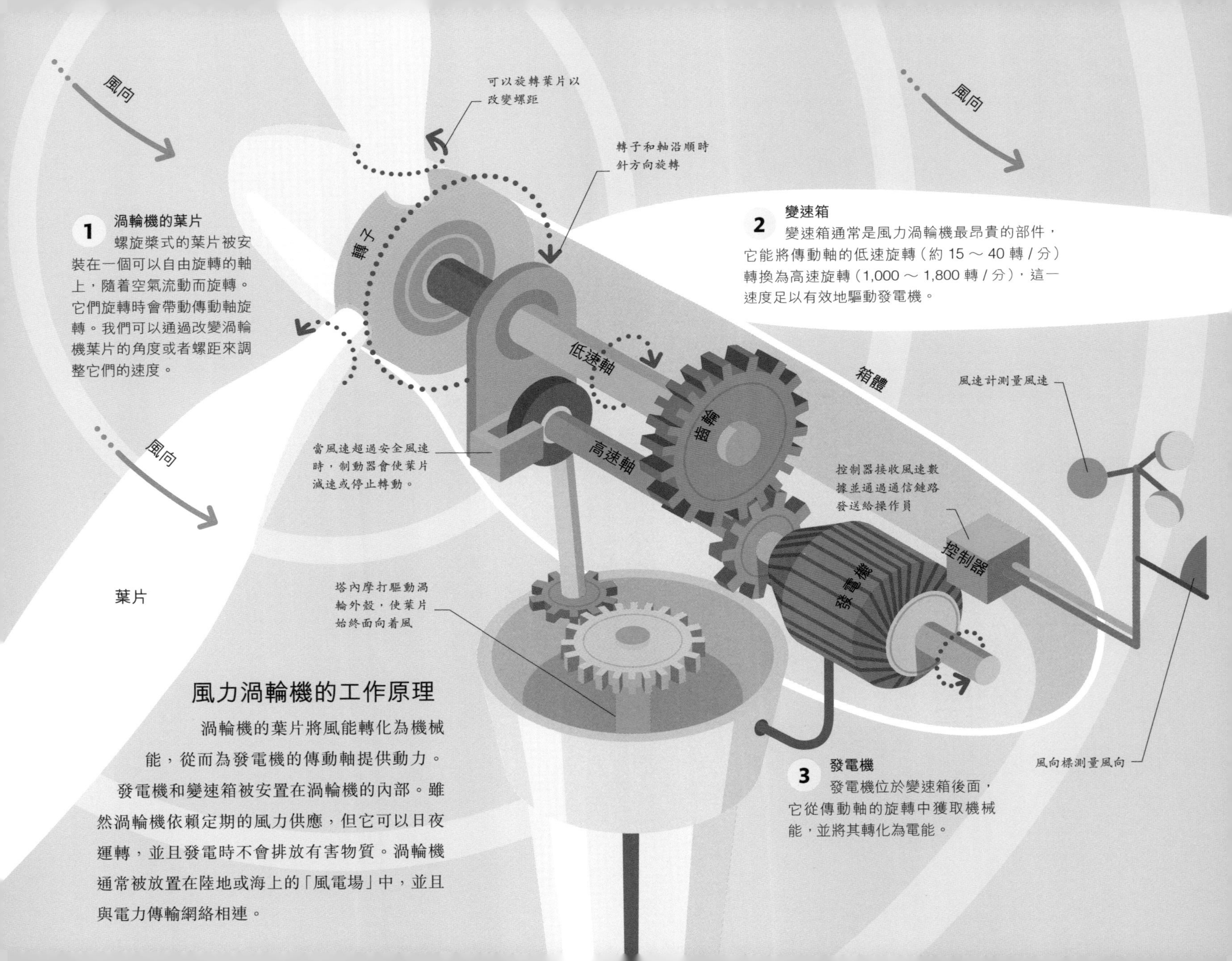
風向
風向
風向
可以旋轉葉片以改變螺距
轉子和軸沿順時針方向旋轉
轉子
低速軸
高速軸
齒輪
箱體
當風速超過安全風速時，制動器會使葉片減速或停止轉動。
塔內摩打驅動渦輪外殼，使葉片始終面向着風
葉片
風速計測量風速
控制器接收風速數據並通過通信鏈路發送給操作員
控制器
發電機
風向標測量風向

1 渦輪機的葉片

螺旋槳式的葉片被安裝在一個可以自由旋轉的軸上，隨着空氣流動而旋轉。它們旋轉時會帶動傳動軸旋轉。我們可以通過改變渦輪機葉片的角度或者螺距來調整它們的速度。

2 變速箱

變速箱通常是風力渦輪機最昂貴的部件，它能將傳動軸的低速旋轉（約 15 ～ 40 轉 / 分）轉換為高速旋轉（1,000 ～ 1,800 轉 / 分），這一速度足以有效地驅動發電機。

3 發電機

發電機位於變速箱後面，它從傳動軸的旋轉中獲取機械能，並將其轉化為電能。

風能

幾個世紀以來，人們一直利用風力來驅動帆船和風車。現代風力渦輪機提供了一種可再生能源，它將風力的動能轉化為電能，且不消耗化石燃料，也不排放溫室氣體。

桅杆
電力電纜
4 電流
發電機產生的電流通過一個或多個電纜從渦輪桅杆內部流過。
5 升高電壓
升壓變壓器能大大提高發電機的輸出電壓，以供當地使用或通過電纜傳輸到電網。
升壓變壓器

一台普通的**風力渦輪機**可以產生**足夠 1,000 戶家庭使用的電力。**

微型發電

小型可再生能源系統使用獨立式或屋頂安裝式風力渦輪機發電，通常與其他可再生能源相結合，如集熱式太陽能熱水器和光伏電池。它們的使用能減少人類對大型集中發電廠的依賴，而這些發電廠通常燃燒化石燃料並排放有害物質。

自給自足
風力發電機可以滿足家庭用電需求。多餘的電力被供應給電網，智能電表能進行雙向計量。

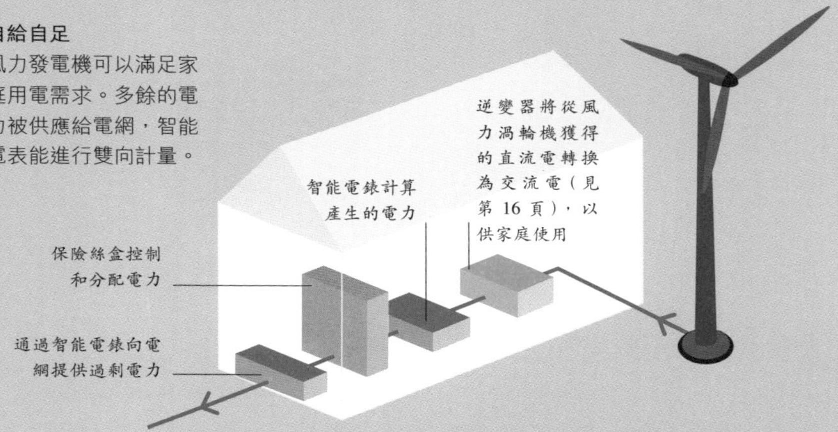
逆變器將從風力渦輪機獲得的直流電轉換為交流電（見第 16 頁），以供家庭使用
智能電錶計算產生的電力
保險絲盒控制和分配電力
通過智能電錶向電網提供過剩電力

風力渦輪機和野生動物

風力渦輪機的建造可能會擾亂海洋和陸地上的生態系統，對鳥類和蝙蝠構成直接的威脅。一個解決方案是：「風電場」的選址要盡可能遠離候鳥築巢地和遷徙路線。另一個潛在方案是建造「聲學燈塔」，將其安置在風力渦輪機附近，其發出的響亮聲音可以警告鳥類。

水能和地熱能

水流中的能量和地殼中的熱能可以用來發電。兩者都能提供清潔、可持續的能源，但都需要大量的基礎設施投資。

潮汐能

潮汐能是海水漲落及潮水流動所產生的能量，它可以用來帶動渦輪機為發電機提供動力。一些系統使用類似於風力渦輪機的獨立渦輪機，而潮汐堰壩則在巨大的水壩中採用多個渦輪機發電，它們通常建造在海灣或河口處。

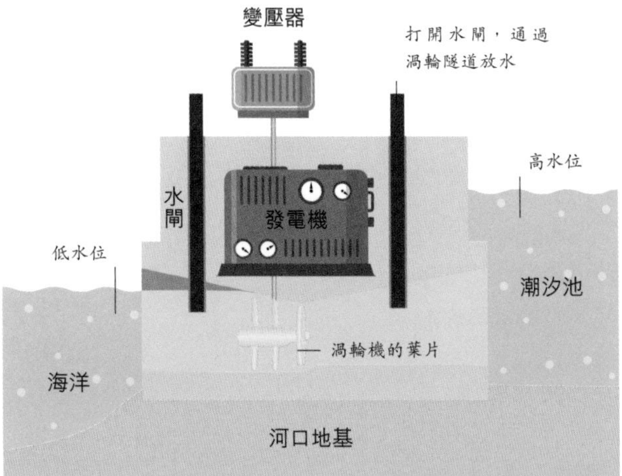

擋潮閘
漲潮時流入河口的水被攔在擋潮閘後面，其閘門控制水通過渦輪機的流量。

水力發電

水力發電（HEP）利用下降或快速流動的水來推動渦輪機，從而驅動發電機工作。最常見的情況是，水被收集在處於較高海拔的大壩後面，然後流經渦輪機向下輸送。

2 發電
水高速流過渦輪機，以相當大的力量帶動其葉片轉動。渦輪機驅動發電機，使其產生電流。

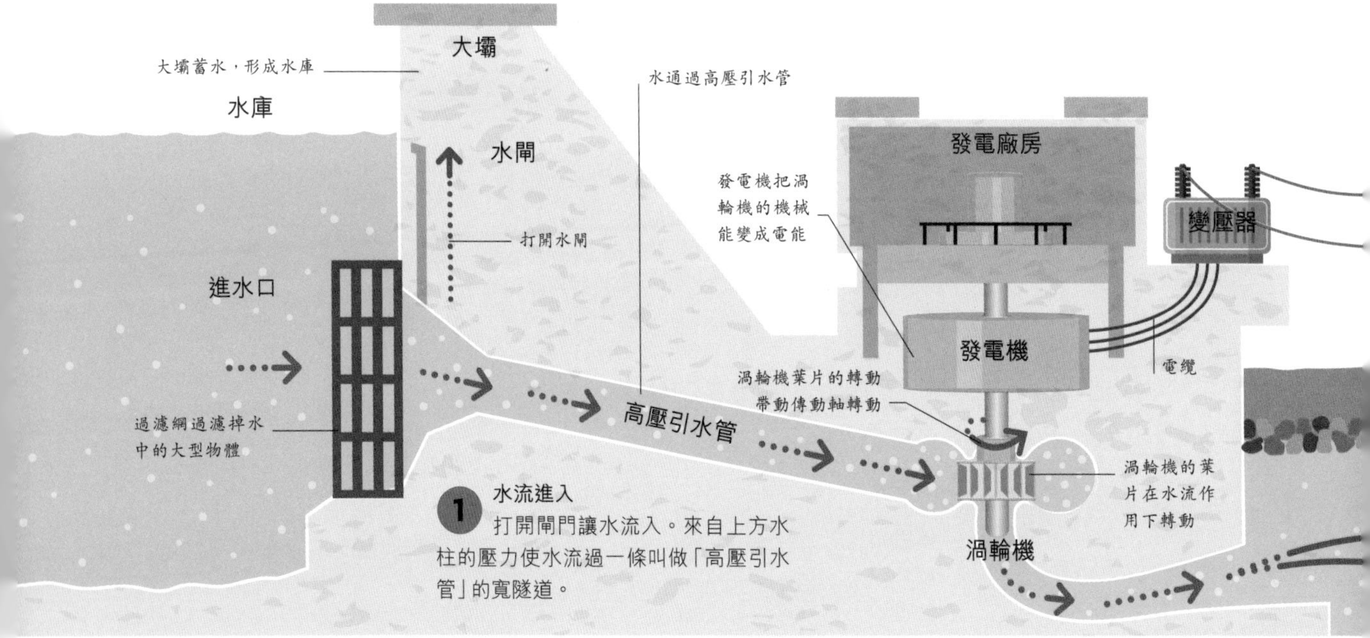

1 水流進入
打開閘門讓水流入。來自上方水柱的壓力使水流過一條叫做「高壓引水管」的寬隧道。

鑽探的危險

在增強型地熱系統（EGS）中，人們在高壓下注入流體使巖石產生裂縫，這樣流體便能夠穿過更大的區域並獲得更多的熱能。有證據表明，這種壓裂可能造成無法控制的地震活動。2006 年，瑞士巴塞爾的一家地熱工廠被認為是誘發當地 3.4 級地震的罪魁禍首。11 年後，韓國浦項發生 5.4 級地震，造成近 120 人受傷。初步研究顯示，當地的一座地熱發電站可能是始作俑者。

巴拉圭與巴西邊界上的**伊泰普水電站可滿足巴拉圭近 80% 的用電需求。**

渠水
水力發電需要持續的強水流來提供動力。人們提出了抽水蓄能水力發電系統，即在電力需求較低的時候，利用剩餘電力將流出的水泵回水庫。

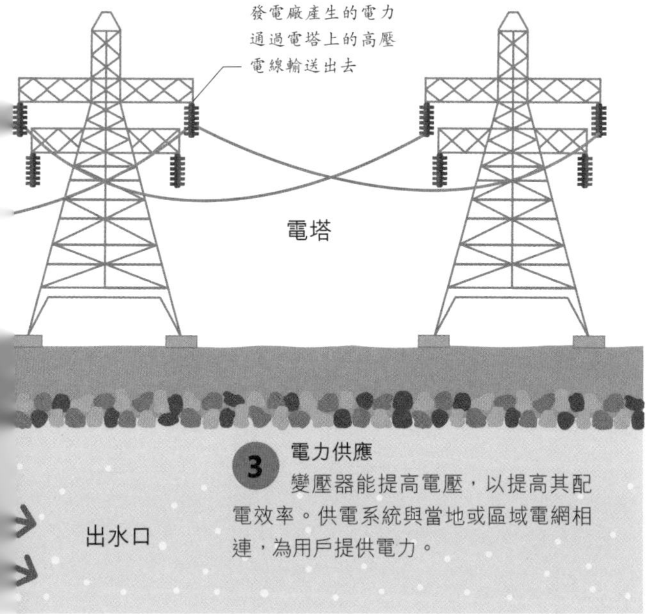
發電廠產生的電力
通過電塔上的高壓
電線輸送出去
電塔
出水口
3 電力供應
變壓器能提高電壓，以提高其配電效率。供電系統與當地或區域電網相連，為用戶提供電力。

地熱能

來自地下灼熱巖石的熱能可以被以不同的方式利用。地下水可以直接開採，也可以通過地熱區抽水來獲得用於發電的熱能。地熱發電站產生的有害排放只佔燃煤發電站有害排放的一小部分。

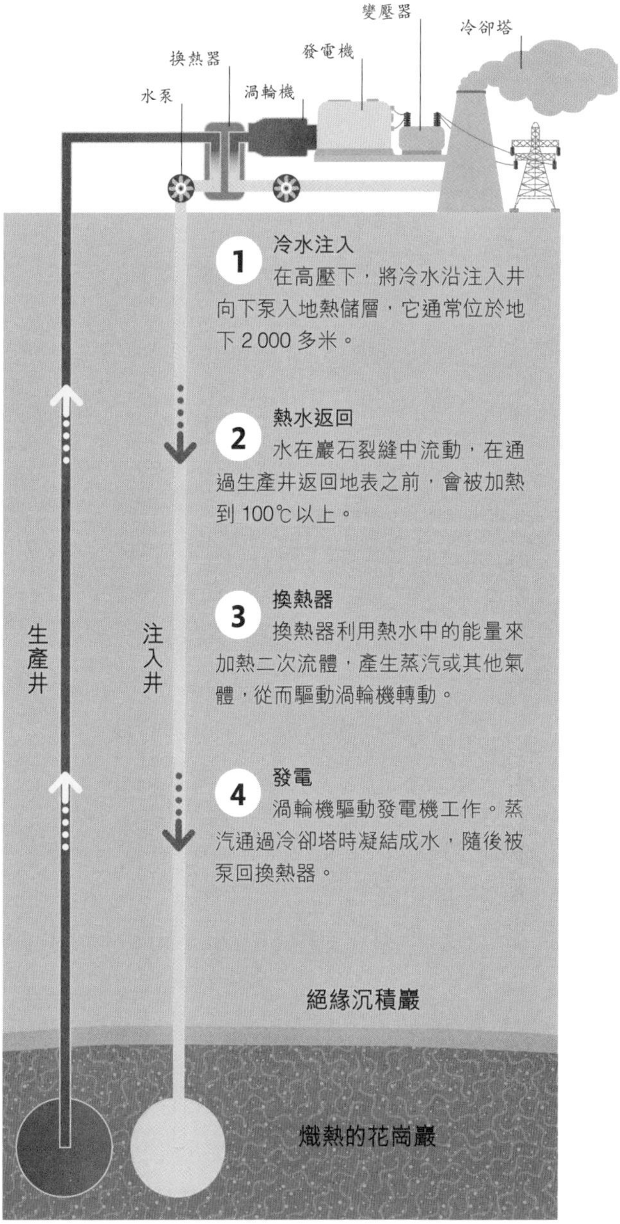
變壓器
冷卻塔
換熱器
發電機
水泵
渦輪機
1 冷水注入
在高壓下，將冷水沿注入井向下泵入地熱儲層，它通常位於地下 2 000 多米。
2 熱水返回
水在巖石裂縫中流動，在通過生產井返回地表之前，會被加熱到 100℃ 以上。
3 換熱器
換熱器利用熱水中的能量來加熱二次流體，產生蒸汽或其他氣體，從而驅動渦輪機轉動。
4 發電
渦輪機驅動發電機工作。蒸汽通過冷卻塔時凝結成水，隨後被泵回換熱器。
生產井
注入井
絕緣沉積巖
熾熱的花崗巖

太陽能

人們可以通過多種方式利用太陽能。太陽能集熱器利用太陽能加熱管道中的水。由硅和其他導電元素結合或「摻雜」而成的電池板可以通過光電效應將太陽能轉化為電能（見左圖）。這種可再生能源不會產生有害排放。據估計，美國一個光伏系統每年便可減少多達 1.7 噸的碳排放。

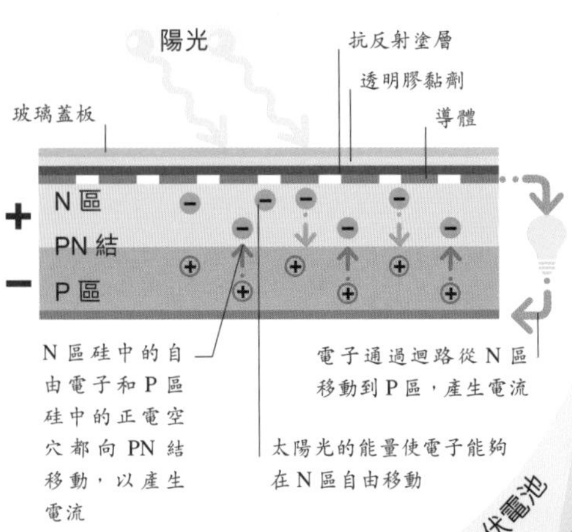
陽光
抗反射塗層
透明膠黏劑
玻璃蓋板
導體
+
N 區
PN 結
−
P 區
N 區硅中的自由電子和 P 區硅中的正電空穴都向 PN 結移動，以產生電流
電子通過迴路從 N 區移動到 P 區，產生電流
太陽光的能量使電子能夠在 N 區自由移動

1 利用太陽能
太陽光由被稱為「光子」的微小能量粒組成。當光子擊中由幾十個光伏電池組成的太陽能電池板時，它們將能量傳遞給電子，然後電子通過導體流向外部電路，形成電流。

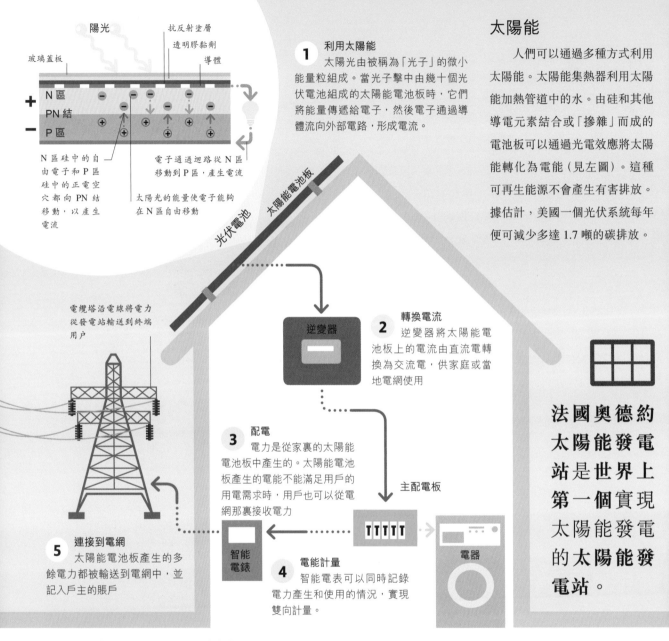

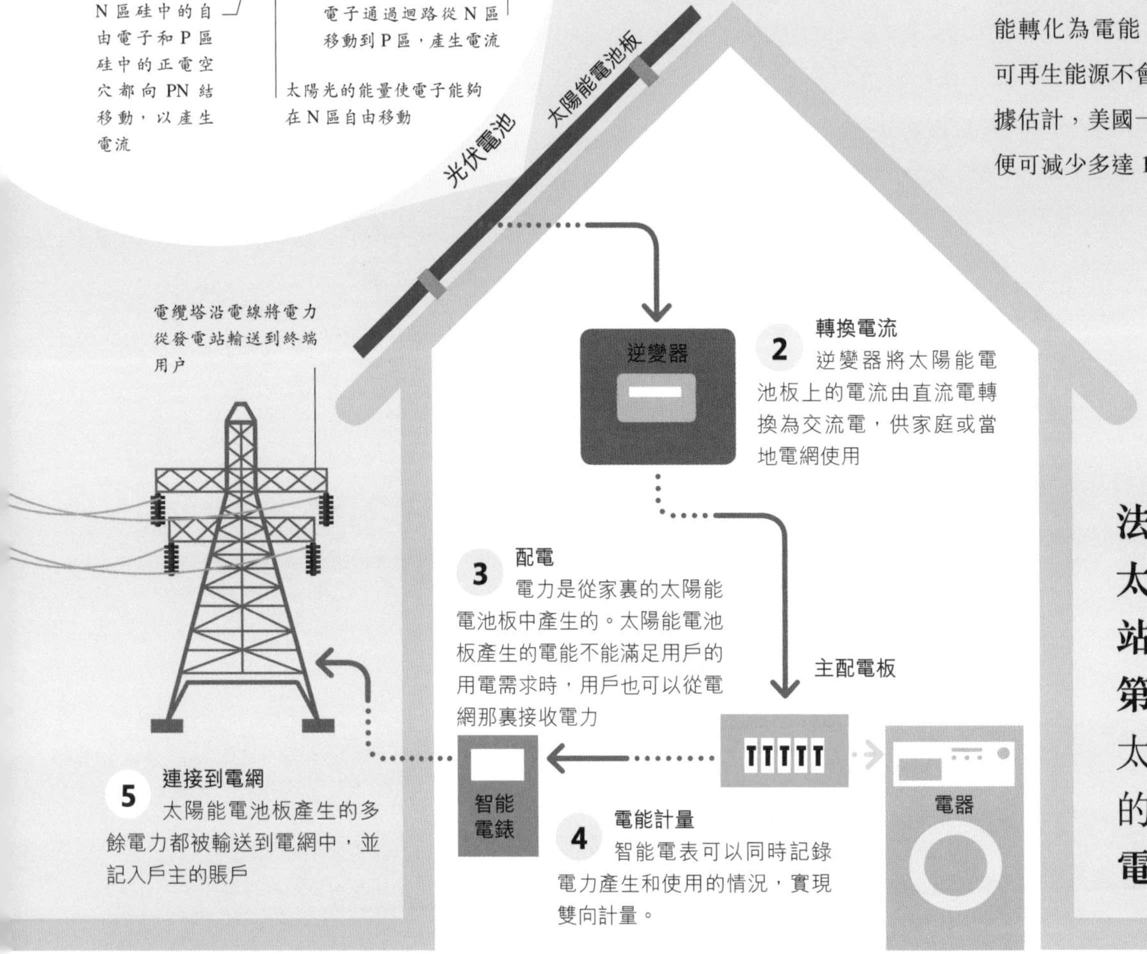
光伏電池
太陽能電池板
電纜塔沿電線將電力從發電站輸送到終端用戶
逆變器
2 轉換電流
逆變器將太陽能電池板上的電流由直流電轉換為交流電，供家庭或當地電網使用
3 配電
電力是從家裏的太陽能電池板中產生的。太陽能電池板產生的電能不能滿足用戶的用電需求時，用戶也可以從電網那裏接收電力
主配電板
智能電錶
電器
5 連接到電網
太陽能電池板產生的多餘電力都被輸送到電網中，並記入戶主的賬戶
4 電能計量
智能電表可以同時記錄電力產生和使用的情況，實現雙向計量。

法國奧德約太陽能發電站是世界上第一個實現太陽能發電的太陽能發電站。

太陽能和生物質能

人們可以在不同程度上使用太陽能，或者直接用它來加熱水，或者利用光伏電池來產生大量電力。生物質是通過光合作用形成的各種有機體，包括所有動植物和微生物。生物質能是以化學能形式貯存在生物質體內的太陽能，它也是一種寶貴的能源。

污水
污水處理產生的污泥被消化池中的厭氧性細菌分解，產生甲烷和其他氣體，這些氣體被淨化後可作為燃料燃燒。

工業廢渣
工業生產過程中遺留下來的某些廢渣，特別是木漿和造紙生產中的黑液，含有豐富的有機物，這些有機物可作為燃料燃燒，為發電機提供動力。

生物質能

發電站通過燃燒生物質獲得生物質能。生物質能被認為是一種可再生能源，因為收穫的作物和樹木等生物質可以循環再生。然而，擴大生物質能的規模存在一定問題，因為它需要佔用生產糧食的可耕地。

農業
種植油菜籽、甘蔗和紅菜頭等作物是為了將它們加工成生物燃料。非糧能源作物一般種植在沒有農業價值的土地上。

林業
木材是最古老的燃料。幾千年來，人們通過燃燒木材取暖、照明。原木、木屑、木丸和鋸末佔所有生物質能的三分之一以上。

家畜糞便
動物遺骸可以作為生物質燃燒，同時，包括乳牛在內的家畜產生的糞便經過處理後，可以產生富含甲烷且可以燃燒的沼氣。

城市固體廢物
大量固體廢物中的一部分被焚燒，用以產生熱能和電能。這也減少了垃圾堆填區所需的空間。

生物燃料乙醇

生物燃料乙醇是一種「生長出來的綠色能源」，可以用含澱粉、纖維素或糖的原料經發酵蒸餾製成。在世界上最大的生物燃料乙醇生產國——巴西，80% 以上的新車和近一半的摩托車使用乙醇或汽油–乙醇混合物作為燃料。

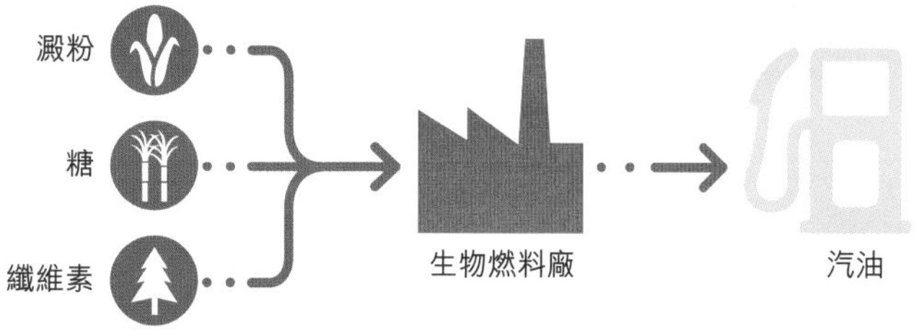

電池

電池是一種便攜式化學能存儲設備，它可以將儲存的化學能轉換成電能。電池分為兩大類：一次電池（一次性使用）和二次電池（可充電）。

回收的電池中含有**鋅**和**錳**等**微量營養素**，可以**幫助玉米生長**。

電池的工作原理

電池中發生的化學反應使電子從金屬原子中釋放出來，並通過電解質從陰極流向陽極。當電路連接電池陰極和陽極兩端時，電子通過外部電線以電流的形式流回陰極。這種將化學能轉化為電能的過程被稱為「放電」。

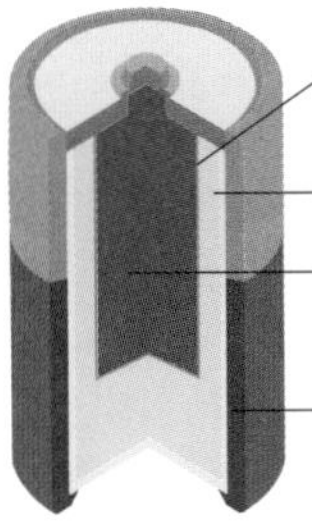

電池內部結構

電池由陰極（正極）和陽極（負極）組成，它們被一種叫做「電解質」的導電物質隔開。

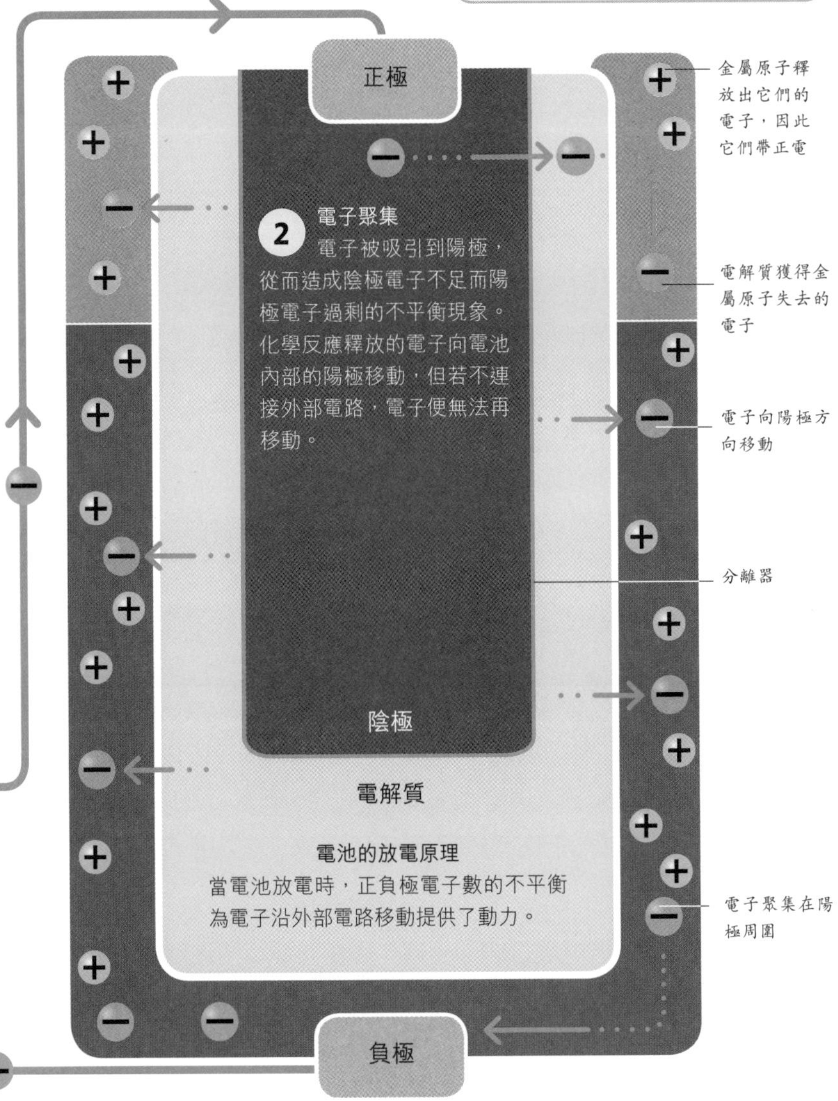

1 化學反應

當電池連接到電路上時，其中發生的化學反應會使金屬原子失去電子，電子被稱為「電解質」的化學溶液獲得。

2 電子聚集

電子被吸引到陽極，從而造成陰極電子不足而陽極電子過剩的不平衡現象。化學反應釋放的電子向電池內部的陽極移動，但若不連接外部電路，電子便無法再移動。

3 遷移電子

連接陽極和陰極的外部電路提供了電子流動的路徑，從而產生了電流。該過程產生的電流可以用來驅動電子設備。

4 進入的電子

電子通過陰極重新進入電池中。這種流動一直持續到儲存的化學物質耗盡。

電池的放電原理

當電池放電時，正負極電子數的不平衡為電子沿外部電路移動提供了動力。

電池的充電原理

當電池插入充電器中時，電流以與電池放電時相反的方向流動。這使得電子回到它們開始的地方，這就是給電池充電的原理。

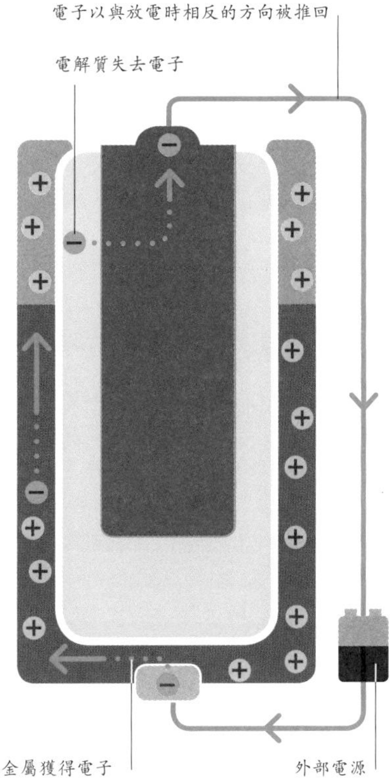

世界上最大的電池是甚麼？

特斯拉在南澳洲的巨型鋰離子電池佔地 10,000 平方米，能提供 129MW・h 的電力（見第 10 頁）。

鋰離子電池

電動汽車、智能手機，以及許多其他設備與機器中都使用了鋰離子電池，鋰離子電池使用高活性金屬鋰中的大量能量。鋰的重量輕，但能量密度高，有着良好的功率重量比，可承受數百次放電和充電循環。

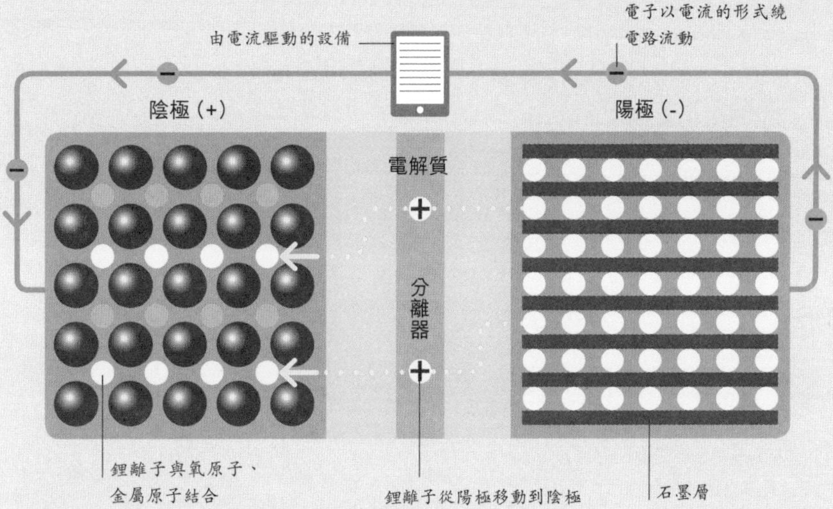

鋰離子電池的工作原理

放電時，鋰離子通過電解質流向陰極，而電子流過外部電路以提供電力。充電時，鋰離子和電子返回最初的位置。

未來的電池

在電池的開發方面，人們做了大量的研究。一項關於在鋰離子電池中使用固態鹼金屬作為電解質的創新技術，可能會幫助人們生產出充電更快速、續航更持久的電池。此外，使用超級電容器的柔性電池可以在幾秒鐘內完成充電，這可能會給可穿戴技術和便攜式技術帶來革命性的改變。

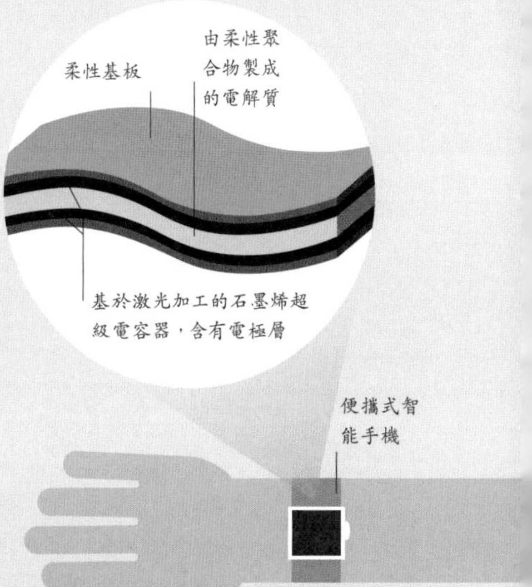

超級電容器

電荷以離子塗層的形式儲存在超級電容器的電極層上，電極層被用由柔性聚合物製成的電解質隔開。

燃料電池

燃料電池通過燃料與氧氣混合而產生的化學反應來發電。燃料電池有多種類型，但在汽車和電子設備中使用愈來愈多的是氫燃料電池。

氫燃料電池內部
氫燃料電池在結構上與其他電池相似（見第 32 ～ 33 頁）。氫燃料電池產生電子流，從陽極流出，再流至陰極。

燃料電池的工作原理

燃料電池是一種能產生電流的電化學電池，它可以驅動摩打或其他電子設備。氫燃料電池不需要燃燒就可以發電，並且產生的副產品只有水。燃料電池工作時，從空氣中獲取氧氣，從內部油箱中獲取氫氣。氫動力汽車通常可以續航大約 480 千米。

氫動力汽車
氫燃料電池通常是成排部署的，它們提供的電流經升壓轉換器增大後供摩打使用。

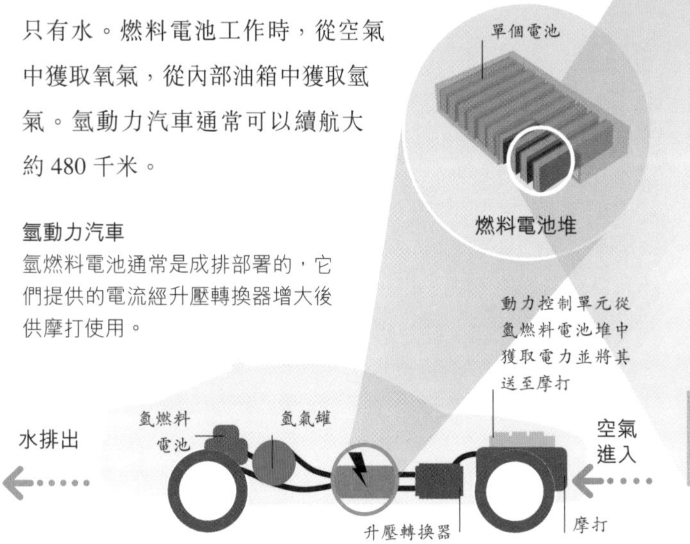

單個電池
燃料電池堆
動力控制單元從氫燃料電池堆中獲取電力並將其送至摩打
氫燃料電池
氫氣罐
水排出
空氣進入
升壓轉換器
摩打

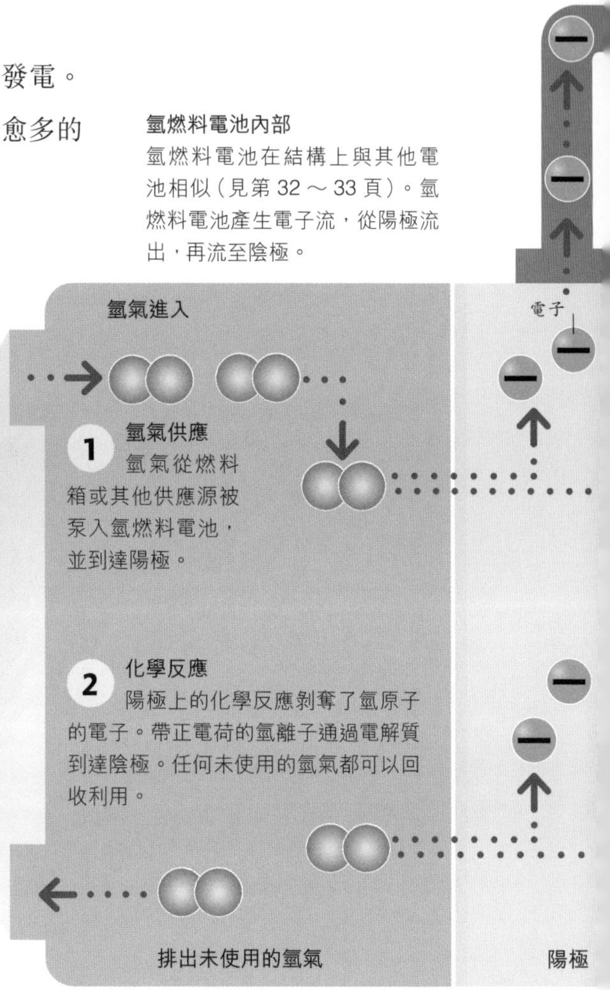

氫氣進入
1 氫氣供應
氫氣從燃料箱或其他供應源被泵入氫燃料電池，並到達陽極。
2 化學反應
陽極上的化學反應剝奪了氫原子的電子。帶正電荷的氫離子通過電解質到達陰極。任何未使用的氫氣都可以回收利用。
排出未使用的氫氣
電子
陽極

氫的來源

大部分氫是由天然氣等化石燃料產生的。蒸汽甲烷重整是生產氫最常用的方法，該過程會排放一些二氧化碳。其他方法（如水電解）在獲得氫氣的同時，不會產生有害排放物，但該過程會消耗大量能源。

蒸汽甲烷重整
甲烷和蒸汽發生反應生成混合氣體，這些氣體被送到變換反應器中，並在那裏產生更多的氫氣和二氧化碳。經純化階段，便可得到純氫。

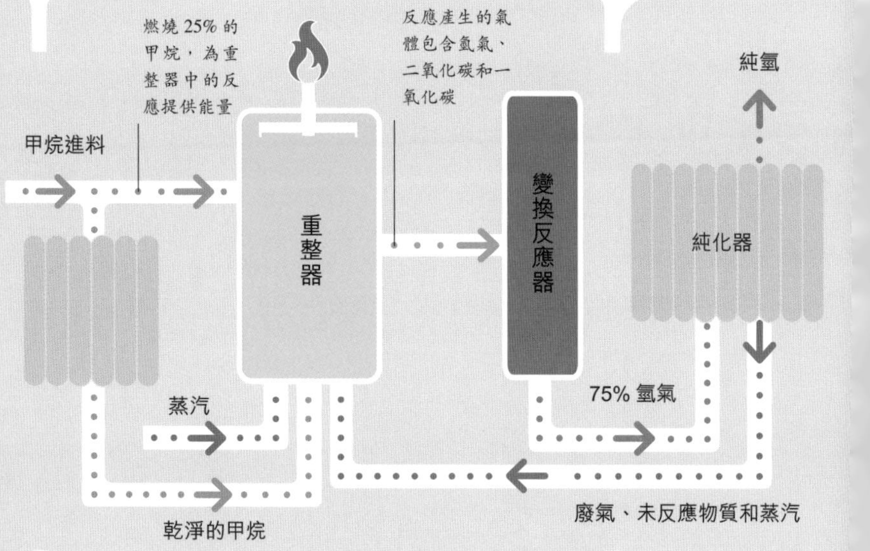

燃燒 25% 的甲烷，為重整器中的反應提供能量
反應產生的氣體包含氫氣、二氧化碳和一氧化碳
純氫
甲烷進料
重整器
變換反應器
純化器
蒸汽
75% 氫氣
乾淨的甲烷
廢氣、未反應物質和蒸汽

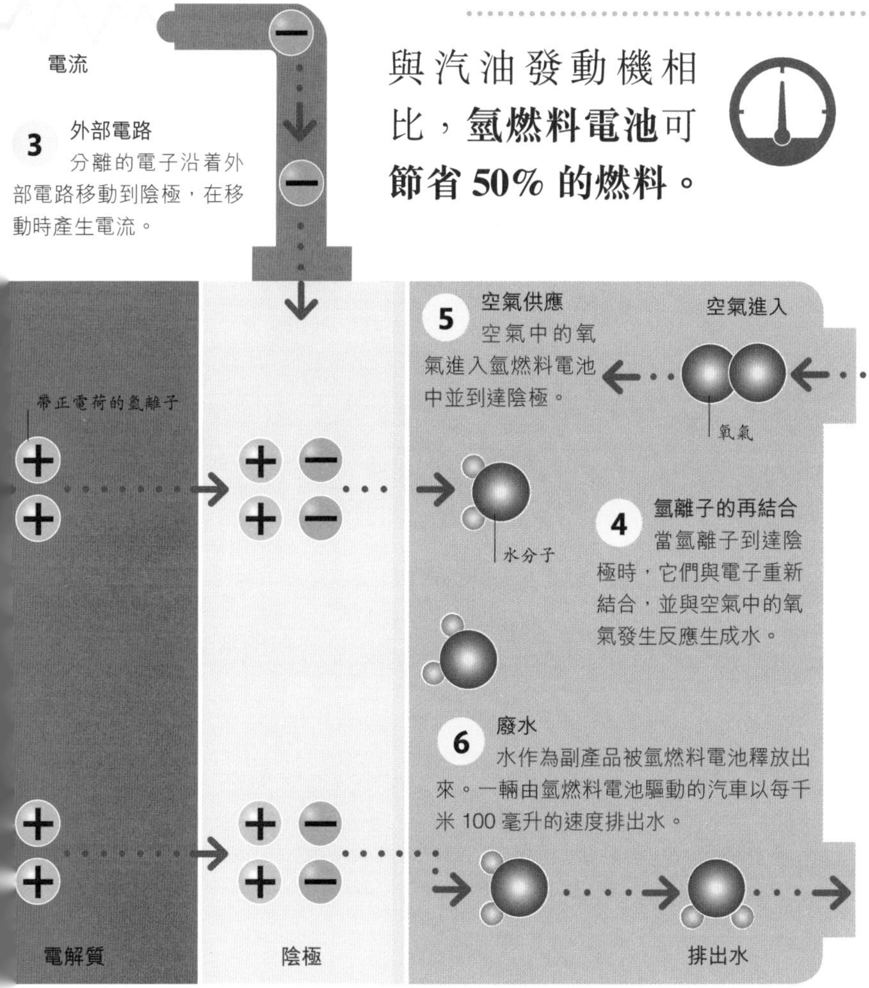
電流
3 外部電路
分離的電子沿着外部電路移動到陰極，在移動時產生電流。
5 空氣供應
空氣中的氧氣進入氫燃料電池中並到達陰極。
空氣進入
氧氣
帶正電荷的氫離子
水分子
4 氫離子的再結合
當氫離子到達陰極時，它們與電子重新結合，並與空氣中的氧氣發生反應生成水。
6 廢水
水作為副產品被氫燃料電池釋放出來。一輛由氫燃料電池驅動的汽車以每千米 100 毫升的速度排出水。
電解質
陰極
排出水

與汽油發動機相比，**氫燃料電池**可**節省 50% 的燃料。**

燃料電池的用途

雖然燃料電池仍然是一項新興技術，但其具有體積小、便捷、無廢氣排放等優勢，因此有着廣泛的潛在應用價值。

車輛
愈來愈多的叉車、零排放公交車、城市有軌電車和部分汽車開始使用燃料電池。

軍隊
小型電池可為士兵的電子設備供電，而較大的電池可以讓無人機在空中長時間飛行。

便攜式電子設備
微型燃料電池正在被研發，以用於為智能手機、平板電腦和其他流動設備充電。

太空
燃料電池是航天器中常見的電源。載人飛船還能利用燃料電池產生的淡水。

飛機
現已存在試驗性的燃料電池飛機，但是客機大多將它們作為備用電源。

太空燃料電池

燃料電池首次進入太空是在 1961 ～ 1966 年美國航空航天局的「雙子星座」計劃中。服務艙中的三個氫燃料電池堆也為阿波羅計劃（1961 ～ 1972 年）提供了電力。每個燃料電池堆包含 31 個串聯的獨立電池。事實證明，阿波羅計劃使用的燃料電池是非常成功的，產生的功率高達 2,300 瓦，而且體積比其他電池小，效率比太陽能電池板的高。

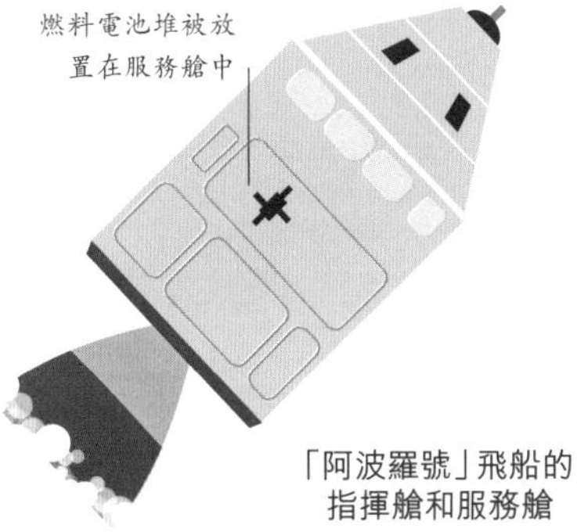
燃料電池堆被放置在服務艙中
「阿波羅號」飛船的指揮艙和服務艙

氫燃料電池安全嗎？

因為氫氣極其易燃，人們對其安全性的擔憂一直存在，但是，氫燃料電池是在嚴格的安全保障下製造的，車輛中的氫氣罐非常堅固、耐用。

運輸

技術

移動機器

商業、工業、休閒和旅遊業依賴快速、長距離的貨物和人員運輸。運輸技術依賴能量的使用和許多可產生運動的不同的力的應用。

輪子

輪子是世界上最重要的發明之一。輪子和輪軸如同旋轉的槓桿，它沿圓周方向傳遞力。轉動輪軸可以使輪緣以較小的力移動較長的距離。轉動輪緣會使輪軸產生較大的力。

輪緣比輪軸移動得更遠、更快
輪子繞輪軸轉動
輪軸

合力

物體（如車輛）在受到一個或多個力的作用時就會運動。當施加一個力時，能量發生轉移，要麼使車輛運動，要麼改變其速度和方向。通常會有幾個力同時作用在車輛上。有些力可能會疊加在一起，而另一些力則會相互抗衡。這幾個力的綜合效應便形成一個單一的力，稱為「合力」。

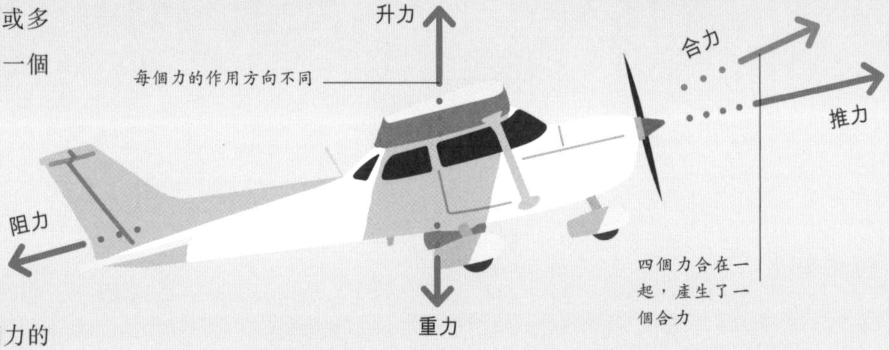
升力
每個力的作用方向不同
合力
推力
阻力
重力
四個力合在一起，產生了一個合力

飛行的力

飛機飛行時有四種力在起作用。它被重力向下拉，被機翼的升力向上推，被旋轉的螺旋槳的推力向前推，被阻力向後拉。飛機在加速爬升時，便會產生一個向上、向前的合力。

摩擦力

兩個相互接觸並擠壓的物體發生相對運動或具有相對運動趨勢時，就會在接觸面上產生阻礙相對運動或相對運動趨勢的力，這種力就被稱為「摩擦力」。一些摩擦力的存在是必要的，如橡膠輪胎依靠摩擦力來抓地。然而，摩擦也會導致磨損並產生熱量。這兩種影響都會對帶有運動部件的機器造成損害。摩擦程度取決於接觸面的粗糙度和將它們擠壓在一起的力的大小。添加潤滑劑可以減少摩擦力，因為它會在兩個物體的表面之間形成一層薄膜，使它們分離。

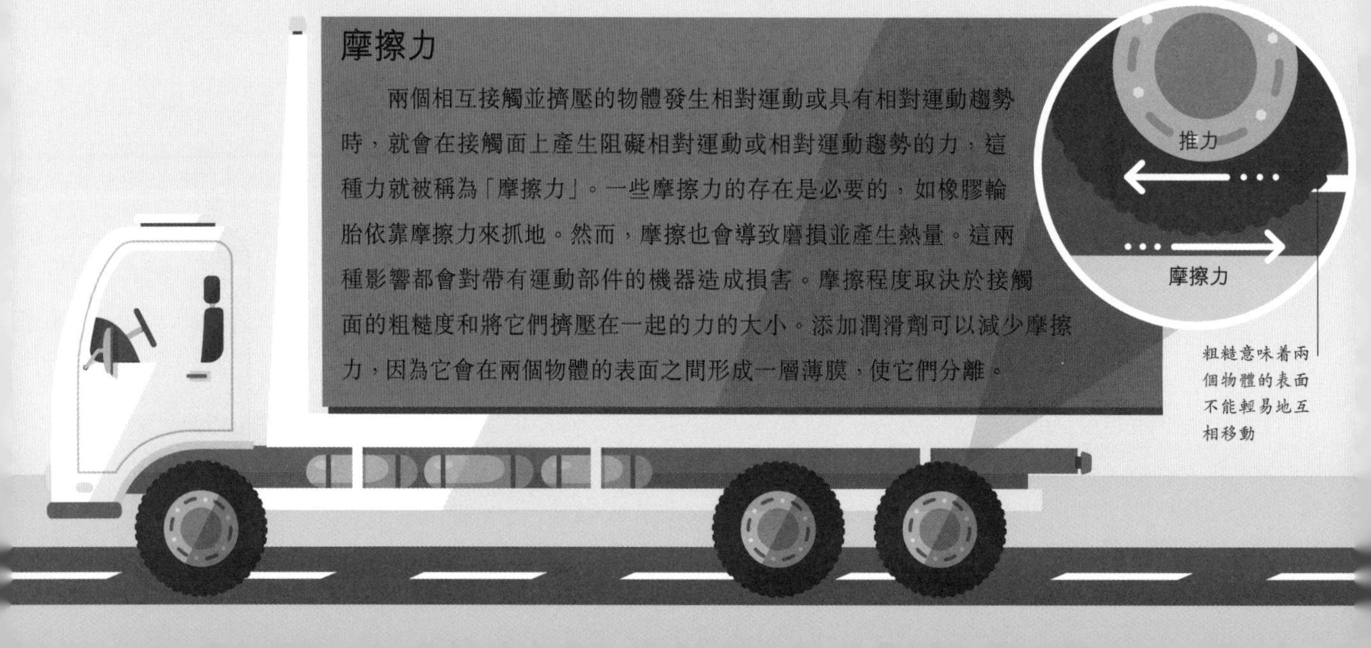
推力
摩擦力
粗糙意味着兩個物體的表面不能輕易地互相移動

世界上有超過 10 億輛單車，且每年增加 1 億多輛。

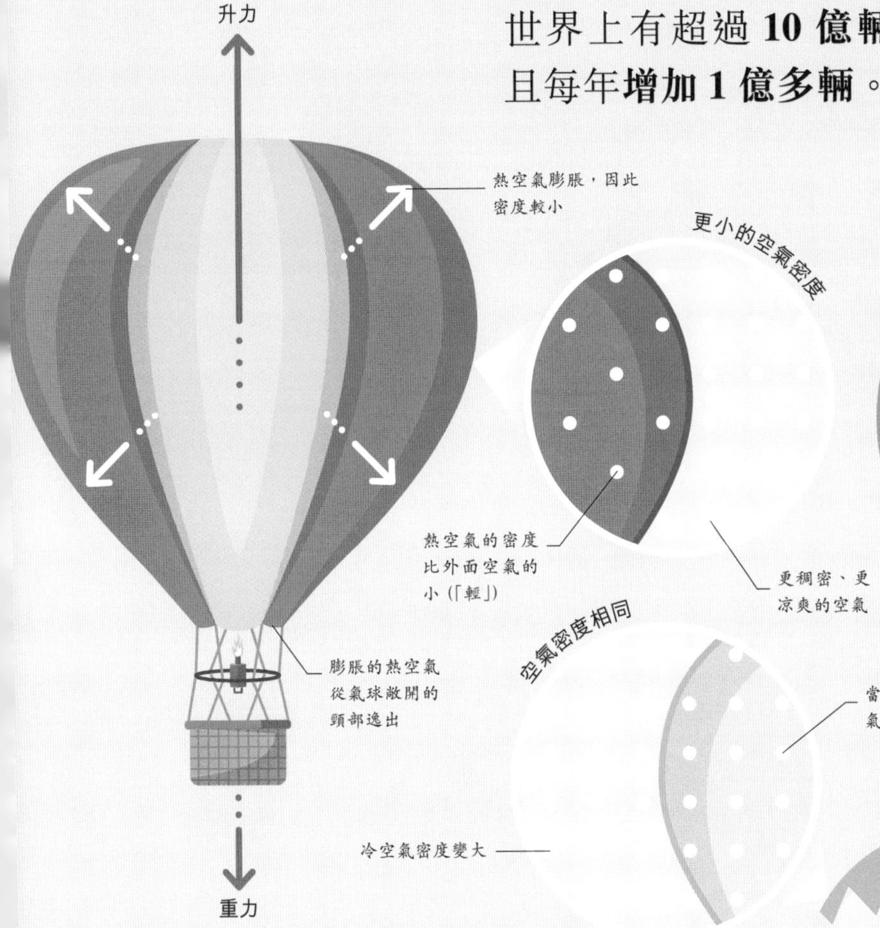
升力
熱空氣膨脹，因此
密度較小
更小的空氣密度
熱空氣的密度
比外面空氣的
小（「輕」）
更稠密、更
涼爽的空氣
空氣密度相同
膨脹的熱空氣
從氣球敞開的
頸部逸出
當內外空氣密度相同時，
氣球不會再上升
冷空氣密度變大
重力

哪架飛機是世界上最受歡迎的客機？

1967 年首次製造的波音 737 是最受歡迎的客機。到現在已生產了 10,000 多架波音 737。

燃氣動力

大多數運輸技術依賴一個簡單的科學原理，即氣體受熱時會膨脹。汽油發動機、柴油發動機、渦輪機和火箭發動機都是由膨脹的氣體帶動的。當氣體在發動機內膨脹時，它產生的巨大力量可以轉動輪子或螺旋槳，或者產生強大的噴氣。最常見的氣體是空氣。燃燒燃料通常能提供熱能使空氣膨脹，但有時也使用其他能源。一些軍艦、潛艇和破冰船是以核能為動力的。它們利用鈾等放射性元素產生的熱能來使氣體膨脹，從而為螺旋槳提供動力。

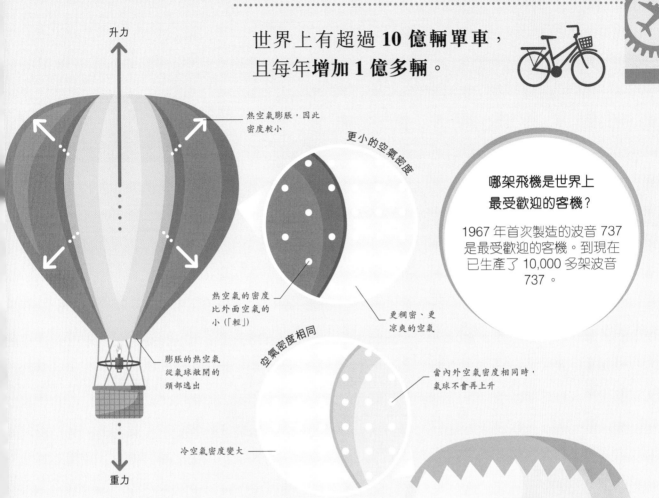

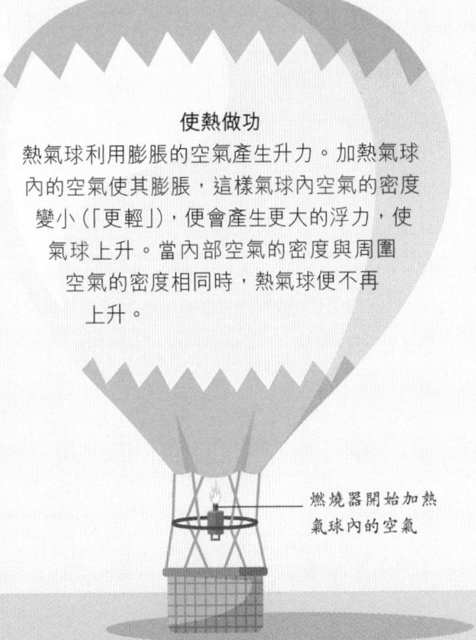
使熱做功
熱氣球利用膨脹的空氣產生升力。加熱氣球內的空氣使其膨脹，這樣氣球內空氣的密度變小（「更輕」），便會產生更大的浮力，使氣球上升。當內部空氣的密度與周圍空氣的密度相同時，熱氣球便不再上升。
燃燒器開始加熱
氣球內的空氣

單車

單車的發明是個人交通方面最大的進步。單車還是最節能的交通工具之一。

傳輸動力

單車騎手的肌肉力量通過鏈條傳遞給後輪，鏈條又通過被稱為「曲柄」的槓桿連接到踏板上。騎手只能在有限的速度範圍內有效地踩踏板。在相同的蹬踩速度下，通過更快或更慢地轉動後輪，擋位便可使騎手保持在這個速度範圍內前進。

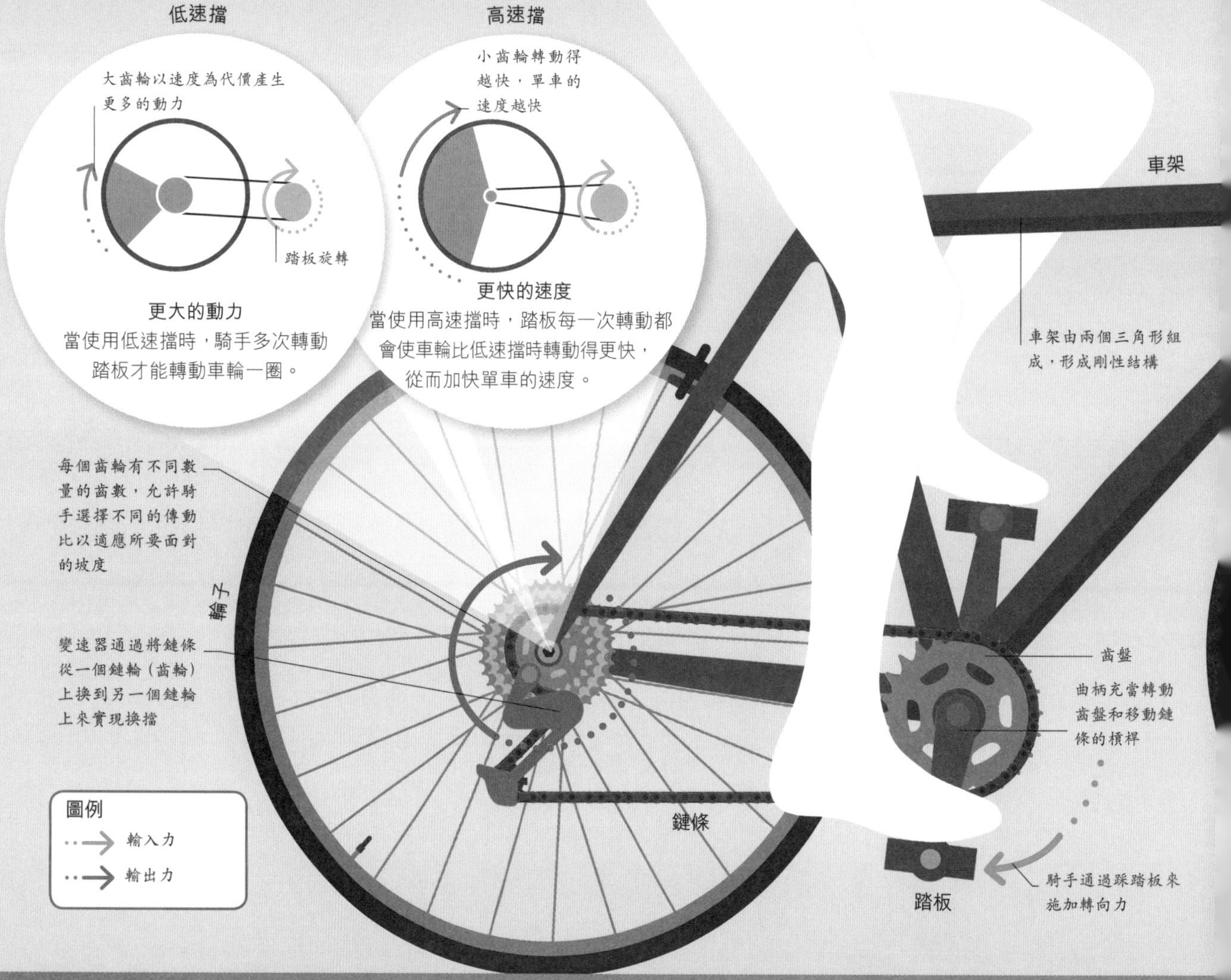

低速擋
大齒輪以速度為代價產生更多的動力
踏板旋轉
更大的動力
當使用低速擋時，騎手多次轉動踏板才能轉動車輪一圈。
高速擋
小齒輪轉動得越快，單車的速度越快
更快的速度
當使用高速擋時，踏板每一次轉動都會使車輪比低速擋時轉動得更快，從而加快單車的速度。
車架
車架由兩個三角形組成，形成剛性結構
每個齒輪有不同數量的齒數，允許騎手選擇不同的傳動比以適應所要面對的坡度
輪子
變速器通過將鏈條從一個鏈輪（齒輪）上換到另一個鏈輪上來實現換擋
齒盤
曲柄充當轉動齒盤和移動鏈條的槓桿
鏈條
踏板
騎手通過踩踏板來施加轉向力
圖例
輸入力
輸出力

保持平衡

為了在單車上保持平衡，騎手必須控制自己的重心。當沿直線騎行時，騎手會向下傾斜，以確保重心始終在車輪上，形成支撐的基礎。

車把是一個放大輸入力以推動前輪的槓桿。有些單車有下垂的車把，這使騎手身體彎曲得更低，更符合空氣動力學。

卡鉗式制動器由每個車輪兩側的襯墊組成。牽引制動桿會拉動一根線纜，使制動片夾緊車輪，增大摩擦力並減慢車輪速度。

滑行

陀螺效應和腳輪效應這兩個機械原理能有效地解釋為甚麼單車可以保持直立。最近的研究表明，另一個重要的原因是單車前部的重心比轉向軸的前部和後部低。在摔倒的過程中，單車的前部比後部下落得快，將前輪轉向摔倒的方向，這便可以使單車保持直立。

陀螺效應
前輪的作用類似於陀螺儀。如果單車倒向一側，陀螺效應就會使車輪轉向同一側，從而保持單車直立。

腳輪效應
前輪與地面接觸的點在轉向軸後面，這類似於手推車上的腳輪。這意味着車輪總是朝着單車行駛的方向轉動。

內燃機

從汽車到電動工具，許多機器使用內燃機發電。汽車發動機將燃料中的化學能轉化為熱能，然後再轉化為動能來驅動車輪。

柴油發動機是如何工作的？

柴油發動機的工作方式與汽油發動機相似，但柴油發動機是使用熱的壓縮空氣而非火花塞來點燃燃料的。

四衝程發動機

內燃機在氣缸內燃燒燃料（通常是汽油或柴油）和空氣的混合物。四衝程發動機通過重複四個階段或衝程來產生動力：進氣、壓縮、做功和排氣。加熱的燃料–空氣混合物由火花塞點燃，產生的膨脹空氣將氣缸內的活塞向下推動，從而使與其相連的曲軸轉動。這種轉動通過汽車的變速器傳遞給車輪。多個氣缸在不同時間點火產生平穩的動力輸出。

魯道夫・狄賽爾早期發明的**發動機**使用**花生油**作為燃料。

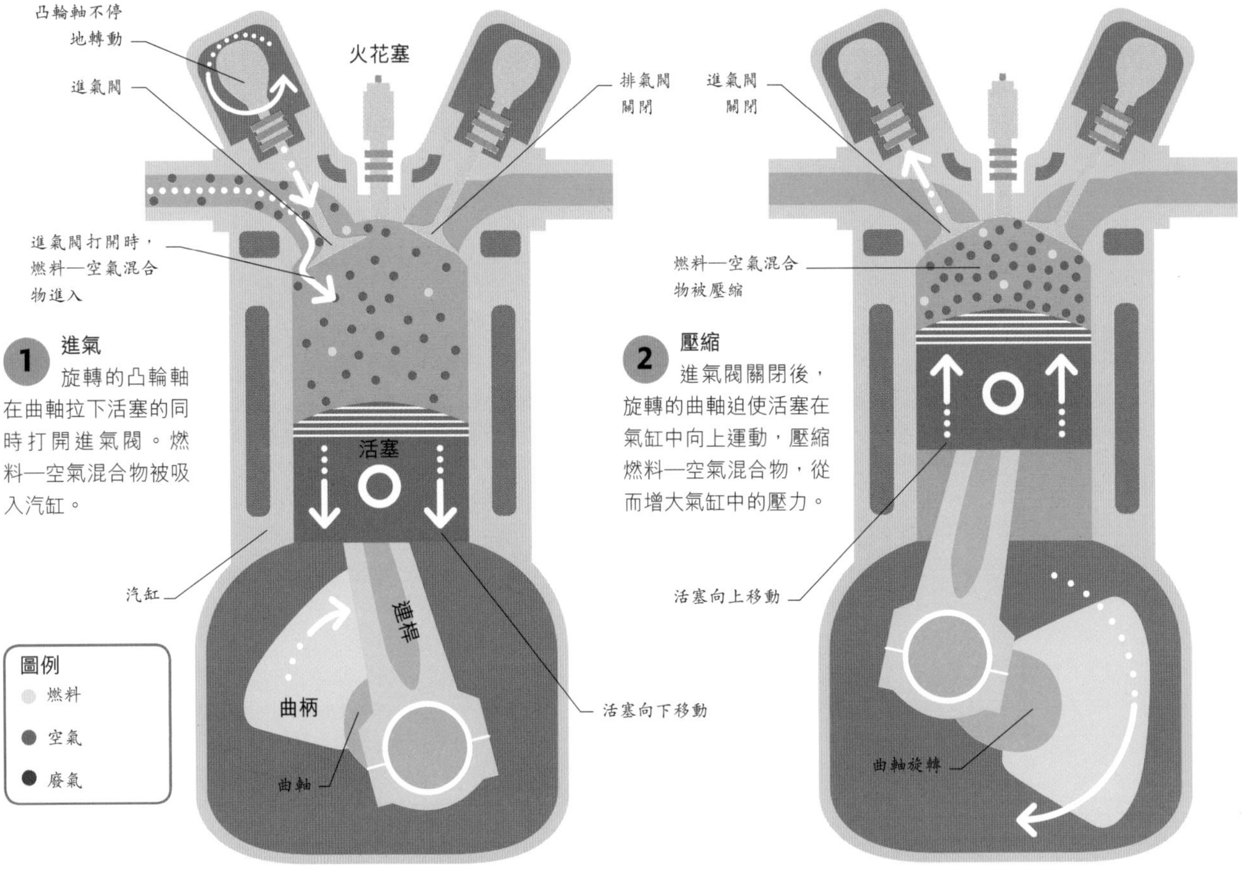

1 進氣 旋轉的凸輪軸在曲軸拉下活塞的同時打開進氣閥。燃料—空氣混合物被吸入汽缸。

2 壓縮 進氣閥關閉後，旋轉的曲軸迫使活塞在氣缸中向上運動，壓縮燃料—空氣混合物，從而增大氣缸中的壓力。

二衝程發動機

四衝程發動機很重，所以在許多時候並不實用，例如，為電鋸和割草機提供動力。這些機器和設備使用較小的二衝程發動機，曲軸每轉一圈就點燃一次火花塞，而不是每轉兩圈點燃一次。

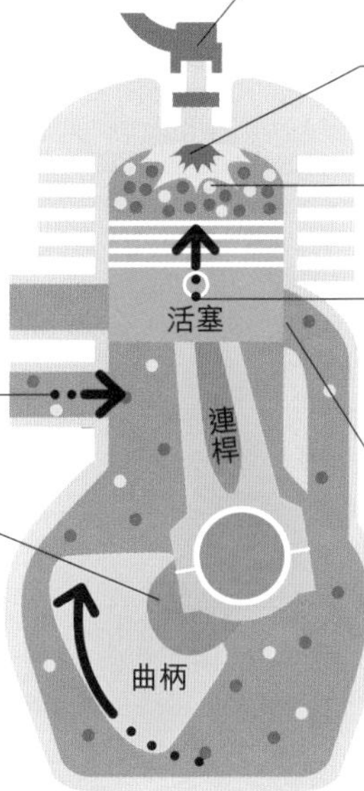
火花塞
火花塞點燃燃料—空氣混合物
燃料—空氣混合物被壓縮
活塞向上移動
活塞
進氣口打開，燃料—空氣混合物進入
連桿
輸氣口被活塞堵塞
曲軸
曲柄

1 上行衝程

活塞向上移動，壓縮燃料—空氣混合物，隨後火花塞點燃燃料—空氣混合物。活塞的後面會產生局部真空，並通過一個進氣口吸入更多的燃料—空氣混合物。

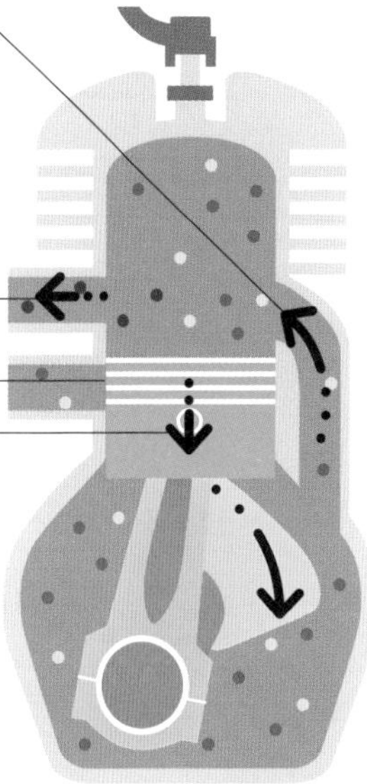
輸氣口打開，燃料—空氣混合物向上移動
排出廢氣
進氣口關閉
活塞向下移動，預壓縮燃料—空氣混合物

2 下行衝程

點燃的燃料推動活塞向下移動並轉動曲軸。隨着活塞的移動，輸氣口被打開，迫使燃料—空氣混合物流向氣缸的頂部。

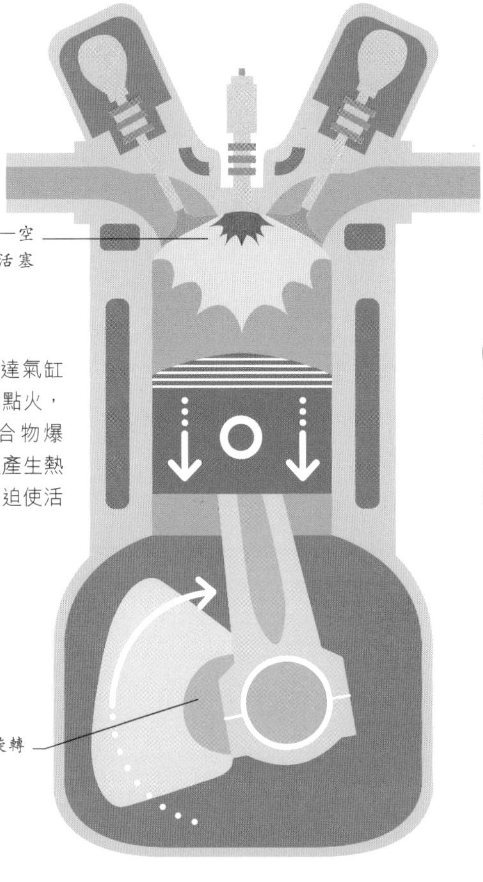
火花塞點燃燃料—空氣混合物，迫使活塞向下移動
曲軸繼續旋轉

3 做功

當活塞到達氣缸頂部時，火花塞點火，燃料—空氣混合物爆炸，燃燒燃料並產生熱氣體，氣體膨脹迫使活塞向下移動。

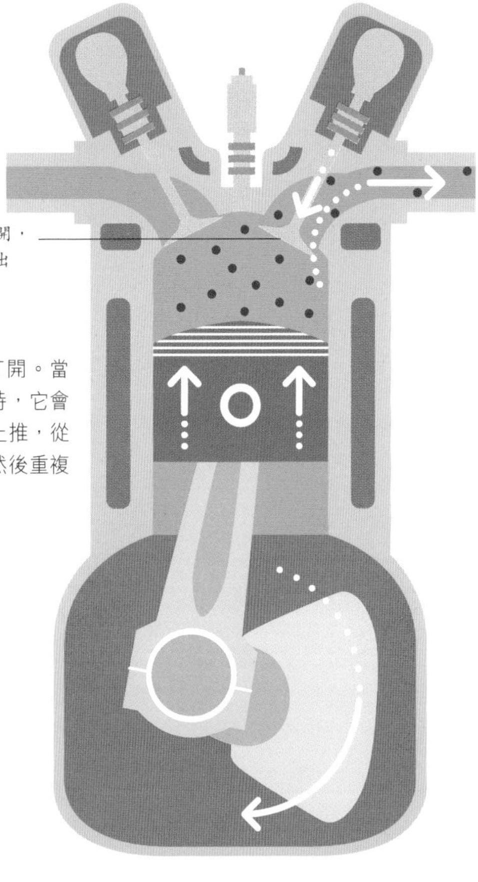
排氣閥打開，廢氣被排出

4 排氣

排氣閥打開。當曲軸繼續旋轉時，它會再次將活塞向上推，從而排出廢氣。然後重複整個循環過程。

汽車的運作原理

汽車是一系列系統的集合，這些系統在發動機中產生動力並將其傳遞給車輪。汽車的其他系統允許駕駛員通過轉動車輪來改變汽車行進方向，並通過施加制動力來使汽車減速或停止。

第一輛量產的帶自動變速箱的汽車

1940 年，美國的奧茲莫比爾汽車上裝備了第一個全自動變速箱。

傳遞動力

大多數汽車有兩輪驅動裝置，即兩個前輪或兩個後輪由發動機驅動。汽車發動機產生的動力通過傳動系統傳給汽車的驅動車輪，產生驅動力，從而使汽車能以一定速度行駛。傳動系統一般由離合器、變速器、萬向傳動裝置、主減速器、差速器和半軸等組成。越野車在不穩定的路面上需要更大的抓地力，因此它採用四輪驅動，這意味着它的四個車輪都直接由發動機驅動。

汽車內部

汽車最重的部件是發動機、傳動軸，以及變速箱。它們被安裝在汽車的較低位置，以提高汽車的穩定性，尤其在轉彎時能起到很大作用。

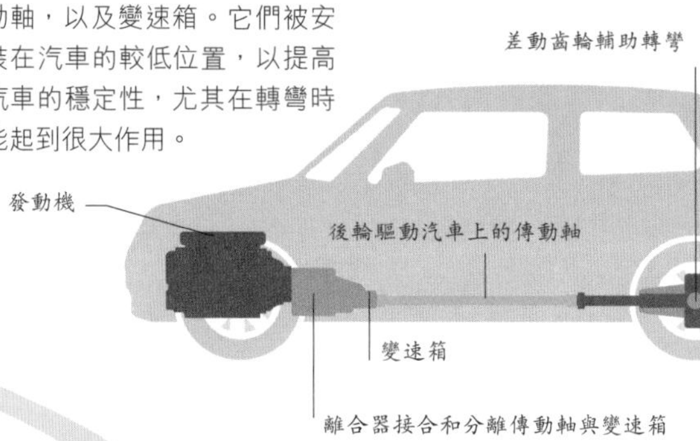

差動齒輪輔助轉彎
發動機
後輪驅動汽車上的傳動軸
變速箱
離合器接合和分離傳動軸與變速箱

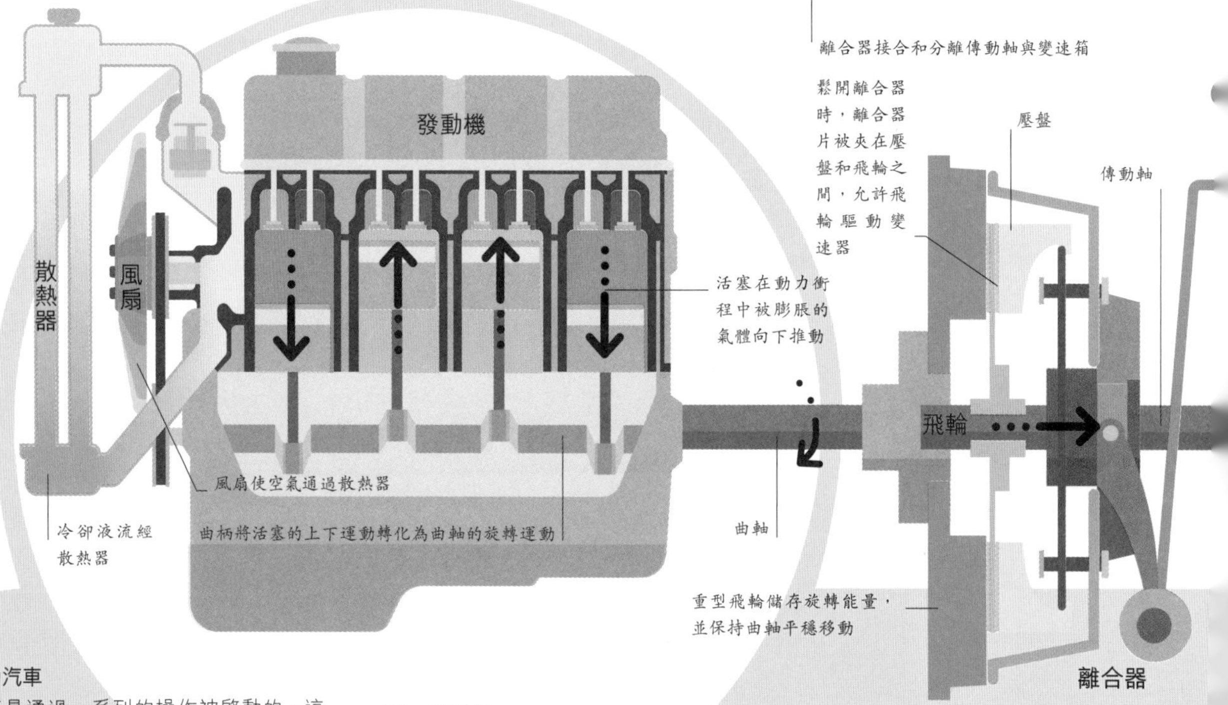

發動機
散熱器
風扇
鬆開離合器時，離合器片被夾在壓盤和飛輪之間，允許飛輪驅動變速器
壓盤
傳動軸
活塞在動力衝程中被膨脹的氣體向下推動
飛輪
風扇使空氣通過散熱器
冷卻液流經散熱器
曲柄將活塞的上下運動轉化為曲軸的旋轉運動
曲軸
重型飛輪儲存旋轉能量，並保持曲軸平穩移動
離合器

啓動汽車

汽車是通過一系列的操作被啓動的。這些操作能產生動力，並以受控的方式將動力傳遞給驅動車輪。轉動點火鑰匙或按下啓動按鈕就可以啓動一台小型的由電池驅動的摩打，從而啓動汽車的活塞式發動機。

1 發動機

汽車的運動始於發動機。啓動發動機點燃燃料—空氣混合物並釋放能量（見第 42 ～ 43 頁），使活塞產生移動，從而轉動發動機的曲軸。附在曲軸上的飛輪使活塞得以提供平穩的動力。

2 離合器

在裝有手動變速箱的汽車中，當汽車第一次啓動時，駕駛員必須踩下離合器踏板，斷開發動機與車輪的連接，以確保汽車不會向前傾斜。然後，駕駛員鬆開離合器踏板，讓發動機帶動車輪轉動。

控制汽車

汽車中最簡單的轉向系統依賴一種被稱為「齒輪齒條」的齒輪結構。轉動汽車的方向盤會帶動一個小的圓形齒輪。它的齒與被稱為「齒條」的扁平杆上的齒齧合。小齒輪轉動時，會將齒條側向移動並轉動車輪。裝有動力轉向系統的汽車通常使用高壓油或摩打來輔助齒條移動。

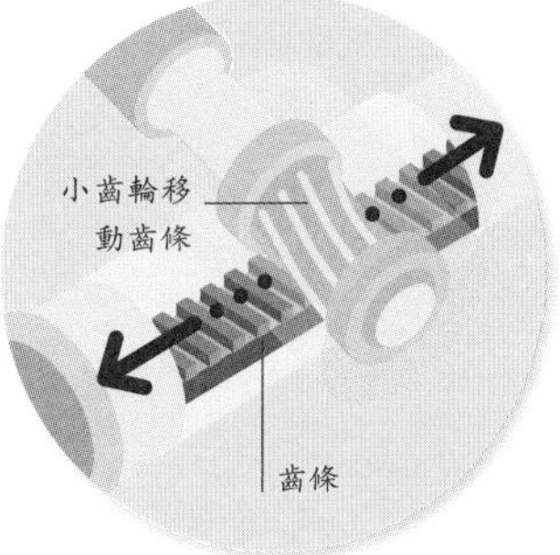
小齒輪移動齒條
齒條

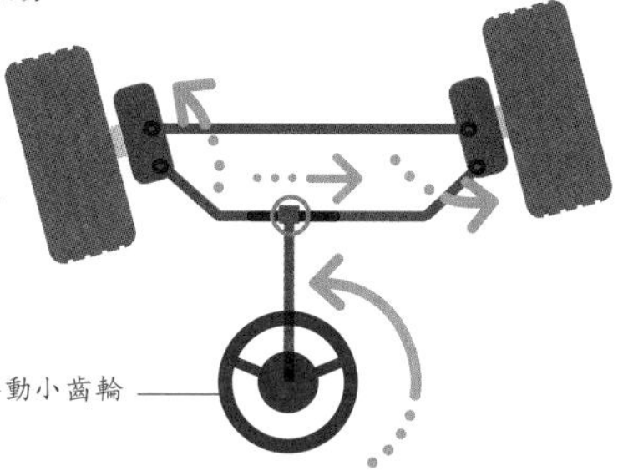
轉向柱轉動小齒輪

剎車

大多數汽車採用碟式制動。汽車的每個輪子上都固定着一個圓盤，當輪子旋轉時，圓盤也會旋轉。當駕駛員踩下制動踏板時，液壓油會迫使安裝在卡鉗上的制動片推壓制動盤，從而使車輪減速。

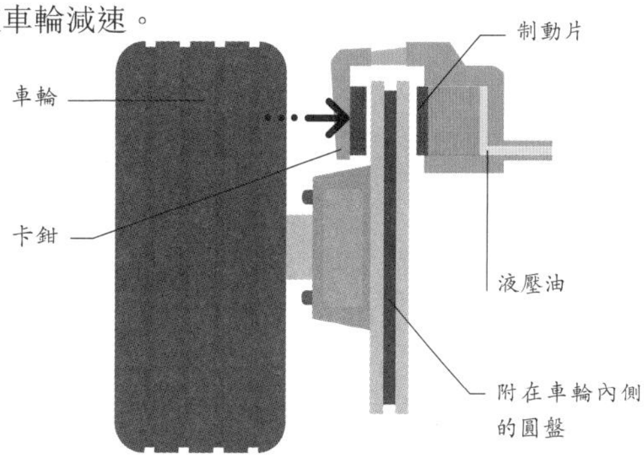
制動片
車輪
卡鉗
液壓油
附在車輪內側的圓盤

5 差速器
在轉彎過程中，外側車輪必須比內側車輪行駛得更遠，因此外側車輪必須轉得更快。連接在兩個車輪中間的差速器能夠實現這個功能。

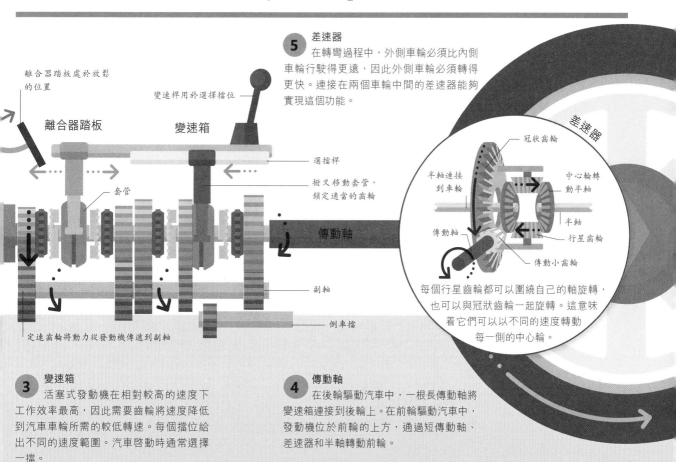

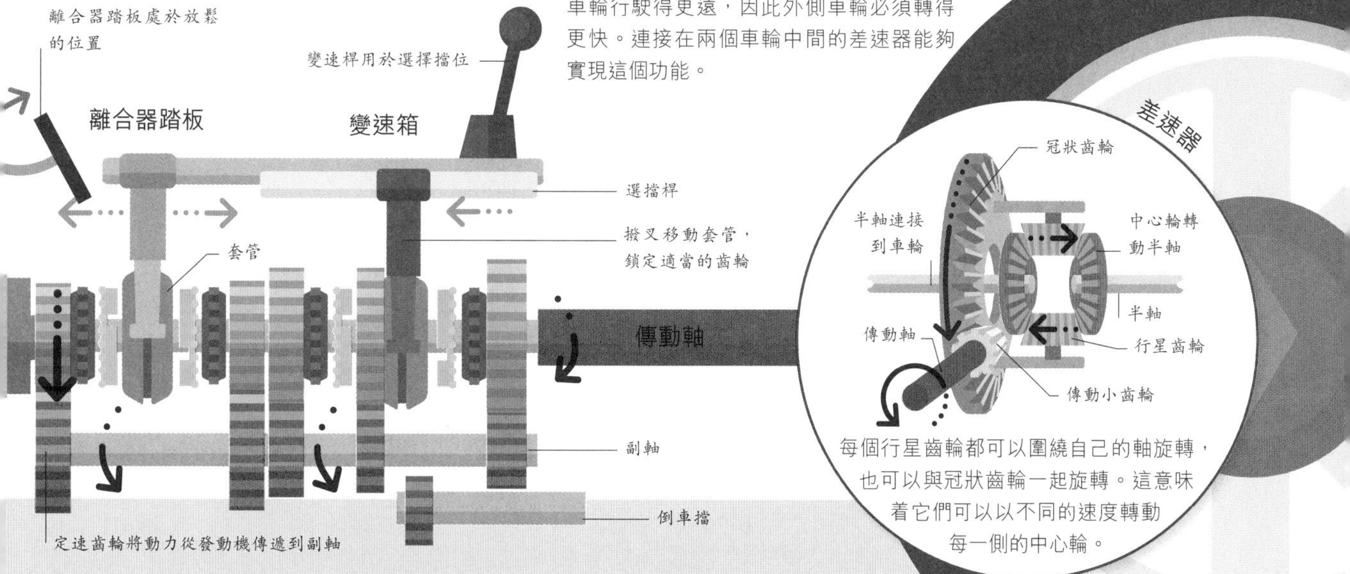
離合器踏板處於放鬆的位置
變速桿用於選擇擋位
離合器踏板
變速箱
選擋桿
撥叉移動套管，鎖定適當的齒輪
套管
傳動軸
副軸
倒車擋
定速齒輪將動力從發動機傳遞到副軸
差速器
冠狀齒輪
半軸連接到車輪
中心輪轉動半軸
半軸
傳動軸
行星齒輪
傳動小齒輪
每個行星齒輪都可以圍繞自己的軸旋轉，也可以與冠狀齒輪一起旋轉。這意味着它們可以以不同的速度轉動每一側的中心輪。

3 變速箱
活塞式發動機在相對較高的速度下工作效率最高，因此需要齒輪將速度降低到汽車車輪所需的較低轉速。每個擋位給出不同的速度範圍。汽車啓動時通常選擇一擋。

4 傳動軸
在後輪驅動汽車中，一根長傳動軸將變速箱連接到後輪上。在前輪驅動汽車中，發動機位於前輪的上方，通過短傳動軸、差速器和半軸轉動前輪。

電動汽車和混能汽車

大多數汽車由燃燒汽油或柴油的內燃機驅動。然而，由於這些內燃機會產生有害氣體，造成空氣污染，因此更環保的電動汽車和混能汽車得到了發展。

第一輛混能汽車是甚麼時候製造的？

工程師費迪南德・保時捷（又譯費迪南德・波爾舍）在 1900 年製造了世界上第一輛混能汽車。他將其命名為「洛納–保時捷」（Lohner-Porsche）。

電動汽車

電動汽車由一個或多個摩打驅動。摩打與可充電電池組相連。電動汽車比傳統的活塞式發動機汽車更簡單，因為它們不需要燃料系統、點火系統、水冷系統或潤滑系統。對於電動汽車而言，變速箱也不是必需的，因為與內燃機不同，摩打能在整個速度範圍內提供最大的轉動力（扭矩）。

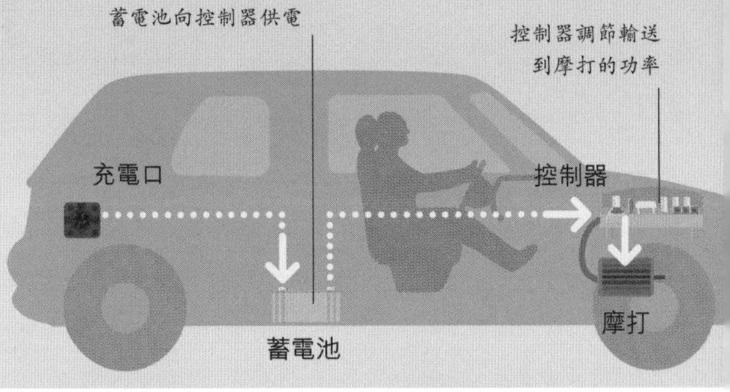

混能汽車

混能汽車有兩個或兩個以上的動力源來驅動車輪，其中包括一個內燃機和至少一個摩打。混能汽車主要有兩種類型。串聯式混能汽車由其摩打提供動力，而它的內燃機的作用是驅動發電機，以使發電機產生電能來給摩打供電並給電池充電。第二種混能汽車是更受歡迎的並聯式混能汽車（見右圖）。它可以由其中一個動力源提供動力，或者在需要最大動力或加速時同時使用兩種動力源。

圖例
電力
內燃機動力

汽車啓動
大多數混能汽車在啓動時只使用由電池驅動的摩打，不需要內燃機。對於低速短途旅行，整個旅程只需使用電力即可。

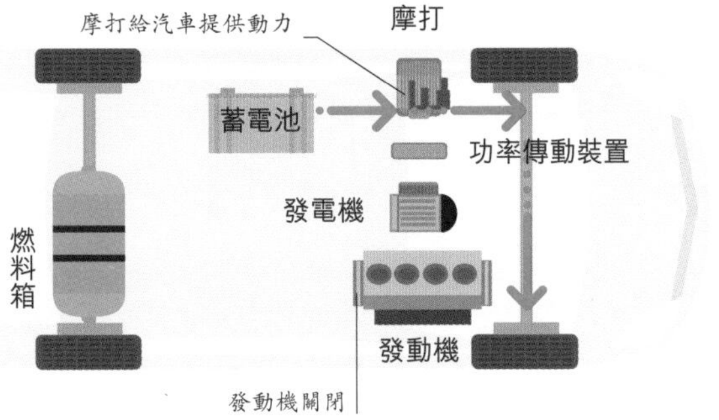

加速
如果需要快速加速，就需要啓動內燃機。此時，汽車的車輪由發動機和摩打的動力一起驅動。此外，發動機還需要驅動發電機，為摩打的電池充電。

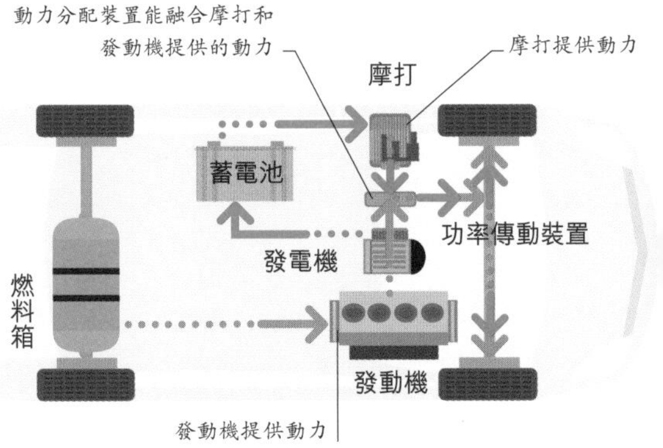

再生制動

大多數汽車使用制動片制動（見第 45 頁），制動片將車輪的動能轉化為熱能。電動汽車和混能汽車將車輪的動能轉化為電能，進而為電池充電。

在 19 世紀 30 年代，**發明家羅伯特・安德森**製造了第一輛電動汽車。

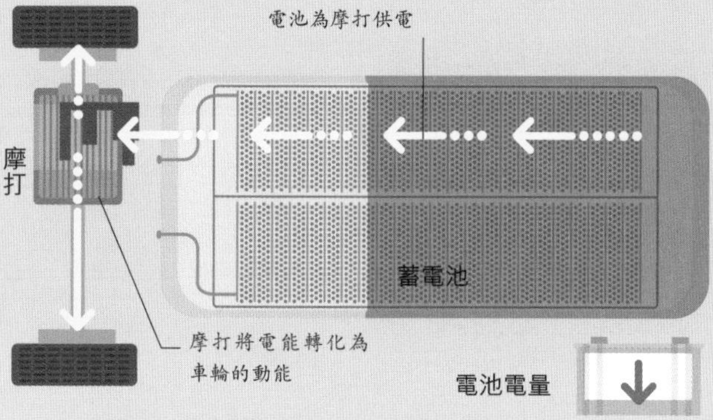
電池為摩打供電
摩打
蓄電池
摩打將電能轉化為車輪的動能
電池電量

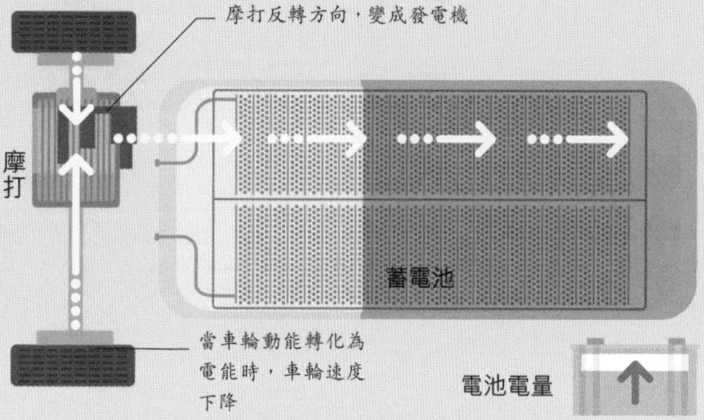
摩打反轉方向，變成發電機
摩打
蓄電池
當車輪動能轉化為電能時，車輪速度下降
電池電量

1 加速過程

當電動汽車和混能汽車加速時，其摩打從電池中獲取所需的能量。摩打將電池的電能轉化為汽車的動能。隨着能量的消耗，電池中的電量會逐漸下降。

2 剎車

當司機踩下制動踏板時，摩打就變成了發電機。它不是從電池中獲取能量，而是將汽車旋轉車輪的動能轉化為電能，這些電能返回電池中以備下次使用。

長途行駛

當汽車在長途旅行中高速行駛時，內燃機會自動運轉，而不需要摩打。

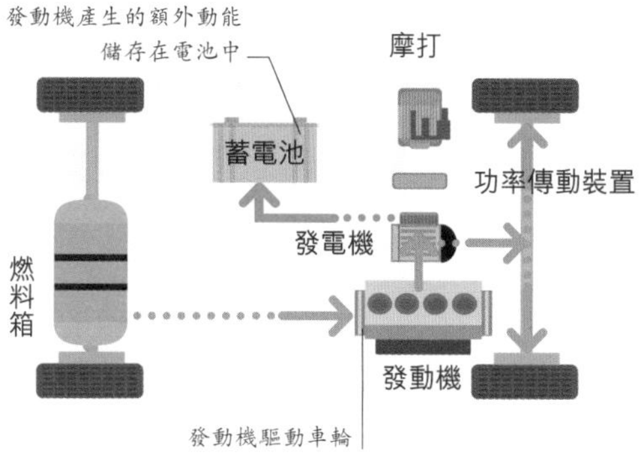
發動機產生的額外動能儲存在電池中
摩打
蓄電池
功率傳動裝置
發電機
燃料箱
發動機
發動機驅動車輪

剎車

當汽車開始減速時，內燃機和摩打關閉。在制動過程中，汽車多餘的能量轉化為電能，用來為電池充電。

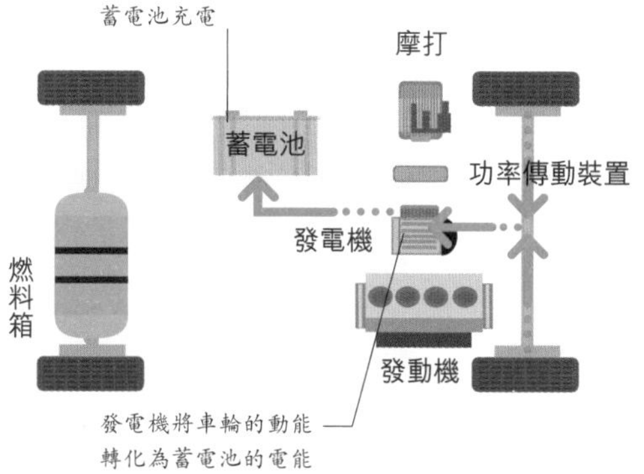
蓄電池充電
摩打
蓄電池
功率傳動裝置
發電機
燃料箱
發動機
發電機將車輪的動能轉化為蓄電池的電能

無人駕駛汽車

無人駕駛汽車配備了各種攝像頭、激光器和雷達，可以創建汽車周圍環境的實時 3D 圖像。利用這些設備，再融合電腦、衛星導航和人工智能技術，汽車便能實現自動駕駛。

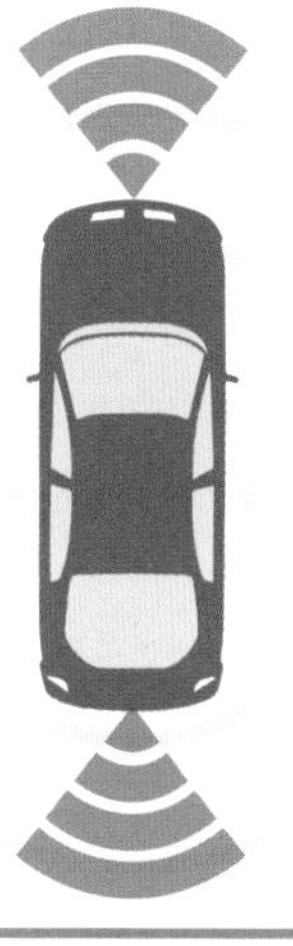

雷達

雷達通過發射高頻無線電波（見第 180 ～ 181 頁）和探測反射回來的無線電波來定位遠處的物體。雷達是空中交通管制系統的重要組成部分，主要用於跟蹤飛行中的飛機，並對其進行安全控制。

2 無線電波反射

飛機等大型金屬物體會反射無線電波。這些反射回來的無線電波中的一部分返回到天線。根據雷達脈衝到達飛機和反射回來所用的時間就可以計算出飛機的距離。

空中交通管制雷達

空中交通管制使用兩種雷達：一次雷達和二次雷達。一次雷達發射無線電波，這些無線電波被飛機反射回來，顯示出飛機的位置。二次雷達依賴飛機上一種被稱為「應答器」的設備主動發送信號，應答器發送的信號中還包含飛機的信息，如飛機的註冊號和高度。

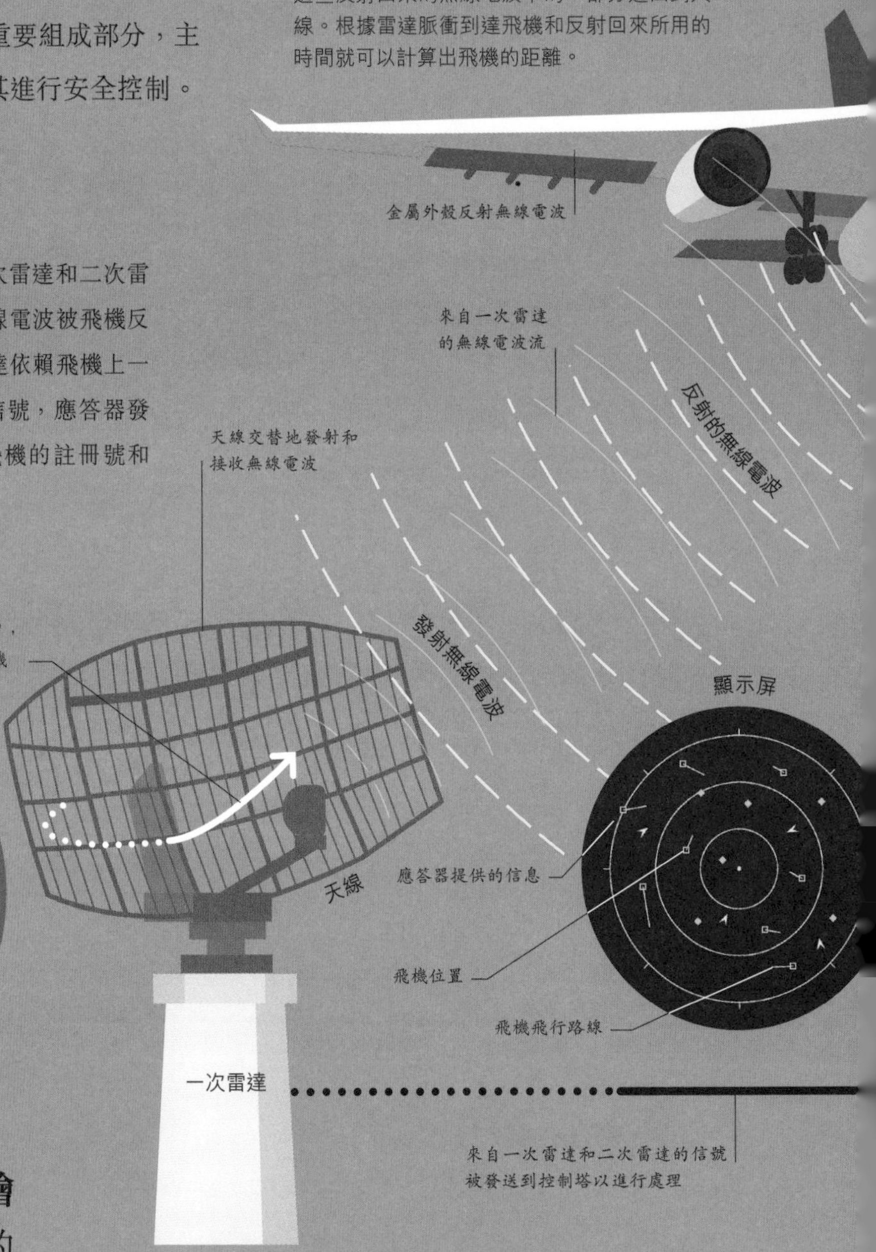
金屬外殼反射無線電波
來自一次雷達
的無線電波流
反射的無線電波
天線交替地發射和
接收無線電波
發射無線電波
天線旋轉 360°，
全方位掃瞄飛機
天線
顯示屏
應答器提供的信息
飛機位置
飛機飛行路線
一次雷達
來自一次雷達和二次雷達的信號
被發送到控制塔以進行處理

還有哪些地方使用雷達？

雷達還有其他用途，如海洋和地質勘查、繪圖、天文學、防盜報警器以及照相機等方面。

1 一次雷達

旋轉天線向四面八方發射無線電波，它們以光速直線行進。這些天線既能發射無線電波，也能接收無線電波。

可以使用**雷達繪製水星和金星的表面地形圖**。

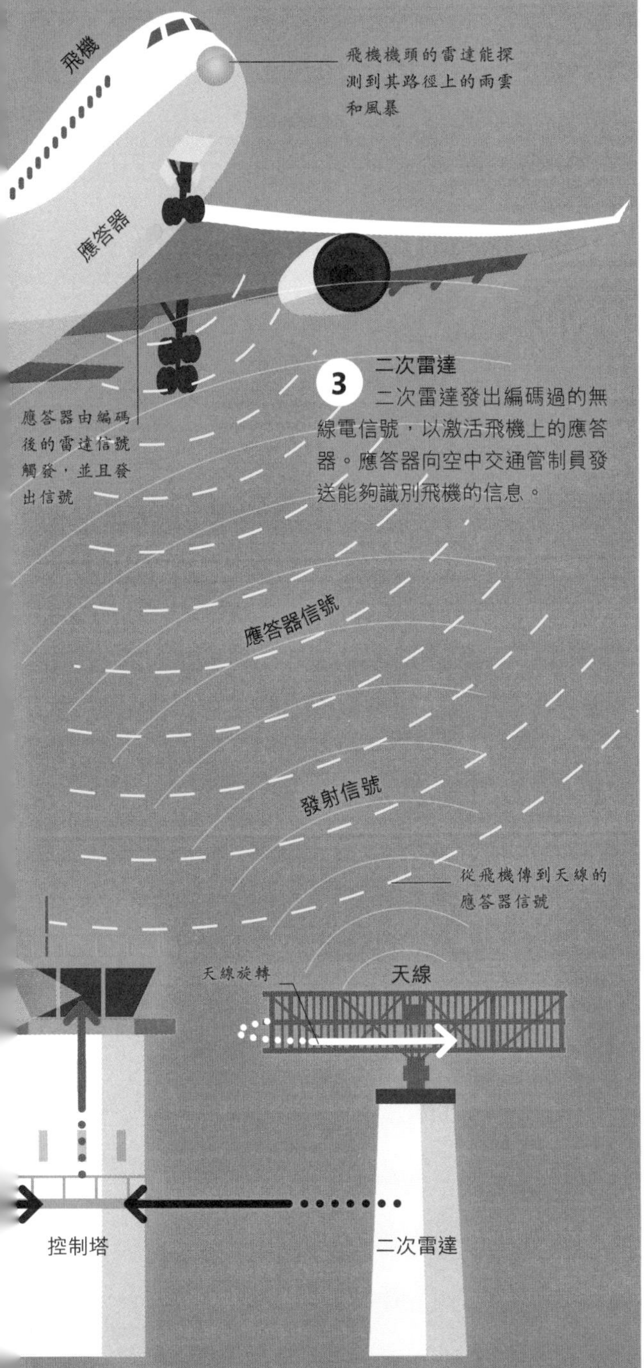
飛機
飛機機頭的雷達能探測到其路徑上的雨雲和風暴
應答器
應答器由編碼後的雷達信號觸發，並且發出信號
應答器信號
發射信號
從飛機傳到天線的應答器信號
天線旋轉
天線
控制塔
二次雷達

3 二次雷達

二次雷達發出編碼過的無線電信號，以激活飛機上的應答器。應答器向空中交通管制員發送能夠識別飛機的信息。

4 控制塔

控制塔內的信號處理器分析來自兩台雷達的信息，然後將其發送到顯示屏上。飛機以點或線的形式出現。

躲避雷達

一些軍用飛機，如 B-2 隱形轟炸機，是為了躲避敵人的雷達而設計的。飛機的特殊形狀使反射的無線電波偏離其發射源，同時飛機的機身上還塗着雷達吸波材料，以減少反射，使其更難被探測到。這就是所謂的隱形技術。

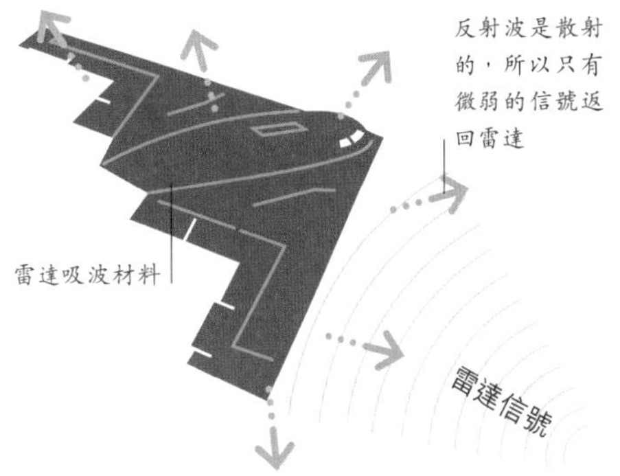
反射波是散射的，所以只有微弱的信號返回雷達
雷達吸波材料
雷達信號

透地雷達

雷達還能探測地下的情況。無線電波遇到任何物體或土壤干擾時都會被反射回來，電腦將處理這些反射並生成一張地圖。透地雷達被用於各種領域，包括考古、工程和軍事活動。

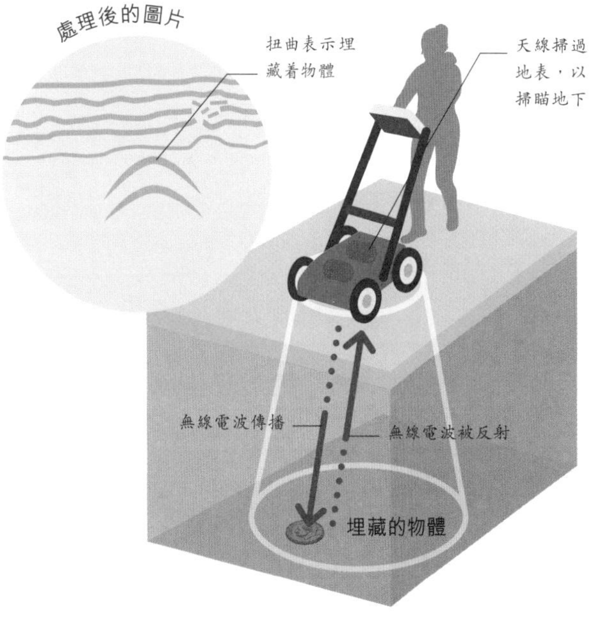
處理後的圖片
扭曲表示埋藏着物體
天線掃過地表，以掃瞄地下
無線電波傳播
無線電波被反射
埋藏的物體

測速攝影機

許多測速攝影機使用雷達（見第 48 ～ 49 頁）來測量車輛的速度。它們向車輛發射無線電波，並利用反射回來的電波來計算車速。

對 35 項國際研究的回顧發現，測速攝影機將平均車速降低了 15%。

多普勒效應

當無線電波「撃中」正在靠近或遠離發射器（如測速攝影機）的車輛時，車輛的運動會改變反射回來的無線電波的波長，這種現象被稱為「多普勒效應」。同樣的現象還出現在以下情況中：當緊急救援車輛靠近時，警笛的音調升高，而當緊急救援車輛遠離時，音調降低。

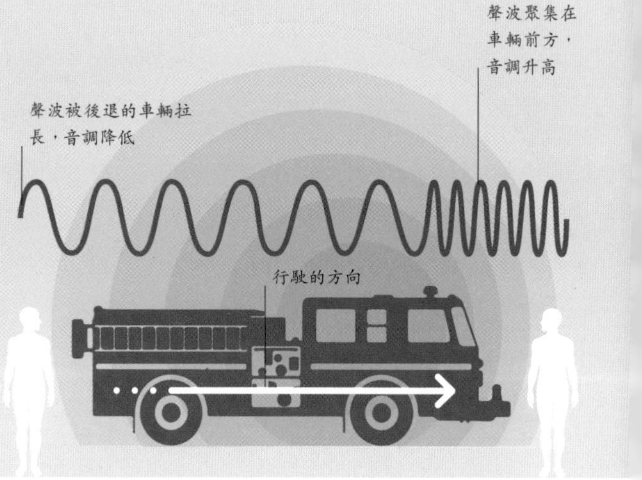
聲波聚集在車輛前方，音調升高
聲波被後退的車輛拉長，音調降低
行駛的方向

測速攝影機的工作原理

測速攝影機發出無線電波，然後檢測被行駛的車輛反射回來的無線電波。它利用發射的無線電波和反射的無線電波之間的差異（由多普勒效應引起），以確定車輛的速度。測速攝影機發射的非常短的無線電波被稱為「微波」，它們的波長大約為 1 厘米，以光速傳播。

1 發射
測速攝影機的雷達單元發射一束微波，這些微波在馬路上呈扇形擴散開來。不到一微秒（百萬分之一秒）後，微波就能到達過往車輛的後部。

2 反射
微波從車體上反射回來就像光從鏡子上反射回來一樣車輛的彎曲形狀使反射回來的波向四面八方傳播。

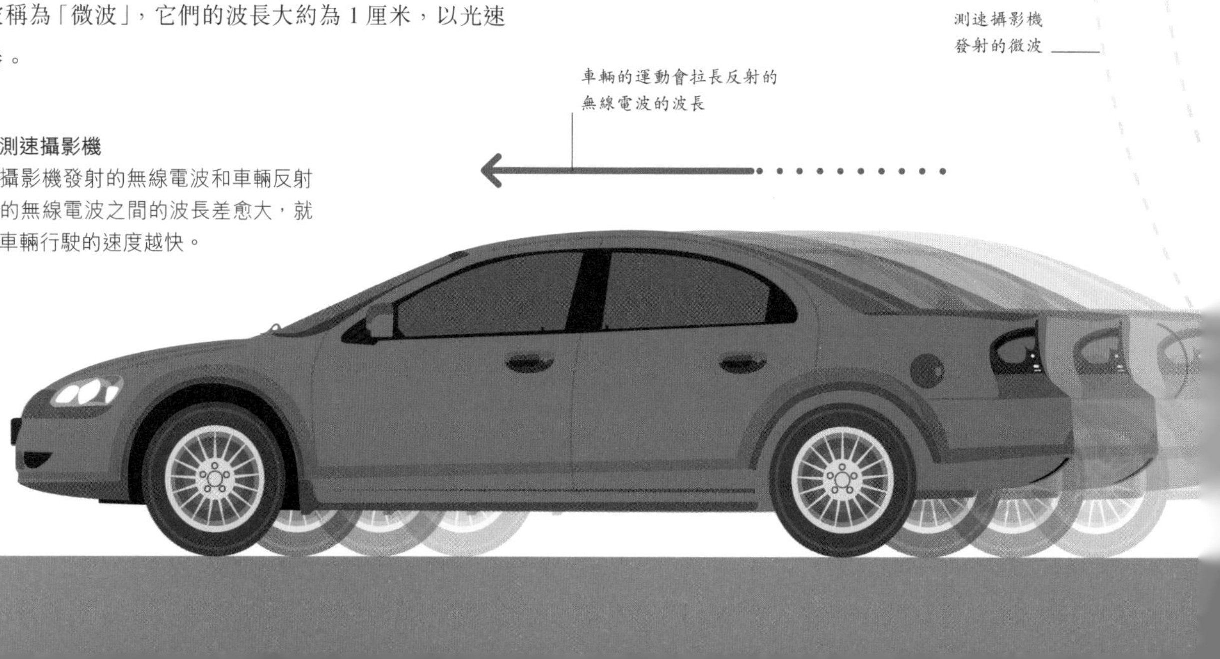
測速攝影機發射的微波
車輛的運動會拉長反射的無線電波的波長

定點測速攝影機
測速攝影機發射的無線電波和車輛反射回來的無線電波之間的波長差愈大，就說明車輛行駛的速度越快。

測速攝影機內部

測速攝影機包含雷達單元、數碼照相機、電源、閃光裝置和控制單元。測速攝影機通常指向車輛的後部，這樣數碼照相機的閃光燈就不會對司機造成視線干擾。

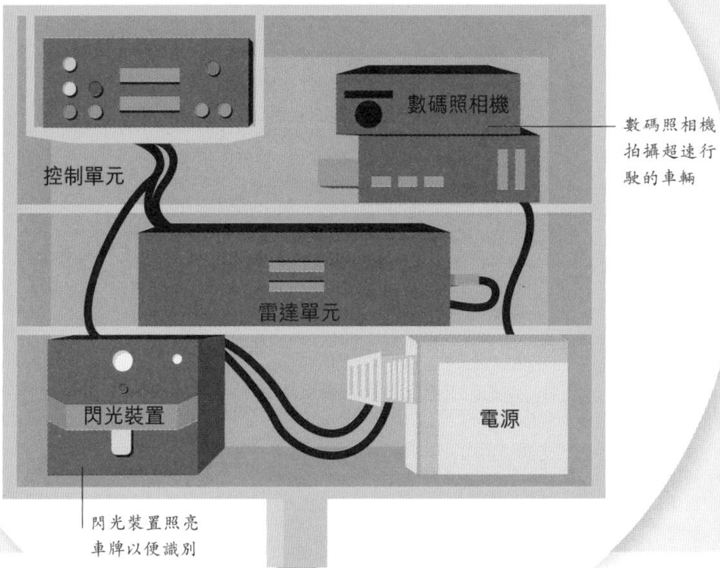
數碼照相機
控制單元
雷達單元
閃光裝置
電源
數碼照相機拍攝超速行駛的車輛
閃光裝置照亮車牌以便識別

激光雷達

一些手持速度探測器向車輛發射一系列激光脈衝，並測量反射脈衝的返回時間，以計算車輛的距離和速度。這項技術被稱為「激光雷達」(Light Detection and Ranging, 簡稱 LiDAR)。

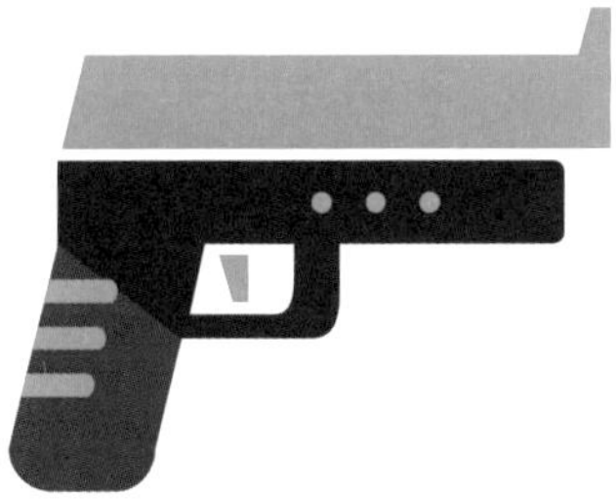

3 接收

雷達單元接收到反射回來的微波。如果它們的波長超過某一限值，就表明車輛的速度超過了時速限制。此時，測速攝影機內部的數碼照相機就會被激活，拍攝超速車輛的照片。

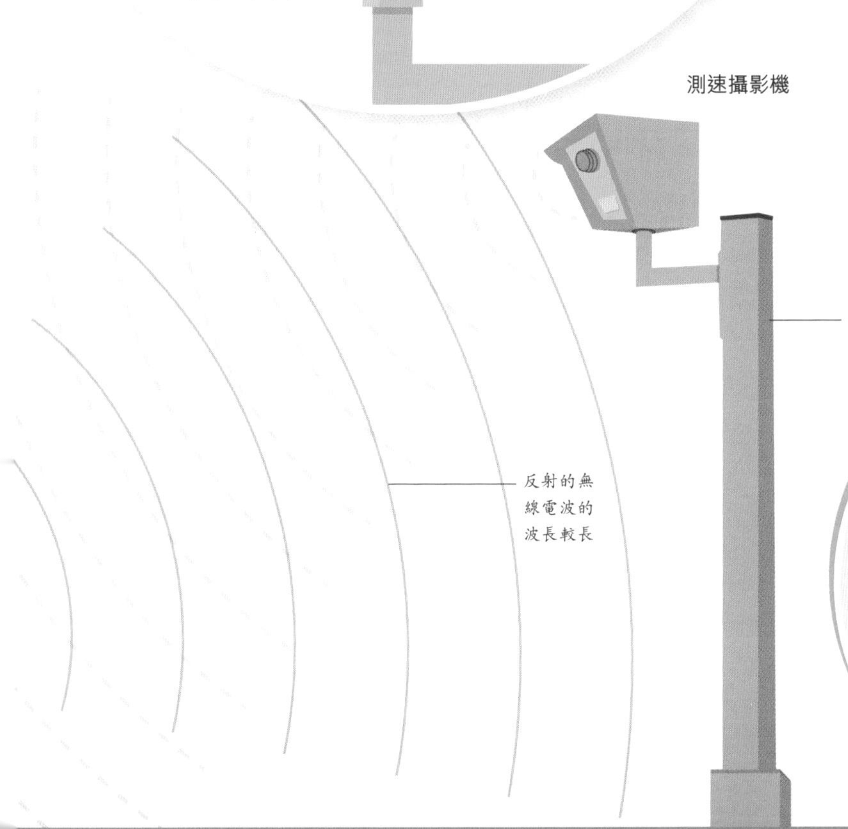
測速攝影機
安裝杆將測速攝影機固定在所需的高度和角度
反射的無線電波的波長較長

測速攝影機是甚麼時候發明的？

雖然開發測速攝影機的想法可以追溯到 20 世紀初，但第一台雷達測速攝影機是在第二次世界大戰期間由美國製造的，它被應用於軍事領域。

火車

火車為長途旅行提供了一種省時的運輸解決方案。大多數現代火車由柴油發動機或外部電源提供動力。

電流通過接觸線流動
集電弓
滑板與接觸線連接
上框架
下臂杆
位於機車頂部的彈性可升降臂稱為「集電弓」，它從上方的接觸網上收集電流。

電氣化火車

電氣化火車由接觸網或第三軌供電。由於電氣化火車不必攜帶自己的發電設備，比同等的柴油發動列車更輕，因此它們能夠更快地加速。

誰建造了第一輛鐵路列車？

1804 年，英國工程師理查德・特里維希克建造了第一輛鐵路列車。南威爾士的 Penydarren 冶鐵廠用它來運輸鋼鐵。

電流轉換

許多現代電氣化火車將高壓交流電轉換成驅動火車車輪的摩打所需的低壓交流電。

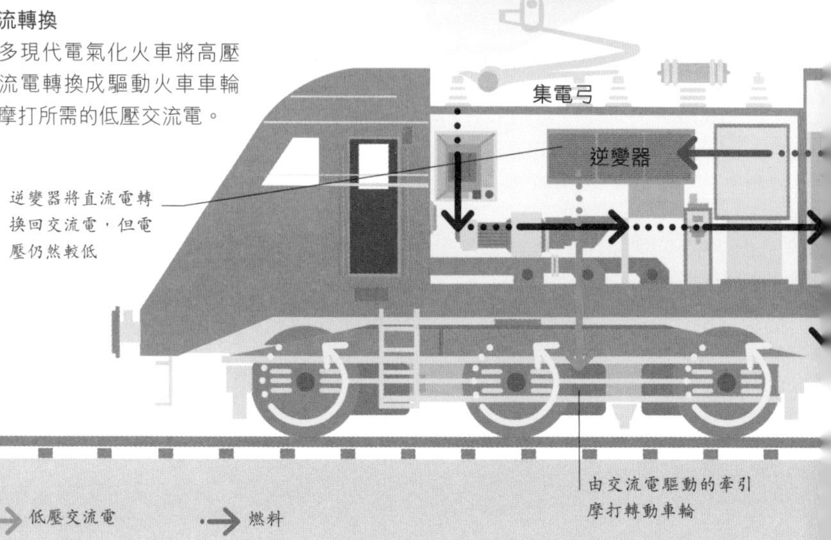

集電弓
逆變器
逆變器將直流電轉換回交流電，但電壓仍然較低
由交流電驅動的牽引摩打轉動車輪

圖例

→ 高壓交流電　→ 低壓直流電　→ 低壓交流電　→ 燃料

電傳動內燃列車

大多數現代電傳動內燃列車在機車內安裝柴油發電裝置。柴油發動機並非直接給車輪提供動力，而是驅動交流發電機（見第 16 ～ 17 頁）發電，從而控制列車的電氣系統和牽引摩打。這類列車不需要外部電源，通常被用於電氣化經濟效益比較低的非電氣化鐵路線。

發動機動力

柴油發動機驅動的交流發電機產生的交流電被整流器轉換成直流電。逆變器再將其轉換回交流電，為摩打供電。

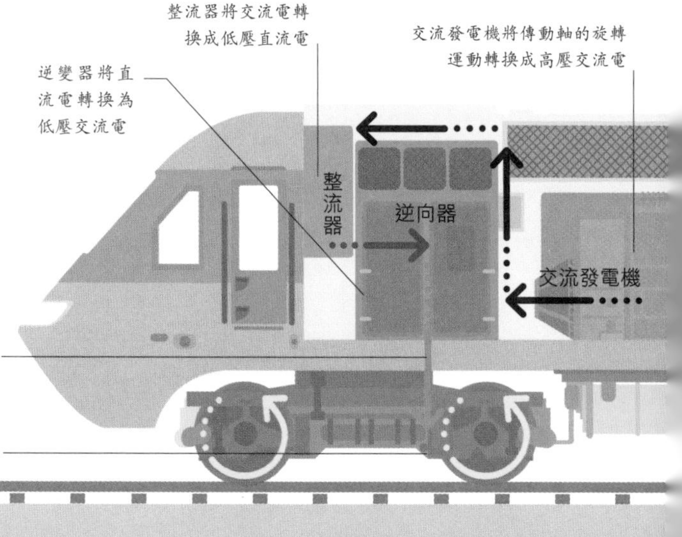

整流器將交流電轉換成低壓直流電
交流發電機將傳動軸的旋轉運動轉換成高壓交流電
逆變器將直流電轉換為低壓交流電
整流器
逆向器
交流發電機
低壓交流電源牽引摩打
牽引摩打利用交流發電機產生的電流為列車提供動力

真空管道磁懸浮列車

真空管道磁懸浮列車是一種尚處於試驗階段的火車，行駛得比飛機快數倍，但耗能比飛機低得多。磁懸浮列車的乘客艙在一個接近真空的管道內行駛，管道內的空氣被移除以減少活塞效應（列車前方空氣的積聚），並減少摩擦，以使乘客艙行駛得更快。列車下方和軌道上的電磁鐵相互排斥或吸引，以產生升力和推力。

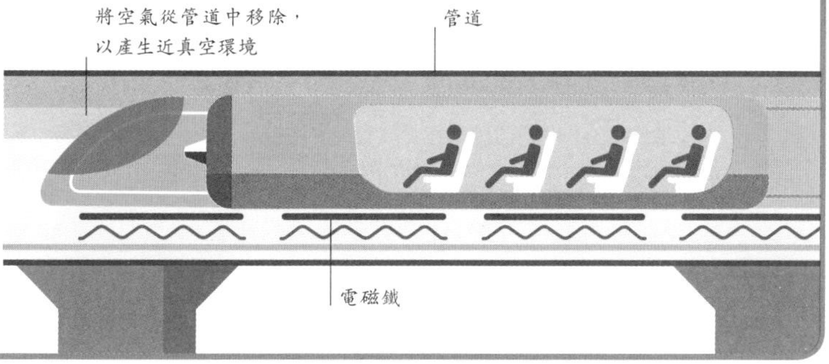
將空氣從管道中移除，
以產生近真空環境
管道
電磁鐵

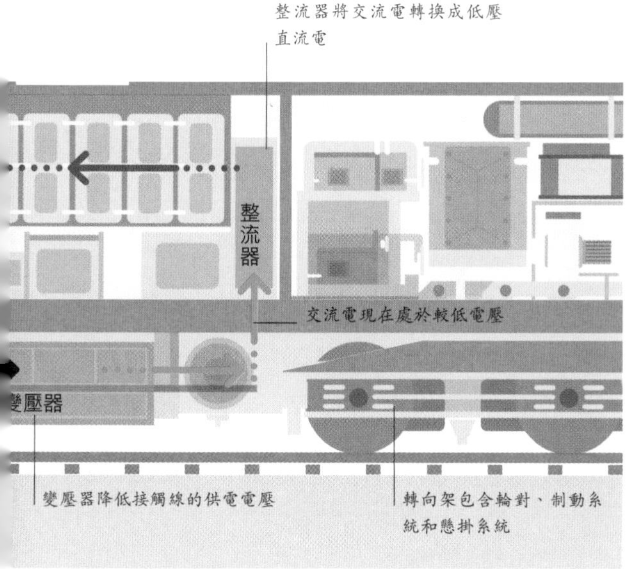
整流器將交流電轉換成低壓
直流電
整流器
交流電現在處於較低電壓
變壓器
變壓器降低接觸線的供電電壓
轉向架包含輪對、制動系
統和懸掛系統

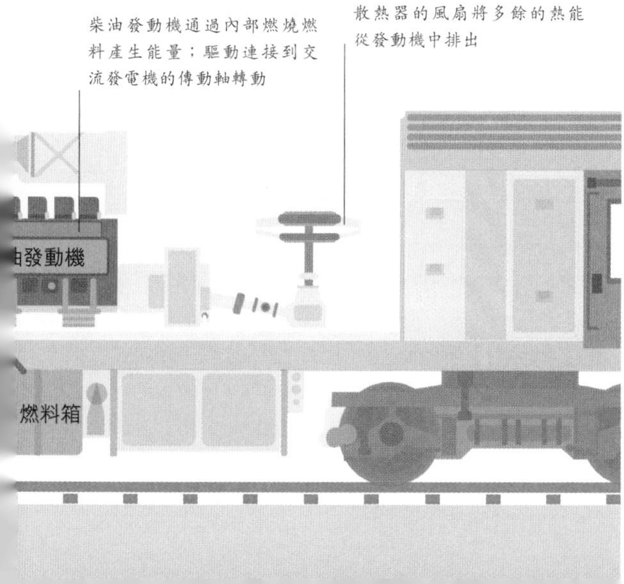
柴油發動機通過內部燃燒燃
料產生能量；驅動連接到交
流發電機的傳動軸轉動
散熱器的風扇將多餘的熱能
從發動機中排出
油發動機
燃料箱

轉向架和車輪

火車的每一部分都由被稱為「轉向架」的框架系統支撐，轉向架上安裝着輪對（輪軸和車輪）。轉向架可以沿着軌道的彎道轉彎。在鋼軌上運行的車輪一般由實心鋼製成，能最大限度地減少滾動摩擦。為將轉向架固定在軌道上，火車每個車輪的一側都有突出的輪輞（也被稱為「輪緣」）。

平穩行駛
轉向架有內置的懸掛系統，它使用螺旋彈簧、減震器和安全氣囊來吸收由軌道不平順引起的顛簸和震動。車輪與鐵軌保持接觸，而上面的列車和車廂則平穩地向前移動。

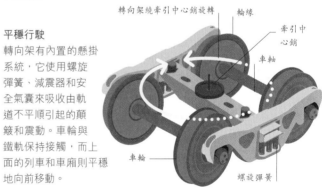

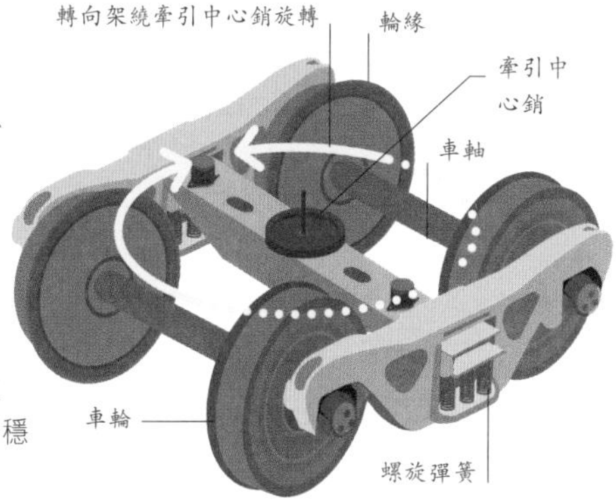
轉向架繞牽引中心銷旋轉
輪緣
牽引中
心銷
車軸
車輪
螺旋彈簧

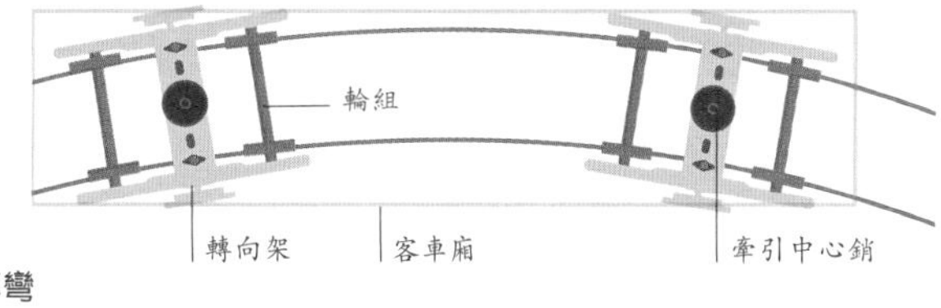
輪組
轉向架
客車廂
牽引中心銷

轉彎
帶有輪對的長火車沿着鋼軌行駛，具有固有的剛性。為了讓火車能夠沿着彎道行駛，一些現代轉向架有內置的自動導向裝置。該裝置帶有一個轉向梁和鉸接在牽引中心銷上的操縱桿，從而使輪對能夠轉動。

帆船

帆船利用風和水的運動來行駛，而不需要發動機。帆船曾用於商業活動和戰爭，現在主要用於體育和休閒活動。

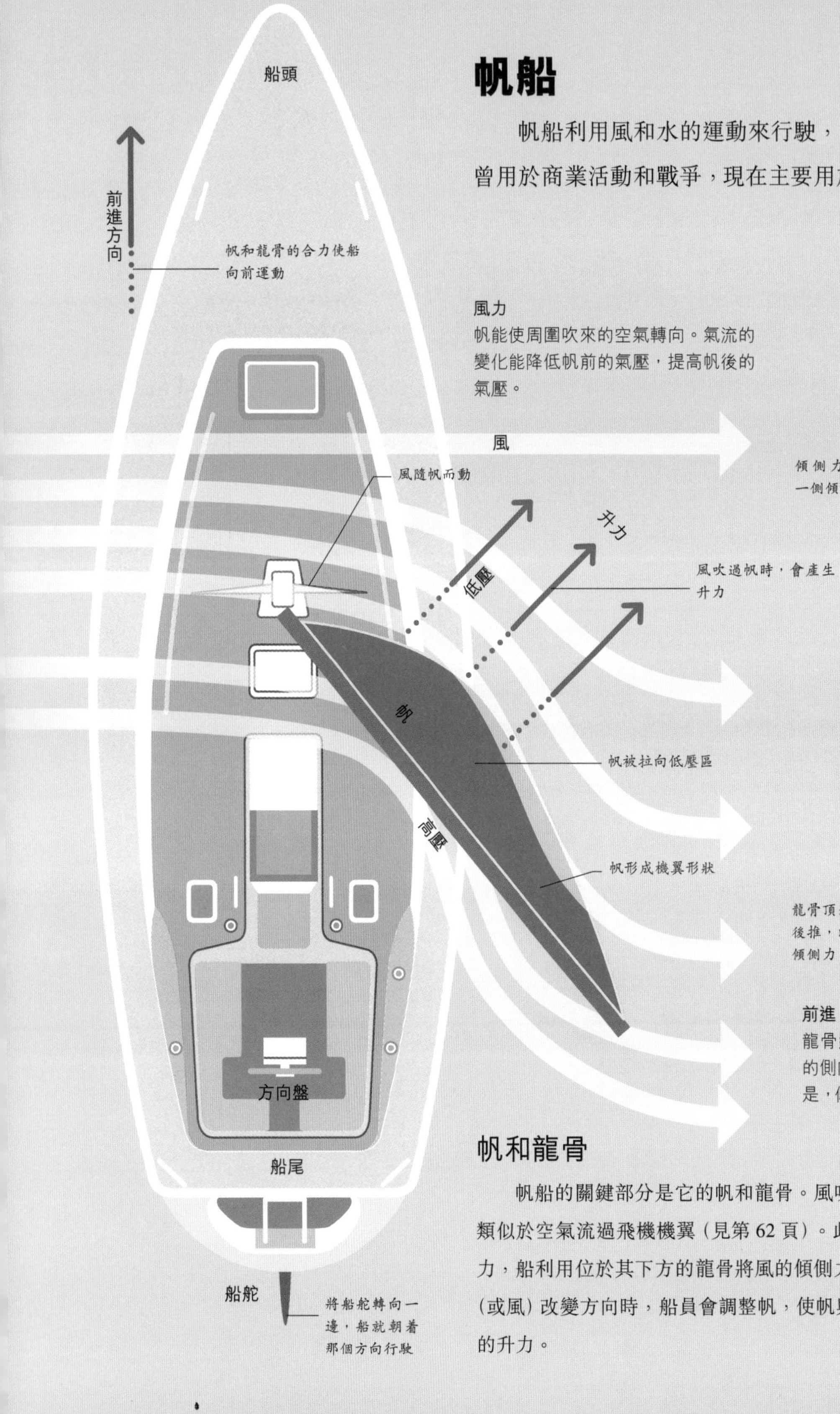

船頭
前進方向
帆和龍骨的合力使船向前運動
風
風隨帆而動
升力
低壓
風吹過帆時，會產生升力
帆
帆被拉向低壓區
高壓
帆形成機翼形狀
方向盤
船尾
船舵
將船舵轉向一邊，船就朝着那個方向行駛

風力

帆能使周圍吹來的空氣轉向。氣流的變化能降低帆前的氣壓，提高帆後的氣壓。

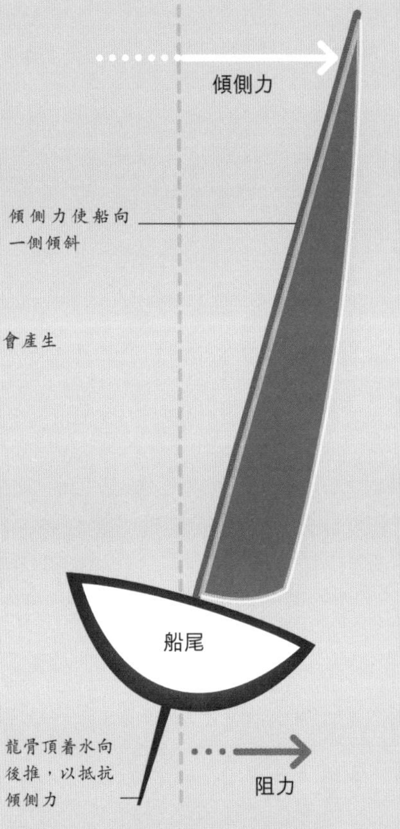

傾側力
傾側力使船向一側傾斜
船尾
龍骨頂着水向後推，以抵抗傾側力
阻力

前進

龍骨通過推動水來抵消傾側力（風產生的側向運動），從而使帆船向前運動。但是，傾側力並沒有被完全消除。

帆和龍骨

帆船的關鍵部分是它的帆和龍骨。風吹過帆時，會產生升力，這類似於空氣流過飛機機翼（見第 62 頁）。此外，風還會對船產生傾側力，船利用位於其下方的龍骨將風的傾側力轉化為前進的動力。當船（或風）改變方向時，船員會調整帆，使帆與風成最佳角度以產生最大的升力。

浮力和穩定性

船的力量由一個向上的力來平衡，這個力被稱為「浮力」。只要船的密度等於或小於水的密度，浮力就足以使船漂浮在水面上。要想讓船在水中直立漂浮，船的重心必須在浮力中心的正上方。當一艘船傾斜時，它的重心保持不變，但它的浮力中心向傾斜的方向移動。這兩個中心必須重新對齊，才能使船恢復直立。

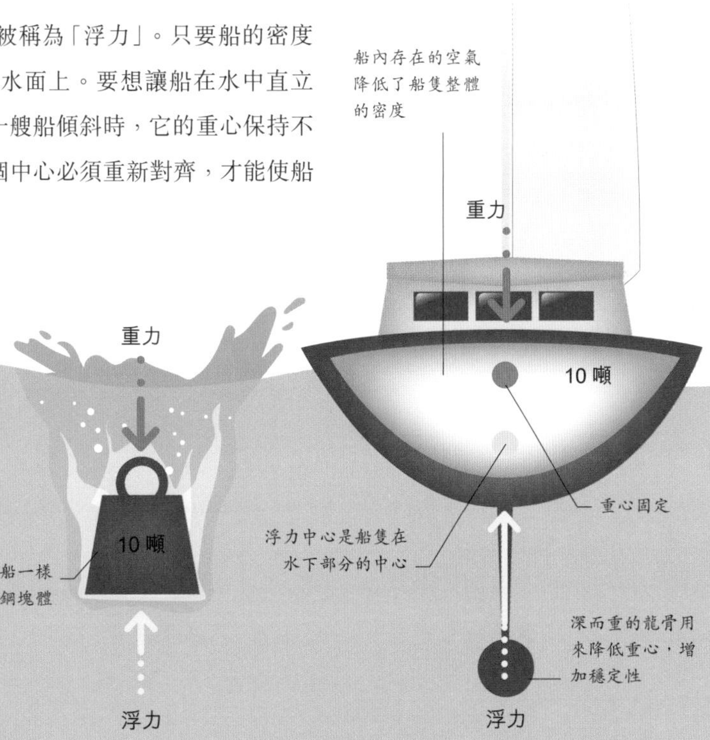
船內存在的空氣降低了船隻整體的密度
重力
重力
10 噸
10 噸
重心固定
浮力中心是船隻在水下部分的中心
鋼塊和船一樣重，但鋼塊體積較小
深而重的龍骨用來降低重心，增加穩定性
浮力
浮力

浮力

物體的密度等於其質量除以體積。右圖中船和鋼塊的重量是一樣的，但由於鋼塊的密度比水大，因此鋼塊會沉入水底；而船的密度比水小，因此它會漂浮於水面上。

哪艘帆船行駛最快？

維斯塔斯風力系統公司的風帆火箭 2 號以 121.1 千米 / 時的速度保持着帆船航行的世界紀錄。

40 天 **23** 小時 **30** 分鐘
—— **創紀錄**的**環球航行**時間。

船體類型

船體是一艘船的主體。帆船可以有一個船體（單體船）或多個船體（多體船）。多體船通常用於比賽，因為它們不需要沉重的龍骨來保持穩定，比單體船輕。最常見的多體船是雙體船和三體船。雙體船有兩個船體，三體船有三個船體。

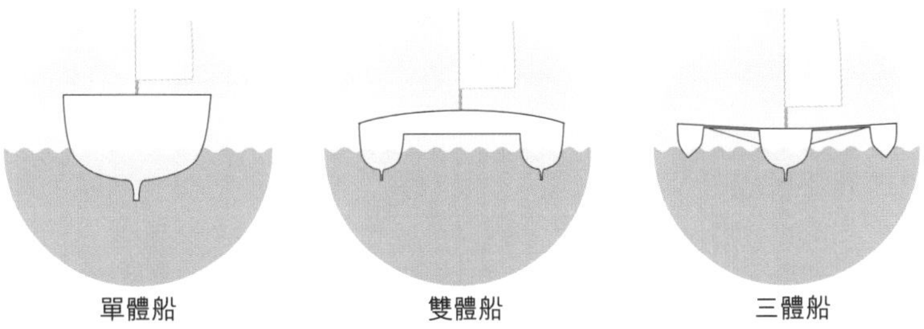

單體船
單體船的甲板下有一個寬敞的單體船體。

雙體船
雙體船比單體船更寬，因此更穩定。

三體船
三體船有一個主船體和兩個小的輔助船體。

螺旋槳

機動船通常由一個或多個螺旋槳轉動來推動其在水中運動。當螺旋槳旋轉時，它傾斜的葉片迫使水向後運動，隨後水會回推葉片，產生推動機動船前進的推力。此時，湧入的水會填滿移動的葉片後面形成的空間。這會在葉片的兩側產生壓力差，即葉片前面壓力低，後面壓力高，從而使葉片的前表面被前拉。螺旋槳也稱為「螺絲釘」，因為它們在水中像螺絲釘一樣運動。

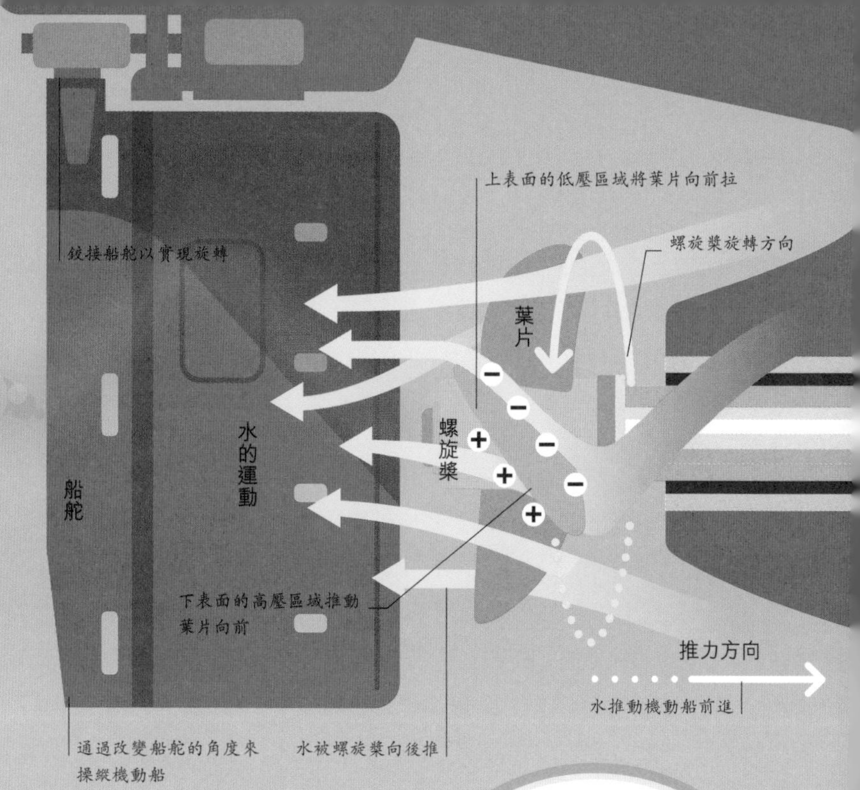

上表面的低壓區域將葉片向前拉
螺旋槳旋轉方向
鉸接船舵以實現旋轉
葉片
水的運動
螺旋槳
船舵
下表面的高壓區域推動葉片向前
推力方向
水推動機動船前進
通過改變船舵的角度來操縱機動船
水被螺旋槳向後推

機動船

發動機提供的動力使機動船擺脫了風和帆的限制。它還能使機動船產生電力和液壓動力來運轉其他設備。

最快的摩托艇是甚麼？

1978 年，澳洲摩托艇賽車手肯・沃比在他的噴射式摩托艇上創造了 511 千米 / 時的摩托艇行駛世界紀錄。

發動機

可以採用多種不同的方式為機動船提供動力。許多機動船使用柴油發動機（見第 42 ～ 43 頁）來轉動與螺旋槳相連的軸。包括遠洋客輪在內的其他機動船採用汽輪機驅動。軍艦通常使用類似於噴射式發動機的燃氣渦輪發動機（見第 60 ～ 61 頁），少數大型軍艦採用核動力推進。在較小的機動船上，發動機通常被安裝在船的外部，而較大的機動船通常有船內發動機。

穩定性

機動船的船內發動機可以用來驅動一個及以上的螺旋槳，以及幫助轉向的船舶推進器（見下頁）。發動機和重型設備被安裝在船體較低的位置，以提高船的穩定性。

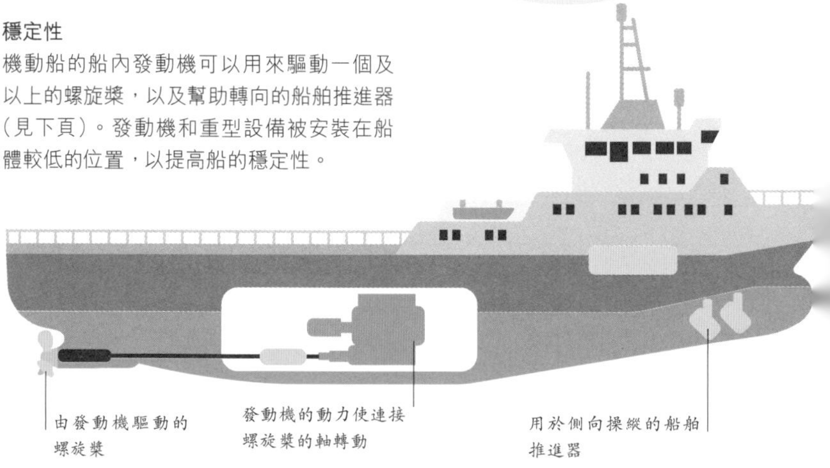

由發動機驅動的螺旋槳
發動機的動力使連接螺旋槳的軸轉動
用於側向操縱的船舶推進器

19 世紀 30 年代成功研製出了第一批船用螺旋槳。

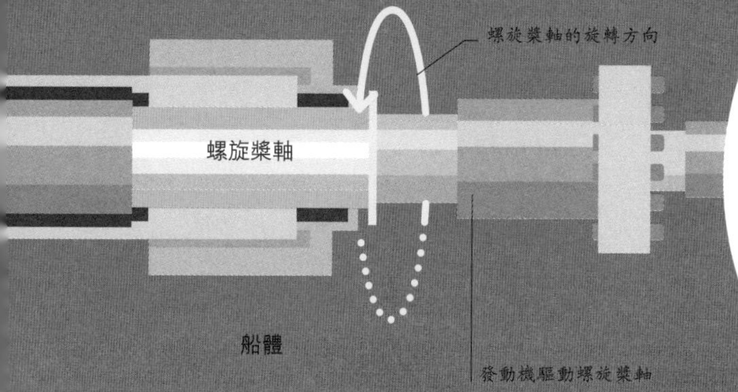
螺旋槳軸的旋轉方向
螺旋槳軸
船體
發動機驅動螺旋槳軸

船舶推進器

一些較大船舶的船頭或船尾安裝有被稱為「推進器」的螺旋槳，用於產生側向推力。它們能使船舶在沒有拖船幫助的情況下在狹小的空間內航行。

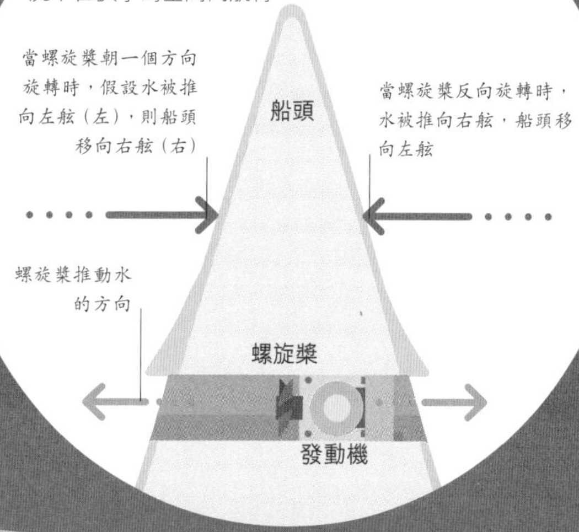
當螺旋槳朝一個方向旋轉時，假設水被推向左舷（左），則船頭移向右舷（右）
船頭
當螺旋槳反向旋轉時，水被推向右舷，船頭移向左舷
螺旋槳推動水的方向
螺旋槳
發動機

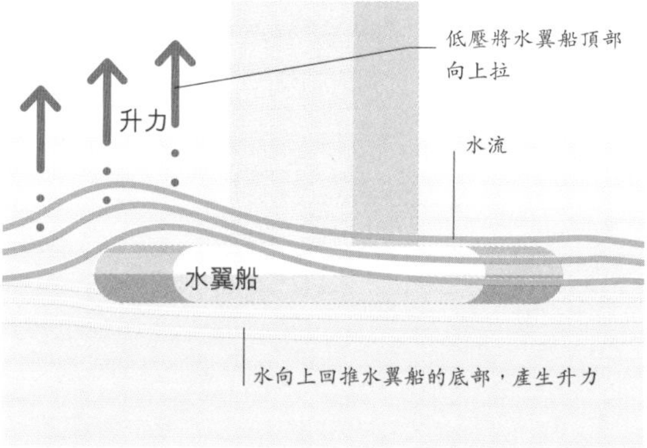
低壓將水翼船頂部向上拉
升力
水流
水翼船
水向上回推水翼船的底部，產生升力

水翼船

水對船體的擠壓會產生阻力。發動機必須做更多功來克服這種阻力，故而船會減速。水翼船通過使用水下機翼來減小阻力，水下機翼的工作原理與飛機機翼（見第 62 頁）相同，可以將整個船體提離水面。由於水的密度比空氣的大，與飛機的機翼相比，水翼船可以在較低的速度下產生更大的升力。

水翼船的類型

露出水面的水翼割划着水面，而完全浸沒的水翼則停留在水下。

割划式水翼船

全浸式水翼船

吊艙推進器

如今，大型船舶通常由被稱為「方位推進器」的裝置推進和操縱，其包含一個轉動螺旋槳的摩打。整個吊艙可以旋轉，能提供任意方向的推力。

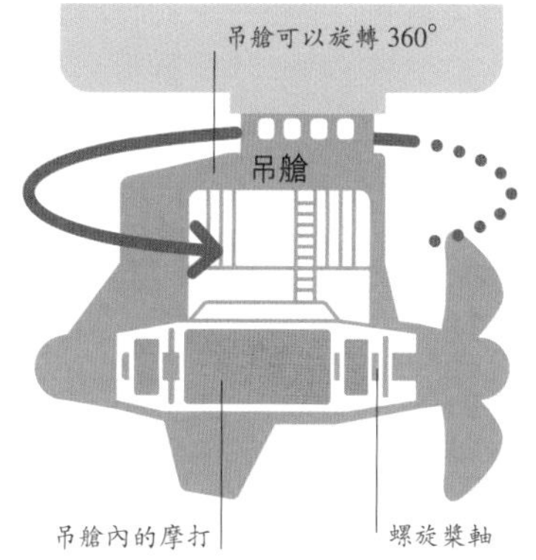
吊艙可以旋轉 360°
吊艙
吊艙內的摩打
螺旋槳軸

潛艇

潛艇是一種能在水下運行的艦艇，通常用於軍事。壓載艙能使潛艇下沉或漂浮。潛艇通常由反應堆或柴油發動機驅動，它包含高科技導航系統和通信系統，一次可以隱藏數月。

在水中移動

當潛艇在強大的發動機的推動下穿過海洋時，船員通過三種類型的潛艇表面控制系統，即船艏水平舵、艉部穩定翼和船舵，來操縱潛艇。傾斜船艏水平舵能使潛艇在水中升得更高或潛得更深。調整艉部穩定翼可以使潛艇保持水平。船舵用於引導潛艇向左舷（左）或右舷（右）航行。

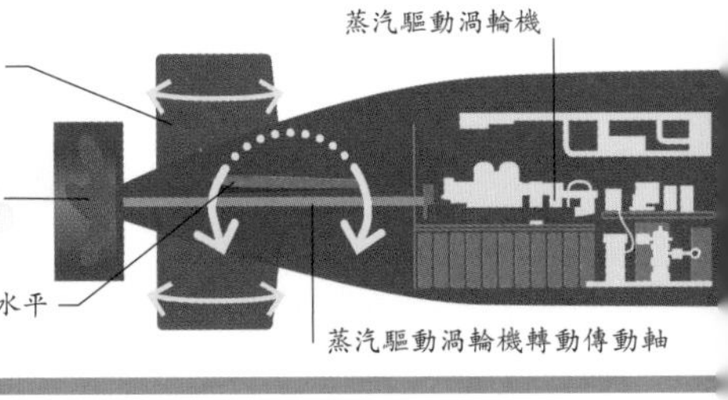

蒸汽驅動渦輪機
船舵控制潛艇左右轉向
護罩減少螺旋槳噪聲
艉部穩定翼保持潛艇水平
蒸汽驅動渦輪機轉動傳動軸

1 漂浮

當潛艇的壓載艙中充滿空氣時，它漂浮在水面上。所有壓載艙的閥門都是關閉的，以防止水湧入。

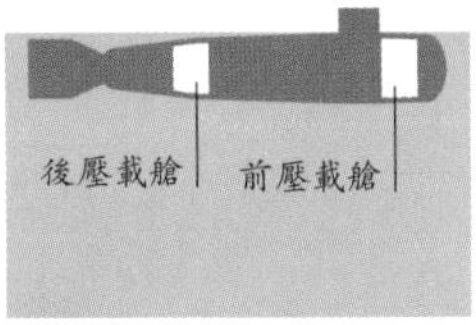

後壓載艙
前壓載艙

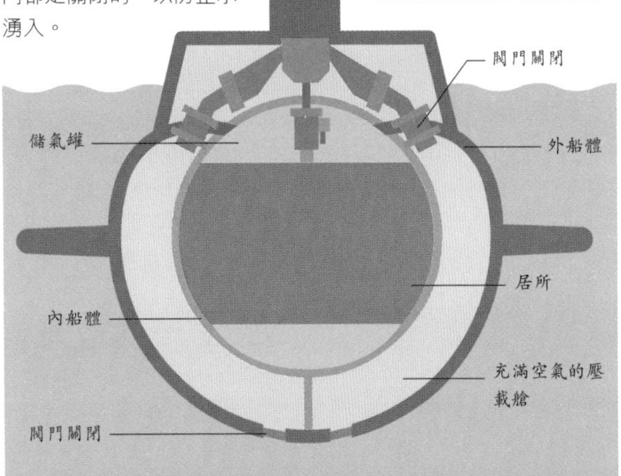

閥門關閉
儲氣罐
外船體
居所
內船體
充滿空氣的壓載艙
閥門關閉

2 下潛

潛艇通過打開壓載艙閥門讓海水湧入艙內實現下潛。由於比同樣體積的水更重，因此潛艇會下潛，湧入的水愈多，潛艇下潛得越深。

為降低船艏，船員必須先灌滿前壓載艙

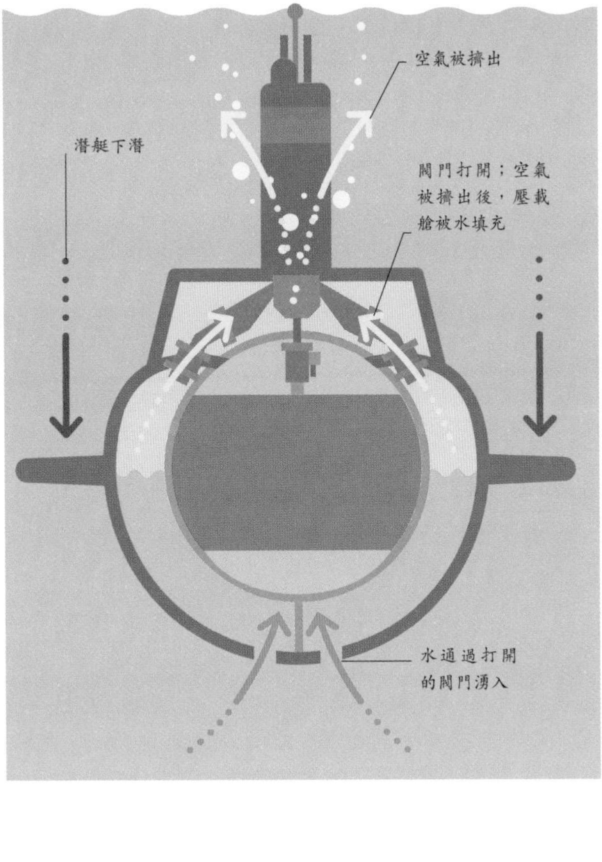

空氣被擠出
潛艇下潛
閥門打開；空氣被擠出後，壓載艙被水填充
水通過打開的閥門湧入

潛艇如何下潛和上升

潛艇之所以能夠潛到很深的地方，然後再回到水面上，是因為它們可以改變自身相對於周圍水的密度。如果潛艇的密度大於周圍水的密度，它就會下潛。降低潛艇的密度會使浮力增大，因此它會浮向水面。船員通過向位於內外船體之間的壓載艙注入海水或填充壓縮空氣來改變潛艇的密度。

海軍潛艇

為了避免被發現，海軍潛艇中的機械設備與船體分離，以防止振動傳入水中。潛艇的螺旋槳通常被罩在護罩中，以減少產生的噪聲。

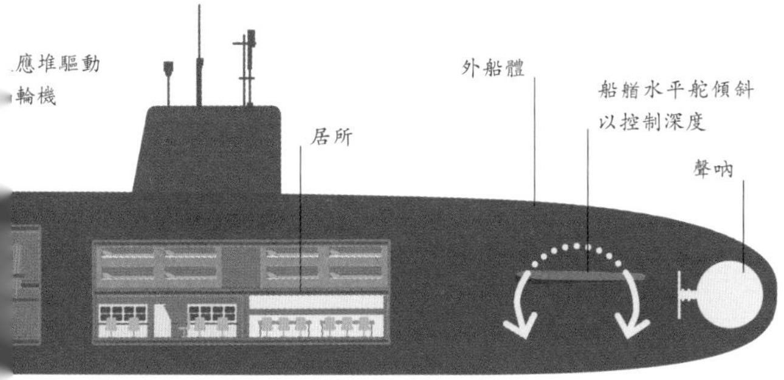

3 **升到水面**

上升時，壓縮空氣被泵入壓載艙，水逐漸被排出。儲氣罐中的空氣會在潛艇升到水面後再次得到補充。

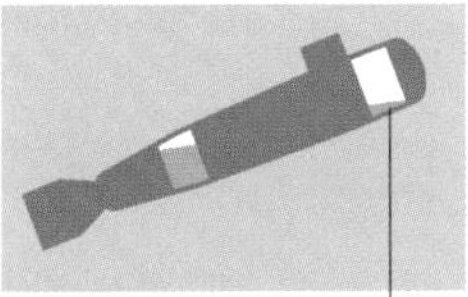

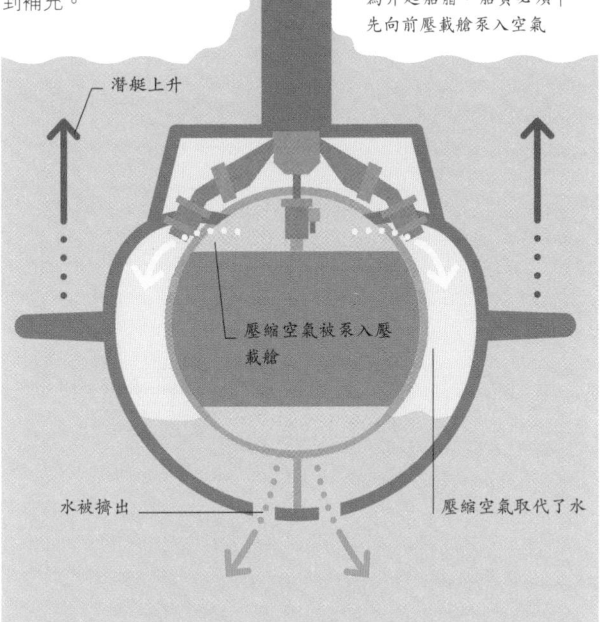

第一艘潛艇是由科內利斯・德雷貝爾於1620年建造的。

潛水器

潛水器是比潛艇小的、有人或無人駕駛的潛水船。潛艇可以獨立運作，而潛水器只能由船隻運送到潛水點。為了能在極深的地方承受巨大的水壓，潛水器有一個非常堅固的球形艙室以供船員使用。潛水器使用電動推進器來操縱。

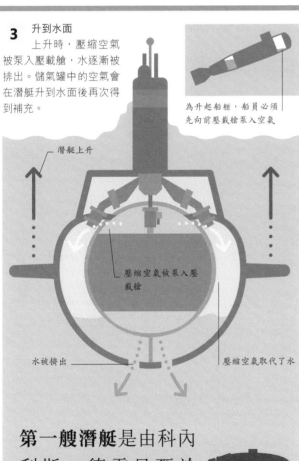

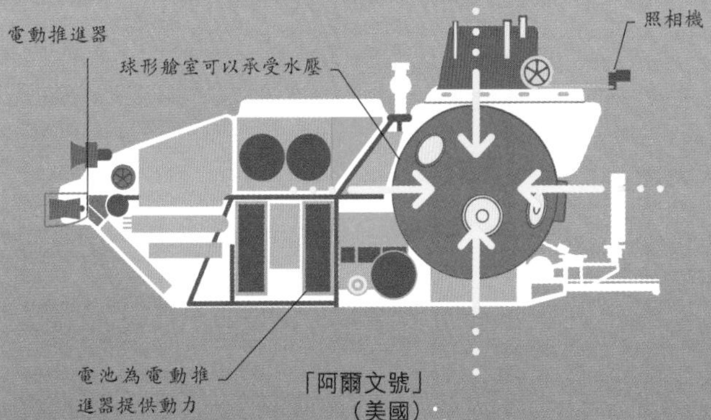

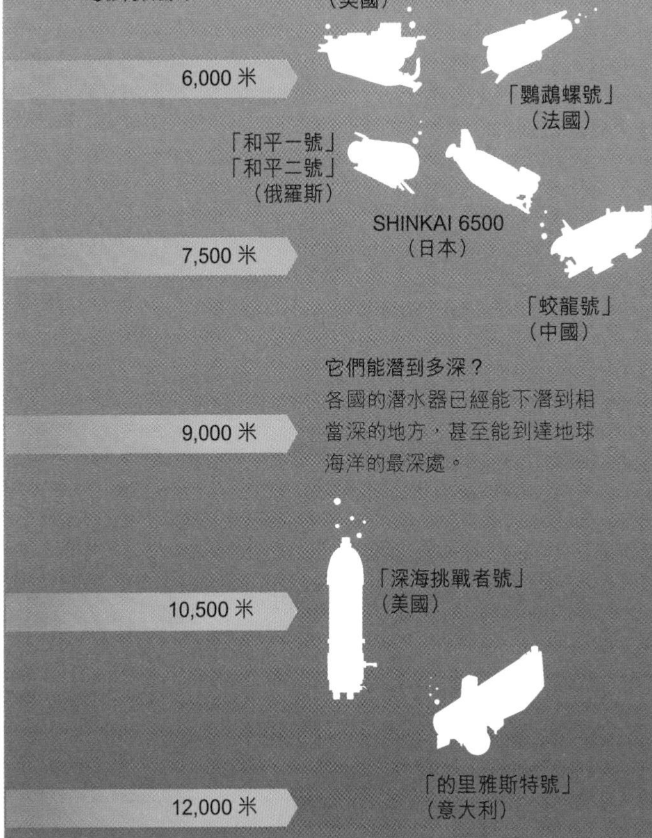

它們能潛到多深？

各國的潛水器已經能下潛到相當深的地方，甚至能到達地球海洋的最深處。

噴射機和火箭

噴射機和火箭都是利用推力向前或向上推動的反作用式發動機。氣體在一個方向上的快速排出會產生相反方向的推力。

渦輪風扇發動機
客機最常使用的噴射機為渦輪風扇發動機。該發動機因其前部的大風扇得名。在這種類型的發動機中，推力的主要來源是繞過中央核心的空氣。

飛機發動機

噴射式飛機比由螺旋槳驅動的飛機更快、更省油，它的出現徹底改變了航空業。大多數現代客機和軍用戰鬥機都是噴射式的，雖然有不同的類型，但所有噴射機的工作原理都相同。它們吸入空氣，被添加燃料，然後燃燒混合物，由此產生的爆炸性氣體會產生推力。

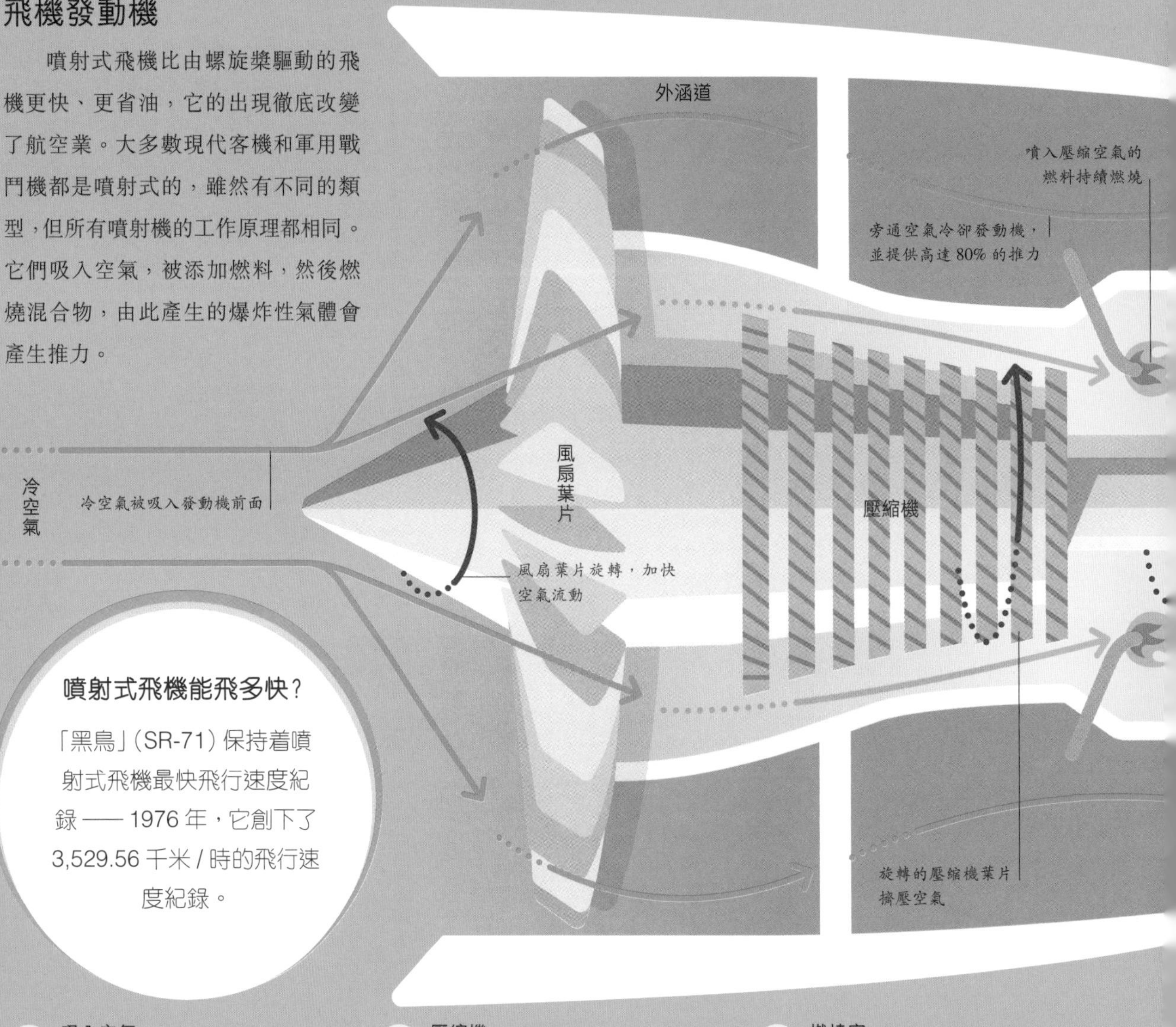

外涵道
噴入壓縮空氣的
燃料持續燃燒
旁通空氣冷卻發動機，
並提供高達 80% 的推力
冷空氣
冷空氣被吸入發動機前面
風扇葉片
壓縮機
風扇葉片旋轉，加快
空氣流動
旋轉的壓縮機葉片
擠壓空氣

噴射式飛機能飛多快？

「黑鳥」(SR-71) 保持着噴射式飛機最快飛行速度紀錄——1976 年，它創下了 3,529.56 千米 / 時的飛行速度紀錄。

1 吸入空氣
發動機前部的風扇葉片吸入冷空氣。大部分冷空氣通過外涵道被輸送到發動機後部，其餘的進入發動機中心位置。

2 壓縮機
冷空氣進入壓縮機，壓縮機由一系列風扇葉片組成。壓縮機能壓縮空氣，極大地提高空氣的溫度和壓強。

3 燃燒室
一股穩定的壓縮空氣流進入燃燒室。在這裏，燃料通過噴管噴入，燃料和壓縮空氣的混合物在非常高的溫度下燃燒。

聲障

飛行速度超過聲速的飛機會極大地壓縮前方的空氣，從而形成高壓衝擊波。衝擊波擴散開來，產生巨大的聲爆。

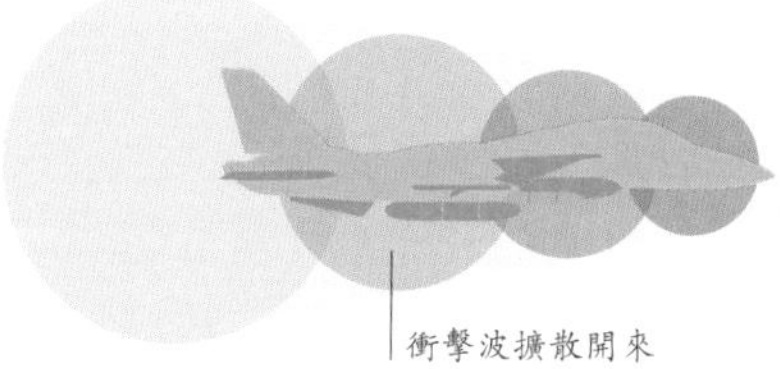

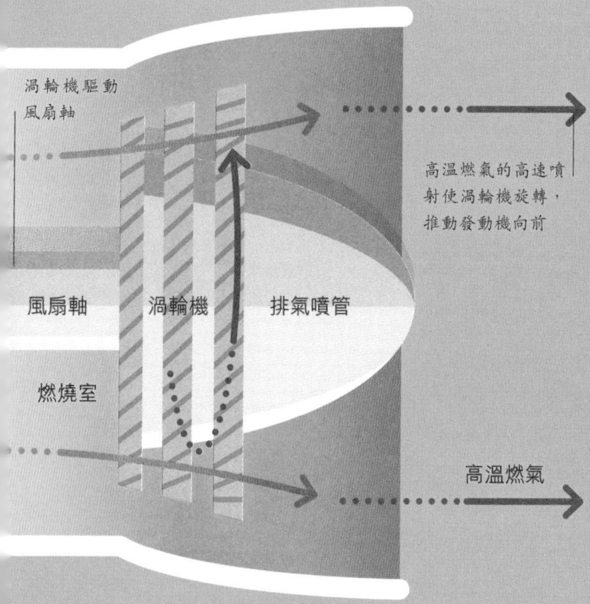

4 渦輪機
熾熱的燃氣爆炸式膨脹，衝出發動機，帶動渦輪機的葉片旋轉，為風扇和壓縮機提供動力。

5 排氣噴管
高溫燃氣從發動機後部噴射出來，與旁道的冷空氣一起產生反推發動機前進的推力。

協和式超音速客機能在 **2** 小時 **52** 分鐘內從紐約飛到倫敦。

火箭發動機

與噴射機使用大氣中的氧氣來燃燒燃料不同，火箭需要自己攜帶氧氣，這意味着它們可以在太空中工作。火箭發動機所需的氧氣供應或氧化劑可以採用純液氧或富氧化合物的形式儲存。

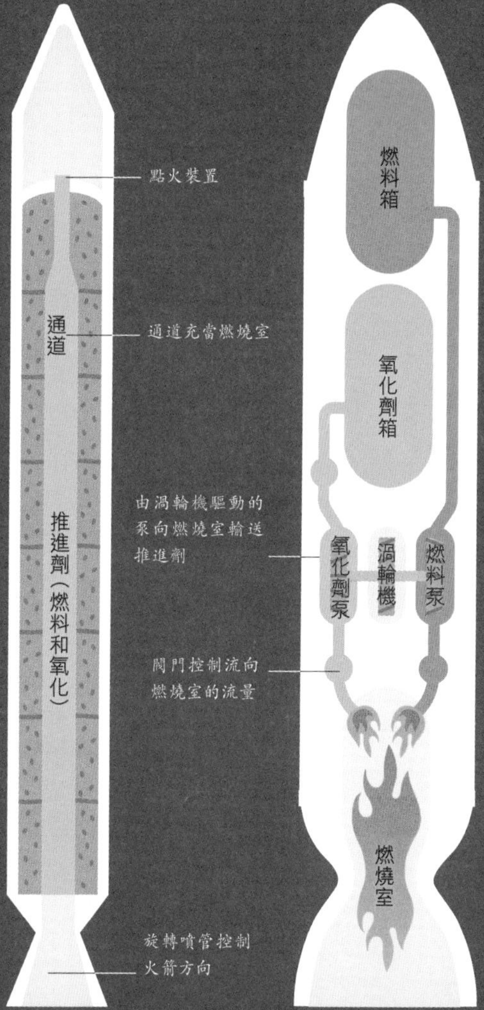

固體火箭
燃料和氧化劑以固體形式混合在一起，並且形成一個中空圓柱體。當點火裝置點火時，燃料沿着通道燃燒，直到燃料用完。

液體火箭
燃料和氧化劑以液體形式儲存。與固體火箭不同，液體火箭可以重啟，還可以通過改變燃料和氧化劑的流量來進行節流。

飛機

飛機有各種各樣的形狀和尺寸，但它們的飛行原理相同——發動機或螺旋槳產生的動力推動飛機向前，而機翼則為飛機提供升力。

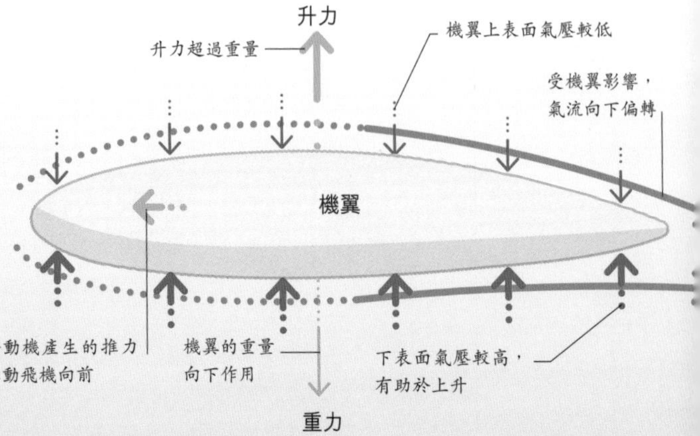

升力
升力超過重量
機翼上表面氣壓較低
受機翼影響，氣流向下偏轉
機翼
發動機產生的推力推動飛機向前
機翼的重量向下作用
下表面氣壓較高，有助於上升
重力

飛機是如何飛行的

當一架飛機被它的發動機推動着向前時（見第 60 ～ 61 頁），它的機翼會劃過空氣。機翼的形狀被稱為「翼型」，它使空氣向下偏轉。當機翼向下推動空氣時，根據艾薩克・牛頓的第三運動定律，空氣會產生向上的反作用力，即升力——機翼上表面的氣壓下降，下表面的氣壓升高，從而產生升力。

迎角

機翼和迎面而來的空氣之間的夾角被稱為「迎角」。增大迎角可以產生更大的升力。然而，如果角度過大，氣流會從機翼上分離，從而使飛機失去升力或者失速。

圖例
- 氣流
- 氣壓
- 壓力

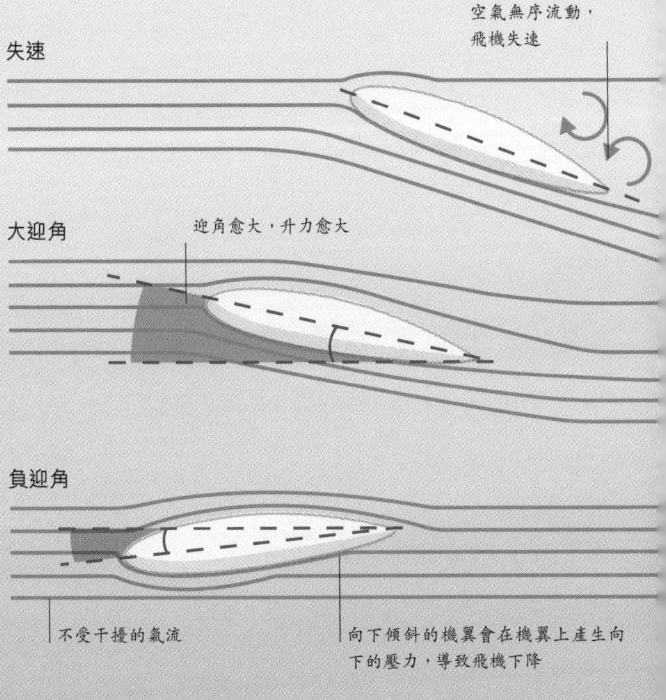

失速
空氣無序流動，飛機失速
大迎角
迎角愈大，升力愈大
負迎角
不受干擾的氣流
向下傾斜的機翼會在機翼上產生向下的壓力，導致飛機下降

空中客車 A380 是世界上**最大的客機**，有 **400 萬個零件**。

控制一架飛機

飛機由被稱為「控制面」的移動面板來操縱。控制面包括升降舵、副翼、方向舵等主控制面，前緣縫翼、襟翼等輔助控制面，以及鴨翼等特殊控制面。當飛行員移動駕駛艙內的飛行控制器時，控制面就會移動，以控制飛機周圍的氣流。氣流會使飛機俯仰、滾轉和轉向。

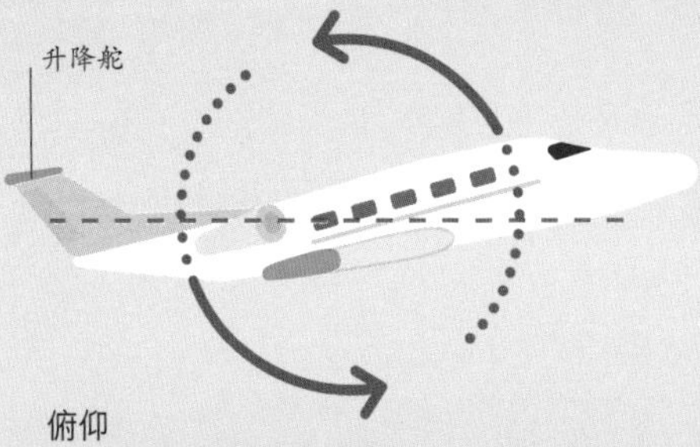

升降舵

俯仰
上下傾斜機尾水平穩定器中的升降舵。向上傾斜時，升降舵會將機尾向下推，飛機向上爬升；向下傾斜時，飛機向下俯衝。

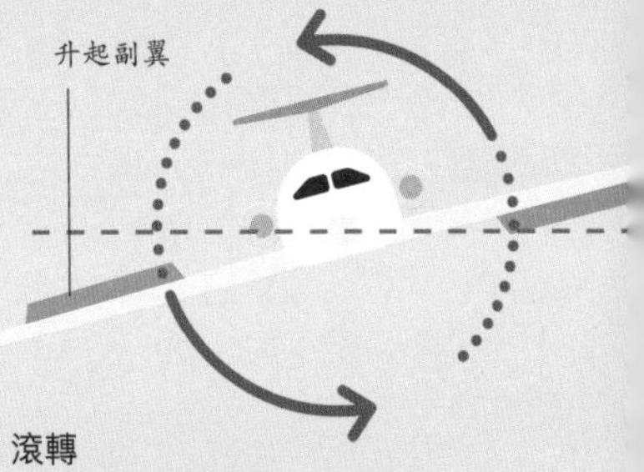

升起副翼

滾轉
一側機翼的副翼升起，而另一側機翼的副翼下降，從而使飛機滾轉。

氣壓

地面上的氣壓是由上方大氣的重量下壓造成的。在地面上，飛機內外的氣壓是一樣的。當飛機爬升到巡航高度時，它外部的氣壓會下降。機艙內的氣壓通過一個特定系統保持在較高的水平，該系統能將空氣從發動機泵入機艙，以保證機艙內有足夠的氧氣供人們呼吸。

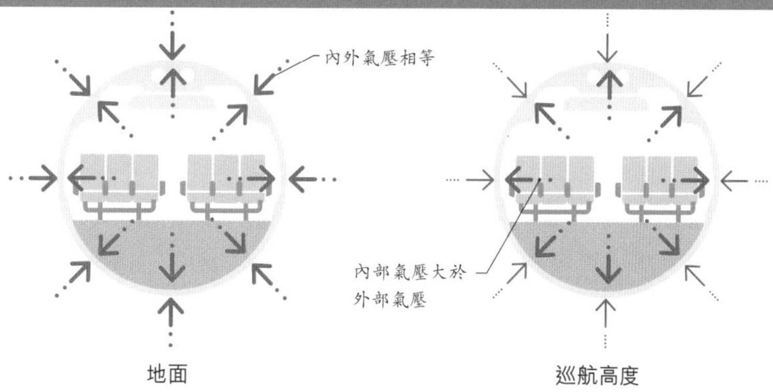
內外氣壓相等
內部氣壓大於外部氣壓
地面
巡航高度

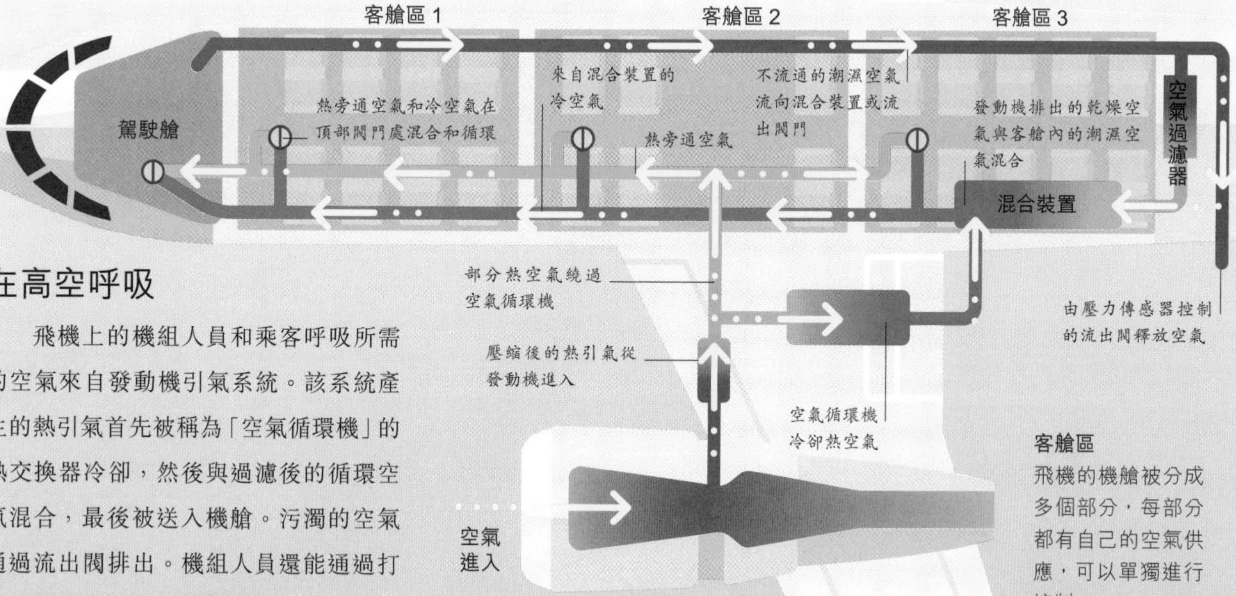
客艙區 1
客艙區 2
客艙區 3
駕駛艙
熱旁通空氣和冷空氣在頂部閥門處混合和循環
來自混合裝置的冷空氣
熱旁通空氣
不流通的潮濕空氣流向混合裝置或流出閥門
發動機排出的乾燥空氣與客艙內的潮濕空氣混合
空氣過濾器
混合裝置
部分熱空氣繞過空氣循環機
壓縮後的熱引氣從發動機進入
空氣循環機冷卻熱空氣
由壓力傳感器控制的流出閥釋放空氣
空氣進入

在高空呼吸

飛機上的機組人員和乘客呼吸所需的空氣來自發動機引氣系統。該系統產生的熱引氣首先被稱為「空氣循環機」的熱交換器冷卻，然後與過濾後的循環空氣混合，最後被送入機艙。污濁的空氣通過流出閥排出。機組人員還能通過打開或關閉流出閥來調節壓強。

客艙區
飛機的機艙被分成多個部分，每部分都有自己的空氣供應，可以單獨進行控制。

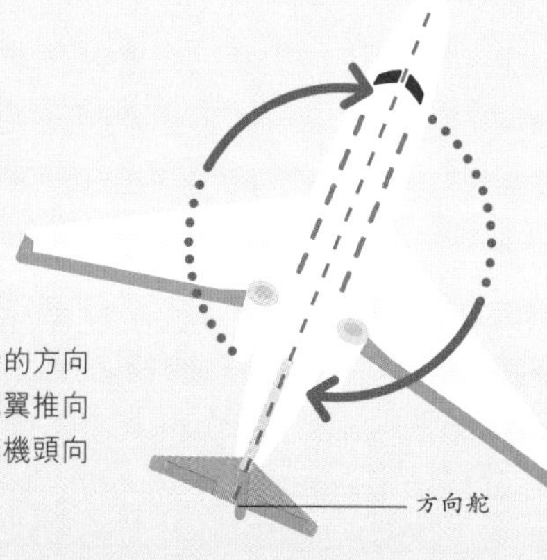
方向舵

轉向
將與垂直尾翼後緣鉸接的方向舵旋轉到一側，會將尾翼推向相反的方向，使飛機的機頭向左或向右轉動。

最長的定期航班是哪一條？

從新加坡直飛美國紐約，全程 15,341 千米，耗時 17 小時 25 分鐘。

直升機

直升機細長的葉片產生升力的原理與飛機機翼相同（見第 62 頁）。葉片每分鐘旋轉數百次，以產生足夠的升力讓直升機垂直起飛。

直升機的部件

直升機由用輕質鋁或複合材料製成的機身、一個或多個高架旋翼、一個或多個發動機以及一個傳動系統組成。大多數直升機的尾部有一個小旋翼。如果沒有它，直升機的機身會沿着與主旋翼葉片相反的方向旋轉。

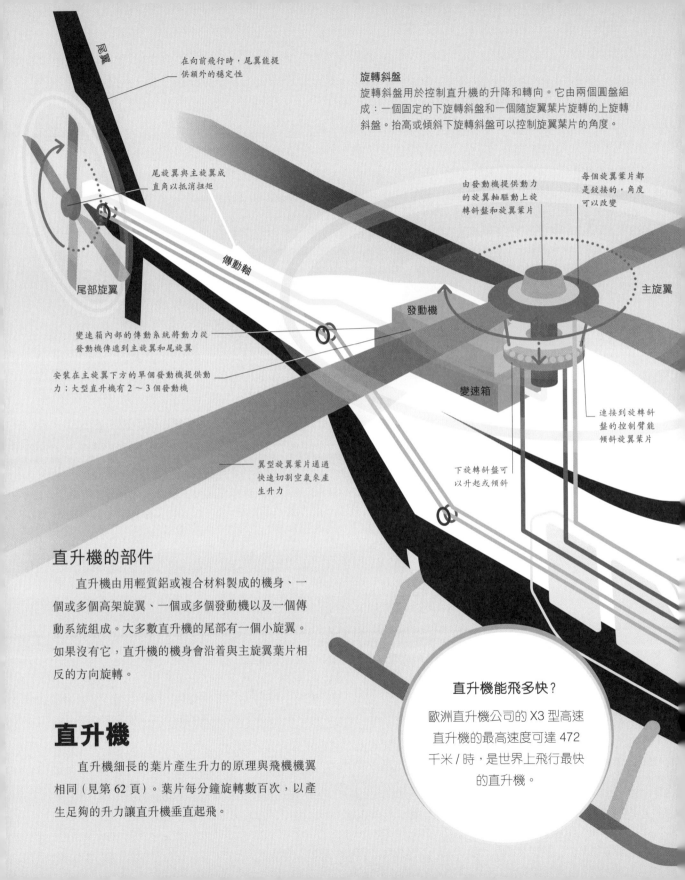

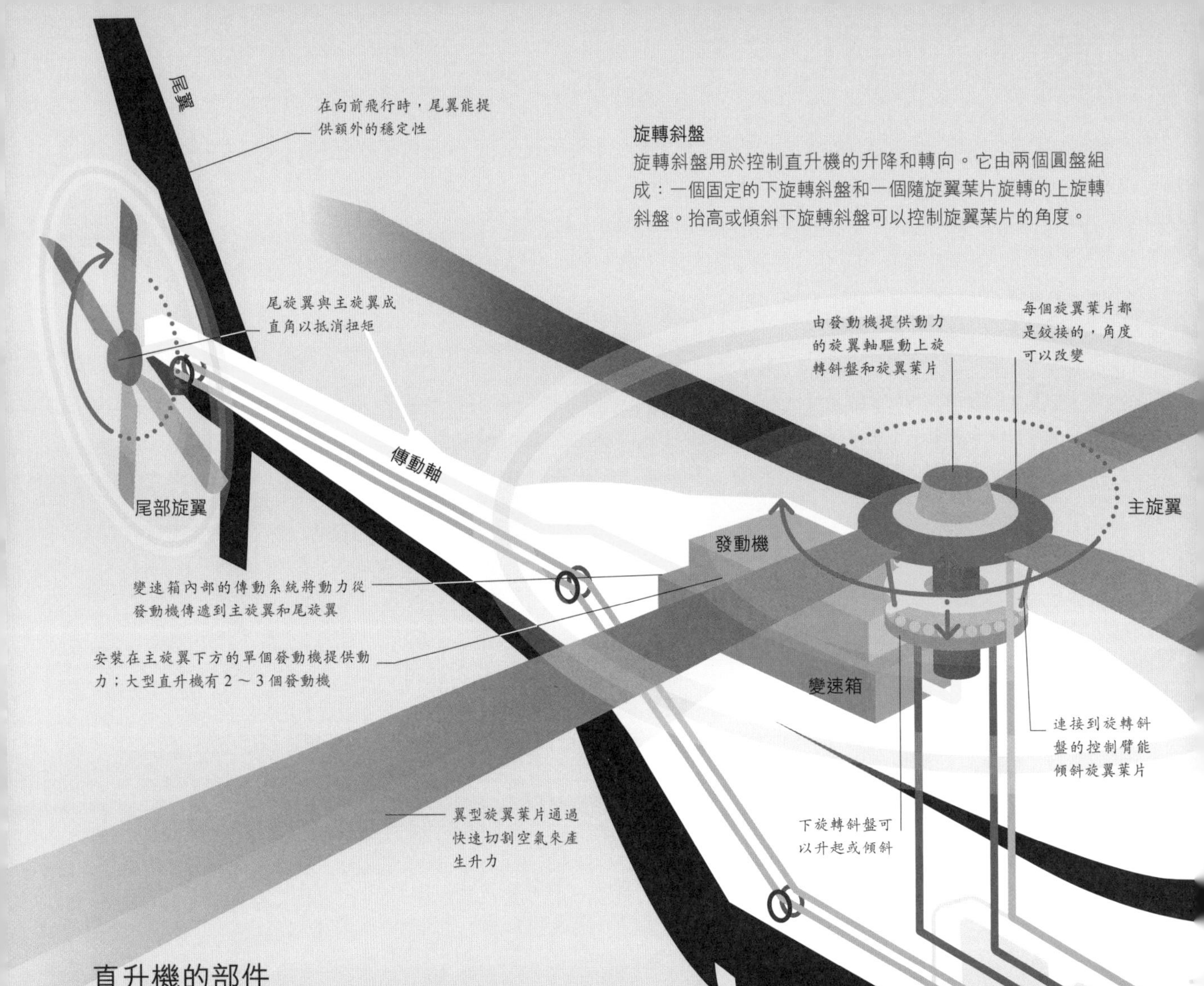

尾翼
在向前飛行時，尾翼能提供額外的穩定性
旋轉斜盤
旋轉斜盤用於控制直升機的升降和轉向。它由兩個圓盤組成：一個固定的下旋轉斜盤和一個隨旋翼葉片旋轉的上旋轉斜盤。抬高或傾斜下旋轉斜盤可以控制旋翼葉片的角度。
尾旋翼與主旋翼成直角以抵消扭矩
由發動機提供動力的旋翼軸驅動上旋轉斜盤和旋翼葉片
每個旋翼葉片都是鉸接的，角度可以改變
傳動軸
尾部旋翼
主旋翼
發動機
變速箱內部的傳動系統將動力從發動機傳遞到主旋翼和尾旋翼
安裝在主旋翼下方的單個發動機提供動力；大型直升機有 2 ～ 3 個發動機
變速箱
連接到旋轉斜盤的控制臂能傾斜旋翼葉片
翼型旋翼葉片通過快速切割空氣來產生升力
下旋轉斜盤可以升起或傾斜

直升機能飛多快？

歐洲直升機公司的 X3 型高速直升機的最高速度可達 472 千米 / 時，是世界上飛行最快的直升機。

總距控制和週期變距控制

飛行員通過控制總距和週期變距來產生升力和改變飛行方向。飛行員可以採用抬起總距操縱桿或降低旋轉斜盤，以及改變所有旋翼葉片的傾斜角度或螺距的方式來增大或減小升力。為了改變方向，飛行員可以使用週期變距桿傾斜旋轉斜盤，根據旋翼葉片是在旋翼軸的前面還是後面，給葉片不同的螺距。

圖例
升力
重力

起飛

起飛時，飛行員提高發動機轉速，並抬起總距操縱桿以產生更多升力。

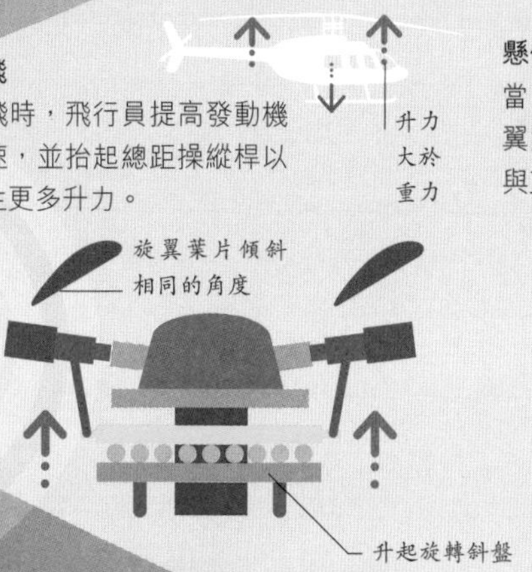
升力大於重力
旋翼葉片傾斜相同的角度
升起旋轉斜盤

懸停

當直升機懸停時，其旋翼葉片產生的升力剛好與直升機的重量相等。

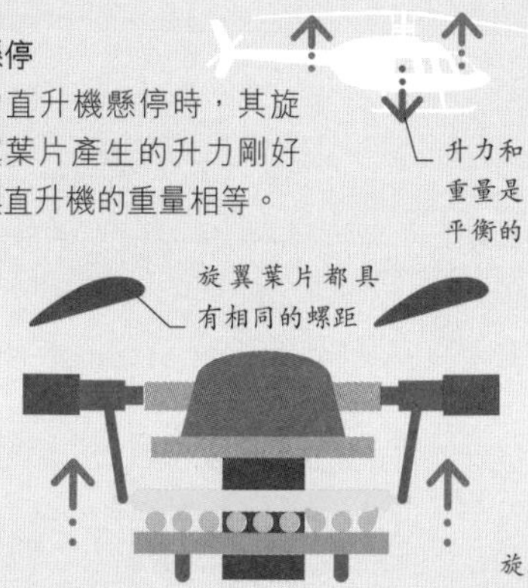
升力和重量是平衡的
旋翼葉片都具有相同的螺距

向前飛行

為了向前飛行，飛行員向前推動週期變距操縱桿，這使旋翼在後面向上傾斜。

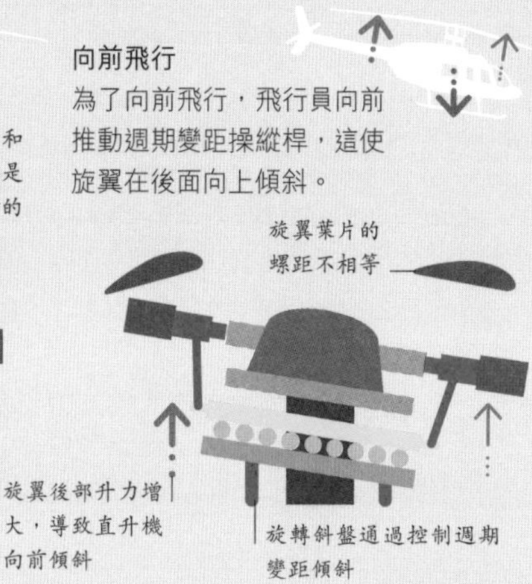
旋翼葉片的螺距不相等
旋翼後部升力增大，導致直升機向前傾斜
旋轉斜盤通過控制週期變距傾斜

1480 年，列奧納多・達・芬奇提出了飛機可以垂直起飛的想法。

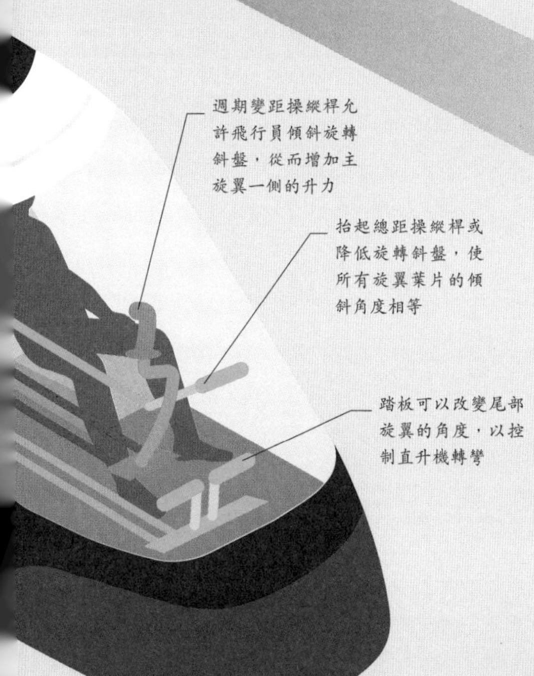
週期變距操縱桿允許飛行員傾斜旋轉斜盤，從而增加主旋翼一側的升力
抬起總距操縱桿或降低旋轉斜盤，使所有旋翼葉片的傾斜角度相等
踏板可以改變尾部旋翼的角度，以控制直升機轉彎

串聯旋翼葉片

一些直升機不使用尾部旋翼，而使用兩個反向旋轉的高架旋翼來抵消扭矩。直升機通過將前旋翼向一個方向傾斜、將後旋翼向相反方向傾斜來改變方向。

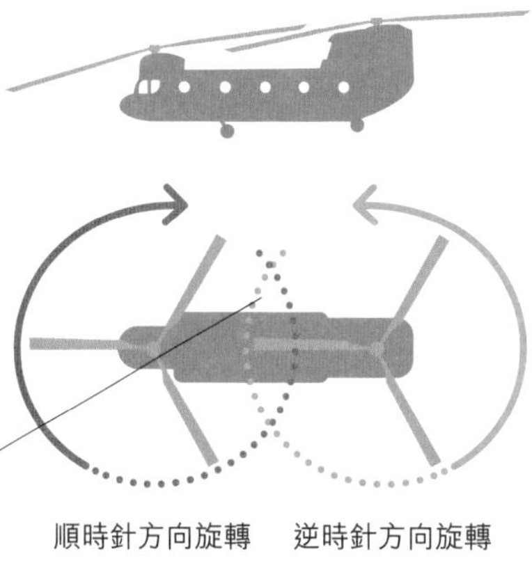
旋翼是同步的，以防止它們碰撞
順時針方向旋轉
逆時針方向旋轉

無人機

無人機是一種飛行機械人。無人機通常用於娛樂，但它們在商業、軍事領域也具有重要用途。

甚麼是無人機

無人機是一種無人駕駛飛行器(UAV)。大多數無人機是通過遙控實現飛行的，但有些可以通過編程實現自動操作。為了減輕重量，無人機由輕質材料製成，如塑膠、複合材料和鋁。由於無人機經常被用於拍攝，所以許多無人機攜帶數碼照相機。

無人機是如何飛行的

無人機由依靠摩打驅動的旋翼推進。它們的運動方式類似於直升機(見第 64 ～ 65 頁)，但通常有數個螺旋槳來產生升力和推力。有 4 個螺旋槳的四軸飛行器是最常見的。

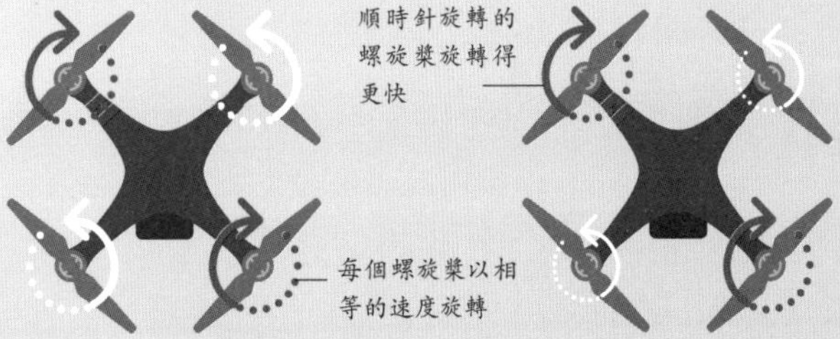

順時針旋轉的螺旋槳旋轉得更快
每個螺旋槳以相等的速度旋轉

懸停
四軸飛行器有兩個順時針旋轉的螺旋槳和兩個逆時針旋轉的螺旋槳。這平衡了它們的扭矩(轉動力)。懸停時，4 個螺旋槳都以相同的速度旋轉。

向左轉
為了讓無人機向左轉彎(偏航)，順時針旋轉的螺旋槳旋轉得更快。為了向右轉，逆時針旋轉的螺旋槳需要更多的動力。

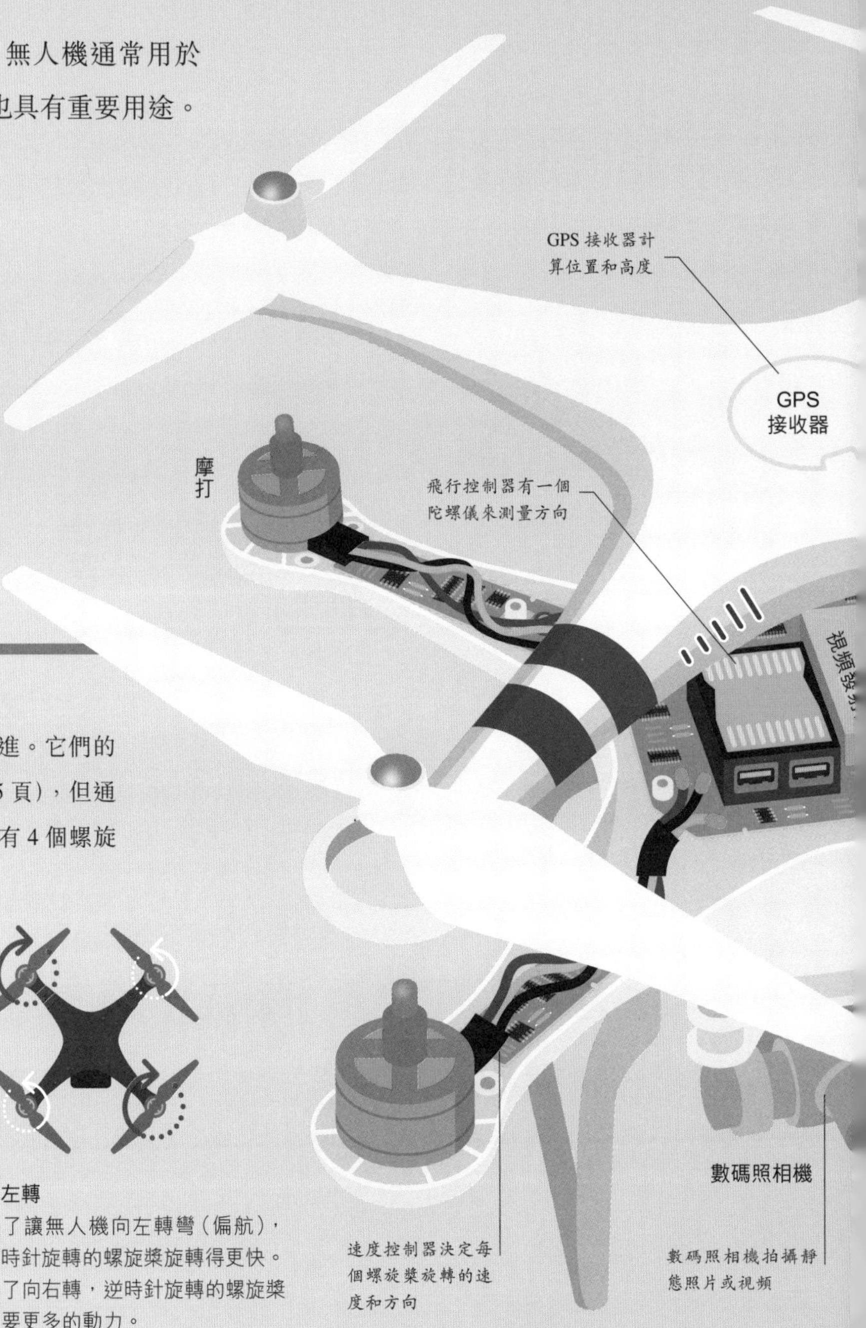

GPS 接收器計算位置和高度
GPS 接收器
摩打
飛行控制器有一個陀螺儀來測量方向
數碼照相機
速度控制器決定每個螺旋槳旋轉的速度和方向
數碼照相機拍攝靜態照片或視頻

四軸飛行器
四軸飛行器通常配有全球定位系統(GPS)、飛行控制器、速度控制器和發射器 / 接收器系統，以接收命令和發回數據。

2014 年，一架無人機拍攝到了自己在半空中被一隻老鷹抓住的場景。

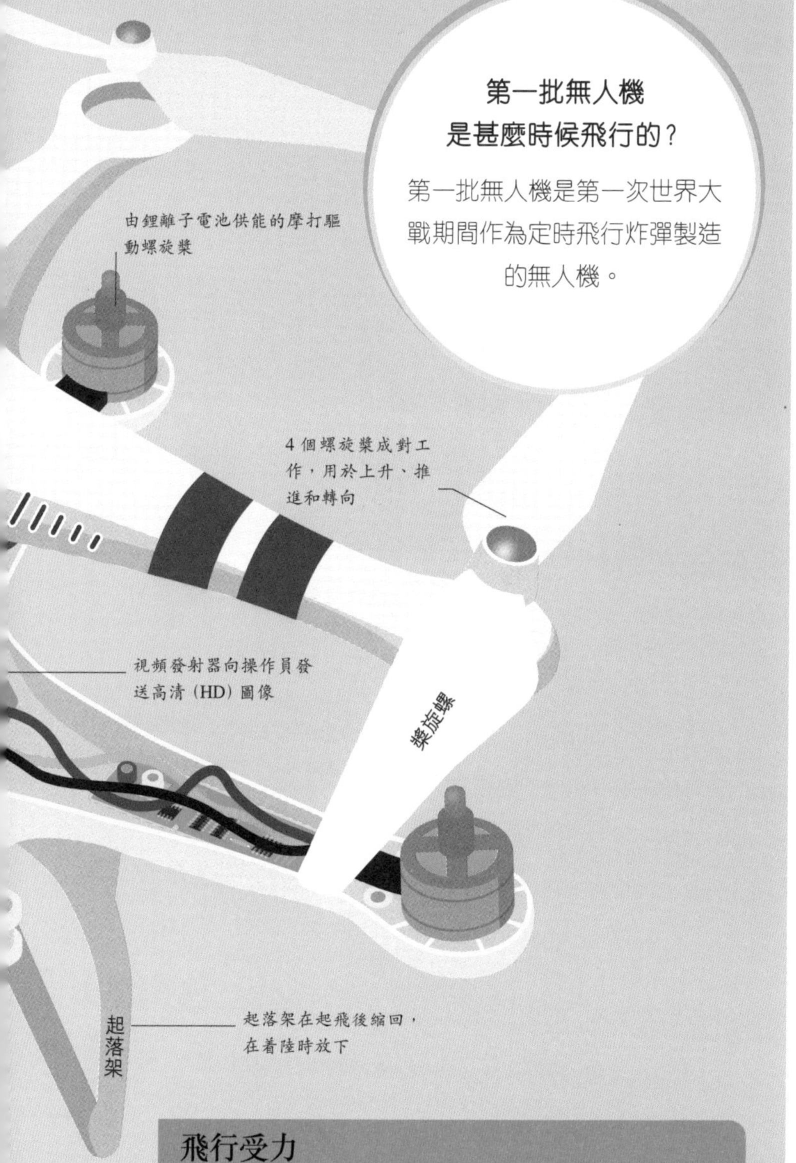
由鋰離子電池供能的摩打驅動螺旋槳
4 個螺旋槳成對工作，用於上升、推進和轉向
視頻發射器向操作員發送高清（HD）圖像
槳旋螺
起落架
起落架在起飛後縮回，在着陸時放下

第一批無人機是甚麼時候飛行的？

第一批無人機是第一次世界大戰期間作為定時飛行炸彈製造的無人機。

飛行受力

無人機實現了 4 種飛行受力的平衡（見第 38 頁）。升力和推力由螺旋槳產生，分別克服重力和阻力，產生垂直和水平運動。

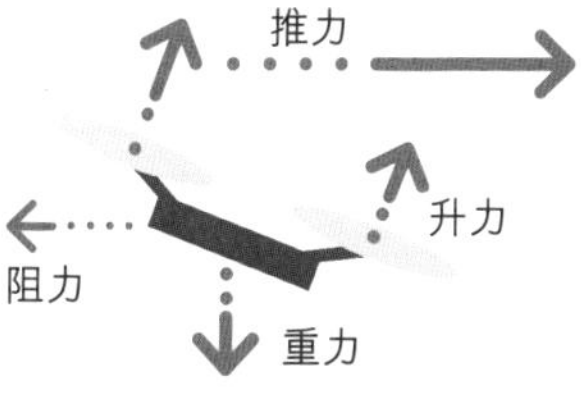
推力
升力
阻力
重力

無人機的用途

無人機幾乎可以在任何地方起飛和降落，也可以定點懸停，這使其具有廣泛的用途，包括監視、航空攝影、科學研究、地圖製作和拍攝。廣播公司使用無人機拍攝鳥瞰圖；農民用它們來評估作物的健康狀況（見第 220 頁）；考古學家使用無人機來監控、繪製地圖和保護遺址；野生動物保護組織用它們來幫助保護動物免受偷獵者的侵害。

考察
無人機可以更快地拍攝航空照片，以方便繪製站點地圖。

軍事用途
可遠距離飛行的無人機用於監視、情報收集和執行攻擊任務，而無須讓飛行員冒風險。

救災
當陸路運輸不可行時，醫療設備和藥品可以由無人機運送。

搜救
一些無人機被用於搜救任務。它們可以將設備運送到救援人員無法到達的地方。

快遞
快遞公司開始使用無人機遞送重達 2 千克的包裹。

水下勘探
大多數無人機是飛行器，但無人機同樣包括出於研究目的的無人水下航行器。

哪個太空探測器離地球最遠？

1977 年發射的「旅行者 1 號」探測器是目前距離地球最遠的太空探測器，截至 2019 年 10 月 23 日，它已處於離太陽 211 億千米的地方。

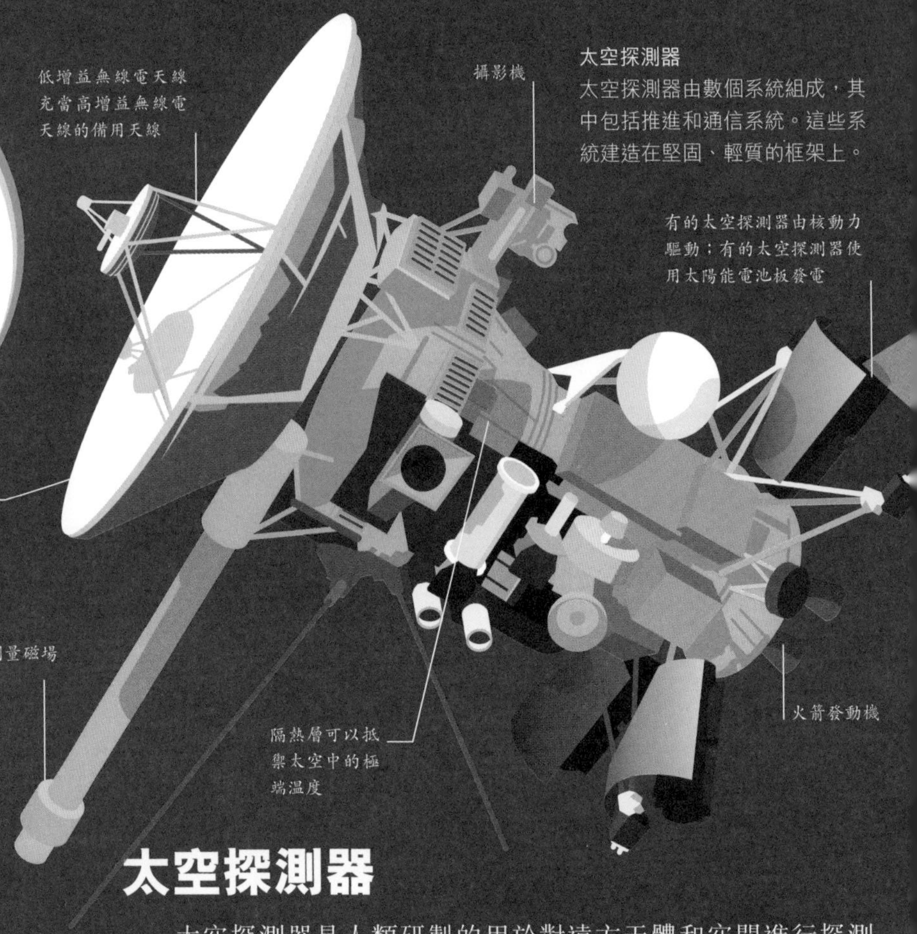
低增益無線電天線充當高增益無線電天線的備用天線
攝影機
有的太空探測器由核動力驅動；有的太空探測器使用太陽能電池板發電
高增益無線電天線發送和接收來自地球的無線電波
磁強計測量磁場
隔熱層可以抵禦太空中的極端溫度
火箭發動機

太空探測器

太空探測器由數個系統組成，其中包括推進和通信系統。這些系統建造在堅固、輕質的框架上。

探索太空

太空探測器的主要任務是將科學儀器運送到太空的偏遠地區。太空探測器的攝影機可以拍攝照片，它的儀器可以記錄各種測量數據，包括磁場強度、輻射和浮塵水平及溫度。太空探測器獲得的數據通過無線電波傳回地球（見第 180 ～ 181 頁）。

太空探測器

太空探測器是人類研製的用於對遠方天體和空間進行探測的無人航天器。太空探測器載有科學探測儀器，由運載火箭送入太空，可飛近月球或行星進行近距離觀測或作為人造衛星進行長期觀測，亦可着陸進行實地考察或採集樣品進行研究分析。

太空探測器的類型

太空探測器有多種類型。近天體探測器飛經行星或其他天體附近，並在一定距離處研究它們；軌道飛行器則圍繞這些天體運行。有些探測器會將微型探測器送入天體的大氣層；有的則會派着陸器在天體表面着陸；還有的會攜帶漫遊車，漫遊車可以在天體表面移動。

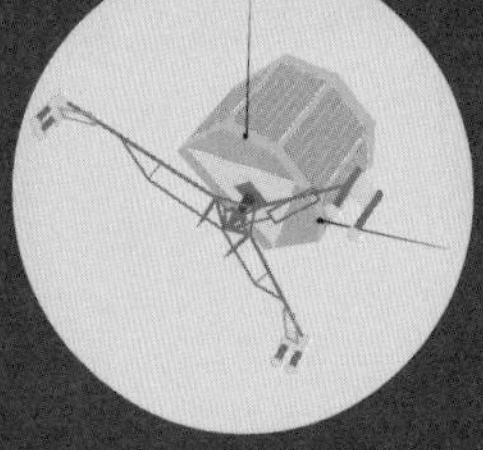

着陸器

着陸器旨在從太空探測器降落併到達行星或其他天體的表面。它保持靜止，並將信息傳回地球。

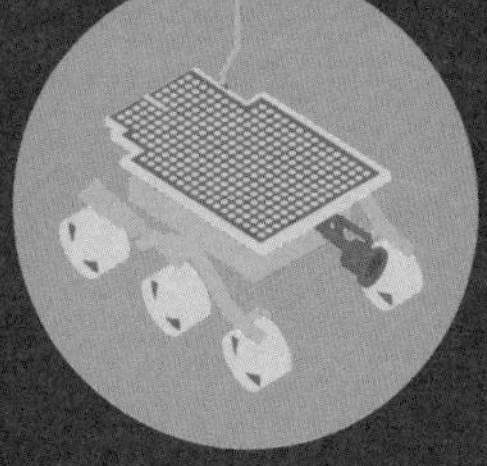

漫遊車

與着陸器不同，漫遊車是為了在行星或其他天體的表面行駛而建造的。它們可以是全自動的，也可以是半自動的。

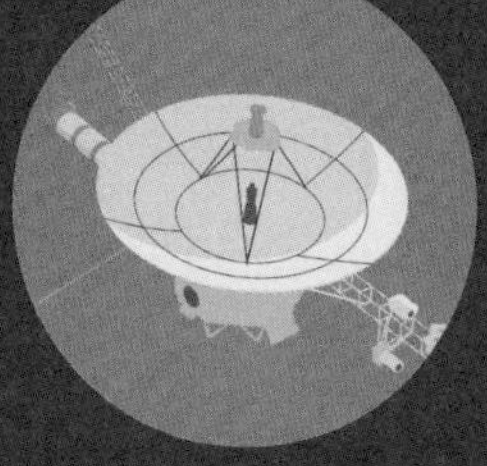

近天體探測器

近天體探測器飛經行星或其他天體並收集數據。它們離這些天體足夠遠，不會被天體的引力捕獲。

放射性同位素熱電發電機

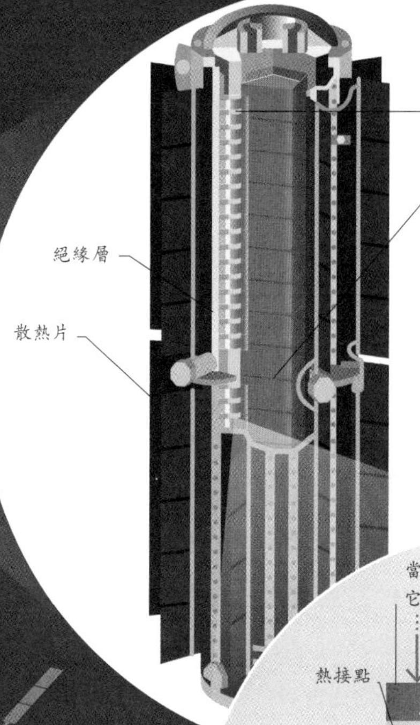

一些核動力太空探測器通過塞貝克效應發電。來自放射性熱源（如鈈）的熱能在兩個摻雜半導體的連接處直接轉化為電能（見第 160 頁）。

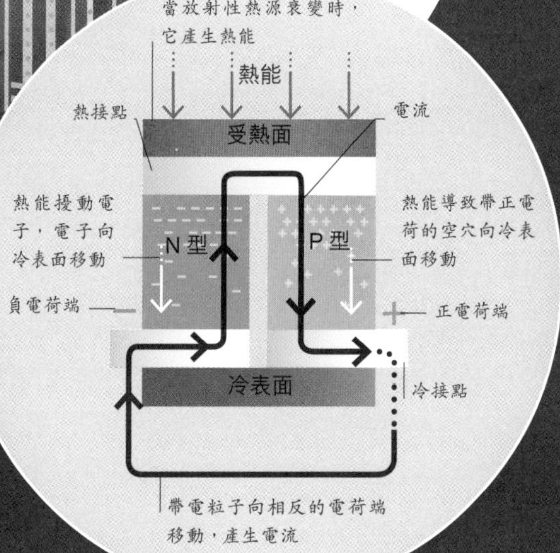

1962 年，「水手 2 號」成為第一個成功飛越另一顆行星的太空探測器。

航天器推進系統

化學火箭
燃燒化學推進劑的火箭（見第61頁）提供發射太空探測器、校正方向和改變軌道所需的巨大推力。點燃氣體推進器是為了實現更小的位置改變。

離子推進器
離子推進器利用電能加速少量帶電粒子（稱為「離子」），使其進入空間，產生推力。離子推進器需要燃料來發電。

光子帆
光子帆，又名「太陽帆」，它不需要燃料。它利用作用在巨大鏡面帆上的陽光的輻射壓來推動航天器。陽光中的光子從帆上反彈回來，將帆推向相反的方向。

着陸器

着陸器使用各種方法在行星或其他天體上着陸。通常情況下，降落傘、制動火箭和充氣袋都能減慢着陸器在大氣中的下降速度。

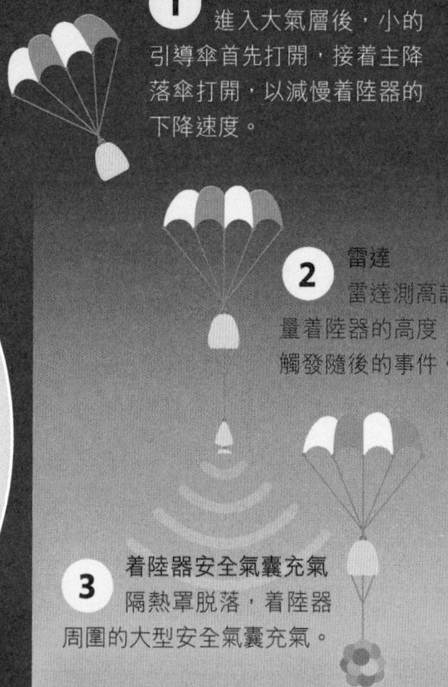

1 進入大氣
進入大氣層後，小的引導傘首先打開，接着主降落傘打開，以減慢着陸器的下降速度。

2 雷達
雷達測高計測量着陸器的高度，並觸發隨後的事件。

3 着陸器安全氣囊充氣
隔熱罩脱落，着陸器周圍的大型安全氣囊充氣。

4 着陸
制動火箭點火，連接着陸器的纜繩被切斷，着路器降落到天體表面。

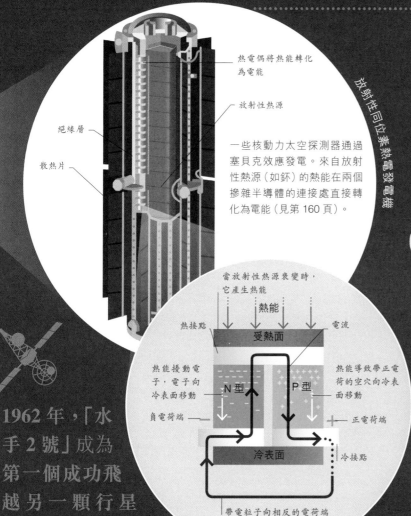

5 星體表面
着陸器着陸後在天體表面反彈。當它停下來時，安全氣囊放氣，着陸器會自行直立起來。着陸器從進入大氣層到着陸只需要幾分鐘。

物料和
建築
科技

金屬

幾千年來，無論以純元素的形式，還是與其他元素結合成合金的形式，我們一直在使用金屬。從珠寶、餐具到橋樑和宇宙飛船，我們使用金屬來製造各式各樣有用的物品。

金屬的特性

金屬往往具有強度高、延展性好、熔點高等特點，它的導熱性和導電性也很好。然而，純金屬一般太軟或太脆，不能被直接使用。人們通常將金屬與其他元素結合成合金，來改善純金屬的性能。日常使用的金屬大多是合金形式的，鋼是最常見的合金之一。

有光澤

金屬表面有許多電子，這些電子可以吸收光並將其反射出去，還使得金屬表面看起來閃亮、有光澤。

良好的導熱性

金屬中的電子可以自由移動，所以當獲得熱能時，它們可以迅速傳遞熱能。

高強度

金屬中的原子按規則排列，並緊密地結合在一起，因此金屬的強度很高。

良好的導電性

因為金屬中的電子可以攜帶電荷並自由移動，所以電流很容易流過金屬。

高熔點

金屬中原子之間的強鍵連接意味着釋放原子並使金屬熔化需要大量的熱能。

延展性好

金屬的分子結構允許原子層滑動，從而使金屬具有良好的延展性，易於成型。

煉鋼

鹼性鋼是鐵和少量碳的合金（如果碳含量超過 2%，這種合金就被稱為「鑄鐵」）。煉鋼主要有兩種方法。第一種也是最主要的方法，是氧氣轉爐煉鋼法。另一種方法是電弧爐煉鋼法，以廢鋼為主要原料，通過添加合金，來生產質量更好、等級更高的鋼。

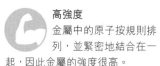

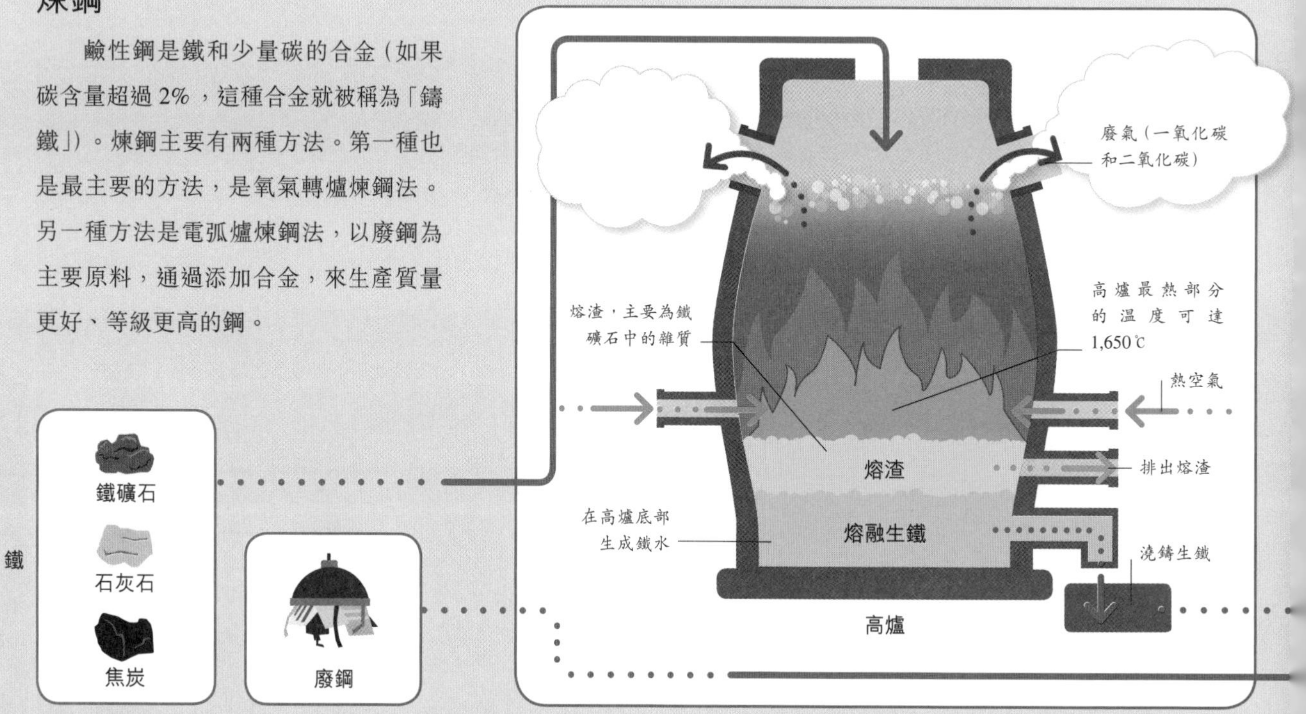

1 原料

鍊鐵的原料有鐵礦石（氧化鐵加雜質）、石灰石（碳酸鈣）和焦炭（碳）。鋼是用高爐裏的鐵生產的，有時還加入廢鋼，或者直接從廢鋼中提煉。

2 煉鐵

在高爐中，焦炭與熱空氣反應產生一氧化碳，一氧化碳再與鐵礦石反應產生生鐵（含碳量高的鐵）。石灰石去除了鐵礦石中的大部分雜質。這些雜質在熔融的生鐵上形成熔渣。

常見的合金

青銅
在 5,000 多年前，通過將銅和錫熔煉在一起，人們生產出了第一種人造合金，即青銅。青銅耐腐蝕，強度極高。

標準銀
標準銀是一種合金，由 92.5% 的銀和 7.5% 的其他金屬（如銅）組成。這些金屬使標準銀的硬度和強度比純銀更高。

焊錫
傳統上，焊錫是錫和鉛的合金，但現代焊錫通常由錫、銅和銀組成，熔點通常在 180℃至 190℃之間。

鑄鐵
鑄鐵是鐵和碳的合金，含碳量大於 2%。鑄鐵易於鑄造，具有良好的耐腐蝕性和優異的抗壓強度。

黃銅
黃銅是銅和鋅的合金，它的熔點相對較低（約 900℃），這使得它很容易鑄造。黃銅經久耐用，比青銅延展性更好，表面光亮如金。

不銹鋼
不銹鋼的成分各不相同，但通常由 74% 的鐵、18% 的鉻和 8% 的鎳組成。鉻使不銹鋼更耐腐蝕。

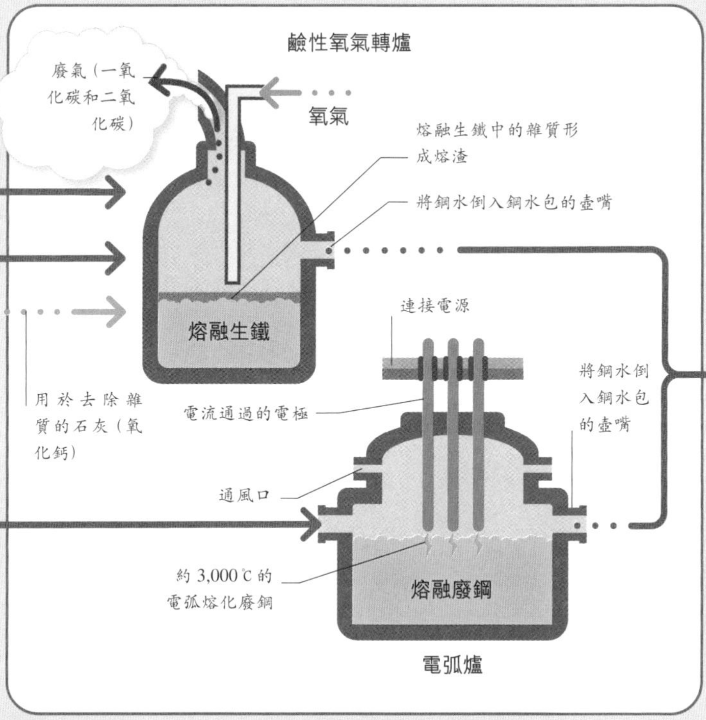

純鐵很軟，一把鋒利的刀就能切割開。

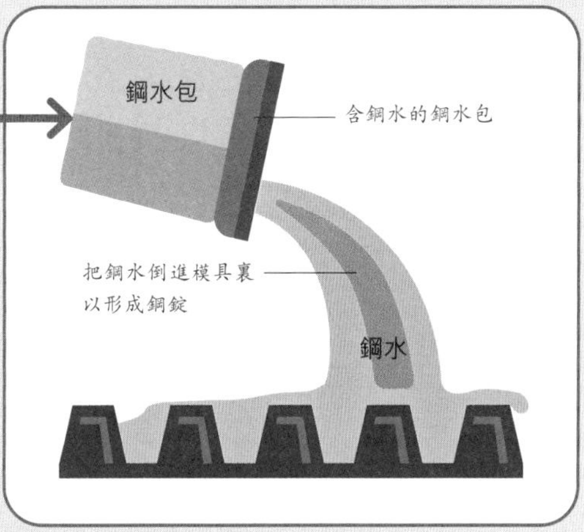

3 煉鋼水
在鹼性氧氣轉爐中，氧氣被吹入生鐵水中，從而降低了鐵的碳含量，產生了鋼。此外，還需添加石灰以去除雜質，這些雜質最後會形成熔渣層。有時也會加入廢鋼，廢鋼在電弧爐中很容易熔化。

4 鑄造或軋製鋼水
將鋼水倒入鋼水包，然後倒入模具中，或者通過軋輥來使其成型。這種鹼性鋼可以用來製造成品，也可以添加合金元素再加工，生產高級或特殊鋼材。

金屬加工

大多數金屬被製成簡單的錠、片或棒的形式，通常需要對其進行成型處理或與其他物品連接才能製成成品。金屬也可能需要經過某些處理以使其性能得到改善，例如，使它們更容易成型或更耐腐蝕。

金屬成型

金屬的晶體結構在受熱時就會分解，之後金屬會變軟，然後熔化，這樣就很容易成型。當金屬冷卻時，它會再次變硬。利用這些轉變來使金屬成型的工藝稱為「熱加工」，包括鑄造、擠壓、鍛造和軋製。金屬也可以在不加熱的情況下被加工，即所謂的「冷加工」。在這個過程中，金屬的變化是通過機械應力而不是熱引起的。

熱加工方法

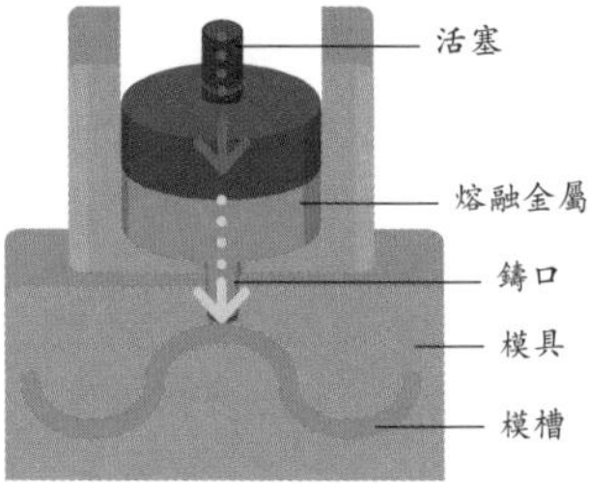

鑄造

將熔融金屬通過一個通道（稱為「鑄口」）倒進模具裏。一旦金屬冷卻，就可以將其提取出來。鑄造通常可產生複雜的三維形狀。

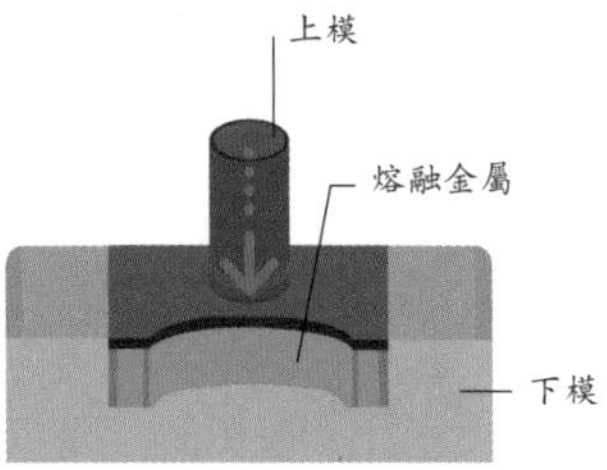

鍛造

鍛造用現代機械代替了鐵匠的錘子和鐵砧。熔融金屬在兩個成型的模具之間被壓成所需的形狀，一個模具是固定的，另一個是可移動的。

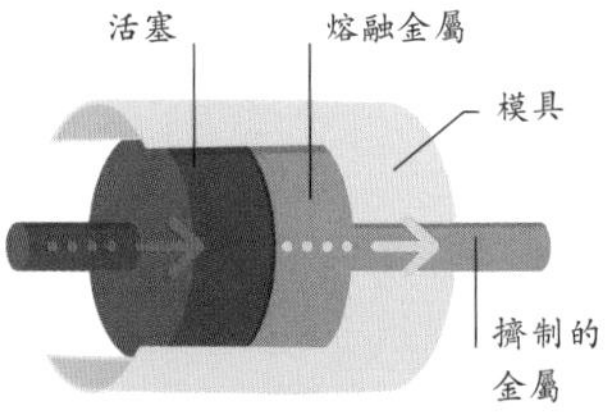

擠壓

金屬受熱軟化，然後被推入模具。擠壓用於產生均勻的截面，通常是簡單的形狀，如棒狀或管狀。

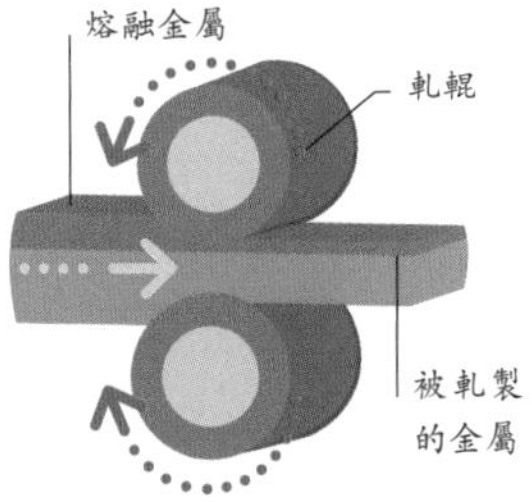

軋製

在這個過程中，熔融金屬通過軋輥輸送，以減小其厚度。軋製用於製造金屬板材和其他結構部件。

金屬接合

金屬接合的主要方法是釺焊、熔焊和鉚接。釺焊和熔焊依靠的原理是：金屬在加熱時會熔化，在冷卻時會恢復硬化狀態。釺焊形成了最弱的接合，因為它使用熔點較低的軟金屬作為「黏合劑」。在熔焊中，兩種要接合的金屬熔化併合在一起，形成非常牢固的接合。鉚接也能形成很牢固的接合，對熱脹冷縮有更高的耐受性。它也比熔焊便宜。然而，鉚接不如熔焊美觀，因此通常用於內部結構或工業結構。

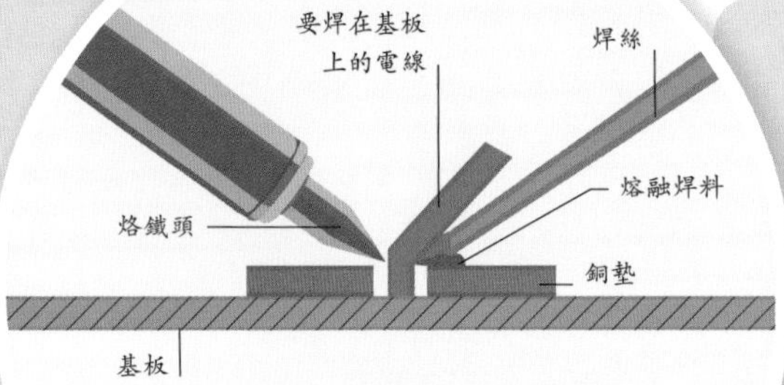

釺焊

釺焊通常用於電子設備的連接。軟金屬（焊料）熔化後流入兩塊金屬之間的空隙，冷卻後便會將兩塊金屬連接在一起。

冷加工方法

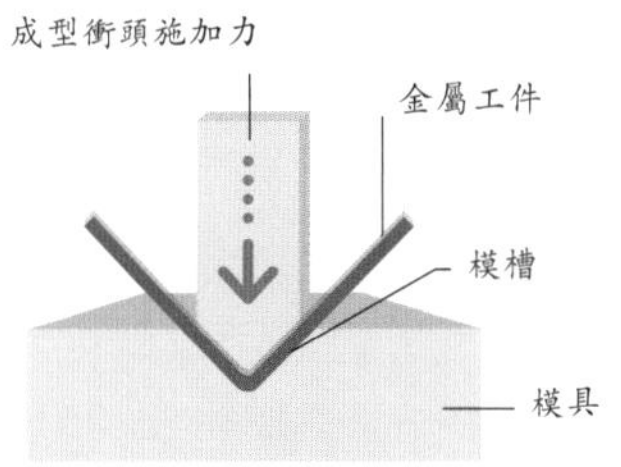

折彎成型
許多產品是用冷鍛造的方法加工的，即施加壓力迫使金屬工件進入模槽，以獲得所需的形狀。

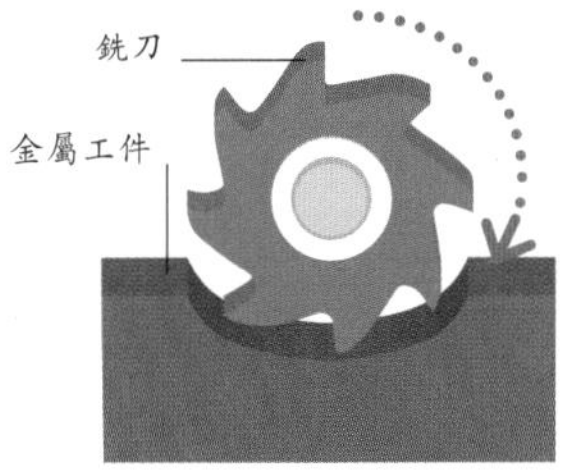

銑削
銑牀通過使用銑刀銑削多餘的部分來使金屬工件成型。在這個過程中，機器會給鑽頭和金屬噴上冷卻劑。

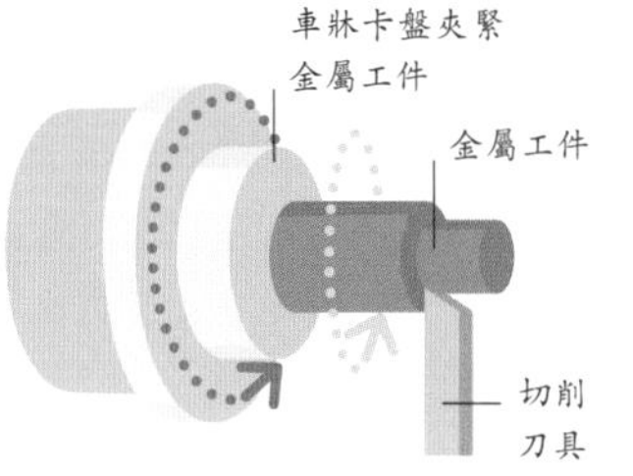

車削
金屬工件在車牀上旋轉時通過固定的切削刀具切削成型。車削只能生產繞旋轉軸對稱的物體。

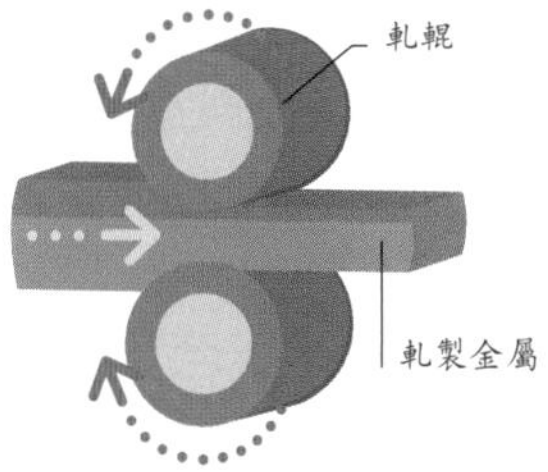

軋製
金屬可通過軋輥成型。板材、帶材、棒材和條材都是軋製成型的，這樣可以獲得表面光滑、尺寸精確的產品。

一些**氧乙炔焊槍**的火焰溫度可達到 **3,150℃**。

金屬處理

金屬可以用不同的方法處理以適應它們的特性。一些常見的處理方法旨在降低金屬的脆性，而另一些則主要為了防止生銹和腐蝕。

回火
把金屬加熱到特定的溫度，然後讓它逐漸冷卻。該工藝降低了金屬硬度，但增加了其韌性。

陽極氧化
將金屬浸沒在有電流通過的電解溶液中。這就會在金屬表面形成一層金屬氧化膜，可增加金屬的耐腐蝕性。

鍍鋅
將金屬浸沒在熔化的鋅液中，金屬的表面會形成一層防止生銹的鋅保護塗層。

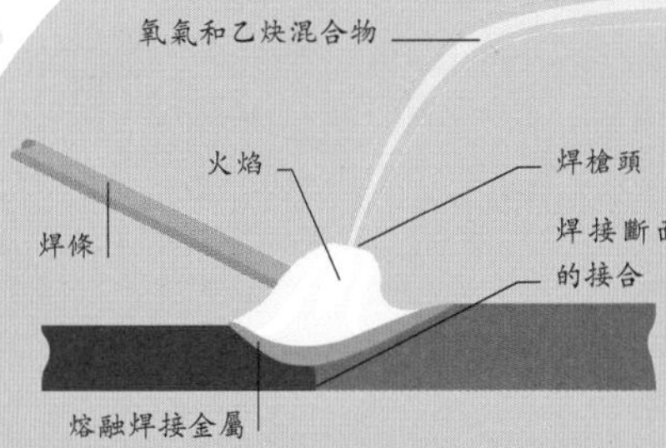

熔焊
熔焊時，兩塊金屬用局部熱源加熱，並沿接合處熔化。具有相近熔點的填充物可用來加固接合處。

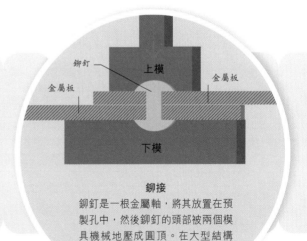

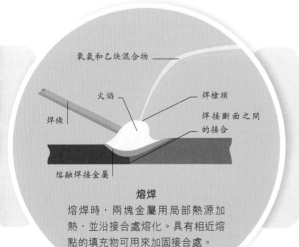

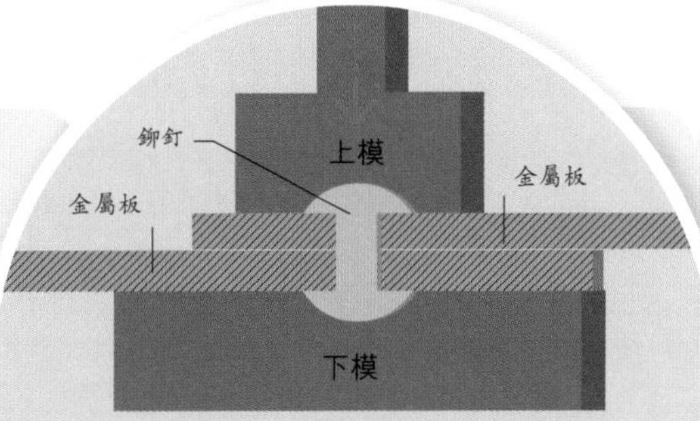

鉚接
鉚釘是一根金屬軸，將其放置在預製孔中，然後鉚釘的頭部被兩個模具機械地壓成圓頂。在大型結構中，通常用螺栓代替鉚釘。

混凝土

混凝土本質上是一種人造石，是最常用的建築材料之一。它價格低廉，易於生產，且其性能非常適合建築。混凝土很堅固（特別是在壓縮狀態下）、耐用、耐火、耐腐蝕、耐腐爛，不需要太多維護，而且幾乎可以被模壓或鑄造成任何形狀。

1 水泥原料

水泥是混凝土的兩大關鍵成分之一。這是一種細小的粉狀物質，由石灰石、沙子和黏土製成。

2 加熱原料

在窰爐中加熱原料，其溫度大約為 1,400℃～ 1,600℃。加熱後，便會形成巖石般堅硬的物質，該物質被稱為「熟料」。

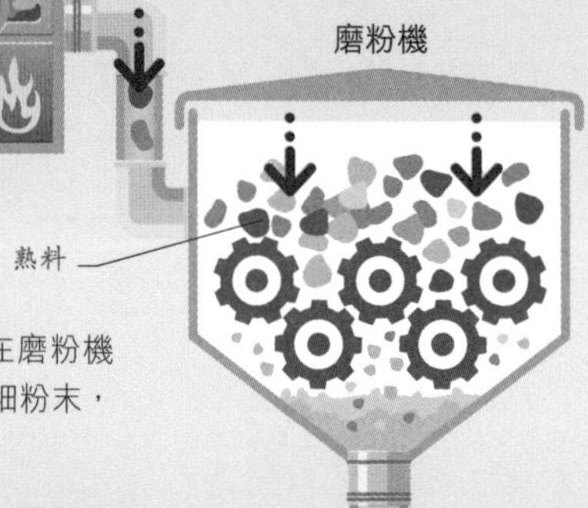

3 水泥生產

熟料冷卻，然後在磨粉機中被研磨，直到它變成細粉末，這種細粉末是乾水泥。

混凝土的製造

混凝土是一種由黏合劑和填充物組成的複合材料。黏合劑是水泥和水混合而成的糊狀物；填充物由骨材[堅硬的顆粒物質，如沙子、碎石、煉鋼渣（見第 72 ～ 73 頁）]或回收的玻璃構成。通常來說，混凝土由大約 60% ～ 75% 的骨材、7% ～ 15% 的水泥、14% ～ 21% 的水和高達 8% 的空氣組成。

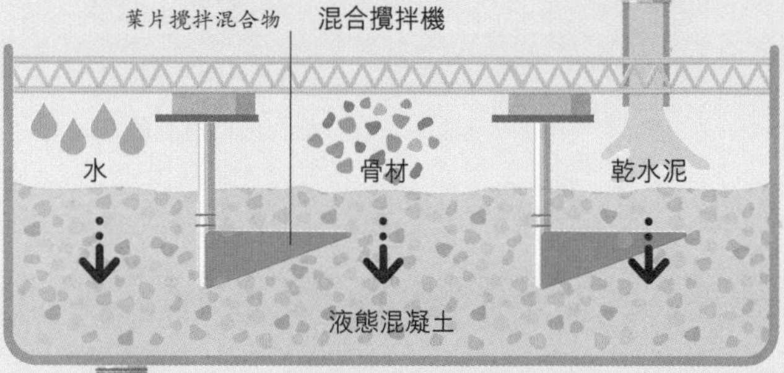

4 液態混凝土的生產

乾水泥在混合攪拌機中與水混合成漿狀。然後，往裏加入沙子和碎石等骨材，來生產液態混凝土。這些填充物必須充分混合，以保證混凝土具有均勻的稠度。

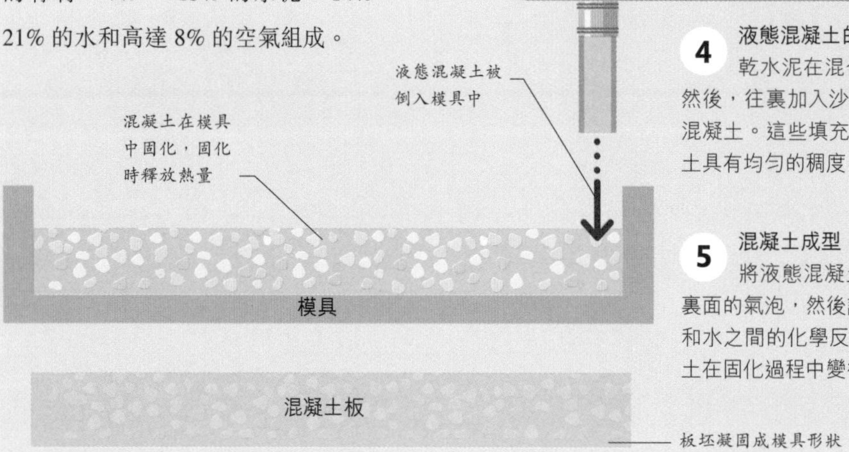

5 混凝土成型

將液態混凝土倒入模具中，通過搖動去除裏面的氣泡，然後讓其固化（硬化）。固化是水泥和水之間的化學反應，而不是乾燥的過程。混凝土在固化過程中變得更加堅固。

加固混凝土

大型混凝土結構通常使用由鋼筋網或鋼筋加固的混凝土來增加混凝土的強度。在混凝土硬化過程中，可以通過加預應力——將鋼筋置於張力之下的方法來使混凝土更加堅固。

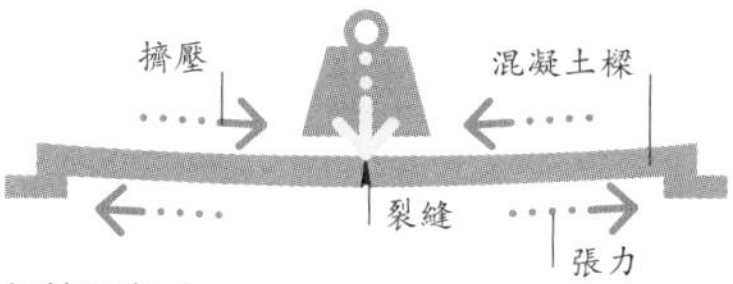

無筋混凝土
混凝土的強度在受到壓力時較強，但在受到張力時相對較弱。負荷過重會使混凝土彎曲開裂。

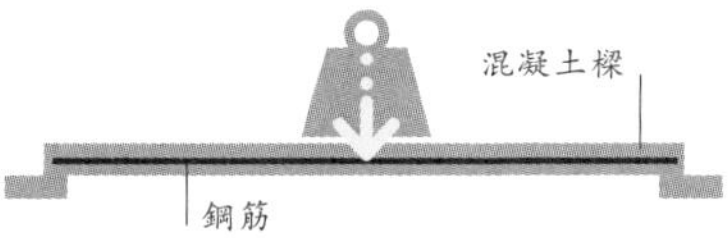

鋼筋混凝土
在混凝土中放置一根鋼筋，有助於防止它在重壓下彎曲和開裂。

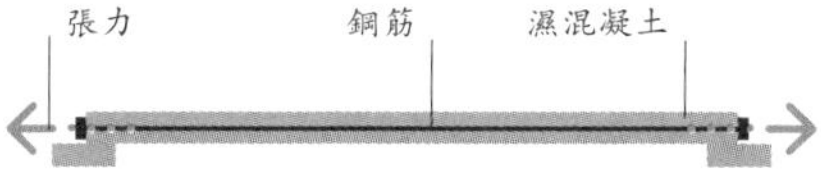

形成預應力混凝土
混凝土澆築在受張力的鋼筋周圍。當混凝土凝固時，它會黏結在鋼筋上。

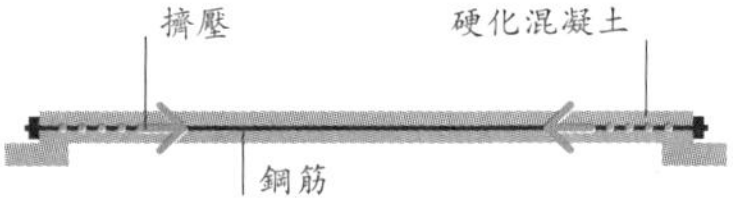

硬化預應力混凝土
當混凝土凝固時，鋼筋上的張力就會釋放。鋼筋擠壓混凝土，使其更加堅固。

甚麼是混凝土「癌症」？

混凝土「癌症」指鋼筋混凝土的污漬、開裂和最終斷裂。這是因為銹蝕會使混凝土內部的鋼筋膨脹，從內部破壞混凝土。

古羅馬人用 
火山灰來製作**混凝土**。

大型混凝土結構

世界上許多大型建築是用混凝土建造的。中國的三峽大壩由6,500多萬噸混凝土建成，而馬來西亞吉隆坡國油雙峰塔也是規模較大的混凝土建築。

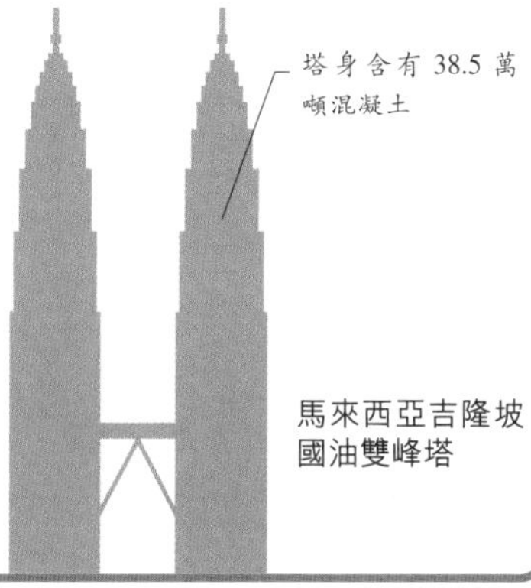

馬來西亞吉隆坡國油雙峰塔

混凝土的類型	
類型	**特徵**
預製混凝土	與在現場澆築和固化的標準混凝土不同，預製混凝土是在其他地方澆築和固化，然後運輸到施工現場並吊裝到位的
重質混凝土	重質混凝土採用特殊的骨材，如鐵、鉛或硫酸鋇，比普通混凝土密度大得多，主要用於屏蔽輻射
噴射混凝土	噴射混凝土是一種用高壓噴射的混凝土，通常被噴在鋼網框架上。它常用於建造人造巖壁、隧道襯砌和水池
透水混凝土	透水混凝土是由粗顆粒骨材製成的，這使得混凝土具有多孔性，方便水通過
快硬混凝土	這種類型的混凝土含有添加劑，如氯化鈣，這樣可以加速固化，使混凝土變得堅固，足以在數小時內承載負荷
玻璃混凝土	玻璃混凝土採用回收的玻璃作為骨材。它比標準混凝土更堅固，隔熱性能更好，外觀類似於大理石

塑膠

塑膠是由聚合物製成的合成材料，該聚合物由被稱為「單體」的重複單元組合形成的長鏈分子組成。基於成本低、易於製造和用途多等優勢，塑膠是當今世界上使用最廣泛的材料類型之一。

熱塑性塑膠

在熱塑性塑膠中，長聚合物鏈通過弱鍵相互連接，當加熱塑膠時，弱鍵很容易斷裂，冷卻後很快會重新連接。

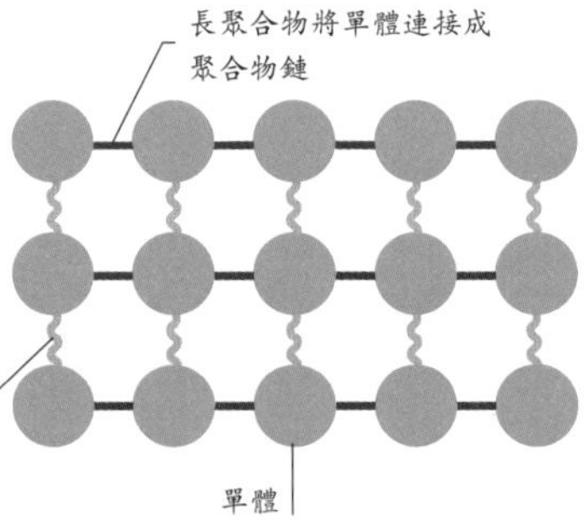
長聚合物將單體連接成聚合物鏈
單體間的吸引力弱
單體

塑膠的種類

塑膠主要有兩種。熱塑性塑膠易於熔化和回收，如聚乙烯、聚苯乙烯和聚氯乙烯（簡稱 PVC）；熱固性塑膠受熱後變硬，不能再熔化。與熱塑性塑膠相比，包括聚氨酯、三聚氰胺和環氧樹脂在內的熱固性塑膠的使用較少。

熱固性塑膠

熱固性塑膠具有很強的交聯鍵，可使聚合物鏈結合在一起。這種塑膠在低溫下是軟的，加熱後會永久凝固（硬化）。

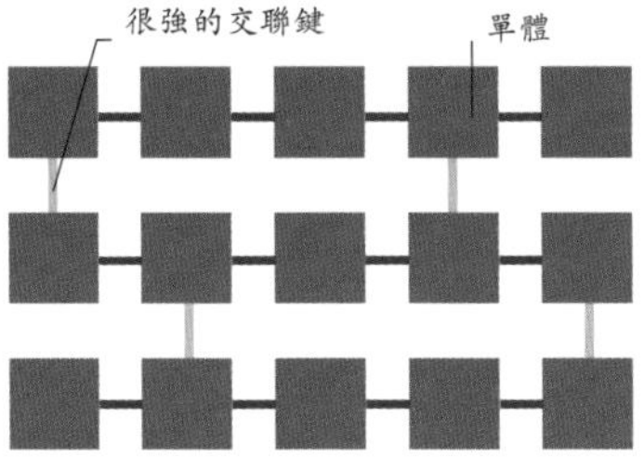
很強的交聯鍵
單體

製造聚乙烯

聚乙烯由乙烯聚合而成。乙烯是一種從石油中提煉出來的無色碳氫化合物，在室溫下呈氣態。聚乙烯主要有兩種形式：用於塑膠袋和塑膠片材的低密度聚乙烯（LDPE）和用於生產硬質塑膠的高密度聚乙烯（HDPE）。右側所展示的工藝稱為「料漿藝」，用於生產高密度聚乙烯。

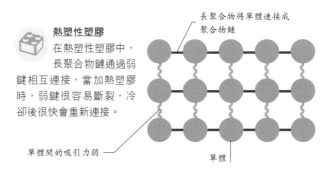

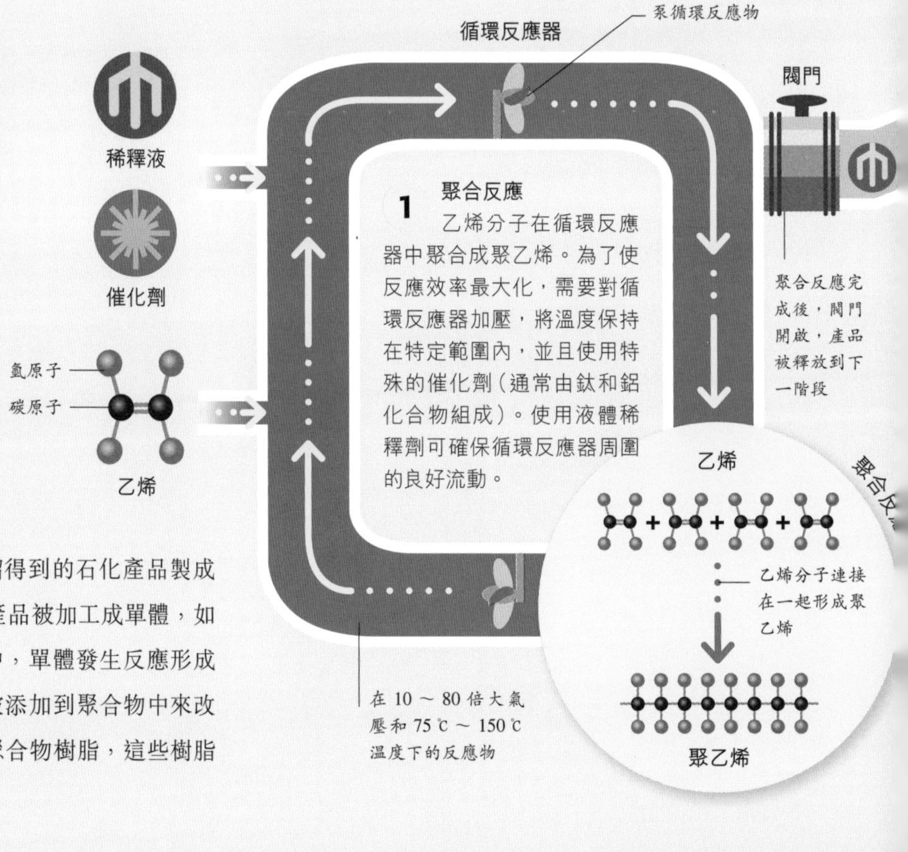
循環反應器
泵循環反應物
閥門
稀釋液
催化劑
氫原子
碳原子
乙烯
1 聚合反應
乙烯分子在循環反應器中聚合成聚乙烯。為了使反應效率最大化，需要對循環反應器加壓，將溫度保持在特定範圍內，並且使用特殊的催化劑（通常由鈦和鋁化合物組成）。使用液體稀釋劑可確保循環反應器周圍的良好流動。
聚合反應完成後，閥門開啟，產品被釋放到下一階段
在 10 ～ 80 倍大氣壓和 75℃ ～ 150℃ 溫度下的反應物
乙烯
乙烯分子連接在一起形成聚乙烯
聚乙烯

製造塑膠

大多數塑膠是由原油通過分餾得到的石化產品製成的（見第 14 ～ 15 頁）。這些石化產品被加工成單體，如乙烯，然後再聚合。在聚合反應中，單體發生反應形成長聚合物鏈。其他化學物質可以被添加到聚合物中來改變它們的性質。這一過程產生了聚合物樹脂，這些樹脂可被製成各種產品。

第一個人造塑膠叫甚麼？

第一個人造塑膠叫做「帕克辛」，發明於 1856 年，以其創造者亞歷山大・帕克斯的名字命名。「帕克辛」最初被用來製作桌球，現在人們更熟悉的是「賽璐珞」。

5,000 億個
—— 全世界**每年**使用的**塑膠袋數量**。

塑膠的常見類型	
名稱	**特徵**
聚對苯二甲酸乙二醇酯（PET）	PET是最常見的一種塑膠。柔軟的PET用於製作衣物纖維；較硬的PET用於製作飲料瓶等物品
聚氯乙烯（PVC）	PVC很堅固，用於製作信用卡，以及製造建築中用的管道和門窗框架。較軟的PVC是皮革和橡膠的替代品
聚丙烯（PP）	PP與PET類似，但更硬，耐熱性更好，是第二大廣泛使用的塑膠，通常用於包裝
聚碳酸酯（PC）	聚碳酸酯很堅韌，有些品級是透明的。它被用於製作光盤和DVD、太陽鏡和護目鏡，以及建築用的圓頂燈、平面玻璃或曲面玻璃
聚苯乙烯（PS）	聚苯乙烯可以是透明、堅硬且易碎的，常用於製作裝小物品的箱子。它還可以充滿微小的氣泡，以製造生產雞蛋盒和一次性杯子所用的輕質泡沫

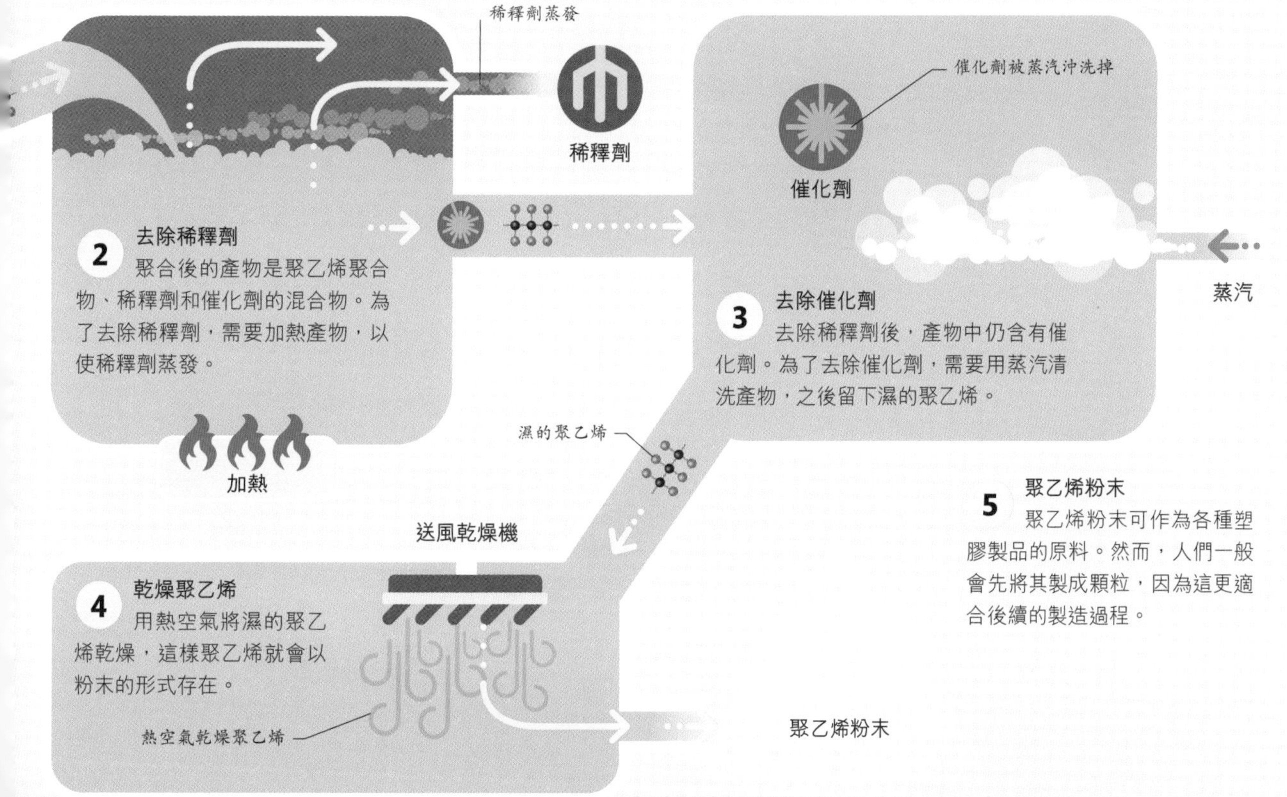

2 去除稀釋劑
聚合後的產物是聚乙烯聚合物、稀釋劑和催化劑的混合物。為了去除稀釋劑，需要加熱產物，以使稀釋劑蒸發。

3 去除催化劑
去除稀釋劑後，產物中仍含有催化劑。為了去除催化劑，需要用蒸汽清洗產物，之後留下濕的聚乙烯。

4 乾燥聚乙烯
用熱空氣將濕的聚乙烯乾燥，這樣聚乙烯就會以粉末的形式存在。

5 聚乙烯粉末
聚乙烯粉末可作為各種塑膠製品的原料。然而，人們一般會先將其製成顆粒，因為這更適合後續的製造過程。

複合材料

複合材料包括兩種或兩種以上的材料，當這些材料組合在一起時，其質量和性能都變得更優異。許多現代複合材料是堅固而輕便的。

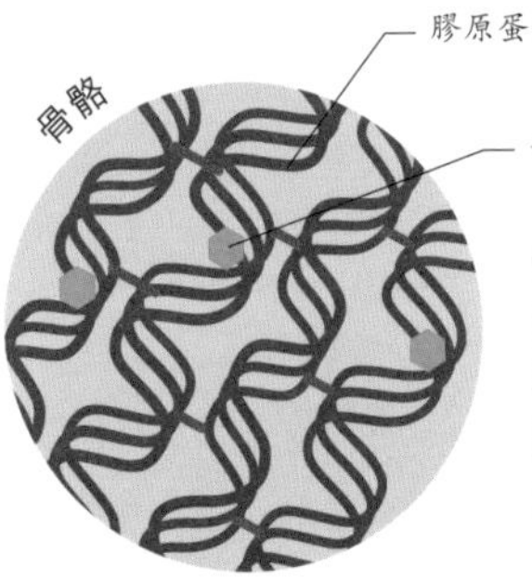

骨骼的結構
骨骼由堅硬而易碎的羥磷灰石（主要成分是磷酸鈣）和柔軟而有彈性的膠原蛋白（一種蛋白質）組成。

天然複合材料

實際上，我們周圍能看到的幾乎所有材料都是複合材料，其中也包括許多天然複合材料，如木材和巖石，它們也是由多種材料組合而成的。我們的身體也含有複合材料，最典型的是骨骼和牙齒，它們都有硬質外層和軟質內層。

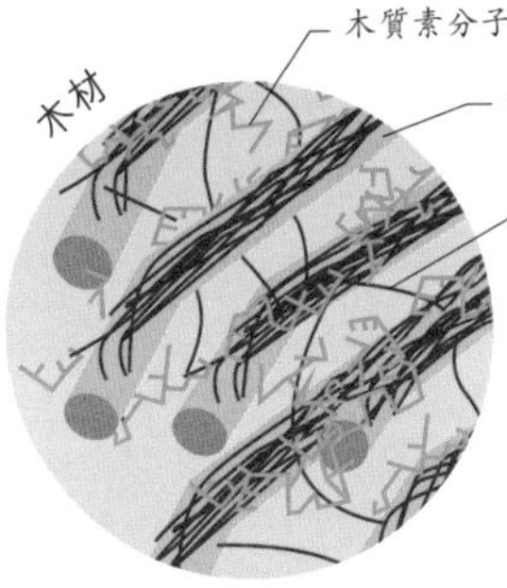

木材的結構
木材是由長的纖維素纖維和其他材料結合在一起形成的。當這些脆弱的材料結合在一起時，就形成了一種堅固的複合材料。

合成複合材料

玻璃纖維是最早的現代複合材料之一，它結合了玻璃細線和塑膠。現在先進的複合材料是用碳纖維而不是玻璃纖維製成的。這些纖維比人的頭髮絲還要細，它們被擰在一起形成紗線，被織成布，然後和樹脂一起經模壓成型。合成的複合材料堅固又輕便。

製造碳纖維聚合物
製造碳纖維聚合物的部分化學過程和部分機械過程涉及各種氣體和液體，確切的成分各不相同，通常被視為商業機密。

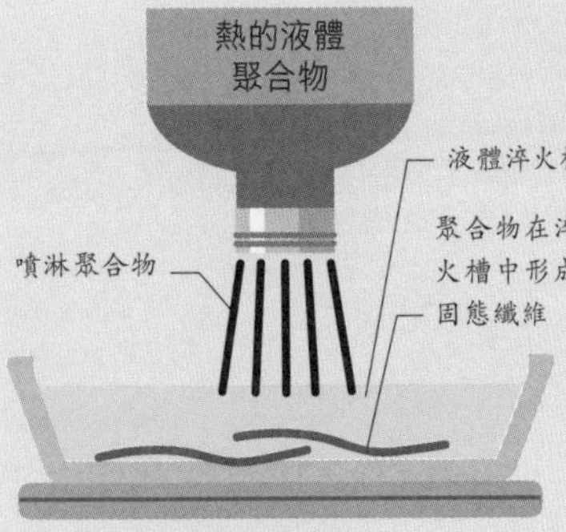

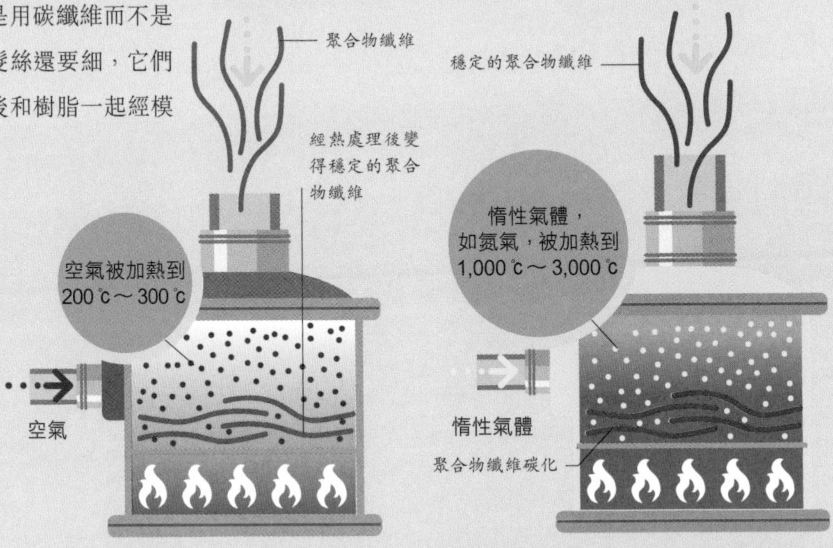

1 製造聚合物纖維
製造碳纖維的原材料是一種聚合物。大約 90% 的碳纖維是由聚丙烯腈（PAN）聚合物製成的。在第一階段，PAN 被製成長纖維。

2 纖維穩定化
加熱改變了聚合物纖維的化學性質，將它們的化學鍵轉變為一種熱穩定性更高的形式。空氣中的氧分子促進了這一過程。

3 纖維碳化
在一個充滿惰性氣體的無氧熔爐中，聚合物纖維被加熱到更高的溫度。惰性氣體的作用是防止聚合物纖維燃燒。最終，聚合物纖維會失去它的非碳原子，從而被碳化。

合成複合材料的用途

透氣衣物織料

傳統的防水服會把汗水鎖在裏面，而利用尼龍和聚四氟乙烯（PTFE）製造的複合材料，不允許雨水通過，卻能讓汗液中的水分子逸出。

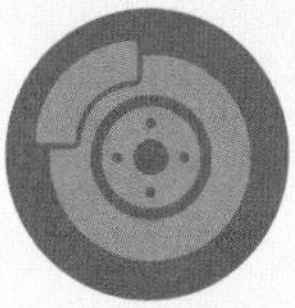

碟式制動

一些高性能汽車和重型車輛使用由碳纖維增強陶瓷基複合材料製成的碟式制動。這種材料不僅重量輕、強度高，而且具有極高的耐熱性。

單車車架

大多數競速單車的車架是由各種不同類型的碳纖維製成的。每種碳纖維在不同的地方都有特定的用途。碳纖維也被用於製造車輪和車把等其他部件。

船體

20世紀50年代以來，玻璃纖維被廣泛應用於船體建造。這是一種用於航空航天的極高強度的纖維，使用芳綸纖維（一種用於航空航天的、具有極高強度的纖維）的複合材料，被用來加固船體前沿的關鍵部位和區域。

克維拉纖維

克維拉纖維是一種複合纖維，其強度大約是鋼的5倍。它可以被編織進布料中製成防彈衣或繫泊繩，也可以被添加到聚合物中製成賽帆或單車輪胎襯裏。

鋼筋混凝土

混凝土是最古老且最常見的合成複合材料之一，它是水泥、水、沙子和礫石的混合物（見第76～77頁）。在混凝土中埋設鋼筋可以改善其較差的抗拉強度。

製造現代**噴射客機**的**材料大約一半**是**複合材料**。

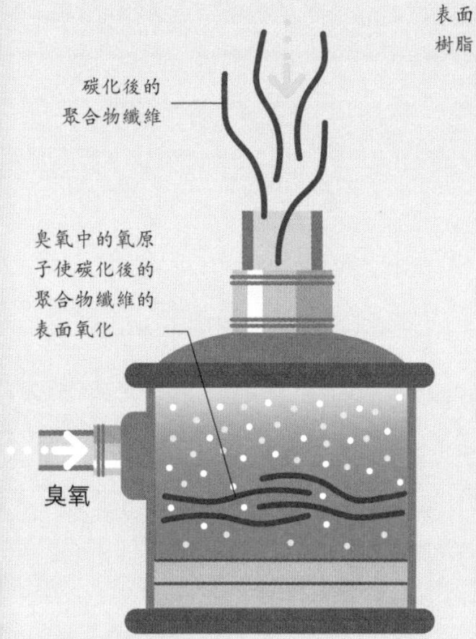
碳化後的
聚合物纖維
臭氧中的氧原子使碳化後的聚合物纖維的表面氧化
臭氧

4 氧化纖維表面

聚合物纖維碳化後，其表面不能很好地黏合。此時，可以添加臭氧來改善鍵合性能，臭氧的氧原子可將聚合物纖維表面輕度氧化。

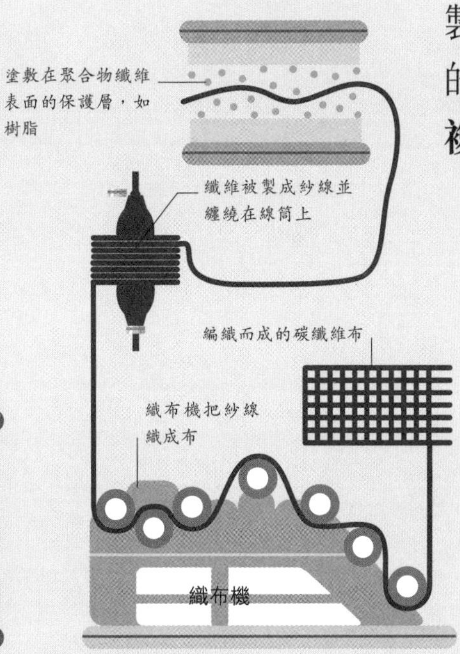
塗敷在聚合物纖維表面的保護層，如樹脂
纖維被製成紗線並纏繞在線筒上
編織而成的碳纖維布
織布機把紗線織成布
織布機

5 塗敷和編織纖維

經過表面處理後，聚合物纖維被塗上保護層，並被捻在一起製成紗線。紗線被纏繞到線筒上，線筒被裝到織布機上生產碳纖維布。

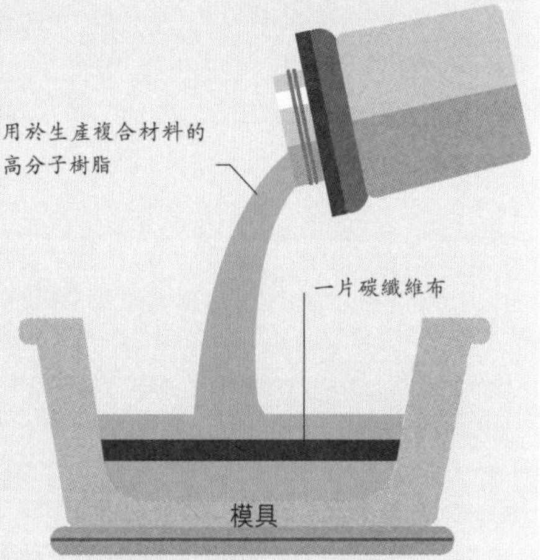
用於生產複合材料的高分子樹脂
一片碳纖維布
模具

6 生產碳纖維聚合物

碳纖維布被交付給製造商，接着製造商各自完成製造需要的加工過程。這包括將其放入模具中，並添加高分子樹脂來製成複合材料。

1 人工分揀

通常需要對混合垃圾進行人工分揀，以去除其中不可回收的垃圾。這些不可回收的垃圾通常會被填埋，如果它們可燃，則可能會被焚燒。

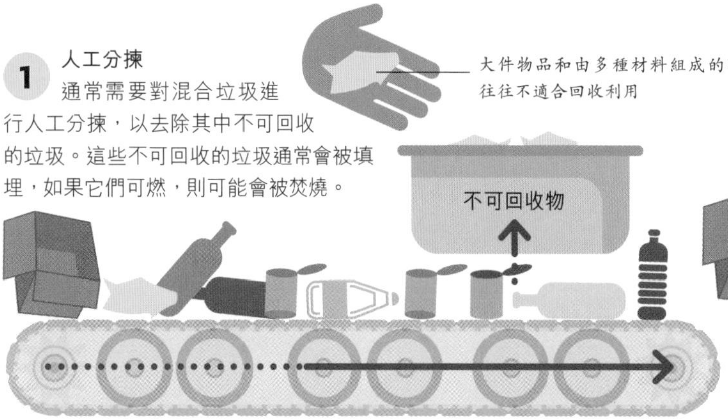
大件物品和由多種材料組成的物品往往不適合回收利用
不可回收物

2 紙張和紙板回收

紙張和紙板通過篩選系統，從較重的材料中分離出來。它們被送到專門的工廠重新加工成新的產品。

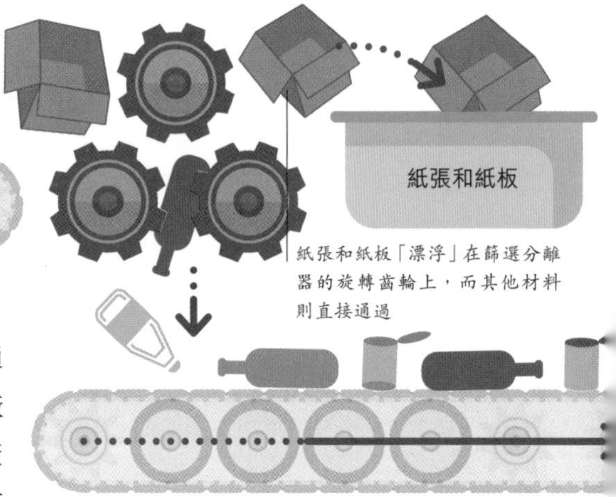
紙張和紙板
紙張和紙板「漂浮」在篩選分離器的旋轉齒輪上，而其他材料則直接通過

材料回收

可回收材料的分類和清潔工作由材料回收設施（MRF）負責。通過 MRF 內部各個系統的處理和分類，材料被回收並送往專門的工廠進行處理。可回收材料中的紙張和紙板可以製成新的紙和卡片等產品，玻璃可以被製成新的瓶子和罐子。有些物品很複雜，包含許多不同的部件，如電子產品，它們需要在專門的回收設施中進行處理。

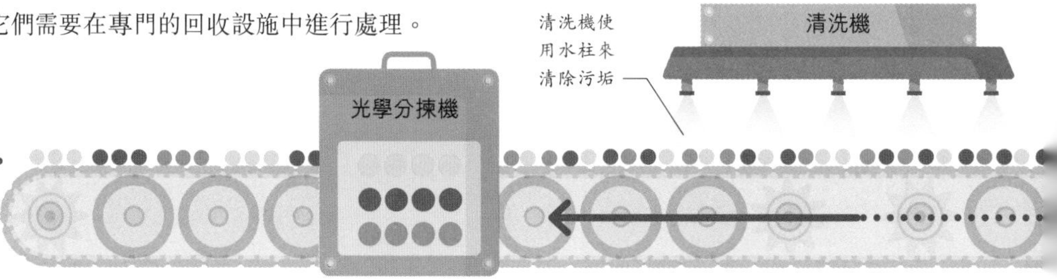
清洗機使用水柱來清除污垢
清洗機
光學分揀機

玻璃

9 玻璃回收

分類後的玻璃可能會繼續被熔化，並被重新製成新的瓶子、罐子或其他顏色一致的玻璃製品。

8 玻璃分類

一些玻璃回收廠使用先進的光學分揀機按顏色對玻璃碎片進行分類。

7 清洗玻璃

清洗碎玻璃以去除其中的污垢。清洗後的玻璃可按顏色分類，也可用於道路墊層等產品中。

回收利用

回收利用是收集廢舊物品，並將其分解成可製成新產品的材料的過程。這個過程中的一個關鍵步驟是將物品按不同材料分類，比如玻璃或塑膠，以便它們被送往適當的再處理設備。

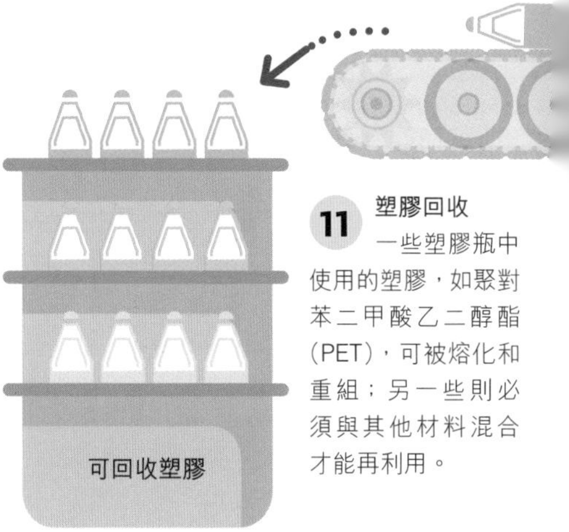
可回收塑膠

11 塑膠回收

一些塑膠瓶中使用的塑膠，如聚對苯二甲酸乙二醇酯（PET），可被熔化和重組；另一些則必須與其他材料混合才能再利用。

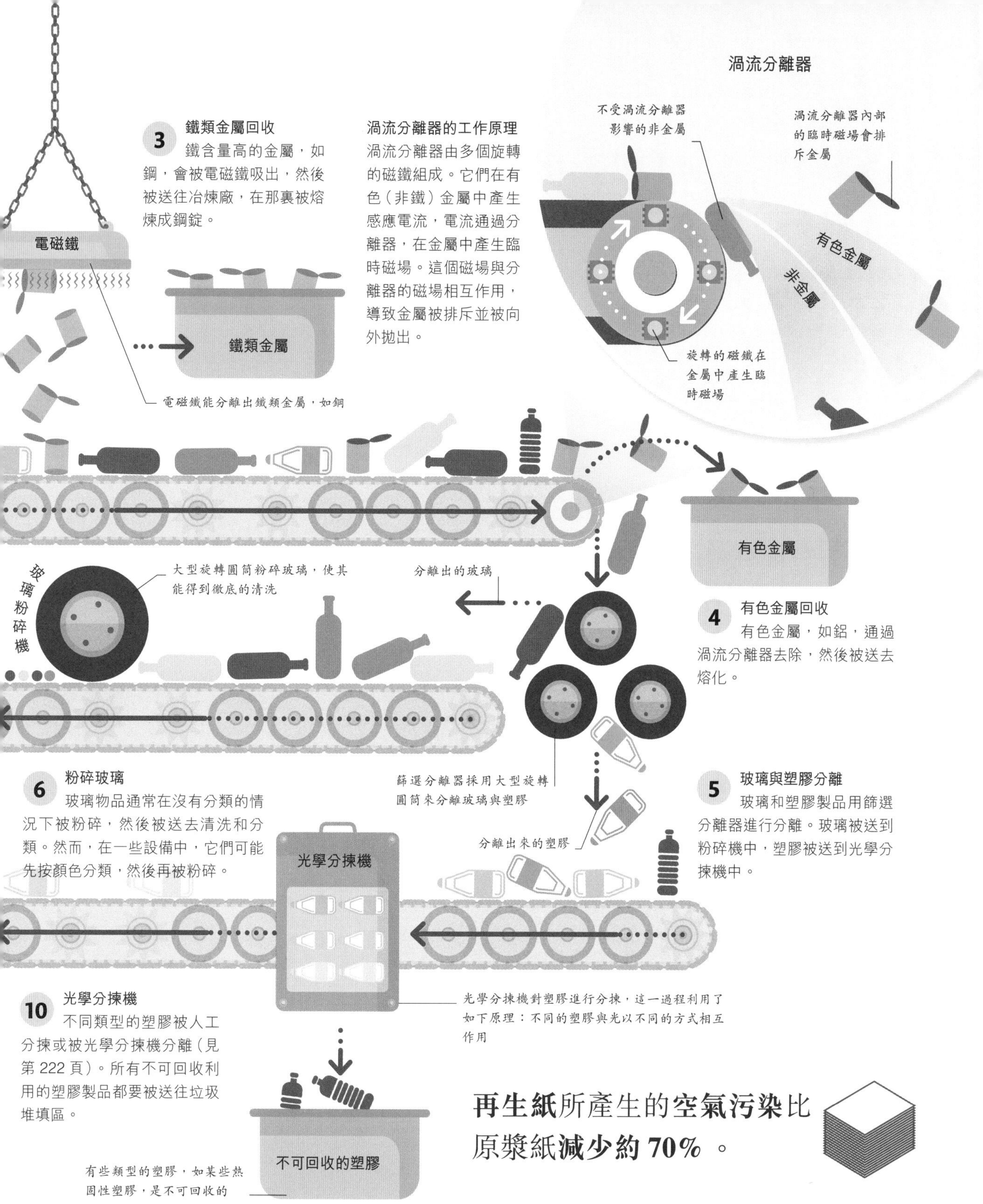

電磁鐵
鐵類金屬
電磁鐵能分離出鐵類金屬，如鋼
渦流分離器
不受渦流分離器影響的非金屬
渦流分離器內部的臨時磁場會排斥金屬
有色金屬
非金屬
旋轉的磁鐵在金屬中產生臨時磁場
有色金屬
玻璃粉碎機
大型旋轉圓筒粉碎玻璃，使其能得到徹底的清洗
分離出的玻璃
篩選分離器採用大型旋轉圓筒來分離玻璃與塑膠
分離出來的塑膠
光學分揀機
光學分揀機對塑膠進行分揀，這一過程利用了如下原理：不同的塑膠與光以不同的方式相互作用
不可回收的塑膠
有些類型的塑膠，如某些熱固性塑膠，是不可回收的

3 **鐵類金屬回收**

鐵含量高的金屬，如鋼，會被電磁鐵吸出，然後被送往冶煉廠，在那裏被熔煉成鋼錠。

渦流分離器的工作原理

渦流分離器由多個旋轉的磁鐵組成。它們在有色（非鐵）金屬中產生感應電流，電流通過分離器，在金屬中產生臨時磁場。這個磁場與分離器的磁場相互作用，導致金屬被排斥並被向外拋出。

4 **有色金屬回收**

有色金屬，如鋁，通過渦流分離器去除，然後被送去熔化。

5 **玻璃與塑膠分離**

玻璃和塑膠製品用篩選分離器進行分離。玻璃被送到粉碎機中，塑膠被送到光學分揀機中。

6 **粉碎玻璃**

玻璃物品通常在沒有分類的情況下被粉碎，然後被送去清洗和分類。然而，在一些設備中，它們可能先按顏色分類，然後再被粉碎。

10 **光學分揀機**

不同類型的塑膠被人工分揀或被光學分揀機分離（見第 222 頁）。所有不可回收利用的塑膠製品都要被送往垃圾堆填區。

再生紙所產生的**空氣污染**比原漿紙**減少約 70%**。

納米技術

納米技術是一種在非常小的尺度（被稱為「納米尺度」）上創造和操縱物質的技術。

納米尺度

納米尺度的物體的尺寸在 1 到 100 納米之間，1 納米是 1 米的十億分之一。葡萄糖、抗體和病毒就是納米尺度的物體。

納米材料

納米材料是至少有一個尺寸（長、寬、高）小於 100 納米的材料或物體。有些納米材料是天然形成的，比如煙霧顆粒、蜘蛛絲和某些蝴蝶翅膀的鱗片；有些則是刻意創造出的，這些納米材料一般具有獨特性質。例如，可以對金納米顆粒進行改造，使其在發光時散發熱量，我們可以利用這一性質來破壞癌細胞。

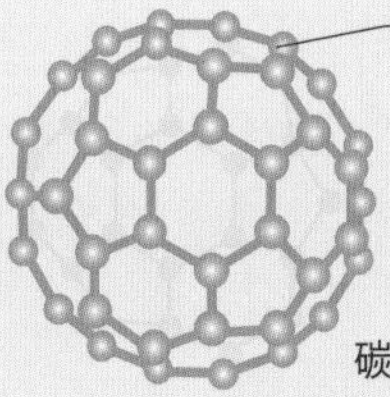

碳原子的六角環和五角環排列在球體中

碳 60（巴基球）

納米粒子
納米粒子是在 3 個維度上都是納米尺度的物體。許多納米粒子因其尺寸或形狀而具有不同尋常的特性，例如，巴基球的中空結構意味着它們可以在內部攜帶其他分子。

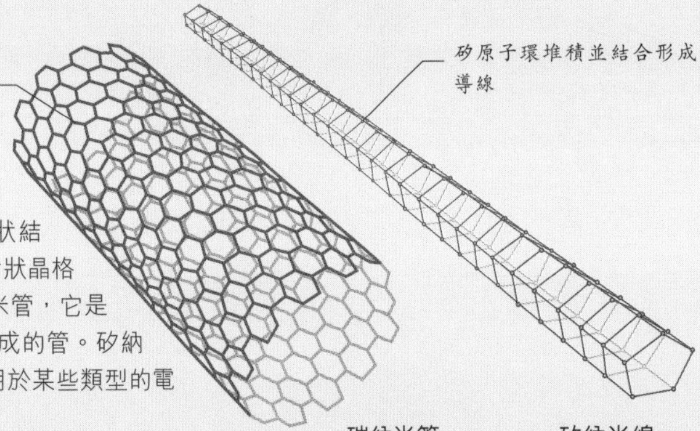

碳原子的六角環捲成管狀
矽原子環堆積並結合形成導線

碳納米管　矽納米線

納米管和納米線
納米管是狹窄的管狀結構，其壁由原子的片狀晶格構成。例如，碳納米管，它是石墨烯（見下文）捲成的管。矽納米線是實心的，被用於某些類型的電池中。

石墨烯

石墨烯是一種單層原子厚度的碳原子層，呈六邊形（蜂窩狀）晶格排列。它在各個方向上都非常堅硬，是迄今為止測試過的最堅硬的材料。石墨烯也是一種良好的熱導體和電導體。

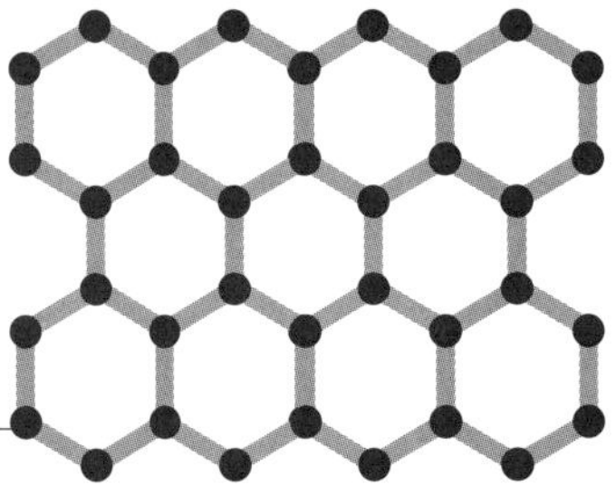

石墨烯片，由一層碳原子構成

量子點電視
一些電視屏幕使用以量子點形式存在的納米粒子來獲得更明亮、更清晰、更多彩的圖像。在這些屏幕中，量子點陣列位於發光二極管（LED）和液晶層的頂部。當不同大小的點被發光二極管發出的藍光激發時，它們會發出純紅色和純綠色的光。來自屏幕每個像素的紅、綠、藍光的組合被視為一種顏色。

電視機屏幕由堆疊在一起的幾個單獨的薄層組成
產生圖像的數據通過電纜或 Wi-Fi 發送至電視

量子點約為人的**頭髮粗細**的 **10,000 分之一**。

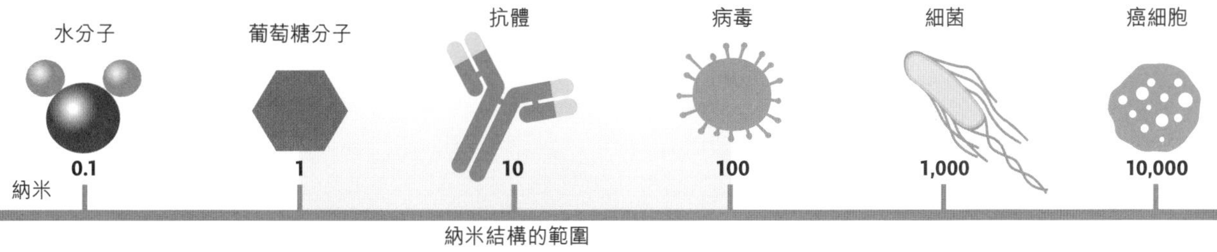
水分子
葡萄糖分子
抗體
病毒
細菌
癌細胞
納米
0.1
1
10
100
1,000
10,000
納米結構的範圍

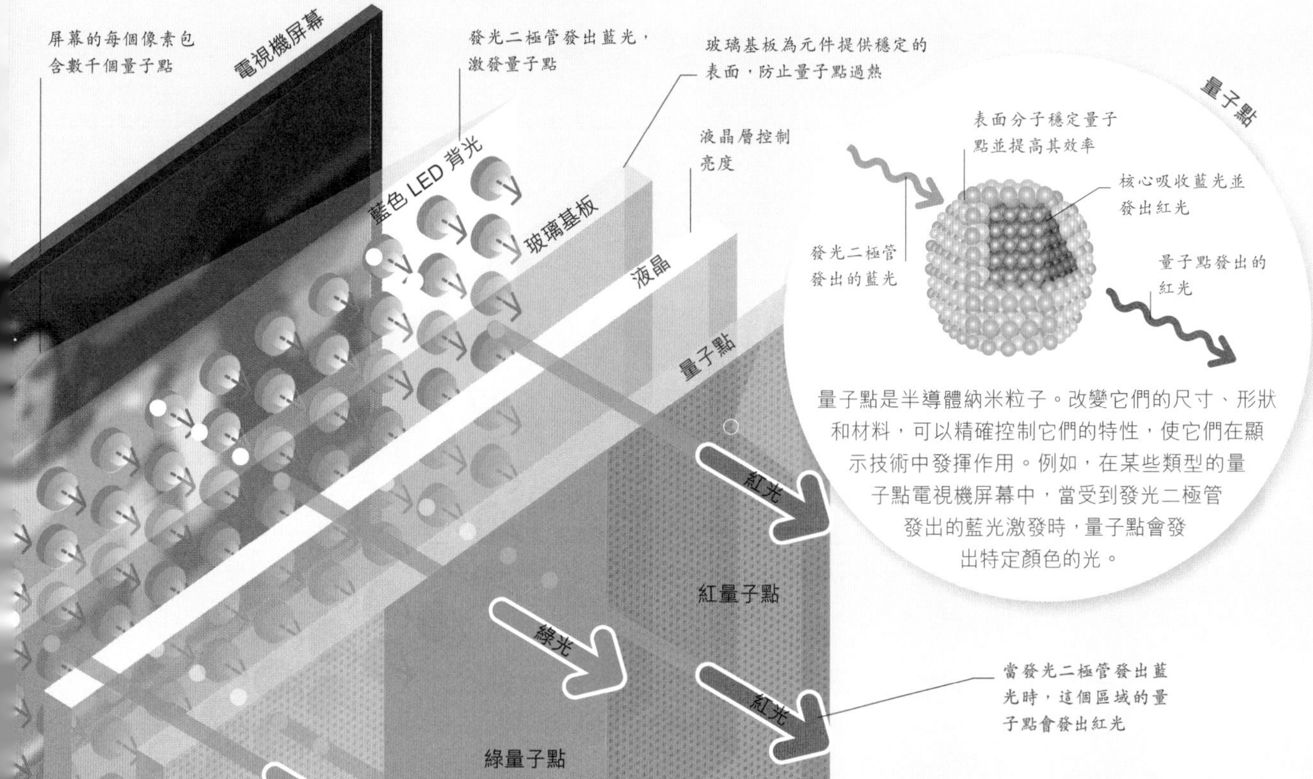
屏幕的每個像素包含數千個量子點
電視機屏幕
發光二極管發出藍光，激發量子點
藍色 LED 背光
玻璃基板為元件提供穩定的表面，防止量子點過熱
玻璃基板
液晶層控制亮度
液晶
量子點
量子點
表面分子穩定量子點並提高其效率
核心吸收藍光並發出紅光
發光二極管發出的藍光
量子點發出的紅光
量子點是半導體納米粒子。改變它們的尺寸、形狀和材料，可以精確控制它們的特性，使它們在顯示技術中發揮作用。例如，在某些類型的量子點電視機屏幕中，當受到發光二極管發出的藍光激發時，量子點會發出特定顏色的光。
紅光
紅量子點
綠光
紅光
當發光二極管發出藍光時，這個區域的量子點會發出紅光
綠量子點

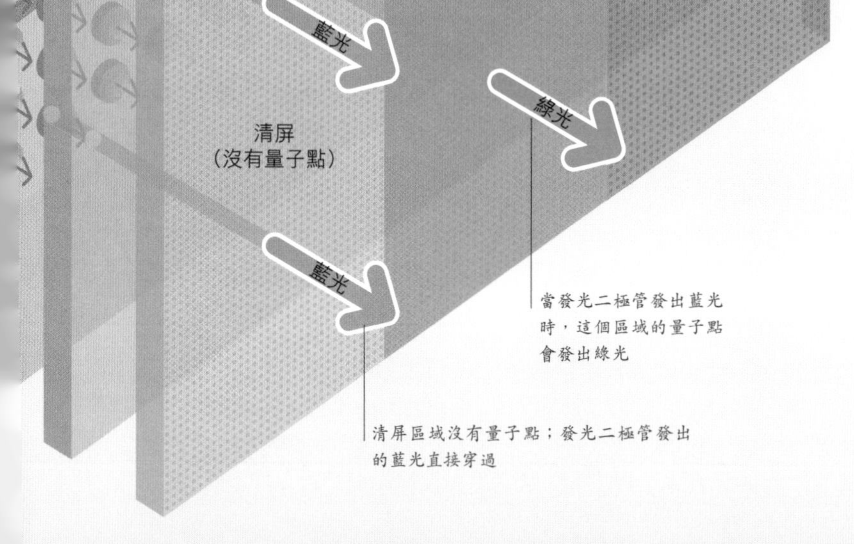
藍光
綠光
清屏
（沒有量子點）
藍光
當發光二極管發出藍光時，這個區域的量子點會發出綠光
清屏區域沒有量子點；發光二極管發出的藍光直接穿過

納米技術的用途

有些納米技術已經在日常生活中得到了應用，主要是以添加劑的形式添加到其他物質中，以增強其性能。例如，二氧化鈦納米粒子被添加到某些防曬霜中，以使防曬霜更有效地防止皮膚被曬黑、曬傷。納米材料也可以發揮更積極的作用。例如，一些電視機和顯示器的工作依賴這樣的事實：半導體納米粒子可以發出特定顏色的光。

3D 打印

我們使用的大多數物品涉及複雜的製造過程。3D 打印提供了一種前景——只需要打印數碼文件，就可以製作出各種各樣的物品。

3D 打印的工作原理

傳統印刷是通過在紙上沉積一層油墨來工作的。3D 打印機的工作方式與之類似，只是 3D 打印機需要構建多層結構以創建三維對象。儘管可以使用其他不同的材料，但人們經常使用塑膠來代替油墨。3D 打印的物品不如傳統製作的物品好，但它們的製作通常更快速、更便宜。

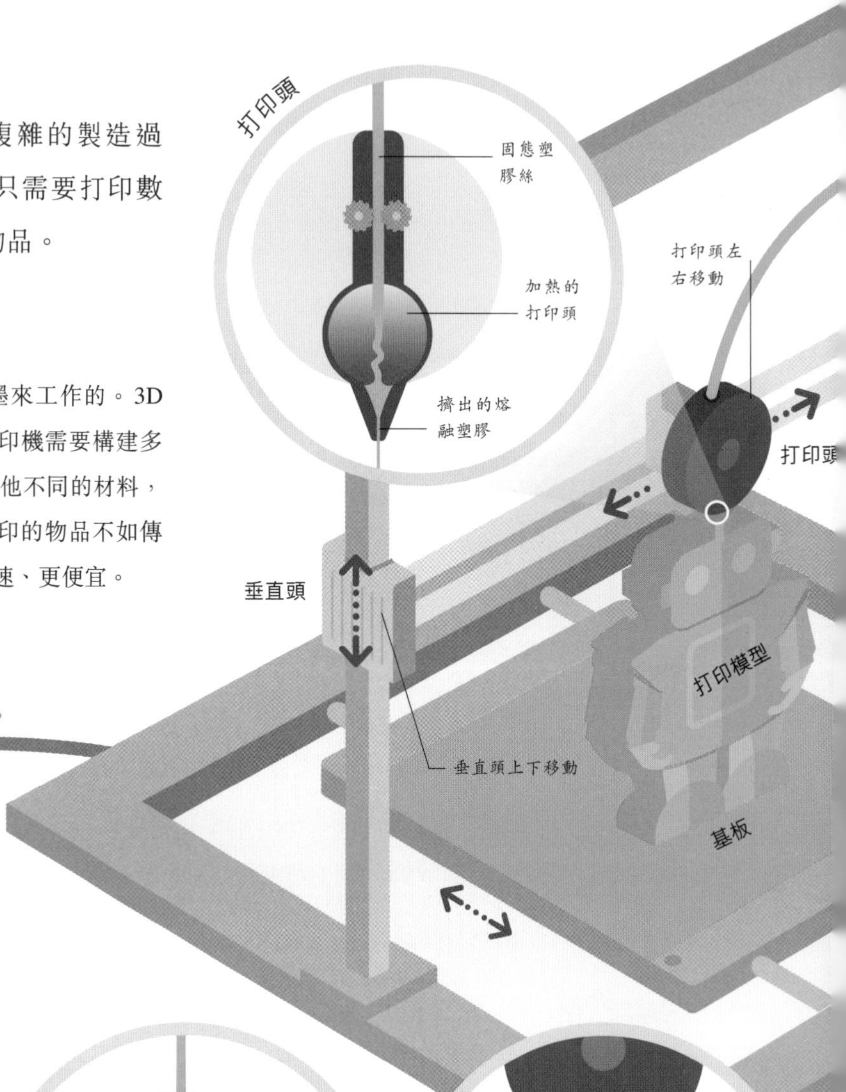

許多 **3D 打印機**使用**玉米澱粉**製成的**塑膠**。

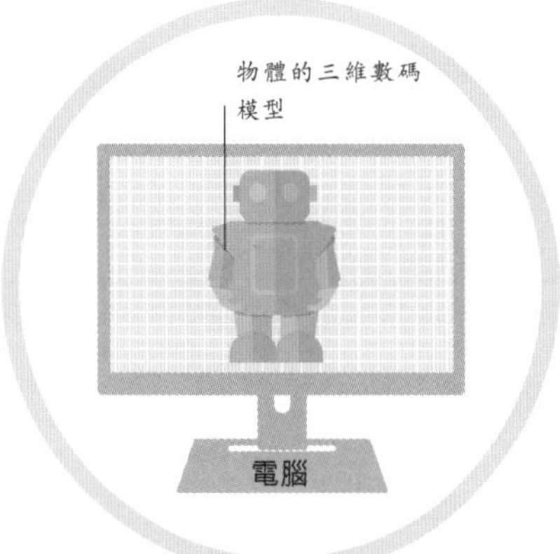

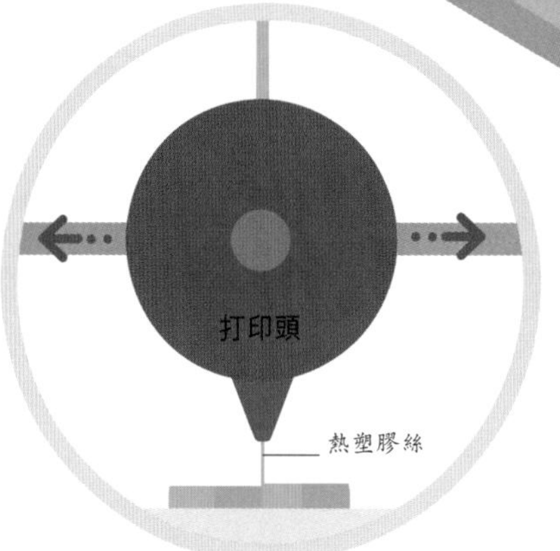

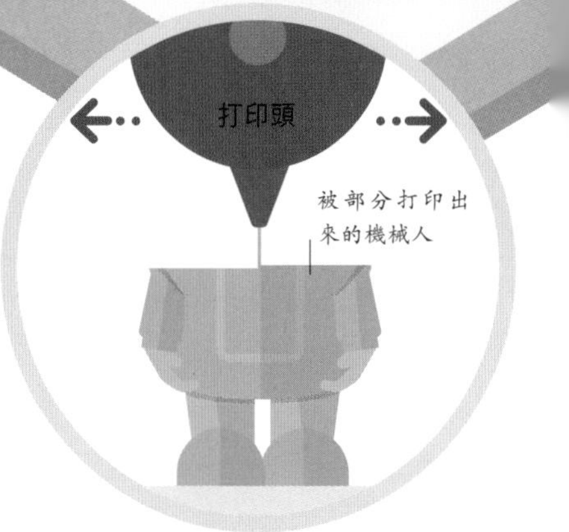

1 電腦設計

3D 打印始於在電腦中創建的三維數碼模型。該模型可以通過專門的軟件生成，也可以用激光掃瞄物體後，對掃瞄數據進行數碼化處理得到。

2 啓動打印

塑膠絲被送入打印頭，打印頭包含一個加熱元件，用於熔化塑膠。來自電腦的數據使打印頭左右移動、垂直頭上下移動、基板前後移動。

3 分層加工

打印的物體是從下往上一層一層地逐漸堆積起來的。隨着每一層的添加，熔融塑膠冷卻並凝固。根據物體的大小和複雜程度，打印可能需要幾個小時。

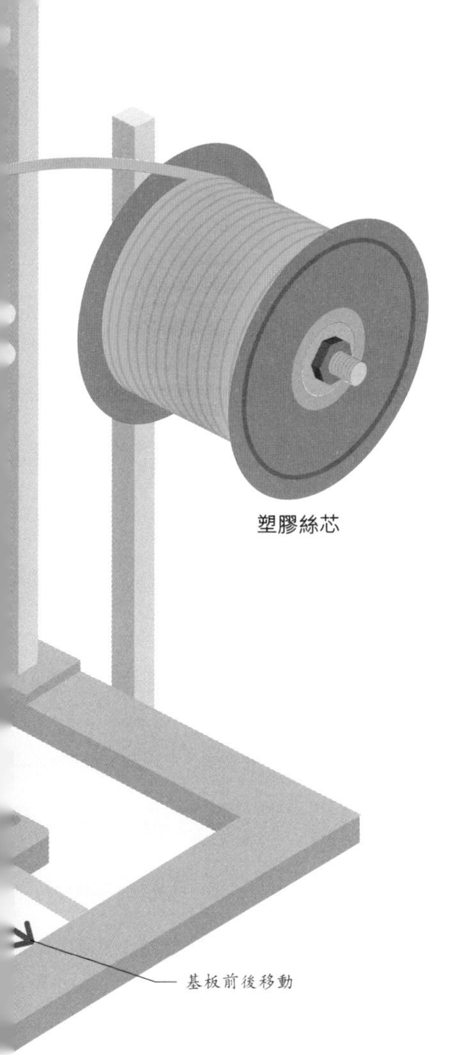

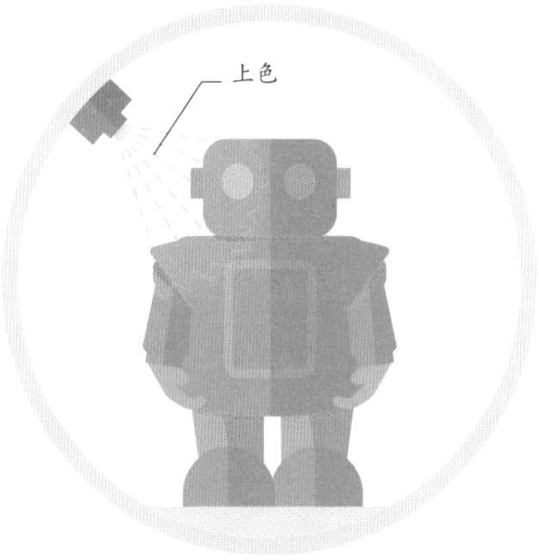

4 完成

由於打印過程的逐層加工特點，3D 打印對象會有粗糙的表面，通常有必要用化學物質來處理，或者用機械拋光來使其表面乾淨、平滑。它們的表面也可以被塗上顏色。

3D 打印的用途

3D 打印仍是一項新興技術，尚未廣泛用於批量生產消費品。它主要用於生產專門的或定製的物品，如醫學中的藥丸和義肢體、樂器，以及潛在新產品的原型。

藥丸

與傳統的藥丸製作方法相比，3D打印使製藥商能夠更好地微調藥丸的成分。這也使製造出幾乎瞬間溶解的藥丸成為可能。

人造血管

科學家用3D打印技術製造出了包含活性細胞的血管。這些血管已經被成功植入老鼠體內，未來有可能用於替換人類受損的血管。

運動鞋

幾家運動服裝公司已經生產出了3D打印的運動鞋，曾有運動員穿着它們參加國際比賽，但它們的數量仍然十分有限。

義肢骨

一些切除了部分骨頭（如為了治療癌症）的患者接受了由3D打印的鈦或人工骨製成的植入物，這些植入物與切除的骨頭區域完全匹配。

義肢

與傳統義肢相比，3D打印的義肢擁有更輕巧的設計。3D打印的義肢製作成本也更低，更易於個人定製。

樂器

在實驗條件下，各種各樣的樂器已經被3D打印出來了，並且許多樂器是可以在市場上買到，包括一些管樂器和絃樂器，如長笛、結他和小提琴。

太空製造

2014 年，國際空間站的宇航員打印了一把棘輪扳手，其設計文件源自地球。3D 打印可以使宇航員避免攜帶可能永遠不會用到的物品，也可以避免為遠距離提供備件付出巨額費用。

棘輪扳手

拱門和穹頂

在許多傳統建築中，拱門和穹頂通常被用於跨越開口和較大的空間，因為它們可以用較少的支撐結構覆蓋較大面積。

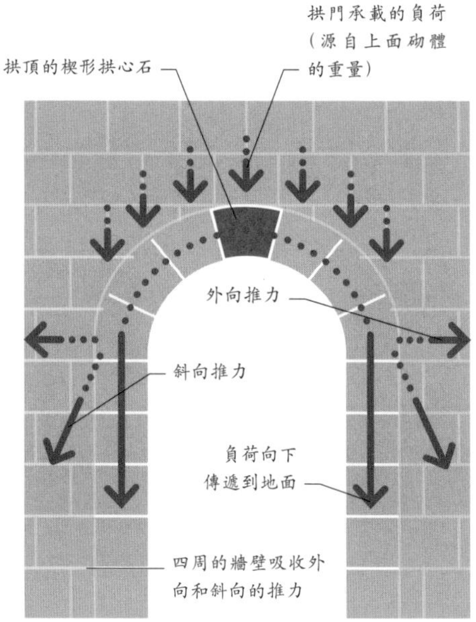
拱門承載的負荷（源自上面砌體的重量）
拱頂的楔形拱心石
外向推力
斜向推力
負荷向下傳遞到地面
四周的牆壁吸收外向和斜向的推力

拱門中的力
拱門承載的負荷沿着曲線向下傳遞。負荷還產生外向和斜向的推力，這些推力被四周的牆或扶壁抵消。

拱門

在牆上開一個洞最簡單的設計是用兩根支柱（也叫「立柱」）和一根橫樑（門楣）來承載上面的負荷，但是這種設計不能支撐大的負荷，因此開口不能太大。然而，拱門可以跨越更大的開口，因為來自砌體重量的向下的力會將拱門上的各個石塊推擠在一起，從而能很好地利用如磚和石頭等材料的天然抗壓強度。在建造拱門時，必須用腳手架進行支撐，直到拱心石就位，以確保結構安全。

穹頂

穹頂可以被看作一個由圓拱旋轉而成的三維形狀。與拱門一樣，穹頂也是自支撐的，它所有的重量都轉移到了其所依賴的結構上。然而，與拱門不同的是，穹頂不需要拱心石來將其鎖到位，穹頂在建造過程中始終是穩定的，因為它的每一層都是一個完整的自支撐環。穹頂的重量產生了外向推力。為了抵抗這種向外的作用力，張力環就像桶上的圓環一樣，纏繞在穹頂上。

世界上第一個測地線穹頂於 1926 年在德國開放，其直徑為 25 米。

羅馬的萬神殿

萬神殿的穹頂在建造近 2,000 年後，仍然是世界上最大的無鋼筋混凝土穹頂，其內徑約為 43.3 米，重量達 4,535 噸。為了最大限度地減少穹頂的重量，頂部的混凝土較薄，底部的較厚。穹頂上的凹痕（稱為「團堰」）和頂部直徑為 8 米的孔（稱為「眼孔」）進一步減輕了重量。

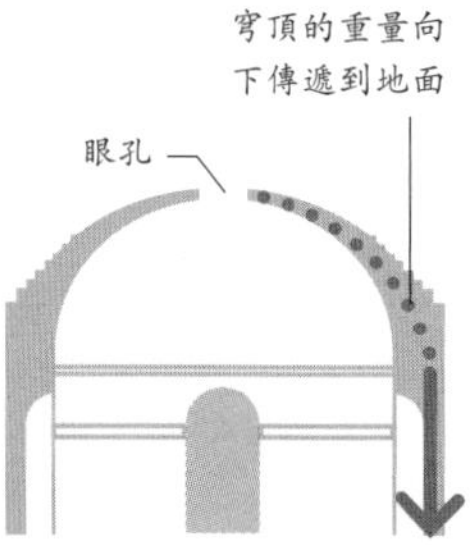
穹頂的重量向下傳遞到地面
眼孔

布魯內萊斯基穹頂
佛羅倫薩大教堂的穹頂，以其設計師的名字命名，被稱為「布魯內萊斯基穹頂」。它是有史以來最大的磚石穹頂，直徑約 45 米，高出地面 114.5 米。它由兩個同心的八角形圓頂（殼）組成：從大教堂內部可見的內殼和更大的外殼。

測地線穹頂

測地線穹頂是一種類似球體的結構，由重量輕的剛性支柱構成，並在六邊形和五邊形內形成三角形。三角形在拉伸和壓縮作用下都很堅固。六邊形和五邊形組合構成了圓形。測地線穹頂可以作為一個完整的結構直接放置在地面上，這與其他大型穹頂建築不同，後者需要環或扶壁來支撐穹頂的重量和結構，以抵消外向推力。

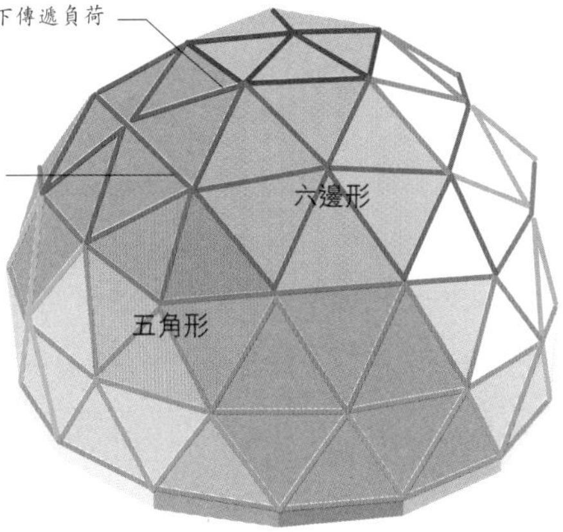
受壓的對角支柱；它們向下傳遞負荷
受拉的水平支柱；它們防止結構彎曲
六邊形
五角形

測地線穹頂中的力
三角形部分既起到壓縮作用，將負荷傳遞到地面，也起到拉伸作用，抵消了由於結構重量而產生的外向推力。

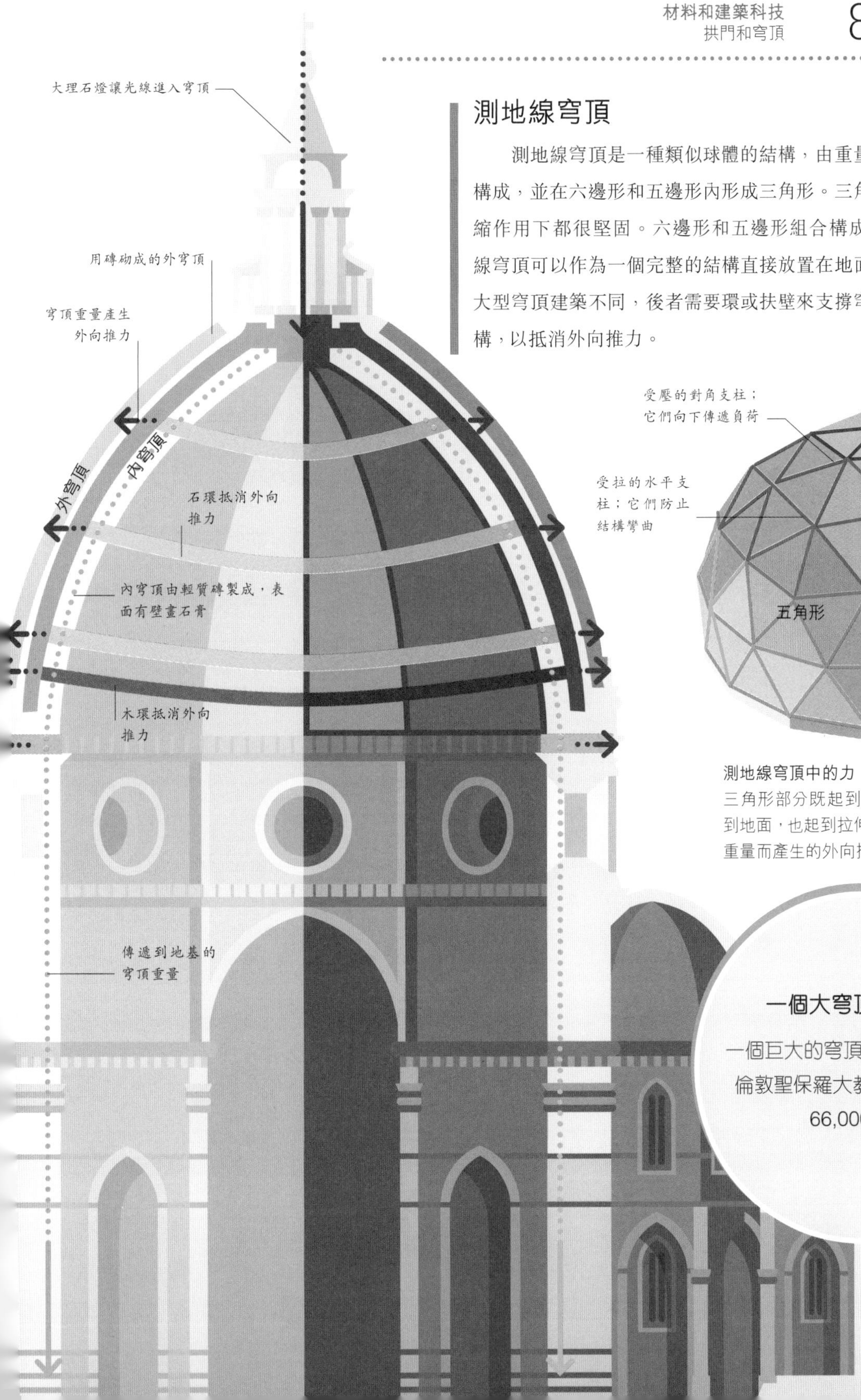
大理石燈讓光線進入穹頂
用磚砌成的外穹頂
穹頂重量產生外向推力
外穹頂
內穹頂
石環抵消外向推力
內穹頂由輕質磚製成，表面有壁畫石膏
木環抵消外向推力
傳遞到地基的穹頂重量

一個大穹頂有多重？

一個巨大的穹頂可重達幾千噸。倫敦聖保羅大教堂的穹頂重約 66,000 噸。

鑽探

在地表以下的深處鑽孔，可以獲得水、石油和天然氣等自然資源。鑽孔還可以用於科學目的，例如，取得冰芯樣本，對其進行分析後，就能得到關於過去環境條件的信息。

石油鑽探

石油是一種天然存在的有機物，它以液態的形式沉積在地下。石油鑽機包含由被稱為「井架」的結構支撐起來的鑽井設備 —— 鑽頭。當鑽頭通過地面向下移動時，豎管的一部分被旋轉在鑽孔的周圍。同時，還要向鑽孔中泵入一種被稱為「泥漿」的液體混合物，以使鑽頭能更有效地工作。一旦鑽頭到達油井，井架和鑽井設備就會被移除，並用油泵來接替其繼續工作。

井架
井架支撐鑽井設備
豎管將泥漿輸送到鑽頭
豎管

冰芯鑽探

冰是由雪逐漸堆積形成的，所以下層的冰比上層的歷時更久，分析冰芯可以獲得過去環境條件的信息。冰芯是用空心管鑽出來的，有些可以鑽到 3 千米深。

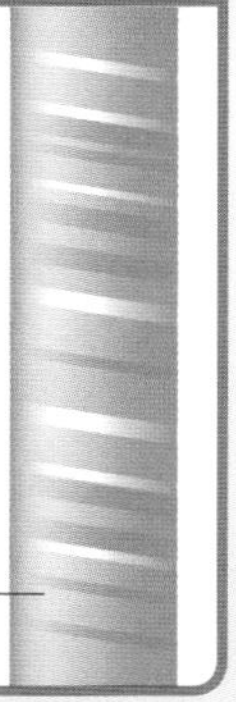

冰層逐年堆積

海底鑽探

為了獲取海底的石油，石油公司使用專門的移動式海上鑽井裝置(MODUs)。一旦發現油田，移動式海上鑽井裝置就可以轉換為開採平台。

自升式

自升式鑽井平台是一種移動式海上鑽井裝置，其樁腿可以下伸到海底，使平台站立在海牀上。這使鑽機免受潮汐運動和波浪的影響。

半潛式

半潛式鑽井平台由漂浮在海面上的浮箱支撐。一旦發現石油，該平台可轉換成開採平台用於油田的早期開發。

鑽井船

這是在頂層甲板上有鑽機的專業船。鑽孔機通過船體上的一個洞進行操作。鑽井船可以在深水中作業。

鑽井駁船

鑽井駁船是一種小型船隻，裝有從甲板上升起的鑽機。鑽井駁船隻適合在平靜的淺水中使用。

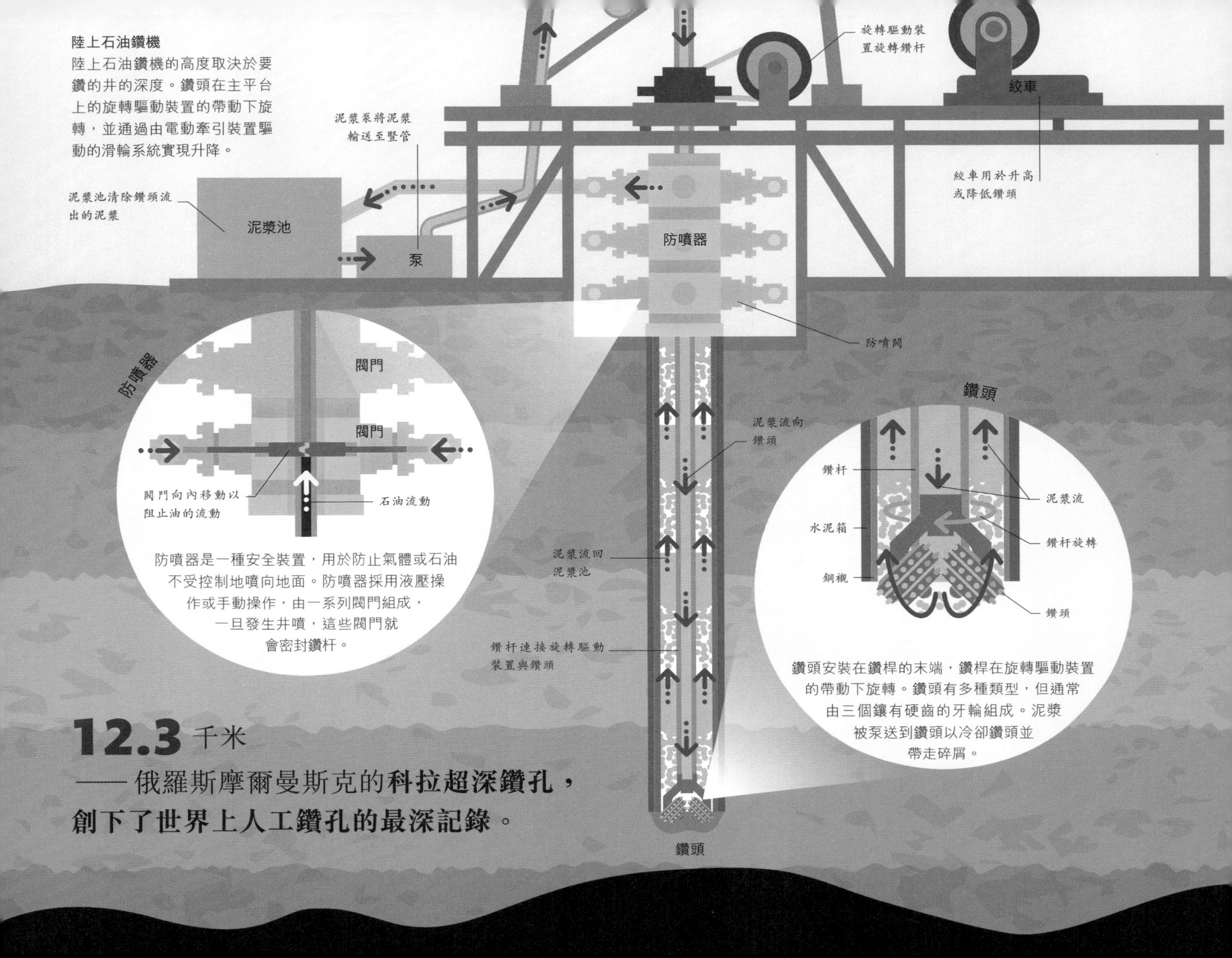
陸上石油鑽機
陸上石油鑽機的高度取決於要鑽的井的深度。鑽頭在主平台上的旋轉驅動裝置的帶動下旋轉，並通過由電動牽引裝置驅動的滑輪系統實現升降。
泥漿泵將泥漿輸送至豎管
旋轉驅動裝置旋轉鑽杆
絞車
絞車用於升高或降低鑽頭
泥漿池清除鑽頭流出的泥漿
泥漿池
泵
防噴器
防噴閥
防噴器
閥門
閥門
閥門向內移動以阻止油的流動
石油流動
防噴器是一種安全裝置，用於防止氣體或石油不受控制地噴向地面。防噴器採用液壓操作或手動操作，由一系列閥門組成，一旦發生井噴，這些閥門就會密封鑽杆。
泥漿流向鑽頭
泥漿流回泥漿池
鑽杆連接旋轉驅動裝置與鑽頭
鑽頭
鑽頭
鑽杆
水泥箱
鋼襯
泥漿流
鑽杆旋轉
鑽頭
鑽頭安裝在鑽桿的末端，鑽桿在旋轉驅動裝置的帶動下旋轉。鑽頭有多種類型，但通常由三個鑲有硬齒的牙輪組成。泥漿被泵送到鑽頭以冷卻鑽頭並帶走碎屑。
12.3千米
——俄羅斯摩爾曼斯克的科拉超深鑽孔，創下了世界上人工鑽孔的最深記錄。

挖掘機

土方搬運是施工過程的關鍵環節，運土機械使用槓桿和液壓裝置進行挖掘和移除材料、平整和填充操作。

挖掘機的工作原理

挖掘機的履帶由發動機艙內的柴油發動機驅動。該發動機還要驅動位於同一隔間內的泵，該泵可以為移動挖掘機臂和剷斗的液壓系統提供動力。

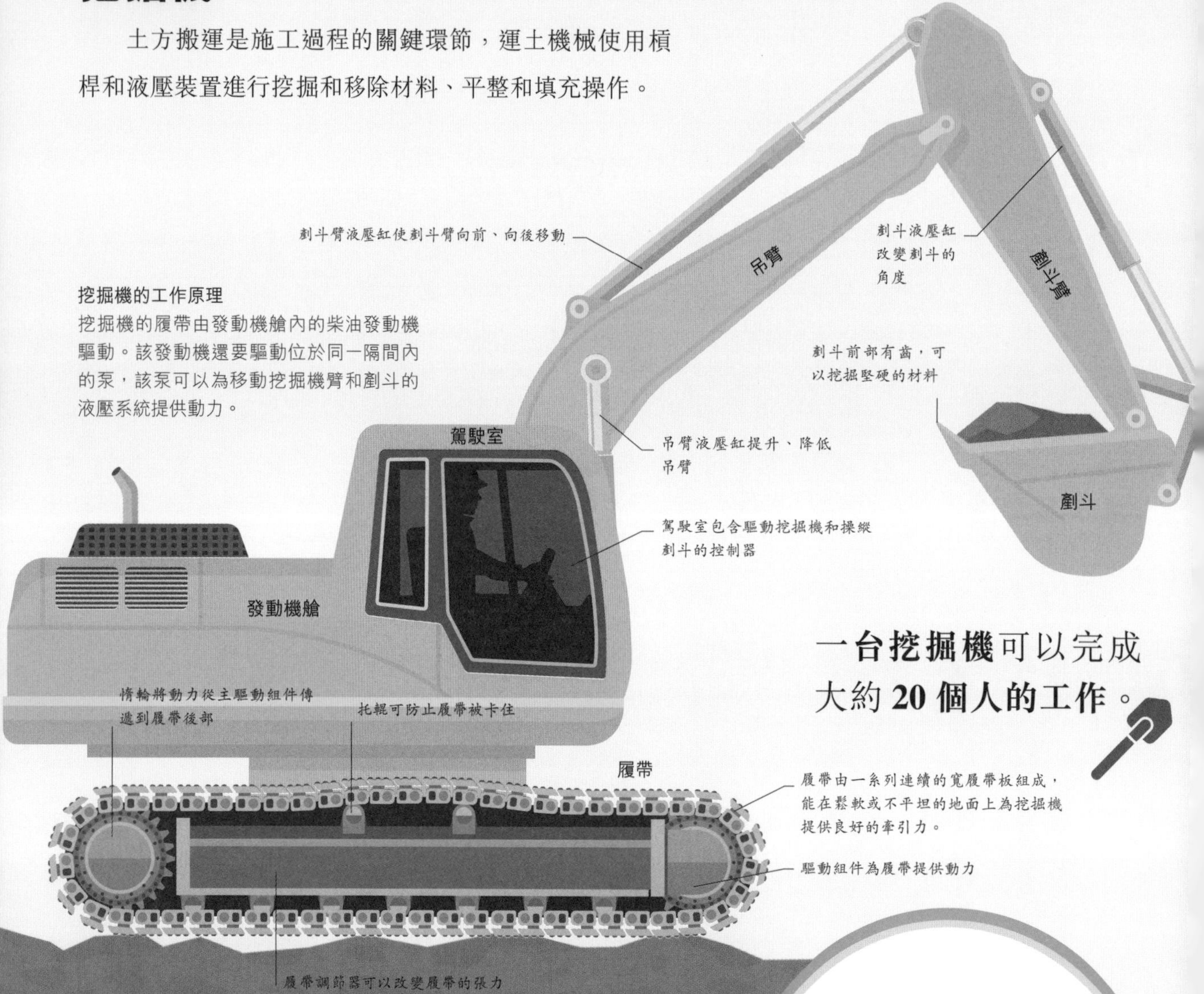

剷斗臂液壓缸使剷斗臂向前、向後移動
吊臂
剷斗液壓缸改變剷斗的角度
剷斗臂
剷斗前部有齒，可以挖掘堅硬的材料
吊臂液壓缸提升、降低吊臂
駕駛室
剷斗
駕駛室包含驅動挖掘機和操縱剷斗的控制器
發動機艙
惰輪將動力從主驅動組件傳遞到履帶後部
托輥可防止履帶被卡住
履帶
履帶由一系列連續的寬履帶板組成，能在鬆軟或不平坦的地面上為挖掘機提供良好的牽引力。
驅動組件為履帶提供動力
履帶調節器可以改變履帶的張力

一台挖掘機可以完成大約 **20 個人的工作**。

最大的挖掘機有多大？

最大的挖掘機是 Bucyrus RH400 液壓挖掘機，它有三層樓高，重 980 噸，每個剷斗可以容納 45 立方米的巖石。

運土機械

挖掘機是建築工地上使用較多的重型運土機械之一，它可以挖掘並剷起材料，並將材料放到別處。推土機是一種多用途的土方搬運機械，它前面有一個由液壓操縱的前置剷刀來推剷土石。前裝載機是一種拖拉機，它有一個寬的前置剷斗，剷斗通過液壓裝置實現升降，可用於鏟物和起重。反剷裝載機是前裝載機和挖掘機的組合。

水力學

液體不能像氣體一樣被壓縮，這意味着任何施加在液體上的力都會被它傳遞出去。在基本的液壓系統中，當向封閉管道或液壓缸的一端施加壓力時，壓力會被傳遞到另一端。改變一個活塞和汽缸相對於另一個活塞和汽缸的寬度，便可以增加一個較小的力。

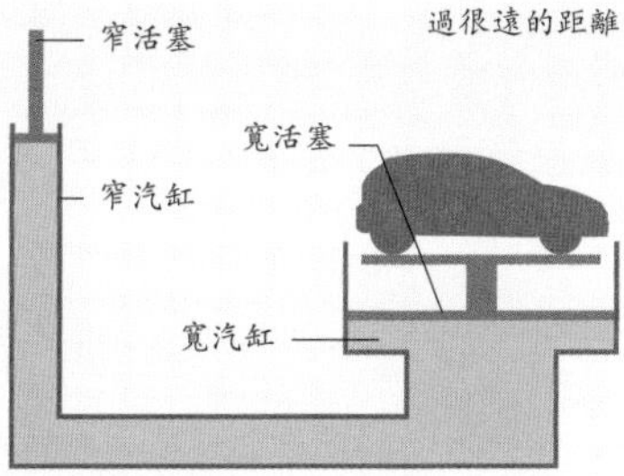
窄活塞
寬活塞
窄汽缸
寬汽缸

1 放大力

雖然液體的壓力保持不變，但窄缸內活塞所施加的力被寬缸的活塞放大了。

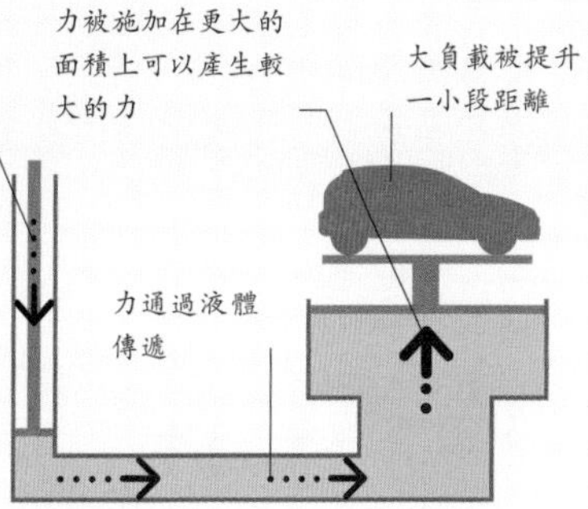
微小的力可以穿過很遠的距離
力被施加在更大的面積上可以產生較大的力
大負載被提升一小段距離
力通過液體傳遞

2 雙倍的力量，一半的距離

如果大活塞的面積是小活塞的兩倍，那麼施加的力也會翻倍，但代價是這個更大的力作用的行程只有原來的一半。

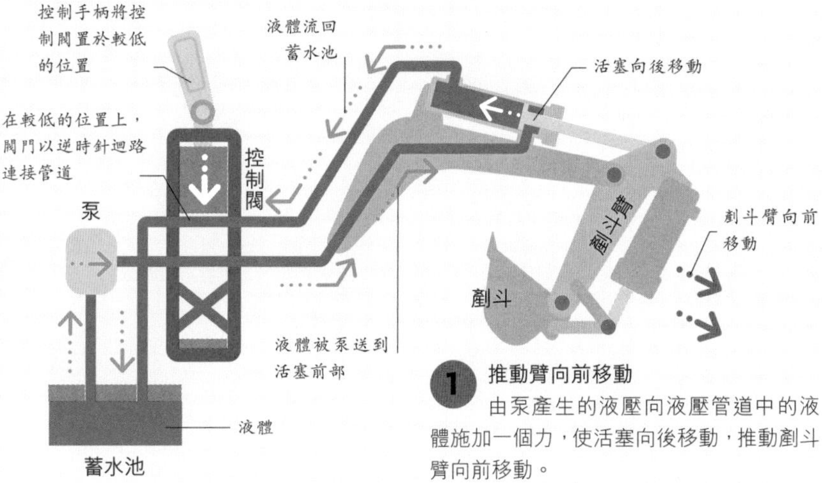
控制手柄將控制閥置於較低的位置
液體流回蓄水池
活塞向後移動
在較低的位置上，閥門以逆時針迴路連接管道
控制閥
泵
剷斗臂
剷斗臂向前移動
剷斗
液體被泵送到活塞前部
液體
蓄水池

1 推動臂向前移動

由泵產生的液壓向液壓管道中的液體施加一個力，使活塞向後移動，推動剷斗臂向前移動。

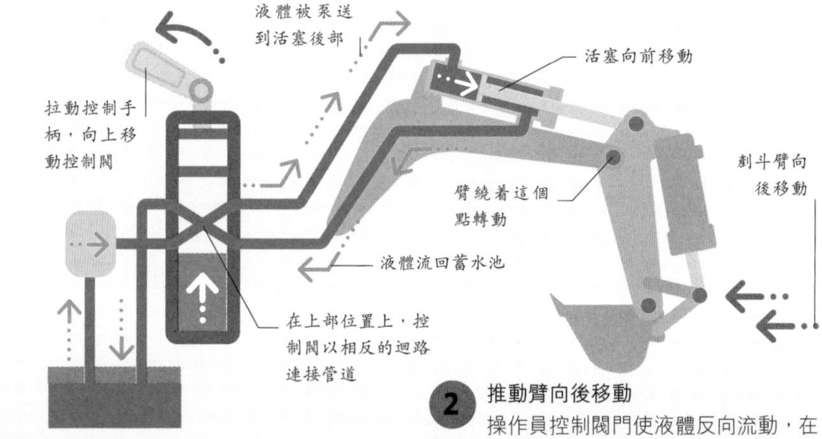
液體被泵送到活塞後部
活塞向前移動
拉動控制手柄，向上移動控制閥
剷斗臂向後移動
臂繞着這個點轉動
液體流回蓄水池
在上部位置上，控制閥以相反的迴路連接管道

2 推動臂向後移動

操作員控制閥門使液體反向流動，在活塞的另一側施加壓力，並推動剷斗臂向相反的方向運動。

槓桿

根據作用力和輸出力相對於支點的位置，槓桿可分為三類。這三類槓桿均可以用來增強不同方向的力或運動。

第一類

作用力和輸出力位於支點的相對兩側。例如，一把剪刀。

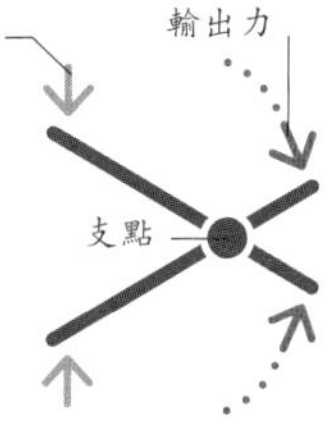
作用力（輸入）
輸出力
支點

第二類

輸出力位於支點和作用力之間。例如，一對胡桃夾子。

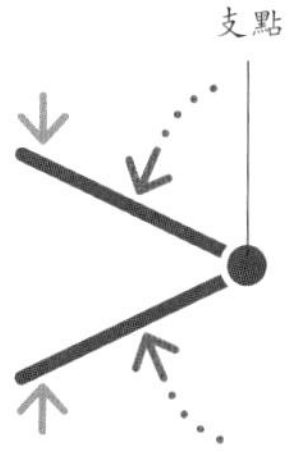
支點

第三類

作用力施加在支點和輸出力之間。例如，一把鉗子或鑷子。

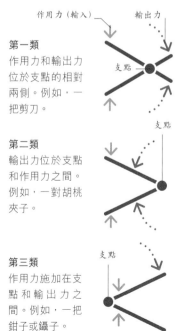

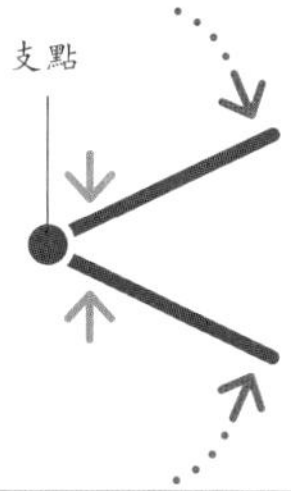
支點

橋樑

無論跨越一個小溝，還是跨越 100 多千米的距離，橋樑都必須能夠承受並轉移橋樑自身的重量和載荷。

橋樑類型

雖然橋樑有各種形狀和大小，但幾乎所有橋樑都是一些基本類型的變體。樑橋和桁架橋是最簡單的類型，類似於在兩岸之間鋪設木板，它們只能用於相對較短的跨度。拱橋也適合較短的跨度，而多個拱連接在一起可用於較大的跨度。斜拉橋、懸臂橋和懸索橋，為長跨度提供了很大的空間。

樑橋

在樑橋中，兩端的橋墩或柱子支撐着一個平坦的橋面。橋面由樑（如空心鋼箱樑）組成。

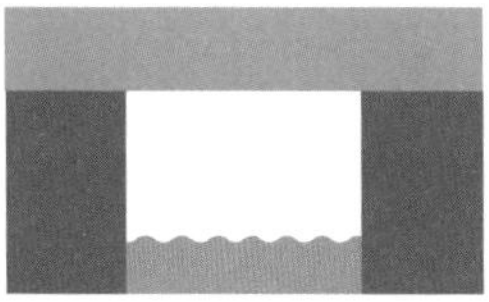

拱橋

橋下的拱架支撐橋面，將壓力傳遞給橋墩。

桁架橋

在桁架橋中，帶有斜柱的樑框架為橋面提供了額外的支撐，以幫助橋面抵抗壓力。

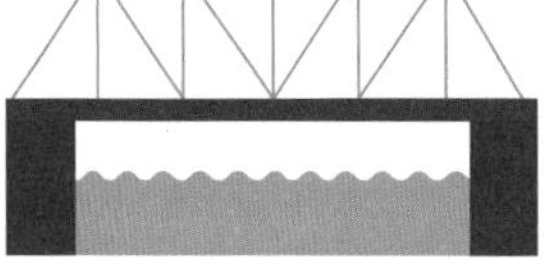

懸臂橋

懸臂橋包括兩個在中間相接的「蹺蹺板」。兩端的錨分別定在兩側。

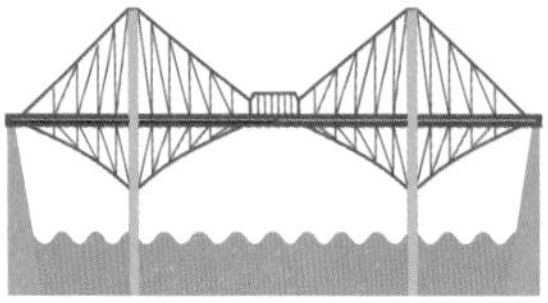

斜拉橋

斜拉橋的橋面由多根纜繩支撐，這些纜繩直接與一座或多座垂直塔相連。

懸索橋

在斜拉橋中，纜繩將橋面直接連接到垂直塔上。在懸索橋中，主纜繩將垂直塔的頂部連接到嵌入橋端堤岸的錨塊上。懸索橋的橋面由懸掛在主纜繩上的垂直懸索支撐。這是一個跨度非常大的系統。

懸索橋結構

橋面的重量和任何額外載荷都通過懸索傳遞給主纜繩，使懸索和主纜繩處於張力作用下。主纜繩再將載荷傳遞給固定錨塊和塔架，這會在垂直塔中產生壓力，垂直塔最終將壓力傳遞給地基。

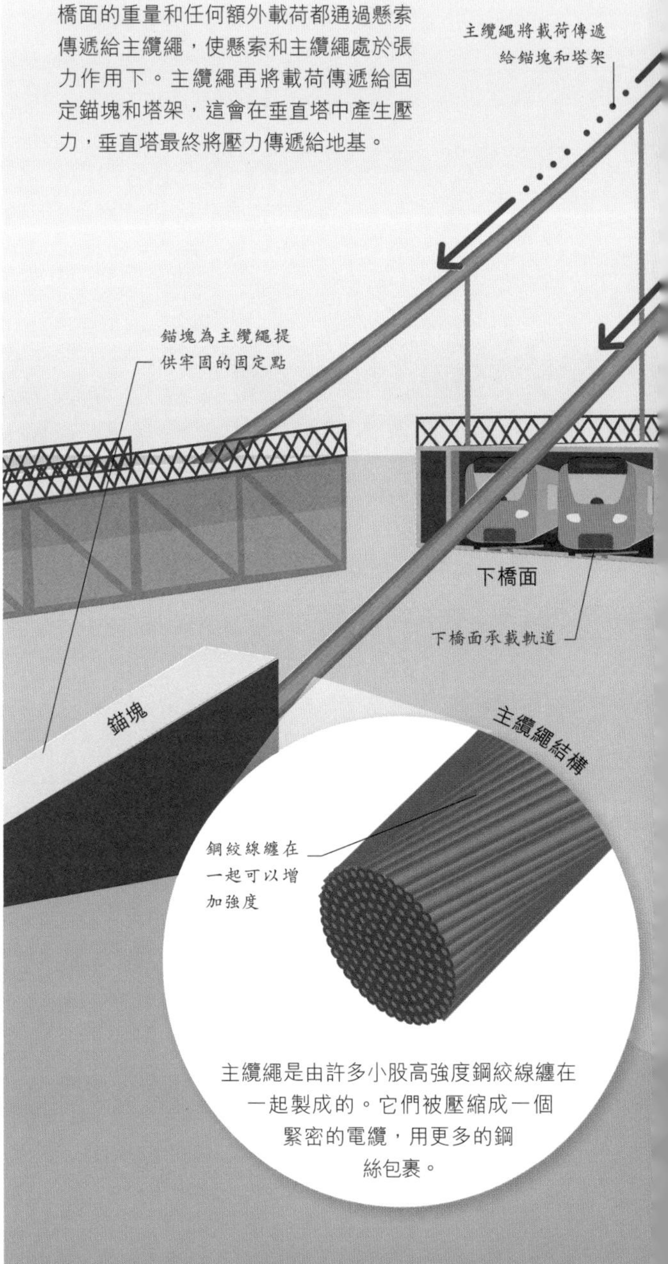
主纜繩將載荷傳遞給錨塊和塔架
錨塊為主纜繩提供牢固的固定點
下橋面
下橋面承載軌道
錨塊
主纜繩結構
鋼絞線纏在一起可以增加強度
主纜繩是由許多小股高強度鋼絞線纏在一起製成的。它們被壓縮成一個緊密的電纜，用更多的鋼絲包裹。

悉尼港灣大橋在炎熱的天氣裏可以**增長 18 厘米**。

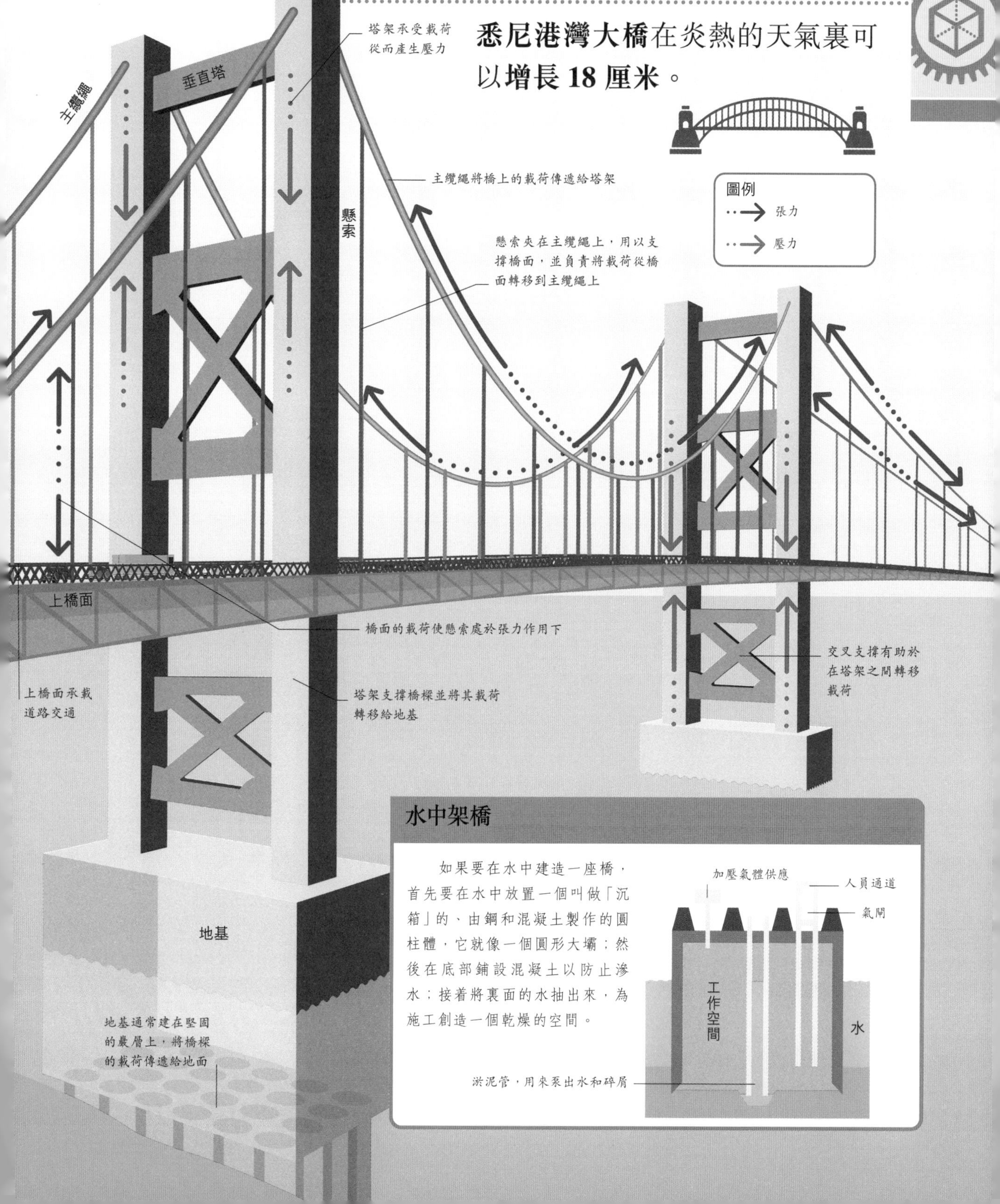
塔架承受載荷從而產生壓力
垂直塔
主纜繩
懸索
主纜繩將橋上的載荷傳遞給塔架
圖例
張力
壓力
懸索夾在主纜繩上，用以支撐橋面，並負責將載荷從橋面轉移到主纜繩上
上橋面
橋面的載荷使懸索處於張力作用下
交叉支撐有助於在塔架之間轉移載荷
上橋面承載道路交通
塔架支撐橋樑並將其載荷轉移給地基
地基
地基通常建在堅固的巖層上，將橋樑的載荷傳遞給地面

水中架橋

如果要在水中建造一座橋，首先要在水中放置一個叫做「沉箱」的、由鋼和混凝土製作的圓柱體，它就像一個圓形大罎；然後在底部鋪設混凝土以防止滲水；接着將裏面的水抽出來，為施工創造一個乾燥的空間。

加壓氣體供應
人員通道
氣閘
工作空間
水
淤泥管，用來泵出水和碎屑

隧道

隧道通常是穿過土壤或巖石的大管道，它需要經過加固以防止坍塌。修建隧道通常需要專門的機械設備。

水下隧道

可以使用隧道鑽挖機（TBM）在水下鑽孔來挖掘隧道（見下文）。連接英國和法國的英法海底隧道就是在水下鑽孔挖掘隧道的一個例子。然而，使用沉管法在水下建造隧道通常更快且成本更低。

沉管法

沉管法需要在陸地上分段建造隧道管道，然後將這些分段隧道帶到施工現場，把它們沉降到水底並相互連接起來。

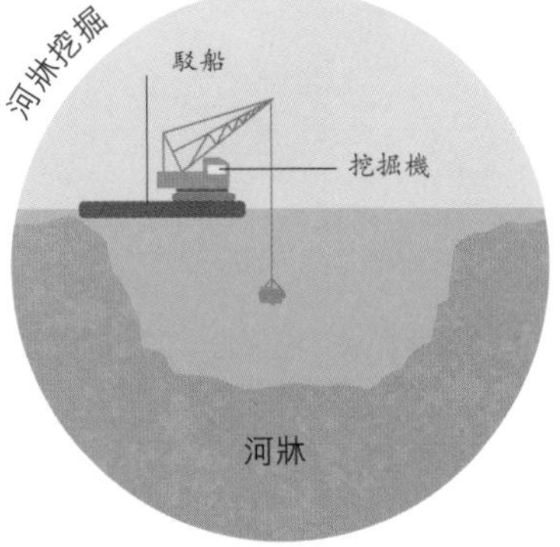

河牀挖掘
駁船
挖掘機
河牀

1 為了減少隧道對航運的干擾，通常使用安裝在駁船上的挖掘機在河牀、湖底或海底挖掘溝渠。

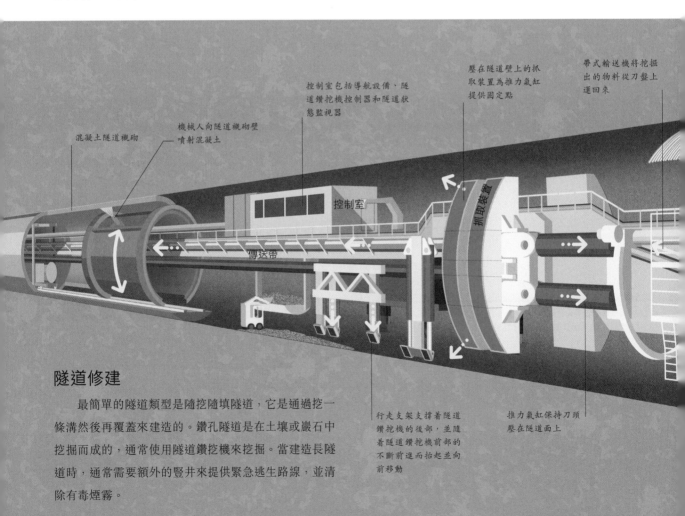

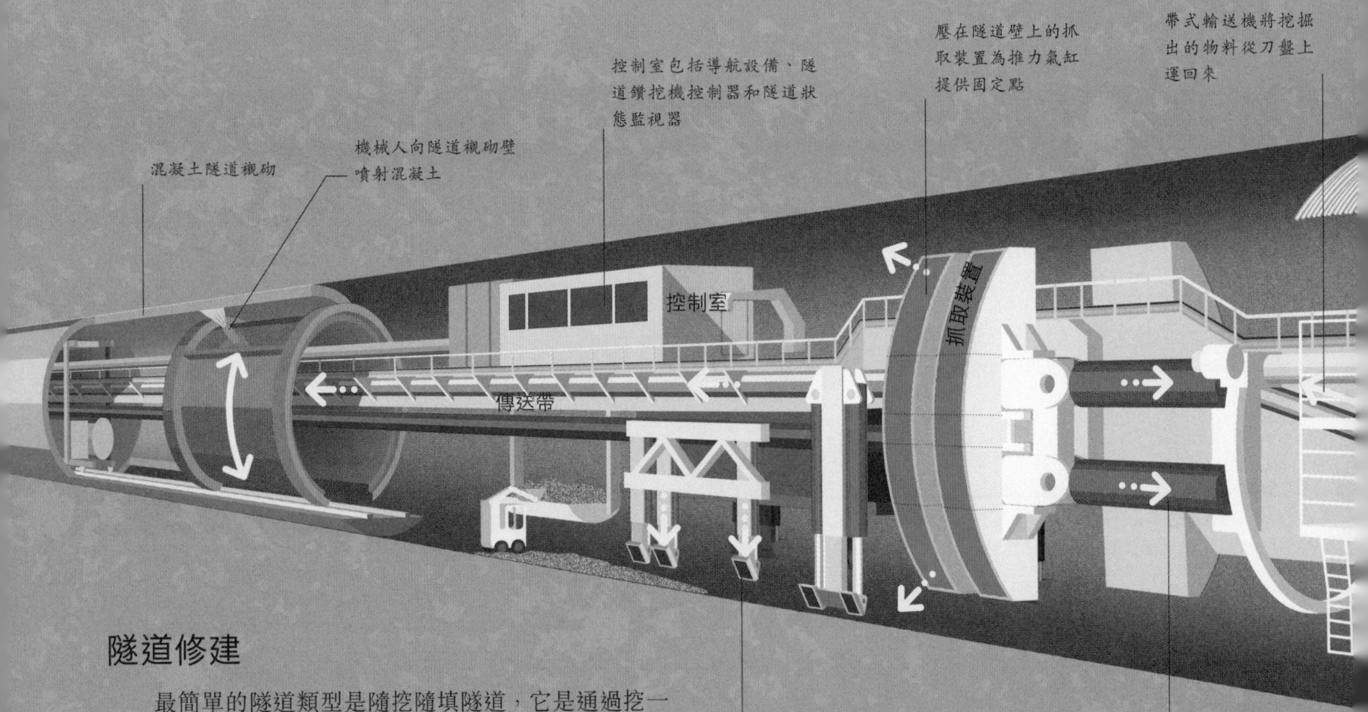

混凝土隧道襯砌
機械人向隧道襯砌壁噴射混凝土
控制室包括導航設備、隧道鑽挖機控制器和隧道狀態監視器
壓在隧道壁上的抓取裝置為推力氣缸提供固定點
帶式輸送機將挖掘出的物料從刀盤上運回來
控制室
抓取裝置
傳送帶
行走支架支撐着隧道鑽挖機的後部，並隨着隧道鑽挖機前部的不斷前進而抬起並向前移動
推力氣缸保持刀頭壓在隧道面上

隧道修建

最簡單的隧道類型是隨挖隨填隧道，它是通過挖一條溝然後再覆蓋來建造的。鑽孔隧道是在土壤或巖石中挖掘而成的，通常使用隧道鑽挖機來挖掘。當建造長隧道時，通常需要額外的豎井來提供緊急逃生路線，並清除有毒煙霧。

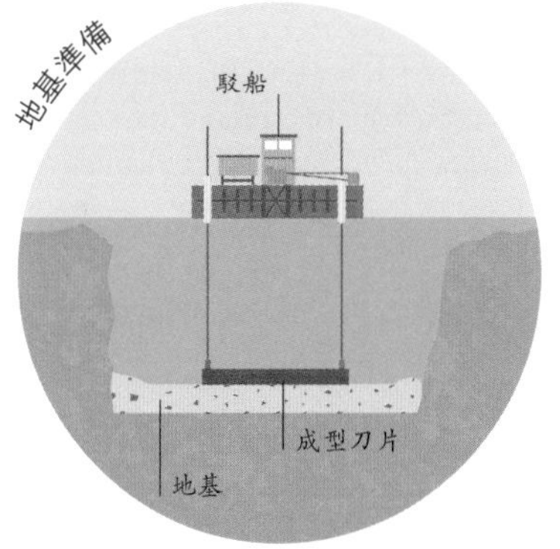
地基準備
駁船
成型刀片
地基

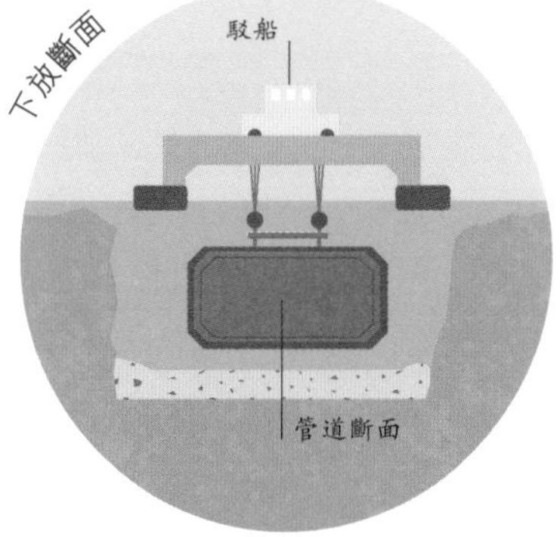
下放斷面
駁船
管道斷面

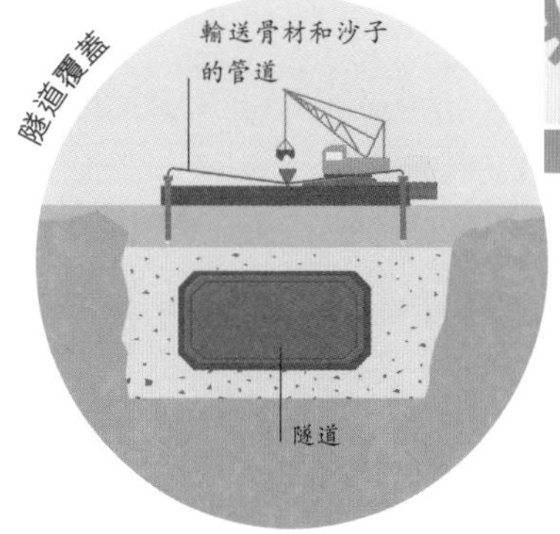
隧道覆蓋
輸送骨材和沙子的管道
隧道

2 在溝渠的底部鋪設骨材和沙子以形成地基，並用成型刀片進行地基平整，以確保隧道斷面平坦。

3 將預製的澆注混凝土管道運到安裝現場，並將其沉降到溝渠的底部。液壓臂將每個下放的管道的斷面彼此拉近，與相鄰的斷面對接，形成水密封口。

4 駁船上的管道輸送更多的骨材和沙子以覆蓋已完工的隧道。隧道頂部也可以覆蓋一層大石頭來保護它免受船錨的損壞。

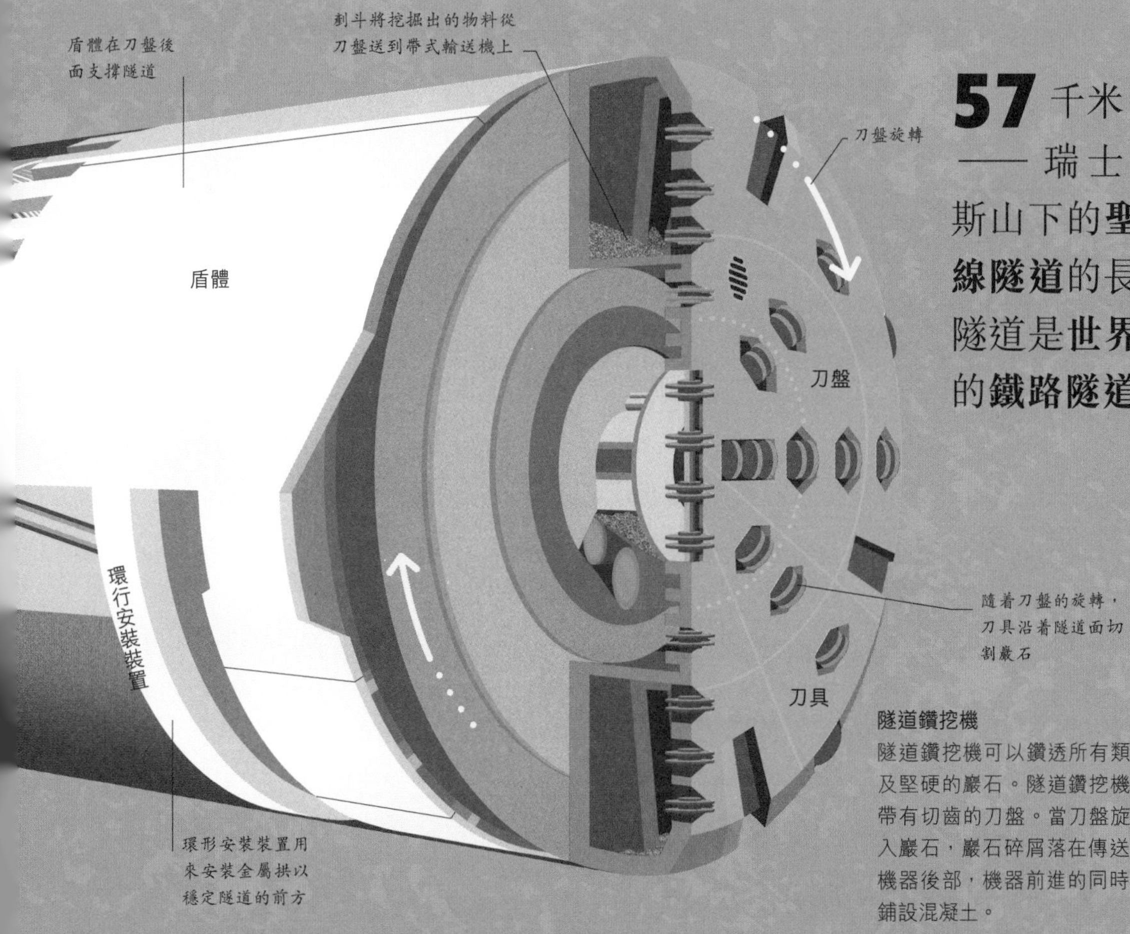
盾體在刀盤後面支撐隧道
剎斗將挖掘出的物料從刀盤送到帶式輸送機上
刀盤旋轉
盾體
刀盤
環行安裝裝置
隨着刀盤的旋轉，刀具沿着隧道面切割巖石
刀具
環形安裝裝置用來安裝金屬拱以穩定隧道的前方

57 千米 —— 瑞士阿爾卑斯山下的**聖哥達基線隧道**的長度。該隧道是**世界上最長**的**鐵路隧道**。

隧道鑽挖機

隧道鑽挖機可以鑽透所有類型的土壤，以及堅硬的巖石。隧道鑽挖機的前部是一個帶有切齒的刀盤。當刀盤旋轉時，切齒切入巖石，巖石碎屑落在傳送帶上被運送到機器後部，機器前進的同時也會在隧道裏鋪設混凝土。

木製摩天大樓

新型工程木材的出現，使得用木製框架建造高層建築成為可能。膠合木是用膠水將縱橫交錯的薄層木材黏在一起製成的，它像鋼一樣堅固。現存的木製摩天大樓包括位於溫哥華的 18 層的 Brock Commons 學生公寓。

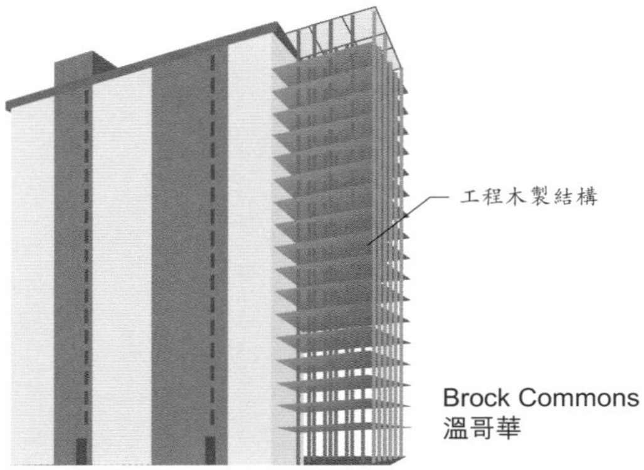
工程木製結構

Brock Commons
溫哥華

摩天大樓剖析

典型的摩天大樓由圍繞在中央混凝土核心的鋼框架組成，其中包含升降機井和各種服務設施，如供水系統。鋼框架周圍被非承重外幕牆包裹。

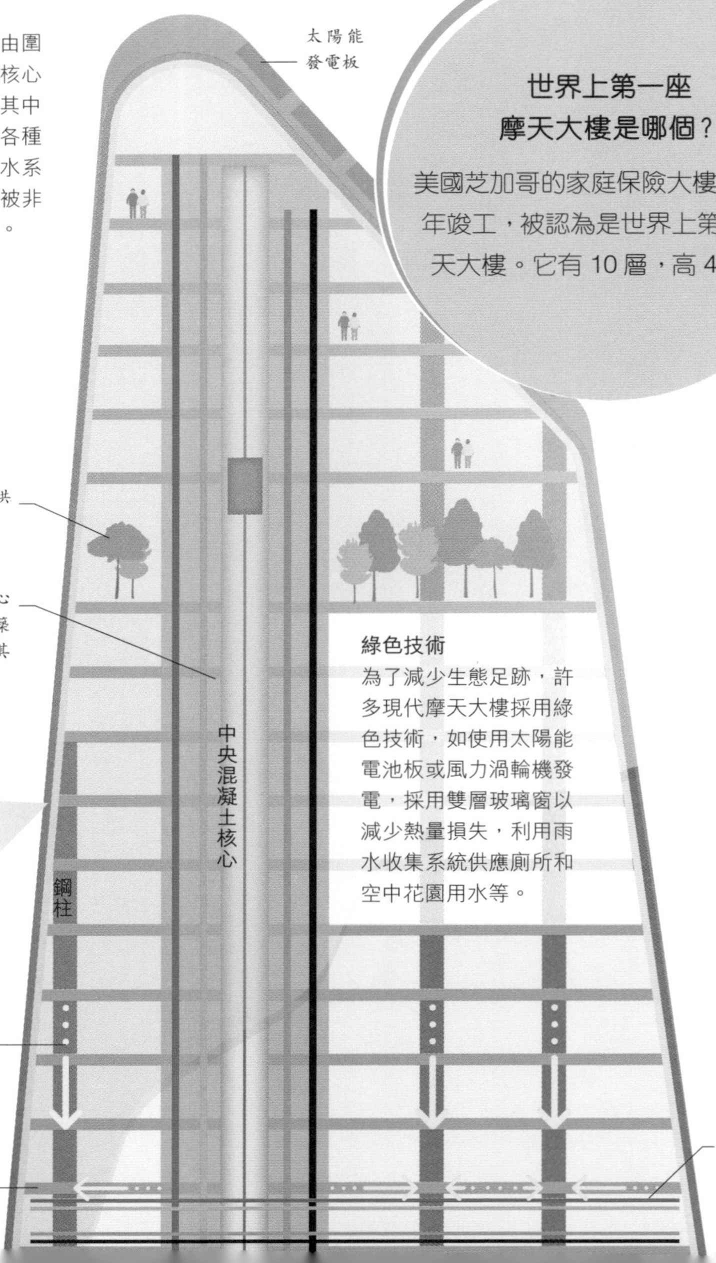
太陽能發電板
空中花園提供娛樂空間
中央混凝土核心有助於穩定建築物、升降機和其他公用設施
中央混凝土核心
鋼柱
鋼柱將建築物的重量轉移到地基上
每根鋼樑將地板的重量轉移到鋼柱上
每層的公用設施

世界上第一座摩天大樓是哪個？

美國芝加哥的家庭保險大樓於 1885 年竣工，被認為是世界上第一座摩天大樓。它有 10 層，高 42 米。

綠色技術

為了減少生態足跡，許多現代摩天大樓採用綠色技術，如使用太陽能電池板或風力渦輪機發電，採用雙層玻璃窗以減少熱量損失，利用雨水收集系統供應廁所和空中花園用水等。

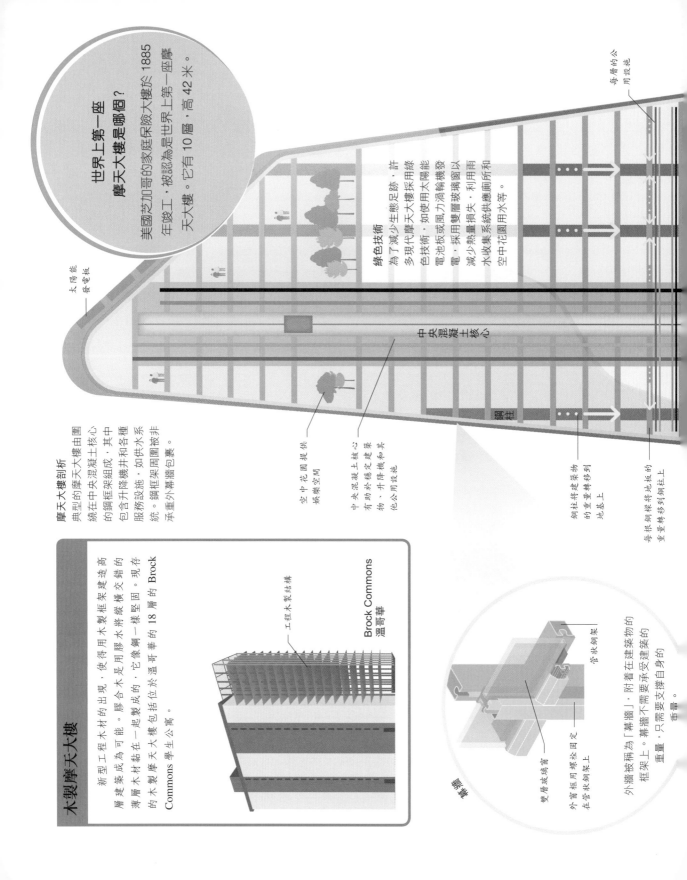

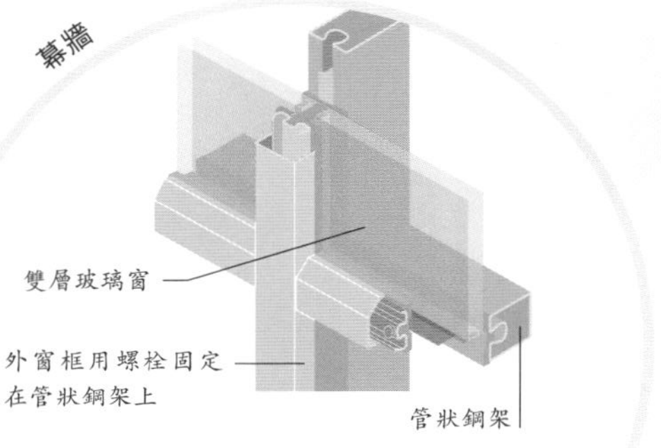
幕牆
雙層玻璃窗
外窗框用螺栓固定在管狀鋼架上
管狀鋼架

外牆被稱為「幕牆」，附着在建築物的框架上。幕牆不需要承受建築的重量，只需要支撐自身的重量。

摩天大樓

高層建築佔據了很多城市的「天際線」，因為它們用盡可能小的土地面積提供了盡可能大的住宿空間。隨着建築技術的進步，愈來愈高的摩天大樓如雨後春筍般拔地而起，目前，建造超過 160 層的摩天大樓是完全可行的。

摩天大樓的結構

由磚或石頭製成的建築需要厚而重的牆，這使得建築超過五層或六層變得不切實際。然而，摩天大樓之所以可以建得更高，是因為它們有輕型鋼架和牆。同時，摩天大樓還必須能夠抵抗高空強風，還必須有升降機讓人們高效地在建築物的各樓層之間上下移動（見第 100 ～ 101 頁）。

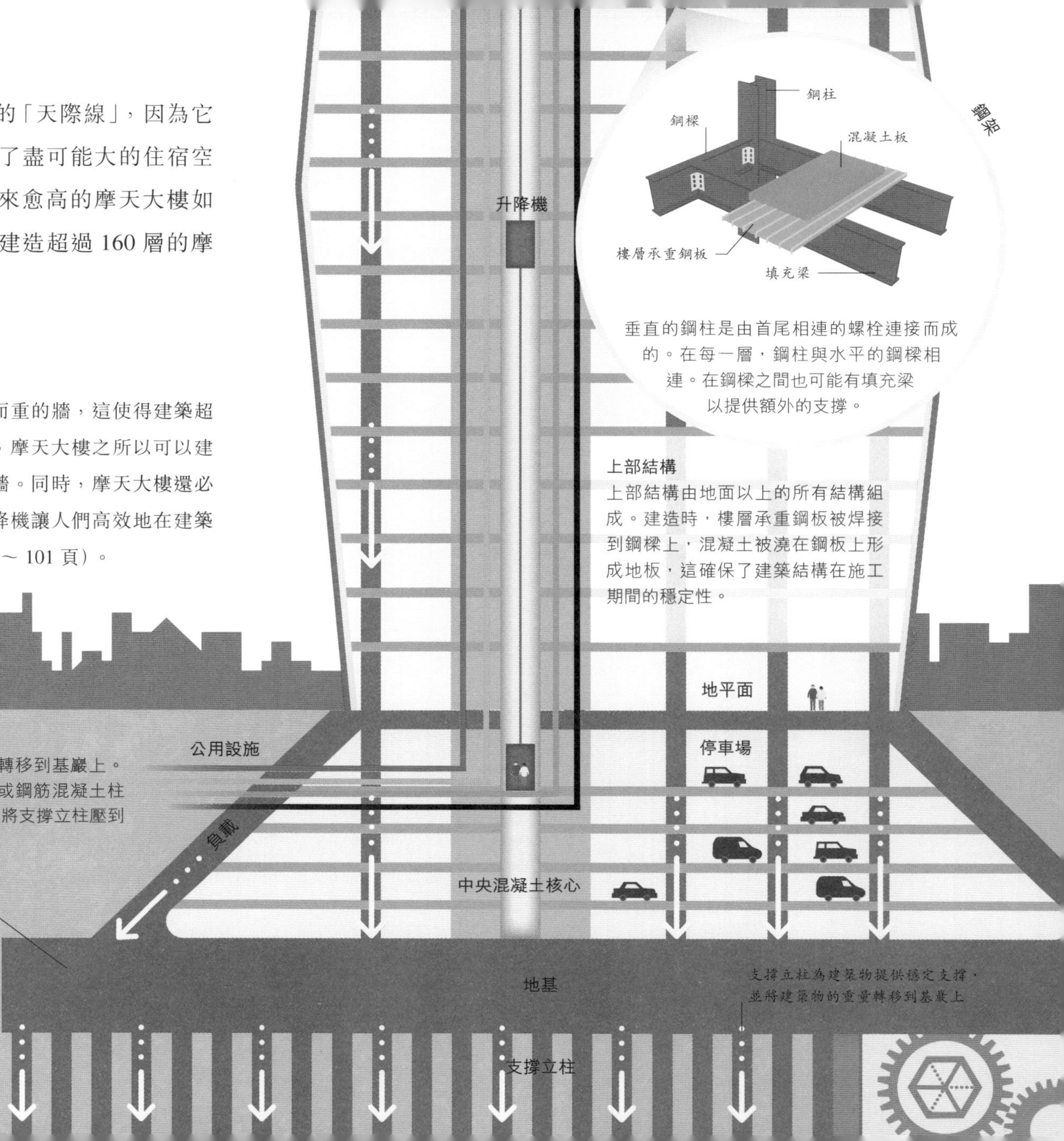

鋼架
鋼柱
鋼樑
混凝土板
樓層承重鋼板
填充梁
垂直的鋼柱是由首尾相連的螺栓連接而成的。在每一層，鋼柱與水平的鋼樑相連。在鋼樑之間也可能有填充梁以提供額外的支撐。
升降機
上部結構
上部結構由地面以上的所有結構組成。建造時，樓層承重鋼板被焊接到鋼樑上，混凝土被澆在鋼板上形成地板，這確保了建築結構在施工期間的穩定性。
地平面
停車場
公用設施
負載
中央混凝土核心
地基
支撐立柱
支撐立柱為建築物提供穩定支撐，並將建築物的重量轉移到基巖上

下部結構

下部結構承載整個建築的重量，並將其轉移到基巖上。如果基巖靠近地表，那麼建築物的鋼柱或鋼筋混凝土柱將被放置在基巖上的鑽孔中，否則，需要將支撐立柱壓到基巖上。

地基有助於將建築物的重量分散到大面積上，也有助於將建築物的重量轉移到支撐立柱上

圖例
加熱和冷卻
水
污水
電

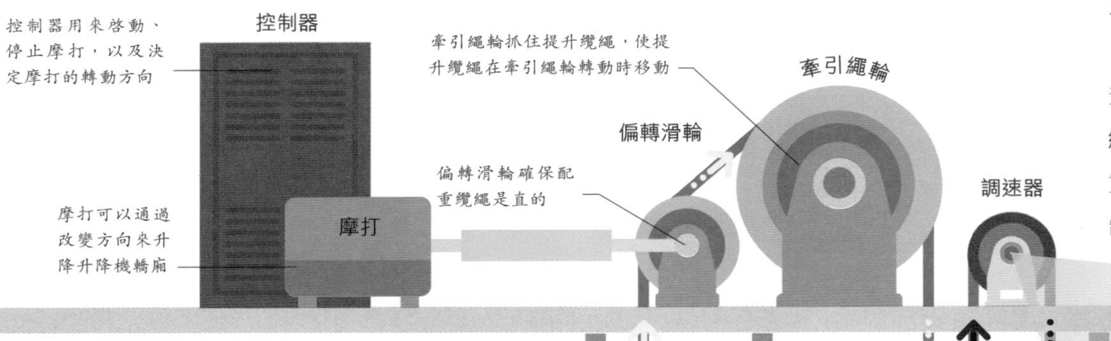

升降機

升降機，或稱升降機，利用摩打、配重和電纜來上下移動轎廂。19 世紀，安全升降機和鋼框架建築的發明使摩天大樓成為現實（見第 98 ～ 99 頁）。

升降機的工作原理

大多數升降機是由金屬吊繩通過牽引繩輪來實現升降的。牽引繩輪與驅動升降機的摩打相連。吊繩的一端是升降機轎廂，另一端是配重。升降機轎廂沿着導軌運行可防止側向搖擺。在緊急情況下，安全制動器夾緊導軌，以強迫升降機轎廂停止。控制器和動力系統通常被安裝在升降機井上方的機房內。

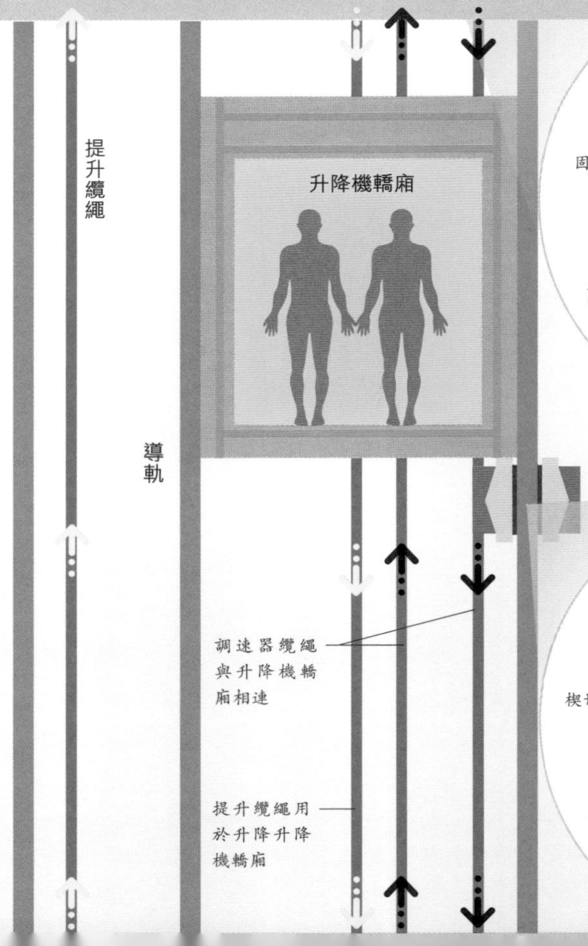

安全系統

所有升降機都必須有安全裝置，以避免升降機轎廂墜入豎井。安全系統包括多根纜繩，每根纜繩都可以獨立支撐升降機轎廂的重量。安全系統還能夠進行速度控制和安全制動。

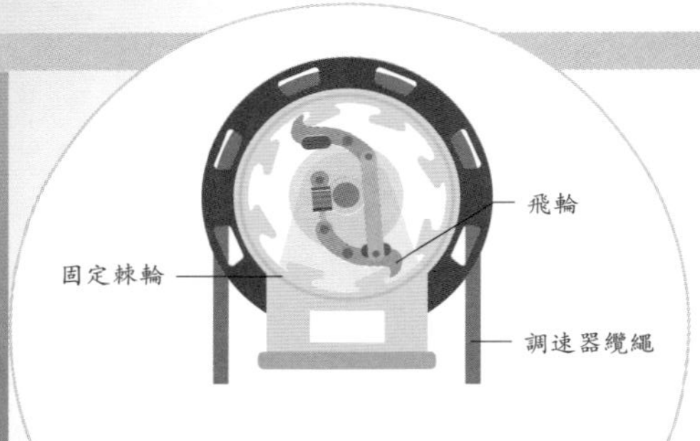

調速器可以控制升降機轎廂的速度。如果調速器纜繩運行過快，飛輪將會與棘輪齧合，使調速器停止旋轉，觸發安全制動器。

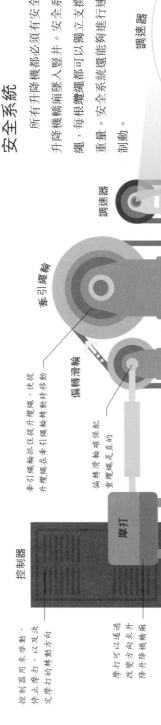

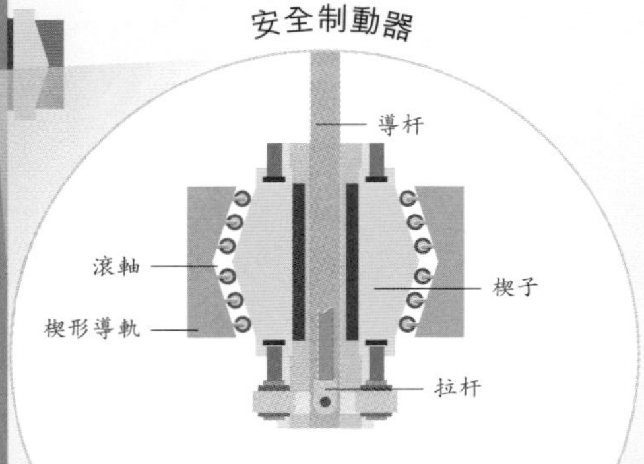

當調速器停止旋動時，安全制動器便會猛地拉動拉杆，導致楔子壓在導軌上，從而通過摩擦使升降機轎廂停止。

提升纜繩

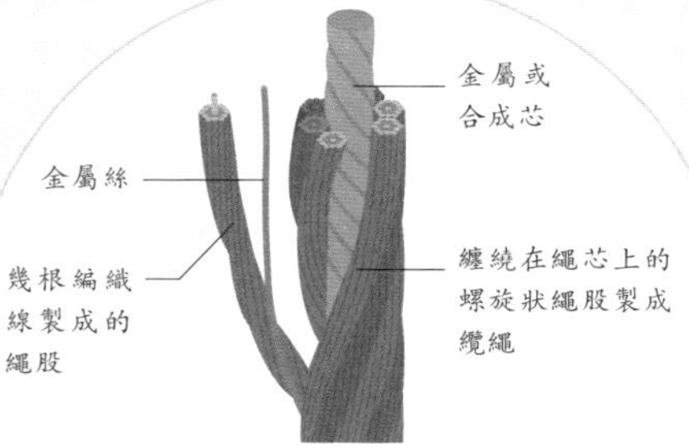

金屬或合成芯
金屬絲
幾根編織線製成的繩股
纏繞在繩芯上的螺旋狀繩股製成纜繩

每根纜繩都是由許多細金屬絲編織而成的，通常一根纜繩就可以獨自支撐升降機轎廂的重量，但大多數升降機會有 4～8 根纜繩。

升降機是最安全的出行方式，比樓梯安全 50 倍。

升降機速度有多快？

最快的升降機可以以 20.5 米 / 秒的速度上升，而大多數升降機的最大下降速度約為 10 米 / 秒。

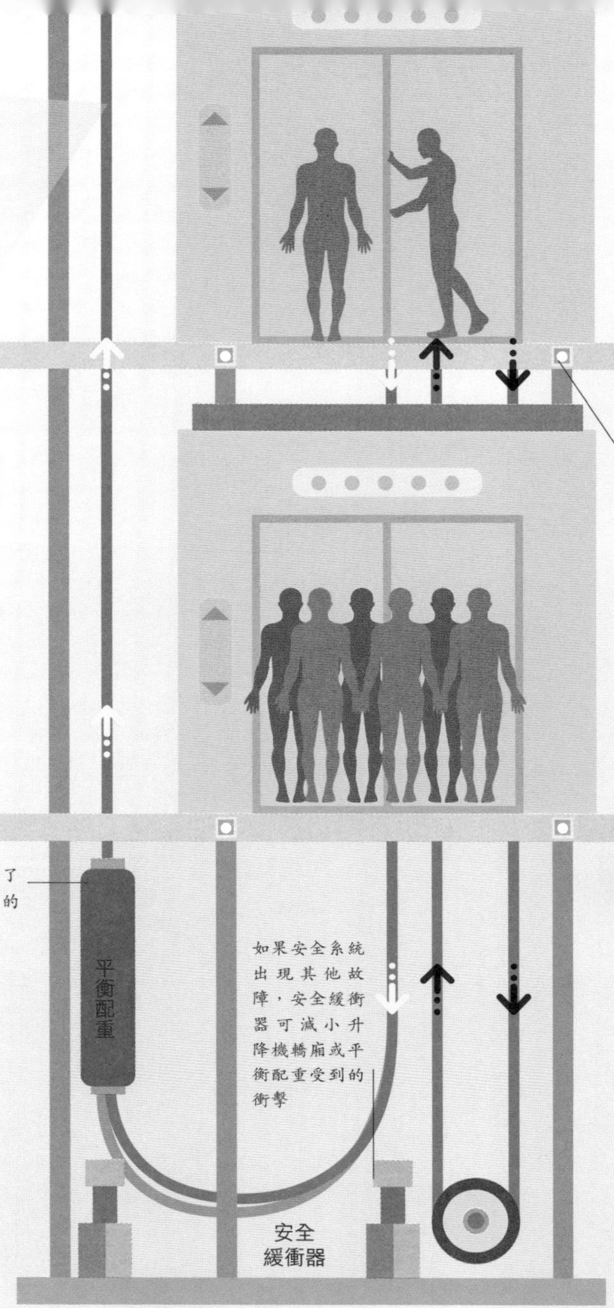

導軌上的傳感器用於檢測升降機轎廂是否與每個樓層的地板完全對齊
平衡配重減小了提升轎廂所需的能量
平衡配重
如果安全系統出現其他故障，安全緩衝器可減小升降機轎廂或平衡配重受到的衝擊
安全緩衝器

安全門

升降機有內門和外門。內門是升降機轎廂的一部分，而外門是升降機井的一部分。升降機轎廂有一個開啟外門的機械裝置，只有升降機轎廂在正對着樓層停留的情況下，外門才會打開。

重量限制

所有升降機都有最大重量限制，這取決於升降機及其機械裝置的大小。如果升降機的傳感器檢測到超載，它就會阻止門關閉。通常來講，貨運升降機比客運升降機承重更大。

升降機程序

升降機由電腦控制，電腦通過有效的程度來控制升降機轎廂的運行。通常情況下，若升降機處於上升狀態，它只有完成了所有的上行呼叫，才會應答下行呼叫，反之亦然。先進的升降機系統會將乘客交通模式考慮在內，並根據需求引導升降機轎廂升降。

塔式起重機內部結構

塔架矗立在一個大而結實的基座上；迴轉環連接在塔頂上，用於旋轉吊臂；配重幫助支撐負載；由鋼絲和滑輪組成的系統吊起負載並沿着吊臂移動。

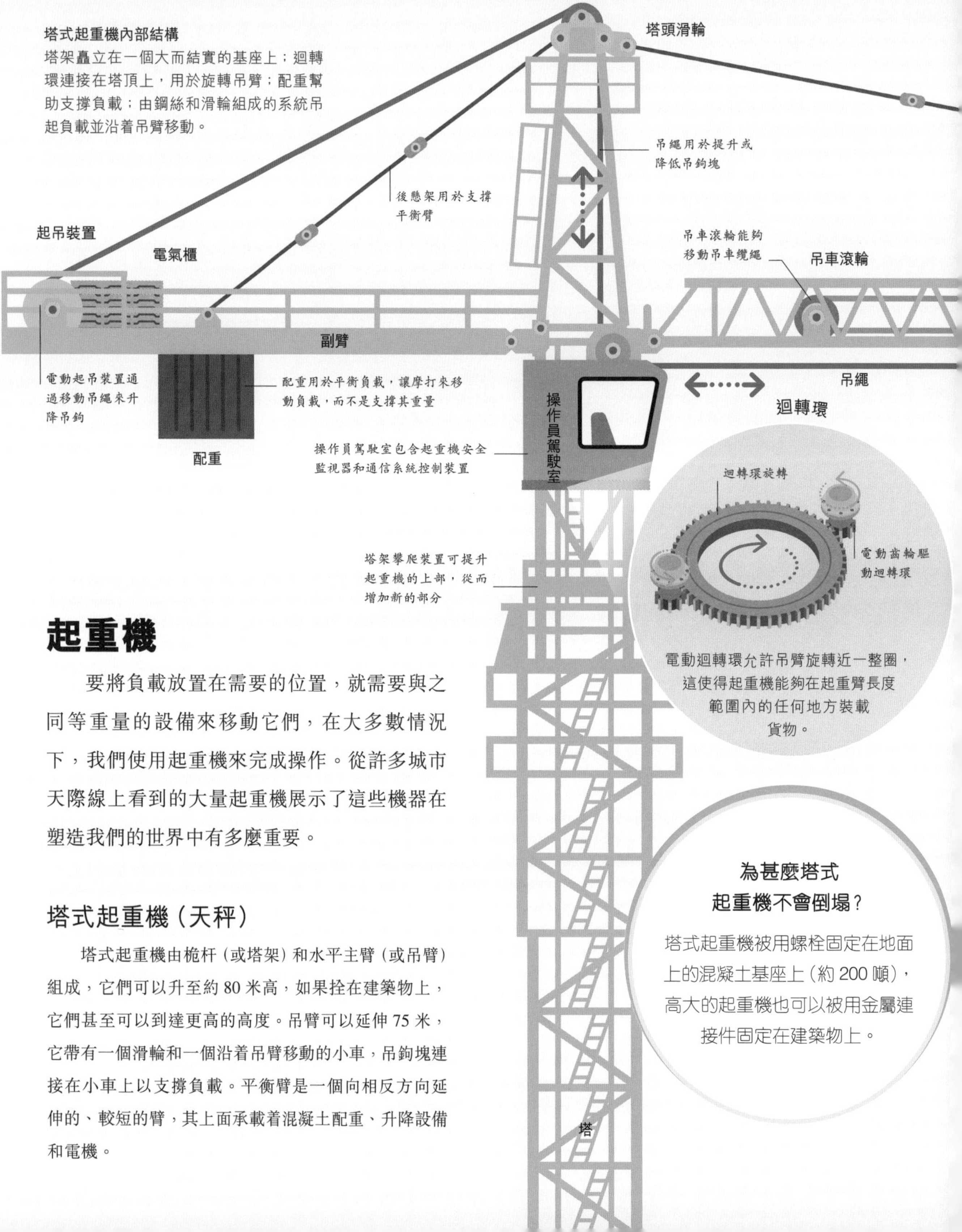

塔頭滑輪
吊繩用於提升或降低吊鉤塊
後懸架用於支撐平衡臂
起吊裝置
電氣櫃
吊車滾輪能夠移動吊車纜繩
吊車滾輪
副臂
吊繩
電動起吊裝置通過移動吊繩來升降吊鉤
配重用於平衡負載，讓摩打來移動負載，而不是支撐其重量
迴轉環
操作員駕駛室
配重
操作員駕駛室包含起重機安全監視器和通信系統控制裝置
迴轉環旋轉
電動齒輪驅動迴轉環
塔架攀爬裝置可提升起重機的上部，從而增加新的部分
塔

電動迴轉環允許吊臂旋轉近一整圈，這使得起重機能夠在起重臂長度範圍內的任何地方裝載貨物。

起重機

要將負載放置在需要的位置，就需要與之同等重量的設備來移動它們，在大多數情況下，我們使用起重機來完成操作。從許多城市天際線上看到的大量起重機展示了這些機器在塑造我們的世界中有多麼重要。

塔式起重機（天秤）

塔式起重機由桅杆（或塔架）和水平主臂（或吊臂）組成，它們可以升至約 80 米高，如果拴在建築物上，它們甚至可以到達更高的高度。吊臂可以延伸 75 米，它帶有一個滑輪和一個沿着吊臂移動的小車，吊鉤塊連接在小車上以支撐負載。平衡臂是一個向相反方向延伸的、較短的臂，其上面承載着混凝土配重、升降設備和電機。

為甚麼塔式起重機不會倒塌？

塔式起重機被用螺栓固定在地面上的混凝土基座上（約 200 噸），高大的起重機也可以被用金屬連接件固定在建築物上。

一些專業起重機能舉起 **1,600 噸的重物**—— 這幾乎相當於 **400 頭大象**的重量。

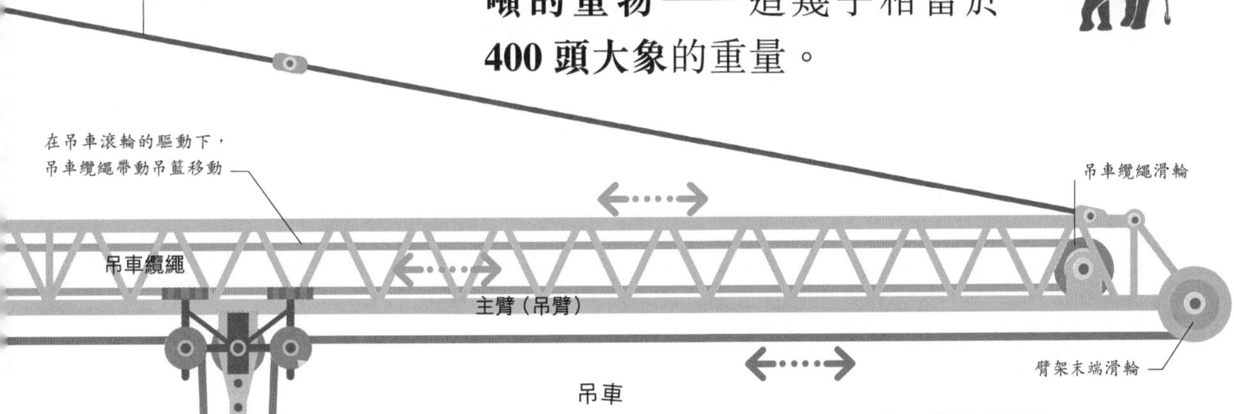
前懸架用於支撐臂架
在吊車滾輪的驅動下，
吊車纜繩帶動吊籃移動
吊車纜繩滑輪
吊車纜繩
主臂（吊臂）
臂架末端滑輪

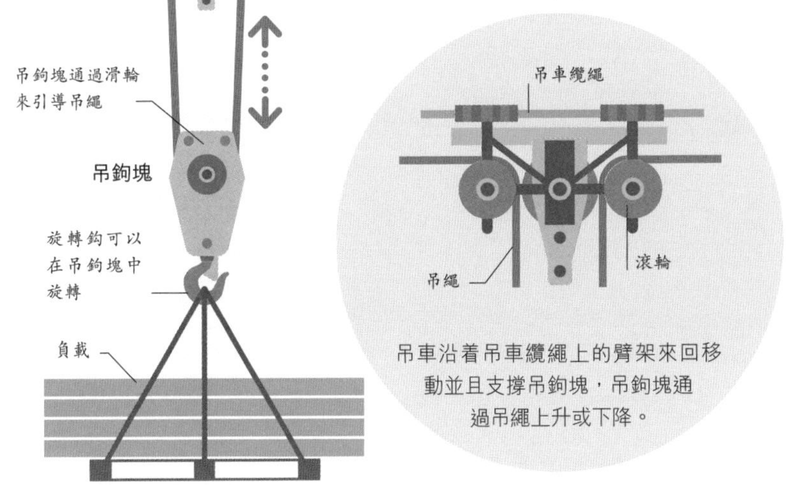
吊車
吊鉤塊通過滑輪
來引導吊繩
吊鉤塊
旋轉鉤可以
在吊鉤塊中
旋轉
負載
吊車纜繩
吊繩
滾輪

吊車沿着吊車纜繩上的臂架來回移動並且支撐吊鉤塊，吊鉤塊通過吊繩上升或下降。

起重機類型

常見的陸基起重機主要有四種：塔式起重機，如吊臂起重機；橋式起重機，如龍門起重機；水平變幅起重機；移動式起重機。它們通常使用液壓來提升負載。

移動式起重機
移動式起重機安裝在卡車底盤上，由液壓驅動的起重機安裝在轉盤上。

水平變幅起重機
在這種起重機中，當吊臂上下移動時，吊鉤保持在同一水平面上，且向內和向外移動。

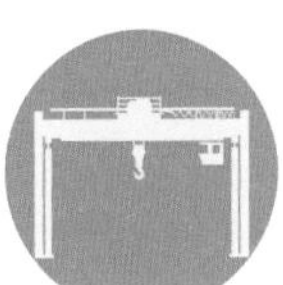

龍門起重機
這種類型的起重機位於橫跨物體或工作空間的固定結構上，通常用於造船廠或集裝箱倉庫。

吊臂起重機
弔臂起重機是塔式起重機的低級前身，有一個帶旋轉平衡臂的鋼塔。

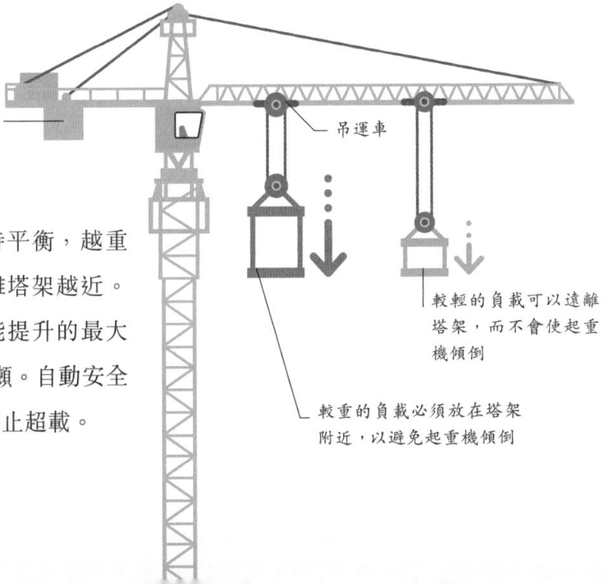
配重
吊運車
較輕的負載可以遠離
塔架，而不會使起重
機傾倒
較重的負載必須放在塔架
附近，以避免起重機傾倒

起重負載

為了保持平衡，越重的負載必須離塔架越近。塔式起重機能提升的最大負載約為 18 噸。自動安全切斷裝置可防止超載。

家居

科技

熱風供暖

在熱風供暖系統中，冷空氣被抽出房間，通過迴風管道進入加熱裝置。在那裏，冷空氣被一個由加熱爐驅動的熱交換器加熱，這些加熱爐通常燃燒燃料油或天然氣。加熱後的空氣通過供熱管道被輸送到房間各處。

中央供暖系統

在鍋爐中被加熱的水進入管道和散熱器的封閉系統中循環流動，以溫暖房間（見第108～109頁）。恆溫器用於監控室內溫度，以確保所需的熱量水平保持穩定。

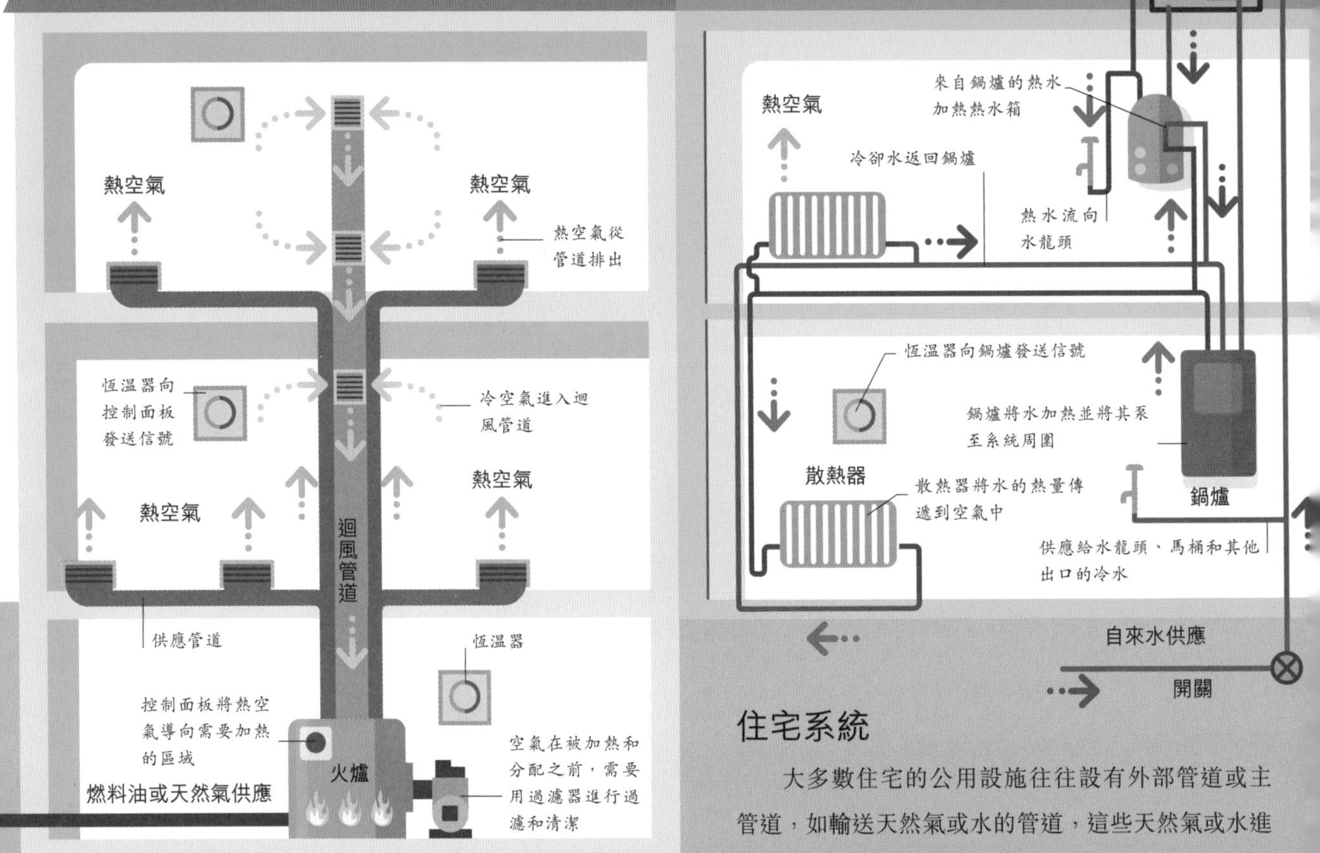

加熱系統
儲水槽
熱空氣
熱空氣
熱空氣從
管道排出
恆溫器向
控制面板
發送信號
冷空氣進入迴
風管道
熱空氣
熱空氣
迴
風
管
道
供應管道
恆溫器
控制面板將熱空
氣導向需要加熱
的區域
火爐
燃料油或天然氣供應
空氣在被加熱和
分配之前，需要
用過濾器進行過
濾和清潔
熱空氣
來自鍋爐的熱水
加熱熱水箱
冷卻水返回鍋爐
熱水流向
水龍頭
恆溫器向鍋爐發送信號
鍋爐將水加熱並將其泵
至系統周圍
散熱器
散熱器將水的熱量傳
遞到空氣中
鍋爐
供應給水龍頭、馬桶和其他
出口的冷水
自來水供應
開關

住宅系統

大多數住宅的公用設施往往設有外部管道或主管道，如輸送天然氣或水的管道，這些天然氣或水進入住宅，然後被送往房子各處。在出現問題或房屋空置的情況下，公用設施通常可以很容易地關閉或斷開。

家居設備

家居設備包括向家庭供電、供暖、供水，以及提供通信服務的設施，它們通常由外面的專業公司提供，有些物業可能有獨立的供水或供熱源，如燒鍋爐。

電力供應

供電箱在家庭周圍計量和分配電力。插座和其他電源輸出口通常被安裝在環形電路上，環形電路的兩端都連接着供電箱。從一個中心點分支出來的放射狀電路通常用於照明。

自來水供應

自來水管通過壓力將乾淨、新鮮的水輸送到家裏。在家裏，人們可以將水輸送到儲水器或儲水箱中，也可以打開水龍頭隨用隨取。污水通過另外的管道排出，通常被送往污水處理廠。

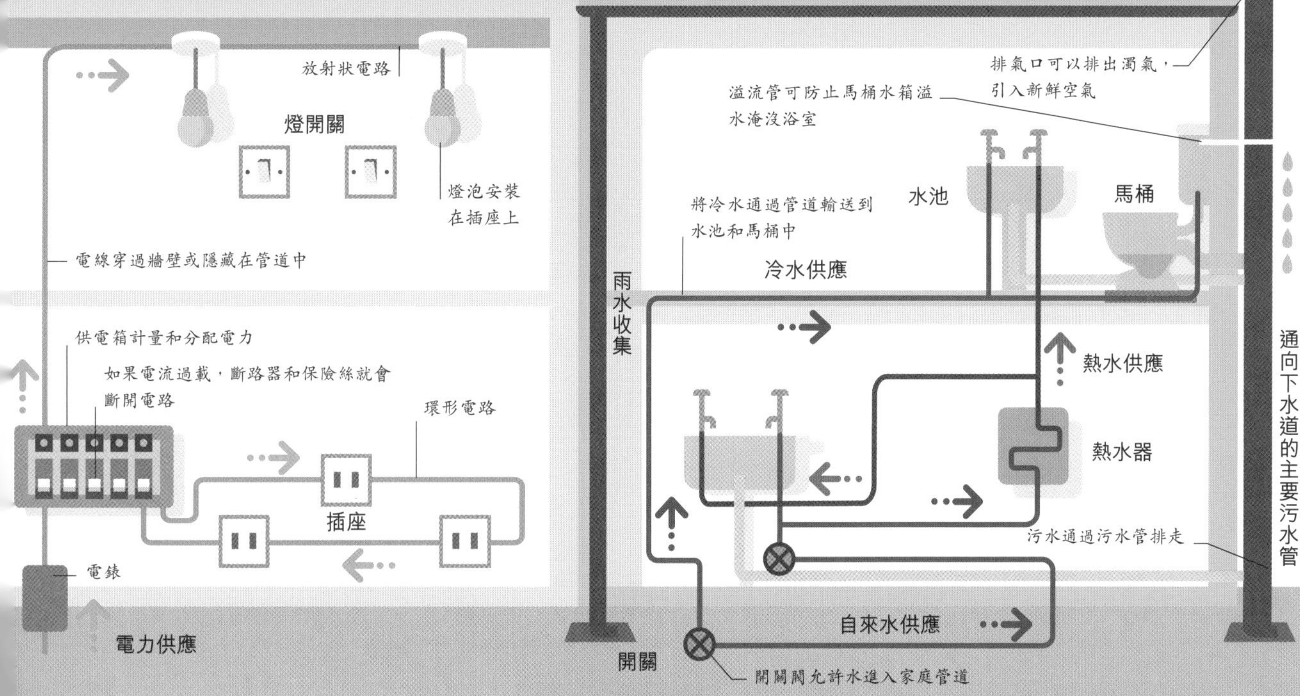
排氣口
放射狀電路
燈開關
燈泡安裝在插座上
電線穿過牆壁或隱藏在管道中
供電箱計量和分配電力
如果電流過載，斷路器和保險絲就會斷開電路
環形電路
插座
電錶
電力供應
排氣口可以排出濁氣，引入新鮮空氣
溢流管可防止馬桶水箱溢水淹沒浴室
將冷水通過管道輸送到水池和馬桶中
水池
馬桶
冷水供應
雨水收集
熱水供應
熱水器
污水通過污水管排走
通向下水道的主要污水管
自來水供應
開關
開關閥允許水進入家庭管道

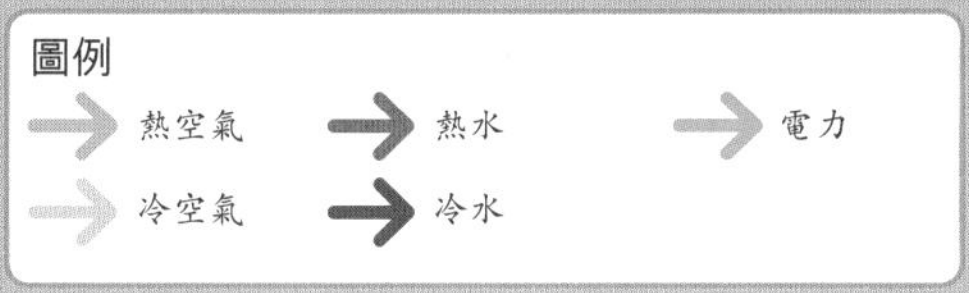
圖例
熱空氣
熱水
電力
冷空氣
冷水

怎樣才能「聞到」無味的天然氣？

甲烷和丙烷沒有氣味。供應商會在天然氣中添加一種氣味劑，如有臭雞蛋味的乙硫醇，這樣人們就可以通過氣味發現氣體泄漏。

磁性斷路器

這些安全開關可防止電路過載。電流流經斷路器及其兩個觸點就構成完整迴路，如果電流超過極限，電磁鐵就會吸引金屬桿向它靠近，將觸點拉開，斷開電路。

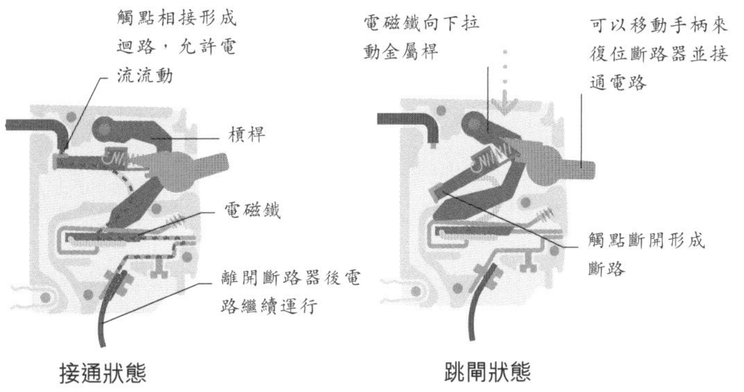
觸點相接形成迴路，允許電流流動
槓桿
電磁鐵
離開斷路器後電路繼續運行
接通狀態
電磁鐵向下拉動金屬桿
可以移動手柄來復位斷路器並接通電路
觸點斷開形成斷路
跳閘狀態

暖氣裝置

供暖系統是高緯度地方大多數家庭的主要能源消耗系統之一。根據位置和可用的公用設施，許多不同的設備可被用於家庭供暖，如電風扇、電加熱器和中央供暖系統等。

3 水被加熱
熱能通過熱交換器周圍的管道傳遞給冷水。

2 燃燒
燃氣和空氣在燃燒室中被點燃，它們的燃燒使熱交換器升溫。

按需供應熱水

有些家庭供暖系統將加熱後的水存儲在水箱中，供需要時使用，而有些家庭供暖系統則只在用戶需要時加熱水，比如打開熱水水龍頭時。組合燃氣鍋爐按需提供熱水，還會利用兩個熱交換器將熱水輸送到暖氣管道和散熱器中，集中為家庭供熱。

7 熱水到達水龍頭
當熱水水龍頭打開時，熱水從熱水水龍頭流出。當熱水水龍頭關閉時，分流閥也關閉，繼續進行集中供熱。

5 打開熱水水龍頭
打開熱水水龍頭會使鍋爐的分流閥將一些熱水重新輸送到二級熱交換器中。

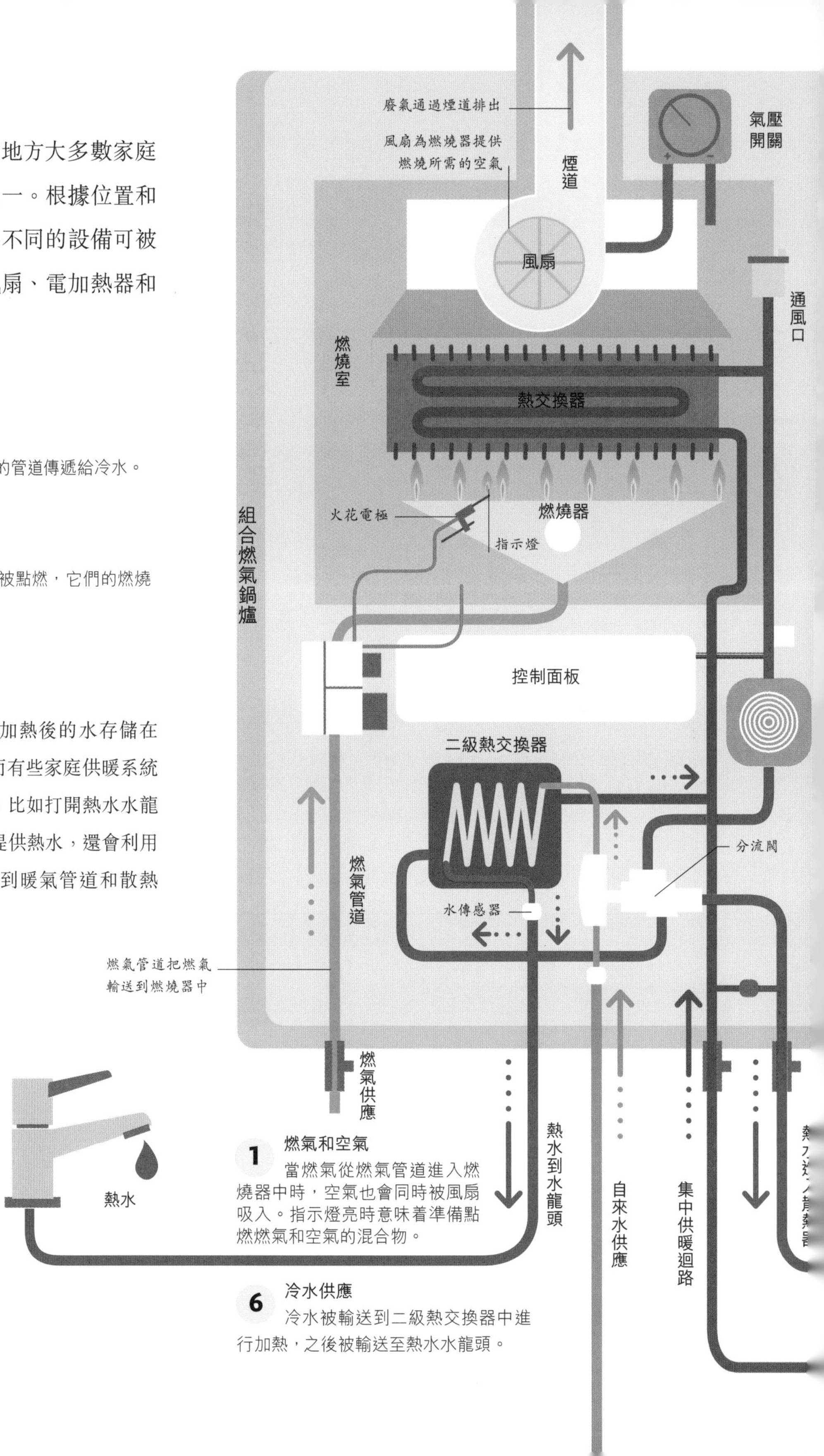

1 燃氣和空氣
當燃氣從燃氣管道進入燃燒器中時，空氣也會同時被風扇吸入。指示燈亮時意味着準備點燃燃氣和空氣的混合物。

6 冷水供應
冷水被輸送到二級熱交換器中進行加熱，之後被輸送至熱水水龍頭。

恒溫器

恒溫器用於維持家裏的溫度恒定，它可以被局部安裝，即安裝在某個房間中，也可以是全屋定製的。當溫度下降到用戶設定的溫度水平時，恒溫器會形成電路通路，向鍋爐發送點火信號來產生熱量，以維持溫度恒定。

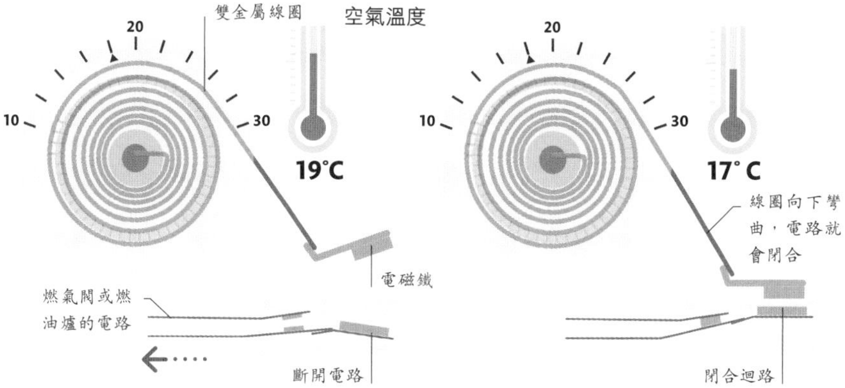

1 **溫度滿足要求**
當溫度高於所需溫度（本例中為 19℃）時，線圈預熱、變直，將電磁鐵從其觸點上拉開並斷開電路，鍋爐停止燃燒。

2 **溫度未滿足要求**
當溫度低於所需溫度時，線圈彎曲，電磁鐵向觸點移動，形成閉合迴路，電路向鍋爐發送信號以點火、加熱用水。

集中供暖

被從鍋爐中抽取出來的熱水，經過內部管道被輸送到散熱器中，加熱散熱器的外部散熱片，再通過散熱片的熱輻射加熱周圍的空氣。鎖閉閥可以調節水流通過散熱器的速度，水流越慢，散熱器就越熱。

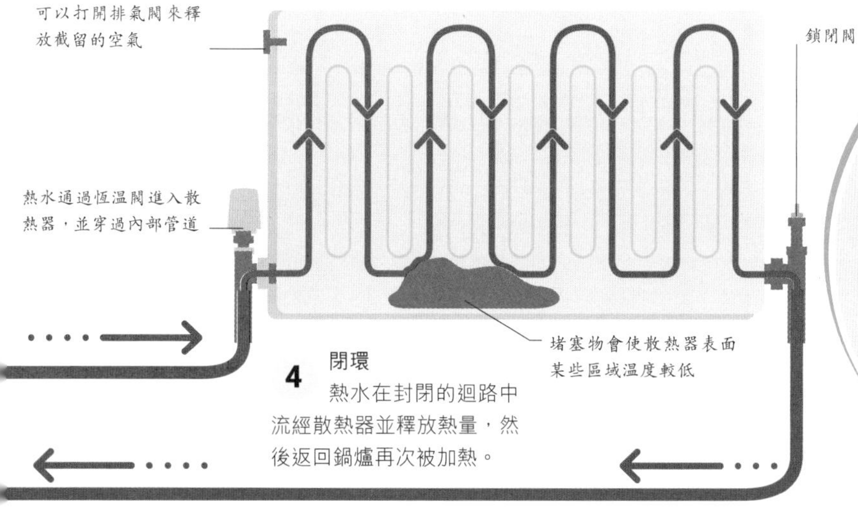

4 **閉環**
熱水在封閉的迴路中流經散熱器並釋放熱量，然後返回鍋爐再次被加熱。

地板下供暖系統

地板下供暖系統主要有兩種類型。濕式供暖系統使用管道網絡泵送熱水；乾式供暖系統使用電力加熱線圈。兩者的安裝和運行成本都很高，但它們可以讓熱量通過地板均勻散發，從而使整個房間都很溫暖。

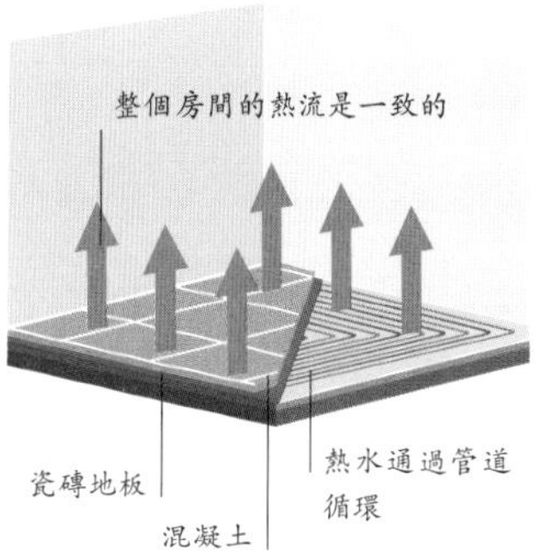

濕式供暖系統

打開恒溫器會讓房間更快升溫嗎？

不會。在恒溫器被設置了某一溫度後，鍋爐以其最大功率運行，直到房間達到設置的溫度，但它不能更快地達到更高的溫度。

在加熱即食食物時，為甚麼需要刺穿封閉包裝的薄膜？

當微波加熱食物時，其中的水會蒸發成蒸汽。若將薄膜刺穿，蒸汽便可從容器中排出，從而防止包裝中產生高氣壓進而引發爆炸。

4 食物加熱
微波反射到烤箱的金屬內部，然後穿過塑膠、玻璃或陶瓷製成的容器進入食物，使其受熱。

3 微波的傳輸
導波管將微波從磁控管傳輸到微波爐的密封烹飪室。微波在烹飪室的內部來回跳動。

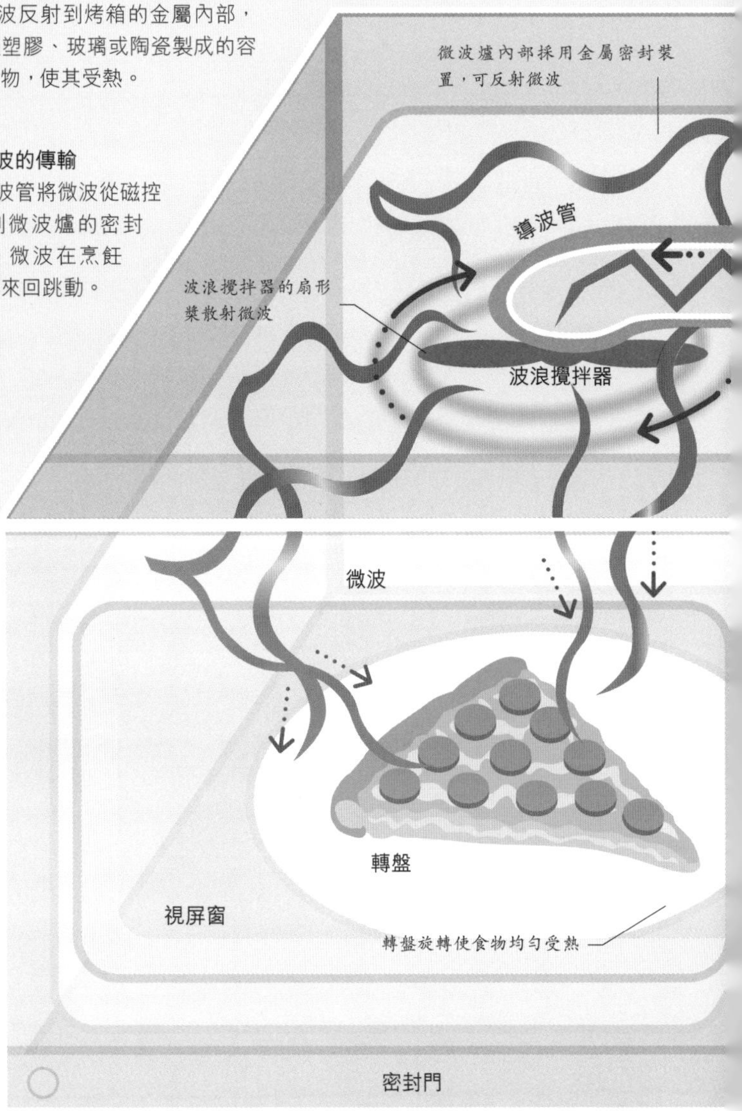

微波爐內部採用金屬密封裝置，可反射微波
導波管
波浪攪拌器的扇形葉散射微波
波浪攪拌器
微波
轉盤
視屏窗
轉盤旋轉使食物均勻受熱
密封門

微波爐的工作原理

家用微波爐使用市電來為磁控管供電。通電後，磁控管利用相互作用的電場和磁場產生微波，並以每秒數十億次的速度振盪和反轉微波的電場。產生的微波直接進入微波爐的烹飪室——一個密封的金屬盒。在那裏，微波來回跳動，碰撞並激發食物中的分子進行運動，最終達到加熱食物的效果。

2 微波的產生
磁控管產生的微波振盪頻率為 2.45GHz。

1 控制設置
用戶通常通過控制面板上的觸控屏來設置各個參數。若微波爐的門在它工作時被打開，門上的安全開關便會切斷電源。

微波爐

微波是在紅外線和無線電波之間的電磁頻譜上發現的一種電磁波（見第 136 ～ 137 頁）。它們能穿過大部分物體，並能穿透食物，攪動水和脂肪分子，產生熱量，從而使食物比在傳統烤箱中烹調得更均勻、更快。

世界上第一台商用微波爐高 1.7 米。

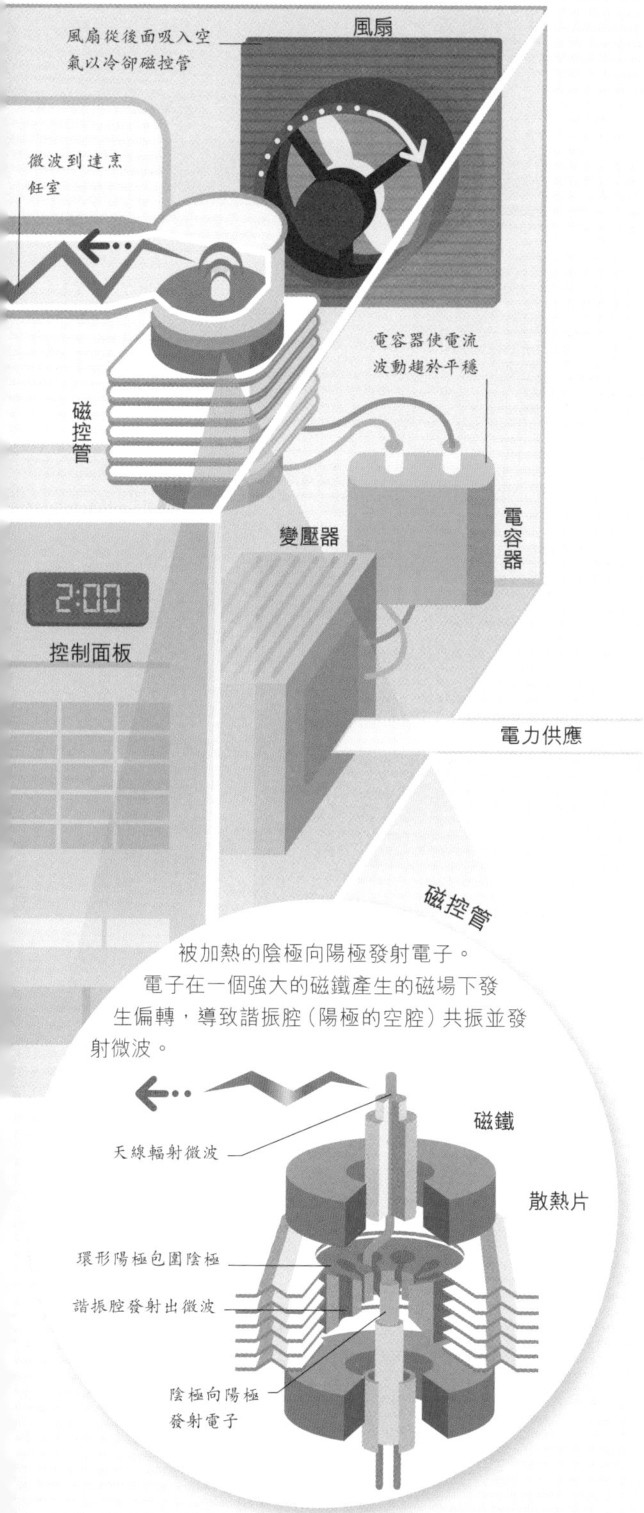
風扇從後面吸入空氣以冷卻磁控管
風扇
微波到達烹飪室
電容器使電流波動趨於平穩
磁控管
變壓器
電容器
2:00
控制面板
電力供應
磁控管
被加熱的陰極向陽極發射電子。電子在一個強大的磁鐵產生的磁場下發生偏轉，導致諧振腔（陽極的空腔）共振並發射微波。
磁鐵
天線輻射微波
散熱片
環形陽極包圍陰極
諧振腔發射出微波
陰極向陽極發射電子

移動的分子

水分子由一個帶負電荷的氧原子和兩個帶正電荷的氫原子組成。水分子會根據微波電場的極性排列。磁控管產生的磁場每秒鐘改變極性數十億次，使得水分子不斷地翻轉。

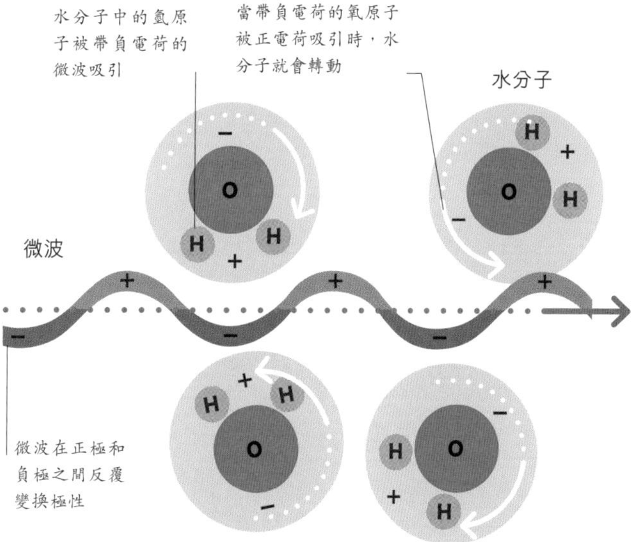
水分子中的氫原子被帶負電荷的微波吸引
當帶負電荷的氧原子被正電荷吸引時，水分子就會轉動
水分子
微波
微波在正極和負極之間反覆變換極性

產生熱量
當水分子重新排列以適應變化的電場時，它們相互摩擦，並產生熱量。

工業微波爐

大型微波爐在工業上用於乾燥和固化碳纖維增強塑膠，還可以用於去除水分以製造乾燥食品。在某些情況下，它還能用於硫化橡膠。

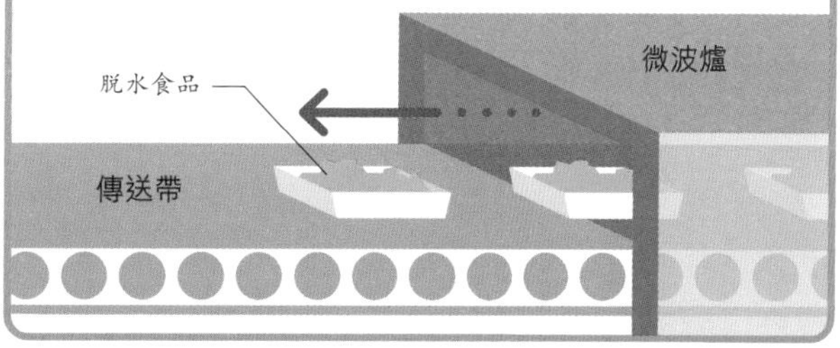
微波爐
脫水食品
傳送帶

電水壺和多士爐

當電流流過導線時，電能就會轉換成熱能。這一原理被應用於多種廚房電器的加熱元件中。

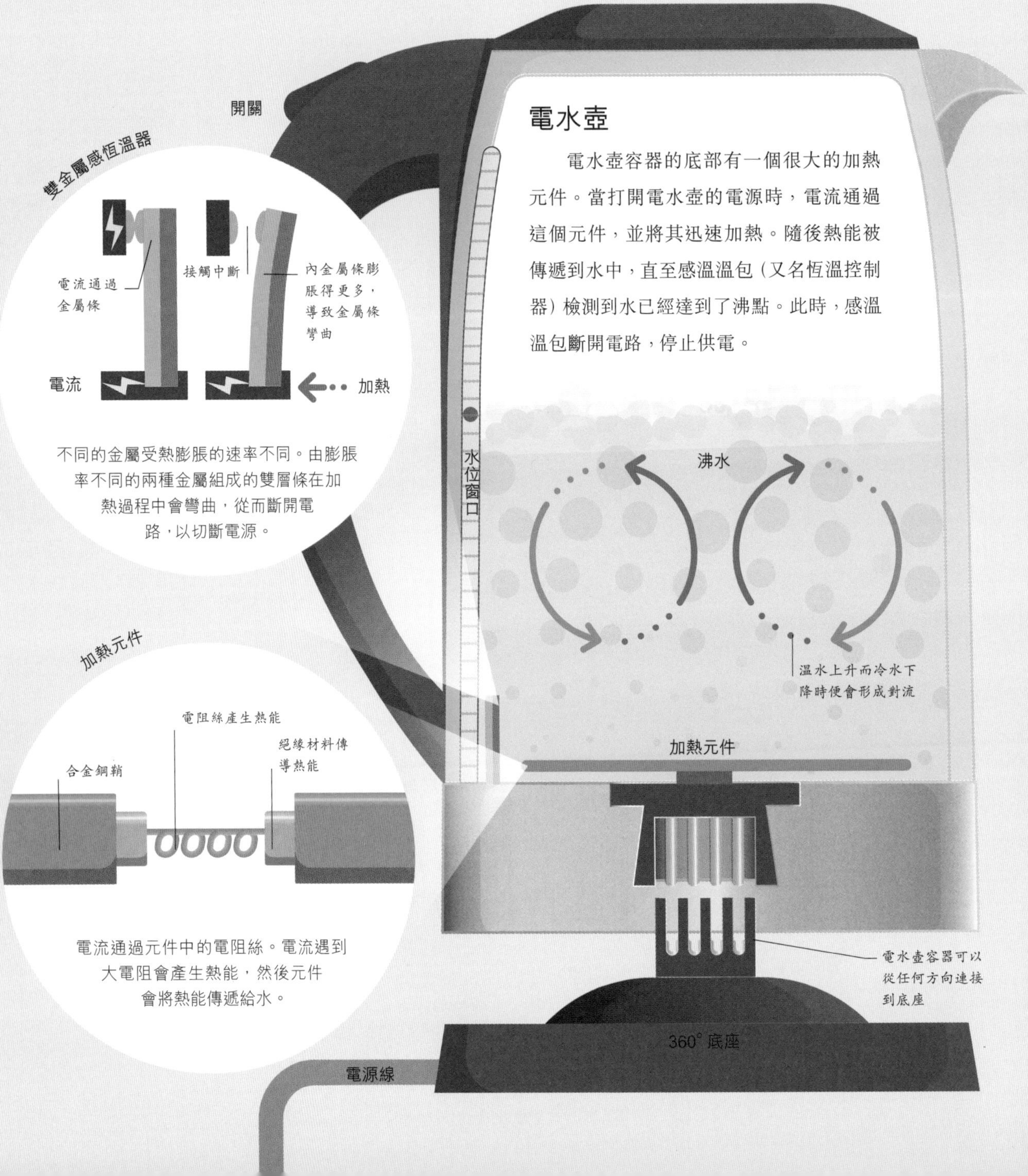

電水壺

電水壺容器的底部有一個很大的加熱元件。當打開電水壺的電源時，電流通過這個元件，並將其迅速加熱。隨後熱能被傳遞到水中，直至感溫溫包（又名恒溫控制器）檢測到水已經達到了沸點。此時，感溫溫包斷開電路，停止供電。

不同的金屬受熱膨脹的速率不同。由膨脹率不同的兩種金屬組成的雙層條在加熱過程中會彎曲，從而斷開電路，以切斷電源。

電流通過元件中的電阻絲。電流遇到大電阻會產生熱能，然後元件會將熱能傳遞給水。

多士爐

當電流通過由鎳鉻合金（由鎳和鉻組成的合金）製成的細導線時，導線便會發出熾熱的紅光。這些導線組成加熱元件，使麪包中的澱粉和糖焦糖化，從而製作出吐司麪包。當麪包盤被按下時，電路連通，允許電流通過加熱元件。可調定時開關會定時斷開電路。

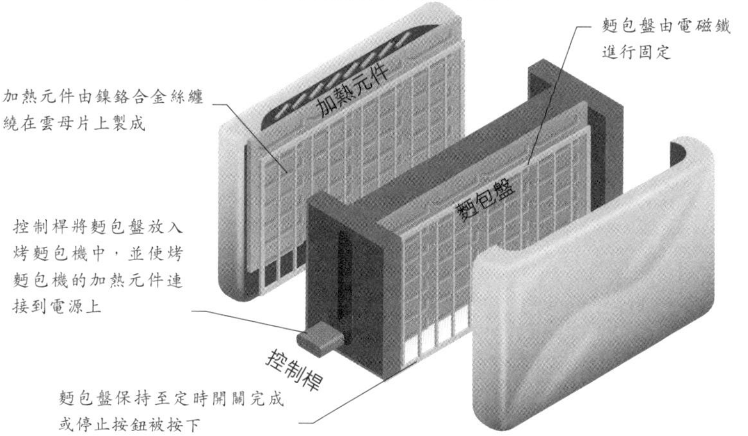
麪包盤由電磁鐵進行固定
加熱元件由鎳鉻合金絲纏繞在雲母片上製成
加熱元件
麪包盤
控制桿將麪包盤放入烤麪包機中，並使烤麪包機的加熱元件連接到電源上
控制桿
麪包盤保持至定時開關完成或停止按鈕被按下

摩卡壺

在爐灶上加熱後，摩卡壺的下壺內便形成壓力。壓力迫使水向上進入漏斗，冒泡浸潤咖啡粉，最後在上壺中聚合成即飲咖啡。

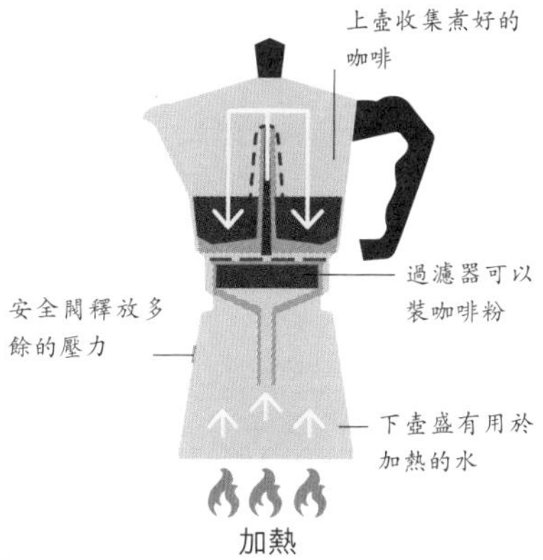
上壺收集煮好的咖啡
過濾器可以裝咖啡粉
安全閥釋放多餘的壓力
下壺盛有用於加熱的水
加熱

意式濃縮咖啡機

意式濃縮咖啡機的加熱元件加熱一個大的儲水罐，產生蒸汽。蒸汽通過熱交換器，並快速加熱在壓力作用下被泵入的冷水。加熱、加壓後的水緩慢流過裝有磨碎且壓實的咖啡粉的便攜式過濾器，最終製成意式濃縮咖啡。

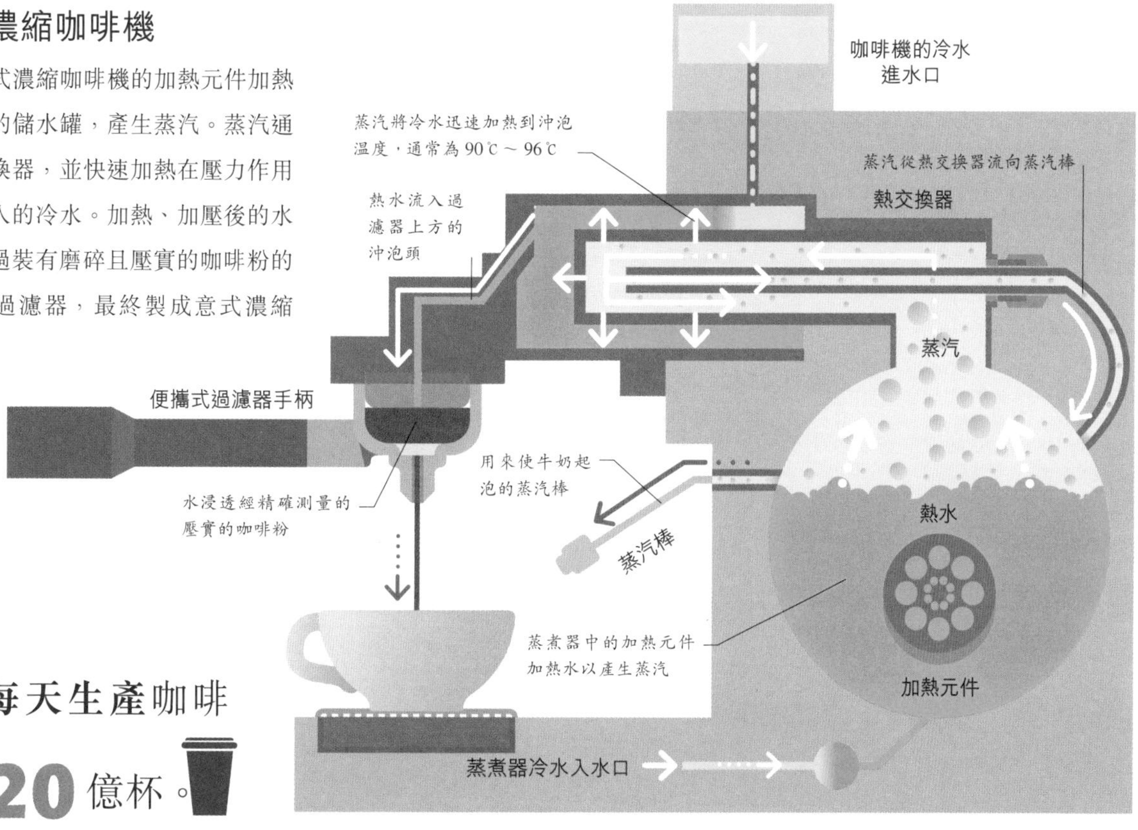
咖啡機的冷水進水口
蒸汽將冷水迅速加熱到沖泡溫度，通常為 90℃～96℃
蒸汽從熱交換器流向蒸汽棒
熱水流入過濾器上方的沖泡頭
熱交換器
蒸汽
便攜式過濾器手柄
用來使牛奶起泡的蒸汽棒
水浸透經精確測量的壓實的咖啡粉
熱水
蒸汽棒
蒸煮器中的加熱元件加熱水以產生蒸汽
加熱元件
蒸煮器冷水入水口

全球**每天生產**咖啡超過 **20** 億杯。

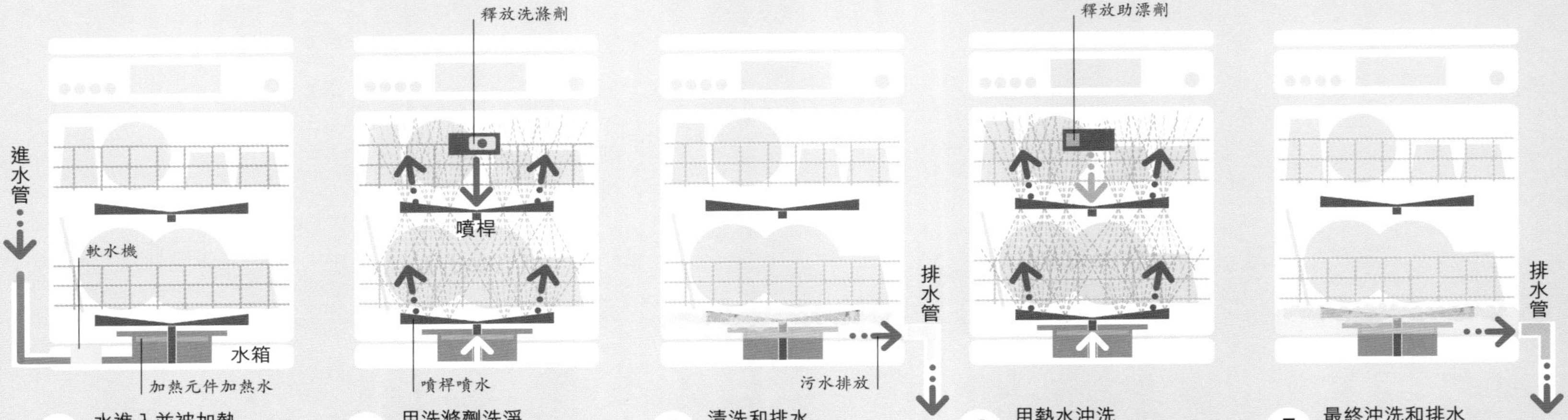

1 水進入並被加熱
水泵通過軟水機從主供水管道中抽水。底座中的加熱元件對水進行加熱。

2 用洗滌劑洗淨
當水被泵出噴桿時，洗滌劑被釋放出來。壓力使噴桿旋轉並向四周噴水。

3 清洗和排水
噴桿重複噴射熱水和洗滌劑以清洗餐具和廚具。當洗滌完成時，污水會被排走。

4 用熱水沖洗
泵入的清水與助漂劑混合，以降低表面張力，從而使水快速流過且不會劃傷被清潔的物品。

5 最終沖洗和排水
一些洗碗機最後還有清水沖洗程序。水被排乾後，機器內部的熱能可幫助烘乾被清潔的物品。

洗碗機

洗碗機結合了水泵、加熱元件、高壓噴桿和洗滌劑分配器等結構和原料，所有這些都由定時器或微處理器進行協調。洗碗機按照一系列既定步驟對廚房用具進行清洗、漂洗和乾燥。

洗碗機的工作原理

洗碗機將加熱後的水噴射在放置於籃子裏和架子上的髒餐具和廚具上。小而有力的噴射流與溶解的洗滌劑相結合，可以清除碎屑和污漬。洗碗機噴射的有力的熱水流可以更有效地穿透沉積的油脂。最後，洗碗機用清水和助漂劑清洗餐具和廚具，然後用熱空氣烘乾它們。

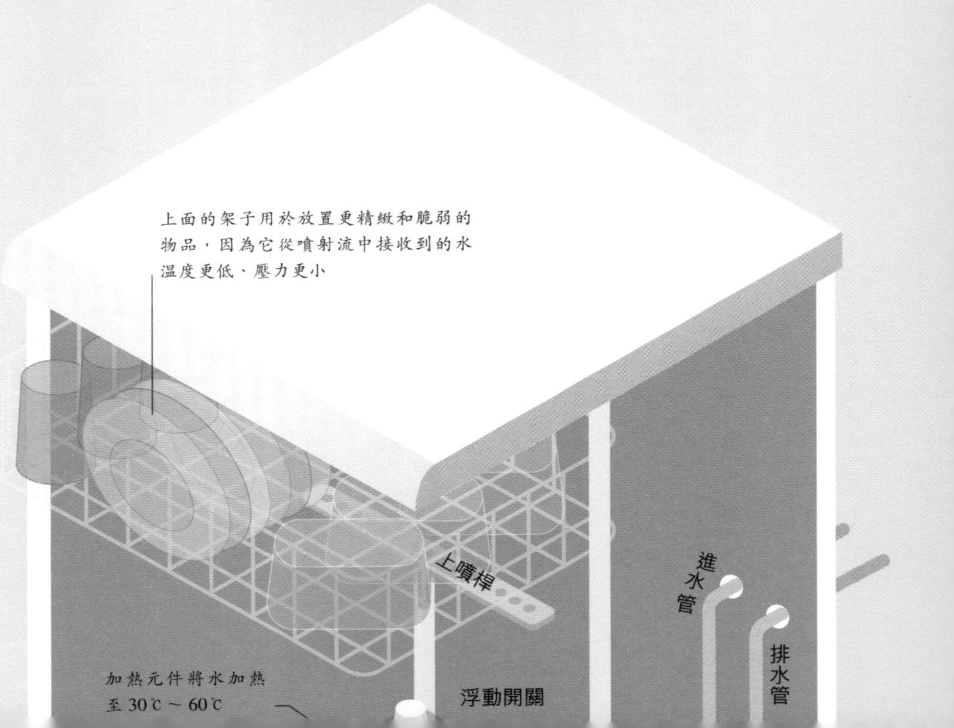

高溫
洗碗機使用高溫的水來清潔餐具和廚具。由於溫度較高，一些物品在洗碗機中清洗時可能會熔化或變形。

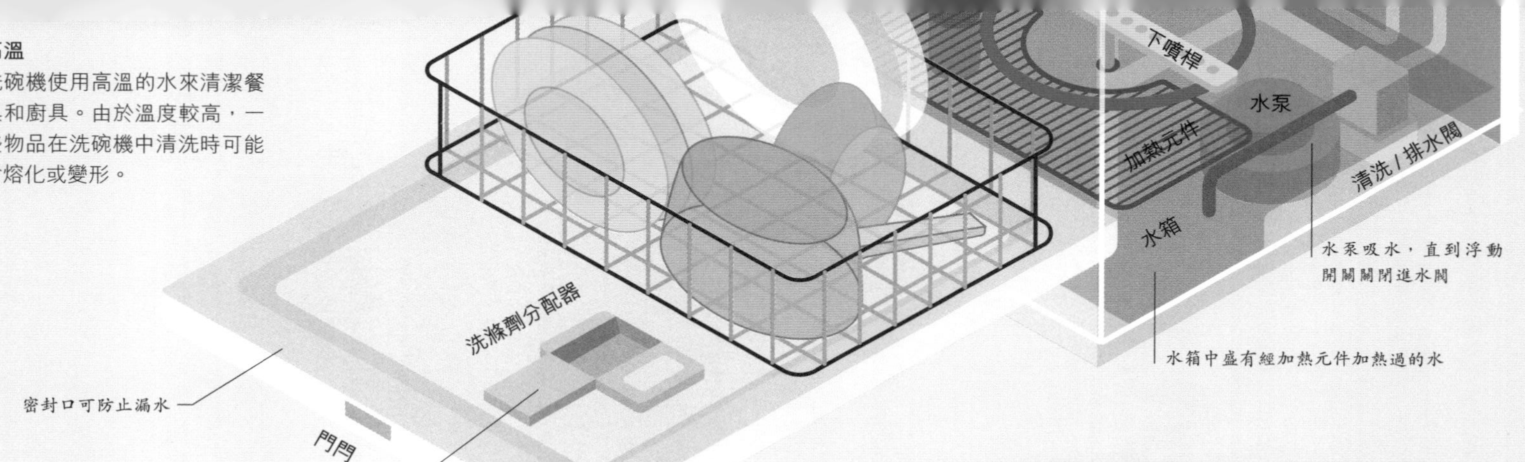
下噴桿
水泵
加熱元件
清洗／排水閥
水箱
水泵吸水，直到浮動開關關閉進水閥
水箱中盛有經加熱元件加熱過的水
洗滌劑分配器
密封口可防止漏水
門門
洗滌劑和助漂劑由定時器或微處理器控制

節能洗碗機比手工洗碗用的水和能源更少。

軟水機

有些地方的硬水會抑制洗滌劑，在被清潔的物品表面留下水垢等痕跡，並損壞加熱元件。硬水中含有較高濃度的礦物質，如鈣鎂化合物。離子交換器讓硬水通過載有鈉離子的樹脂珠。不需要的硬水離子會與樹脂珠上的鈉離子發生置換反應，硬水離子替代鈉離子被吸引到樹脂珠上，並隨着樹脂珠排出，使水軟化，從而降低其中的礦物質含量。

圖例 ▲ 鈣 ⬟ 鎂 ⫽ 鈉 ■ 鐵 ⬢ 錳

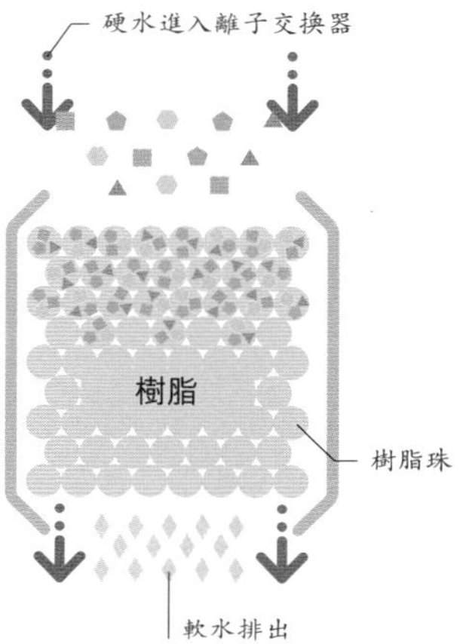
硬水進入離子交換器
樹脂
樹脂珠
軟水排出

軟化循環
當硬水流過裝有樹脂珠的容器時，硬水離子會取代鈉離子，被樹脂珠吸附。

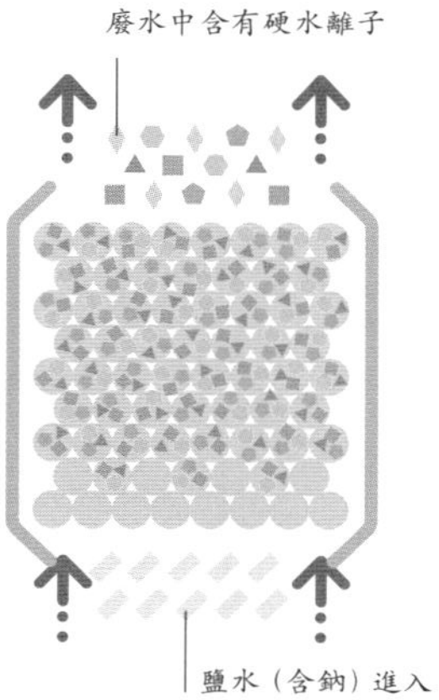
廢水中含有硬水離子
鹽水（含鈉）進入

再生循環
鹽水流經樹脂珠，向樹脂珠中注入鈉離子，並置換出鎂離子、鈣離子和其他不需要的離子。

洗碗機的片劑

洗滌劑片劑中含有多種有着不同作用的化學物質。這些物質包括可以溶解食物污漬的氯漂白劑和氧漂白劑，以及可以破壞食物中蛋白質和澱粉分子的原子之間的鍵的酶。

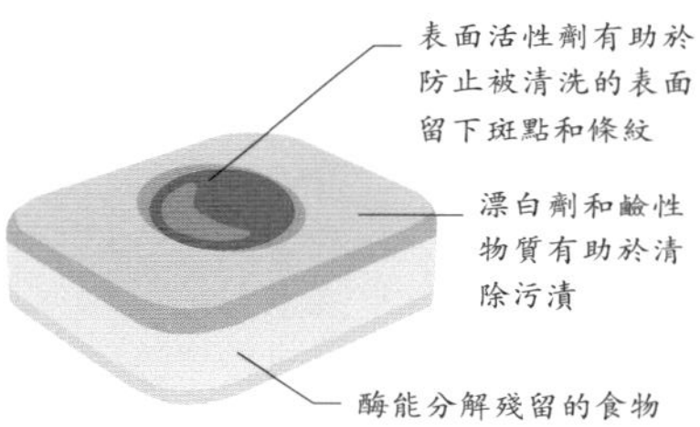
表面活性劑有助於防止被清洗的表面留下斑點和條紋
漂白劑和鹼性物質有助於清除污漬
酶能分解殘留的食物

製冷設備

製冷設備（如雪櫃和空調機組）利用特殊的化學物質吸收熱能，並通過管道將熱能傳遞出去，進而使特定空間內的溫度降低。

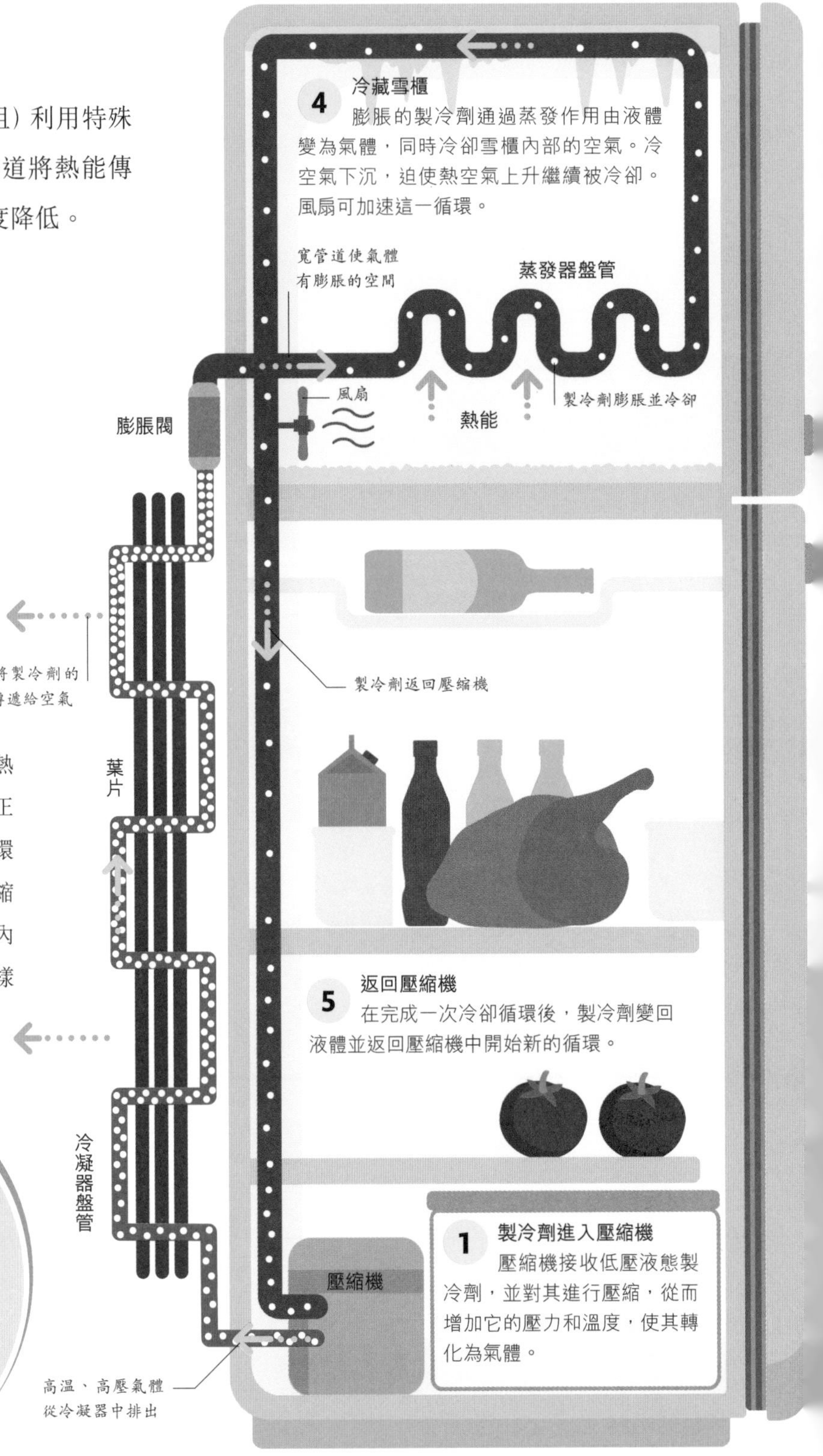

冷藏雪櫃
寬管道使氣體有膨脹的空間
蒸發器盤管
風扇
熱能
製冷劑膨脹並冷卻
膨脹閥
葉片將製冷劑的熱量傳遞給空氣
製冷劑返回壓縮機
葉片
冷凝器盤管
壓縮機
高溫、高壓氣體從冷凝器中排出

1 製冷劑進入壓縮機
壓縮機接收低壓液態製冷劑，並對其進行壓縮，從而增加它的壓力和溫度，使其轉化為氣體。

2 冷卻製冷劑
氣態製冷劑流經冷凝器細長的盤管，金屬葉片將製冷劑的熱能傳遞給周圍的空氣。在這一過程中，製冷劑凝結成液體。

3 製冷劑膨脹
液態製冷劑流過膨脹閥，降低了壓力，從而膨脹並冷卻。隨後，製冷劑進入雪櫃內的蒸發器盤管中。

4 冷藏雪櫃
膨脹的製冷劑通過蒸發作用由液體變為氣體，同時冷卻雪櫃內部的空氣。冷空氣下沉，迫使熱空氣上升繼續被冷卻。風扇可加速這一循環。

5 返回壓縮機
在完成一次冷卻循環後，製冷劑變回液體並返回壓縮機中開始新的循環。

雪櫃

雪櫃是一種高效的熱泵，它能將熱能從低溫區域向高溫區域傳遞，這與正常的熱能傳遞方向相反。使製冷劑循環的封閉管道系統（見右圖），通過壓縮和膨脹改變製冷劑的狀態，並從雪櫃內部吸收熱能。冰櫃的工作原理也是一樣的，只是溫度要更低一些。

雪櫃應該設置甚麼樣的溫度？

雪櫃應該保持在 4℃左右或更低的溫度，高於這個溫度可能無法抑制食物中細菌的生長。

空調（冷氣機）

空調製冷的原理是將周圍空間中的熱空氣抽出，然後通過製冷劑蒸發對其進行冷卻，其過程與雪櫃的製冷過程類似。封閉的製冷劑迴路由泵驅動，冷卻由風扇抽入的熱空氣。然後，製冷劑將熱能從建築物內部傳遞給外部冷凝器，從而使熱能散到室外空氣中。製冷劑通過膨脹閥開始下一個循環，膨脹閥能降低製冷劑的壓力和溫度，以冷卻更多空氣。當室內空氣被冷卻時，水滴狀的蒸汽凝結成液體，使空氣既不潮濕，又能相對涼爽。

空調機組

空調機組由室內部分和室外部分組成。室內部分吸入熱空氣並冷卻，室外部分釋放製冷劑所吸收的熱能。

在美國，風扇和空調的用電量約佔**總用電量的 15%**。

製冷劑

隨着溫度的改變，製冷劑很容易在氣態和液態之間相互轉化。當液態製冷劑變為氣態製冷劑時，剩下的液體熱能減少，空間內的溫度降低。氯氟烴（CFCs）之前被廣泛用作製冷劑。人們在發現它們會破壞大氣中的臭氧層後，便逐漸減少了 CFCs 的使用。現在，家用電器中大多使用氫氟碳化合物（HFCs）作為製冷劑。

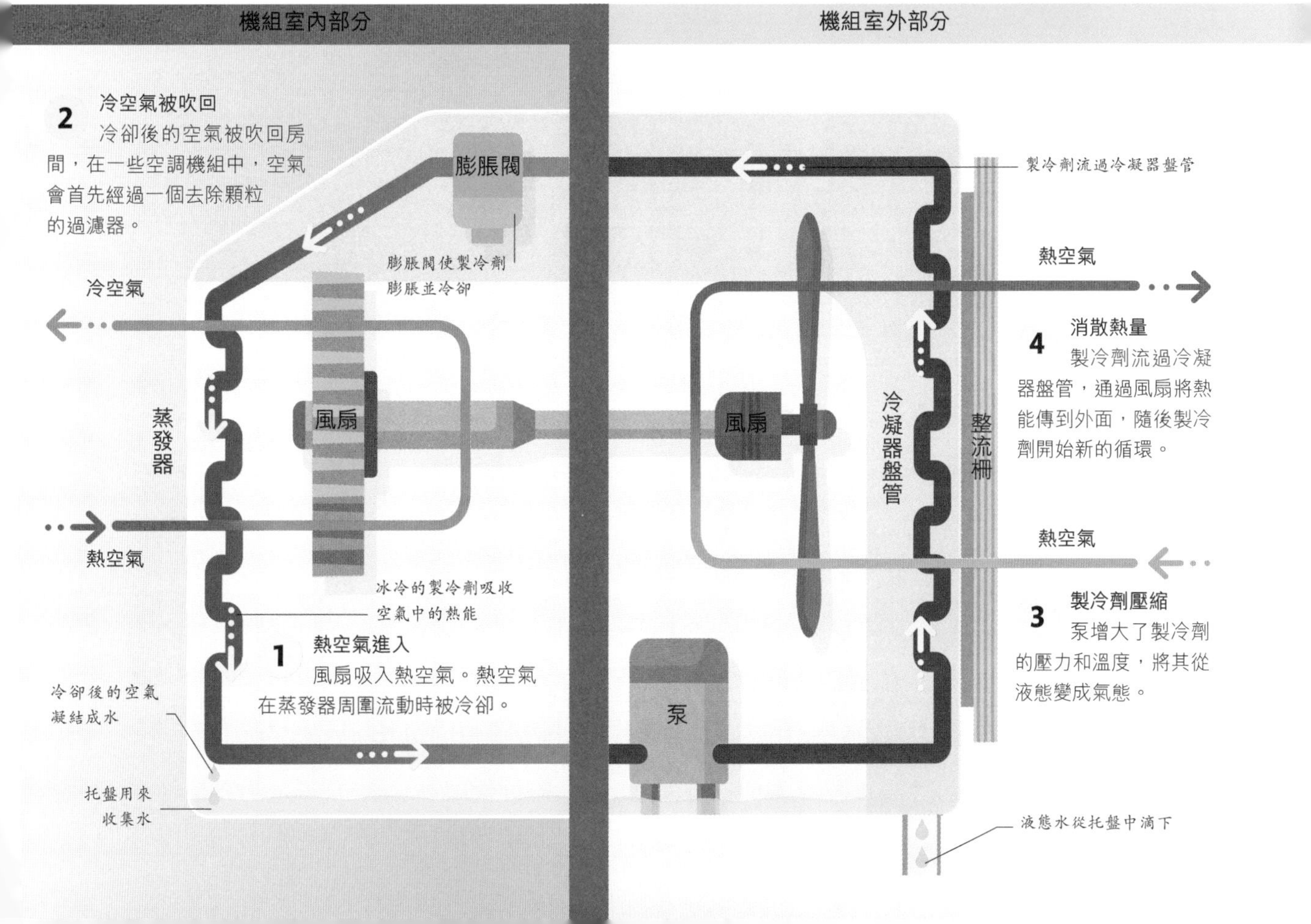
機組室內部分
機組室外部分
2 冷空氣被吹回
冷卻後的空氣被吹回房間，在一些空調機組中，空氣會首先經過一個去除顆粒的過濾器。
膨脹閥
膨脹閥使製冷劑膨脹並冷卻
冷空氣
蒸發器
風扇
熱空氣
冰冷的製冷劑吸收空氣中的熱能
1 熱空氣進入
風扇吸入熱空氣。熱空氣在蒸發器周圍流動時被冷卻。
冷卻後的空氣凝結成水
托盤用來收集水
泵
風扇
冷凝器盤管
整流柵
製冷劑流過冷凝器盤管
熱空氣
4 消散熱量
製冷劑流過冷凝器盤管，通過風扇將熱能傳到外面，隨後製冷劑開始新的循環。
熱空氣
3 製冷劑壓縮
泵增大了製冷劑的壓力和溫度，將其從液態變成氣態。
液態水從托盤中滴下

吸塵機

吸塵機通過在其內部產生局域真空來吸入外部的空氣和固體顆粒（如灰塵）的混合物，然後通過過濾或離心力等方法將它們彼此分離。

製造真空環境

摩打驅動風扇高速旋轉，使空氣迅速從吸塵機後部排出，從而降低內部氣壓。當吸塵機內部氣壓低於外部氣壓時，就會產生局域真空。在傳統的吸塵機中，吸塵機的吸力使含有灰塵、污垢、毛髮和纖維的空氣通過集塵袋被吸入，集塵袋用來捕獲顆粒物，淨化空氣。

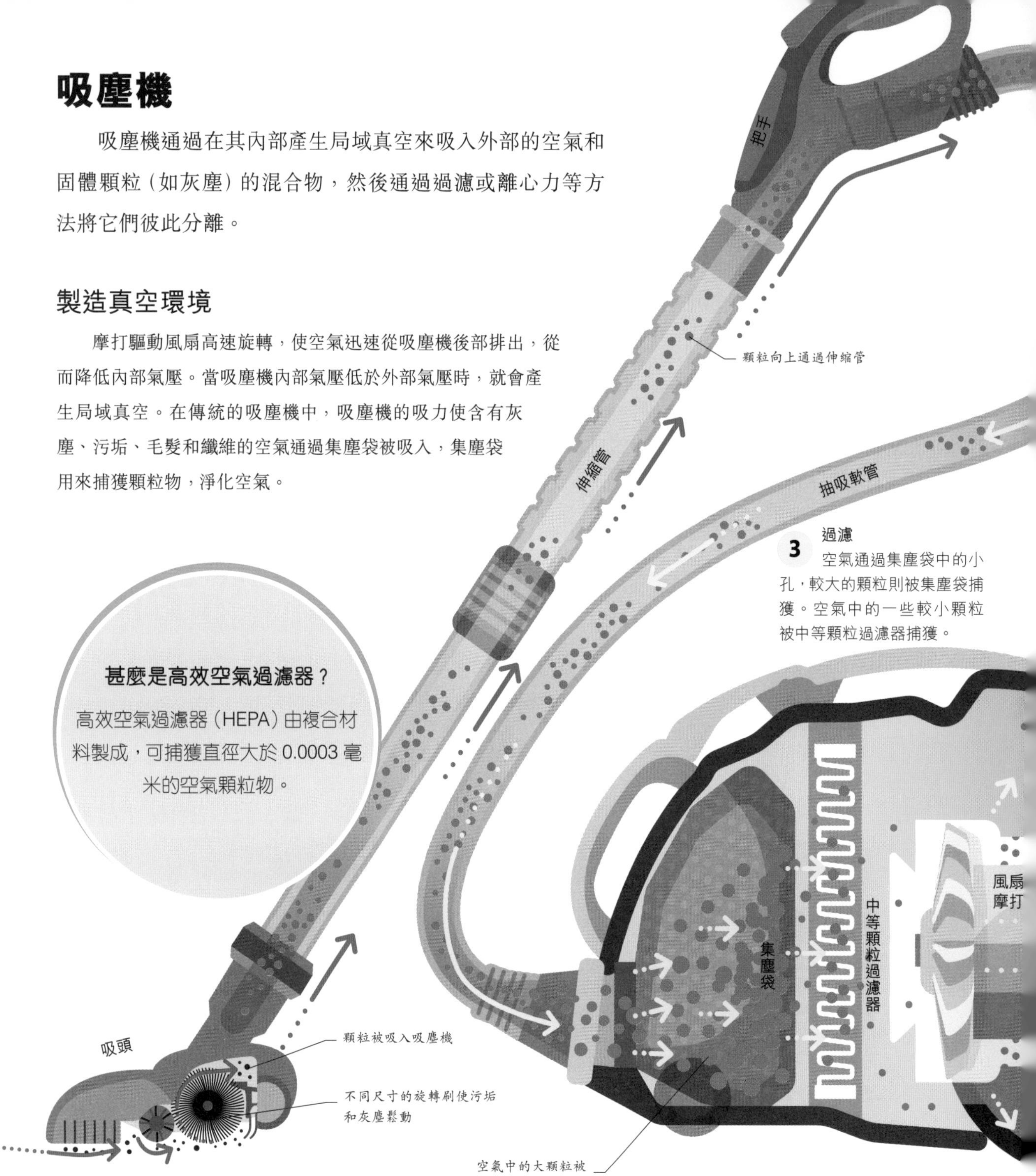

把手
顆粒向上通過伸縮管
伸縮管
抽吸軟管
集塵袋
中等顆粒過濾器
風扇摩打
吸頭
顆粒被吸入吸塵機
不同尺寸的旋轉刷使污垢和灰塵鬆動
空氣中的大顆粒被收集在集塵袋中

甚麼是高效空氣過濾器？

高效空氣過濾器（HEPA）由複合材料製成，可捕獲直徑大於 0.0003 毫米的空氣顆粒物。

3 過濾

空氣通過集塵袋中的小孔，較大的顆粒則被集塵袋捕獲。空氣中的一些較小顆粒被中等顆粒過濾器捕獲。

2 灰塵被吸入伸縮管

吸頭上配備的一系列旋轉刷能使污垢和灰塵鬆動，然後這些污垢和灰塵被吸入伸縮管，再進入吸塵機。大多數吸塵機有各種各樣的清潔附件。

1 產生吸力

摩打使風扇快速旋轉以產生吸力，吸力通過吸頭將空氣吸入，並使空氣沿伸縮管和抽吸軟管進入吸塵機內部。

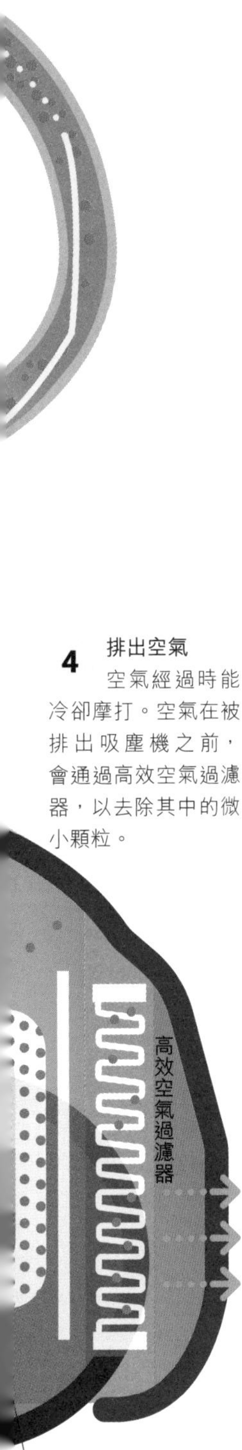
高效空氣過濾器

4 排出空氣
空氣經過時能冷卻摩打。空氣在被排出吸塵機之前，會通過高效空氣過濾器，以去除其中的微小顆粒。

摩打使風扇高速旋轉，通常是每分鐘數百轉或數千轉

旋風吸塵機

這種類型的吸塵機不需要集塵袋，在清潔過程中，其過濾器也不會因大顆粒或中顆粒而堵塞。它依靠旋轉空氣產生的渦流（稱為「旋風」）將顆粒從氣流中甩出。高效空氣過濾器被用來去除空氣中的微小顆粒，需每隔 6 個月清洗或更換一次。

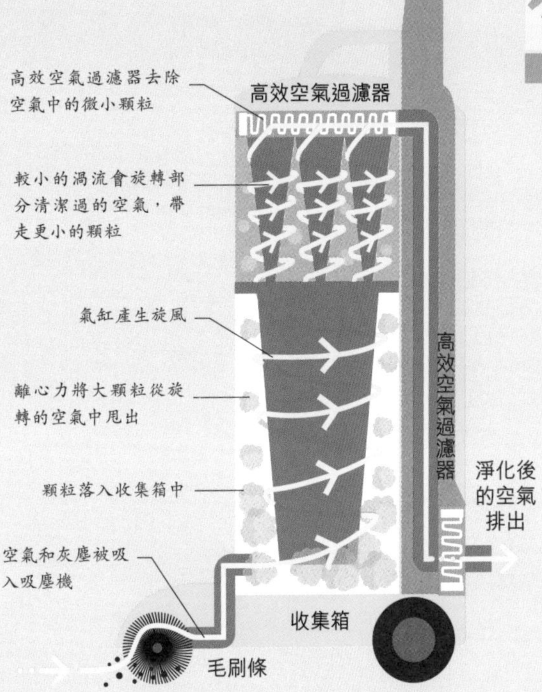
高效空氣過濾器去除空氣中的微小顆粒
高效空氣過濾器
較小的渦流會旋轉部分清潔過的空氣，帶走更小的顆粒
氣缸產生旋風
離心力將大顆粒從旋轉的空氣中甩出
顆粒落入收集箱中
空氣和灰塵被吸入吸塵機
高效空氣過濾器
淨化後的空氣排出
收集箱
毛刷條

一些旋風吸塵機摩打的轉速高達每分鐘 12 萬轉。

掃地機械人

掃地機械人由摩打驅動，在清潔地板的同時，掃地機械人能夠在生活空間中進行自動導航。一套完善的傳感器系統能夠讓機械人測量它走了多遠，並感知障礙物。系統中通常還帶有高度傳感器，可以探測前面地形的起伏情況，比如是否有樓梯等。清潔完成之後，機械人可以自己返回充電站充電。

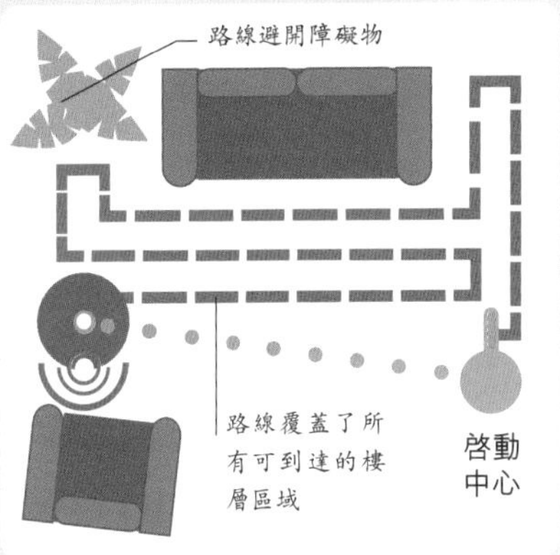
路線避開障礙物
路線覆蓋了所有可到達的樓層區域
啓動中心

導航
機械人使用的軟件由基於微處理器的控制器運行，可以繪製出一個或多個房間的路線，確保機械人能夠進行全面清潔。機械人可以隨時監測和追蹤自己的位置，如果有障礙物擋住了去路，它還可以重新規劃路線。

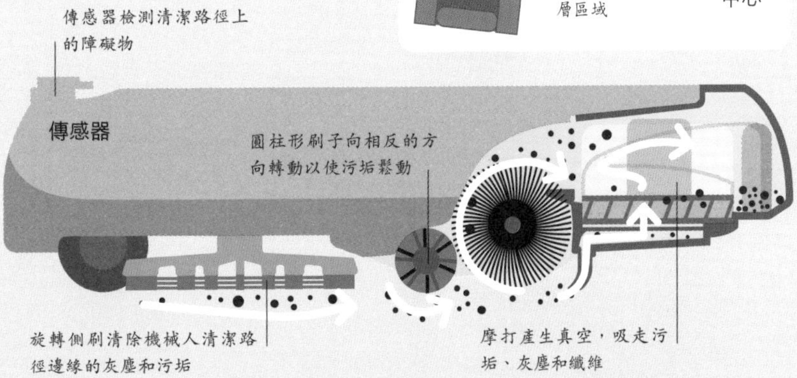
傳感器檢測清潔路徑上的障礙物
傳感器
圓柱形刷子向相反的方向轉動以使污垢鬆動
旋轉側刷清除機械人清潔路徑邊緣的灰塵和污垢
摩打產生真空，吸走污垢、灰塵和纖維

馬桶

馬桶將人類的排泄物送往污水處理廠進行處理。超過 30 億人的家中裝有可用水沖走排泄物的馬桶。

抽水馬桶

現代抽水馬桶有一個儲水箱和一個排水裝置，可以把馬桶裏的排泄物沖走，並使其順着管道流向下水道系統。僅利用水的重力作用就能將排泄物推向下水道；使用虹吸管將水從馬桶座中抽出（見下文），同樣可以沖掉排泄物。

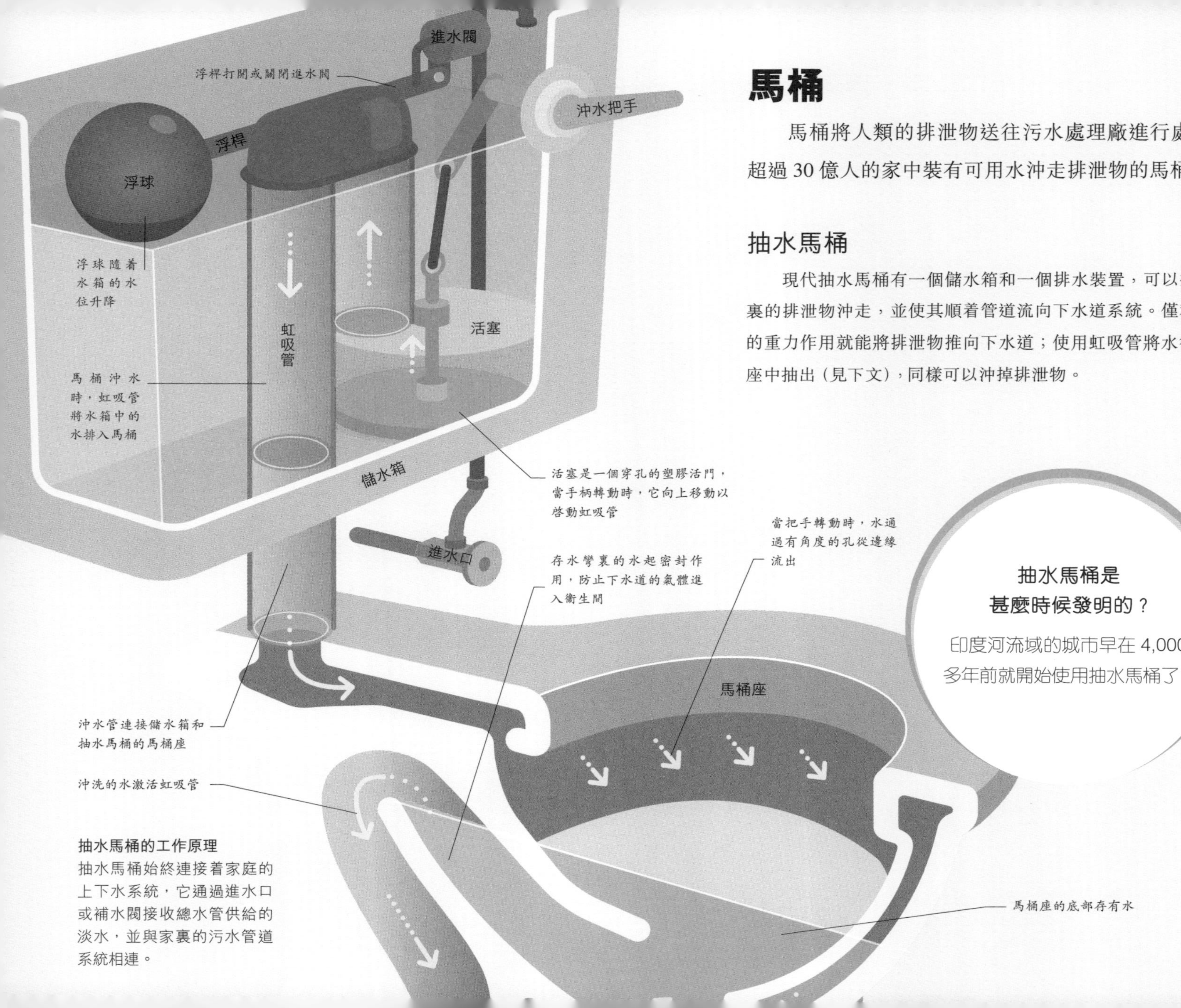

進水閥
浮桿打開或關閉進水閥
沖水把手
浮桿
浮球
浮球隨着水箱的水位升降
虹吸管
活塞
馬桶沖水時，虹吸管將水箱中的水排入馬桶
儲水箱
活塞是一個穿孔的塑膠活門，當手柄轉動時，它向上移動以啓動虹吸管
進水口
存水彎裏的水起密封作用，防止下水道的氣體進入衛生間
當把手轉動時，水通過有角度的孔從邊緣流出
馬桶座
沖水管連接儲水箱和抽水馬桶的馬桶座
沖洗的水激活虹吸管
馬桶座的底部存有水

抽水馬桶是甚麼時候發明的？

印度河流域的城市早在 4,000 多年前就開始使用抽水馬桶了。

抽水馬桶的工作原理

抽水馬桶始終連接着家庭的上下水系統，它通過進水口或補水閥接收總水管供給的淡水，並與家裏的污水管道系統相連。

排水管連接到污水管道系統
排水管

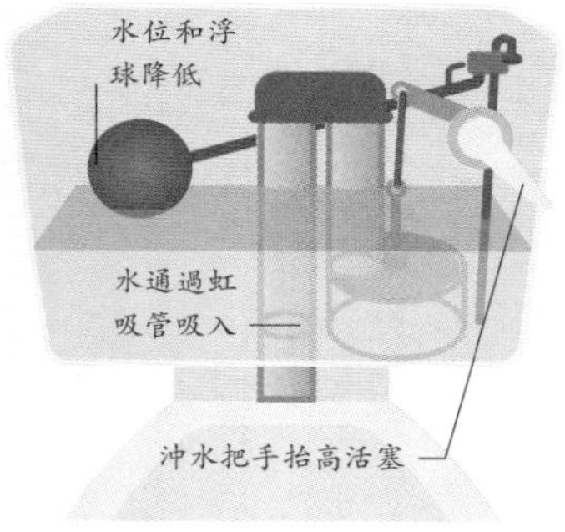
水位和浮
球降低
水通過虹
吸管吸入
沖水把手抬高活塞

1 沖洗
沖水把手可移動槓桿，使活塞被向上抬起。這迫使水通過虹吸管，產生一種吸力，將水箱中剩餘的水通過虹吸管抽到馬桶座中。

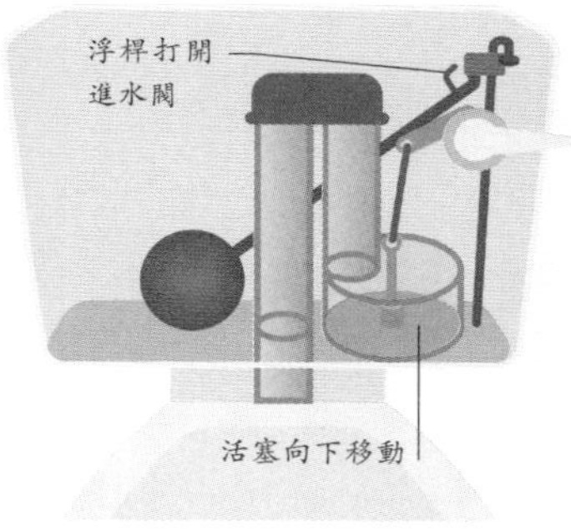
浮桿打開
進水閥
活塞向下移動

2 排空
水箱很快排空，水在馬桶周圍流動，然後通過排水管排出，並帶走裏面的排泄物。活塞下降，浮球也隨之下沉並移動浮桿，進而打開進水閥。

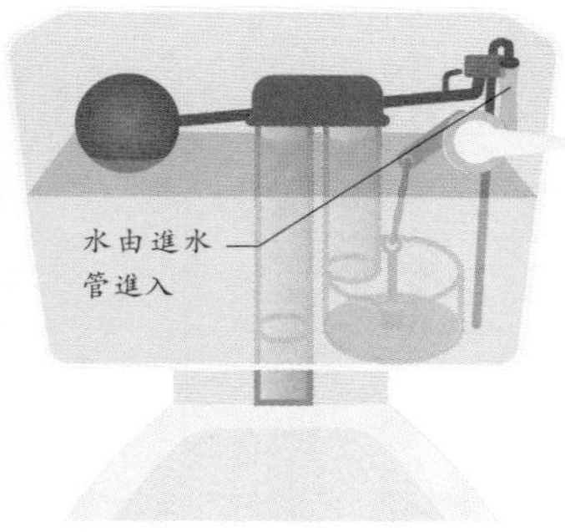
水由進水
管進入

3 再填充
進水閥被打開時，水進入水箱。隨着水位的上升，浮球也隨之上升。一旦水箱達到要求的水位，浮球便會移動浮桿，關閉進水閥。

虹吸管

許多馬桶使用虹吸管將水從儲水箱輸送到馬桶座或從馬桶座輸送到排水管。一旦部分水受迫流過了U型虹吸管的最高點，液體的重力和凝聚力就會繼續幫助虹吸管發揮虹吸作用，直到沒有水剩下。

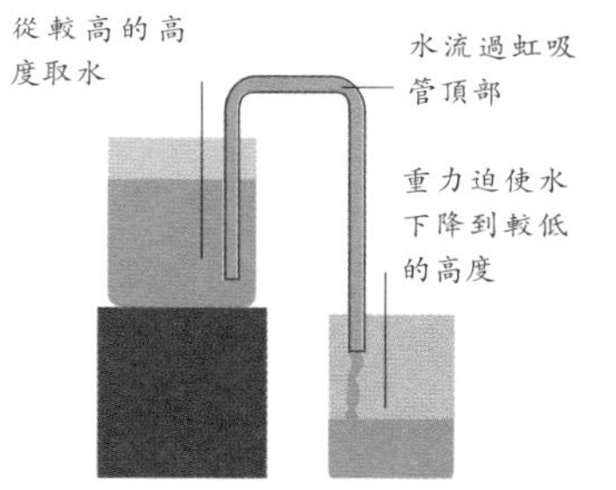
從較高的高
度取水
水流過虹吸
管頂部
重力迫使水
下降到較低
的高度

堆肥廁所

每次沖水約消耗水6～18升水，一個標準抽水馬桶的淡水消耗量會隨着時間的推移而增加，尤其是在大房子中。相比之下，堆肥廁所幾乎不消耗水，對城市污水管道系統也沒有任何要求。相反，這些自給自足的系統依賴有氧分解。在有氧分解過程中，細菌、真菌起主要作用，在某些系統中甚至還有蚯蚓的參與。這些生物能夠將排泄物在數週或數月的時間內分解成無害的、基本上無味的腐殖質堆肥，這些堆肥可用作天然肥料。

目前世界上仍有 **23 億人**
沒有**基本的衞生設施**。

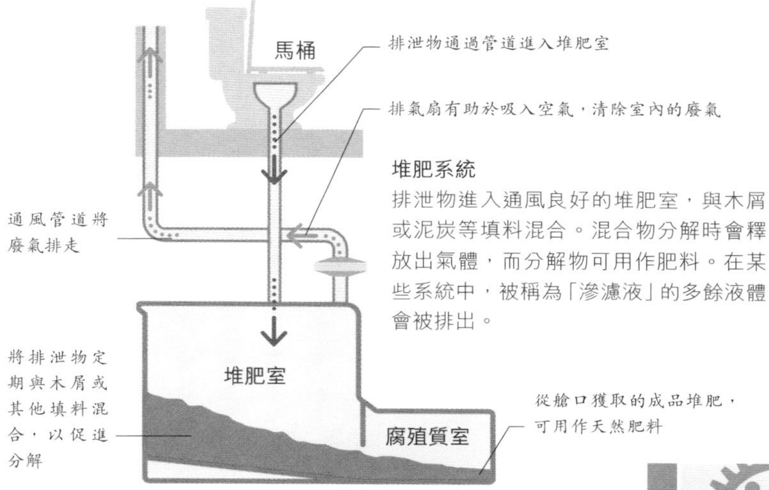
馬桶
排泄物通過管道進入堆肥室
排氣扇有助於吸入空氣，清除室內的廢氣
通風管道將
廢氣排走
將排泄物定
期與木屑或
其他填料混
合，以促進
分解
堆肥室
腐殖質室
從艙口獲取的成品堆肥，
可用作天然肥料

堆肥系統
排泄物進入通風良好的堆肥室，與木屑或泥炭等填料混合。混合物分解時會釋放出氣體，而分解物可用作肥料。在某些系統中，被稱為「滲濾液」的多餘液體會被排出。

鎖

鎖是一種安全螺栓或扣環，需要特定的鑰匙才可以打開。密鑰可以是物理對象、數碼或數碼代碼，也可以是人體特定的、唯一的物理特徵。最常用的鎖是圓形彈子鎖和密碼鎖。

你能用髮夾開鎖嗎？

對於一些簡單的彈子鎖，我們可以使用髮夾或金屬線的組合來推動彈子並轉動鎖芯。

圓形彈子鎖

彈子鎖常見於門閂和許多掛鎖中，它由包含內圓筒的雙層圓筒組成，這其中，包含「鎖芯」的內圓筒能夠旋轉。彈子鎖有一系列腔室，其中的每一個都包含一個彈簧和不同長度的彈子，以防止內圓筒轉動，只有將正確的鑰匙插入鎖孔，鎖芯才能轉動。

這把長 **90** **厘米的鑰匙**，可以打開和關閉英格蘭銀行金庫的**防爆門**。

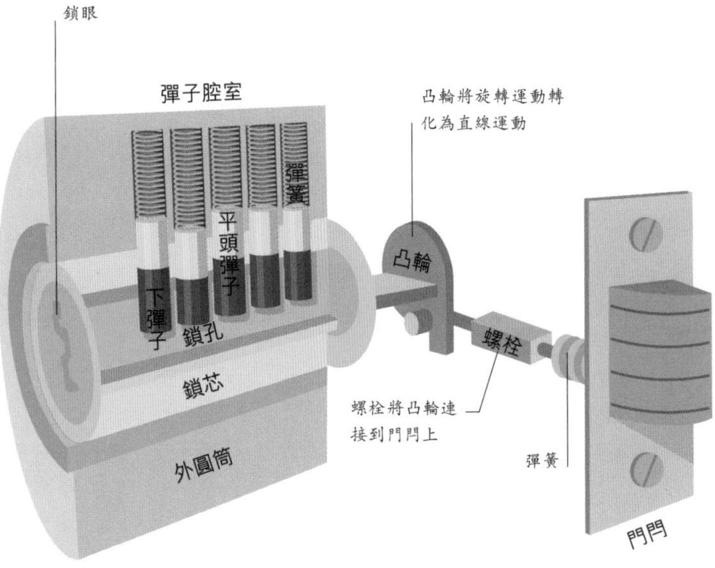

鎖眼
彈子腔室
彈簧
平頭彈子
下彈子
鎖孔
鎖芯
外圓筒
凸輪將旋轉運動轉化為直線運動
凸輪
螺栓
螺栓將凸輪連接到門閂上
彈簧
門閂

1 關鎖

在鎖定位置，彈子被彈簧從它們的腔室推下，這樣可以防止鎖芯轉動，鎖也就關閉了。

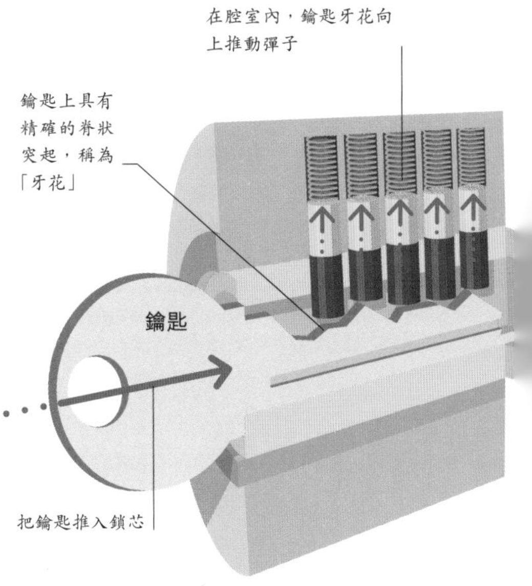

在腔室內，鑰匙牙花向上推動彈子
鑰匙上具有精確的脊狀突起，稱為「牙花」
鑰匙
把鑰匙推入鎖芯

2 鑰匙插入鎖中

鑰匙的牙花精確地向上推動彈子，使得鑰匙所有牙花頂部與彈子的頂部邊緣對齊。

密碼鎖

密碼鎖是一種包含銷釘的無鑰匙鎖，類似於彈子鎖，但銷釘被安裝在金屬桿上。每個銷釘位於手動轉動的編號輪或轉盤後面。只有一個唯一的數碼組合能對齊輪子上的所有孔，這樣銷釘才能穿過，鎖才能被打開。

上鎖狀態

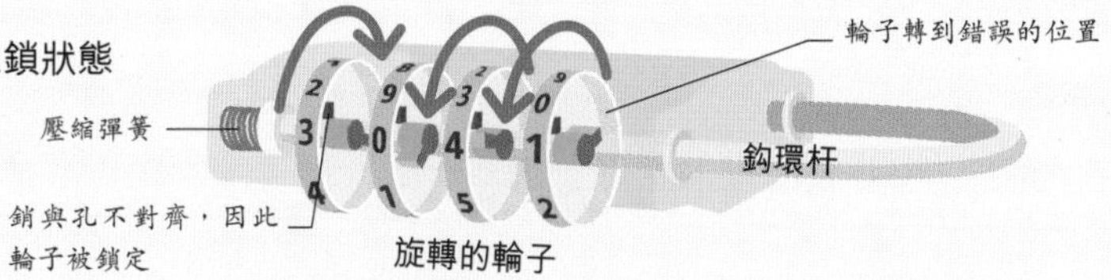
輪子轉到錯誤的位置
壓縮彈簧
鈎環杆
銷與孔不對齊，因此輪子被鎖定
旋轉的輪子

解鎖狀態

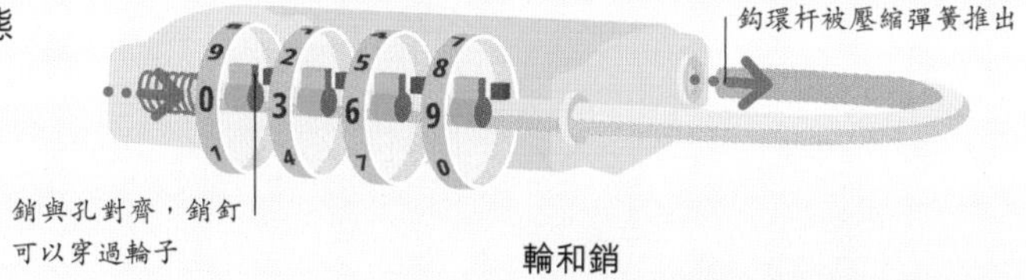
鈎環杆被壓縮彈簧推出
銷與孔對齊，銷釘可以穿過輪子

輪和銷
一旦選擇了正確的數碼序列，並且表盤上的孔對齊，壓縮彈簧就會迫使鈎環桿向外進入解鎖位置。

生物識別鎖

一些電子鎖使用人的身體特徵，如指紋、虹膜或面部圖像，作為打開鎖的鑰匙。掃瞄器識別這些特徵中的獨特之處，並將它們存儲在與允許進入的人相關聯的信息數據庫中。當被允許進入的人回來時，識別到這些獨特特徵的程序便會打開鎖。

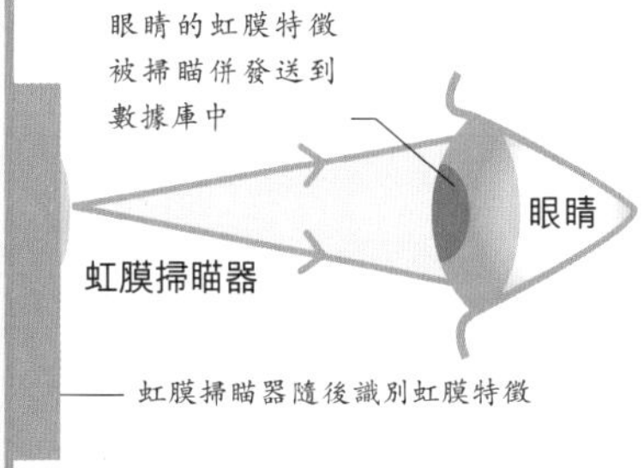
眼睛的虹膜特徵被掃瞄併發送到數據庫中
眼睛
虹膜掃瞄器
虹膜掃瞄器隨後識別虹膜特徵

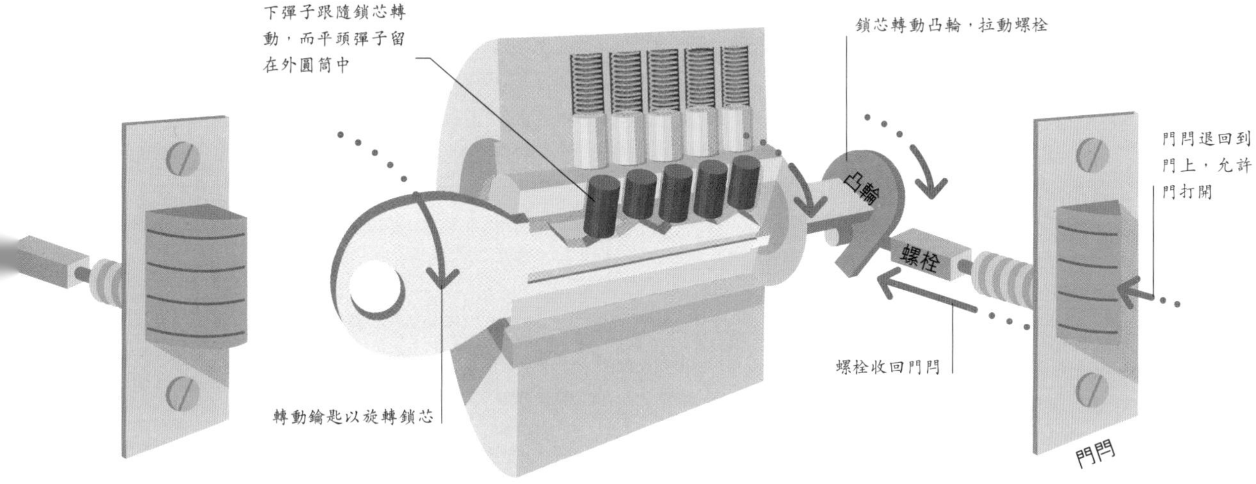
下彈子跟隨鎖芯轉動，而平頭彈子留在外圓筒中
鎖芯轉動凸輪，拉動螺栓
凸輪
螺栓
門閂退回到門上，允許門打開
螺栓收回門閂
轉動鑰匙以旋轉鎖芯
門閂

3 **門閂打開**
當鑰匙轉動鎖芯時，凸輪改變力的方向，收回螺栓，將門閂拉到打開的位置。

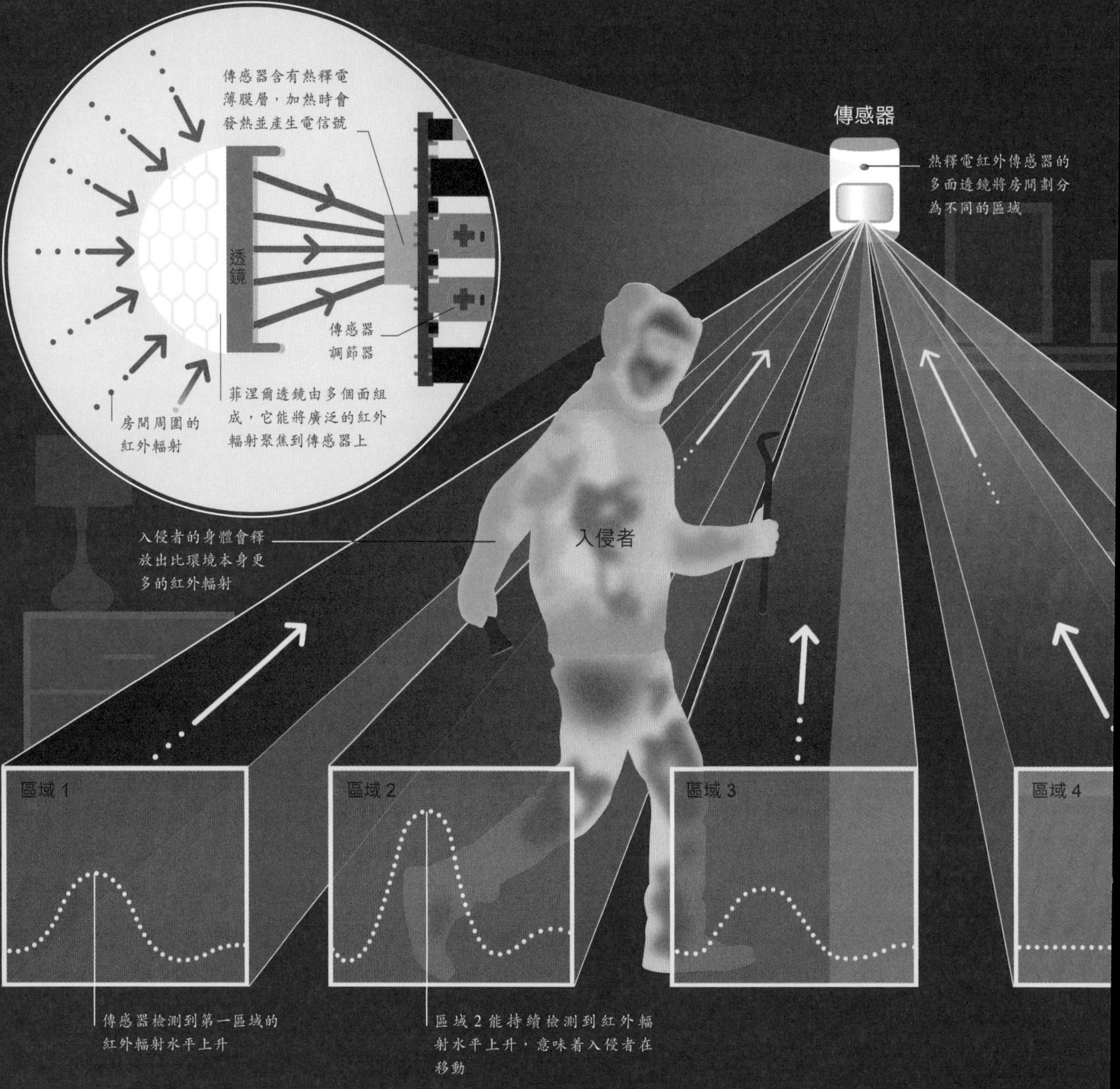
傳感器含有熱釋電薄膜層，加熱時會發熱並產生電信號
透鏡
傳感器調節器
房間周圍的紅外輻射
菲涅爾透鏡由多個面組成，它能將廣泛的紅外輻射聚焦到傳感器上
傳感器
熱釋電紅外傳感器的多面透鏡將房間劃分為不同的區域
入侵者的身體會釋放出比環境本身更多的紅外輻射
入侵者
區域 1
區域 2
區域 3
區域 4
傳感器檢測到第一區域的紅外輻射水平上升
區域 2 能持續檢測到紅外輻射水平上升，意味着入侵者在移動

安全警報

長期以來，科技在保護住宅和其他建築物免受入侵和盜竊方面發揮着關鍵作用。現代警報系統利用各種傳感器來檢測入侵者，例如，檢測他們的體溫或行走時所產生的壓力，或通過對門窗位置的變化作出響應。

熱釋電紅外傳感器

每個人都會向周圍環境發出不同程度的紅外輻射。熱釋電紅外傳感器利用熱釋電薄膜製成的薄層來檢測紅外輻射的變化。這種薄層在吸收紅外輻射後，可以發熱並產生小的電信號。房間內多個區域紅外輻射水平的變化可以被識別為入侵者存在和移動的信號。

運動檢測

當入侵者通過房間時，他會穿過不同的區域。傳感器通過檢測不同區域紅外輻射水平的變化來檢測入侵者的運動。

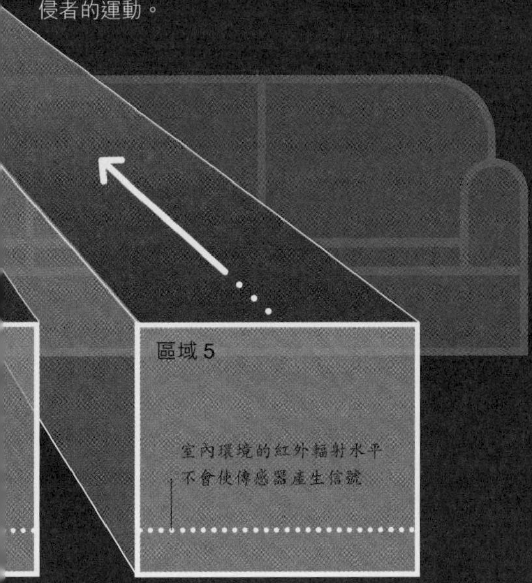
區域 5
室內環境的紅外輻射水平
不會使傳感器產生信號

在哪裏放置安全傳感器最好？

必過點，如人們進入房間必須通過的走廊就是很好的位置。房間的角落也很好，因為它可以覆蓋多個入口。

磁性接觸式傳感器

磁性接觸式傳感器包含兩個部分，其中一部分安裝在門上或窗戶上，另一部分安裝在固定的框架上。在門窗關閉時它們形成一個迴路。當門窗被打開時，兩個磁鐵之間的接觸斷開，電路也斷開。這將向警報系統的控制器發送一個信號，控制器將其理解為可能有意外侵入。

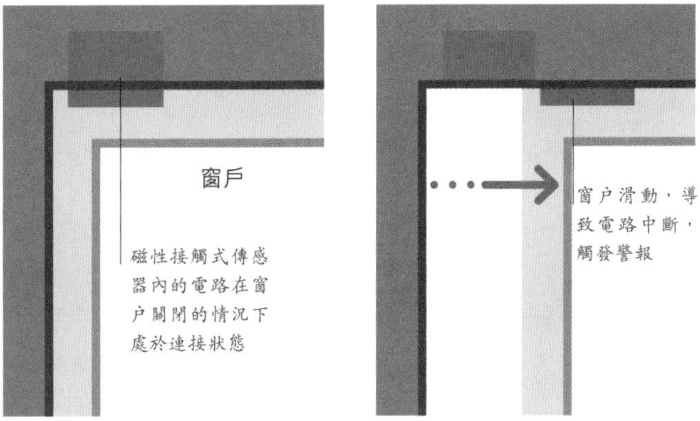
窗戶
磁性接觸式傳感器內的電路在窗户關閉的情況下處於連接狀態
窗户滑動，導致電路中斷，觸發警報

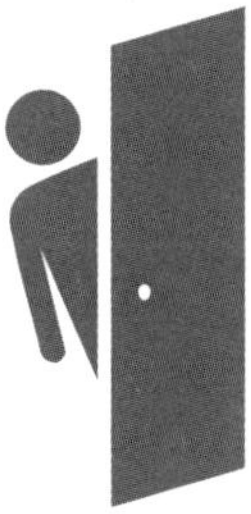

34%

盜賊從**前門**侵入。

控制介面

警報系統的控制器允許用户輸入特定的數碼密碼來啟用或禁用系統。中央控制器還允許用户只啟用某些區域或房間內的警報系統。當警報系統啟用時，控制器監控傳感器發送的數據，如果傳感器被觸發，控制器將發出警報，並鎖定所有的電子鎖，同時還可以使用無線通信線路向保安或警察報警。

衣物織料

衣物織料是由天然或經化學加工獲得的纖維製成的。衣物織料種類繁多，每一種都有不同的性能，可以滿足人們不同的需要，如抗皺性、耐久性、耐水性和彈性等。

世界上最常見的衣物織料是甚麼？

棉花佔所有衣物織料的30%。棉花種植所用耕地佔全球耕地使用量的2.5%。

原材料

製造衣物織料的纖維大多來自不同的天然材料，包括棉花、亞麻等植物作物及綿羊等動物。化工行業生產的丙烯酸和聚酯等聚合物（見第78頁），被用於製造各種合成纖維。一個叫做「噴絲器」的裝置處理這些原材料並將其製成長絲，長絲再被加工成紗線。隨後，紗線還要經過編織、紡織或黏合等處理（見第129頁）。

動物纖維衣物織料

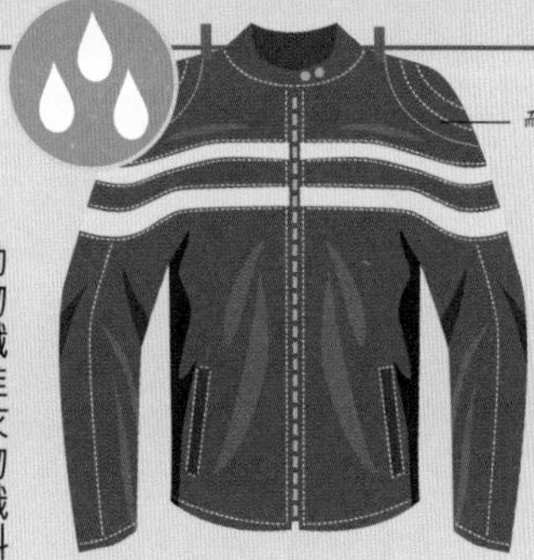

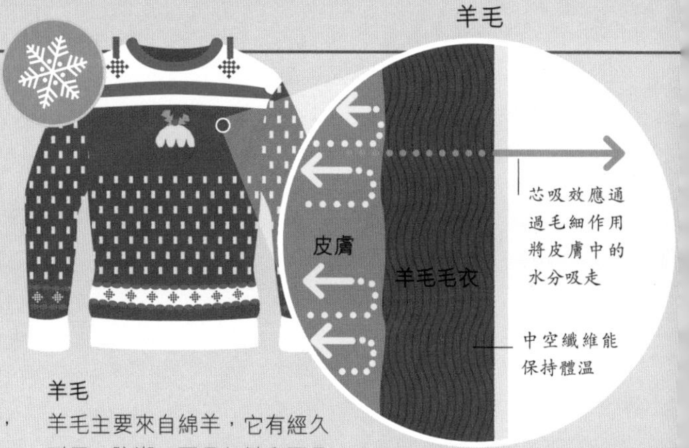

皮革
鞣製的動物皮革是一種堅韌、耐磨、不易撕裂的材料。它可以防風、防水，但很難縫製。

絲綢
絲綢是由蠶絲製成的紡織品，重量輕、結實、絕緣性能好，而且不易變形。

羊毛
羊毛主要來自綿羊，它有經久耐用、防潮、不易起皺和不易弄髒等特點。羊毛還有保暖性好、吸濕性強等優點。

合成纖維衣物織料

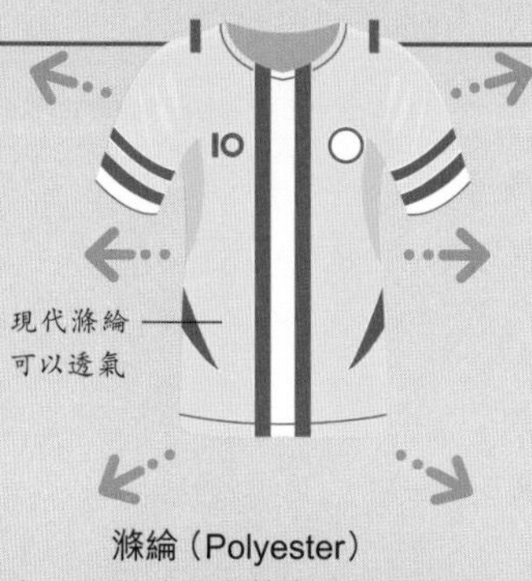

尼龍
尼龍是從煤中提取的合成材料，可以製成光滑、輕便和高彈性的衣物織料。

腈綸（Acrylic fiber）
雖然缺乏自然的觸感，但腈綸衣物織料具有良好的絕緣性能，易於清洗，並且保形性很好。

滌綸（Polyester）
滌淪具有較高的彈性恢復能力和較低的吸濕性。

一些**外套**裏的**加熱部件**可以幫助穿着者保暖。

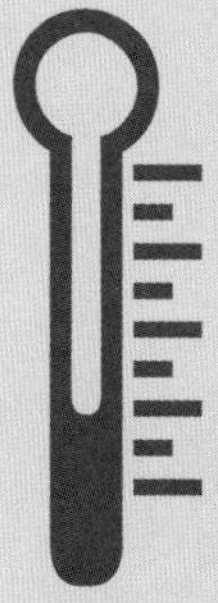

衣物織料的保養

不同的衣物織料有不同的特性，因此我們需要以不同的方式來保養。大多數衣服上帶有標明保養方式的標籤。標籤説明衣服是否可以被甩乾，或提醒主人只能在特定溫度下洗滌或避免熨燙。羊絨或人造纖維等質地細膩的衣物織料只能採取乾洗的方法來洗滌。

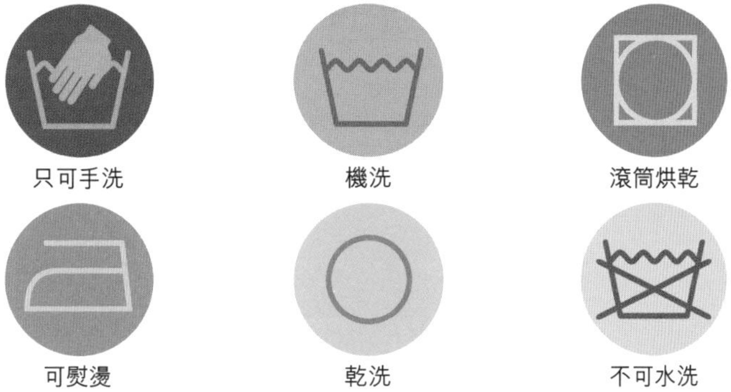
只可手洗
機洗
滾筒烘乾
可熨燙
乾洗
不可水洗

植物纖維衣物織料

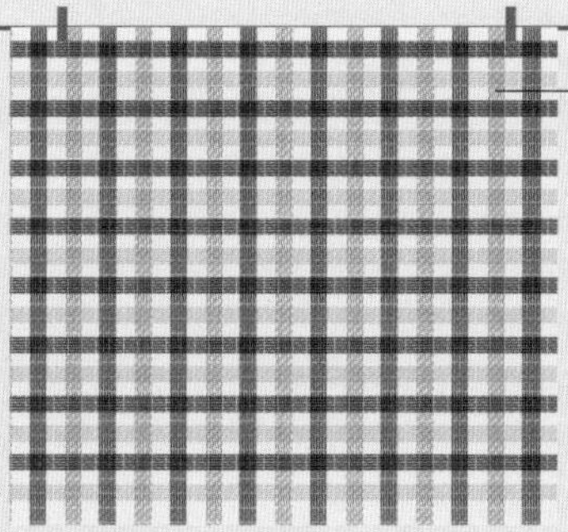
人造絲能很好地吸附染料，因此其染色後的顏色很鮮豔

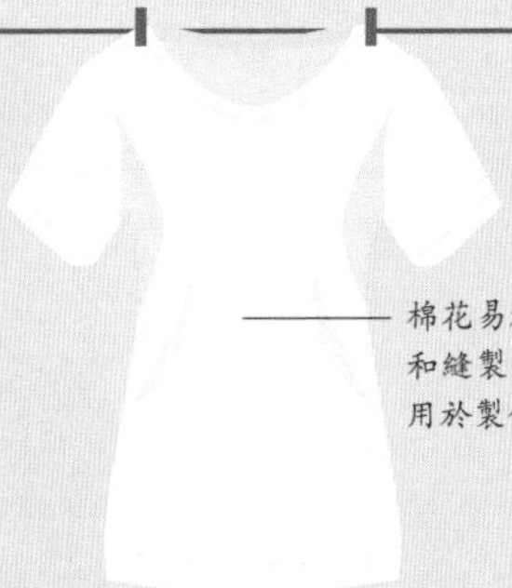
棉花易於染色和縫製，可以用於製作服裝

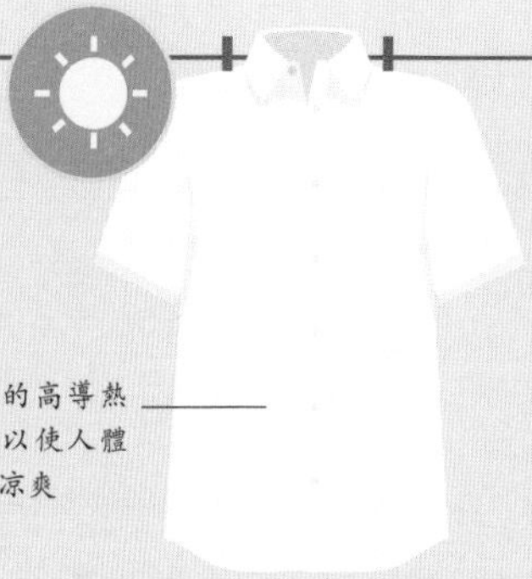
織物的高導熱性可以使人體保持涼爽

人造絲
這種衣物織料是作為絲綢的替代品被開發出來的，主要由木漿的纖維製成，柔軟且舒適。它的染色效果很好，但潮濕時染色效果會減弱，而且容易磨損。

棉花
這種常用的纖維可以製成一系列耐穿、舒適、透氣的衣物織料。它容易起皺，但也易於清洗和熨燙。

亞麻
亞麻纖維製成的衣物織料的強度是棉花製成的衣物織料的兩倍。它吸水性強，但晾乾速度也較快。亞麻衣物織料彈性低，容易起皺，但同時也容易熨燙。

新特性

新技術可以改變合成纖維或天然纖維衣物織料的性能。例如，聚酯纖維可以用來製作泳裝，使穿着者免受陽光中紫外線的輻射。添加特定物質的納米粒子可以賦予衣物織料新的屬性，比如在運動服和鞋子中使用銀納米粒子，可以殺死導致汗臭味的細菌和真菌。衣物織料中的二氧化矽納米粒子可以使液體形成珠狀，從而更容易捲走污漬和水。

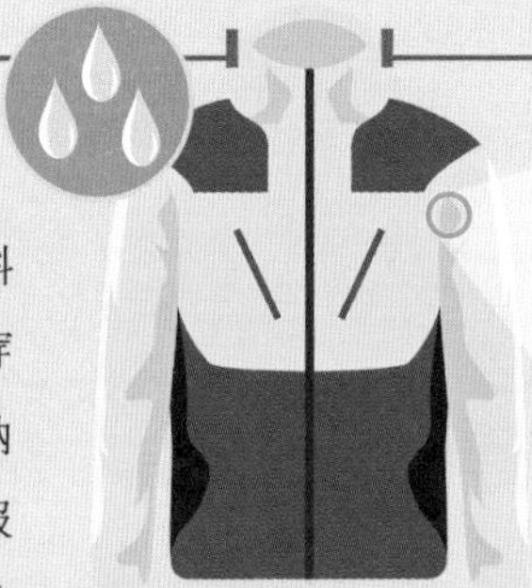

透氣性和耐水性
透氣衣物織料的薄膜層上有數十億個微小的孔，這些孔允許汗液以蒸汽的形式排出，但能防止較大的水滴進入。

多層織物

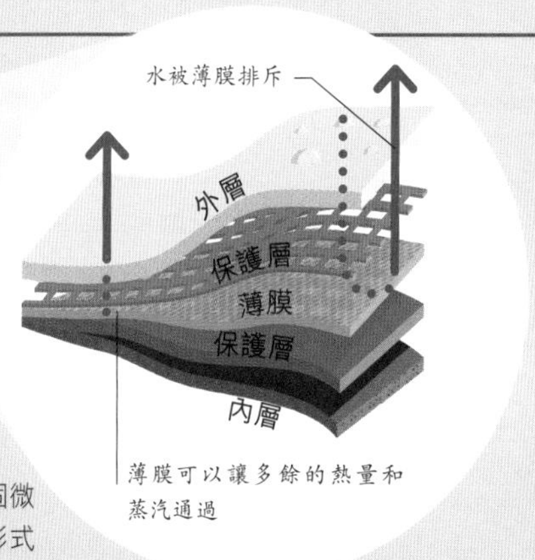
水被薄膜排斥
外層
保護層
薄膜
保護層
內層
薄膜可以讓多餘的熱量和蒸汽通過

衣服

在人類歷史的大部分時期，衣服都是人們在家裏手工製作的。即使是在批量生產的衣服佔據着大多數人衣櫥的今天，一些人仍然喜歡自己製作衣服或者對衣服進行修改和縫補。

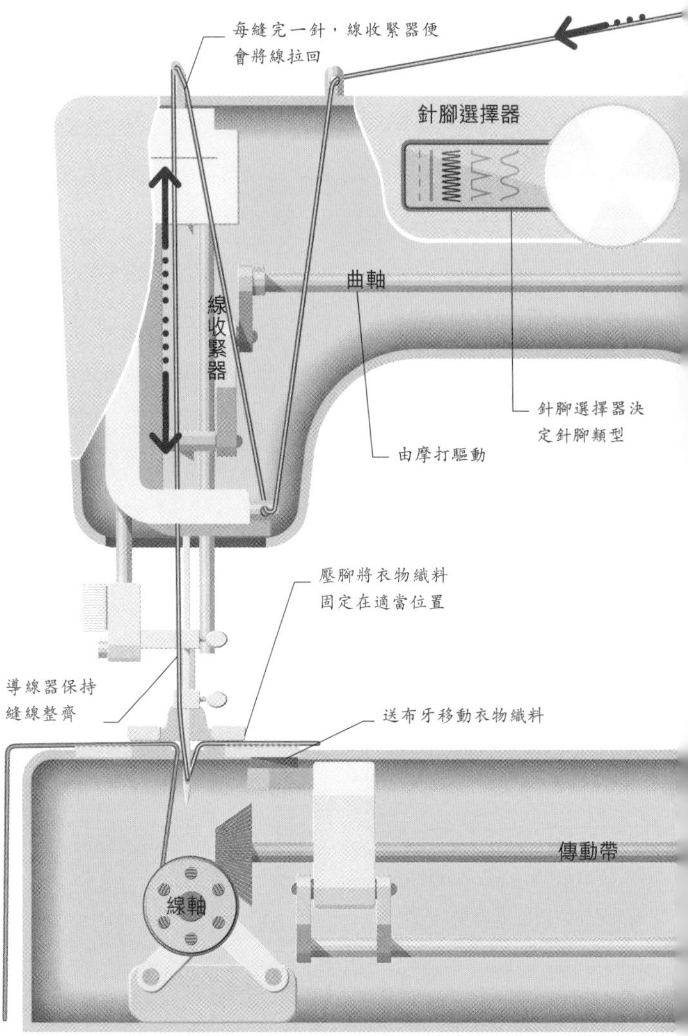

每縫完一針，線收緊器便會將線拉回
針腳選擇器
線收緊器
曲軸
針腳選擇器決定針腳類型
由摩打驅動
壓腳將衣物織料固定在適當位置
導線器保持縫線整齊
送布牙移動衣物織料
傳動帶
線軸

縫紉機

縫紉機能夠快速、準確地縫合衣物織料或產生褶邊。線軸上的線被引導着穿過針孔，由摩打驅動的傳動帶轉動曲軸使縫衣針上下移動。與此同時，送布牙以與縫衣針同步的方式移動衣物織料，以產生一排等尺寸的針腳。

家用縫紉機的縫紉速度**每分鐘**可以超過 **1,000 針**。

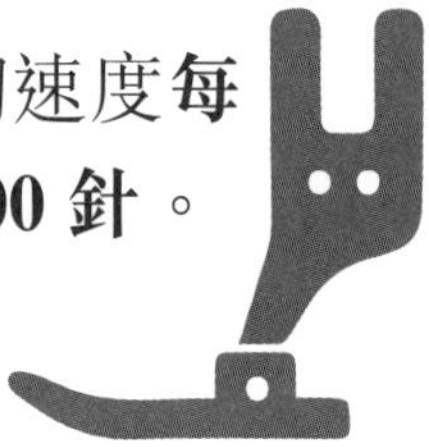

縫紉

家用電動縫紉機用兩根縫紉線來進行縫紉。人們可以通過控制機器來改變衣物織料或衣服上使用的針腳尺寸和類型。

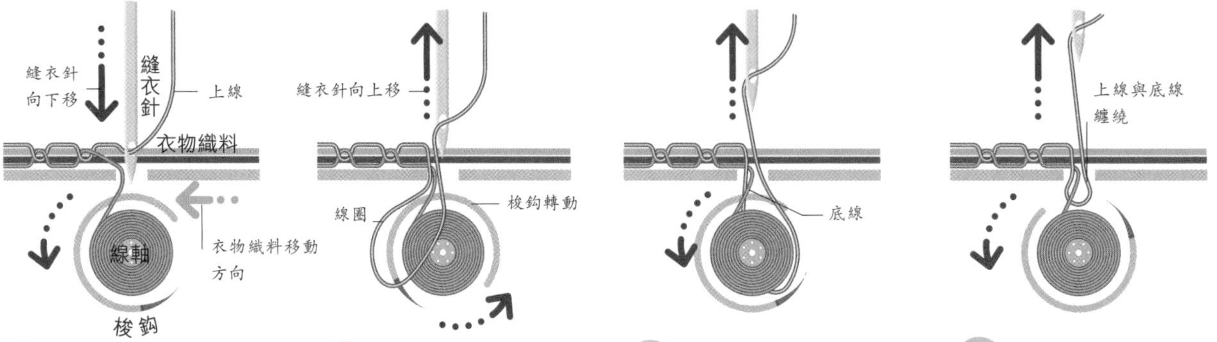

縫衣針向下移
縫衣針
上線
衣物織料
衣物織料移動方向
線軸
梭鈎
縫衣針向上移
線圈
梭鈎轉動
底線
上線與底線纏繞

1 向下移動縫衣針

向下移動縫衣針穿過衣物織料或衣服，將上線（藍色）帶到稱為「底線」（橙色）的縫紉線下。

2 鈎住線圈

當縫衣針向上移動時，它會留下一圈上線，這一圈上線在繞線軸旋轉時，會被梭鈎鈎住。

3 運送縫線

在上線從梭鈎上滑下且繞上底線之前，梭鈎將上線繞在梭殼上。

4 拉緊縫線

隨着縫衣針的上升和面料的前進，兩根縫紉線都被拉起。縫紉線被拉成一針，並且被上升的縫衣針收緊。

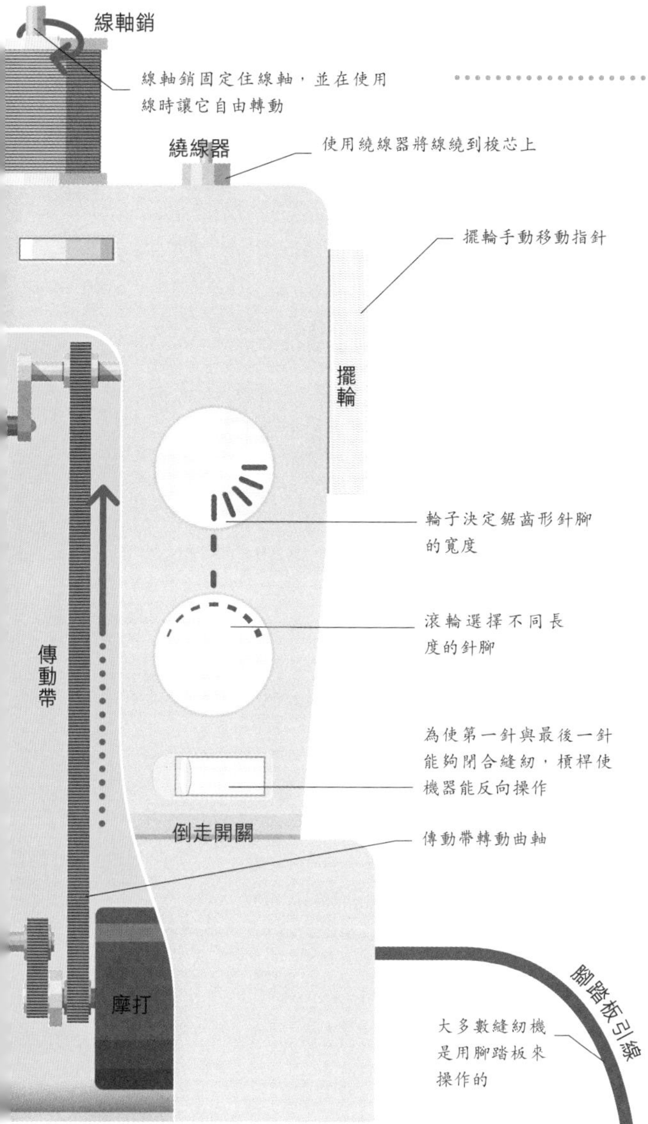
線軸銷
線軸銷固定住線軸，並在使用線時讓它自由轉動
繞線器
使用繞線器將線繞到梭芯上
擺輪手動移動指針
擺輪
輪子決定鋸齒形針腳的寬度
滾輪選擇不同長度的針腳
傳動帶
為使第一針與最後一針能夠閉合縫紉，槓桿使機器能反向操作
倒走開關
傳動帶轉動曲軸
摩打
腳踏板引線
大多數縫紉機是用腳踏板來操作的

衣物織料是如何製成的

衣物織料有多種不同的生產方式。機織物是由纖維或紗線以直角交織而成的；針織物是把長條紗線纏繞編織在一起製成的；黏合織物通常由纖維網通過加熱、添加黏合劑或加壓熔合而成。

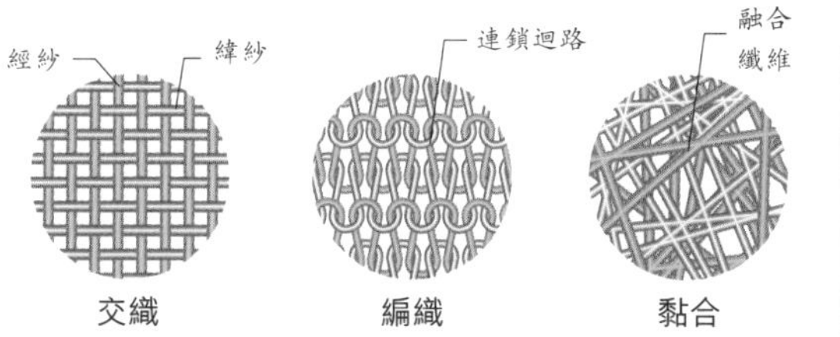
經紗
緯紗
連鎖迴路
融合纖維
交織
編織
黏合

扣件

從暗釦到縫入磁鐵，衣服可以採用多種方式扣緊。鈕釦、鞋帶、鉤子和釦眼等扣件已經使用了幾個世紀。拉鏈和魔術貼都是現代的發明。

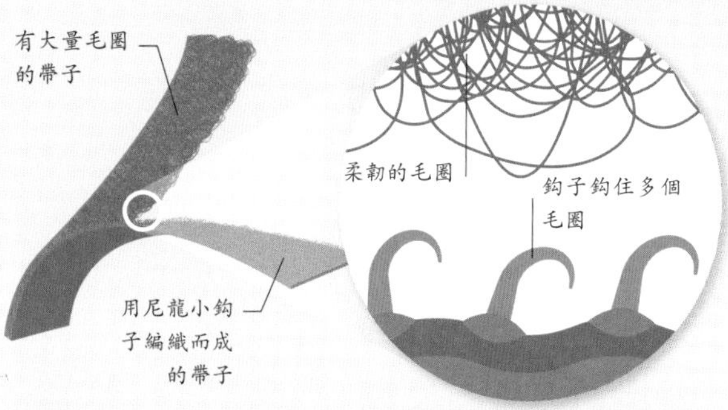
有大量毛圈的帶子
柔韌的毛圈
鉤子鉤住多個毛圈
用尼龍小鉤子編織而成的帶子

魔術貼

這種扣件是仿照一些種子毛刺的小鉤子設計的，這些小鉤子會牢固地黏在毛皮和織物上。魔術貼由兩條尼龍帶或聚酯帶組成，一條含有大量微小的毛圈，另一條帶有大量可以與毛圈連接的鉤子，從而實現牢固的黏合。

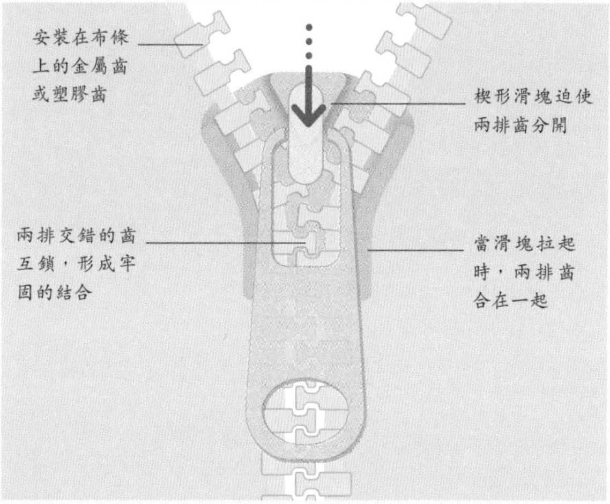
安裝在布條上的金屬齒或塑膠齒
楔形滑塊迫使兩排齒分開
兩排交錯的齒互鎖，形成牢固的結合
當滑塊拉起時，兩排齒合在一起

拉鏈

這些精巧的扣件有兩排交錯的齒。當拉上拉鏈時，滑塊內的 Y 形通道可以使齒輕鬆地合在一起。拉開拉鏈時，滑塊的中心部分就像一個楔子，置於兩排齒之間，將兩排齒分開。

世界上最大的拉鏈生產商每年生產超過 70 億條拉鏈。

洗衣機

洗衣機和滾筒式乾衣機都使用強大的摩打來實現自動化和加速手工操作。洗衣機主要有兩種類型：前方裝載洗衣機（滾筒洗衣機）和頂部裝載洗衣機（波輪洗衣機）。

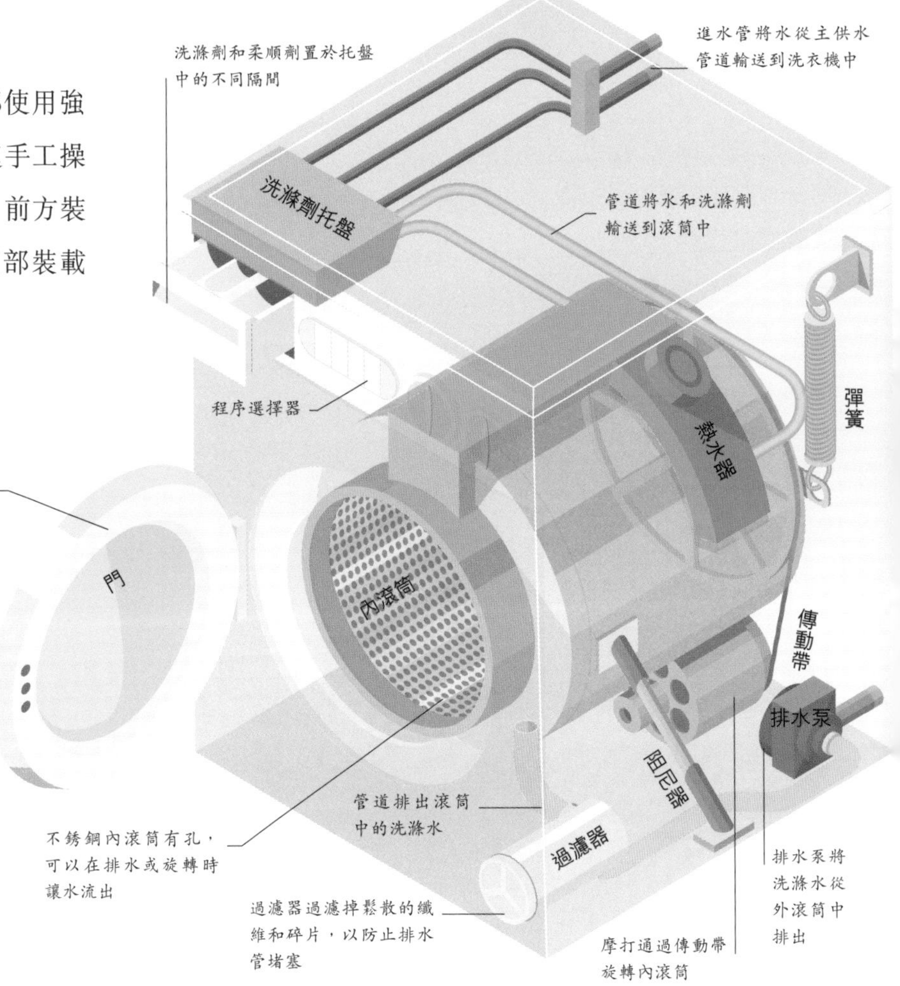
洗滌劑和柔順劑置於托盤中的不同隔間
進水管將水從主供水管道輸送到洗衣機中
洗滌劑托盤
管道將水和洗滌劑輸送到滾筒中
彈簧
熱水器
程序選擇器
前裝載門有防水密封功能，還有可以檢測門是否完全關閉的傳感器
門
內滾筒
傳動帶
排水泵
阻尼器
管道排出滾筒中的洗滌水
不銹鋼內滾筒有孔，可以在排水或旋轉時讓水流出
過濾器
過濾器過濾掉鬆散的纖維和碎片，以防止排水管堵塞
摩打通過傳動帶旋轉內滾筒
排水泵將洗滌水從外滾筒中排出

前方裝載洗衣機（滾筒洗衣機）

外滾筒通過彈簧和減震阻尼器固定在洗衣機內。外滾筒內部有一個由摩打帶動旋轉的內滾筒。在洗滌過程中，內滾筒緩慢轉動以攪動水、洗滌劑和衣物，或者快速旋轉以脫水。洗衣機的程序控制水溫、洗滌時間以及漂洗和脫水週期。

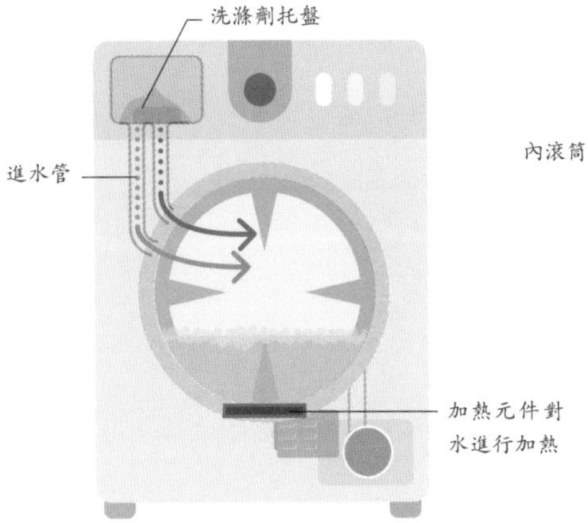
洗滌劑托盤
進水管
加熱元件對水進行加熱

1 水和洗滌劑填充滾筒

水經過洗滌劑托盤流入洗衣機，使洗滌劑與水一同進入滾筒。洗衣機可以採用溫水漂洗，也可以使用冷水。

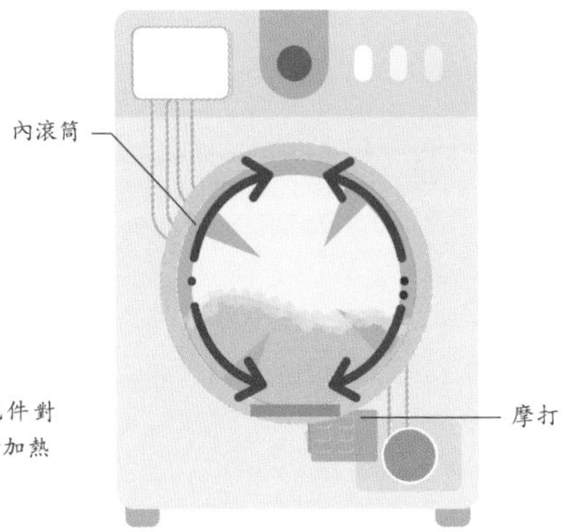
內滾筒
摩打

2 漂洗和排水

一旦達到所需的水量和溫度，洗衣機就會啓動洗滌程序。摩打使內滾筒中的水和洗滌劑的混合物來迴轉動。

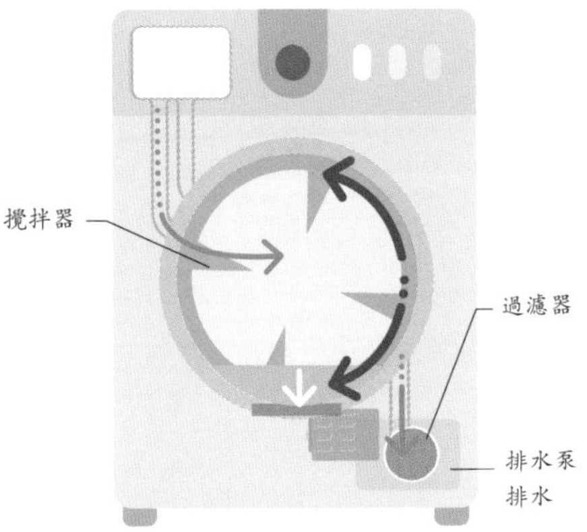
攪拌器
過濾器
排水泵排水

3 沖洗、攪動和排水

洗滌水被排出後，再次向洗衣機中注滿冷水。內滾筒中的攪拌器有助於清除鬆動的污垢和殘留在衣服上的洗滌劑。

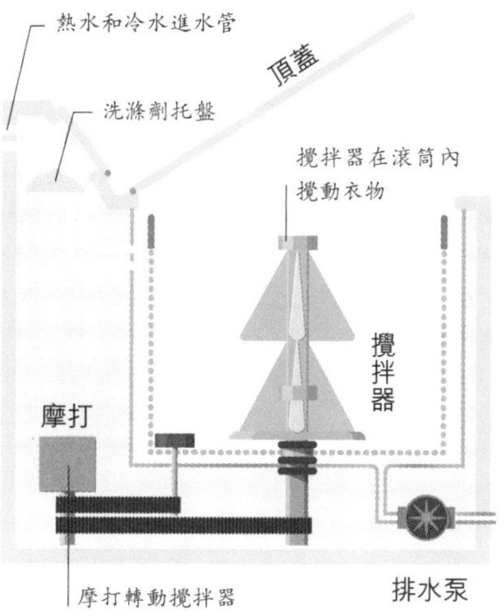
熱水和冷水進水管
頂蓋
洗滌劑托盤
攪拌器在滾筒內攪動衣物
攪拌器
摩打
摩打轉動攪拌器
排水泵

頂部裝載洗衣機（波輪洗衣機）

波輪洗衣機也有外滾筒和內滾筒，但是在洗滌過程中這兩個滾筒都不移動，而是用由摩打驅動的大型攪拌器充分攪動衣物、水－洗滌劑混合物。在脫水時，摩打會再次工作以驅動內滾筒甩乾水分。

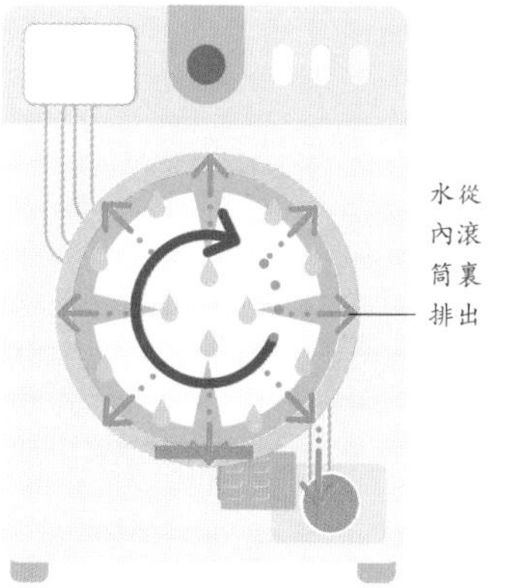
水從內滾筒裏排出

4 快速旋轉和排水
摩打使內滾筒高速旋轉（300 ～ 1,800 轉 / 分），將水甩出內滾筒。此外，還可以吹入熱風以幫助乾燥衣物。

洗滌劑

大多數污漬和污垢可以單獨用熱水去除，但一些特別油膩的沉積物則需要使用化學物質清理。洗滌劑分子的一端是酸性的，它是親水的（可以被水分子吸引），另一端是長烴鏈，可以被油脂吸引。它們一起附着在污漬上，幫助去除布料上的油脂。

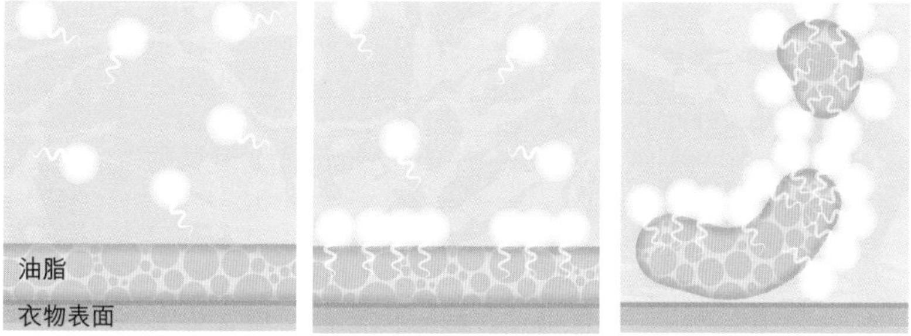
油脂
衣物表面

1 洗滌劑釋放
洗滌劑溶解，其分子混合在滾筒內的水中，與衣物上的污漬接觸。

2 附着在污漬上
洗滌劑分子被水排斥，但被油脂吸引的一端會附着在污漬上。多個洗滌劑分子聚集起來，一起吸附污漬。

3 去除污漬
洗滌過程中的攪動和洗滌劑分子親油基對油性物質的拉力，將油脂從衣物上剝離，之後被漂洗掉。

20 世紀 20 年代的洗衣機是由會**排放廢氣**的汽油發動機驅動的。

滾筒式乾衣機

濕衣服放在滾筒式乾衣機的大滾筒中，滾筒在摩打的驅動下緩慢轉動。在大部分類型的乾衣機中，滾筒通過頻繁改變轉動方向來防止衣物堆積。衣物在滾筒中上下翻滾，同時加熱元件產生的乾燥熱風被風扇吹進滾筒，以乾燥衣物。最後，溫暖潮濕的空氣通過通風口排出。在一些乾衣機中，這些溫暖潮濕的空氣還會先通過熱交換器，以使人們能獲取它們所含有的熱能。

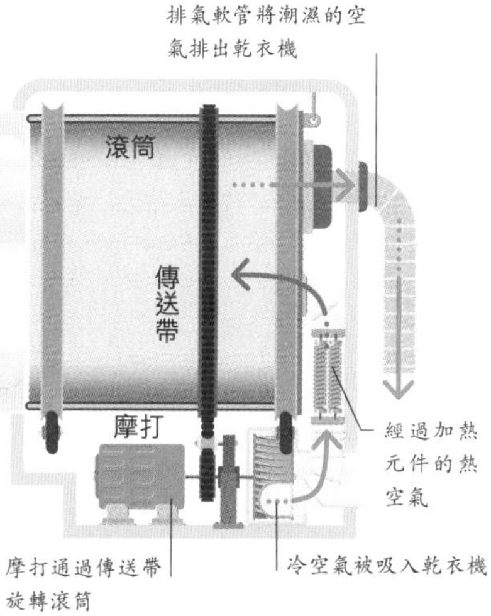
排氣軟管將潮濕的空氣排出乾衣機
滾筒
傳送帶
摩打
經過加熱元件的熱空氣
摩打通過傳送帶旋轉滾筒
冷空氣被吸入乾衣機

數碼助理

這些多功能的聯網設備以智能手機上的應用程式或智能音響等家用設備的形式存在。它們使用語音識別演算法來理解用戶的請求，然後通過互聯網來傳達和響應這些請求，例如，用手機運行娛樂應用程式或訪問信息服務等。

為了讓它們**聽起來更像人類**，人們通過編程讓**數碼助理在句子中插入停頓**。

用戶

1 發送請求
用戶通過語音向充當數碼助理的智能音響發送兩個請求。一個是調節家庭中央空調；另一個是詢問明天巴黎的天氣情況。

2 智能音響
智能音響通常通過 Wi-Fi 連接到互聯網上，並且使用麥克風識別和捕捉語音。模擬聲音被處理成數碼數據，通過互聯網被發送給能夠分析和響應請求的伺服器。

智能音響的工作原理
智能音響可以播放來自互聯網的語音或音樂，並可以捕捉聲控指令或提問等語音。它通過互聯網在雲伺服器之間傳輸數據（見第 221 頁），以響應用戶的請求。

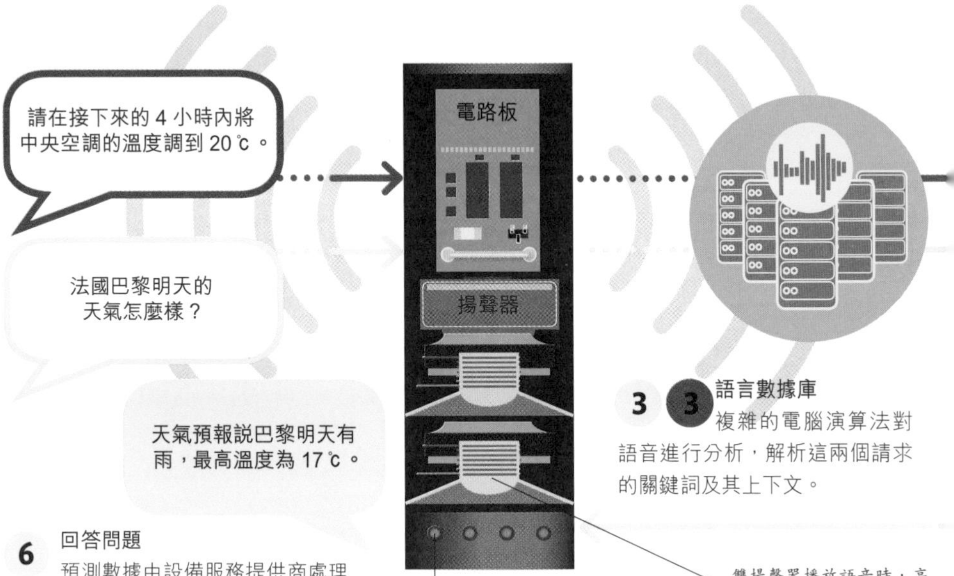

請在接下來的 4 小時內將中央空調的溫度調到 20℃。
法國巴黎明天的天氣怎麼樣？
天氣預報說巴黎明天有雨，最高溫度為 17℃。
電路板
揚聲器

3 語言數據庫
複雜的電腦演算法對語音進行分析，解析這兩個請求的關鍵詞及其上下文。

6 回答問題
預測數據由設備服務提供商處理成語音文件。這些信號通過數碼助理的放大器和揚聲器播放給用戶。

由幾個麥克風組成的陣列捕捉語音後交給電路板中的微處理器處理

雙揚聲器播放語音時，高音揚聲器用於高音，低音揚聲器用於低音

第一台智能家用設備是甚麼？

1966 年，美國工程師吉姆・薩瑟蘭（Jim Sutherland）建造了 Echo IV 智能家庭電腦系統，該系統能夠控制照明、供暖和電視。

數碼家居

運算能力、互聯網和日常設備中嵌入式微處理器處理能力的迅速發展，使數百萬台設備都能夠被連接和控制。隨着愈來愈多的聯網設備進入家庭，數碼技術使人們能夠在外出時完成許多家務工作，例如，通過智能手機應用程式調節中央空調。

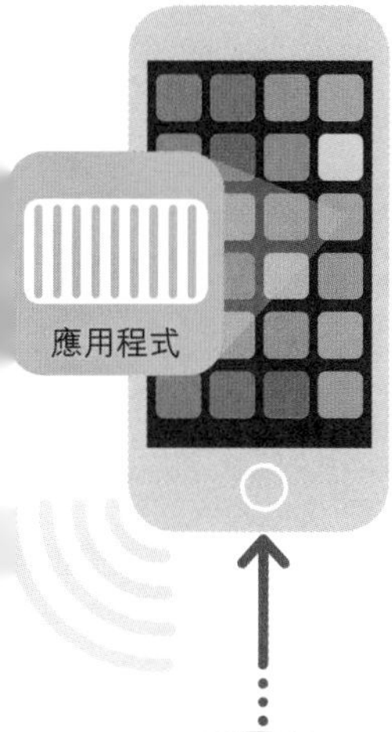

5 智能手機應用程式
調節中央空調的請求會被發送給另一個數碼設備——用戶的智能手機，它通常會運行一款智能加熱應用程式。該應用程式控制室內的恆溫器，並向智能音響發送信號，提示用戶的調節請求已經完成。

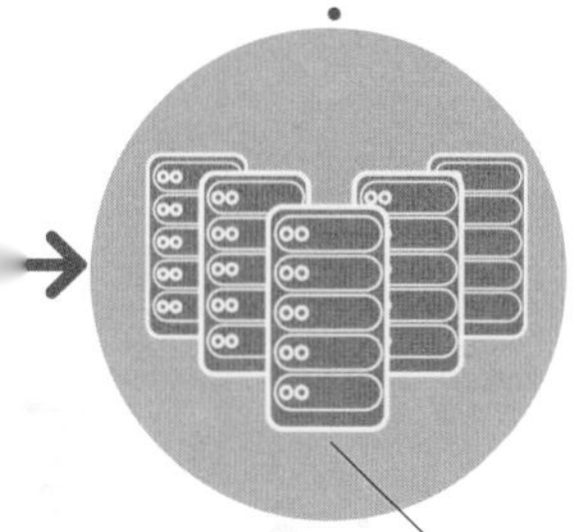

4 設備服務提供商
設備服務提供商識別請求並將它們指向對應的服務，該服務可能由另一個雲伺服器提供。了解巴黎天氣的請求將被發送到天氣數據庫。調節中央空調的請求將被指向用戶智能手機上的特定應用程式。

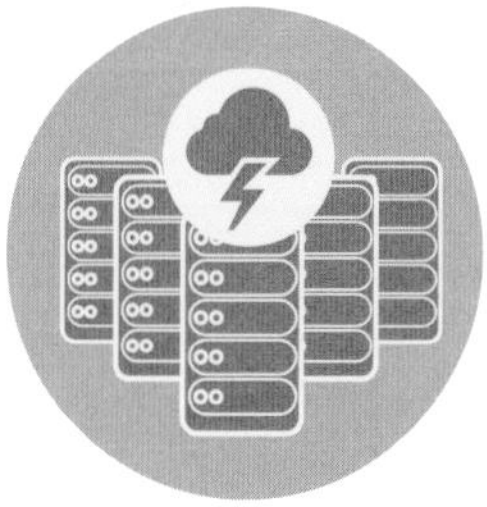

5 天氣數據庫
設備服務提供商訪問天氣數據庫，以查找巴黎的溫度和降雨概率。獲得的數據通過設備服務提供商傳輸給智能音響。

物聯網

數以億計的、裝有嵌入式微處理器且具有通信能力的設備可以連接到互聯網上，與其他機器或人通信，並共享數據，例如，通過機器可讀的二維碼來表示自身信息。這種連接設備網絡被稱為「物聯網」。

二維碼
（英國 DK 出版社官方網址）

生物識別鎖

愈來愈多的數碼設備，如電子門鎖，用掃瞄器取代了實體鑰匙。它們提前捕捉人體虹膜、指紋等生物特徵，並使用軟件將這些特徵提取為存儲在數據庫中的獨特模式。特徵匹配會觸發一個信號返回到鎖中，指示它打開。

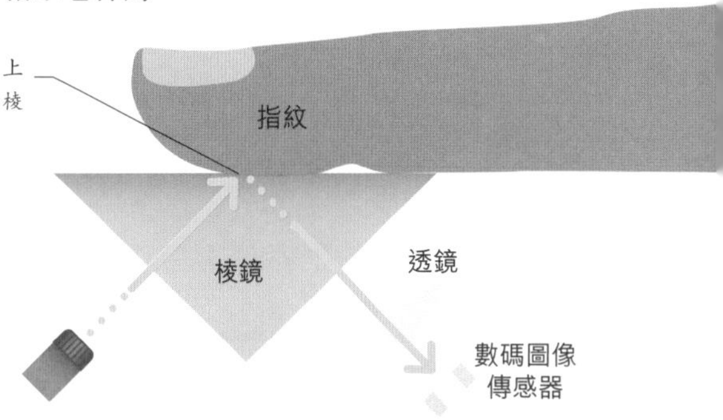

1 光學指紋掃瞄器
LED 光穿過棱鏡，從放置在掃瞄器上的手指上反射回來，並通過透鏡聚焦到數碼圖像傳感器上。傳感器會記錄下構成指紋的脊和谷的圖案。

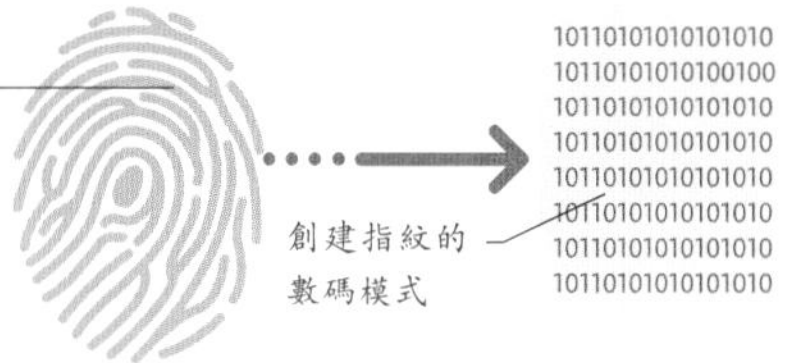

2 分析和演算法
軟件通過分析指紋圖像，找出諸如連接線等可識別的特徵。該軟件使用一種演算法來創建指紋的數碼模式。

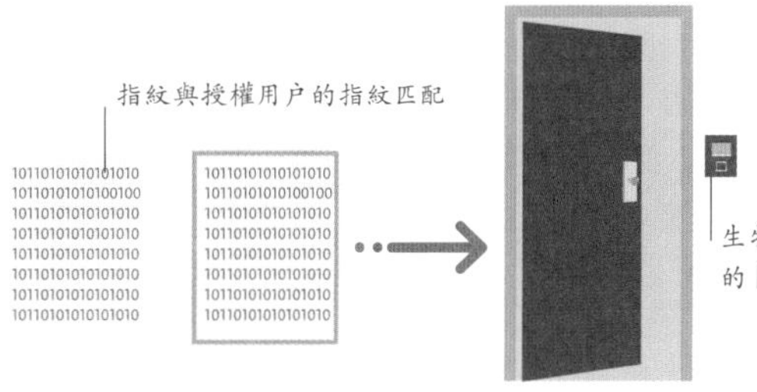

3 搜索和比較
將掃瞄獲得的指紋的數碼模式發送到數據庫進行對比。如果發現與授權用戶的指紋匹配，就向鎖發送電子信號，指示其打開，准許該人進入。

聲音和
影像技術

波

許多技術都與波有關：麥克風檢測聲波，而揚聲器產生聲波；照相機探測光波，而投影機產生光波；通信使用無線電、光波和紅外線等電磁波來發送和接收信號。

縱波

聲波是縱向傳遞的波。這是因為氣壓的變化是向前和向後的，與波傳播的方向相同。

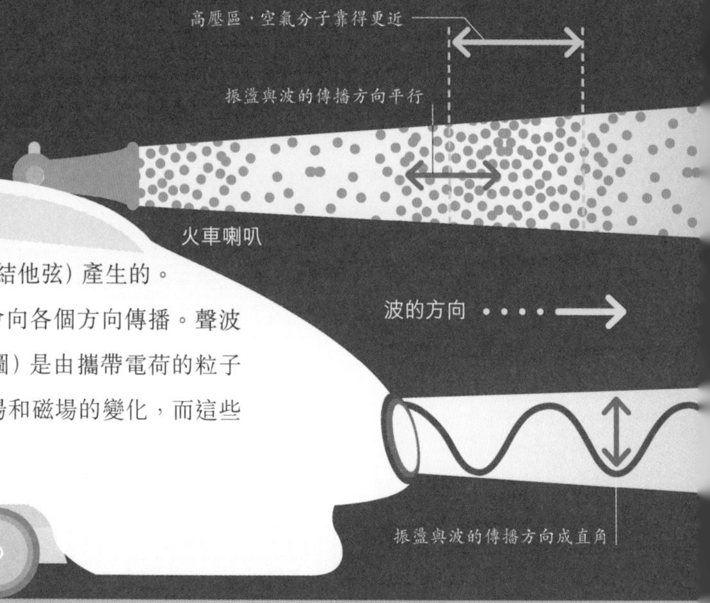

聲波和光波

波是一種振動的傳播。聲波是由振動的物體（比如結他弦）產生的。弦來回振動時會產生不同的氣壓，而這些氣壓的變化會向各個方向傳播。聲波屬於縱波（見上文）。光波和其他電磁波（見右圖和下圖）是由攜帶電荷的粒子（如原子中的電子）產生的。這些粒子的振動會造成電場和磁場的變化，而這些變化與波的方向垂直，因此它們是橫波。

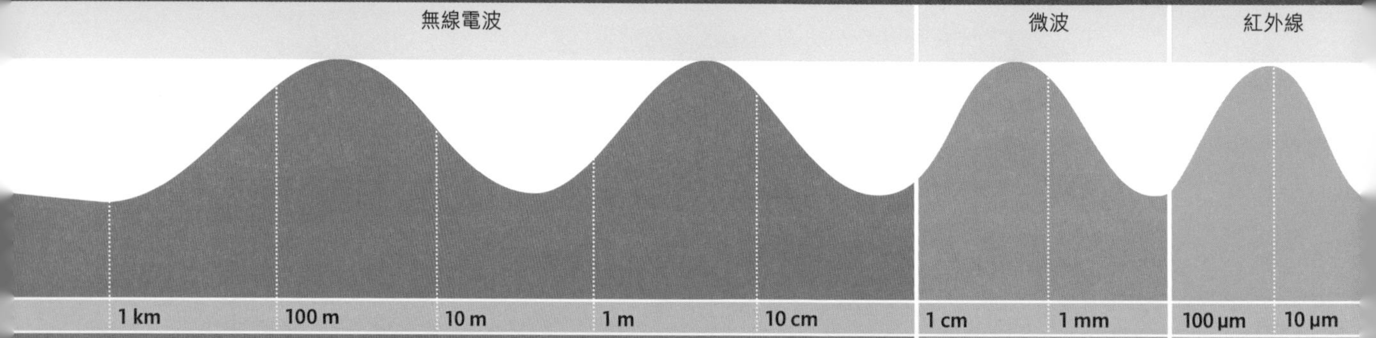

電磁光譜

光是電磁輻射——由電場和磁場擾動產生的波。我們的眼睛對從低頻紅光到高頻藍光的一系列光都很敏感。但是，除可見光譜外，還有其他種類的電磁輻射：頻率低於可見光的無線電波、微波和紅外線，以及頻率更高的紫外線、X 光和 γ 射線。

射電望遠鏡

碟形天線可以用來探測遙遠恆星發出的無線電波。

微波爐

當高能微波激發食物裏面的水分子時，食物就會變熱。

遙控器

遙控器使用紅外線脈衝來傳輸數碼控制代碼。

橫波

光波是橫向的：電場和磁場的變化是上下、左右的，它們都與波的傳播方向垂直。

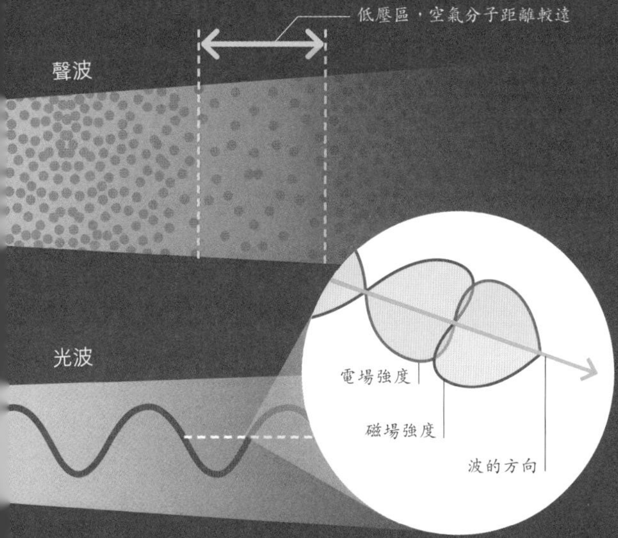

測量波

所有波都有可測量的特徵：傳播的速度、振幅（最大振動強度）、頻率（振動重複的頻繁程度）、波長（波谷之間的距離）。

波的關係

對於固定的波速，增加波長會降低頻率，反之亦然。

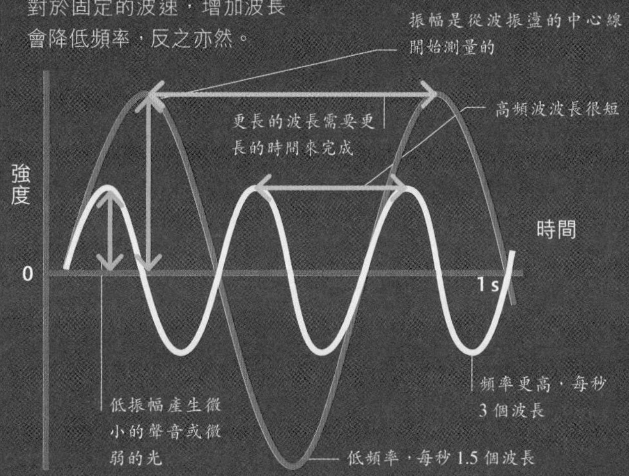

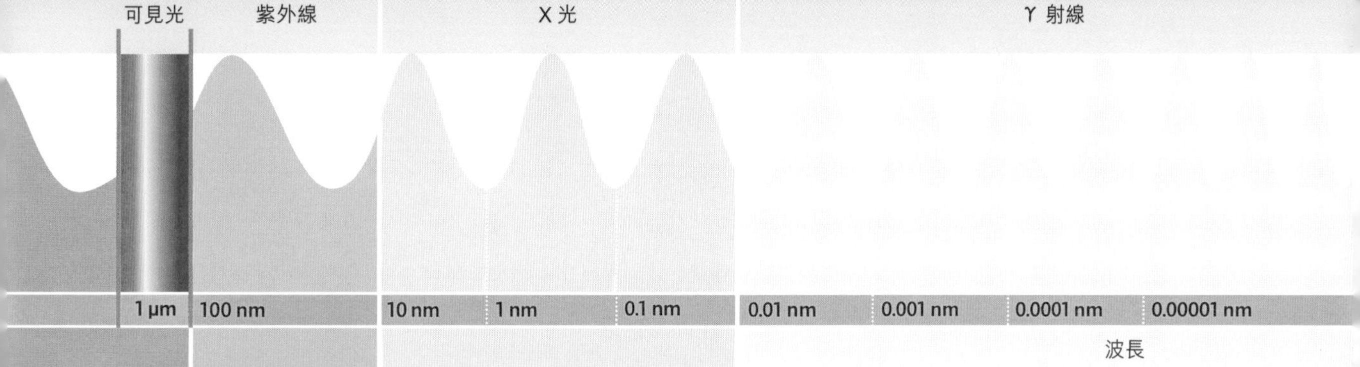

人眼

我們的眼睛能探測到波長範圍很小的光譜。

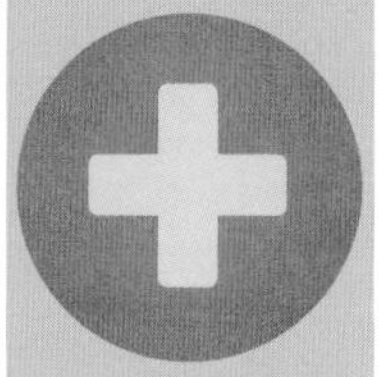

消毒

某些波長的紫外線可以用來殺菌和消毒。

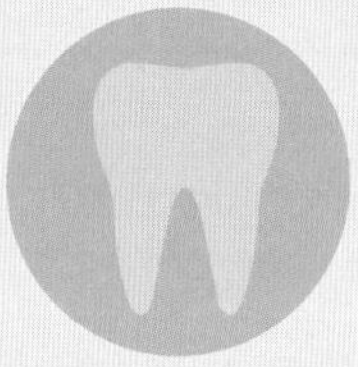

牙科 X 光

短波長 X 光可以穿過牙齦組織，方便醫生觀察下面的牙齒。

車輛檢查

高能 γ 射線可以穿透車輛，以顯示車內是否有危險物品。

使用電磁輻射

人類將電磁輻射用於一系列技術。最短的波長是以微米（百萬分之一米）和納米（十億分之一米）為單位測量的。

麥克風和揚聲器

麥克風產生一種被稱為「音頻信號」的電波。這種電波是輸入聲波氣壓變化的複製品。當音頻信號被放大，並通過揚聲器播放時，原始聲音便會再現，其音量也會增大。

我應該帶耳塞去聽音樂會嗎？

音樂會上的揚聲器會產生巨大的氣壓變化，以產生極高的聲音，這可能會損害你的耳朵，所以如果你靠近音響，戴耳塞是個保護自己聽力的好主意。

1 振膜內移

當聲波進入麥克風時，它會穿過一層保護性金屬網，然後到達連接在一個細線圈上的振膜。高壓空氣向內推動振膜，使線圈向下移動。

2 振膜外移

低壓空氣使振膜向外移動。結果，振膜隨着撞擊它的聲波的快速變化而來回移動。當振膜向內和向外移動時，它會帶着連接的細線同時移動。

3 產生的音頻信號

線圈圍繞着永磁體的一個磁極，且其產生的電流先向一個方向，然後向另一個方向。這種交流電，即音頻信號，是聲波氣壓變化的複製品。

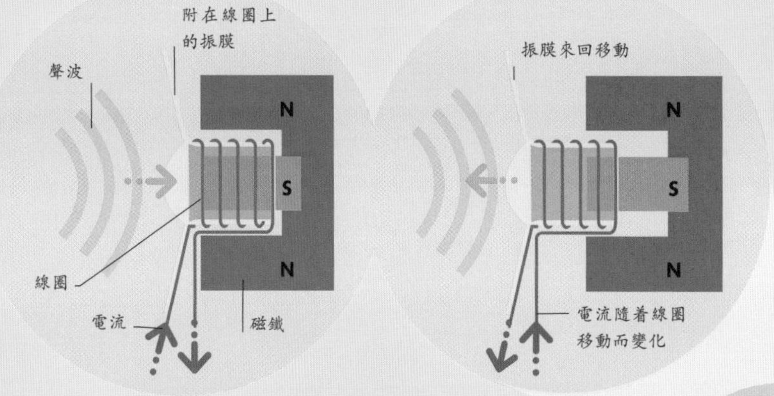

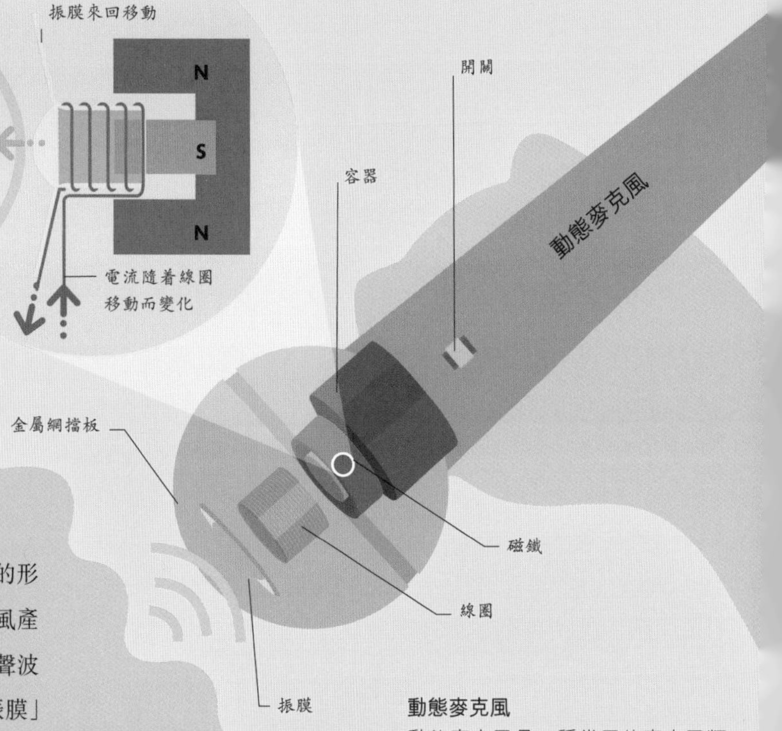

捕捉聲波

聲音本質上是空氣的擾動，以高低氣壓交替的形式從聲源傳播出去（見第 136 ～ 137 頁）。麥克風產生的音頻信號是一種變化的電流：電流的變化與聲波中壓力的變化相對應。麥克風內部有一層叫做「振膜」的薄膜。當聲波撞擊振膜時，振膜會來回振動，正是振膜的這種運動產生了電信號。

動態麥克風

動態麥克風是一種常用的麥克風類型。在它的內部，振膜使磁鐵周圍的線圈振動，以產生交流電。

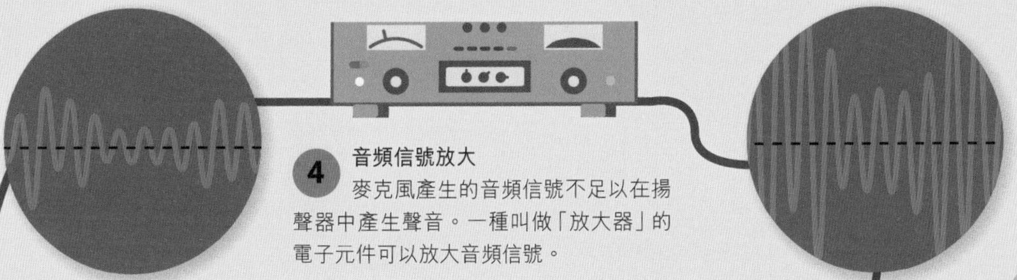

4 音頻信號放大

麥克風產生的音頻信號不足以在揚聲器中產生聲音。一種叫做「放大器」的電子元件可以放大音頻信號。

製造聲音

揚聲器利用音頻信號來再現聲音。音頻信號可能直接來自麥克風，也可能存儲在電腦或智能手機的內存中。它甚至可能被編碼成無線電波，以無線的方式進行傳輸。但是，無論音頻信號來自哪裏，它自身的強度都太弱了，不能直接產生響亮的聲音，因此在其到達揚聲器之前必須被放大。

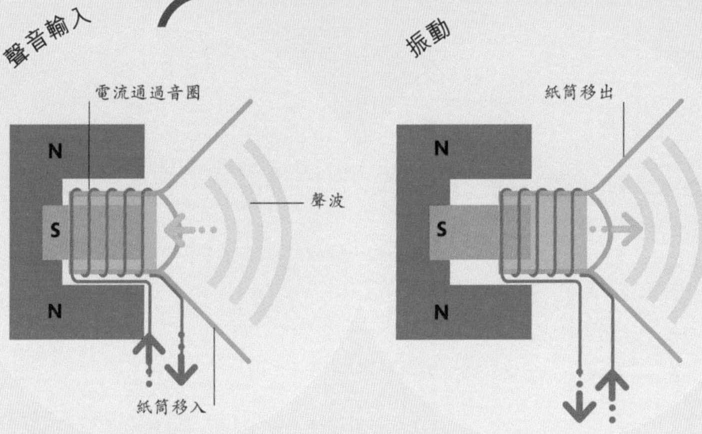

5 聲音輸出

放大的音頻信號被送到揚聲器中。音頻信號的交流電通過揚聲器內部的音圈（線圈），產生變化的磁場。變化的磁場導致音圈和附着在音圈上的紙筒來回振動，再現原始聲波。

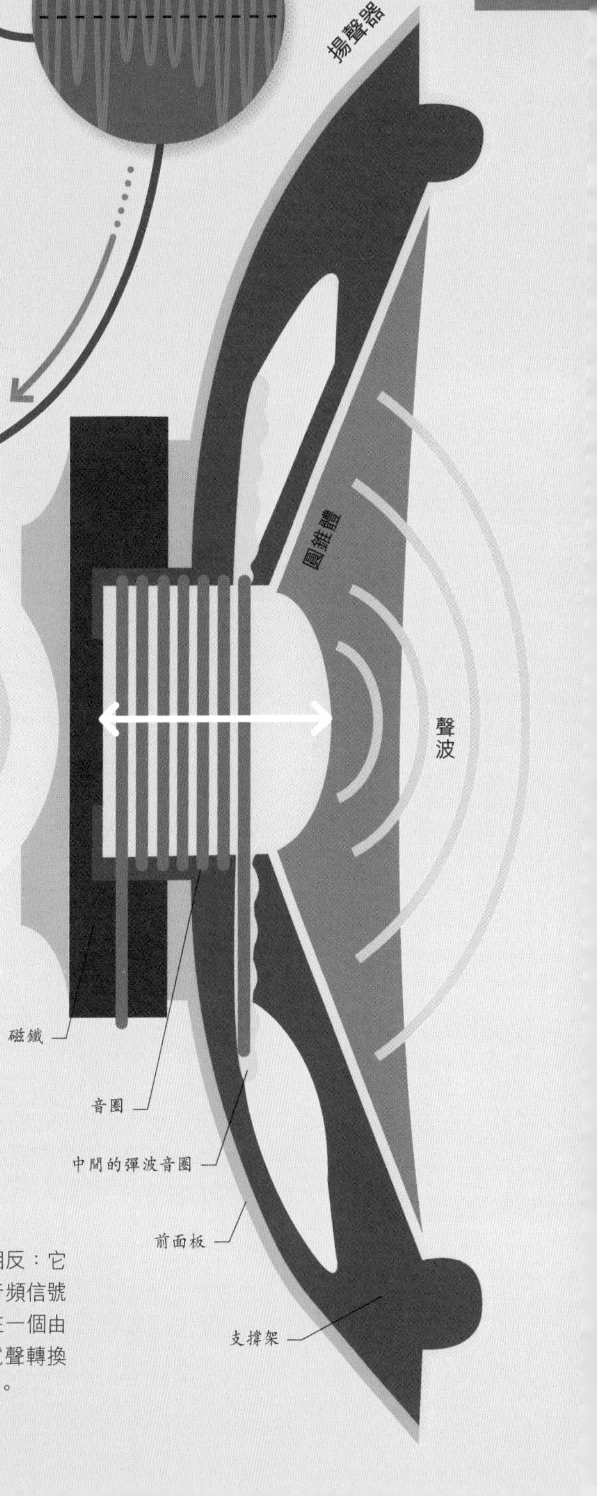

揚聲器

揚聲器的工作原理與動態麥克風相反：它包含一個被音圈包圍的磁鐵，當音頻信號通過時，音圈會移動。音圈附着在一個由紙、塑膠或金屬製成的圓錐體（電聲轉換器）上，它來回移動時會產生聲波。

數碼聲音

數碼聲音以二進制數碼序列的形式存儲。這些數碼序列描述了音頻信號的振盪，即原始聲波的複製品。播放聲音需要電路，電路可以從數碼序列中重建音頻信號，並通過揚聲器播放聲音。

模擬到數碼再到模擬

數碼化始於音頻信號——聲波的複製品，即模擬信號。通常，信號源頭來自麥克風（見第 138 頁）。模數轉換器（ADC）每秒鐘測量音頻信號的電壓數千次。它根據電壓強度為每個測量值分配一個數碼。這些數碼以二進制形式存儲（見第 158 頁）。要播放聲音，必須產生音頻信號並將其發送給揚聲器（見第 139 頁）或耳機。這是由數模轉換器（DAC）完成的。

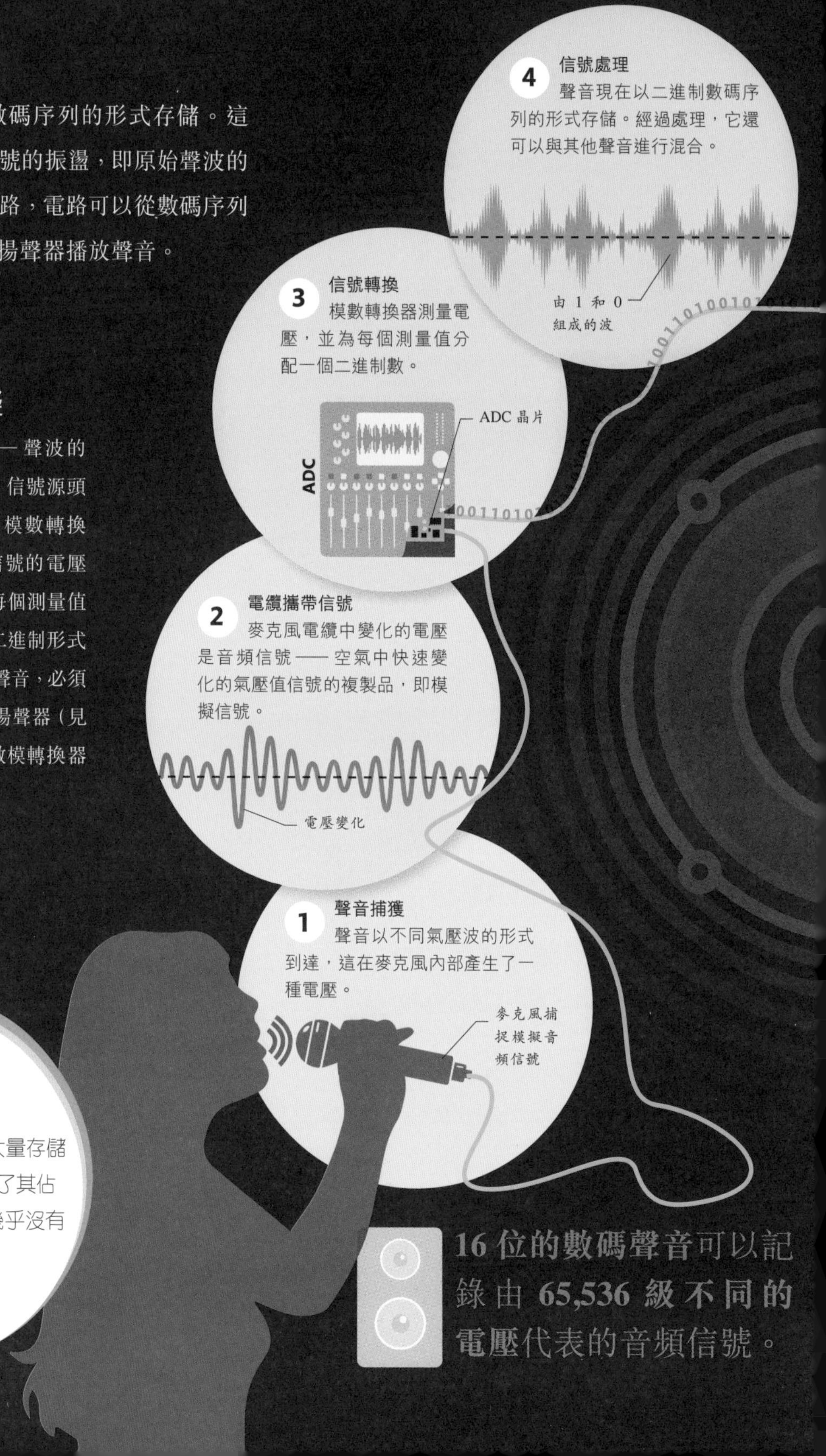

4 信號處理
聲音現在以二進制數碼序列的形式存儲。經過處理，它還可以與其他聲音進行混合。
由 1 和 0 組成的波
3 信號轉換
模數轉換器測量電壓，並為每個測量值分配一個二進制數。
ADC
ADC 晶片
0011010
2 電纜攜帶信號
麥克風電纜中變化的電壓是音頻信號——空氣中快速變化的氣壓值信號的複製品，即模擬信號。
電壓變化
1 聲音捕獲
聲音以不同氣壓波的形式到達，這在麥克風內部產生了一種電壓。
麥克風捕捉模擬音頻信號

甚麼是壓縮音頻？

高質量的數碼聲音會佔用大量存儲空間。壓縮音頻數據減少了其佔用的存儲量，同時對音質幾乎沒有影響。

16 位的數碼聲音可以記錄由 **65,536 級不同的**電壓代表的音頻信號。

5 **存儲聲音**

二進制數碼序列可以存儲在設備的內存（如硬盤或U盤）中。

6 **重建聲音**

為了再現聲音，處理器從存儲器中檢索序列，準備重建音頻信號。

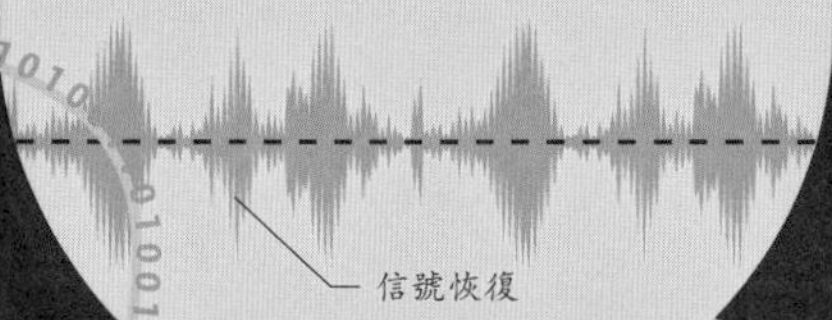

7 **變回模擬信號**

數模轉換器使用從存儲器中檢索的二進制數碼序列來重建音頻信號。

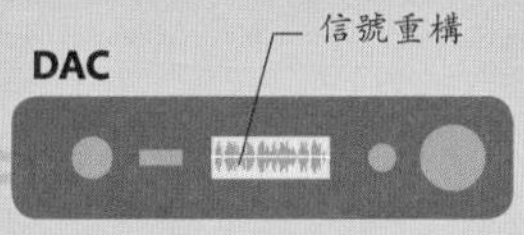

8 **放大信號**

現在信號被恢覆成模擬形式，以便驅動放大器。

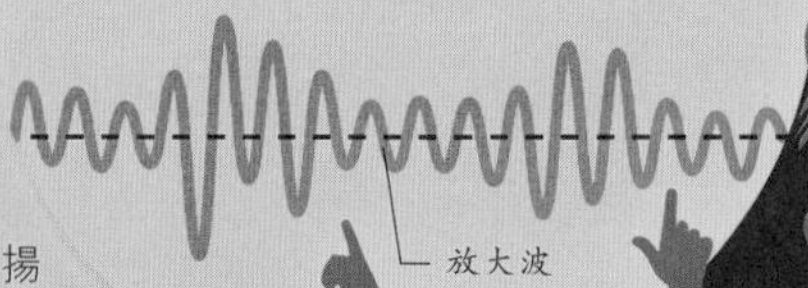

9 **回放**

放大的音頻信號在揚聲器內來回推動圓錐體轉換器，產生不同壓力的聲波。

聲音的質量

數碼聲音的質量取決於採樣率，以及使用多少位（二進制數碼）來表示每個樣本。光盤上的聲音質量是標準化的。它每秒採樣 44,100 次，每個樣本為 16 位。

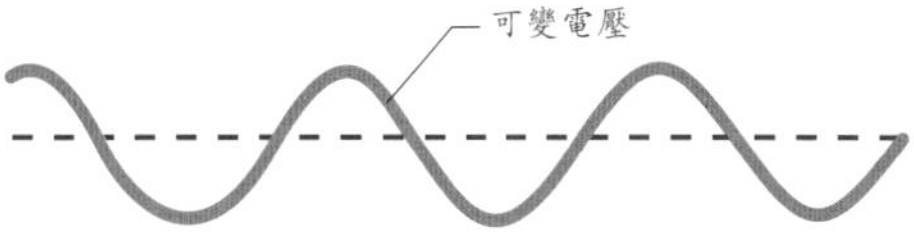

原始模擬音頻信號

麥克風產生的音頻信號是電壓變化的平滑波。每秒鐘波動幾百或幾千次。

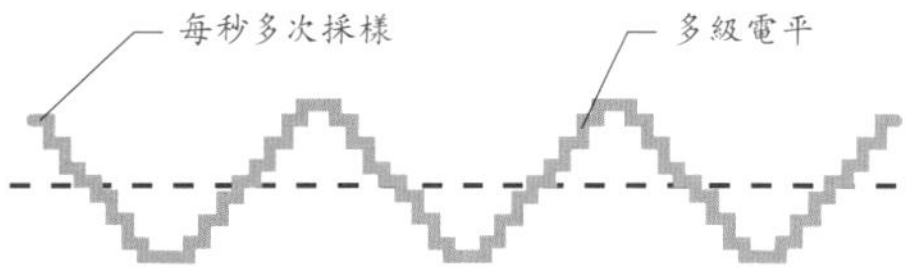

高質量

數碼聲音無法再現完美的模擬音頻信號，但電壓水平愈高，每秒採樣數愈多，效果就愈好。

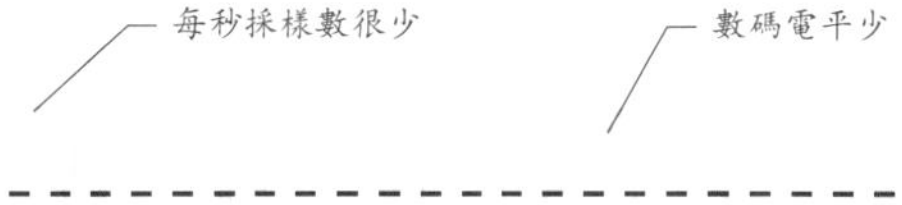

低質量

質量差的音頻斷斷續續且失真，因為每個樣本的位數更少，這意味着更少的電平和每秒更少的採樣數。

打電話

當你打電話時，你的聲音以數碼形式在電話網絡中傳播。智能手機內置了模數轉換器和數模轉換器。對於座機來說，ADC 和 DAC 都設在家庭之外。

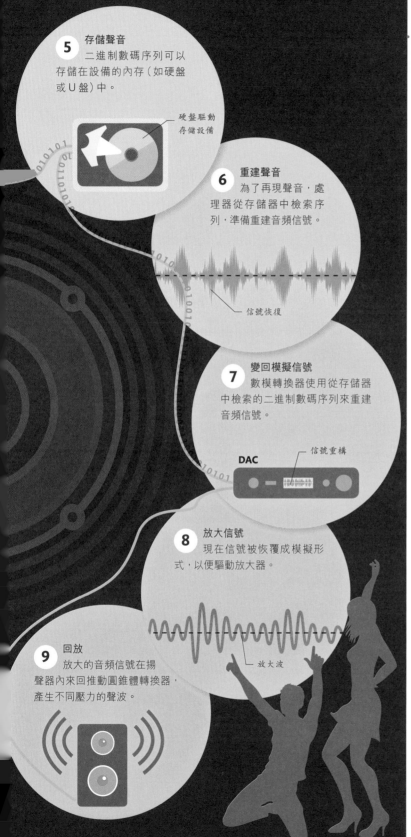

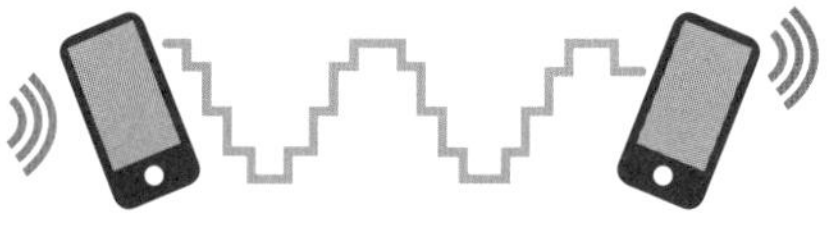

望遠鏡和雙筒望遠鏡

我們能看見東西是因為它們發出或反射的光能在眼睛後部的視網膜上形成圖像。遠處的物體在視網膜上只產生一個小圖像。望遠鏡則可以放大圖像，使其在視網膜上變大。

雙筒望遠鏡上的兩個數碼是甚麼意思？

在標有 10×50 的雙筒望遠鏡上，10 代表放大率，50 代表物鏡的直徑，單位為毫米。

望遠鏡

在望遠鏡中，稱為「物鏡」的透鏡可以聚焦來自遠處物體的光，形成了物體的圖像。目鏡能夠將圖像放大。物鏡的焦距（透鏡與光線相交點之間的距離）愈大，管中形成的圖像就愈大。目鏡的焦距愈短，圖像在人眼裏就愈大。

反射望遠鏡

反射望遠鏡的物鏡是凹面鏡，它將光線聚焦並反射回管內，然後由平面鏡將光線投射到目鏡上。

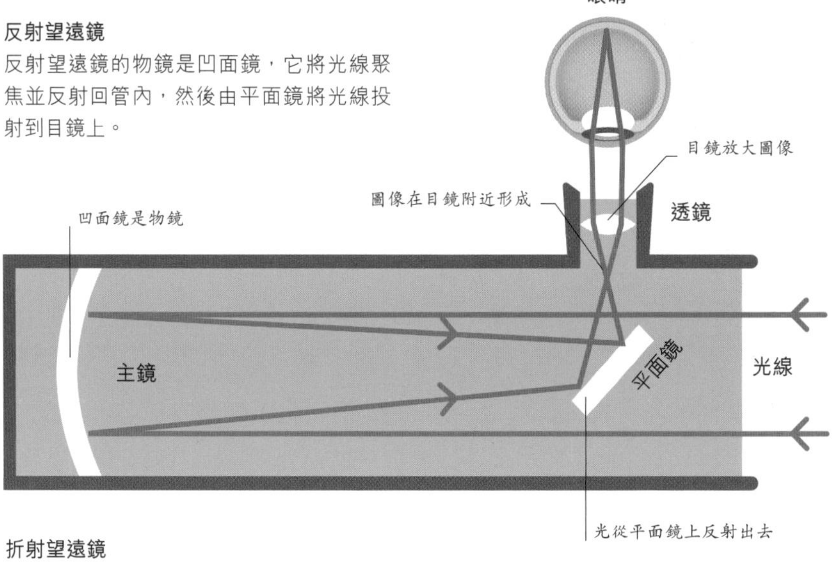

眼睛
目鏡放大圖像
圖像在目鏡附近形成
透鏡
凹面鏡是物鏡
主鏡
平面鏡
光線
光從平面鏡上反射出去

折射望遠鏡

折射望遠鏡的物鏡是一個透鏡。由於只有兩個透鏡，因此其產生的圖像是顛倒的，所以一些折射望遠鏡會有更多的透鏡，以產生正立的圖像。

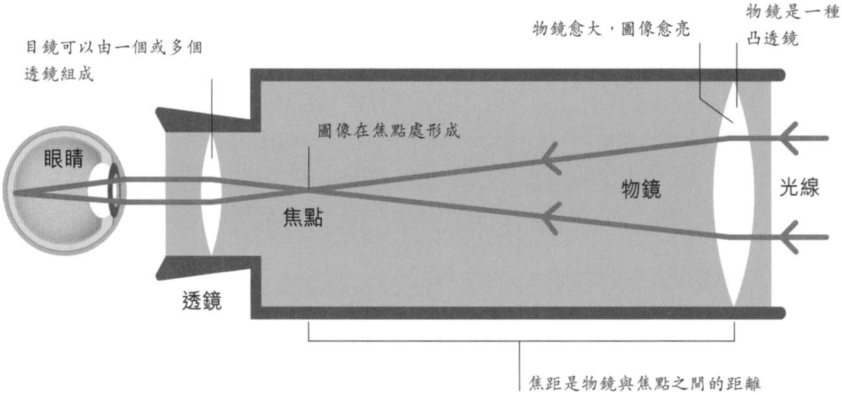

目鏡可以由一個或多個透鏡組成
物鏡愈大，圖像愈亮
物鏡是一種凸透鏡
圖像在焦點處形成
眼睛
焦點
物鏡
光線
透鏡
焦距是物鏡與焦點之間的距離

太空望遠鏡

大氣吸收來自遙遠行星、恒星和星系的光，且大氣的湍流運動會降低這些天體圖像的質量。太空望遠鏡能克服這些問題，它以數碼形式捕獲圖像並將圖像傳回地球。

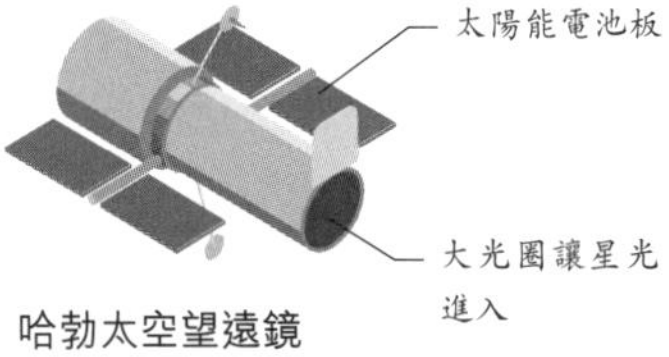

太陽能電池板
大光圈讓星光進入

哈勃太空望遠鏡

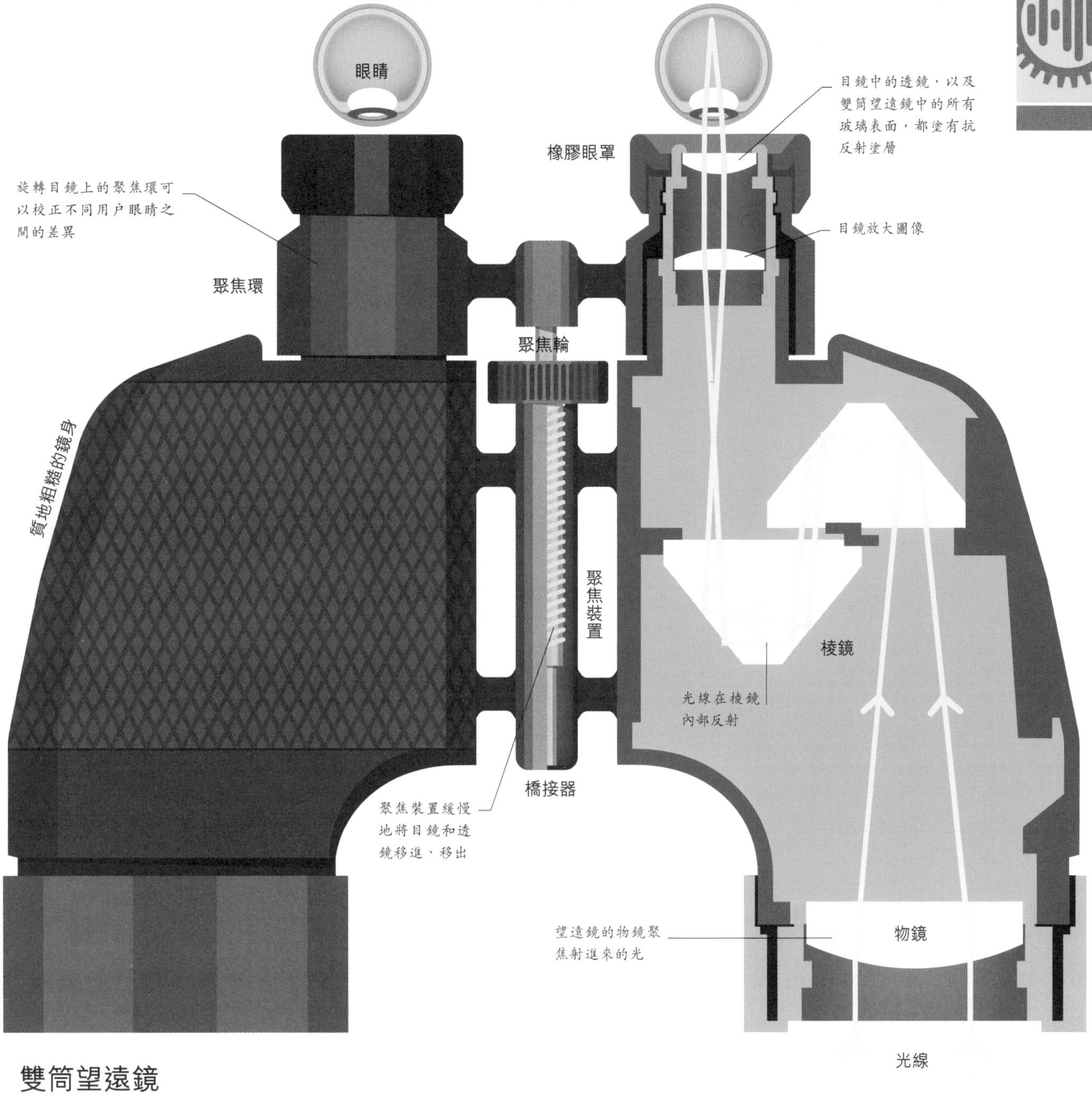
眼睛
目鏡中的透鏡，以及雙筒望遠鏡中的所有玻璃表面，都塗有抗反射塗層
橡膠眼罩
旋轉目鏡上的聚焦環可以校正不同用户眼睛之間的差異
目鏡放大圖像
聚焦環
聚焦輪
質地粗糙的鏡身
聚焦裝置
棱鏡
光線在棱鏡內部反射
橋接器
聚焦裝置緩慢地將目鏡和透鏡移進、移出
望遠鏡的物鏡聚焦射進來的光
物鏡
光線

雙筒望遠鏡

雙筒望遠鏡由兩個並排的折射望遠鏡組成，即每隻眼睛一個。每個管裏有兩個玻璃棱鏡，能將圖像轉到正確的方向上，並使光線折射兩次，以縮短管的長度，同時將物鏡所成的倒立的圖像倒轉過來。較小的尺寸使雙筒望遠鏡易於攜帶，兩個目鏡使眼睛更加舒適。

折射望遠鏡**最大的物鏡直徑為 102 厘米**，它位於**耶基斯天文台**。

電氣照明

目前大多數電氣照明使用熒光燈或 LED 燈。儘管白熾燈泡的使用率正在下降，但目前我們仍能找到這些能源效率極低的白熾燈泡。

3 產生可見光
當紫外線照射到塗在玻璃上的熒光粉時，熒光粉就會發光。因為存在紅色、綠色和藍色的熒光粉，因此整體組合顯示為白色。

2 電子釋放能量
被激發的電子「下降」回到它們原來的能級。當它們下降到原來的能級時，它們會以紫外輻射光子的形式釋放能量。這種輻射人眼是看不見的。

1 電子被激發
高壓電流通過燈泡內的低壓汞蒸汽。汞原子中的電子被激發，或者被撞擊到更高的能級。

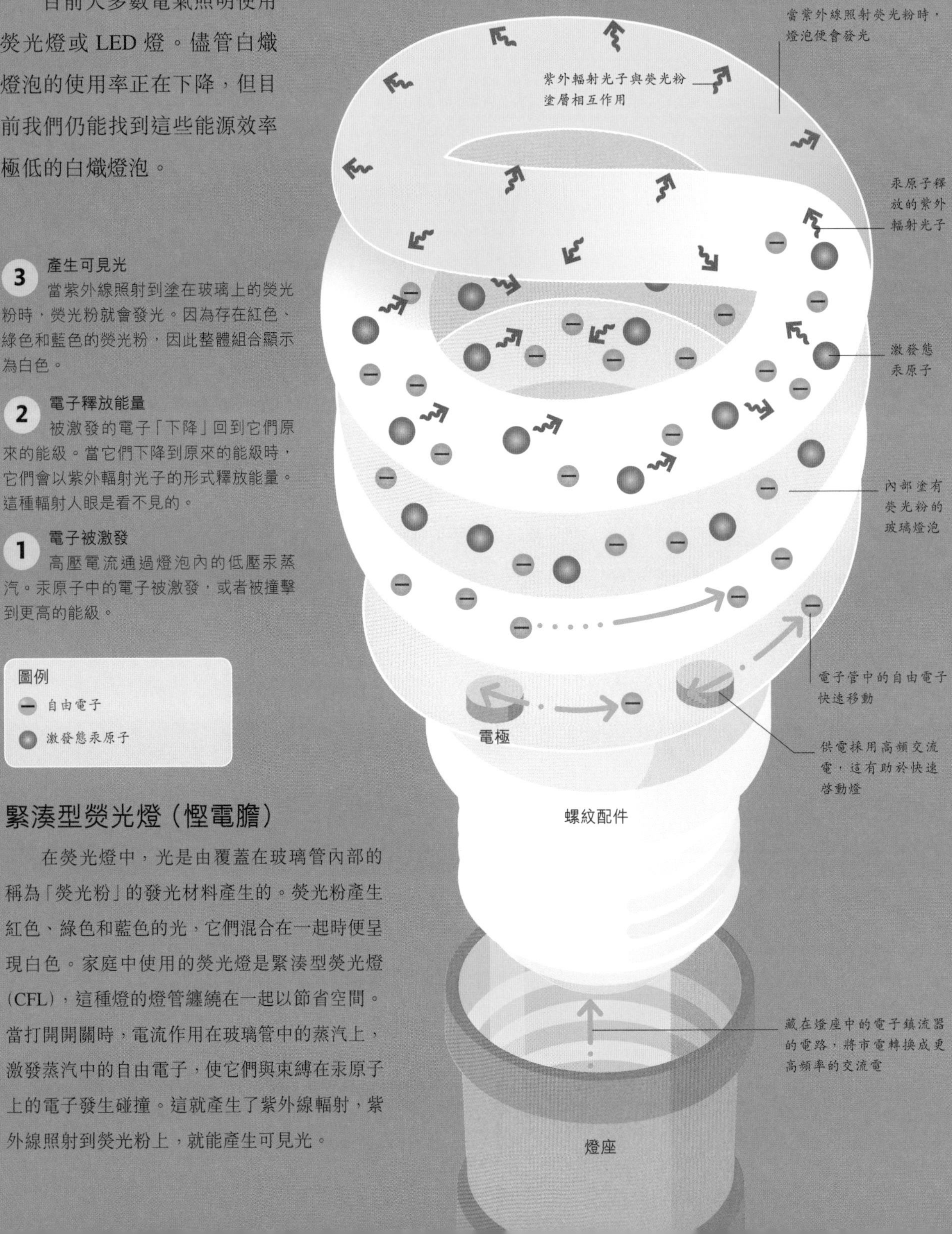

圖例
自由電子
激發態汞原子
當紫外線照射熒光粉時，燈泡便會發光
紫外輻射光子與熒光粉塗層相互作用
汞原子釋放的紫外輻射光子
激發態汞原子
內部塗有熒光粉的玻璃燈泡
電子管中的自由電子快速移動
電極
供電採用高頻交流電，這有助於快速啓動燈
螺紋配件
藏在燈座中的電子鎮流器的電路，將市電轉換成更高頻率的交流電
燈座

緊湊型熒光燈（慳電膽）

在熒光燈中，光是由覆蓋在玻璃管內部的稱為「熒光粉」的發光材料產生的。熒光粉產生紅色、綠色和藍色的光，它們混合在一起時便呈現白色。家庭中使用的熒光燈是緊湊型熒光燈（CFL），這種燈的燈管纏繞在一起以節省空間。當打開開關時，電流作用在玻璃管中的蒸汽上，激發蒸汽中的自由電子，使它們與束縛在汞原子上的電子發生碰撞。這就產生了紫外線輻射，紫外線照射到熒光粉上，就能產生可見光。

LED 燈

在 LED（發光二極管）燈中，光是由兩種半導體夾層產生的，即 n 型（負）和 p 型（正）。當連接到電源上時，電子從 n 型半導體流向 p 型半導體，且以光粒子的形式釋放能量，這些光粒子又稱為「光子」。在許多家用燈具中，LED 燈會產生藍光，其中一些會被塗在 LED 燈上的熒光粉吸收。熒光粉本身發出黃光，藍光和黃光的組合便會形成白光。

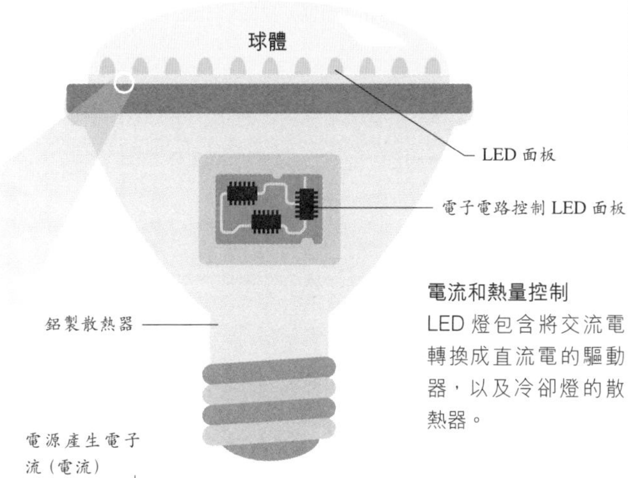

電流和熱量控制
LED 燈包含將交流電轉換成直流電的驅動器，以及冷卻燈的散熱器。

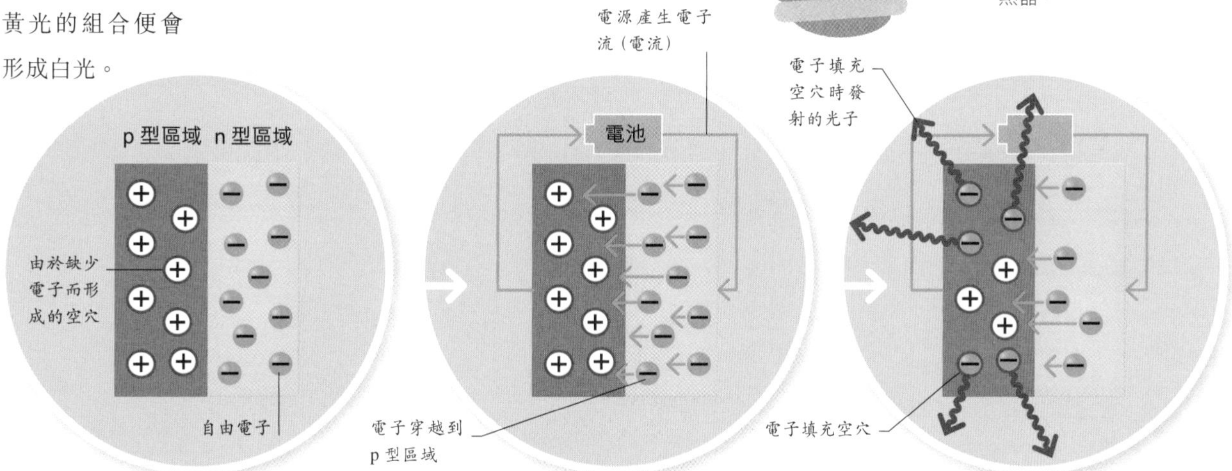

1 半導體
大多數 LED 燈中的半導體是鎵元素的化合物。添加其他元素能產生 n 型（電子多）和 p 型區域（電子少）。

2 電子流
在兩個區域之間的連接處連接一個電源，將電子從 n 型區域推入 p 型區域。在 p 型區域中，這些電子將填充由於缺少電子而產生的空穴。

3 光子
當電子填充空穴時，它會降到鎵原子的較低能級，其能量降低時會釋放出一個光子。一個 LED 燈每秒鐘產生數十億或數萬億個光子。

光源（等亮度）

CFL（慳電膽）
功耗18W
平均壽命8,000小時

LED燈
功耗9W
平均壽命25,000小時

白熾燈
功耗60W
平均壽命1,200小時

白熾燈

直到 20 世紀末，最常見的家用電燈仍是白熾燈。在白熾燈的燈泡內部，有一根被稱為「燈絲」的細卷鎢絲，當電流流過時它會變得熾熱。因為燈泡內充滿了惰性氣體而非空氣，因此鎢絲不會燃燒，同時白熾狀態的鎢絲會發光。

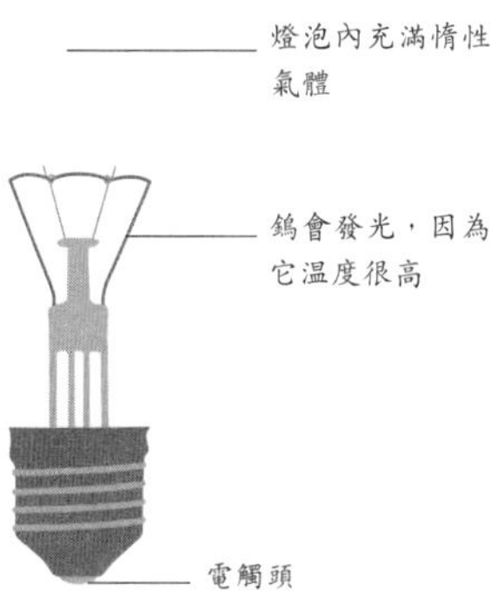

激光

激光器會發出一束強烈的光，該光束是準直（全部沿直線方向，而不是發散的）且相干（所有的波都是同步的，且頻率相同）的。「激光」一詞的意思是「受激輻射光放大」，指的是基於粒子（原子、分子）受激輻射放大原理而產生的一種相干性極強的光。

激光可以被用作武器嗎？

可以，有一些激光系統作為武器使用，高功率激光可以用來摧毀目標。不過，目前大多數類似系統仍處於試驗階段。

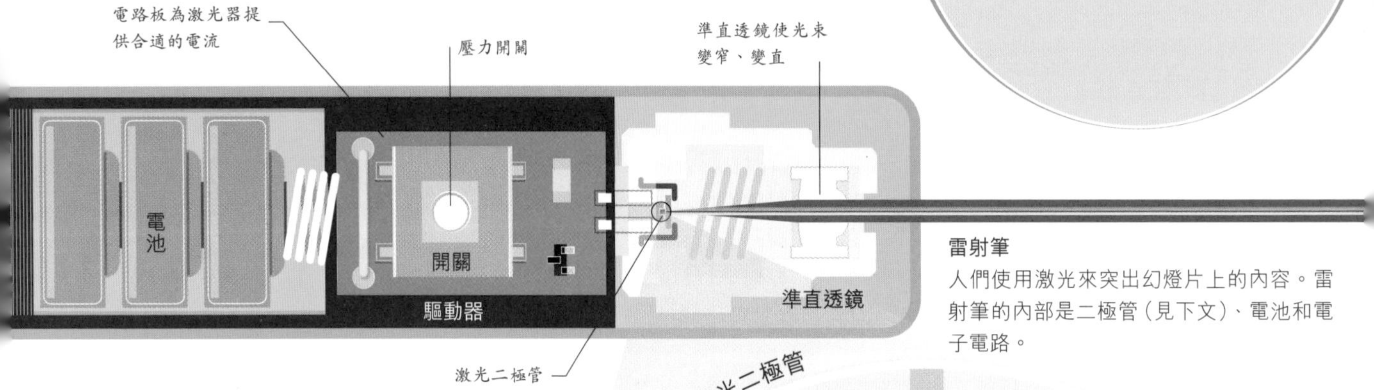

電路板為激光器提供合適的電流
壓力開關
準直透鏡使光束變窄、變直
電池
開關
驅動器
準直透鏡
激光二極管

雷射筆

人們使用激光來突出幻燈片上的內容。雷射筆的內部是二極管（見下文）、電池和電子電路。

固體激光器

低功率固體激光二極管是最常見的激光器，其中的光是由半導體材料的固體夾層產生的。固體夾層的外層由矽與其他元素結合或「摻雜」而成，用於導電，而內層則是無摻雜的。電流流過這兩層時，會激發產生光束的過程，導致產生光子（見對頁）。激光二極管可以用於光纖電纜、雷射打印機和條形碼閱讀器等設備。

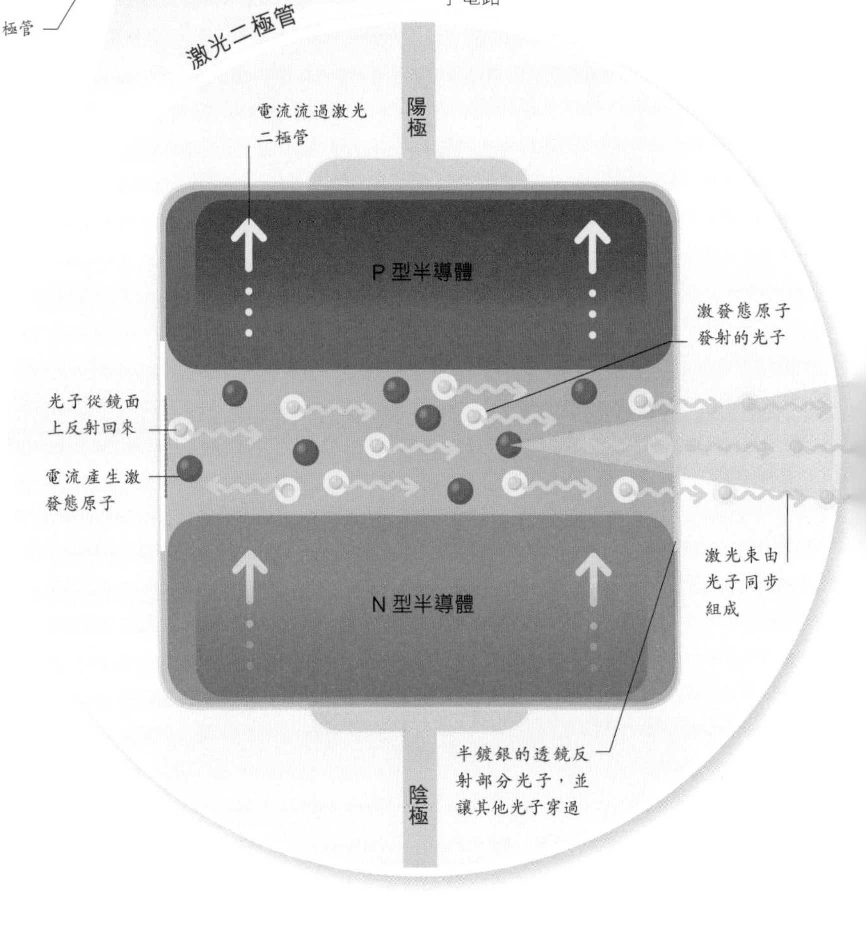

激光二極管
電流流過激光二極管
陽極
P 型半導體
激發態原子發射的光子
光子從鏡面上反射回來
電流產生激發態原子
激光束由光子同步組成
N 型半導體
半鍍銀的透鏡反射部分光子，並讓其他光子穿過
陰極

激光二極管

半導體材料的外層是「摻雜」的 n 型和 p 型（見第 160 頁），內層則沒有摻雜。

激光的用途	
醫用 激光用於外科手術、燒灼傷口及眼睛矯正手術中極其精確的切割。	**測量** 廉價、低功率的激光器能產生準直的細光束，這對建築工人和測量員來説很有用。
焊接 有些激光可以用於高速工作，如焊接汽車車身的零件。	**製造業** 激光用於服裝行業的織物精確切割，以及在鍵盤上刻出字母或數字。
娛樂 激光在音樂會上可以提供燈光表演，CD和DVD播放器也使用激光來讀取和存儲信息。	**通信** 紅外激光二極管通過光纖在網絡中發送數碼信息。

氣體激光器

並非所有激光器都是固體激光器。實際上最強大的激光器是氣體激光器。在這種激光器中，被激發的電子位於氣體的原子中。例如，以二氧化碳氣體作為激光介質的激光器主要用於切割和焊接汽車零件。

激光束

光子是如何產生的

組成激光束的光子是通過受激輻射過程產生的。它們是由激光介質原子中的電子產生的——在固體激光二極管中，該介質是半導體夾層中未摻雜的半導體（見對頁）。電流將電子激發到更高能級。當電子回落到較低的能級時，額外的能量以光子的形式釋放出來。光子穿過激光介質，激發更多受激電子釋放光子。激光的顏色取決於高低能級之間的能量差。

激光可以測量**地球到月球**的距離，**誤差不超過幾厘米**。

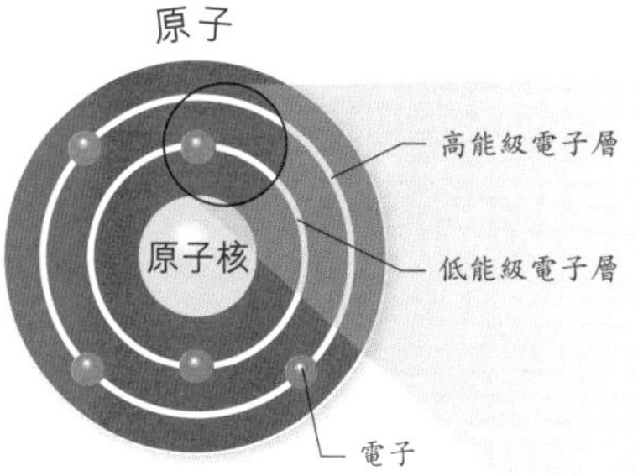
原子
原子核
高能級電子層
低能級電子層
電子

電子殼層
原子中的電子排列在不同能級的殼層中。離原子核較近的粒子能量較低。

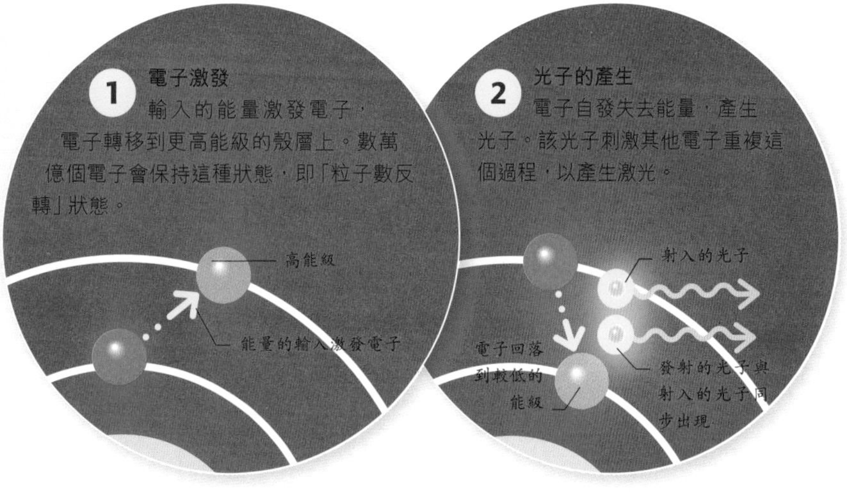
1 電子激發
輸入的能量激發電子，電子轉移到更高能級的殼層上。數萬億個電子會保持這種狀態，即「粒子數反轉」狀態。
高能級
能量的輸入激發電子
2 光子的產生
電子自發失去能量，產生光子。該光子刺激其他電子重複這個過程，以產生激光。
射入的光子
電子回落到較低的能級
發射的光子與射入的光子同步出現

全息圖

全息圖是由激光束產生的三維圖像。它以干涉圖樣的形式存儲在全息膠片中，干涉圖樣中包含了物體的表面信息。在觀看全息圖時，你看到的圖像是有深度的，你可以通過移動視角從不同的方向觀察它。

音樂會上音樂表演者的全息圖是真正的全息圖嗎？

不是的，它們是由鏡子創造的圖像，是一種叫做「珮珀爾幻象」的視覺效果。

製作全息圖

全息圖是用激光製作而成的。值得注意的是，激光的光波都是「同步的」（見第 146 ～ 147 頁）。製作全息圖時，激光束穿過一個分光鏡，一半的光束形成參考光束，直接投射到全息膠片上；另一半光束形成物光束，它從要拍攝的物體上反射回來。反射回來的物光束落在膠片上後，物光束與參考光束在膠片上合併或相互干涉。這種干涉會產生一種包含物體表面信息的圖樣——沖洗出來後，將光線照射在膠片上，就可以提取出這些信息。

全息圖

參考光束和物光束合二為一時，便形成了全息圖。光束之間的干涉圖樣在全息膠片上被顯示出來後，我們就可以看到全息圖。

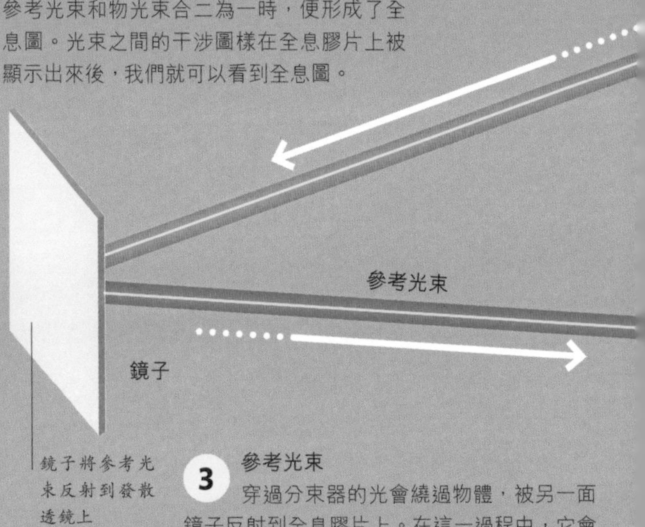

3 參考光束

穿過分束器的光會繞過物體，被另一面鏡子反射到全息膠片上。在這一過程中，它會通過發散透鏡使自身的光束變寬。

如果你把一個全息圖分成許多碎片，那麼每個碎片都包含完整圖像。

安全全息圖

鈔票、信用卡和音樂會門票上的全息圖是獨一無二的，旨在防止這些物品被偽造。它們由激光束製造而成，但在普通日光下是可見的。

銀行卡

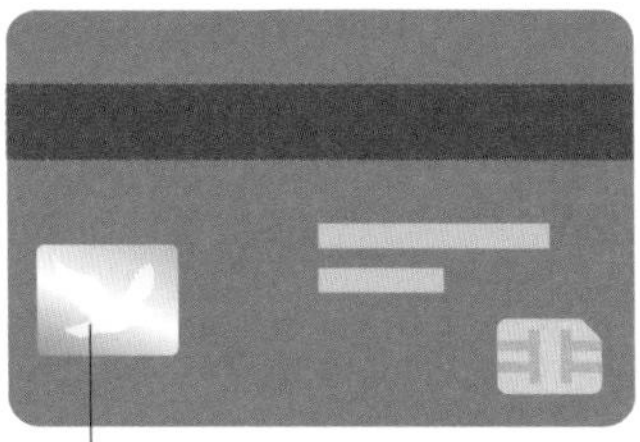

日光反射全息圖

觀看全息圖

上述內容中介紹的全息圖被稱為「透射全息圖」，另一種全息圖是反射全息圖。這兩者有一定的相似之處，但反射全息圖沒有分束器：參考光束通過全息膠片後，被位於膠片後面的物體反射，形成物光束。當膠片被沖洗出來時，它的視覺效果看起來很暗，上面有奇怪的線條，但是卻看不出圖像。要查看反射全息圖，需要用一束激光穿過膠片，反射其內部的干涉圖樣以產生圖像。

1 激光器發射光束

激光器發出的光以相干光波的細光束形式存在。這意味着它們都具有相同的波長，並且彼此同步。

2 形成物光束

被分束器反射的光形成物光束。一面鏡子會將它反射到物體上，但它首先需要通過一個發散透鏡使光束變寬。

全息板

從物體表面反射的光波將與參考光束的波不完全同步。當兩種光波在膠片上相遇時，它們會合併或者發生干涉。有的區域兩種波同步或者同向，它們就會互相加強；而在不同步或者説反向的區域，它們會相互抵消。

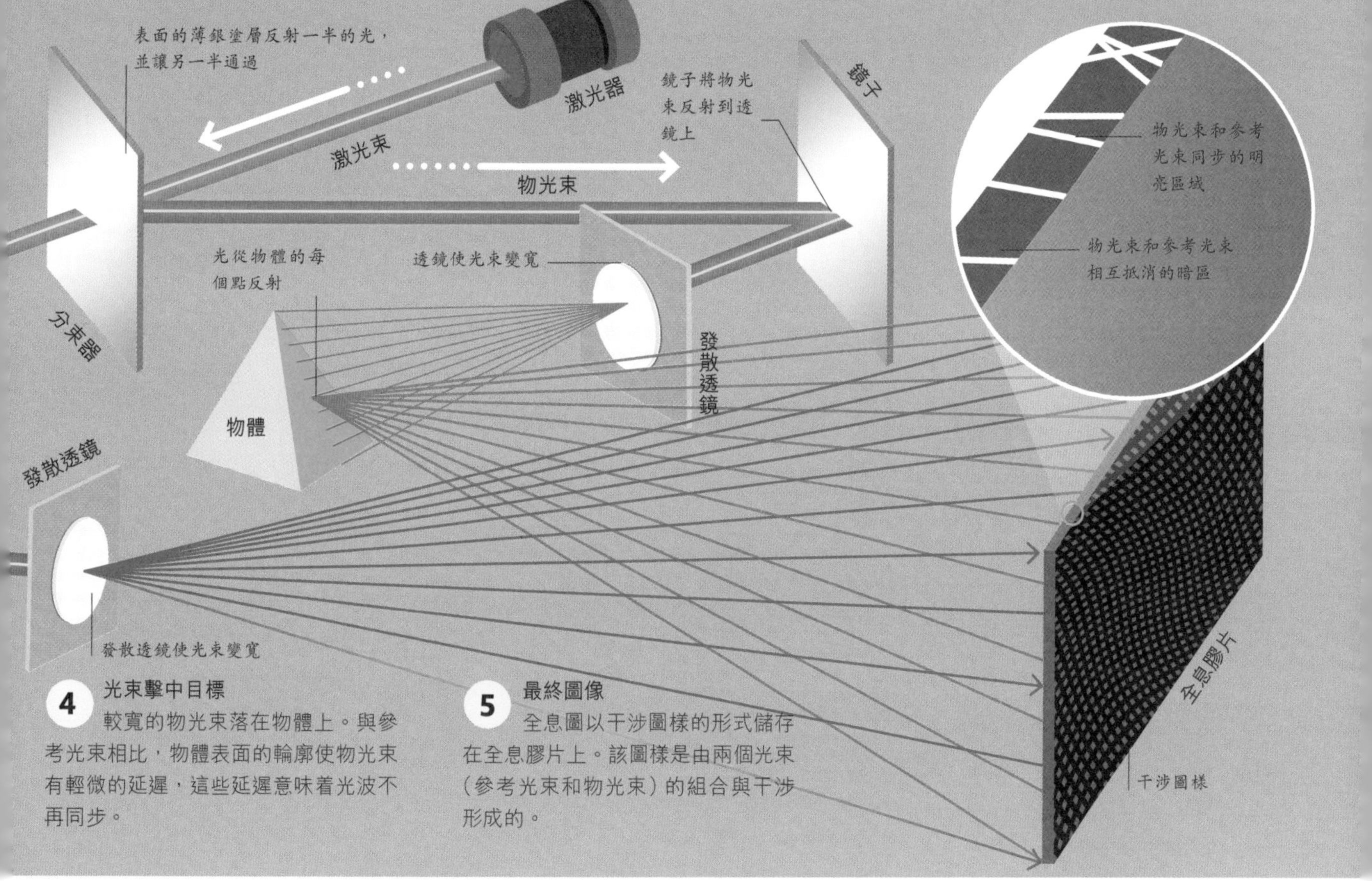
表面的薄銀塗層反射一半的光，並讓另一半通過
激光器
激光束
物光束
鏡子將物光束反射到透鏡上
鏡子
物光束和參考光束同步的明亮區域
物光束和參考光束相互抵消的暗區
光從物體的每個點反射
透鏡使光束變寬
分束器
物體
發散透鏡
發散透鏡
發散透鏡使光束變寬
全息膠片
干涉圖樣

4 光束擊中目標

較寬的物光束落在物體上。與參考光束相比，物體表面的輪廓使物光束有輕微的延遲，這些延遲意味着光波不再同步。

5 最終圖像

全息圖以干涉圖樣的形式儲存在全息膠片上。該圖樣是由兩個光束（參考光束和物光束）的組合與干涉形成的。

觀看透射全息圖

當光線從透射全息圖的全息膠片內部的干涉圖樣上反射回來時，它們會重現從物體上反射回來的光的圖案。因此，它們在全息膠片後面形成物體的圖像。這個圖像有深度，可以從任何角度觀看。

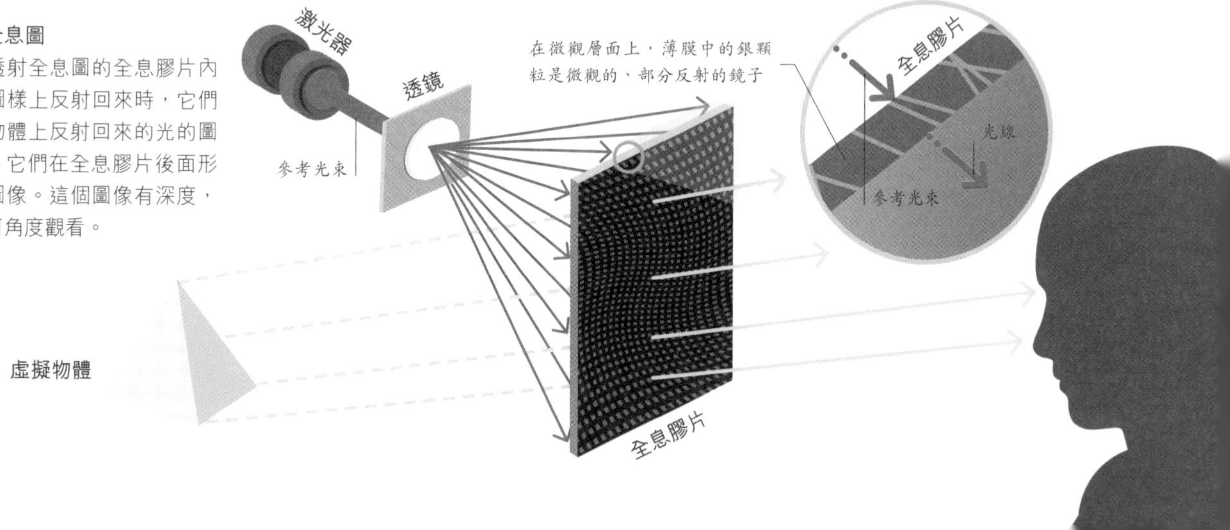
激光器
透鏡
參考光束
在微觀層面上，薄膜中的銀顆粒是微觀的、部分反射的鏡子
全息膠片
光線
參考光束
全息膠片
虛擬物體

投影機

投影機每秒在屏幕上產生 25、30 或 60 個明亮的圖像。每一幅圖像，或者說每一幀，都由數千個像素組成。投影機產生像素有多種方式，但最常見的投影機技術是 DLP，即數碼光處理技術。

DLP 投影機的工作原理

在 DLP 投影機產生的圖像中，每個像素都是由投影機內成千上萬個小鏡子中的某一個反射的光形成的。每一幀都由紅、綠、藍像素組成，且一幀接一幀地顯示。這三種顏色以不同的亮度混合在一起，可以形成任何顏色。數碼編碼形式的指令會按一定順序混合這些不同顏色的像素，並在屏幕上產生圖像。這些數碼指令由電腦傳輸至投影機，或存儲在投影機記憶卡上。

投影機內部

投影機由光源、將光線分成不同顏色的濾光器以及一系列聚焦和放大圖像的鏡子和透鏡組成。

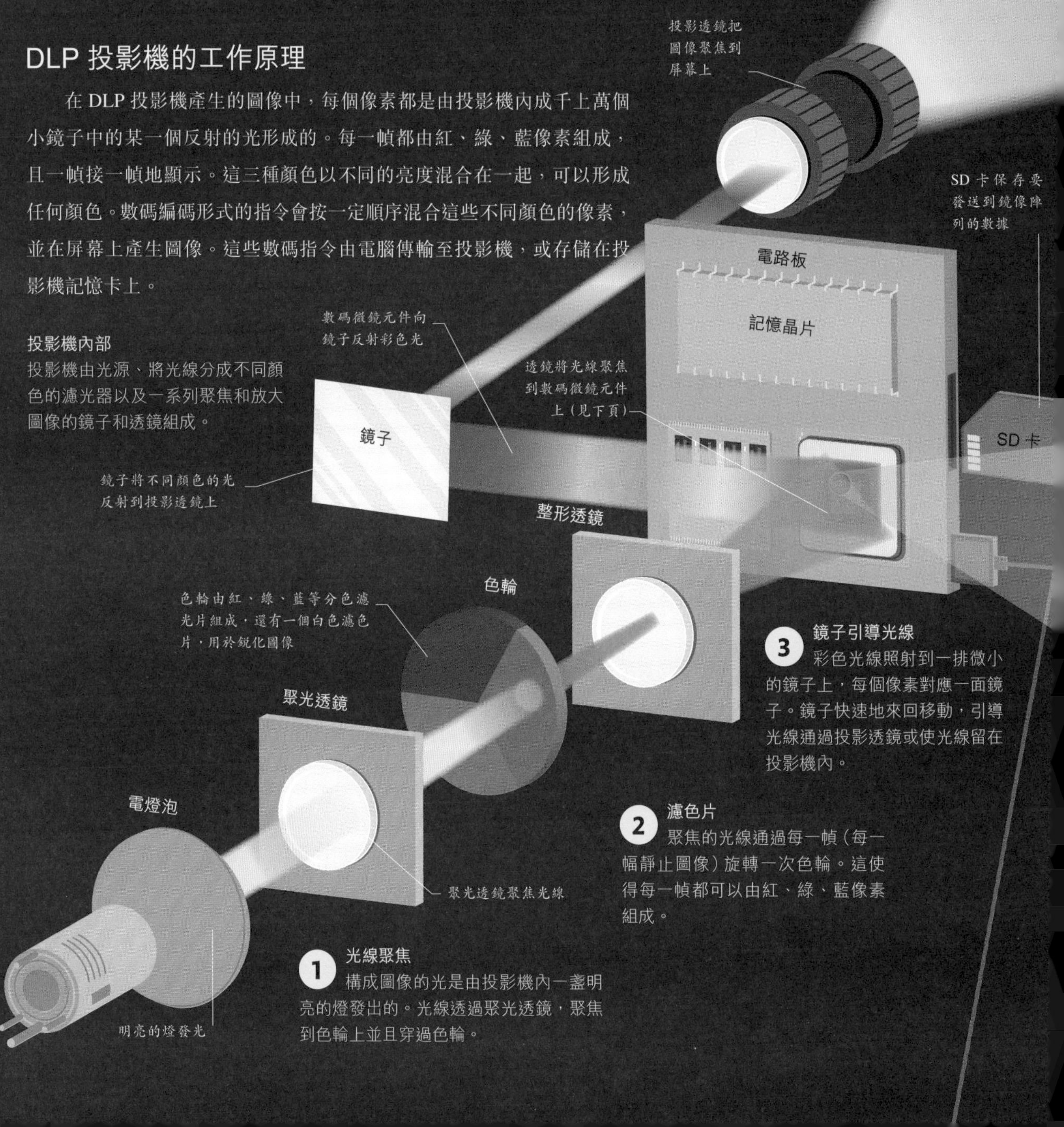

投影透鏡把圖像聚焦到屏幕上
SD 卡保存要發送到鏡像陣列的數據
電路板
記憶晶片
數碼微鏡元件向鏡子反射彩色光
透鏡將光線聚焦到數碼微鏡元件上（見下頁）
鏡子
SD 卡
鏡子將不同顏色的光反射到投影透鏡上
整形透鏡
色輪
色輪由紅、綠、藍等分色濾光片組成，還有一個白色濾色片，用於鋭化圖像
聚光透鏡
電燈泡
聚光透鏡聚焦光線
明亮的燈發光

1 光線聚焦

構成圖像的光是由投影機內一盞明亮的燈發出的。光線透過聚光透鏡，聚焦到色輪上並且穿過色輪。

2 濾色片

聚焦的光線通過每一幀（每一幅靜止圖像）旋轉一次色輪。這使得每一幀都可以由紅、綠、藍像素組成。

3 鏡子引導光線

彩色光線照射到一排微小的鏡子上，每個像素對應一面鏡子。鏡子快速地來回移動，引導光線通過投影透鏡或使光線留在投影機內。

4 投影圖像

鏡子引導通過透鏡的光線聚焦在屏幕上，所有鏡子反射的光構成投射圖像。

電影放映機

膠片以一系列幀（靜止圖像）的形式承載運動圖像。在電影放映機內，膠片會短暫地停止，在電影進入下一幀之前，旋轉的快門會打開以允許光線通過。

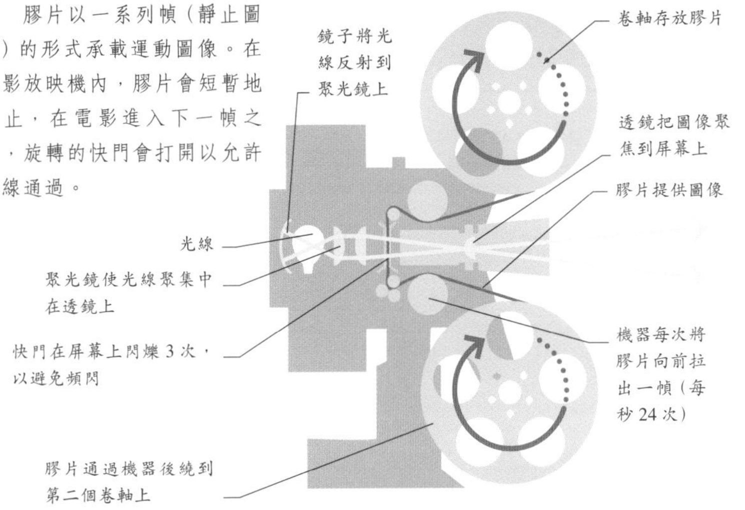
鏡子將光
線反射到
聚光鏡上
卷軸存放膠片
透鏡把圖像聚
焦到屏幕上
膠片提供圖像
光線
聚光鏡使光線聚集中
在透鏡上
快門在屏幕上閃爍 3 次，
以避免頻閃
機器每次將
膠片向前拉
出一幀（每
秒 24 次）
膠片通過機器後繞到
第二個卷軸上

我可以用智能手機投射圖像嗎？

可以。大多數投影機支持無線連接，允許用戶放映智能手機和平板電腦上的內容。有些智能手機甚至內置投影機。

數碼微鏡元件
每個微小的鏡子每秒可以旋轉數千次，它通過透鏡發送光線的時間愈長，像素就愈亮。

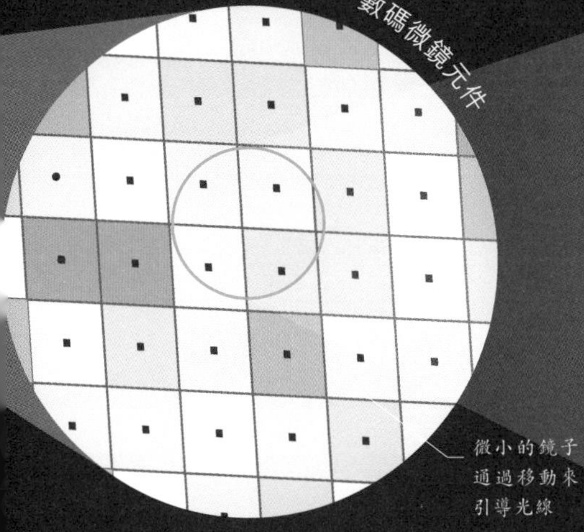
數碼微鏡元件
微小的鏡子
通過移動來
引導光線

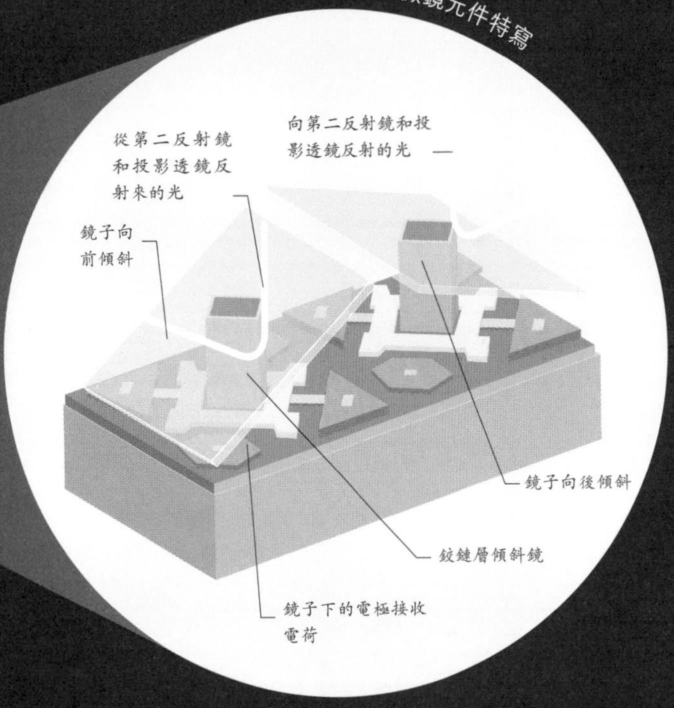
數碼微鏡元件特寫
從第二反射鏡
和投影透鏡反
射來的光
向第二反射鏡和投
影透鏡反射的光
鏡子向
前傾斜
鏡子向後傾斜
鉸鏈層傾斜鏡
鏡子下的電極接收
電荷

數碼微鏡元件

DLP 投影機的核心是數碼微鏡元件（DMD）。它容納了成千上萬個微小的、可移動的鏡子，這些鏡子使入射光被導向或遠離投影透鏡。投影機的處理器晶片向鏡子角落下方的微小電極發送電荷，以使鏡子傾斜。

DLP 投影機中的小鏡子可以改變自身的傾斜度，每秒改變次數最高可達 5,000 次。

數碼相機

智能手機和平板電腦中的相機，以及作為獨立設備的數碼相機，都有 3 個主要部件：鏡頭（它在相機內部生成圖像）、捕捉圖像的光敏晶片或傳感器、將圖像數碼化的處理器。

1 聚焦光

鏡頭聚焦光以產生圖像。它可以手動或自動地前後移動，以確保照片的主體處於焦點上。

數碼單反相機的工作原理

獨立數碼相機有兩種主要的類型：緊湊型相機和數碼單反相機。緊湊型相機有一個主鏡頭，通常還有一個單獨的取景器。數碼單反相機有一面鏡子，可以將光線從主透鏡向上導向目鏡，這樣在拍照時，我們就可以透過相機的鏡頭看到畫面。這個鏡子還可以充當快門，當按下快門按鈕時，鏡子會向上翻起讓開光路，讓光線照射到數碼傳感器上。

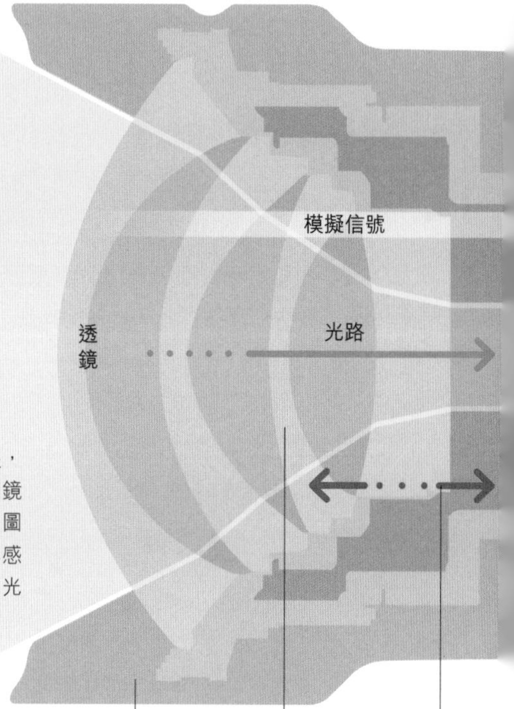

世界上最大的數碼圖像由 70,000 幅高分辨率圖像拼接而成，這些高分辨率圖像由 3,650 億個像素組成。

捕捉圖像

相機的工作原理類似於人眼，即在相機前半部分有一個鏡頭，在後半部分形成圖像。圖像落在數碼傳感器上，該傳感器有數百萬個排列成網格的光敏部件。

像素和分辨率

一幅數碼圖像是由成千上萬個稱為「像素」的點組成的。像素愈多，分辨率越高，圖像越清晰。每個像素都有與之相關聯的二進制數，這些二進制數決定了該像素在屏幕上應該顯示多少紅光、綠光和藍光。

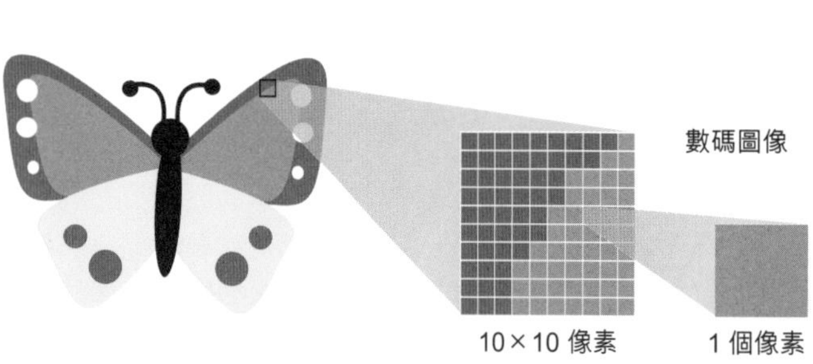

為甚麼晚上拍的照片模糊不清？

在弱光條件下，快門需要在更長時間內保持打開狀態以收集足夠的光，因此在此期間移動的任何東西都會顯得模糊。

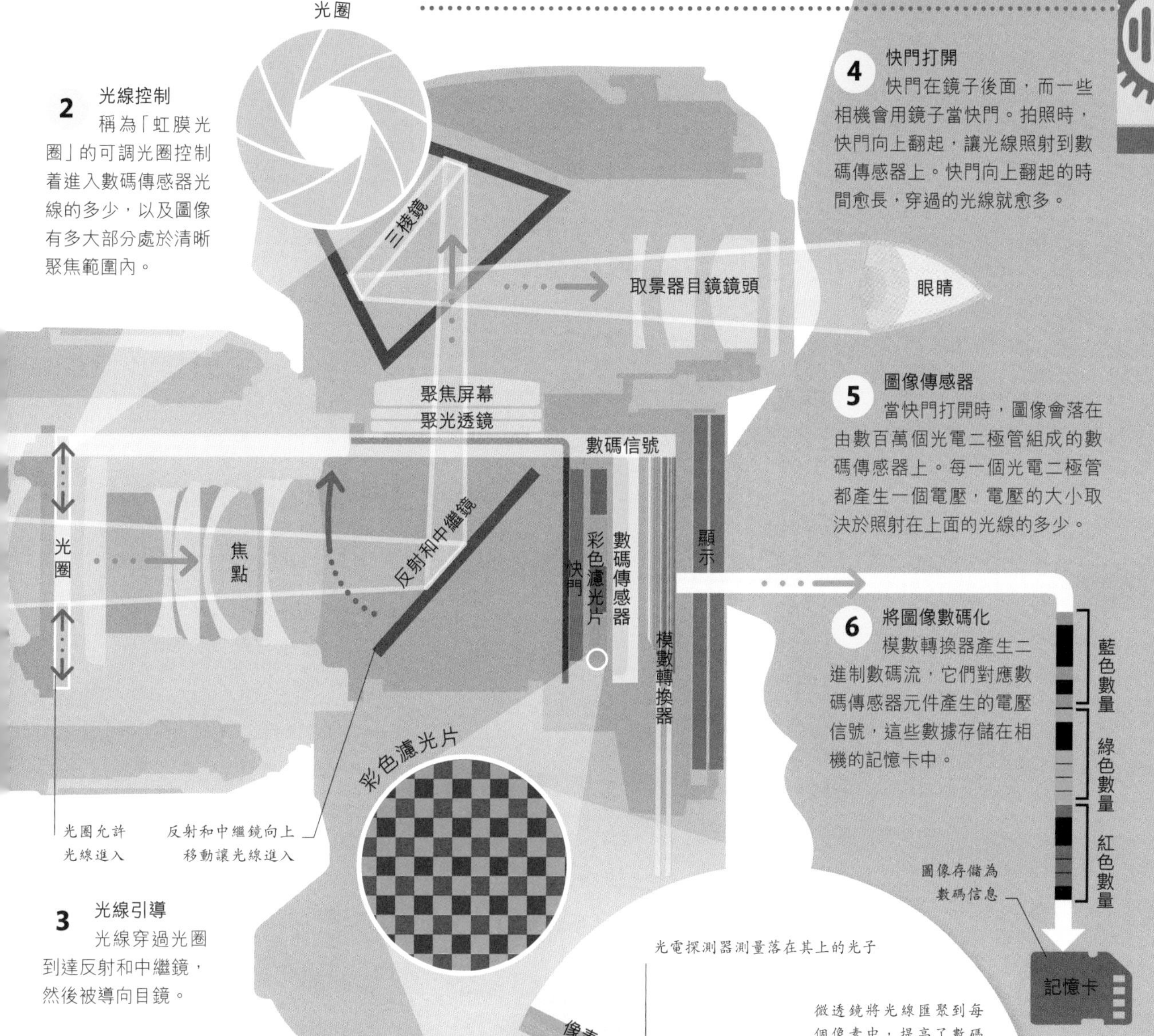

2 光線控制

稱為「虹膜光圈」的可調光圈控制着進入數碼傳感器光線的多少，以及圖像有多大部分處於清晰聚焦範圍內。

3 光線引導

光線穿過光圈到達反射和中繼鏡，然後被導向目鏡。

4 快門打開

快門在鏡子後面，而一些相機會用鏡子當快門。拍照時，快門向上翻起，讓光線照射到數碼傳感器上。快門向上翻起的時間愈長，穿過的光線就愈多。

5 圖像傳感器

當快門打開時，圖像會落在由數百萬個光電二極管組成的數碼傳感器上。每一個光電二極管都產生一個電壓，電壓的大小取決於照射在上面的光線的多少。

6 將圖像數碼化

模數轉換器產生二進制數碼流，它們對應數碼傳感器元件產生的電壓信號，這些數據存儲在相機的記憶卡中。

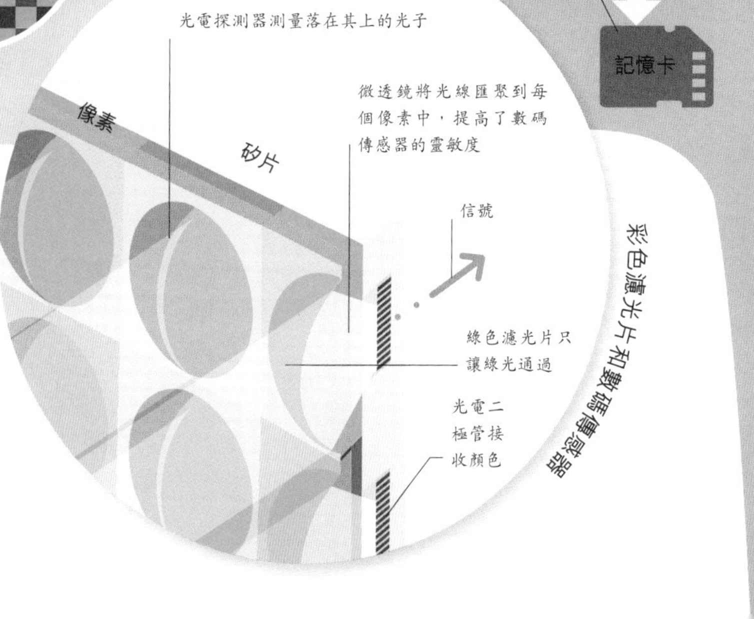

彩色圖像

彩色圖像的每個像素都有紅、綠、藍三種顏色的色彩強度值，對應人眼中的紅色、綠色和藍色感光細胞。傳感器前面有紅色、綠色或藍色的馬賽克濾光片，因此每個光電二極管只能接收其中一種顏色。相機中的電腦程式檢查相鄰像素的亮度，以計算出每個像素的值。

打印機和掃瞄器

打印機使我們能夠輸出存儲在電腦或其他數碼設備上的文檔和圖片，而掃瞄器能將文檔和照片轉化為數碼圖像。

打印機使用 Wi-Fi
接收數據

2 打印機收到的消息

打印機內部的軟件會根據所需的紙張尺寸來處理圖像或文檔。如果墨水量低或沒有紙張，打印機還會與電腦通信以提醒用戶添加墨水或紙張。

噴墨打印機

最常見的打印機使用噴射墨滴的方法在要打印的頁面上形成圖像和文字。在打印機中，墨盒來回移動，當墨盒下方的紙張被向前推動時，墨盒會將墨水噴到紙張上。彩色圖像是由數百萬個墨水點組成的，它們有四種顏色：黃色、品紅色、青色和黑色。在許多打印機中，三種非黑色墨水裝在一個墨盒中。每種顏色都是單獨添加的，它們以不同方式結合在一起，呈現出色彩和色調的微妙變化。墨盒頭有數百個孔，墨水被擠壓並通過這些孔噴射出去。

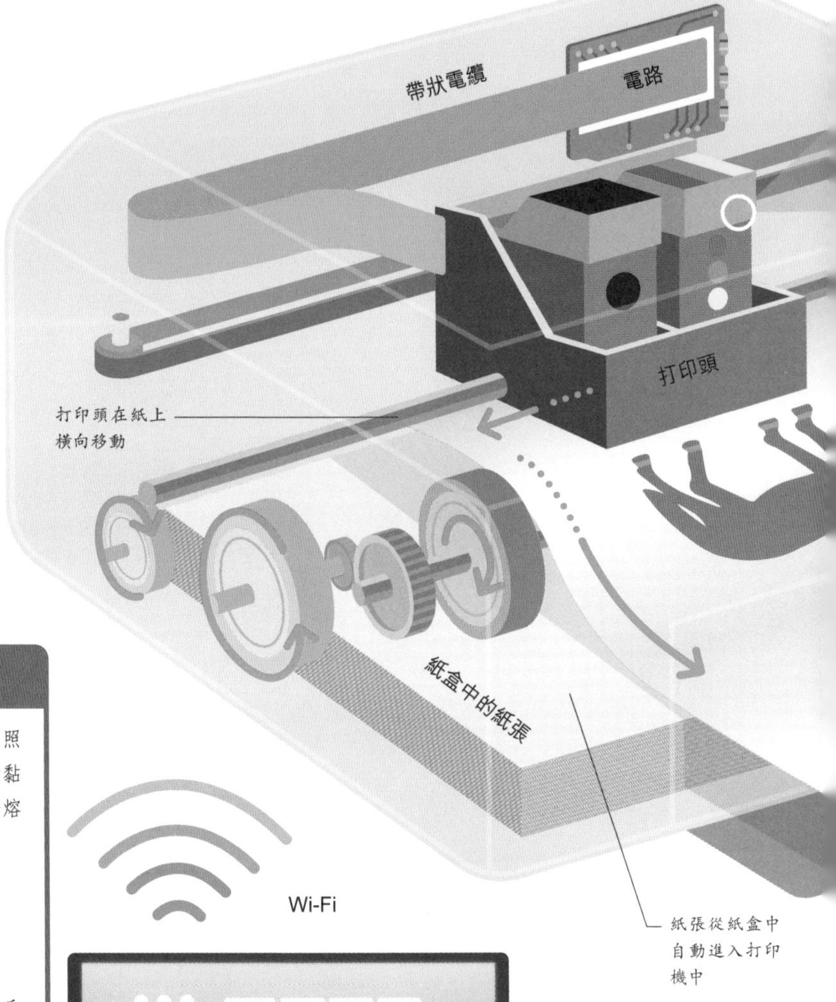

帶狀電纜
電路
打印頭
打印頭在紙上
橫向移動
紙盒中的紙張
紙張從紙盒中
自動進入打印
機中

Wi-Fi

1 發送到打印機的圖片或文檔

電腦準備圖片或文檔，將其表示為打印機可以處理的二進制數碼信號（見第 158 頁），並通過電纜或無線網絡發送給打印機。

雷射打印機

激光掃瞄旋轉的滾筒，而滾筒上被光束照射的地方會產生負電荷。帶正電荷的墨粉會黏在激光擊中的滾筒上。加熱的滾筒會將墨粉熔化並使其附着到紙張上。

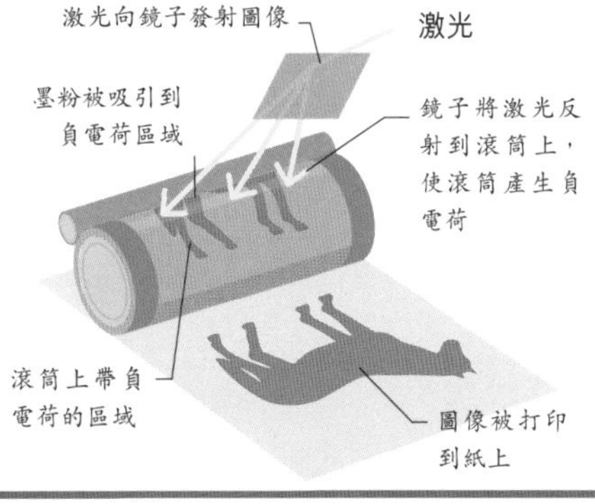

激光向鏡子發射圖像
激光
墨粉被吸引到
負電荷區域
鏡子將激光反
射到滾筒上，
使滾筒產生負
電荷
滾筒上帶負
電荷的區域
圖像被打印
到紙上

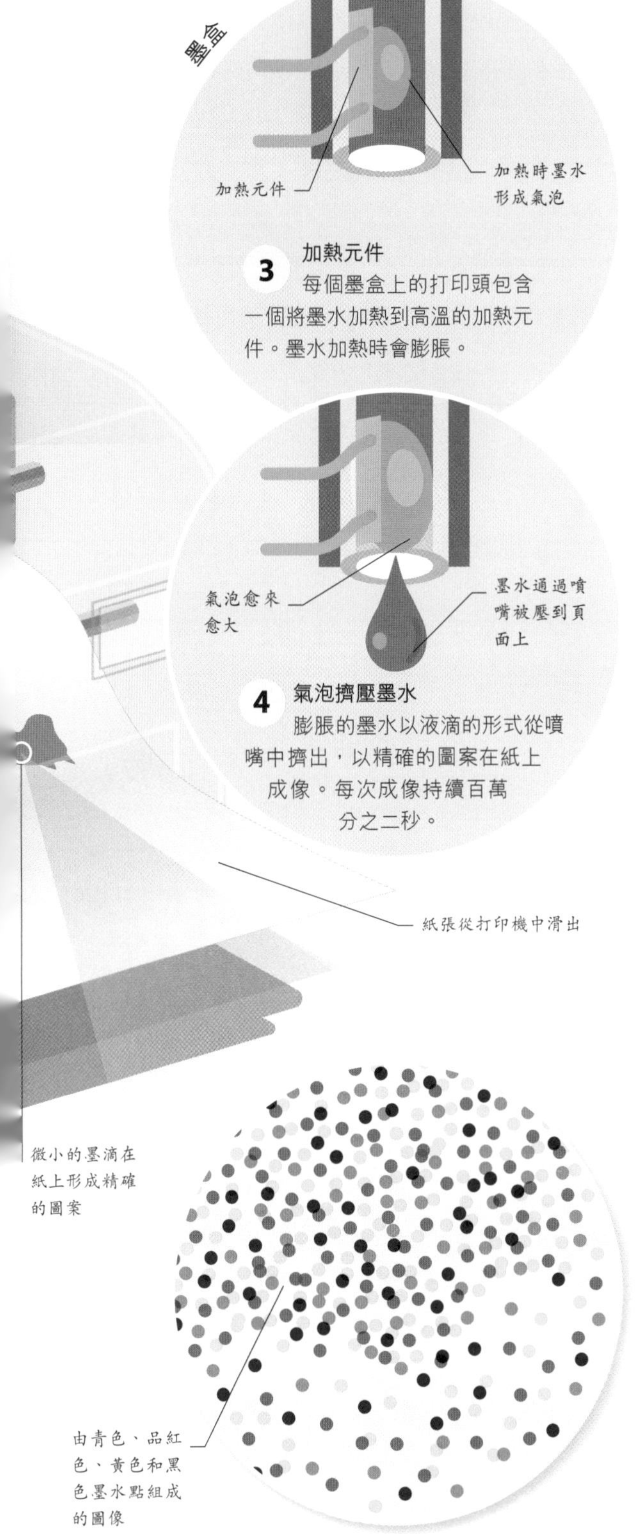
墨盒
加熱元件
加熱時墨水形成氣泡
氣泡愈來愈大
墨水通過噴嘴被壓到頁面上
紙張從打印機中滑出
微小的墨滴在紙上形成精確的圖案
由青色、品紅色、黃色和黑色墨水點組成的圖像

3 加熱元件
每個墨盒上的打印頭包含一個將墨水加熱到高溫的加熱元件。墨水加熱時會膨脹。

4 氣泡擠壓墨水
膨脹的墨水以液滴的形式從噴嘴中擠出，以精確的圖案在紙上成像。每次成像持續百萬分之二秒。

掃瞄器的工作原理

掃瞄器可以將正面朝下放置在玻璃掃瞄平台上的文件掃瞄為數碼圖像。數碼圖像由像素組成，與數碼相機產生的圖像一樣（見第 152 ～ 153 頁）。一盞明亮的條形燈掃瞄文件。從文件上反射回來的光照射到電荷耦合元件上，電荷耦合元件產生一個電信號，該電信號根據接收到的光的多少而變化。信號傳遞給模數轉換器，該轉換器產生二進制數碼信號。然後，掃瞄器通過電纜或無線網絡將數碼圖像發送給電腦。

1 燈光照明
燈光穿過玻璃照射到文件上。圖像各部分反射的光的強度取決於圖像在那一點上的黑暗程度。

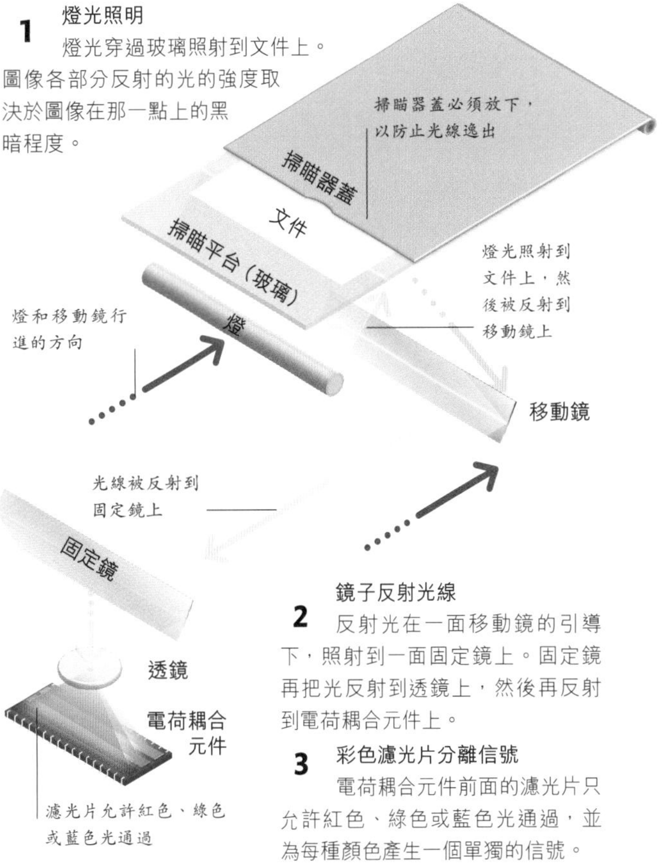
掃瞄器蓋必須放下，以防止光線逸出
掃瞄器蓋
文件
掃瞄平台（玻璃）
燈光照射到文件上，然後被反射到移動鏡上
燈和移動鏡行進的方向
燈
移動鏡
光線被反射到固定鏡上
固定鏡
透鏡
電荷耦合元件
濾光片允許紅色、綠色或藍色光通過

2 鏡子反射光線
反射光在一面移動鏡的引導下，照射到一面固定鏡上。固定鏡再把光反射到透鏡上，然後再反射到電荷耦合元件上。

3 彩色濾光片分離信號
電荷耦合元件前面的濾光片只允許紅色、綠色或藍色光通過，並為每種顏色產生一個單獨的信號。

大多數打印機會在每一頁上留下被稱為「機器識別碼」的微粒。●●●●●

電腦

科技

數碼世界

我們用來交流和存儲信息的大多數設備是數碼化的，如電腦、照相機和收音機。在數碼設備內部，信息以二進制數的形式進行存儲和處理。

觸控數碼化
智能手機或平板電腦的觸控屏（見第 204 ～ 205 頁）會產生兩個二進制數，代表在屏幕上觸控的點的座標。

數碼化信息

數碼設備存儲和處理的信息包括文本、圖像、聲音和視頻，以及使設備工作的軟件。這些信息由二進制數表示，二進制數全部由 0 和 1 兩個數碼組成。任何數碼都可以用一組二進制數來表示。用這種方法記錄和存儲信息的過程稱為「數碼化」。

聲音數碼化
模數轉換器會產生一串數碼，這些數碼與來自麥克風（見第 138 ～ 141 頁）或樂器中的音頻信號中的電壓電平相匹配。

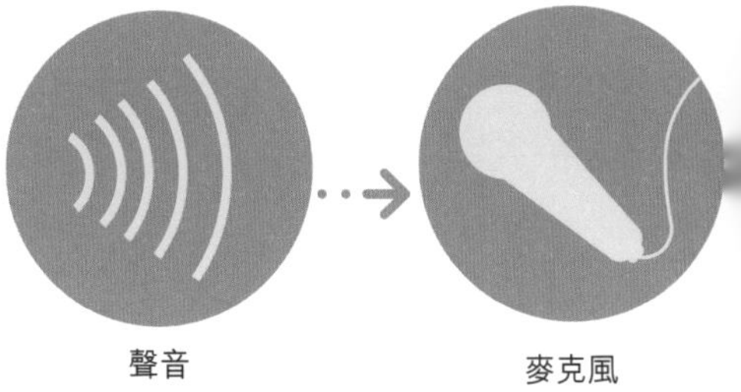

圖像數碼化
數碼相機中的傳感器（見第 152 ～ 153 頁）產生的數碼，對應圖像中每個像素的亮度。

為甚麼使用二進制？
在數碼設備中，二進制數 0 和 1 通常以電流（開和關）或電荷（存在或不存在）的形式存在。所有數碼設備中都嵌入了電腦，以存儲和處理這些二進制數。

二進制數

二進制系統是一個位值制系統，就像我們每天使用的十進制系統一樣。但是，二進制系統中的位值不是 1，10，100，1,000，…，而是 1，2，4，8，…。在數碼設備內部，電子電路會產生代表二進制數的電信號。大多數信息被分解成 8 位一組的字節。

二進制系統是在 17 世紀（遠在它被用於計算之前）發展起來的。

轉換為二進制
這個例子説明了我們所知道的十進制數 23 是如何用二進制數來表示的。

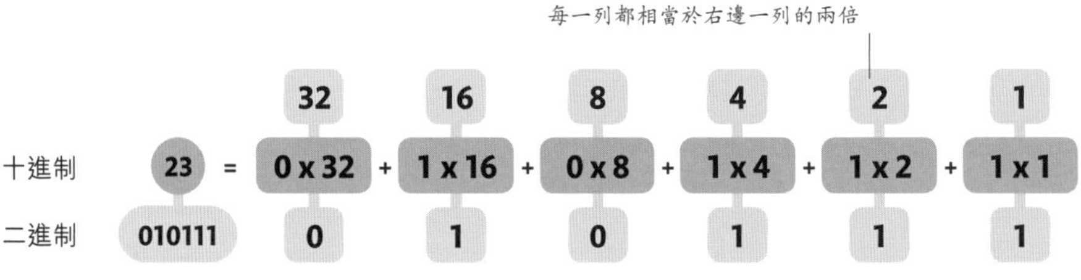

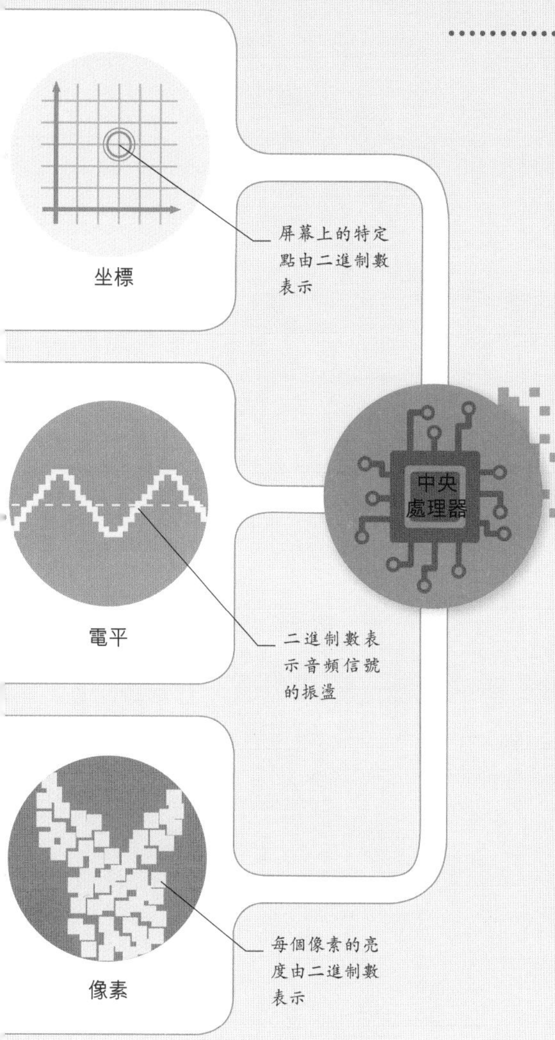

數碼信號

信息數碼化的各種方式都會產生大量的二進制數，這些二進制數由嵌入在數碼設備中的電腦中央處理器（CPU）進行處理。

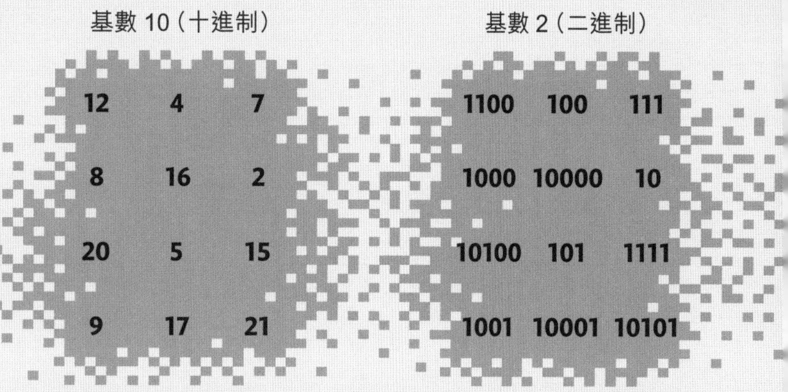

量子計算

目前所有的數碼設備都使用比特作為最小計量單位，1 比特代表每次只能取 0 或 1 其中的一個值，並且其嵌入的電腦每次只能處理一條指令。電腦科學家和物理學家正在開發使用量子比特的量子電腦，量子比特可以同時承載多個值。通過結合量子位，電腦將有潛力執行無限數量的指令，未來有望成為計算速度更快的數碼設備。

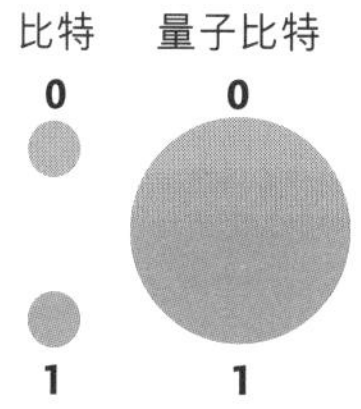

甚麼是數據？

數據（單一數據）是信息的片段。在數碼世界中，數據指的是數碼設備存儲和處理的任何信息，它包括數碼設備用戶的個人信息。

數碼信息的單位

單位	大小	應用
字節（B）	8比特	電腦保存信息的基本單位，一個字節相當於8位二進制數
千字節（kB）	1000字節	一個簡短的文本文件在電腦上會佔用幾千字節
兆字節（MB）	100萬字節	100萬字節（800萬比特）可以表示一分鐘的數碼聲音
吉字節（GB）	10億字節	10億字節（80億比特）可以表示4 000幅數碼圖像
太字節（TB）	1萬億字節	這種大小的電腦硬盤能夠存儲大量的數碼信息

數碼電子技術

在數碼設備內部，信息由集成電路中的電晶體處理，電晶體是蝕刻在小塊半導體材料上的電子元件。

半導體

被稱為「半導體」的材料是組成數碼世界的核心，最常見的半導體材料是矽。純矽本身不是很好的導電體，但可以通過添加其他元素的雜質(稱為「摻雜」)，使其能夠傳導電流。向半導體中添加不同的元素，可以精確控制正負電荷的分佈，從而引導電流通過半導體。

集成電路

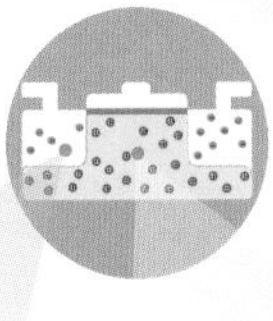

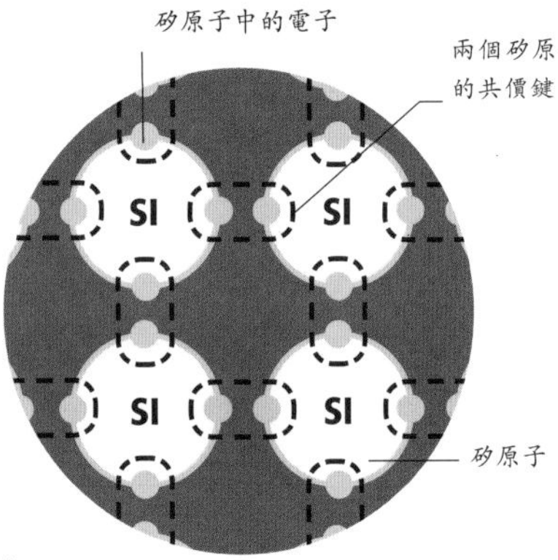

矽

只有當熱和光給電子足夠的能量使其脫離它們的原子時，純矽才能導電。

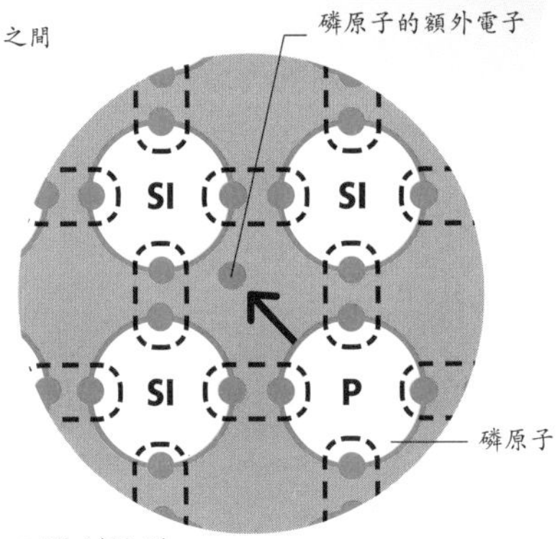

N 型(負)矽

添加磷原子使 N 型半導體中帶負電荷的電子自由移動。

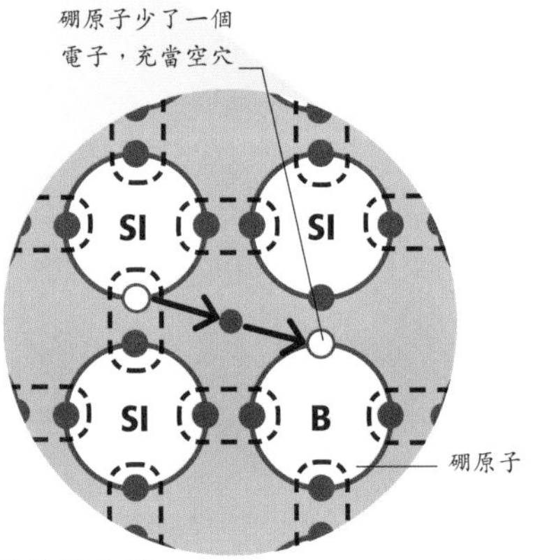

P 型(正)矽

加入硼原子可以提供電子的運動空間，即此處沒有足夠的電子，這就留下了可以穿過矽的帶正電的空穴。

電晶體

集成電路中的電晶體是由純矽製成的，純矽被精確摻雜以產生 N 型和 P 型區域。只有當被稱為「柵極」的部分被施加電場時，電流才能從源極流向漏極。有電流代表二進制數「1」，沒有電流則代表「0」。

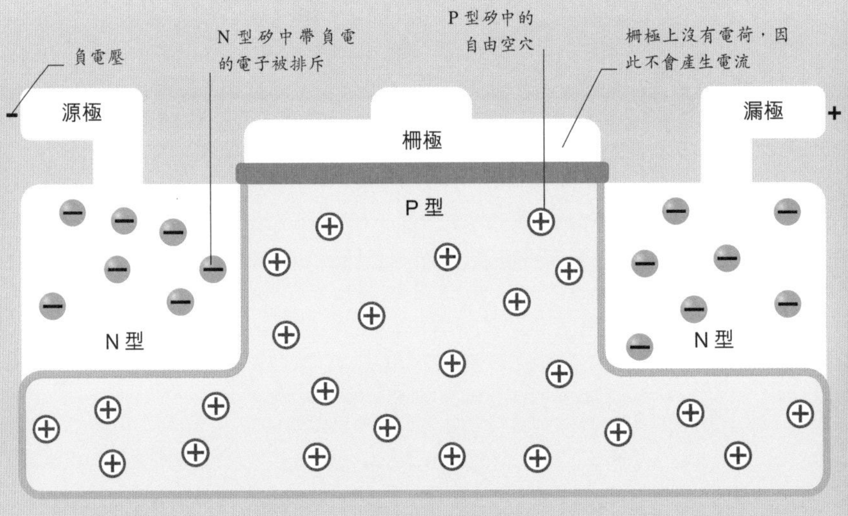

電晶體「關」

源極連接到負電壓處，將電子推向漏極。但是，只有空穴可以流過 P 型矽的相鄰區域，而電子無法通過。

集成電路

集成電路（ICs）通常包含數十億個微型電晶體。每一個電晶體或開或關（允許電流通過或不通過），代表二進制數 1 和 0。這些數碼的組合代表了組成電腦文件的字母、圖像和聲音，以及使電腦工作的程序。我們通常也把集成電路稱為「晶片」。

電晶體能一直變小嗎？

晶片設計者目前的設計能力已經接近矽電晶體最小尺寸的極限，但是隨着新材料的出現，比如化合物半導體的出現，電晶體的尺寸將進一步縮小。

集成電路的類型

集成電路是為完成特定工作而設計的。電子工程師將它們與電路板上的其他組件組裝在一起，製成電腦、平板電腦、智能手機和數碼相機等數碼設備。

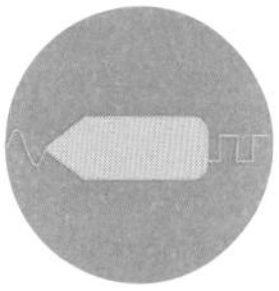

模擬信號到數碼信號
模數晶片從現實世界中獲取信息，並將其編碼成二進制數的集合。

微處理器
每個數碼設備都有一個處理程序的集成電路，即令設備工作的指令集。

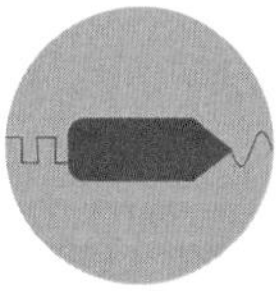

數碼到模擬
數模晶片處理數碼聲音信號（1 和 0）以產生可以發送到揚聲器的模擬信號。

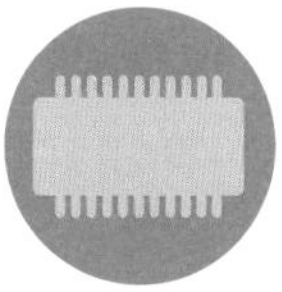

隨機存取存儲器晶片
隨機存取存儲器（RAM）保存要處理的活躍程式和信息。

閃存晶片
閃存晶片存在於 USB 存儲器、數碼相機和固態硬盤中，可以存儲大量信息。

圖形晶片
圖形晶片向電腦、智能手機或平板電腦的屏幕發送信號，快速刷新顯示屏。

單片系統
單片系統是集成了包括處理器、存儲器和其他部件在內的較完整的信息處理系統的半導體晶片，它可以用作獨立的電腦。

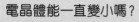

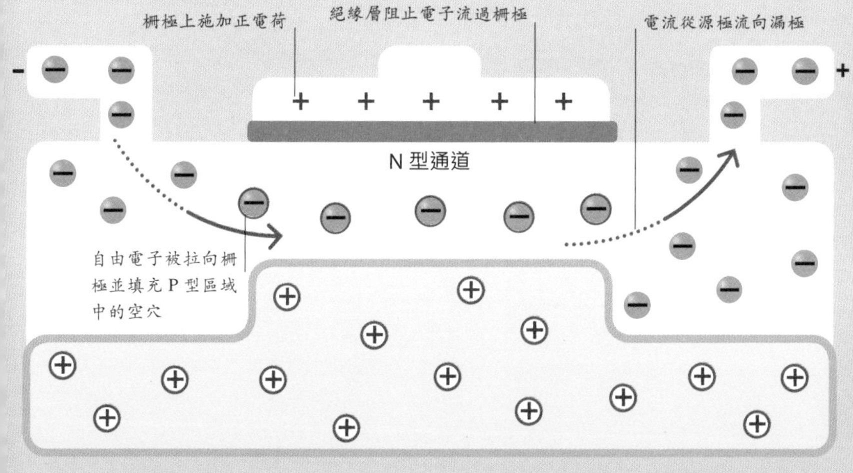
柵極上施加正電荷
絕緣層阻止電子流過柵極
電流從源極流向漏極
N 型通道
自由電子被拉向柵極並填充 P 型區域中的空穴

存儲晶片中的每個電晶體存儲一個「位」。

電晶體「開」
柵極上的正電荷將帶負電荷的電子吸引到 P 型區域。它們能夠成為電荷載體，使電流流過電晶體。

電腦

所有數碼設備中都嵌入了（微型）電腦。電腦有多種形狀和尺寸，如筆記本電腦、桌面電腦、平板電腦以及智能手機等。儘管種類繁多，但所有電腦都以相同的方式工作。

電腦為甚麼會死機？

電腦死機的原因有很多，但最常見的是電腦程式中的錯誤，這意味着指令無法被執行。

筆記本電腦

筆記本電腦是最受歡迎的獨立電腦之一。任何一種電腦（包括筆記本電腦）的核心都是 CPU，它執行寫入電腦運行程序的指令（見第 164 ~ 165 頁）。電腦硬件的其餘部分旨在使信息能夠輸入和輸出電腦，比如以無線方式連接到電腦網絡（包括互聯網）的通信線路。

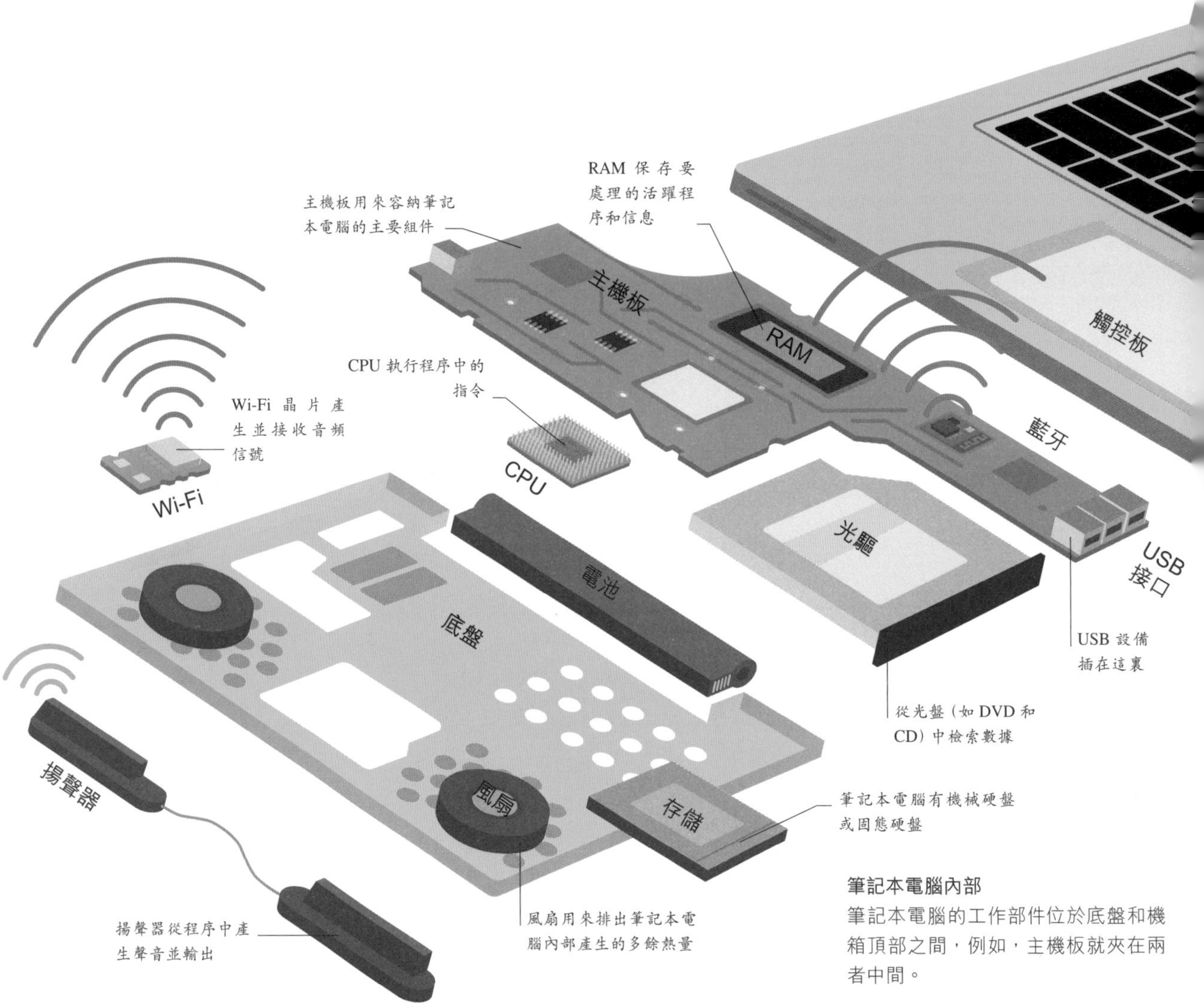

RAM 保存要處理的活躍程序和信息
主機板用來容納筆記本電腦的主要組件
主機板
RAM
觸控板
CPU 執行程序中的指令
Wi-Fi 晶片產生並接收音頻信號
Wi-Fi
CPU
藍牙
光驅
USB 接口
電池
底盤
USB 設備插在這裏
從光盤（如 DVD 和 CD）中檢索數據
揚聲器
風扇
存儲
筆記本電腦有機械硬盤或固態硬盤
揚聲器從程序中產生聲音並輸出
風扇用來排出筆記本電腦內部產生的多餘熱量

筆記本電腦內部

筆記本電腦的工作部件位於底盤和機箱頂部之間，例如，主機板就夾在兩者中間。

電腦類型
這些只是類型眾多的電腦的其中幾種。
桌面電腦
用於處理文本、聲音和圖像文件、以及在線瀏覽。
嵌入式電腦
汽車等許多設備的內部含有電腦。
智能手機
具有獨立的操作系統、獨立的運行空間，並可以通過移動通信網絡實現無線網絡接入。
平板電腦
平板電腦與智能手機類似，但屏幕更大。
顯示屏
鍵盤
機箱頂部
DVD 或 CD 插槽

電腦硬件

「硬件」一詞指的是電腦的物理部件，包括顯示屏、鍵盤和觸控板等輸入設備，以及所有共同工作使電腦發揮功能的電子電路。

超級電腦

超級電腦是一種非常強大的電腦，它可以比典型的筆記本電腦或桌面電腦更快地處理更多的信息。超級電腦被用來預測天氣或為電影中的場景渲染圖形。

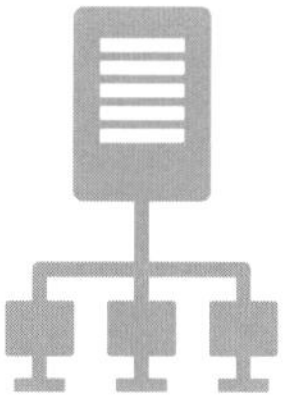

存儲

電腦的主存儲器是 RAM，但它只存儲正在處理的程序和信息。電腦存儲器還能夠存儲當前不使用的程序和信息，即使關閉電腦，它也能保存信息。

存儲媒介

大多數電腦上的內置存儲器是硬盤或閃存（固態驅動器、固態硬盤），容量通常在 250GB 到 1TB 之間。容量較小的可移動存儲器能將信息從一台電腦傳輸到另一台電腦，如 USB 記憶棒。

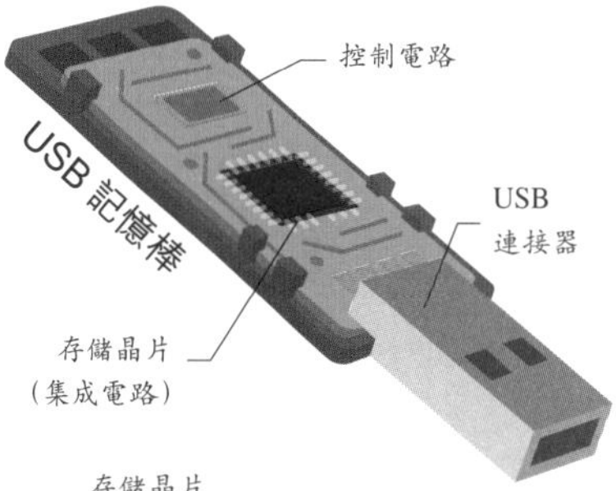
控制電路
USB 記憶棒
USB
連接器
存儲晶片
（集成電路）

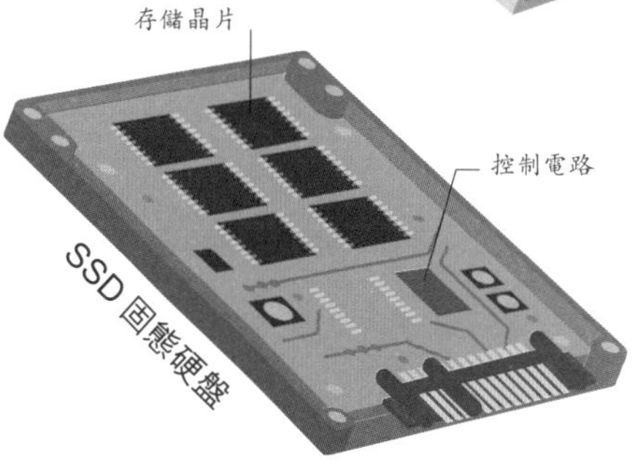
存儲晶片
控制電路
SSD 固態硬盤

30 億台——全球台式機和筆記本**電腦的數量。**

電腦的工作原理

電腦的核心是叫做「中央處理器」(CPU) 的集成電路。它能夠與電腦的主存儲器、輸入設備和輸出設備通信。

甚麼是總線?

在電腦中，總線是連接電腦各個組件的線路，包括連接輸入設備和輸出設備的電纜。

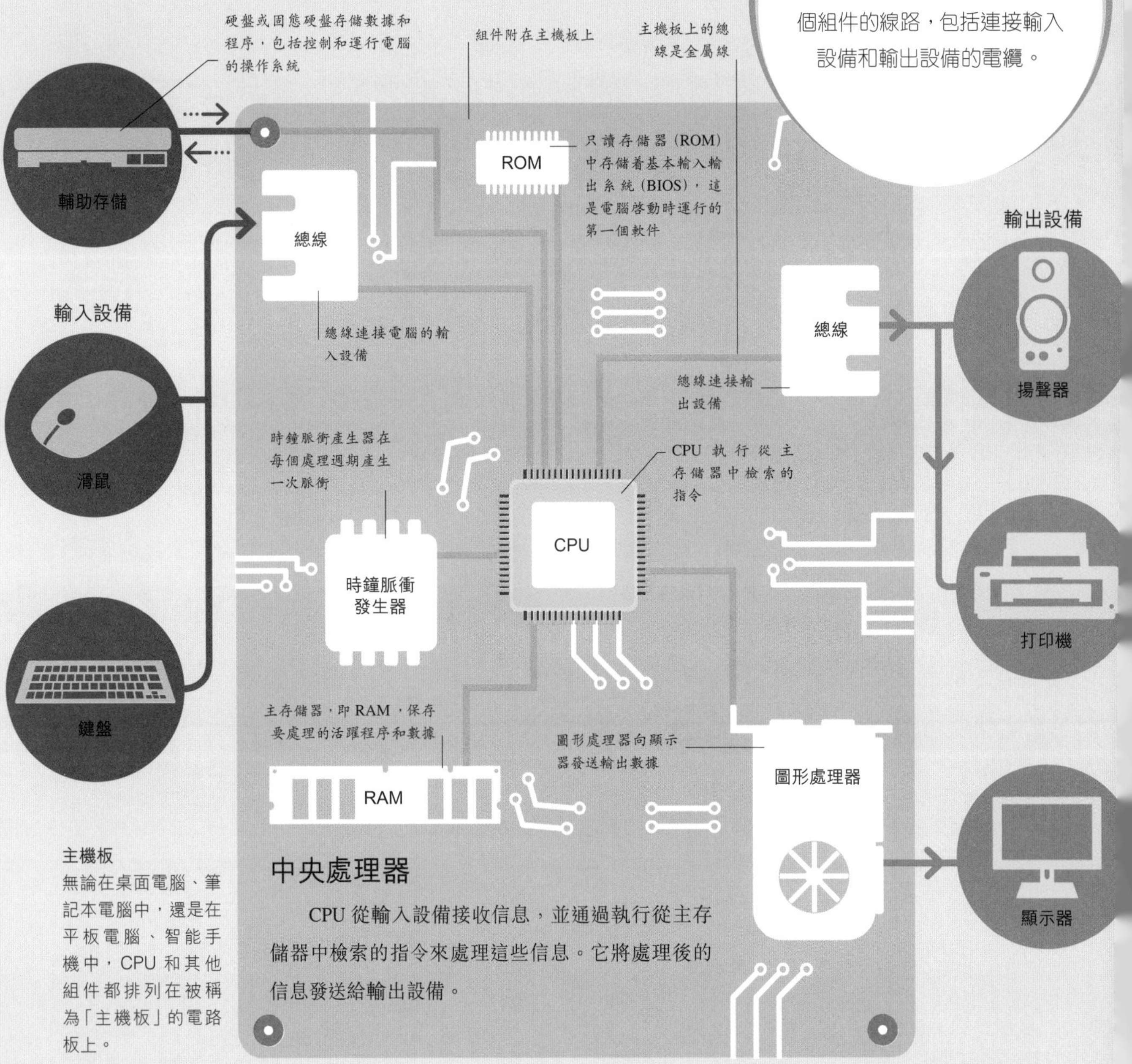

硬盤或固態硬盤存儲數據和程序，包括控制和運行電腦的操作系統
組件附在主機板上
主機板上的總線是金屬線
輔助存儲
ROM
只讀存儲器 (ROM) 中存儲着基本輸入輸出系統 (BIOS)，這是電腦啓動時運行的第一個軟件
總線
輸入設備
總線連接電腦的輸入設備
總線
總線連接輸出設備
輸出設備
揚聲器
滑鼠
時鐘脈衝產生器在每個處理週期產生一次脈衝
CPU 執行從主存儲器中檢索的指令
CPU
時鐘脈衝發生器
打印機
鍵盤
主存儲器，即 RAM，保存要處理的活躍程序和數據
圖形處理器向顯示器發送輸出數據
圖形處理器
RAM
顯示器

中央處理器

CPU 從輸入設備接收信息，並通過執行從主存儲器中檢索的指令來處理這些信息。它將處理後的信息發送給輸出設備。

主機板

無論在桌面電腦、筆記本電腦中，還是在平板電腦、智能手機中，CPU 和其他組件都排列在被稱為「主機板」的電路板上。

指令是如何被執行的

中央處理器一次只能執行一條指令。檢索和執行一條指令需要一個週期的處理時間。在一個典型的中央處理器中，每秒鐘有數十億個週期，所有這些都由時鐘脈衝產生器協調，它是產生極快脈衝流的電子電路。

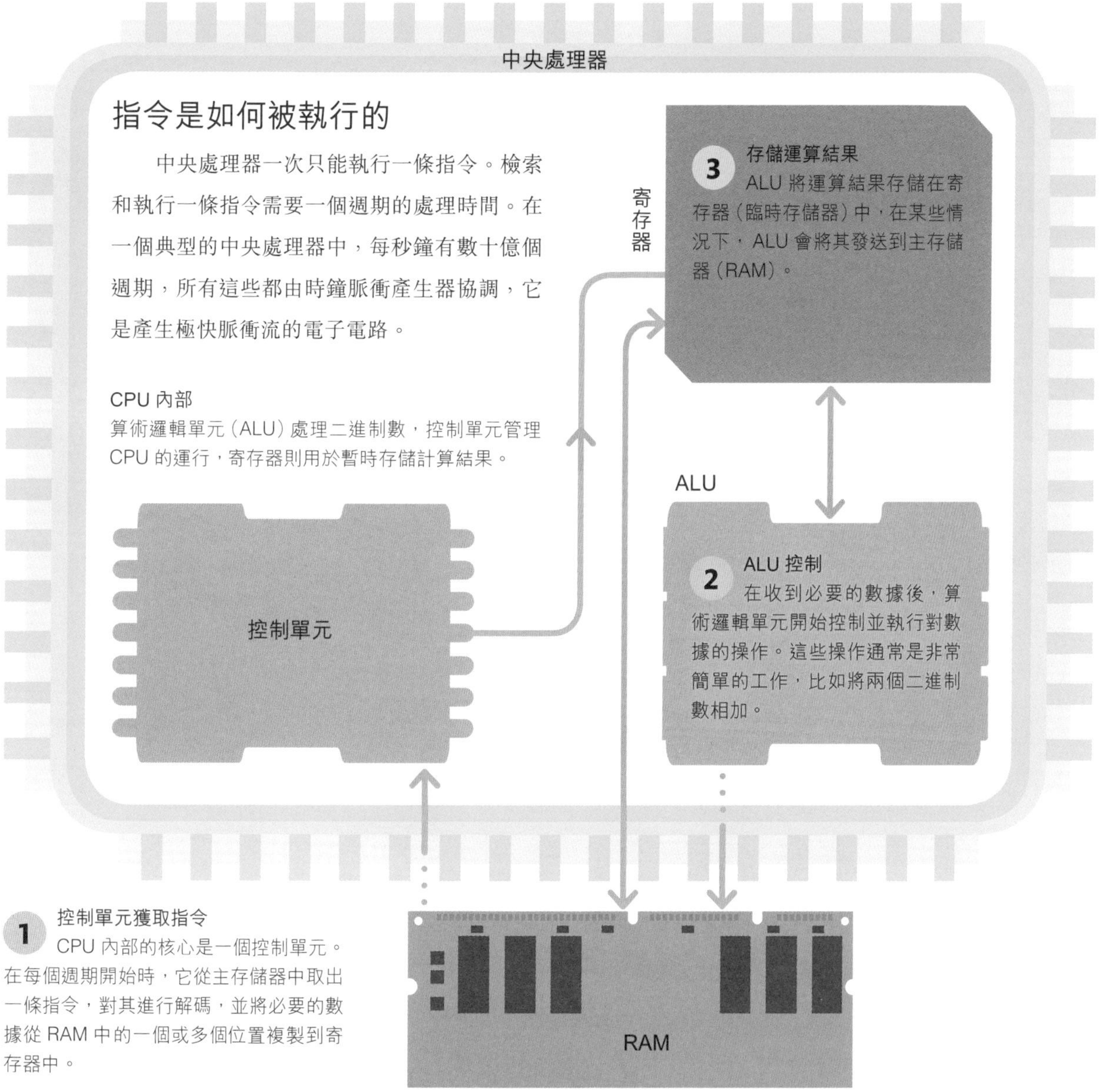

CPU 內部
算術邏輯單元（ALU）處理二進制數，控制單元管理 CPU 的運行，寄存器則用於暫時存儲計算結果。

1 控制單元獲取指令
CPU 內部的核心是一個控制單元。在每個週期開始時，它從主存儲器中取出一條指令，對其進行解碼，並將必要的數據從 RAM 中的一個或多個位置複製到寄存器中。

2 ALU 控制
在收到必要的數據後，算術邏輯單元開始控制並執行對數據的操作。這些操作通常是非常簡單的工作，比如將兩個二進制數相加。

3 存儲運算結果
ALU 將運算結果存儲在寄存器（臨時存儲器）中，在某些情況下，ALU 會將其發送到主存儲器（RAM）。

機器碼

CPU 處理的數據和指令以二進制數，即 1 和 0 的數碼流來表示。這個數碼流被稱為「機器碼」，並被分成塊，通常是 32 位或 64 位。

0 1 1 0 0 1 0 1
0 0 1 1 0 1 0 0
0 0 1 0 1 1 1 0
1 0 0 1 0 1 0 0

世界上最小的電腦比一粒**鹽**還小。

鍵盤和滑鼠

電腦在處理信息並產生輸出之前，必須先獲得輸入信息。兩種最常用的、直接與電腦交互的輸入設備是鍵盤和滑鼠。

我需要滑鼠墊嗎？

光學滑鼠在平坦、閃亮的表面上不能很好地工作，因為在這些表面上，滑鼠的光學傳感器沒有細節可以捕捉，而一個滑鼠墊就能解決這個問題。

鍵盤

智能手機和平板電腦的屏幕上有觸控感應鍵盤，而桌面電腦和筆記本電腦卻配備了帶有物理按鍵的鍵盤。鍵盤內部有許多電路，每一個按鍵對應一個電路。這些按鍵是簡單的開關，按下後對應電路導通，電流流向集成電路，集成電路產生一組二進制數，這些二進制數與所按的按鍵一一對應。

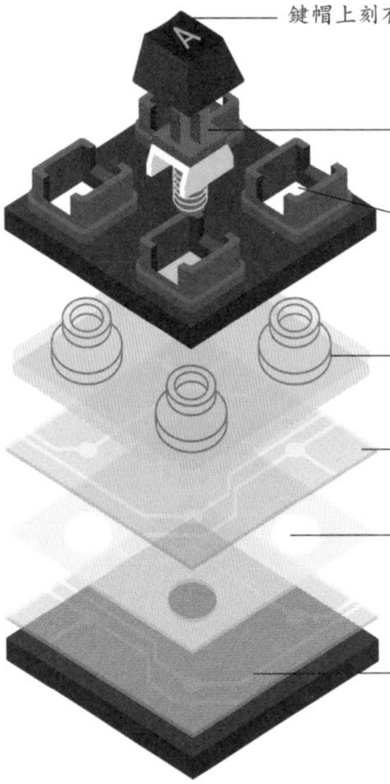
鍵帽上刻有按鍵的名稱
滑塊的底部將兩個薄膜推到一起
上殼體有引導滑塊運動的孔
鬆開按鍵時，橡膠碗會向上推
頂部薄膜具有觸點
中心膜上的孔讓觸點能夠接觸
底部薄膜具有觸點

按鍵層

目前最常見的鍵盤類型使用一種叫做「橡膠碗 + 薄膜」的技術。滑塊將兩個觸點推在一起，而橡膠碗能提供一個力，使按鍵被按下後可以返回正常位置。

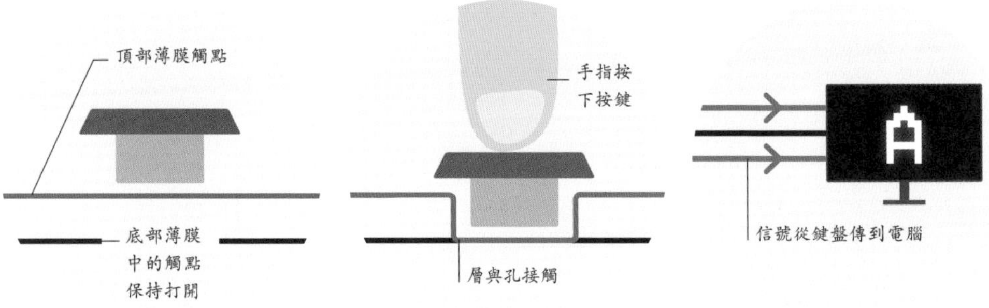
頂部薄膜觸點
底部薄膜中的觸點保持打開
手指按下按鍵
層與孔接觸
信號從鍵盤傳到電腦

1 按鍵彈起

鍵盤上每個鍵的下面都有金屬觸點。這些觸點通常保持斷開狀態，直到按鍵被按下。

2 按鍵被按下

按下按鍵會閉合觸點，讓電流流過該按鍵對應的電路。電流流向鍵盤中的集成電路。

3 發送到電腦的信號

該電路識別哪個鍵被按下，並向電腦的主處理器發送一個數碼信號，即一組二進制數或掃瞄代碼。

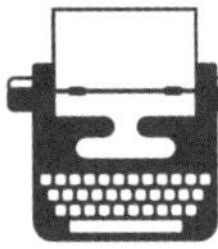

1946 年，有人創造了有史以來最快的打字速度——每分鐘 216 個單詞。

光學滑鼠

滑鼠允許你在電腦的顯示器上移動指針，這樣你就可以與文檔和程序進行交互。大多數滑鼠是光學設備：它們內部有燈，可以照亮位於它下面的滑鼠墊表面；它還有一個微型光學傳感器，可以識別滑鼠下面的表面圖像。內部電路分析圖像，計算出滑鼠移動的方向和速度，並將信息發送給電腦。

常見連接方法

滑鼠和鍵盤可以用電纜連接到電腦上，也可以採用無線連接方式連接。採用無線連接方式連接時，信息被編碼成無線電波。常見的無線滑鼠大多使用藍牙技術。

無線電波
信息通過無線電波從機載發射器傳輸至插入USB端口的接收器。

USB
一些滑鼠和鍵盤只需通過末端帶有USB連接器的電纜接入電腦即可。

藍牙
信息從無線滑鼠或鍵盤發送給電腦，這種技術耗電較低。

內置設備
筆記本電腦有內置鍵盤和觸控式觸控板，但也可以使用外接滑鼠。

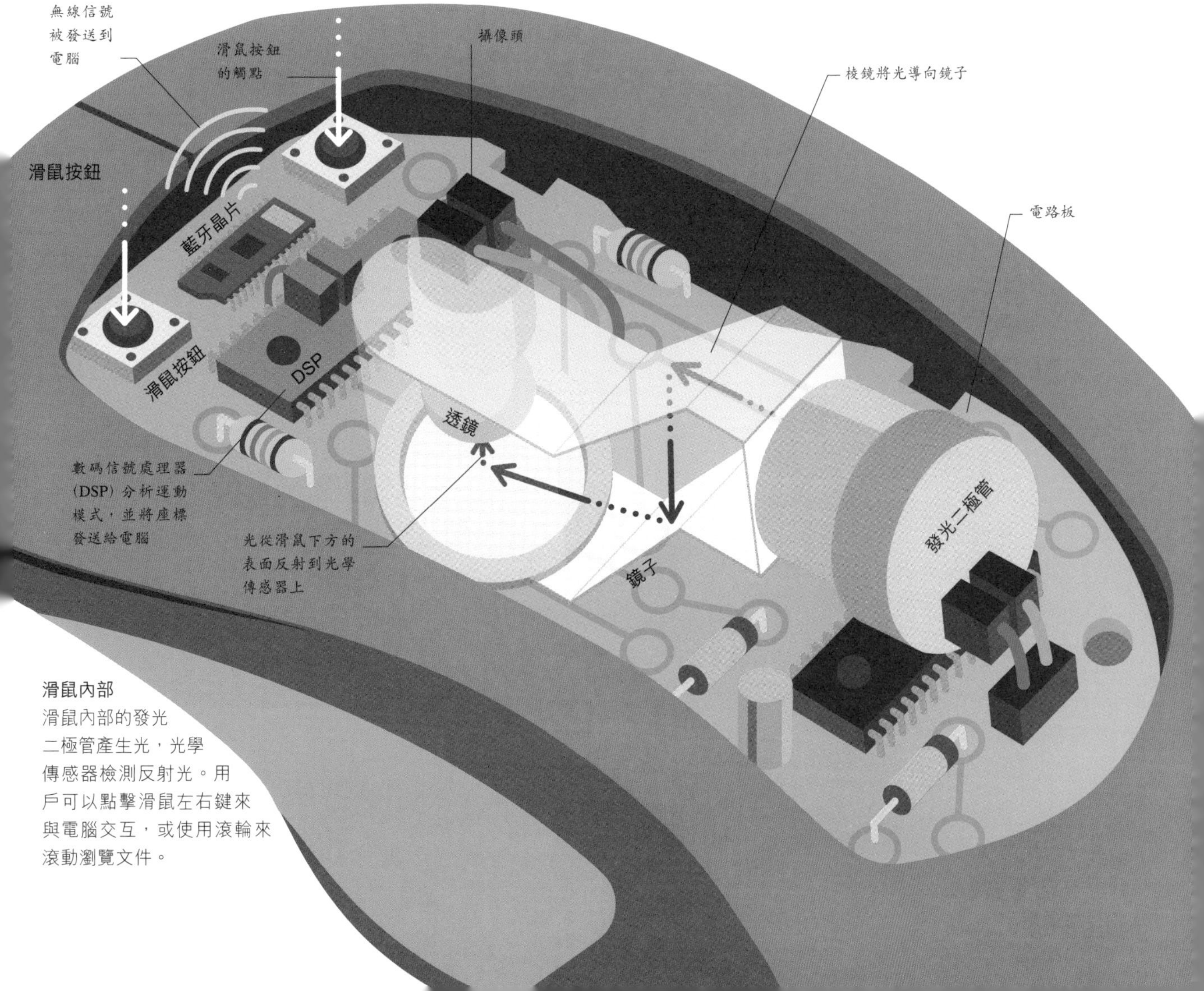
無線信號被發送到電腦
滑鼠按鈕的觸點
攝像頭
棱鏡將光導向鏡子
滑鼠按鈕
藍牙晶片
電路板
滑鼠按鈕
DSP
透鏡
數碼信號處理器(DSP)分析運動模式，並將座標發送給電腦
光從滑鼠下方的表面反射到光學傳感器上
鏡子
發光二極管

滑鼠內部
滑鼠內部的發光二極管產生光，光學傳感器檢測反射光。用戶可以點擊滑鼠左右鍵來與電腦交互，或使用滾輪來滾動瀏覽文件。

電腦軟件

電腦的物理部件稱為「硬件」。電腦軟件指電腦中那些人們不能直接觸碰到的部分，如程式、文件、聲音和圖像。它們以電流和電荷的形式存在，是大量二進制數 0 和 1 的集合。

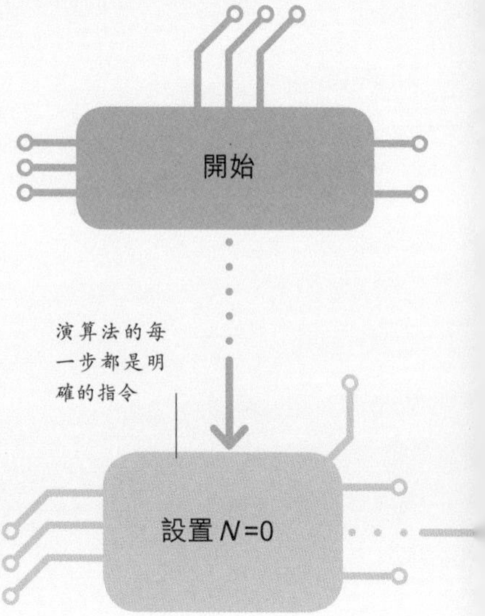

開始
演算法的每一步都是明確的指令
設置 N=0

演算法和程式

演算法是一系列精心設計的、實現特定任務的步驟。程式是一系列簡單演算法的集合。電腦按順序運行程式，但它可能需要暫停或跳轉到程式的不同部分，這取決於輸入或計算的結果。電腦還可以循環運行程式的某個特定部分，直到滿足特定條件為止。

應用程式

應用程式是用戶因某種目的而啓動的程式，如文字處理程序或照片編輯程序。應用程式可以通過點擊滑鼠或觸控板、觸控智能手機屏幕或使用語音命令啓動。其他程式則由操作系統自動啓動。

應用程式
大量程式或文檔存儲在文件夾中
軟件包括程式、文檔、圖像和網頁
顯示器或屏幕能夠讓用戶與存儲在電腦上的軟件進行交互
桌面電腦

一台電腦一次能夠執行多少任務呢？

一台電腦可以同時運行多個程式，但一次只能執行一條指令，它依次執行每個程式的一小部分。

操作系統

打開電腦後，操作系統就會一直保持運行。它是與開放程式交互的核心程式，將輸入和輸出指向任何需要它們的地方。

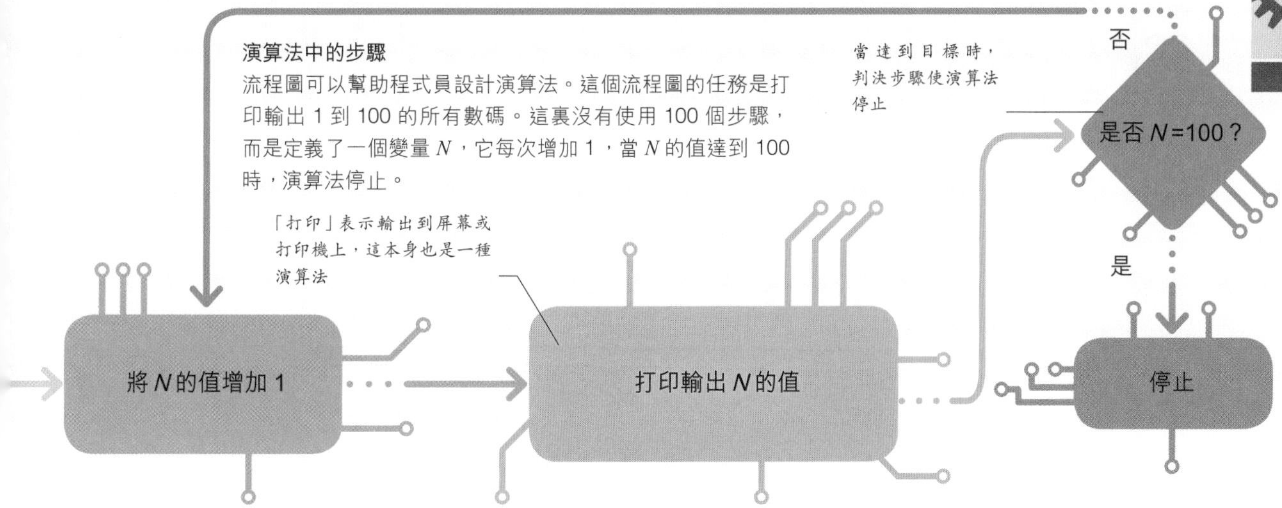

演算法中的步驟

流程圖可以幫助程式員設計演算法。這個流程圖的任務是打印輸出 1 到 100 的所有數碼。這裏沒有使用 100 個步驟，而是定義了一個變量 N，它每次增加 1，當 N 的值達到 100 時，演算法停止。

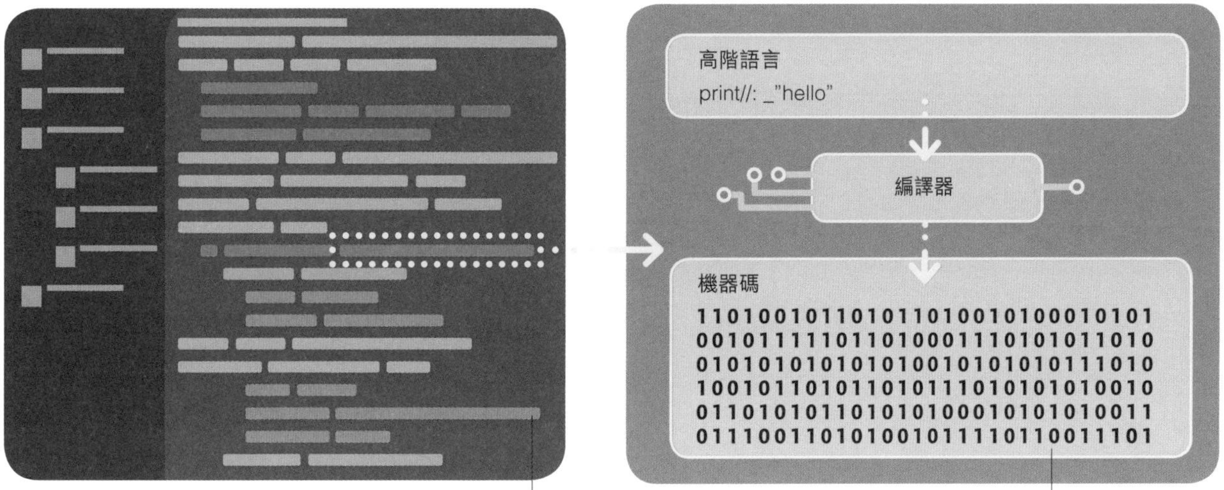

從高階語言到機器碼

編譯器把用高階語言編寫的源代碼翻譯成機器碼。其結果是一個由二進制數組成的可執行文件。

程式和代碼

程序是用人們可以讀寫的字符編寫的，這些字符被稱為「高階語言」，如 Java 和 C++。組成一個程序的全部指令集被稱為「源代碼」。電腦的處理器不能理解高階語言，只能識別二進制數。源代碼被一個叫做「編譯器」的程序翻譯成存儲器和處理器中一組表示二進制數的通斷電流，稱為「機器碼」。

美國國家航空航天局（**NASA**）的**航天飛機**上的電腦所使用的代碼比如今大多數**手機**使用的**代碼還少**。

人工智能

人工智能（AI）是一種讓電腦以與人類智能相似的方式作出反應的技術，包括識別模式和解決問題。人工智能的目標之一是讓電腦自己「思考」，即自己做決定，以及自行對各種情況作出反應。

語音識別是如何實現的？

電腦可以識別語音的組成部分，即音素，並分析出其接收到的語音的含義。

機器學習

為了讓電腦在複雜的情況下作出智能決策，它需要能夠學習、適應和識別模式。這種機器學習通常是通過人工神經網絡實現的，人工神經網絡是一套模擬腦細胞（神經元）工作方式的程式。一個分層排列的人工神經網絡可以一次性處理大量信息，並且學會執行識別人臉、筆跡、語音以及社交媒體或商業趨勢等任務。

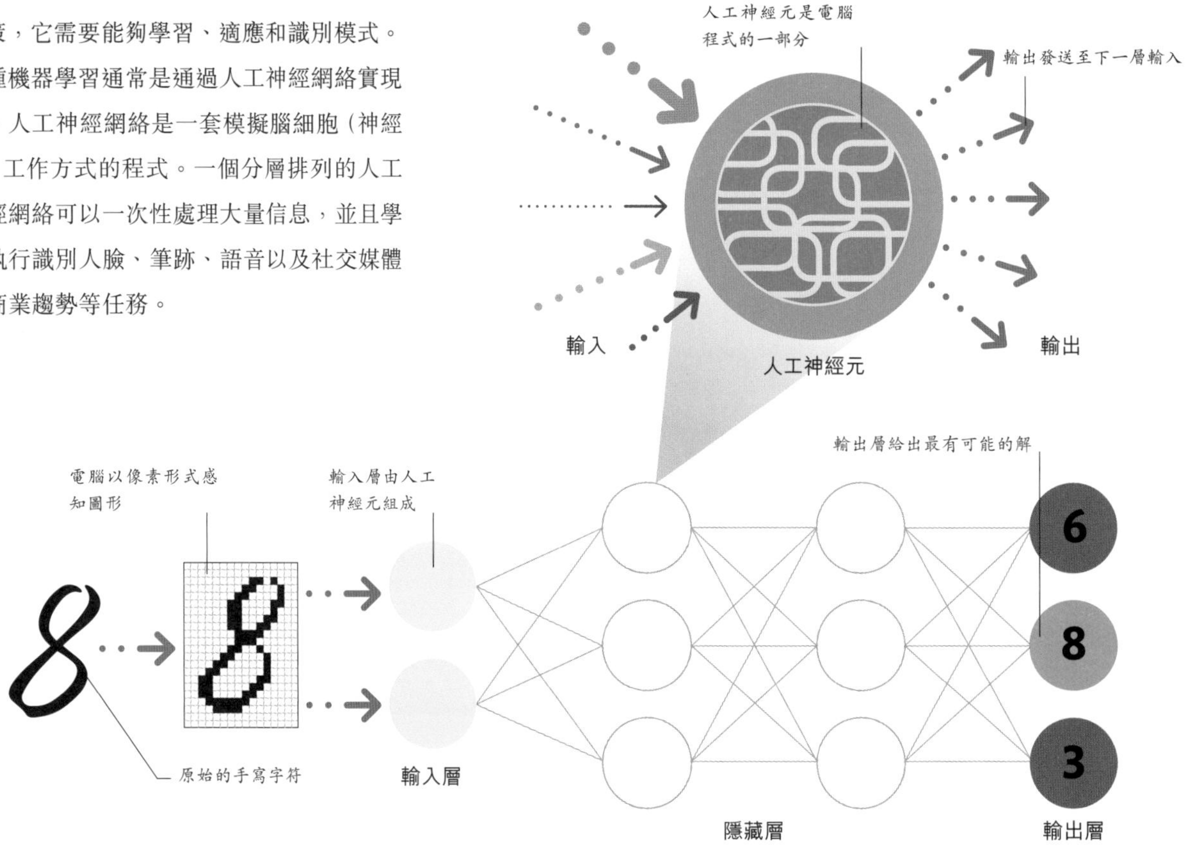

人工神經元是電腦程式的一部分
輸出發送至下一層輸入
輸入
人工神經元
輸出
輸出層給出最有可能的解
電腦以像素形式感知圖形
輸入層由人工神經元組成
原始的手寫字符
輸入層
隱藏層
輸出層
6
8
3

人工神經網絡
真實的神經元會根據它們從感官和其他神經元接收到的輸入生成輸出，但隨着時間的推移，它們會根據輸入的不同改變自己的反應方式。人工神經網絡也以同樣的方式工作，與真實的神經網絡一樣，它們也是分層排列的。

輸入層
輸入層接收輸入。在這個例子中，每個神經元從手寫字符的數碼化圖像中接收一個代表單個像素亮度的數值。這裏只顯示了兩個輸入神經元，但一個真實的人工神經網絡中會有很多這樣的神經元。

隱藏層
輸入層中每個神經元的輸出也是一個數值，其值取決於輸入的值乘以一個「權重」。「權重」隨着網絡的學習而變化。每個神經元輸出的數值傳遞給下一層的多個神經元，每一個神經元都有各自的「權重」。

輸出層
隱藏層神經元的輸出傳遞給輸出層的神經元。在這個網絡中，有 10 個輸出神經元，每個神經元對應數碼 0 到 9。權重最高的神經元的輸出就是這個人工神經網絡對字符的「猜測」。

電腦提供所有走法的自動列表
電腦棋手
電腦預見每一種可能的走法

人類棋手

人類與電腦
人類的大腦只能向前預見幾步，情緒和直覺可能會幫助棋手，但有時也會阻礙棋手。電腦能預見所有可能的走法，然後選擇其中最有希望的一種。對於每一種情況，電腦都可以預見未來的許多種走法。

玩遊戲

擁有人工智能的電腦可以玩那些需要人類智能才能玩的遊戲，包括國際象棋等複雜的遊戲。強大的電腦甚至擊敗了世界上最好的國際象棋棋手。然而，玩遊戲的電腦只能在遊戲規則內工作；如果發生了任何超出規則的事情，電腦將無法嚮應。大多數玩遊戲的電腦遵循程序，通過分析所有可能的走法和可能的結果來幫助它們選擇最好的走法。與機器學習相結合，人工智能系統可以提高他們的遊戲技能。

1997 年，電腦「**深藍**」首次擊敗國際象棋的世界冠軍**加里・卡斯帕羅夫**。

人工智能的應用

根據最近聽過的音樂給出推薦
機器學習可以找到音樂品位相似的人選擇的歌曲。

規劃包裹遞送的最佳路線
與數碼化地圖和交通模式相結合，人工智能系統可以幫助節省時間、提高效率。

幫助醫生診斷疾病
根據病人的症狀，人工智能系統可以搜索醫療數據庫，找出可能的病因。

自動駕駛汽車
裝有車載攝像頭、雷達和數碼地圖的電腦可以安全地駕駛汽車。

過濾垃圾郵件
該系統不僅可以屏蔽特定的發件人地址，還可以識別垃圾郵件的模式並適應新趨勢。

圖像識別
人工神經網絡在數碼圖像中識別物體的能力不斷提高。

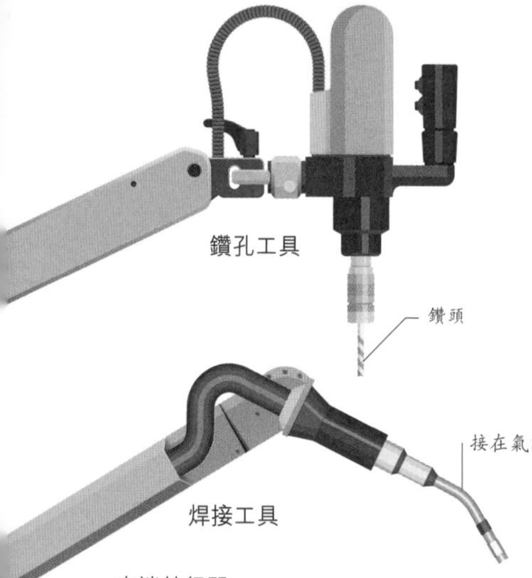
鑽孔工具
鑽頭
接在氣源上的焊槍
焊接工具

末端執行器

機械臂上可以安裝許多不同種類的工具，這些工具被稱為「末端執行器」。最常見的是可以拾起、移動和放下小物體的抓手。

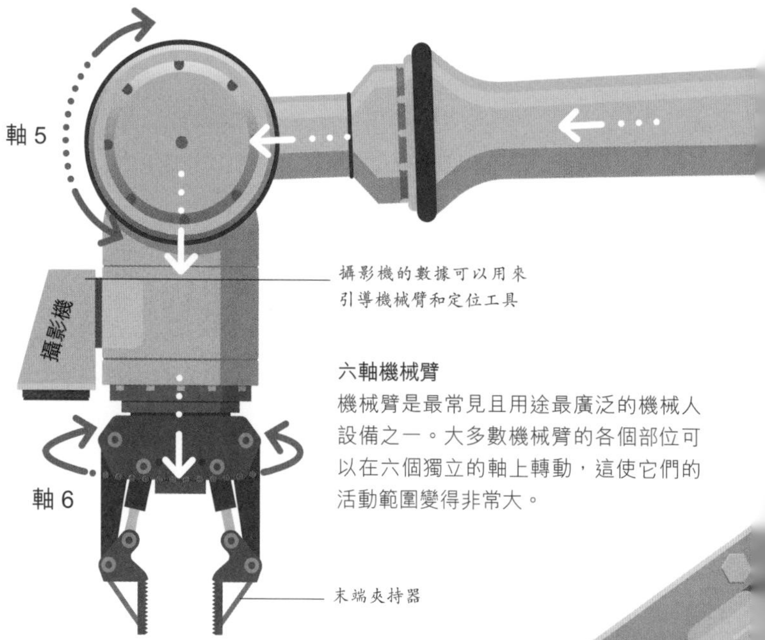
軸 5
攝影機
攝影機的數據可以用來引導機械臂和定位工具
軸 6
末端夾持器

六軸機械臂

機械臂是最常見且用途最廣泛的機械人設備之一。大多數機械臂的各個部位可以在六個獨立的軸上轉動，這使它們的活動範圍變得非常大。

機械人運作原理

機械人是一種電腦控制的機器，它可以在很少或沒有人工干預的情況下完成一系列任務。機械人被用在工廠和倉庫、教育、軍隊、家庭中，甚至還能用於娛樂。

機械人如何移動

使機械人能夠移動和操縱物體的部件叫做「致動器」。機械人裏的電腦精確地控制致動器工作。大多數致動器是由一種叫做「步進電機」的摩打驅動的（見下頁）。這種摩打小步轉動，使機械人的部件能夠精確地移動到所需位置。有些機械人還可以使用輪子、履帶或機械腿四處移動。

機械人會被黑客攻擊嗎？

會的，黑客可以重寫控制機械人的電腦程式。隨着機械人變得愈來愈普遍，確保機械人的安全將成為一個重要問題。

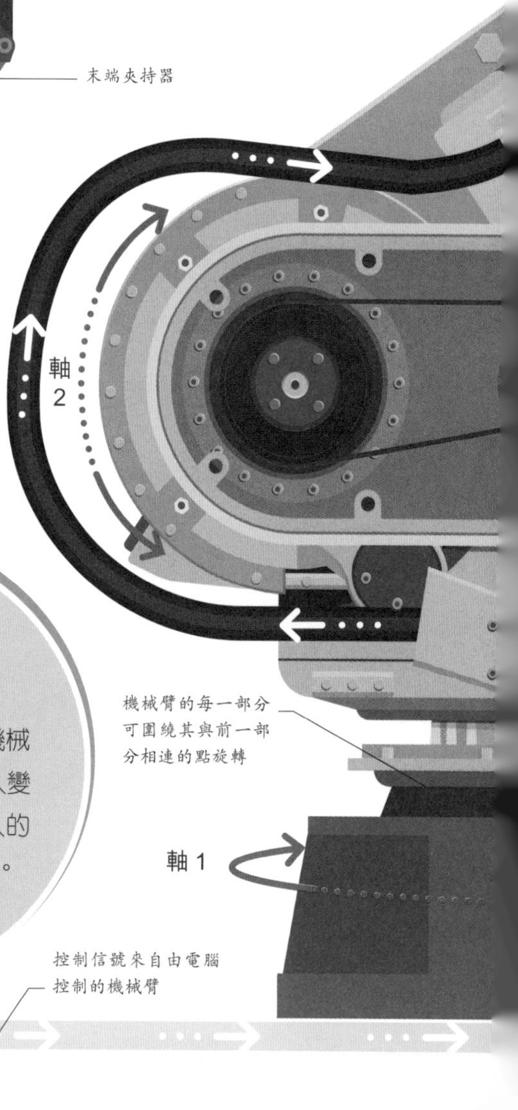
軸 2
機械臂的每一部分可圍繞其與前一部分相連的點旋轉
軸 1
控制信號來自由電腦控制的機械臂

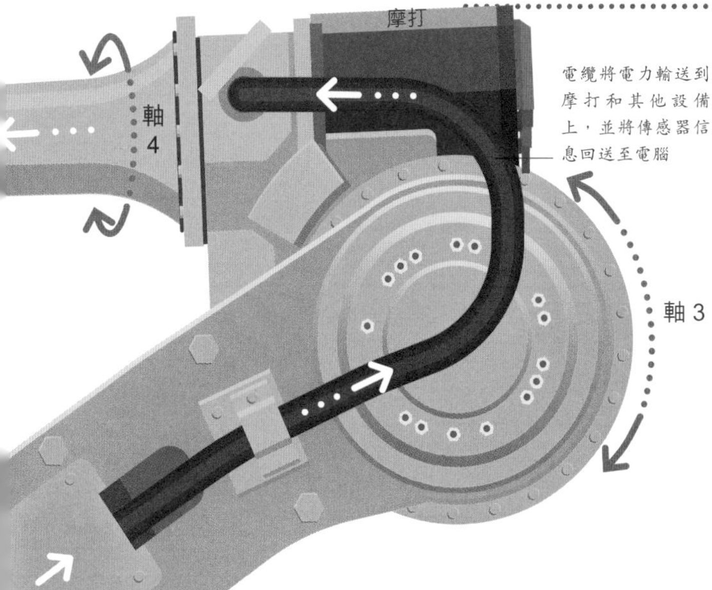
摩打
電纜將電力輸送到摩打和其他設備上，並將傳感器信息回送至電腦
軸 4
軸 3

壓力傳感器

機械人中使用了最簡單的壓力傳感器，即夾在兩塊金屬板之間的導電泡沫墊。這些金屬板與電源相連。泡沫被壓縮得愈扁，流過它的電流就愈大。

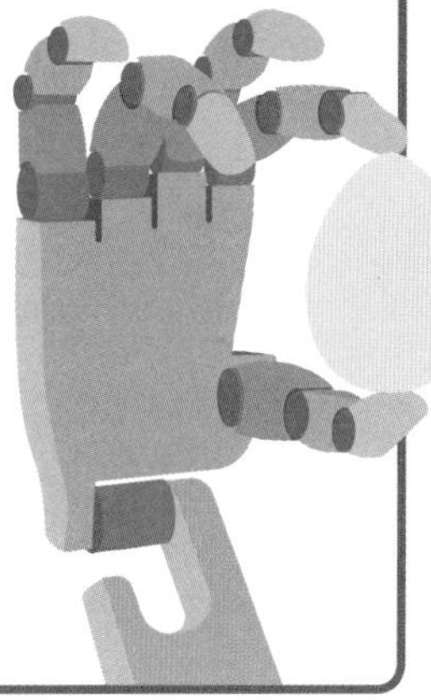

步進電機

步進電機由內部旋轉部分（轉子）和外部靜止部分（定子）組成。轉子是永磁體，定子由多組電磁鐵組成。定子的齒數比轉子的少。激活一組電磁鐵就會磁化具有南北兩極的定子齒。磁力使一組極性相反的齒對齊，而相匹配的齒則不再對齊。通過激活不同的電磁鐵組，轉子每次可以小幅度地旋轉。

步進電機

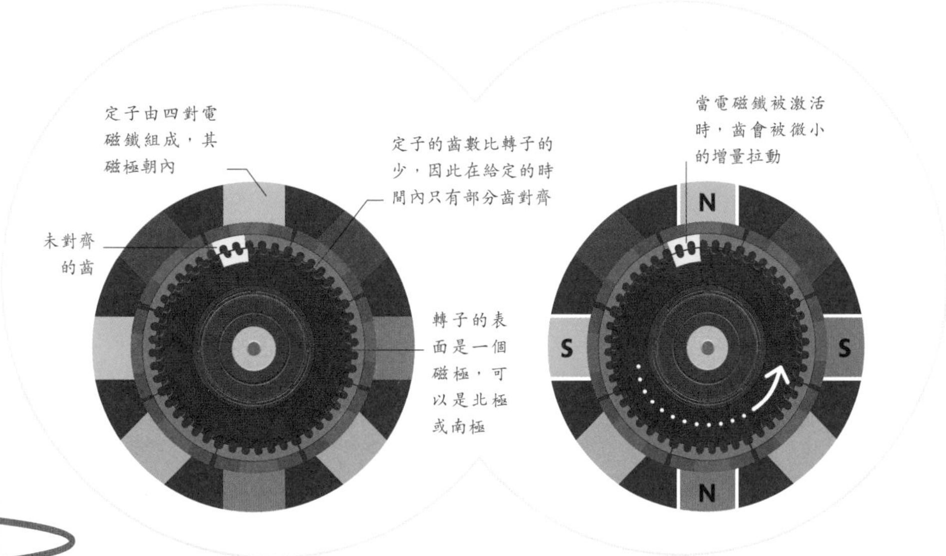
定子由四對電磁鐵組成，其磁極朝內
定子的齒數比轉子的少，因此在給定的時間內只有部分齒對齊
未對齊的齒
轉子的表面是一個磁極，可以是北極或南極
當電磁鐵被激活時，齒會被微小的增量拉動
N
S
S
N

1 摩打關閉
一個旋轉的轉子位於定子內部，定子是由成對的固定電磁鐵組成的。轉子和定子上都有齒。

2 摩打啓動
當電磁鐵被激活時，磁力會輕微地拖動轉子，使不同的齒對齊。每一對齒被依次激活拉動，使轉子動起來。

機械人的應用

有些機械人是全自動的，工作時不需要人工輸入，它們根據傳感器接收的輸入自行作出決策。然而，大多數機械人只是半自動的。

遠程控制

機械人探針（太空探測機械人）是從地球上通過無線電信號控制的，但仍然可以獨立完成任務。

半自動機械人

半自動機械人通常由一個遠程控制器來控制，但除此之外，它仍然需要機載電腦來精確地完成任務。許多半自動機械人也會根據它們傳感器上接收的輸入作出一些自己的決策。

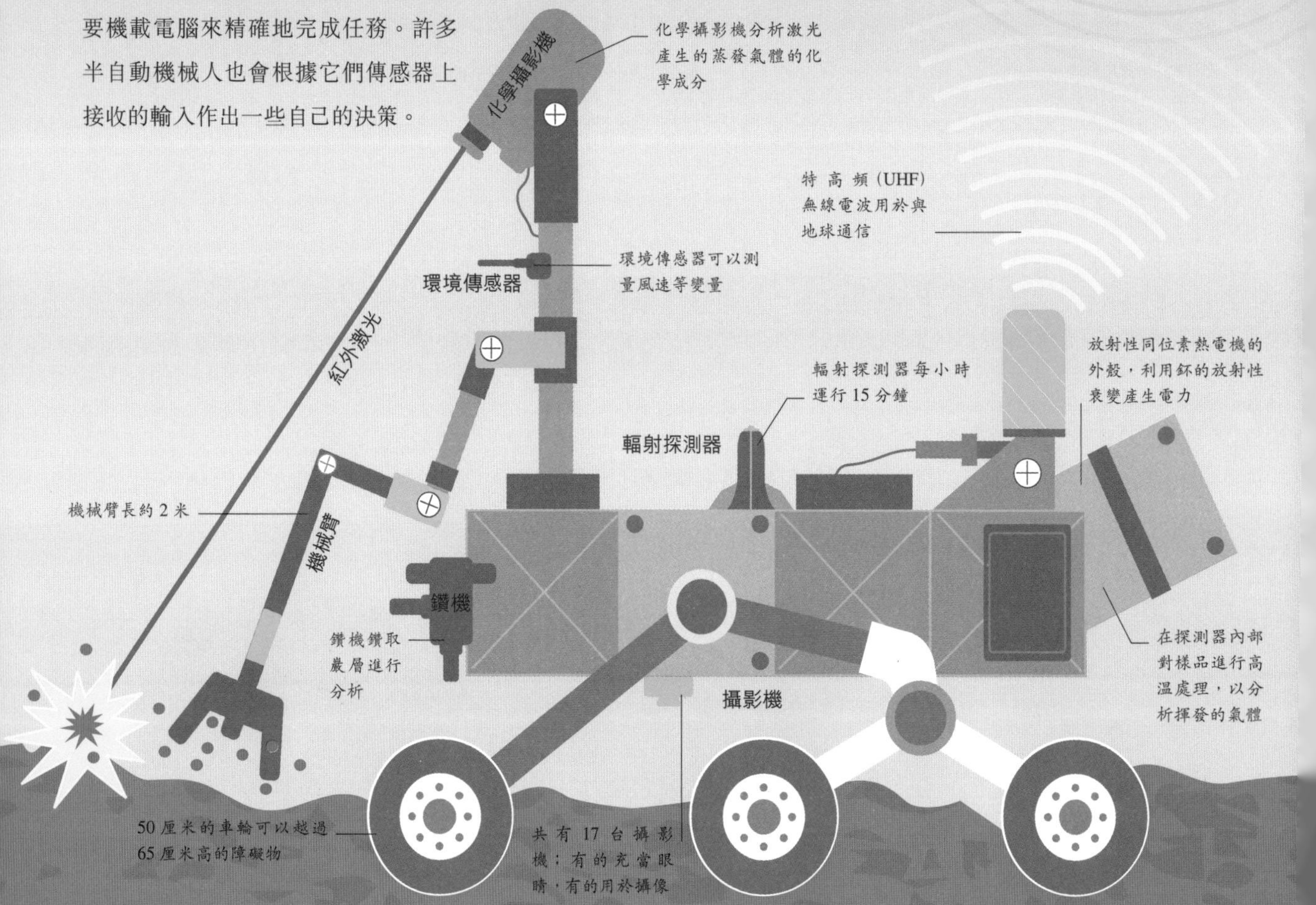
信號到達火星可能需要
4～24 分鐘
化學攝影機
化學攝影機分析激光產生的蒸發氣體的化學成分
紅外激光
環境傳感器
環境傳感器可以測量風速等變量
特高頻（UHF）無線電波用於與地球通信
放射性同位素熱電機的外殼，利用鈈的放射性衰變產生電力
輻射探測器每小時運行 15 分鐘
輻射探測器
機械臂長約 2 米
機械臂
鑽機
鑽機鑽取巖層進行分析
攝影機
在探測器內部對樣品進行高溫處理，以分析揮發的氣體
50 厘米的車輪可以越過 65 厘米高的障礙物
共有 17 台攝影機：有的充當眼睛，有的用於攝像

「好奇號」火星探測漫遊者

「好奇號」火星探測漫遊者是 NASA 研製的一台火星車，它是一個六輪機械人，可以忍受火星惡劣的大氣狀況。它使用大量的科學儀器來收集數據並將其發回地球。

「**機遇號**」火星探測漫遊者的設計初衷是完成 **90 天的任務**，但它已經保持了長達 **14 年**的活躍狀態。

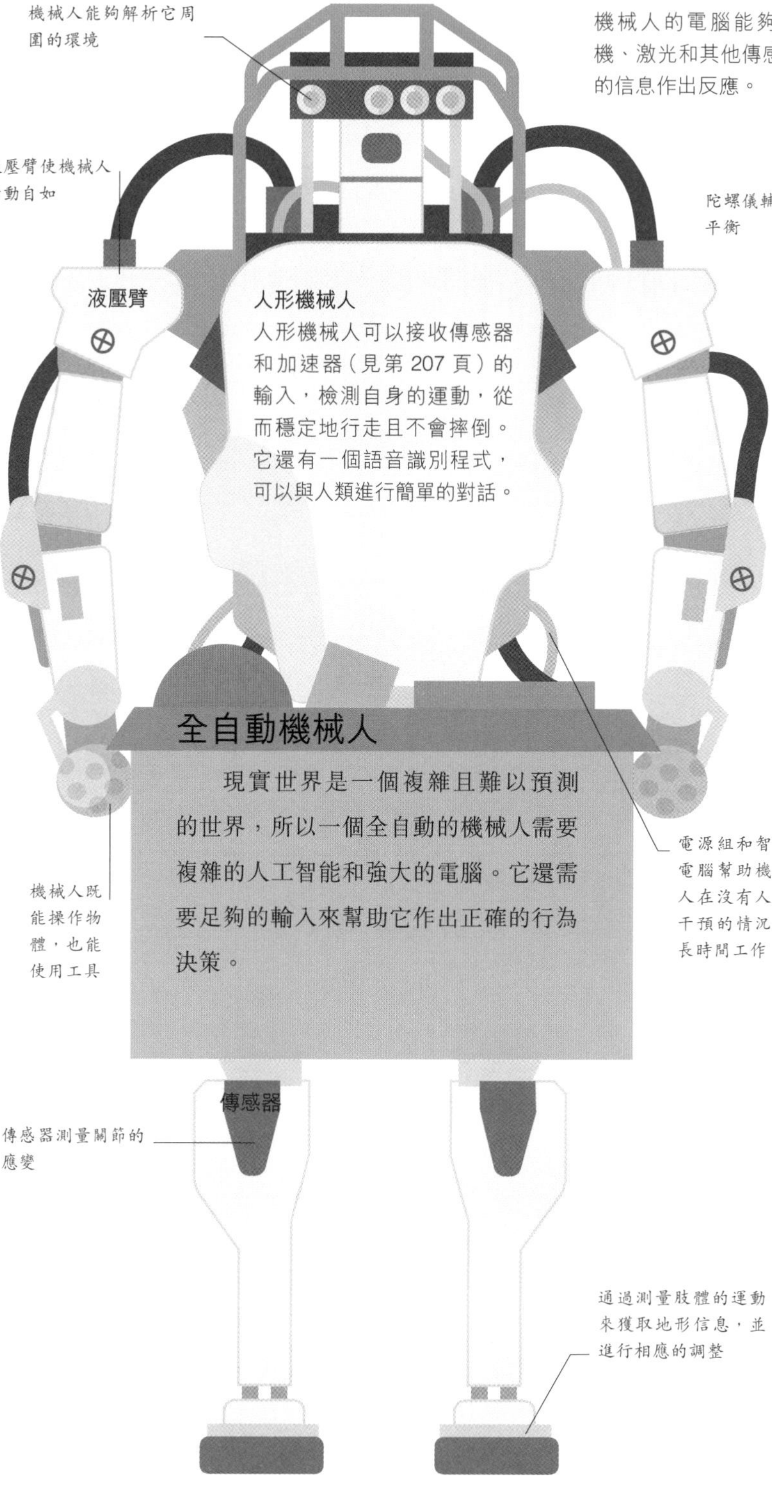
各種各樣的傳感器使機械人能夠解析它周圍的環境
液壓臂使機械人活動自如
液壓臂
機械人既能操作物體，也能使用工具
電源組和智能電腦幫助機械人在沒有人工干預的情況下長時間工作
傳感器
傳感器測量關節的應變
通過測量肢體的運動來獲取地形信息，並進行相應的調整

人形機械人

人形機械人可以接收傳感器和加速器（見第 207 頁）的輸入，檢測自身的運動，從而穩定地行走且不會摔倒。它還有一個語音識別程式，可以與人類進行簡單的對話。

全自動機械人

現實世界是一個複雜且難以預測的世界，所以一個全自動的機械人需要複雜的人工智能和強大的電腦。它還需要足夠的輸入來幫助它作出正確的行為決策。

感知與觀察

機械人的電腦能夠對攝影機、激光和其他傳感器獲得的信息作出反應。

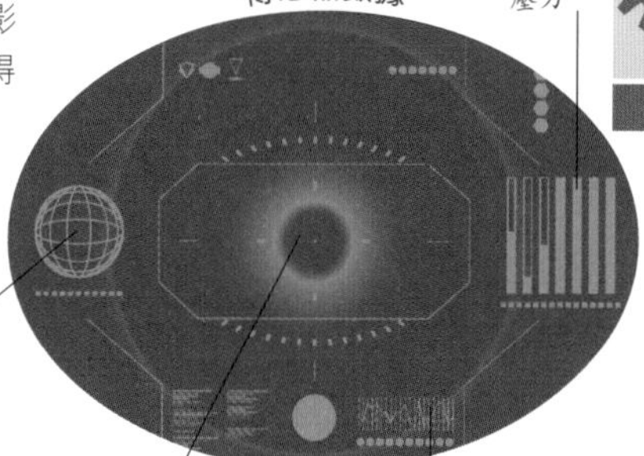
傳感器數據
壓力
陀螺儀輔助平衡
攝影機的光學數據
紅外傳感器探測到的附近物體

機械人的類型		
全自動機械人	自動駕駛汽車	使用攝影機、其他傳感器和衛星導航。
	吸塵機	清潔地板並返回充電站。
	工廠機械人	在可預測的環境中，機械人可以獨立工作。
半自動機械人	救援機械人	在自然災害發生後使用，通過被遠程控制。
	導彈	能在幾乎無人控制的情況下擊中遠程目標。
	外科手術機械人	由外科醫生控制，作出精準的動作。

外骨骼

從事重體力勞動的機械人，比如工廠的機械人，可以使用外骨骼來支撐身體。這是一套帶有摩打和液壓傳動裝置的動力套裝，能夠增強人手臂和腿部的力量。

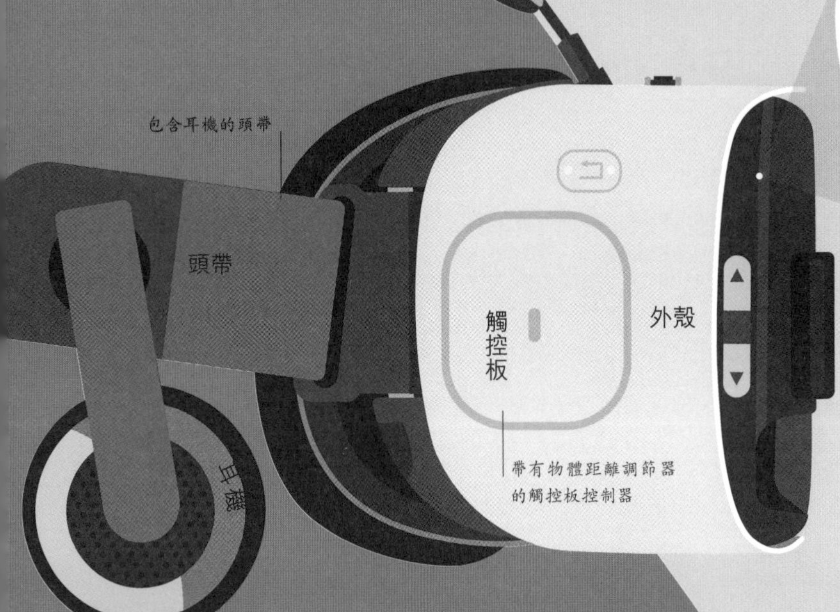

眼球追蹤

一些 VR 頭盔通過向眼球發射不可見的紅外線來檢測眼球運動。頭盔內部的一面鏡子將紅外線轉移到可以跟蹤眼球運動的傳感器上。

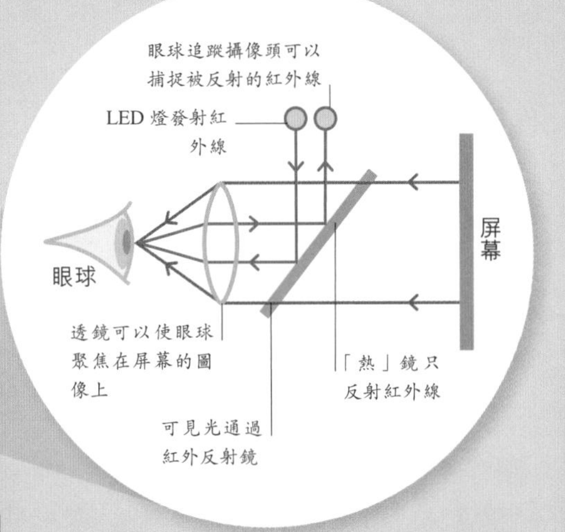

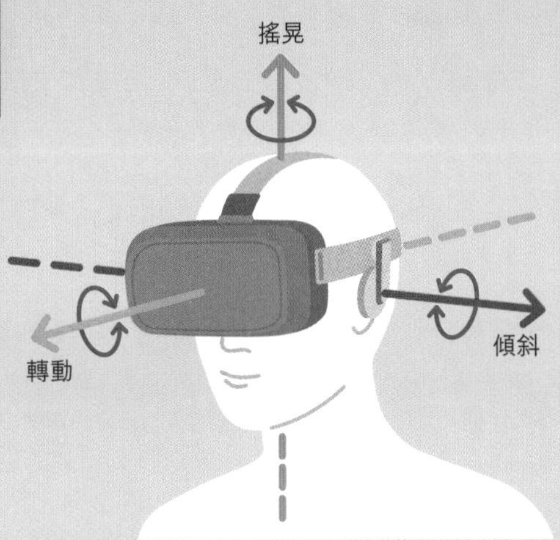

頭部追蹤

VR 頭盔裏有一個叫做「加速度計」的設備，它可以檢測用戶頭部的運動。電腦會相應地調整虛擬世界的視角，這樣用戶就可以環顧虛擬世界。

VR 頭盔是如何工作的

一個 VR 頭盔可以顯示虛擬世界的兩個畫面——每隻眼睛一個畫面，這給人一種深度感。虛擬物體出現在不同的距離上，增強了存在感。這種頭盔可以檢測到用戶頭部的位置和運動，在某些情況下，它還可以檢測到用戶的眼球運動，然後它將這些信息輸入電腦，電腦會調整畫面，讓用戶在虛擬世界中環顧四周。大多數 VR 頭盔還包含立體聲耳機，這樣用戶就可以聽到虛擬世界的聲音。

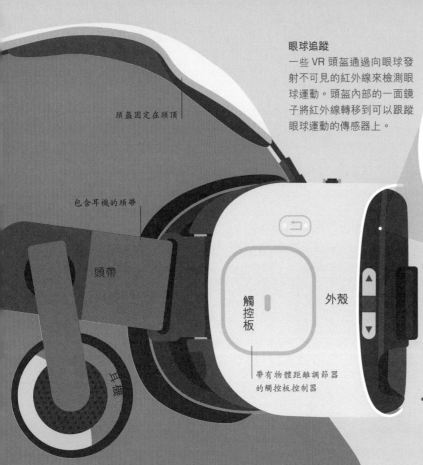

全方位跑步機正在開發中，這樣 VR 用戶就可以在虛擬世界中自由行走。

虛擬實境 VR

我們的大腦通過接收感覺器官，尤其是眼睛和耳朵的信息來感知我們周圍的世界。通過一個虛擬實境（VR）頭盔，將電腦內產生的視覺和聲音反饋給我們的感覺器官，我們的大腦就可以感知現實中不存在的世界——虛擬世界。

擴增實境 AR

與虛擬實境密切相關的一項技術是擴增實境 AR。AR 的應用通常出現在智能手機或平板電腦上，它將虛擬對象添加到設備攝像頭的實時畫面中。這樣，虛擬對象就會出現在現實世界。這在冒險遊戲中，以及在現實世界中展示建築或車輛的信息等方面都很有用。

虛擬世界

VR 頭盔中可以探索的場景存儲在電腦中。大多數虛擬世界是使用電腦生成圖像（CGI）和 3D 建模軟件創建的。3D 建模軟件能夠創建虛擬物體的數碼化表示。場景以一個球體的形式呈現，用戶處於中心位置，被顯示的對象在四周。VR 頭盔只顯示用戶正在看的那部分球體。

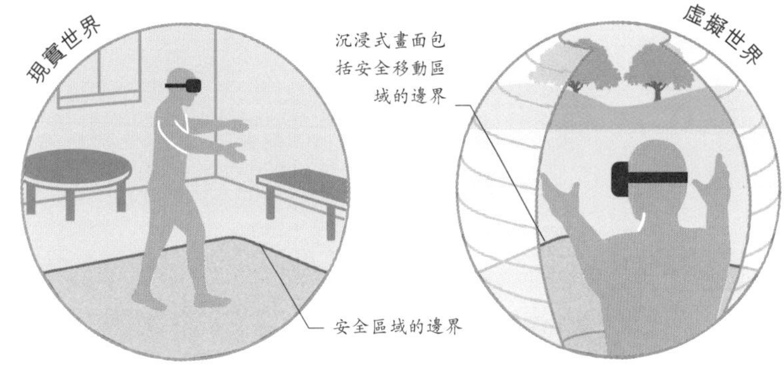

現實世界的空間
現實世界的位置可以是任何地方，如房間裏、田野裏或海灘上。VR 頭盔會屏蔽現實世界的圖像和聲音。

沉浸式畫面
頭盔內的屏幕顯示一個虛擬世界的場景，立體聲耳機播放虛擬聲音，讓用戶有身臨其境的感覺。

觸摸和感覺

某些 VR 系統包括了可以與虛擬世界中的物體進行交互的手套。這些手套可以探測到真手的運動，然後電腦在虛擬世界中顯示出虛擬的手。在虛擬的手的指尖上有一種傳動裝置，它產生的感覺會被用戶的大腦感知為壓力，這樣用戶就能「感受到」虛擬物體並與之互動。

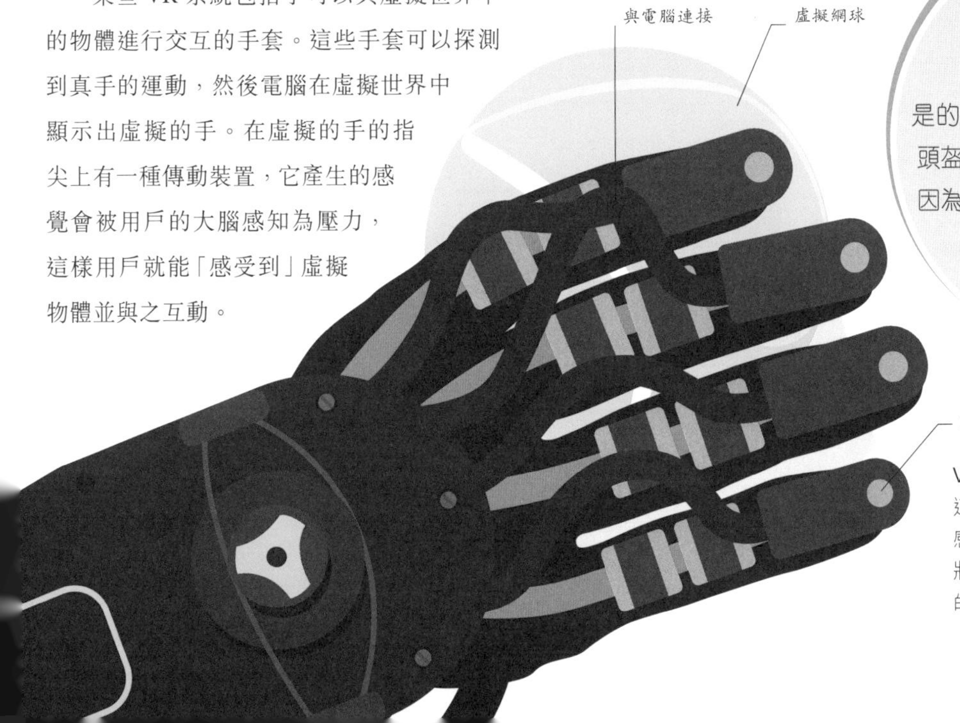

使用 VR 頭盔會讓我感到不舒服嗎？

是的。即使你的身體沒有運動，VR 頭盔也會讓你產生暈動病的症狀，因為你的大腦會解讀虛擬世界中的運動。

VR 手套
這些手套能讓用戶在虛擬世界中感受物體的物理屬性，如重量和形狀。手指上的運動跟蹤器幫助用戶的手在虛擬世界中準確呈現。

通訊

技術

無線電信號

無線電波可以遠距離發送和接收信息，而無須使用電纜。我們依靠無線電波實現廣播、通信、導航和電腦網絡連接。

發送信號

無線電波可以包含聲音、文本、圖像和位置數據等信息。通過改變電波的不同特徵，如頻率或振幅（見下頁），這些信息被編碼到電波中。為了在不同地點之間發送信息，無線電波由發射機使用天線發送，並在空氣中傳播，直到被接收機用天線接收到為止。

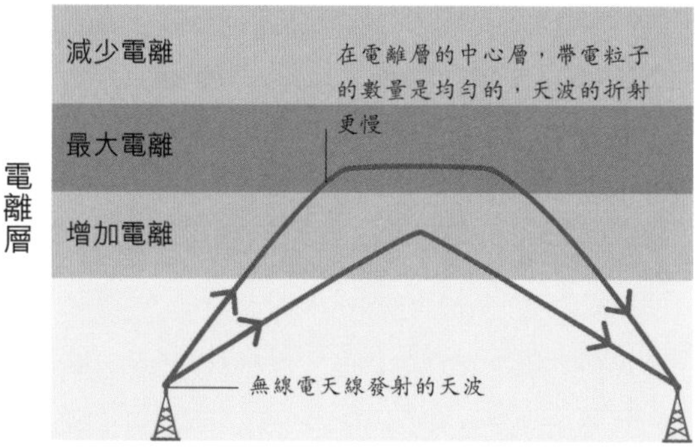

減少電離
在電離層的中心層，帶電粒子的數量是均勻的，天波的折射更慢
最大電離
電離層
增加電離
無線電天線發射的天波

電離層的折射
當天波被傳送到電離層（地球大氣的帶電層）時，它會發生彎曲（折射）。它折射的程度受到波的角度、波的頻率和電離層中帶電粒子數量的影響。

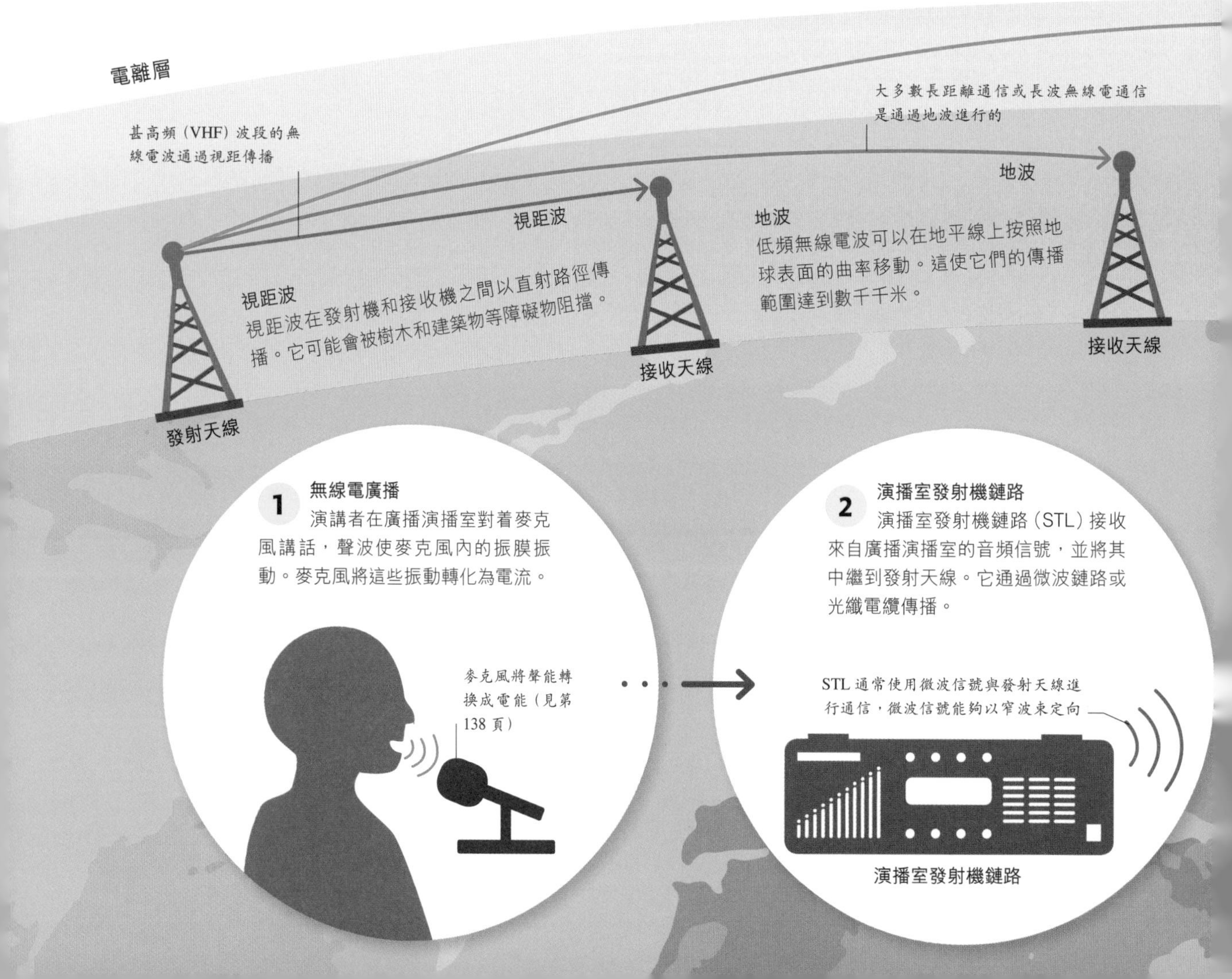

電離層
大多數長距離通信或長波無線電通信是通過地波進行的
甚高頻（VHF）波段的無線電波通過視距傳播
地波
視距波
地波
低頻無線電波可以在地平線上按照地球表面的曲率移動。這使它們的傳播範圍達到數千千米。
視距波
視距波在發射機和接收機之間以直射路徑傳播。它可能會被樹木和建築物等障礙物阻擋。
接收天線
接收天線
發射天線
1 無線電廣播
演講者在廣播演播室對着麥克風講話，聲波使麥克風內的振膜振動。麥克風將這些振動轉化為電流。
麥克風將聲能轉換成電能（見第138頁）
2 演播室發射機鏈路
演播室發射機鏈路（STL）接收來自廣播演播室的音頻信號，並將其中繼到發射天線。它通過微波鏈路或光纖電纜傳播。
STL通常使用微波信號與發射天線進行通信，微波信號能夠以窄波束定向
演播室發射機鏈路

調制

信息通過調制後被編碼成無線電波：將輸入波與一種稱為「載波」的單一頻率波組合起來。在 AM 無線電廣播中，改變的是波的幅度（調幅），而在 FM 無線電廣播中，改變的是波的頻率（調頻）。對於數碼電台，有許多方法來組合輸入波和載波（見第 182 頁）。

調幅和調頻

調幅波和調頻波在外觀和性能上都有所不同。調頻波的範圍比調幅波小，但音質更好，不易受干擾或「噪聲」的影響。

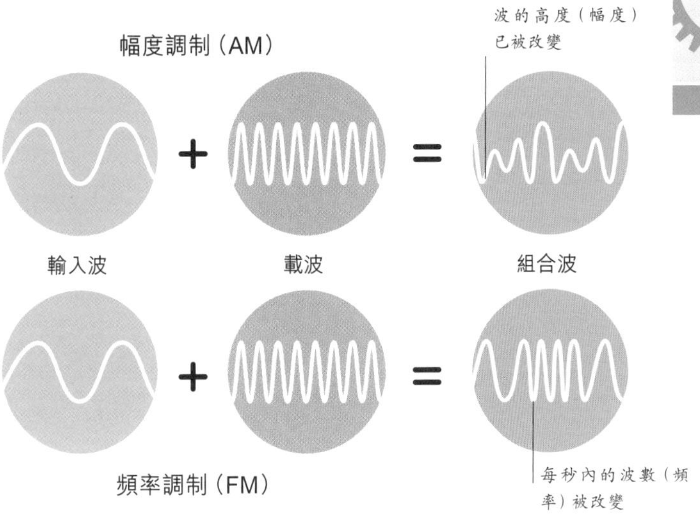
幅度調制（AM）
波的高度（幅度）已被改變
輸入波
載波
組合波
頻率調制（FM）
每秒內的波數（頻率）被改變

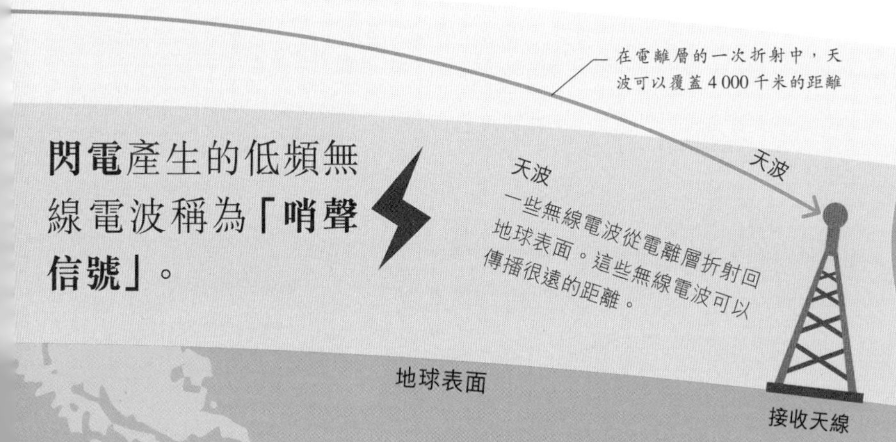
在電離層的一次折射中，天波可以覆蓋 4 000 千米的距離
天波
天波
一些無線電波從電離層折射回地球表面。這些無線電波可以傳播很遠的距離。
地球表面
接收天線

閃電產生的低頻無線電波稱為「哨聲信號」。

甚麼是長波？

對此沒有精確的定義，一般來說，長波指頻率在 300kHz 以下，波長為 1,000～10,000m 的無線電波，通常以地波形式傳播。

3 傳輸信號

電流傳到發射天線，電子迅速來回振動。這會在天線周圍產生變化的電場和磁場，輻射電磁波。

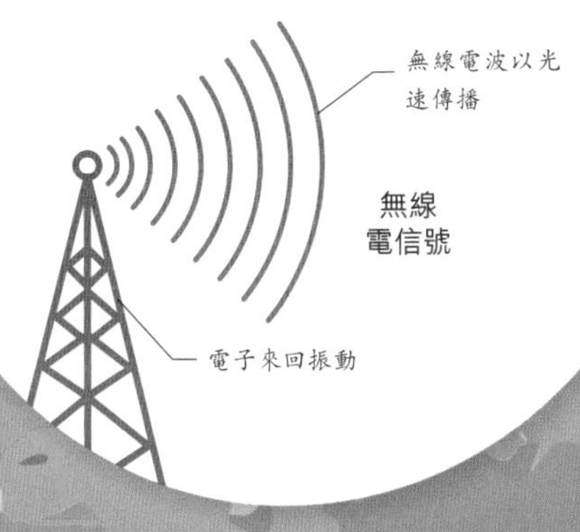
無線電波以光速傳播
無線
電信號
電子來回振動

4 無線電廣播接收

電流通過無線電揚聲器系統，導致揚聲器的錐體振動。揚聲器發出聲波，重現講話者的聲音。

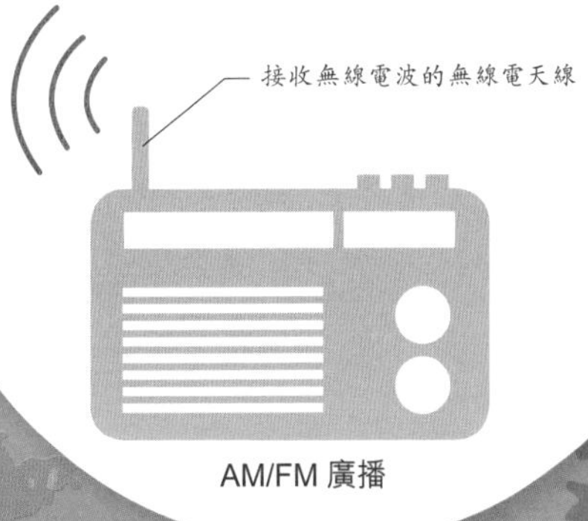
接收無線電波的無線電天線
AM/FM 廣播

1 天線接收無線電波

無線電台的發射天線發出的無線電波穿過空氣後，會被無線電台的金屬天線接收。這些電波對金屬中的電子施加一個作用力，使它們快速來回移動，產生交流電。這股電流被直接送入無線電接收機。

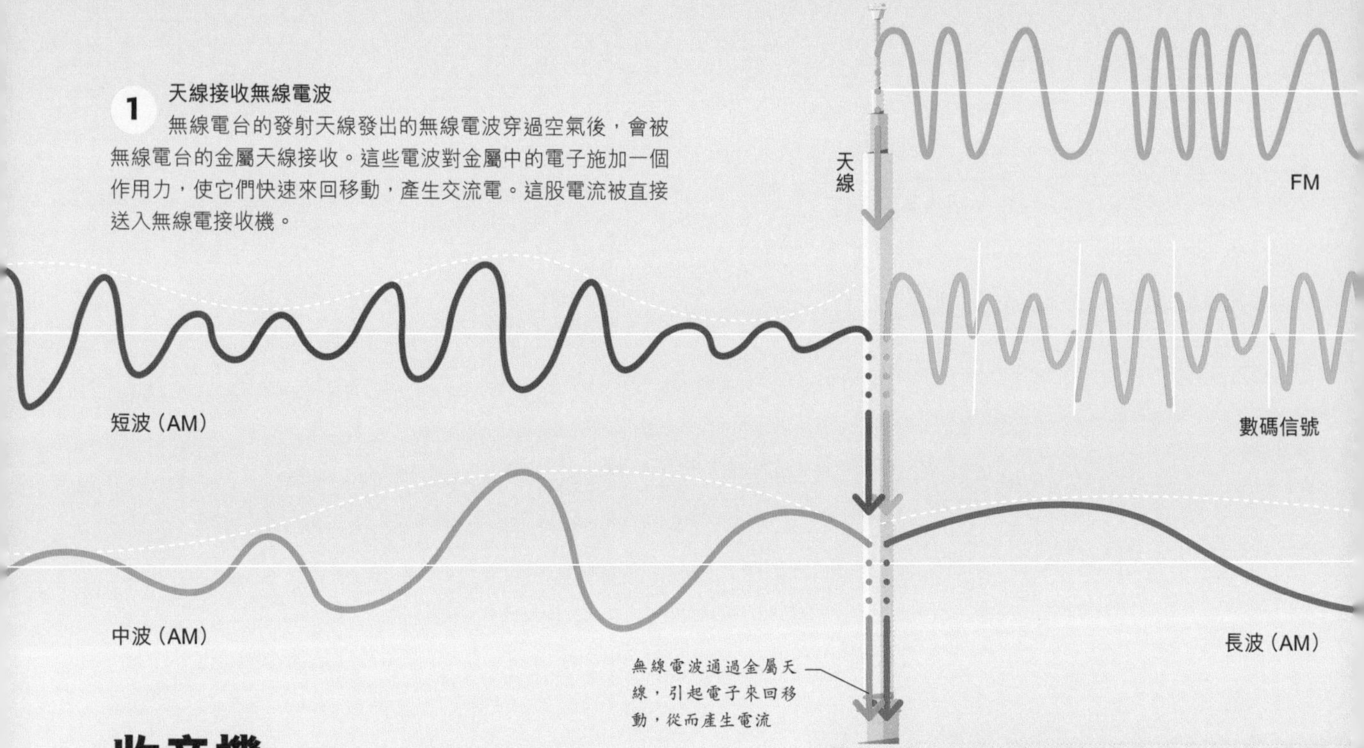

收音機

收音機是一種能接收無線電波並將其轉換成有用形式的設備。廣播收音機接收無線電台發送的音頻節目，並通過揚聲器播放。

收音機的工作原理

收音機通過天線接收無線電波，並將其轉換成較小的交流電。電流被施加到接收機上，接收機濾去信號中不需要的頻率並放大信號，然後對信號進行解調：將有用的、攜帶信息的信號從與之組合傳輸的載波中提取出來（見第 180 ～ 181 頁）。最後，原始的音頻節目通過揚聲器播放。非常簡單的無線電接收機（調諧射頻接收機）只執行這些步驟，但大多數無線電接收機還要進行額外的處理。

靜電是由放大廣播頻率之間的**隨機電信號**引起的。

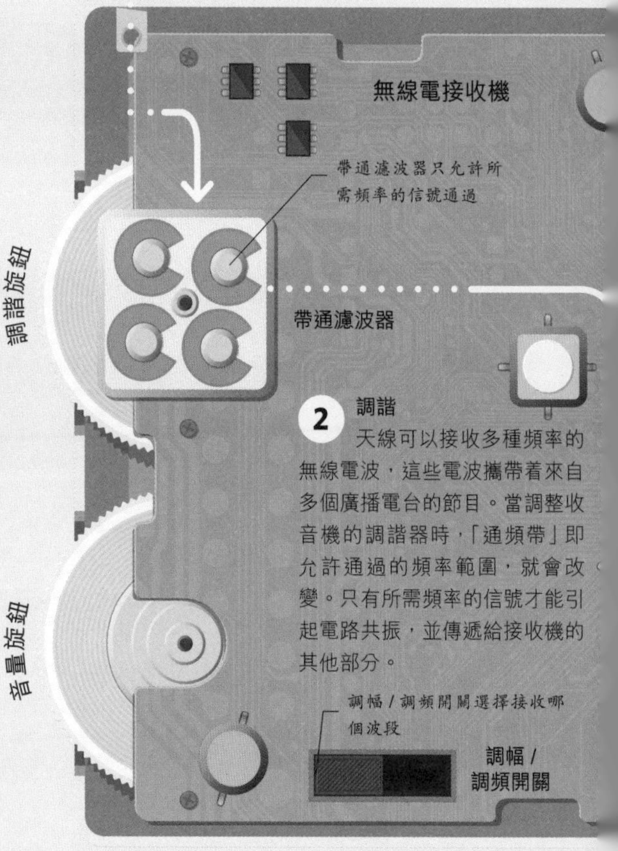

2 調諧

天線可以接收多種頻率的無線電波，這些電波攜帶着來自多個廣播電台的節目。當調整收音機的調諧器時，「通頻帶」即允許通過的頻率範圍，就會改變。只有所需頻率的信號才能引起電路共振，並傳遞給接收機的其他部分。

數碼電台

數碼音頻廣播 (DAB) 是一種使用數碼信號的無線電廣播。它對廣播公司很有吸引力，因為與模擬電台相比，它能更有效地利用無線電頻譜。原始的模擬信號在使用 MP2 等格式壓縮之前被轉換成數碼形式，並通過數碼調制傳輸。

數碼調制
模擬信號被轉換成數碼信號後，其頻率、幅度和相位的變化用二進制數表示。這些信號與模擬載波組合（見第 181 頁），生成模擬信號進行傳輸。

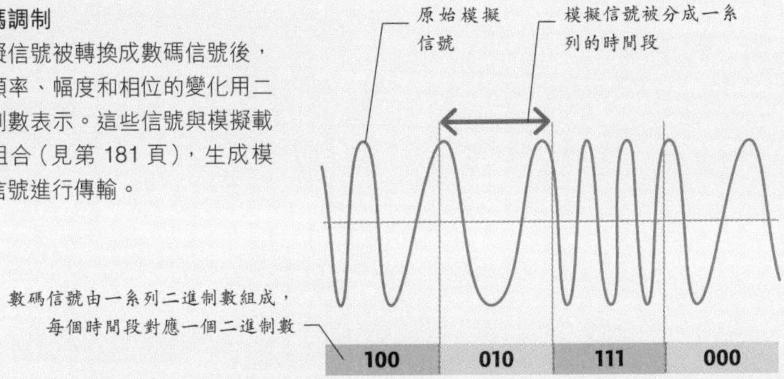

射電望遠鏡

射電望遠鏡是一種射電接收機，用來捕捉來自恒星、星雲及星系等的無線電波。射電望遠鏡需要巨大且靈敏的天線來接收許多光年以外發射的信號。

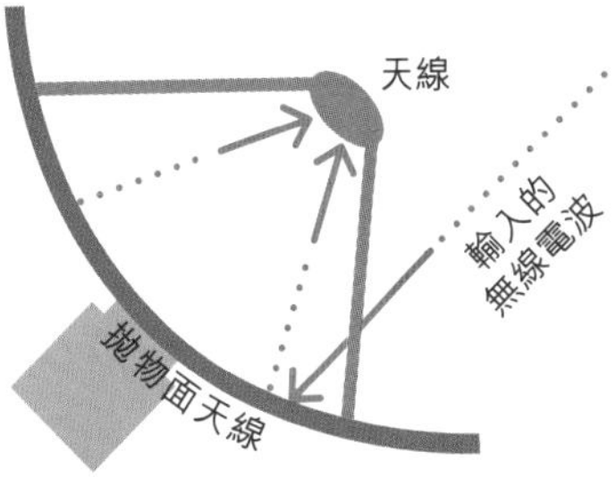

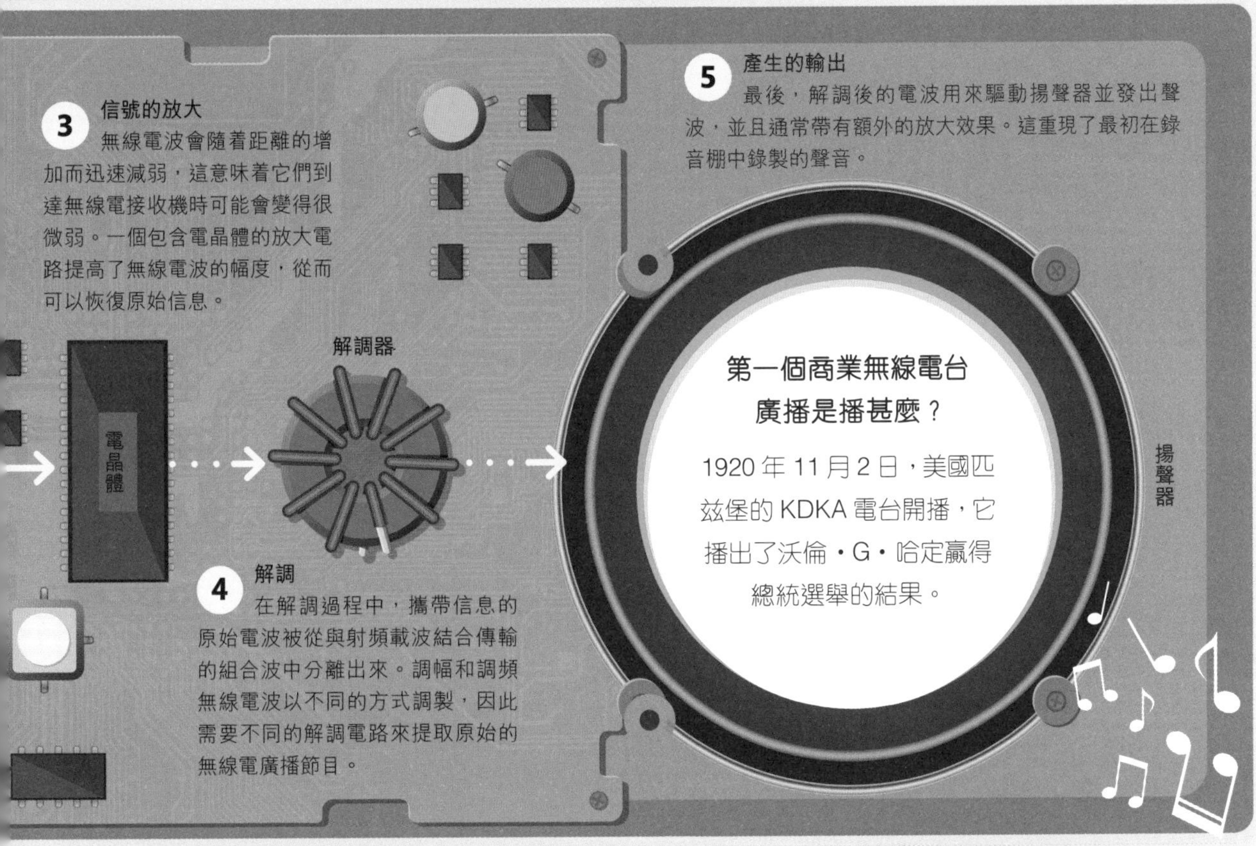

3 信號的放大
無線電波會隨着距離的增加而迅速減弱，這意味着它們到達無線電接收機時可能會變得很微弱。一個包含電晶體的放大電路提高了無線電波的幅度，從而可以恢復原始信息。

4 解調
在解調過程中，攜帶信息的原始電波被從與射頻載波結合傳輸的組合波中分離出來。調幅和調頻無線電波以不同的方式調製，因此需要不同的解調電路來提取原始的無線電廣播節目。

5 產生的輸出
最後，解調後的電波用來驅動揚聲器並發出聲波，並且通常帶有額外的放大效果。這重現了最初在錄音棚中錄製的聲音。

第一個商業無線電台廣播是播甚麼？

1920 年 11 月 2 日，美國匹茲堡的 KDKA 電台開播，它播出了沃倫・G・哈定贏得總統選舉的結果。

電話

電話可使因距離太遠而無法對話的人進行交流。電話將聲波轉換成信號，然後將其迅速地傳送至另一部電話，並在那裏重現語音。

電話結構

除了按鍵的發展，電話的基本結構自發明以來沒有出現太大的變化。它仍然具有揚聲器、麥克風、掛鉤開關，以及連接到電話網絡的牆上插孔。

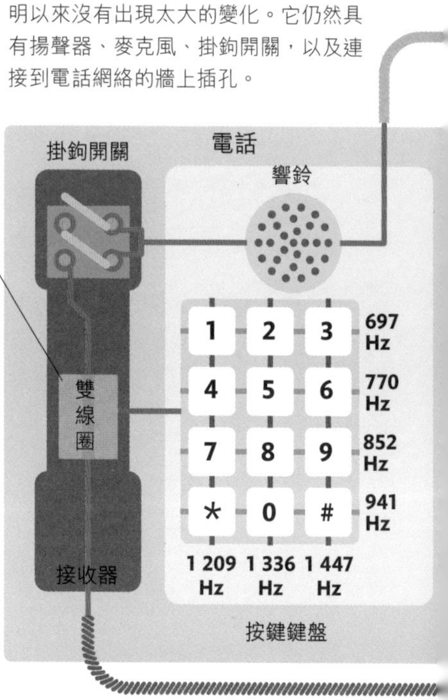

電話的工作原理

一個人拿起聽筒並撥打一個號碼來接通對方的電話，開始通話。說話者的語音以電流、光或無線電波的形式通過電話網絡傳播，最終在另一部電話那裏重現。電話既包含發射器，也包含接收器，因此可以雙向通信。

1 連接到交換機

一個叫「掛鉤開關」的裝置建立和斷開電話與電話網絡的連接。拿起電話撥打電話時，操縱桿在聽筒和本地電話交換機之間形成一個連接。

2 撥號

在鍵盤上輸入不同的數碼會產生截然不同的聲音，它包含兩個同時出現的頻率，一個高、一個低。例如，7 號鍵產生的信號由頻率為 852Hz 和 1209Hz 的分量組成。電話號碼中這個獨特的序列向交換機指示呼叫應該指向何處。

電話裏說的第一句話是甚麼呢？

1876 年 3 月 10 日，電話發明家亞歷山大・貝爾通過電話對他的助手說：「華生先生，過來一下，我要見你。」

三種傳輸方法

在公用電話交換網中，大部分信息是以電信號、光信號或無線電信號的形式傳輸的。它們的傳輸速度比聲速快得多。

1 捕獲一個信號

話筒內的麥克風將聲波轉換成相同頻率的電信號。這些信息可以以三種不同的方式通過電話網傳播。

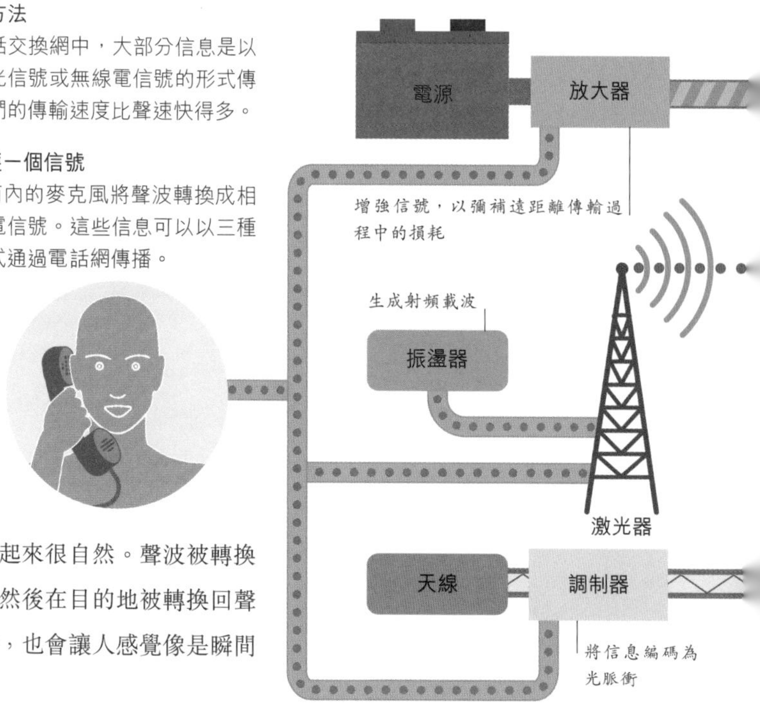

聲音的傳遞

當電信號傳播迅速、延遲最短時，電話交談聽起來很自然。聲波被轉換成電信號，並以電信號的形式通過電話網絡傳播，然後在目的地被轉換回聲音。這使得信號傳輸速度特別快，即使是長途電話，也會讓人感覺像是瞬間發生的。

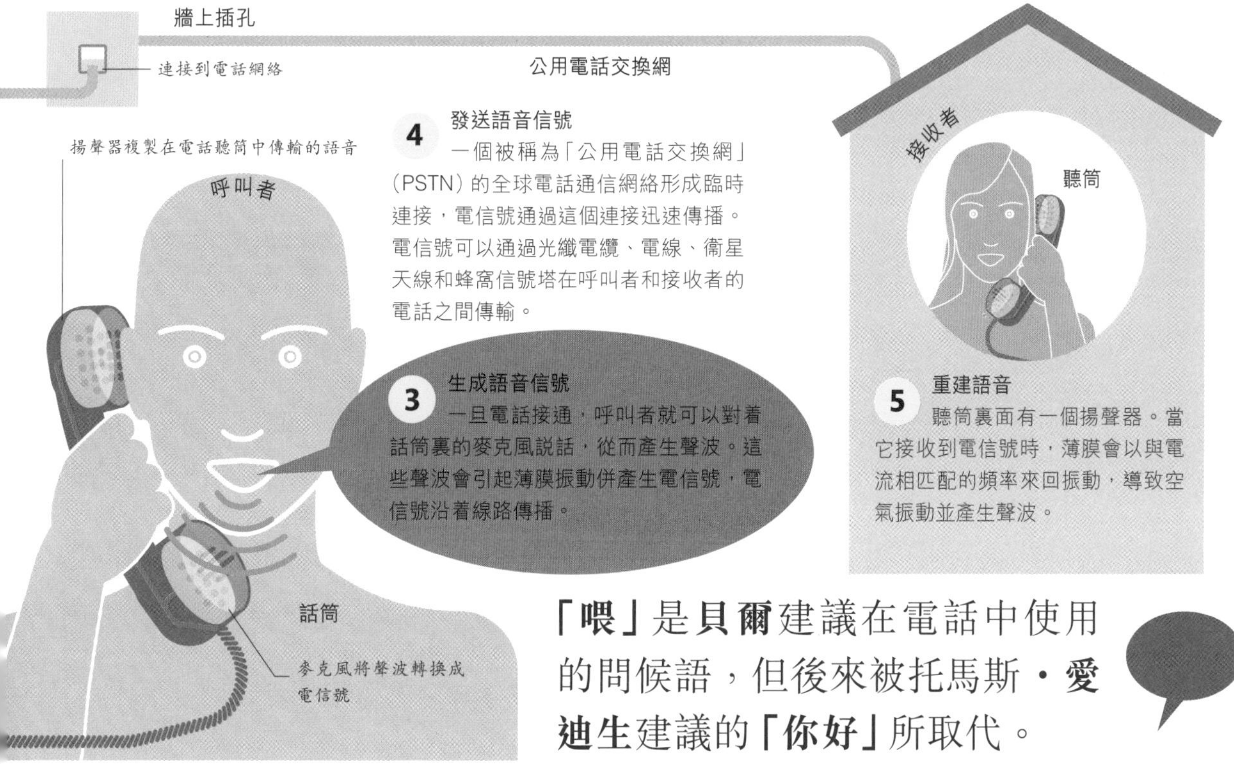

3 生成語音信號
一旦電話接通，呼叫者就可以對着話筒裏的麥克風說話，從而產生聲波。這些聲波會引起薄膜振動併產生電信號，電信號沿着線路傳播。

4 發送語音信號
一個被稱為「公用電話交換網」（PSTN）的全球電話通信網絡形成臨時連接，電信號通過這個連接迅速傳播。電信號可以通過光纖電纜、電線、衛星天線和蜂窩信號塔在呼叫者和接收者的電話之間傳輸。

5 重建語音
聽筒裏面有一個揚聲器。當它接收到電信號時，薄膜會以與電流相匹配的頻率來回振動，導致空氣振動並產生聲波。

「**喂**」是**貝爾**建議在電話中使用的問候語，但後來被托馬斯·**愛迪生**建議的「**你好**」所取代。

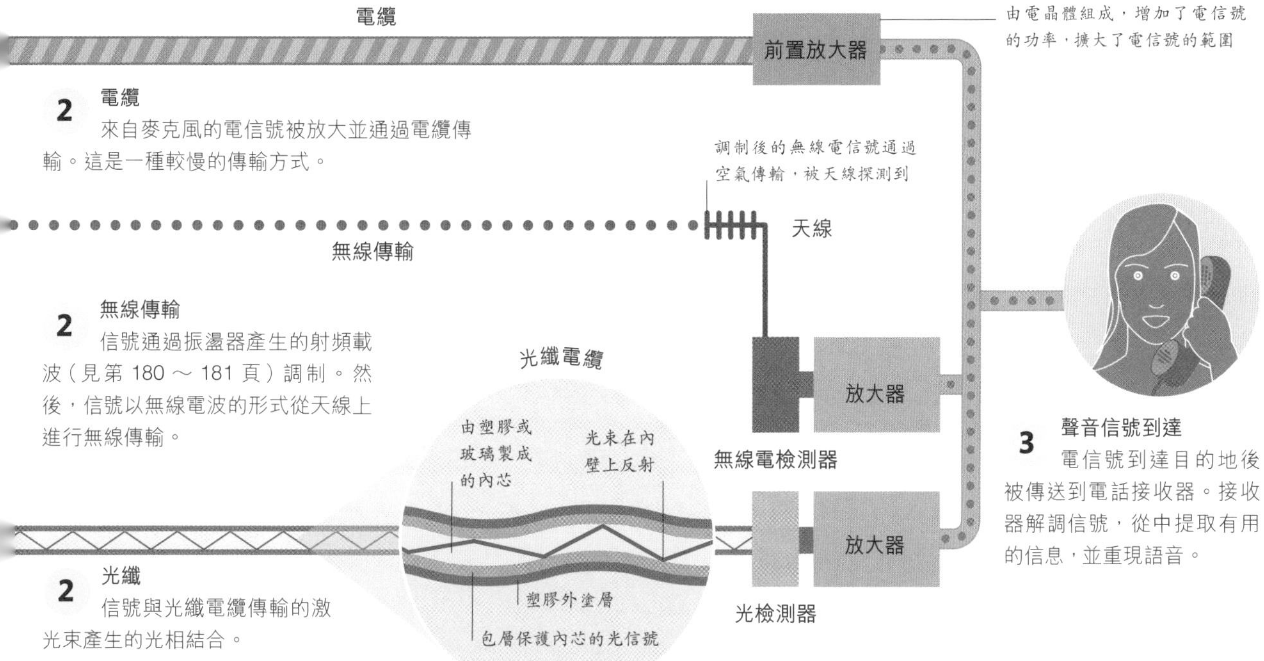

2 電纜
來自麥克風的電信號被放大並通過電纜傳輸。這是一種較慢的傳輸方式。

2 無線傳輸
信號通過振盪器產生的射頻載波（見第 180 ～ 181 頁）調制。然後，信號以無線電波的形式從天線上進行無線傳輸。

2 光纖
信號與光纖電纜傳輸的激光束產生的光相結合。

3 聲音信號到達
電信號到達目的地後被傳送到電話接收器。接收器解調信號，從中提取有用的信息，並重現語音。

電信網絡

電信網絡是能夠遠距離交換信息的系統。這些網絡由連接點組成，這些連接點通過電線、電纜、衛星和其他基礎設施的系統傳輸信號。

第一個電信網絡是甚麼呢？

電報網是第一個使遠距離通信成為可能的網絡。第一條橫跨大西洋的電纜於 1858 年完工。

電話網

在電話出現的早期，電話必須連接在一起，才能使打電話的人進行通話。但是現在，它們被連接到公用電話交換網中。在通話過程中，PSTN 在兩部電話之間建立臨時連接，允許語音信息高速交換。這個龐大的網絡由世界性的、全國性的和區域性的電話網組成，這些電話網與交換機相連，使得大多數電話之間可以互相通信。

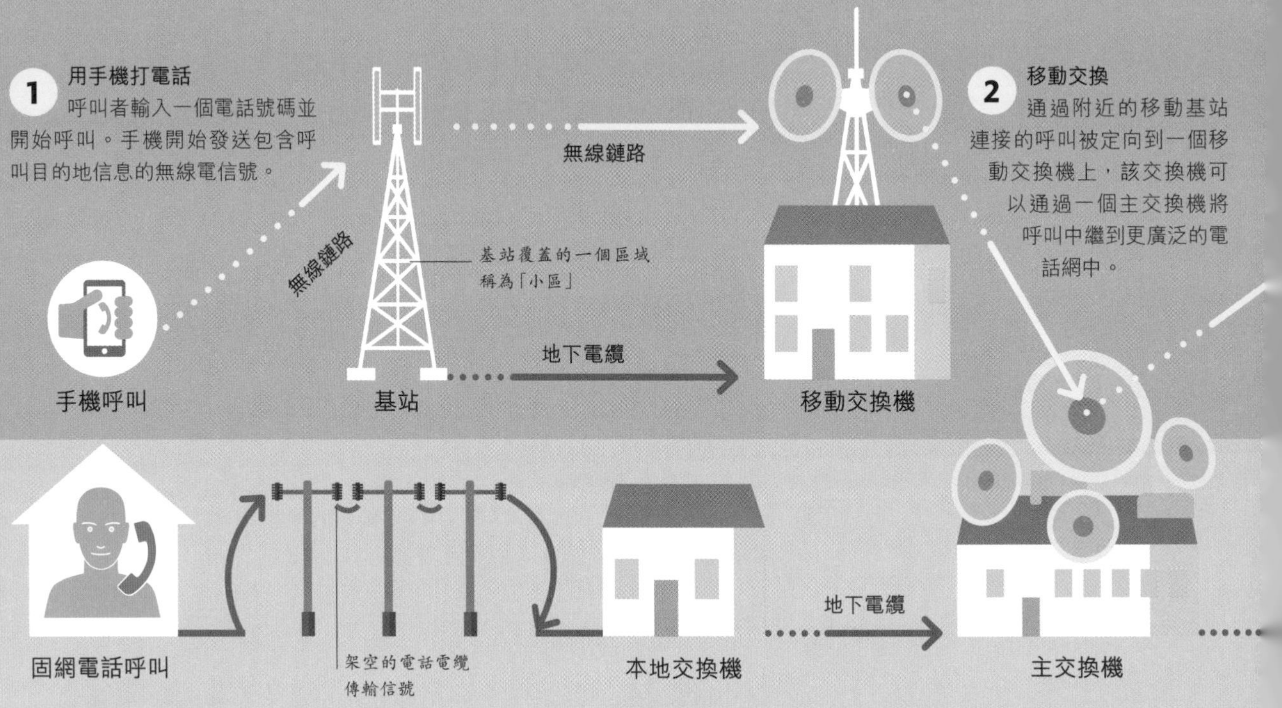

1 用手機打電話
呼叫者輸入一個電話號碼並開始呼叫。手機開始發送包含呼叫目的地信息的無線電信號。
無線鏈路
無線鏈路
基站覆蓋的一個區域稱為「小區」
地下電纜
2 移動交換
通過附近的移動基站連接的呼叫被定向到一個移動交換機上，該交換機可以通過一個主交換機將呼叫中繼到更廣泛的電話網中。
手機呼叫
基站
移動交換機
地下電纜
固網電話呼叫
架空的電話電纜傳輸信號
本地交換機
主交換機

1 **用固網電話打電話**
呼叫者拿起聽筒，與本地交換機建立連接。當呼叫者輸入一個電話號碼時，指示呼叫目的地的信號就會沿着線路發送。

2 **本地交換**
本地交換機連接本地區的呼叫。如果它檢測到一個更遠的呼叫目的地，它會將呼叫中繼到主交換機。

3 3 **主交換機**
非本地的手機和固網電話呼叫被中繼到一個主交換機上，這個交換機能夠實現更遠距離的呼叫。

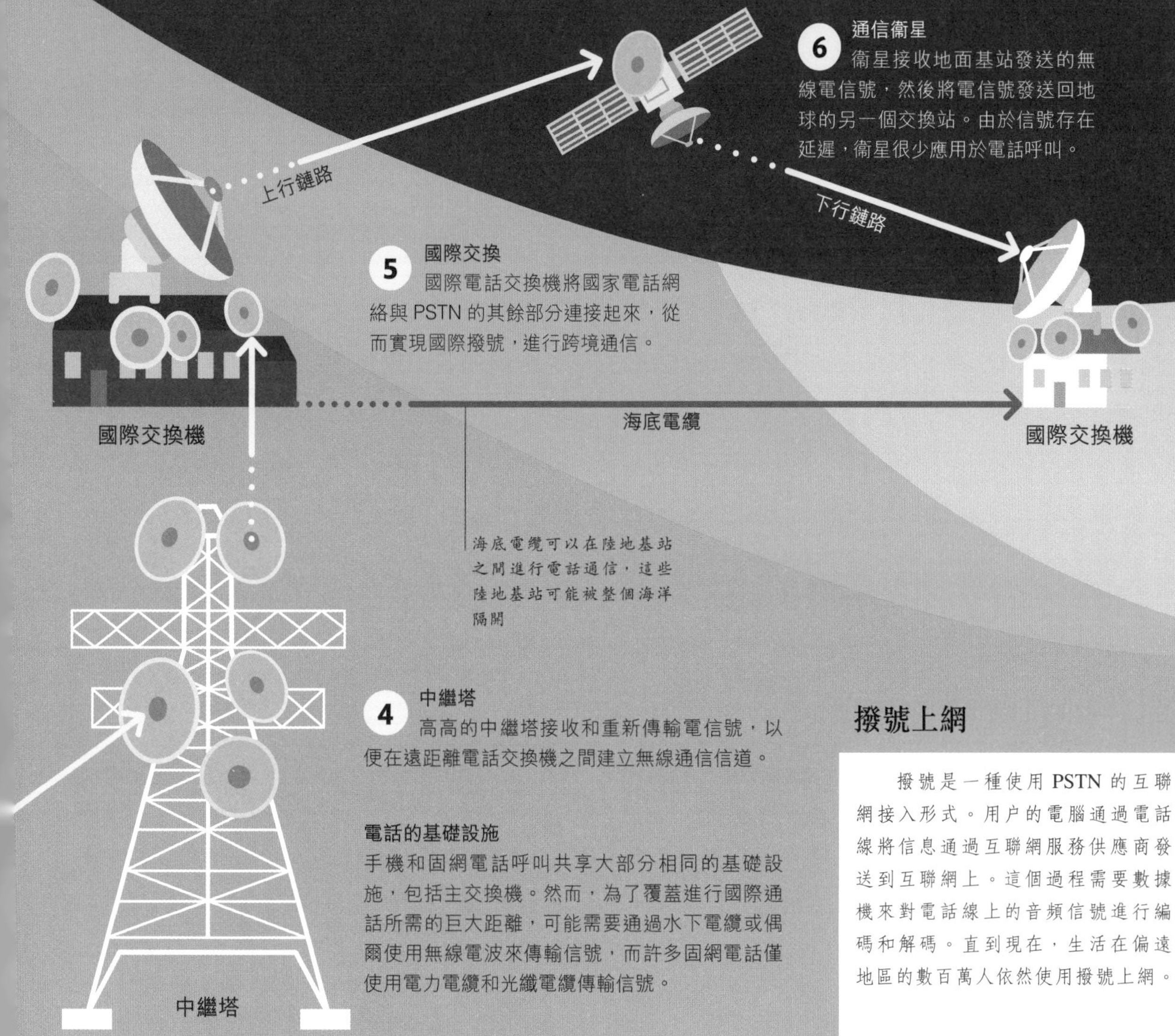
上行鏈路
下行鏈路
國際交換機
海底電纜
國際交換機
海底電纜可以在陸地基站之間進行電話通信，這些陸地基站可能被整個海洋隔開
中繼塔

6 通信衛星

衛星接收地面基站發送的無線電信號，然後將電信號發送回地球的另一個交換站。由於信號存在延遲，衛星很少應用於電話呼叫。

5 國際交換

國際電話交換機將國家電話網絡與 PSTN 的其餘部分連接起來，從而實現國際撥號，進行跨境通信。

4 中繼塔

高高的中繼塔接收和重新傳輸電信號，以便在遠距離電話交換機之間建立無線通信信道。

電話的基礎設施

手機和固網電話呼叫共享大部分相同的基礎設施，包括主交換機。然而，為了覆蓋進行國際通話所需的巨大距離，可能需要通過水下電纜或偶爾使用無線電波來傳輸信號，而許多固網電話僅使用電力電纜和光纖電纜傳輸信號。

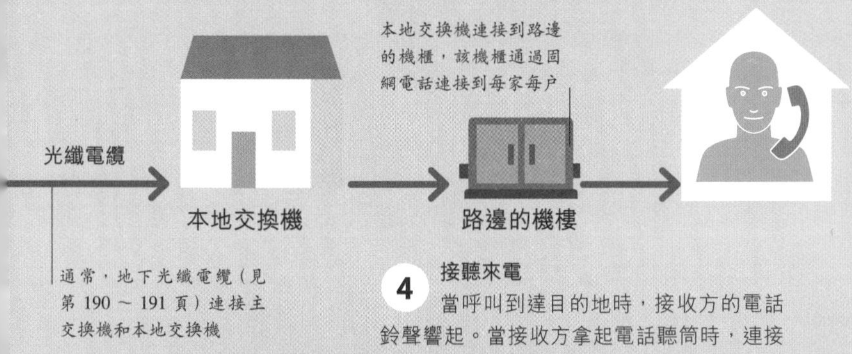
本地交換機連接到路邊的機櫃，該機櫃通過固網電話連接到每家每户
光纖電纜
本地交換機
路邊的機樓
通常，地下光纖電纜（見第 190 ～ 191 頁）連接主交換機和本地交換機

4 接聽來電

當呼叫到達目的地時，接收方的電話鈴聲響起。當接收方拿起電話聽筒時，連接建立並且會話開始（見第 184 ～ 185 頁）。

撥號上網

撥號是一種使用 PSTN 的互聯網接入形式。用户的電腦通過電話線將信息通過互聯網服務供應商發送到互聯網上。這個過程需要數據機來對電話線上的音頻信號進行編碼和解碼。直到現在，生活在偏遠地區的數百萬人依然使用撥號上網。

數據機

電視廣播

電視廣播使任何人都能用電視機收看視頻內容。電視節目在出現在觀眾的屏幕上之前，通過三種途徑進行傳輸：地面天線、衛星或電纜。

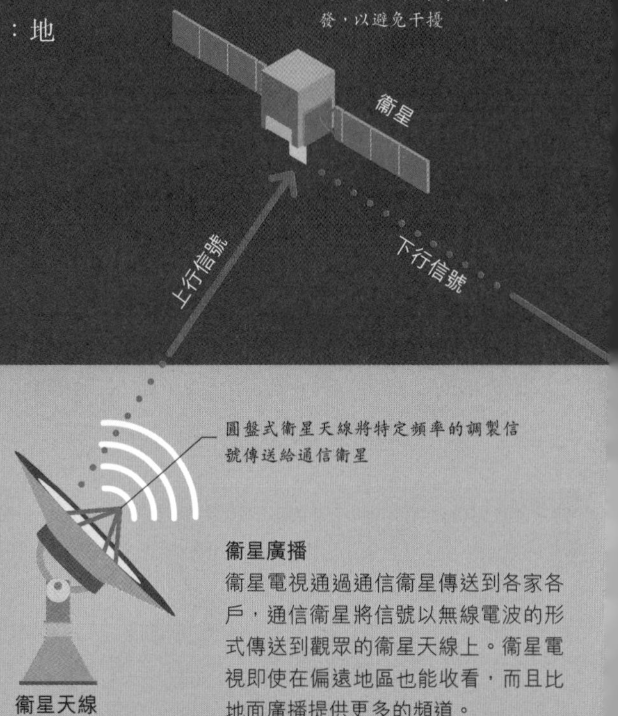
衛星上的轉發器接收信號，並以不同的頻率轉發，以避免干擾
衛星
上行信號
下行信號
圓盤式衛星天線將特定頻率的調製信號傳送給通信衛星
衛星天線

從演播室到銀幕

電視場景是由攝影機和麥克風捕捉的，它們將視頻和音頻信息以電信號的形式記錄下來。這些包含關於電視機如何準確地重建場景指令的信號，經過調製（見第 182 ～ 183 頁），並通過衛星、地面天線或電纜傳輸到觀眾家中。每個電視頻道都使用不同頻率的信號傳送節目。

衛星廣播

衛星電視通過通信衛星傳送到各家各戶，通信衛星將信號以無線電波的形式傳送到觀眾的衛星天線上。衛星電視即使在偏遠地區也能收看，而且比地面廣播提供更多的頻道。

將場景轉換為信號

現代攝影機將光線聚焦到電荷耦合元件上，該元件測量並記錄幀內每一點的光線。這些信息連同記錄的聲音，被轉換成準備傳輸的電信號。

電視廣播

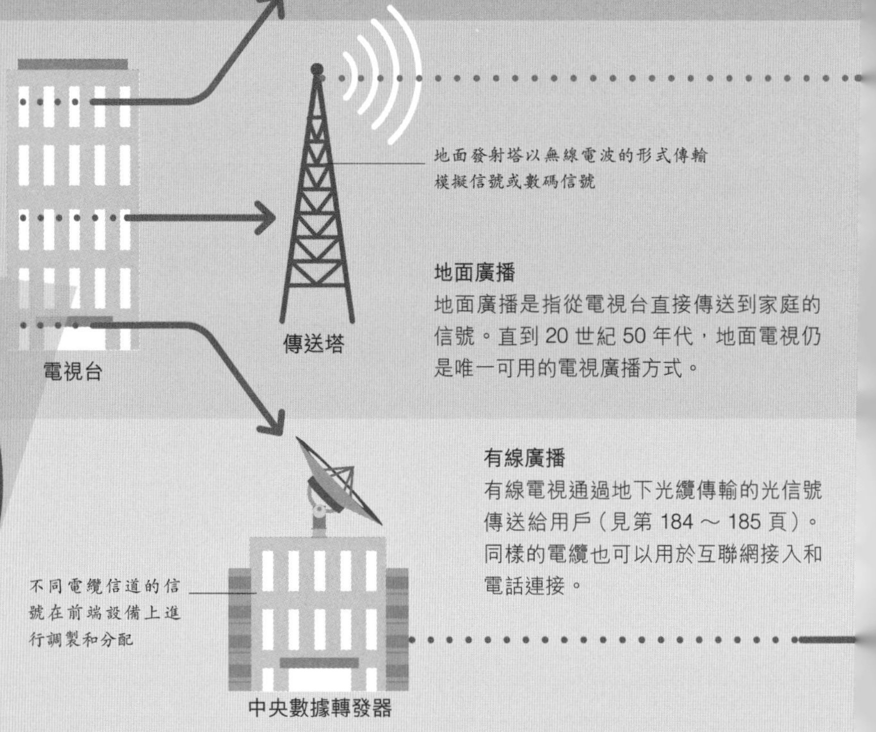
電視台
地面發射塔以無線電波的形式傳輸模擬信號或數碼信號
傳送塔
不同電纜信道的信號在前端設備上進行調製和分配
中央數據轉發器

地面廣播

地面廣播是指從電視台直接傳送到家庭的信號。直到 20 世紀 50 年代，地面電視仍是唯一可用的電視廣播方式。

有線廣播

有線電視通過地下光纜傳輸的光信號傳送給用戶（見第 184 ～ 185 頁）。同樣的電纜也可以用於互聯網接入和電話連接。

模擬與數碼

廣播公司正處於從模擬電視完全轉換到數碼電視的過程中，數碼電視將數據轉換成二進制代碼，然後再重新組合回原始形式。數碼電視可以改善圖像質量，更有效地利用無線電頻譜，因此比模擬電視有更多的頻道選擇。

模擬信號	數碼信號
模擬信號在頻率、幅度或兩者上連續變化	數碼信號表示一系列脈衝：開（1）或關（0）
拷貝時視頻質量下降	拷貝時視頻質量不會改變
未壓縮的視頻會浪費帶寬	壓縮後節約更多的信道資源
縱橫比（屏幕寬度：高度）是4：3	縱橫比為更具電影效果的16：9
傳輸大量冗餘信息	只傳輸有用的信息
觀眾會看到干擾或聽到「噪聲」	能抑制干擾

觀眾家裏的衛星天線接收下行信號
衛星電視

當太陽在衛星後面時，它的微波會淹沒信號，導致信號中斷。

錄製電視節目

20世紀80年代，觀眾可以用流行的盒式錄影機把電視節目錄在磁帶上，以後再播放。現在的視頻幾乎都是以數碼方式儲存的。如今，許多電視節目在播出中、播出後都可以點播，這意味着觀眾可以在方便的時候在線觀看節目。

智能機頂盒

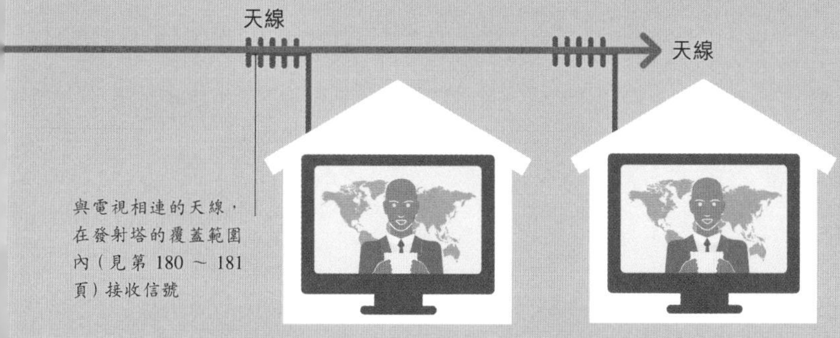
天線
天線
與電視相連的天線，在發射塔的覆蓋範圍內（見第180～181頁）接收信號
地面電視

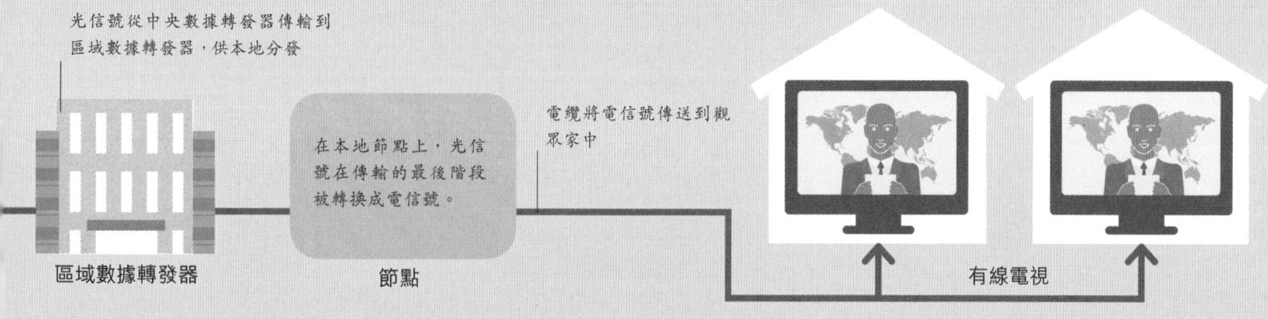
光信號從中央數據轉發器傳輸到區域數據轉發器，供本地分發
區域數據轉發器
在本地節點上，光信號在傳輸的最後階段被轉換成電信號。
節點
電纜將電信號傳送到觀眾家中
有線電視

電視機

電視機由接收器、顯示器和揚聲器組成，可再現廣播公司傳送的視頻和音頻（見第 188 ～ 189 頁）。科技的進步創造了更薄的電視機，這樣的電視機可以產生更高清晰度的圖像，並可以連接到互聯網。

超薄屏幕

幾十年前，陰極射線管（CRT）電視機是唯一的電視類型，它使用真空管將電子束偏轉到屏幕上以產生圖像。這些笨重的設備現在已被超薄電視機所取代。液晶顯示（LCD）技術利用液晶的光學特性產生圖像，被應用於超薄電視機中。在有機發光二極管（OLED）超薄屏幕中，一層有機物質響應電流而產生光。每個發光二極管都是單獨發光的，因此與液晶屏幕不同，它們可以自主發光，無須背光光源。

OLED 超薄屏幕的工作原理
當電子在電子多的材料和電子少的材料之間移動時，LED 就會發光。OLED 的工作原理也類似，但它是用有機材料製成的。

1 供電
薄膜電晶體（TFT）陣列被放置在 OLED 面板下面。面板上的每個像素至少有三個 OLED，每個 OLED 都由各自的電晶體供電。

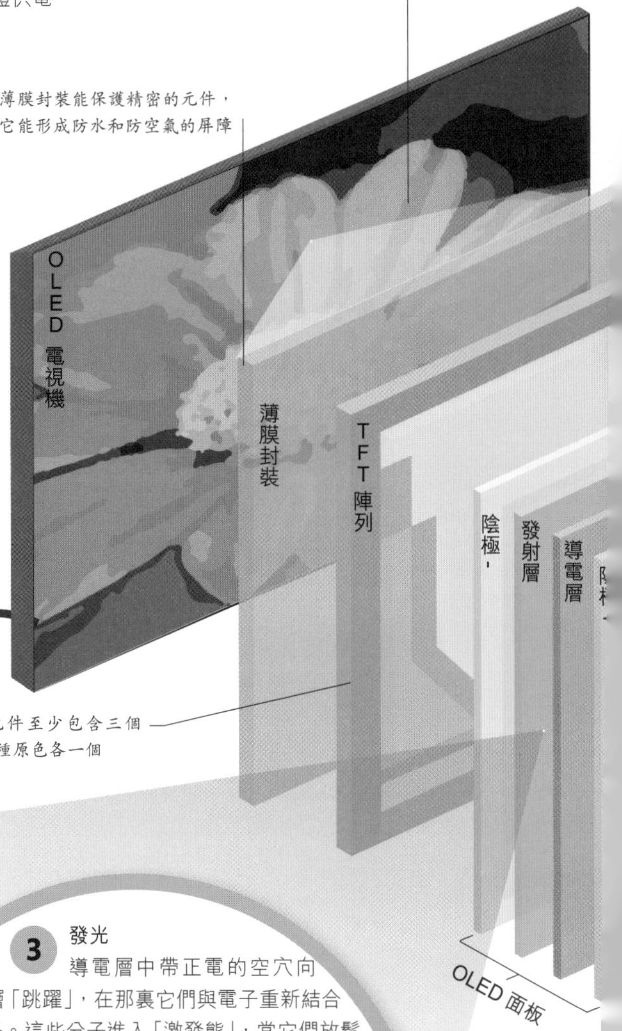
OLED 超薄屏幕上橙色像素的累積
薄膜封裝能保護精密的元件，它能形成防水和防空氣的屏障
OLED 電視機
薄膜封裝
TFT 陣列
陰極，
發射層
導電層
每個 TFT 元件至少包含三個電晶體，每種原色各一個
OLED 面板
OLED 面板包括位於陽極和陰極兩個電極之間的導電層和發射層

2 電子遷移
電源向陰極和發射層提供電子，使後者帶負電荷。陽極和導電層失去電子，留下空穴，使導電層帶正電。

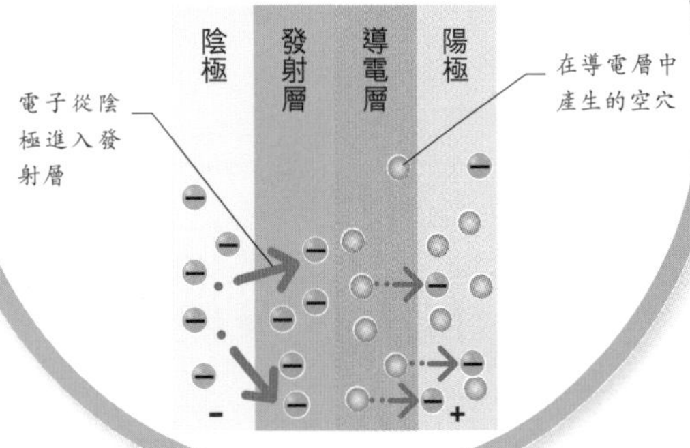
陰極
發射層
導電層
陽極
電子從陰極進入發射層
在導電層中產生的空穴
-
+

3 發光
導電層中帶正電的空穴向發射層「跳躍」，在那裏它們與電子重新結合形成分子。這些分子進入「激發態」，當它們放鬆時，能量就以光的形式釋放出來。

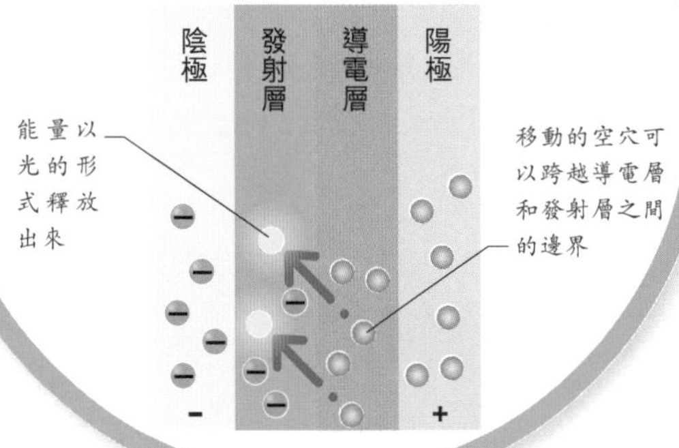
陰極
發射層
導電層
陽極
能量以光的形式釋放出來
移動的空穴可以跨越導電層和發射層之間的邊界
-
+

分辨率是多少？

分辨率用以描述屏幕上可以顯示多少像素。例如，高清（HD）指垂直分辨率大於等於 720P 的圖像或視頻。

智能電視機

智能電視機本質上還是電視機，但它可以連接到互聯網和其他設備上。除了播放廣播電視節目，它還允許用户觀看網絡電視、在線播放視頻及下載用於其他服務的應用程式。應用程式既可以預裝到智能電視上，也可以通過應用程式商店獲取。

提供電視直播和點播服務的應用程式
1
2
3
@
智能電視機

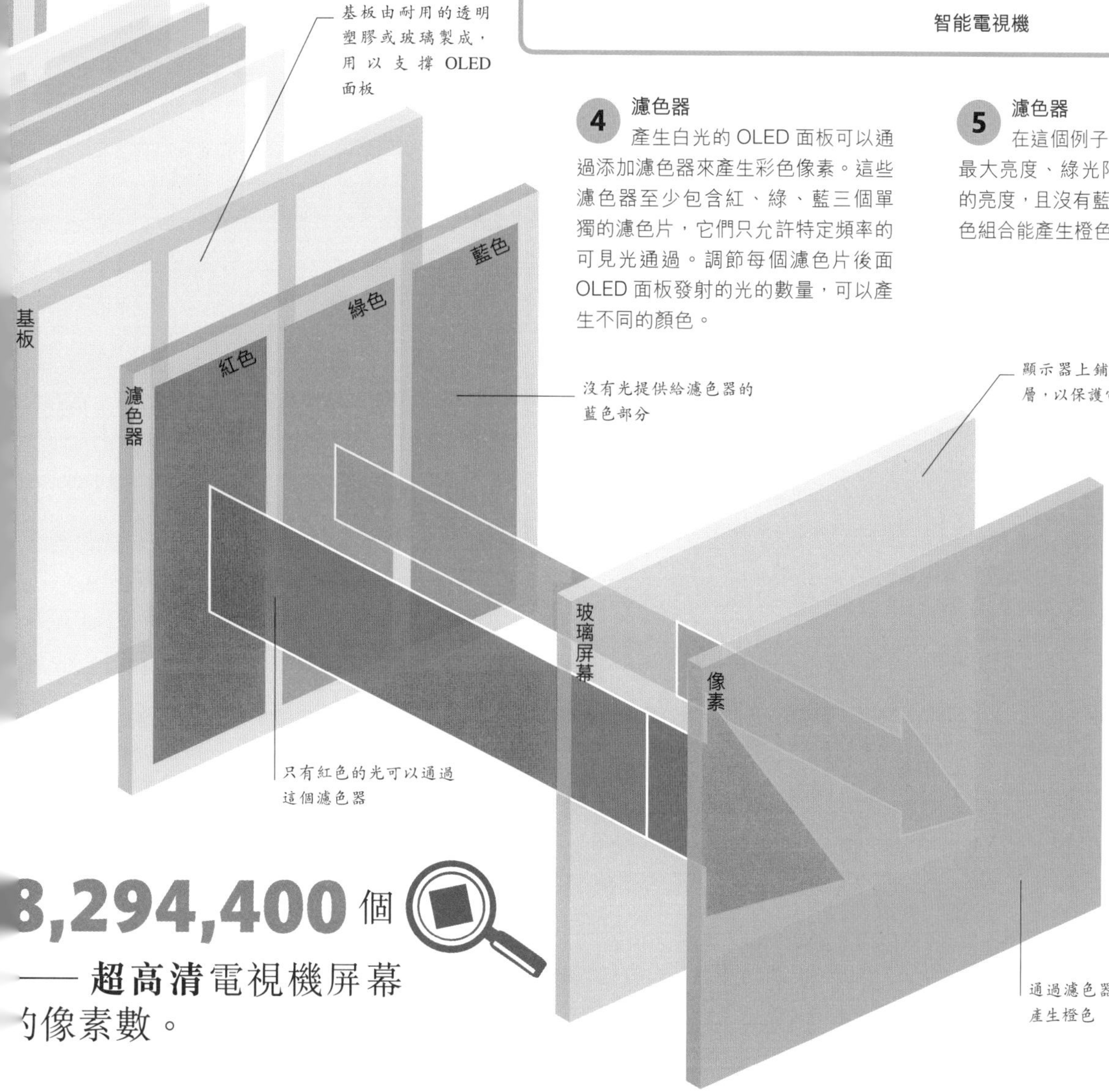
基板由耐用的透明塑膠或玻璃製成，用以支撐 OLED 面板
基板
濾色器
紅色
綠色
藍色
沒有光提供給濾色器的藍色部分
顯示器上鋪設硬質玻璃層，以保護電子元器件
玻璃屏幕
像素
只有紅色的光可以通過這個濾色器
通過濾色器的顏色組合產生橙色

4 濾色器
產生白光的 OLED 面板可以通過添加濾色器來產生彩色像素。這些濾色器至少包含紅、綠、藍三個單獨的濾色片，它們只允許特定頻率的可見光通過。調節每個濾色片後面 OLED 面板發射的光的數量，可以產生不同的顏色。

5 濾色器
在這個例子中，紅光為最大亮度、綠光降低到 50% 的亮度，且沒有藍光，這個顏色組合能產生橙色。

8,294,400 個
—— **超高清**電視機屏幕的像素數。

人造衛星的用途

雖然第一批人造衛星是在冷戰期間出於空間探索和防御目的被發射的，但它們現在有着廣泛的軍事和民用用途。大多數人每天在使用人造衛星，但卻對此沒有意識。

天文
太空望遠鏡是觀測太空的理想選擇，它們與地面望遠鏡不同，不受地球大氣層的阻礙。

電話
衛星電話用人造衛星而不是地面蜂窩信號塔交換信號，它們通常用於沒有地面信號覆蓋的偏遠地區。

電視
許多電視台通過人造衛星傳送節目。觀眾通過安裝在室外的衛星天線接收信號。

收音機
通過人造衛星轉播無線電節目意味着信號可以傳遍整個國家。

互聯網
衛星網絡可以覆蓋偏遠地區，但由於信號傳輸距離遠，服務可能會延遲。

GPS 導航
導航設備可以通過與人造衛星交換信息來確定它們在地球上的位置（見第 194 ～ 195 頁）。

氣象
有些人造衛星被設計用於監測地球天氣和氣候特徵。它們把數據傳回地球以進行分析。

防御
軍事衛星有多種用途，如監視、導航和發送加密信息。

人造衛星

人造衛星是專門發射到地球和太陽系其他行星軌道上的人造航天器。因為它們可以接收來自地面的信號，並將信號放大後重新轉發到地球上其他遙遠的地方，所以它們在通信中至關重要。

通信衛星

通信衛星用於發送和接收攜帶音頻、視頻和其他類型數據的無線電信號。通過衛星轉播電信號可以實現遠距離快速通信。固定頻率的電信號由地面站發射到太空，由衛星天線接收，經轉發器處理並增強後，被轉發給地球上其他地面站。

「斯普特尼克 1 號」是蘇聯於 1957 年 10 月 4 日發射的第一顆人造地球衛星。

通信衛星的剖析

通信衛星具有極其精密的設備，可以在太空的極端條件下長時間工作，在這種條件下，對其進行維護或維修幾乎是不可能的。

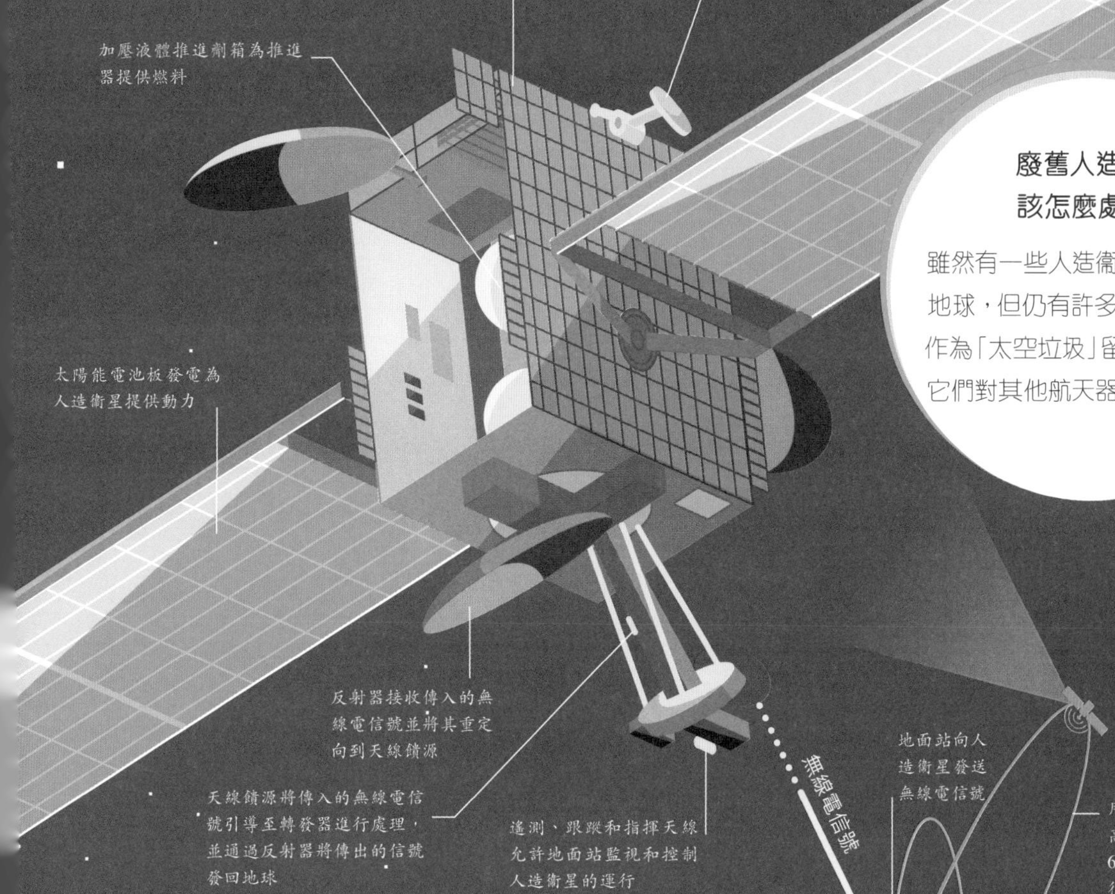
光學太陽反射器控制人造衛星的溫度
靜止的等離子體推進器產生推力來控制人造衛星的位置
加壓液體推進劑箱為推進器提供燃料
太陽能電池板發電為人造衛星提供動力
反射器接收傳入的無線電信號並將其重定向到天線饋源
天線饋源將傳入的無線電信號引導至轉發器進行處理，並通過反射器將傳出的信號發回地球
遙測、跟蹤和指揮天線允許地面站監視和控制人造衛星的運行

廢舊人造衛星該怎麼處理？

雖然有一些人造衛星安全返回了地球，但仍有許多廢舊人造衛星作為「太空垃圾」留在了軌道上，它們對其他航天器構成了威脅。

衛星軌道

如果人造衛星以足夠快的速度發射，它就能克服地球表面的引力，然後與太空中較弱的引力達到平衡，從而進入軌道。許多通信衛星在地球靜止軌道上。它們以與地球自轉相同的速度從西向東移動，所以從赤道上的某一點上看，它們是靜止的。有些人造衛星有極地軌道，在繞地球的旅程中穿過兩極。

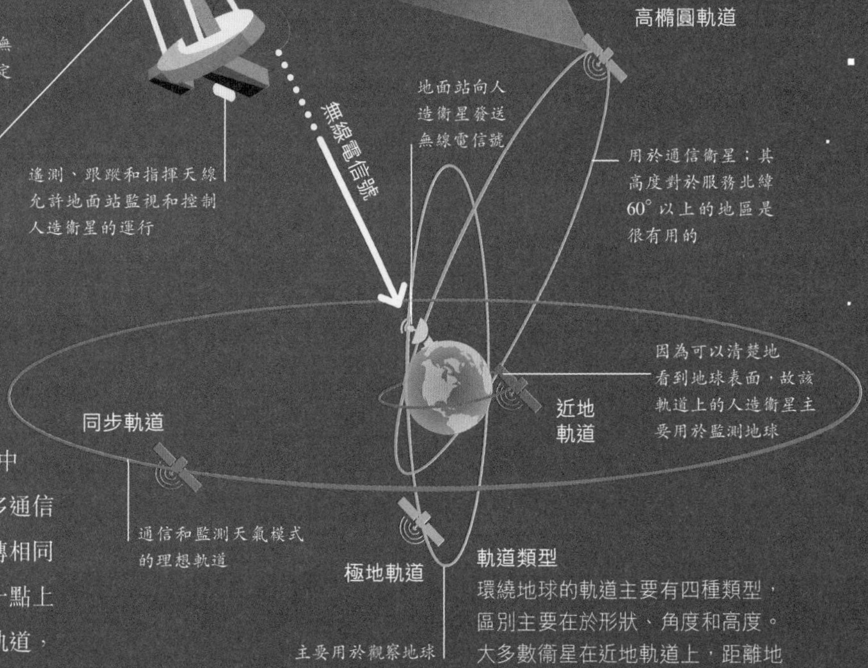
無線電信號
高橢圓軌道
地面站向人造衛星發送無線電信號
用於通信衛星；其高度對於服務北緯60°以上的地區是很有用的
因為可以清楚地看到地球表面，故該軌道上的人造衛星主要用於監測地球
近地軌道
同步軌道
通信和監測天氣模式的理想軌道
極地軌道
主要用於觀察地球

軌道類型

環繞地球的軌道主要有四種類型，區別主要在於形狀、角度和高度。大多數衛星在近地軌道上，距離地表不到 2,000 千米。

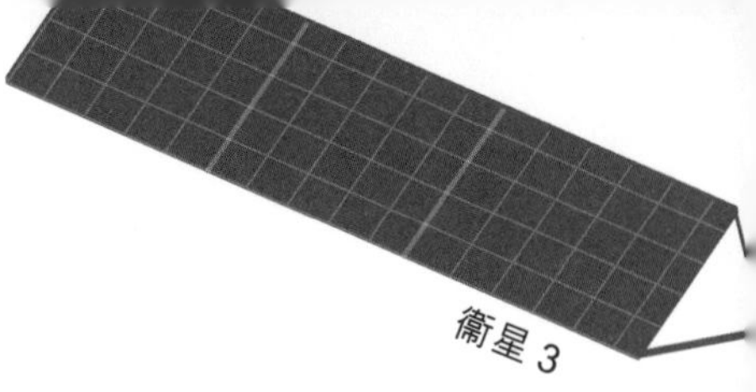

衛星導航

衛星導航系統，如全球定位系統（GPS），可以提供關於位置的精確信息。它們依靠環繞地球軌道的衛星網絡，利用無線電信號與智能手機和其他導航設備進行通信。

衛星導航

衛星導航系統使用許多小型軌道衛星來確定位置，這些衛星在世界上任何地方都是「可見的」。被稱為「地面站」的地面無線電台會跟蹤衛星的路徑。衛星向地球發送包含時間和位置數據的無線電信號。接收器接收這些信號，並計算每個信號到達它所花費的精確時間，然後計算出它與衛星的距離，並估算出它的位置。

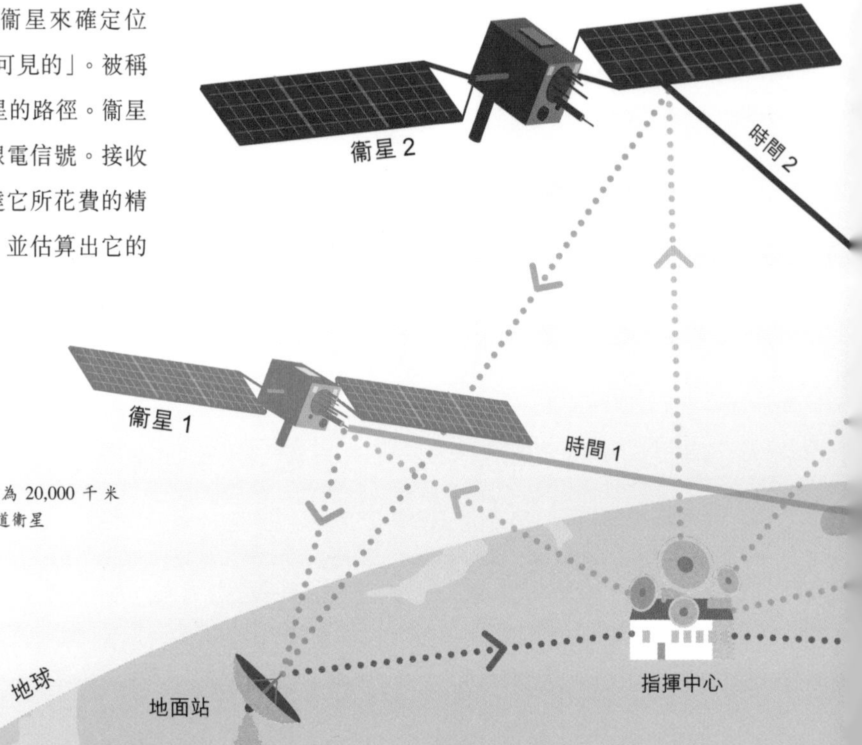

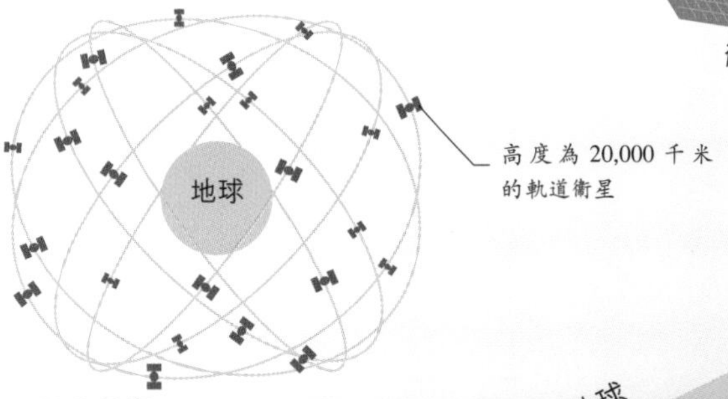

GPS 星座
GPS 衛星每天環繞地球兩圈。為了確保至少有四顆衛星可以在地球上的任何地方被探測到，它們被安排在六個大小相同的軌道平面上，每個軌道平面包含四顆衛星。

1 地面跟蹤
地面站通過衛星收集數據，並將觀測結果傳遞給指揮中心。

2 計算和導航
指揮中心處理來自整個衛星網絡的信號。它計算出所有衛星的確切位置，並向它們發送導航指令。

三邊測量的數學原理

計算與一顆衛星的距離相當於將接收器置於以衛星為球心的球面上。通過再計算與其他衛星的距離，可以將其可能的位置縮小到球體相交的區域。這個過程叫做「三邊測量」。

衛星 1
計算與單顆衛星的距離時，需要將接收器置於與一個巨大球體相交的地面區域內。

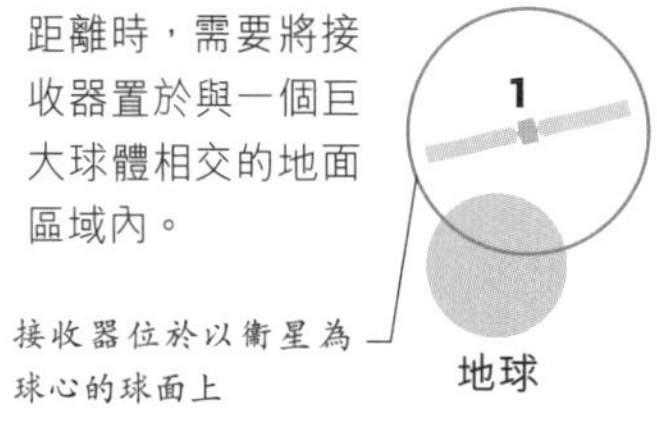

衛星 2
找到與第二顆衛星的距離，將接收器可能的位置區域縮小到相交線上的兩點處。

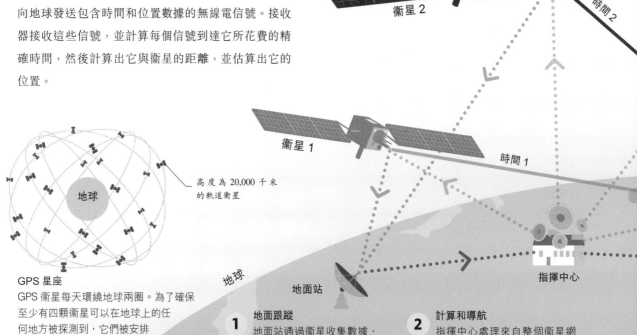

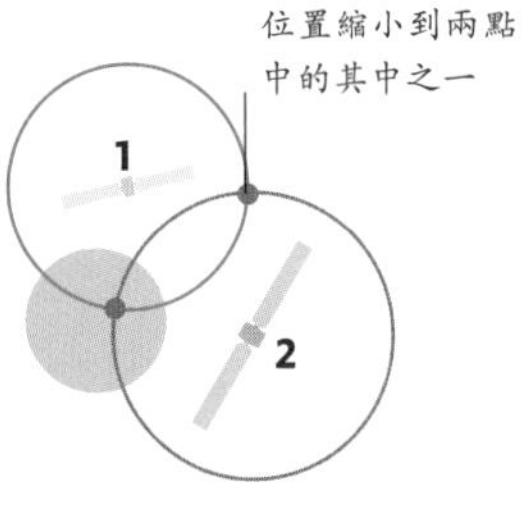

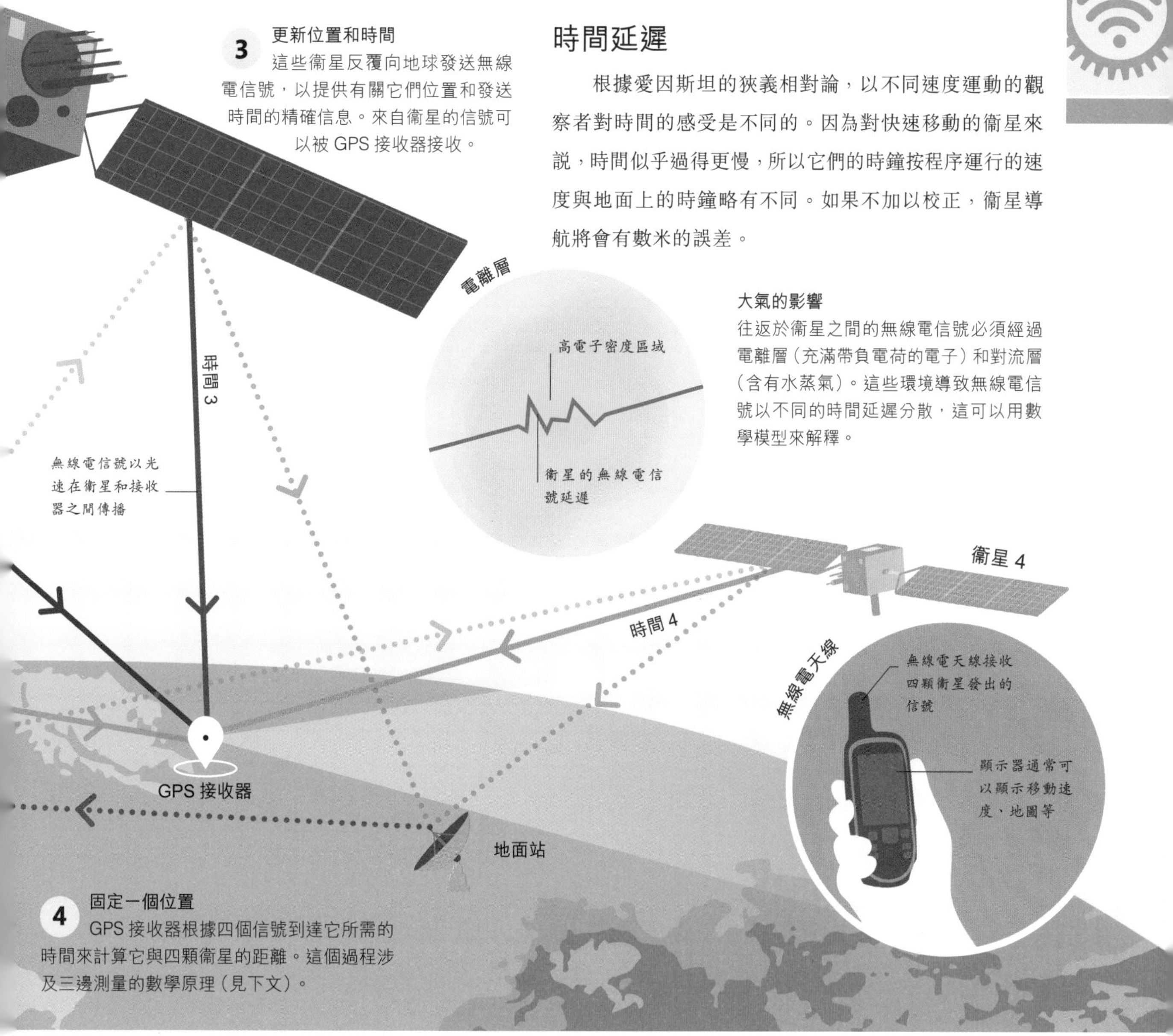
電離層
高電子密度區域
衛星的無線電信號延遲
時間 3
無線電信號以光速在衛星和接收器之間傳播
衛星 4
時間 4
GPS 接收器
地面站
無線電天線
無線電天線接收四顆衛星發出的信號
顯示器通常可以顯示移動速度、地圖等

3 **更新位置和時間**
這些衛星反覆向地球發送無線電信號，以提供有關它們位置和發送時間的精確信息。來自衛星的信號可以被 GPS 接收器接收。

時間延遲

根據愛因斯坦的狹義相對論，以不同速度運動的觀察者對時間的感受是不同的。因為對快速移動的衛星來說，時間似乎過得更慢，所以它們的時鐘按程序運行的速度與地面上的時鐘略有不同。如果不加以校正，衛星導航將會有數米的誤差。

大氣的影響
往返於衛星之間的無線電信號必須經過電離層（充滿帶負電荷的電子）和對流層（含有水蒸氣）。這些環境導致無線電信號以不同的時間延遲分散，這可以用數學模型來解釋。

4 **固定一個位置**
GPS 接收器根據四個信號到達它所需的時間來計算它與四顆衛星的距離。這個過程涉及三邊測量的數學原理（見下文）。

衛星 3
當它計算與第三個可見衛星的距離時，接收機將其位置縮小到一個點。

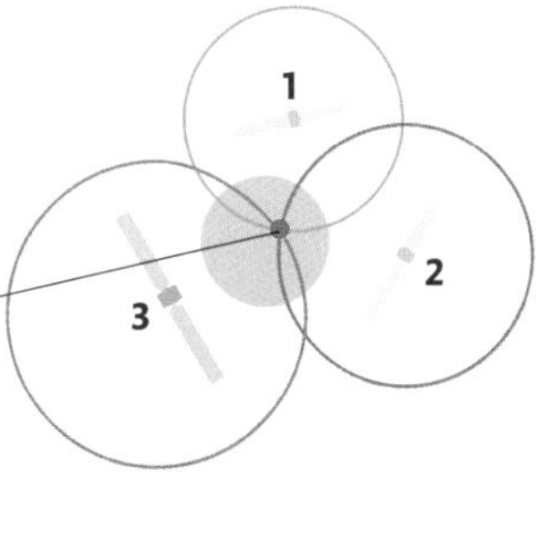
1
2
3
接收器的位置現在只能是一個單點

衛星 4
該衛星用於校正接收器指示的不準確位置，因為內置在接收器中的時鐘與衛星時鐘不完全同步（見上文）。

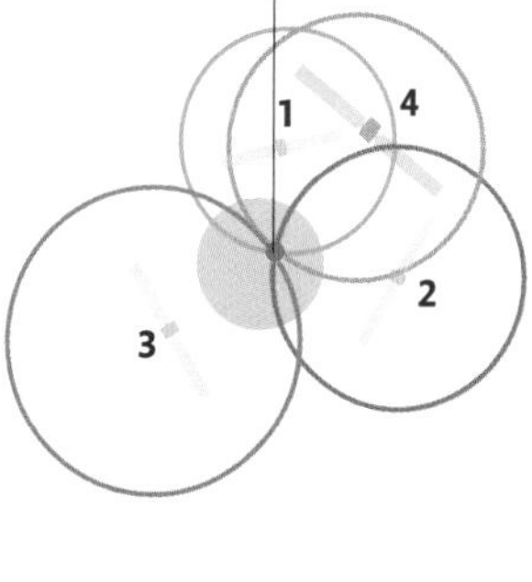
確認位置的定位精度達到 1 米內
1
4
2
3

互聯網

互聯網是一個由相互連接的電腦組成的全球網絡，這些電腦使用一套通用的規則來交換數據。它支持重要的應用程式，如電子郵件和萬維網。

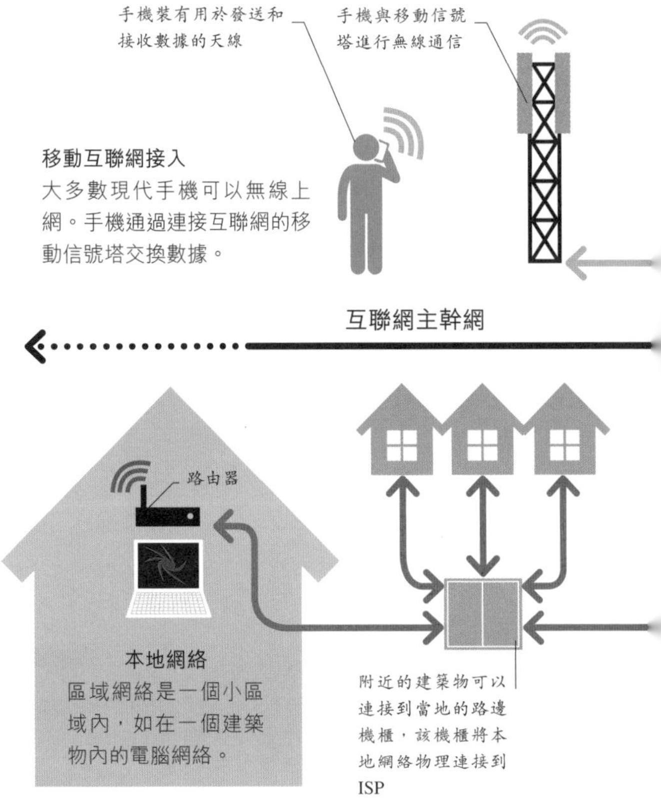

手機裝有用於發送和接收數據的天線
手機與移動信號塔進行無線通信
互聯網主幹網
路由器
附近的建築物可以連接到當地的路邊機櫃，該機櫃將本地網絡物理連接到ISP

移動互聯網接入
大多數現代手機可以無線上網。手機通過連接互聯網的移動信號塔交換數據。

本地網絡
區域網絡是一個小區域內，如在一個建築物內的電腦網絡。

電腦網絡

用戶可以通過智能手機或電腦等終端訪問互聯網。這些設備通常通過互聯網服務供應商（ISP）連接到互聯網，ISP 將它們添加到自己的網絡中，並為每個設備分配一個唯一的 IP 地址。這些網絡依次連接到其他網絡，形成更大的網絡。互聯網是所有這些相互連接的電腦網絡的集合，這意味着互聯網上的任何電腦都可以連接到任何其他電腦。當電腦交換數據時，軟件層控制將數據劃分為數據包，數據包通過電線、光纖電纜和無線連接等到達它們的最終目的地。

數據的路由

以往的電信網絡依靠電路交換來發送和接收數據，這意味着在交換過程中，終端之間會形成直接的有線連接。現在，分組交換是在線交換數據的主要方式。軟件把數據分成數據包，數據包上標有目標 IP 地址和重組指令。這些數據包通過不同的路由定向到它們的端點，然後在目的地被重新組裝。分組交換允許更有效地使用通信信道，因為不同的數據包可以同時通過它們。

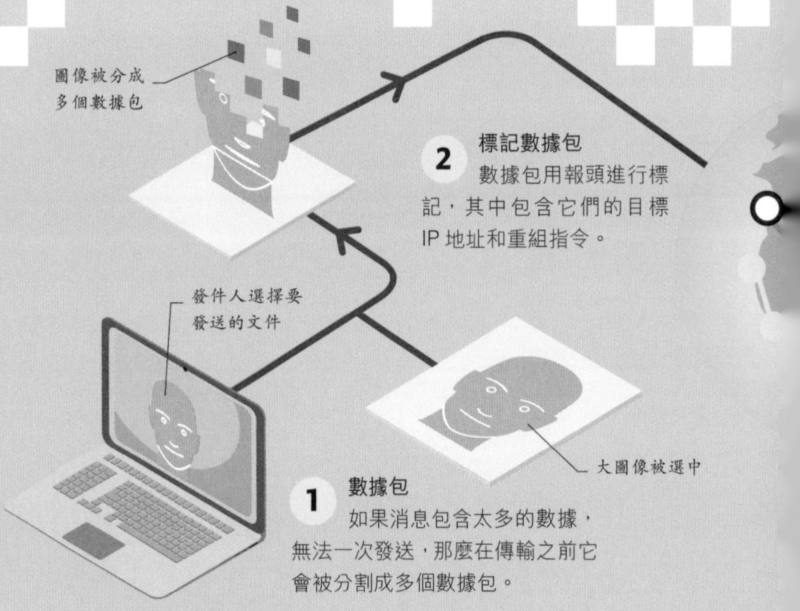

圖像被分成多個數據包
發件人選擇要發送的文件
大圖像被選中

2 標記數據包
數據包用報頭進行標記，其中包含它們的目標 IP 地址和重組指令。

1 數據包
如果消息包含太多的數據，無法一次發送，那麼在傳輸之前它會被分割成多個數據包。

56% 的互聯網流量來自自動化設置，如黑客工具、抓取工具、垃圾郵件發送器、模擬程式和機械人。

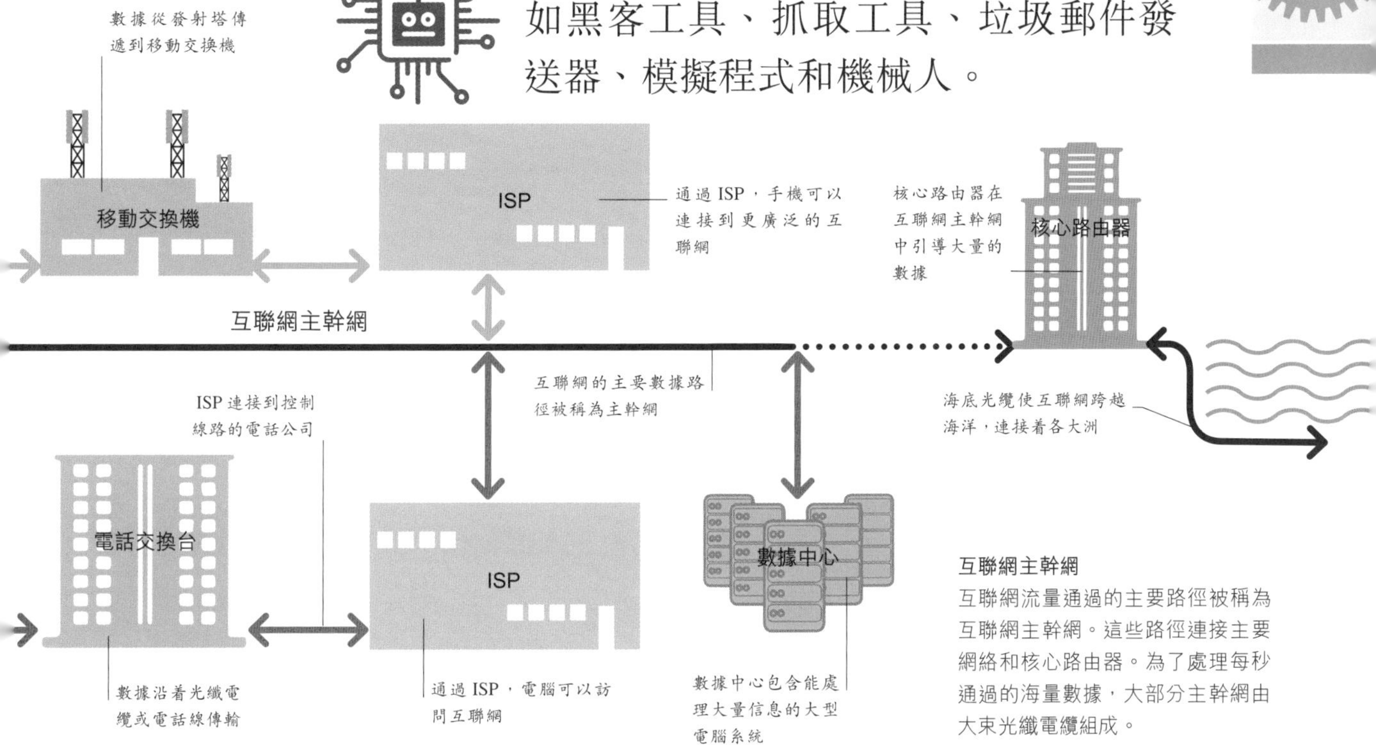
數據從發射塔傳遞到移動交換機
移動交換機
ISP
通過 ISP，手機可以連接到更廣泛的互聯網
核心路由器在互聯網主幹網中引導大量的數據
核心路由器
互聯網主幹網
互聯網的主要數據路徑被稱為主幹網
海底光纜使互聯網跨越海洋，連接着各大洲
ISP 連接到控制線路的電話公司
電話交換台
ISP
數據中心
數據沿着光纖電纜或電話線傳輸
通過 ISP，電腦可以訪問互聯網
數據中心包含能處理大量信息的大型電腦系統

互聯網主幹網

互聯網流量通過的主要路徑被稱為互聯網主幹網。這些路徑連接主要網絡和核心路由器。為了處理每秒通過的海量數據，大部分主幹網由大束光纖電纜組成。

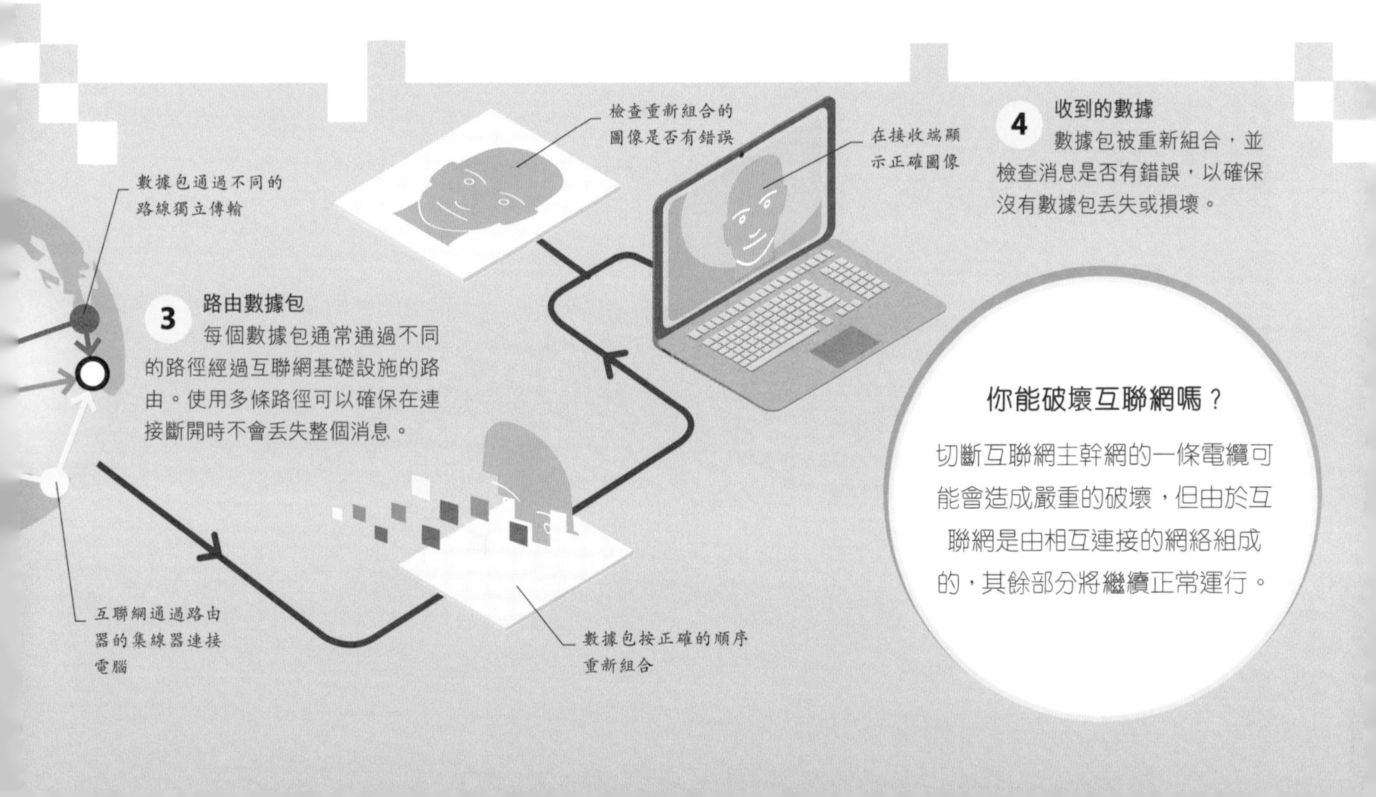
檢查重新組合的圖像是否有錯誤
在接收端顯示正確圖像
數據包通過不同的路線獨立傳輸
互聯網通過路由器的集線器連接電腦
數據包按正確的順序重新組合

3 路由數據包

每個數據包通常通過不同的路徑經過互聯網基礎設施的路由。使用多條路徑可以確保在連接斷開時不會丟失整個消息。

4 收到的數據

數據包被重新組合，並檢查消息是否有錯誤，以確保沒有數據包丟失或損壞。

你能破壞互聯網嗎？

切斷互聯網主幹網的一條電纜可能會造成嚴重的破壞，但由於互聯網是由相互連接的網絡組成的，其餘部分將繼續正常運行。

萬維網（WWW）

萬維網是通過互聯網訪問的信息網絡（見第 196 ～ 197 頁）。它由用通用語言格式化及唯一地址標識的相互鏈接的網頁組成。

萬維網工作的過程

萬維網是一個由多媒體網頁組成的龐大網絡，使用稱為「瀏覽器」的程序進行導航和下載。網頁是相互鏈接的。擁有共同域名的鏈接和相關網頁的集合構成了一個網站。每個網頁都由唯一的統一資源定位符（URL）來標識，該定位符指定了網頁的位置。瀏覽器從伺服器檢索這些頁面，將其作為使用超文本標示語言（HTML）格式化的文檔，並將其呈現為可讀的多媒體頁面。超文本傳輸協定（HTTP）規定了萬維網瀏覽器和伺服器之間的通信程式。

1 用戶搜索
訪問搜索引擎的用戶在點擊搜索按鈕或點擊「回車」開始搜索之前，需要輸入一個或多個相關的搜索詞。

2 請求
搜索詞由路由器發送到更廣泛的互聯網上。它們被導向搜索引擎的伺服器。

3 搜索索引
電腦會掃瞄搜索引擎的索引，找出包含這些搜索詞的最相關的頁面。

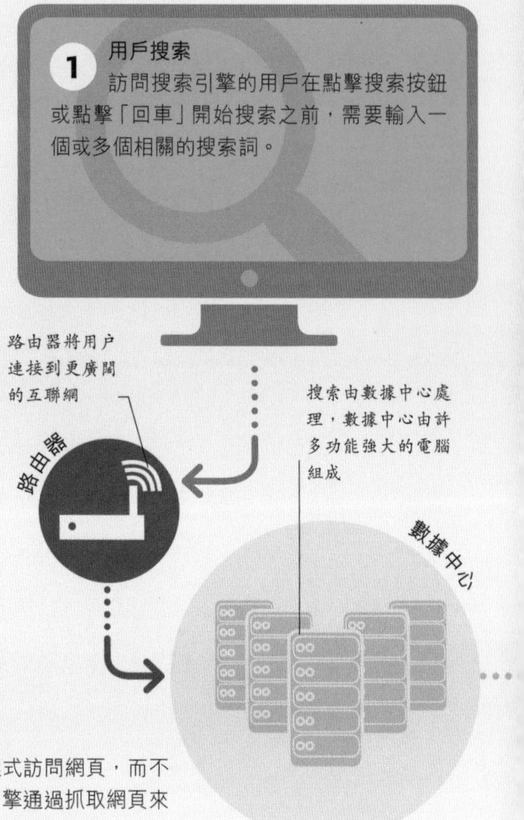
路由器將用戶連接到更廣闊的互聯網
路由器
搜索由數據中心處理，數據中心由許多功能強大的電腦組成
數據中心

搜索網絡
我們通常使用搜索引擎程式訪問網頁，而不是直接輸入網址。搜索引擎通過抓取網頁來創建索引，該索引用於生成搜索結果。這些結果以相關鏈接列表的形式呈現。

超文本標示語言 HTML

HTML 是一種用來設計網頁的語言。瀏覽器從 Web 伺服器接收 HTML 文檔，並將其呈現為包含文本和其他媒體的可讀網頁。稱為「HTML 標籤」的代碼被用於添加和構造頁面中的內容。例如，<img> 引入圖像，<a> 定義超鏈接，用於從一個頁面鏈接到另一個頁面。

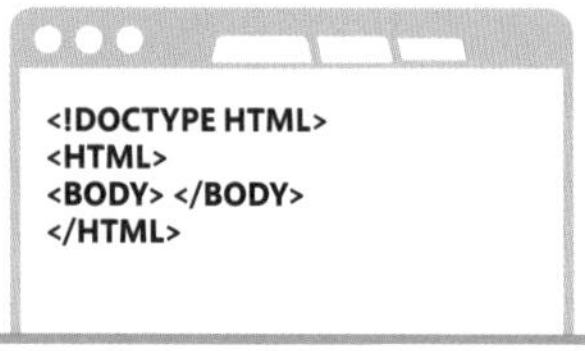
<!DOCTYPE HTML>
<HTML>
<BODY> </BODY>
</HTML>

網際網絡協定（Internet protocols）

超文本傳輸協定是萬維網使用的通用規則集。HTTP 是處理 Web 文檔以及伺服器、瀏覽器和其他代理如何響應命令的基礎。當用戶輸入網址訪問網頁時，他們的瀏覽器會使用域名系統（DNS）查找 Web 伺服器的互聯網地址。然後，它向 Web 伺服器發送請求，該伺服器發出帶有狀態代碼的響應，狀態代碼包含諸如 URL 是否有效等信息，以便加載頁面。請求和響應的序列被稱為「HTTP 會話」。

HTTPS
超文本傳輸安全協定（HTTPS）使用傳輸層安全協定（TLS）進行加密。這保障了用戶在線瀏覽時的隱私和安全性。

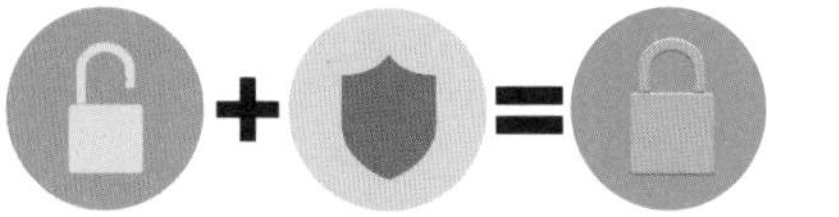
超文本傳輸協定（HTTP）
傳輸層安全協議（TLS）
超文本傳輸安全協議（HTTPS）

4 點擊鏈接

搜索引擎會編譯一個網頁，列出用戶搜索的最好結果。該列表被返回到用戶的電腦上，並由其瀏覽器顯示。用戶查看從列出的網頁中抽取的文本片段以選擇網址。

6 查看頁面

用戶的瀏覽器接收 HTML 文檔，並使用它呈現網頁，以對用戶有用的格式顯示文本、圖像和其他媒體。

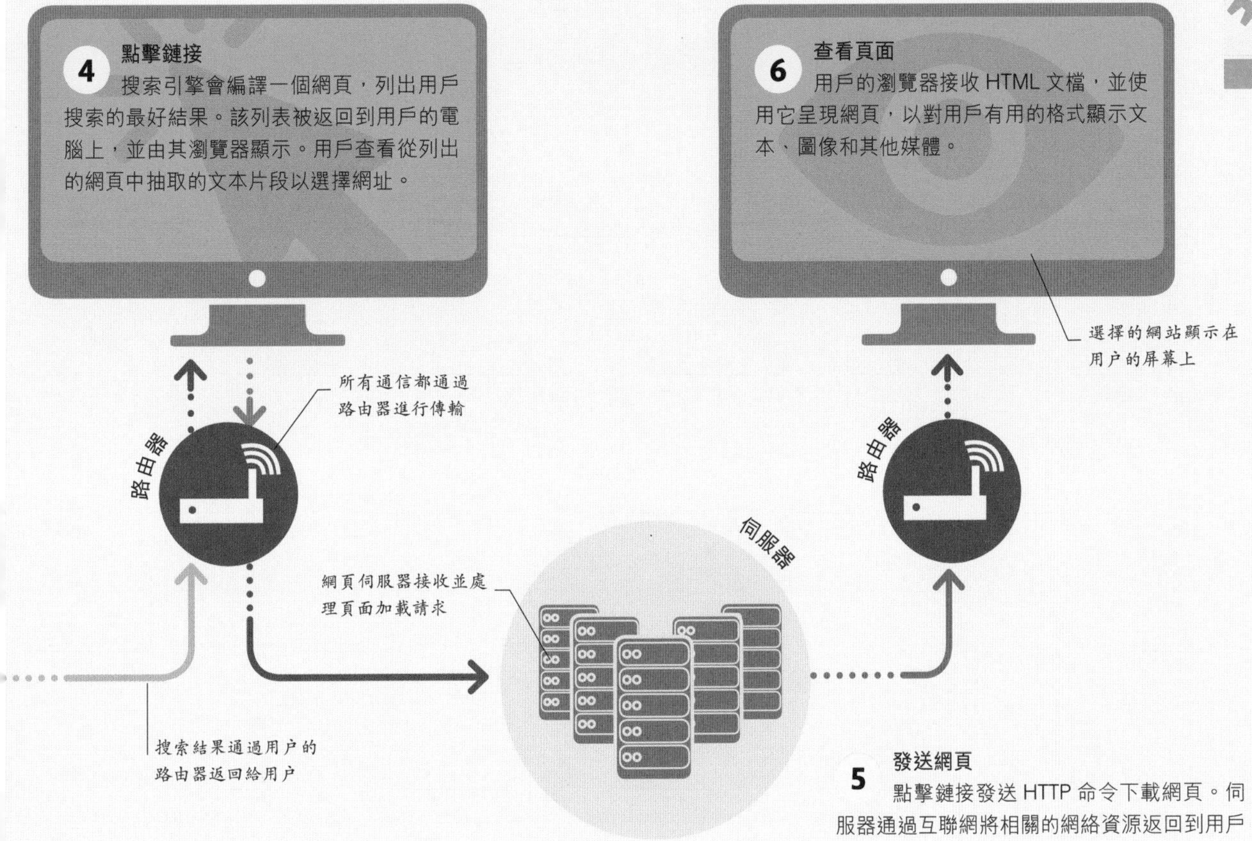
選擇的網站顯示在
用戶的屏幕上
所有通信都通過
路由器進行傳輸
路由器
路由器
伺服器
網頁伺服器接收並處
理頁面加載請求
搜索結果通過用戶的
路由器返回給用戶

5 發送網頁

點擊鏈接發送 HTTP 命令下載網頁。伺服器通過互聯網將相關的網絡資源返回到用戶的電腦上。

HTTP狀態碼		
狀態碼	**英文名稱**	**中文描述**
200	OK	請求已成功
201	Created	請求已經被實現，新的資源已經依請求的需要而建立
301	Moved Permanently	請求的資源已被永久移動到新的URL
400	Bad Request	語義錯誤，伺服器無法理解；請求參數有誤
404	Not Found	未找到客戶請求的文檔
500	Internal Server Error	伺服器遇到意外情況，無法完成對請求的處理
503	Service Unavailable	由於伺服器宕機或過載，伺服器當前無法處理請求
504	Gateway Timeout	上游伺服器未能在允許的時間內響應

75% 的人只看搜索結果的**第一頁**。

第一個網站是甚麼？

第一個網站是由蒂姆・伯納斯・李爵士於 1991 年為歐洲核子研究組織（CERN）創建的。

電子郵件

電子郵件 (E-mail) 是一種使用電腦和其他設備交換信息的方法。通過連接到電子郵件伺服器，用戶可以發送和接收消息及以附件形式存在的其他文件。

第一封郵件是誰發的？

雷・湯姆林森在 1971 年發出了第一封電子郵件。在阿帕網工作期間，他開發了一種在電腦之間發送信息的方法。

如何發送電子郵件

電子郵件的交換是根據一套規則進行的，即簡單郵件傳輸協定 (SMTP)，它允許在不同的設備和伺服器之間通信。當用戶發送電子郵件時，郵件被上傳到 SMTP 伺服器，在郵件被發送前，SMTP 伺服器會與域名伺服器 (DNS) 通信，檢查收件人的伺服器地址。互聯網域名是由個人或組織控制的一組地址。

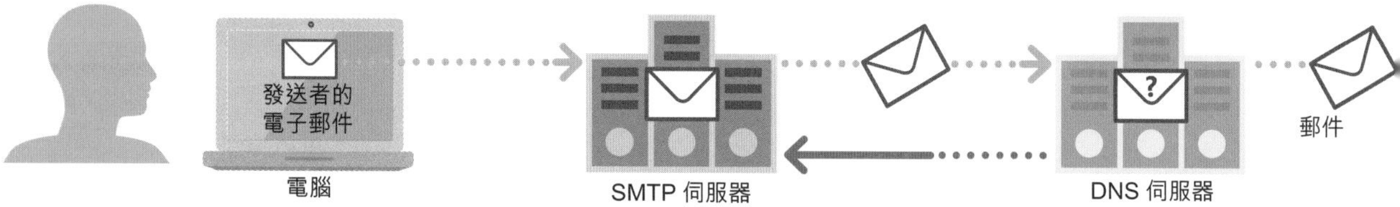

1 電子郵件發送

發送者使用客戶端編寫郵件，該客戶端是用於編寫、發送和閱讀電子郵件的應用程式。用戶還需輸入收件人的電子郵箱地址，點擊發送按鈕，郵件傳送過程就開始了。

2 SMTP 伺服器

郵件被發送到相當於在線郵局的 SMTP 伺服器上。在此伺服器上，郵件傳送代理 (MTA) 檢查收件人的郵箱地址，然後查找它的域名。

3 DNS 伺服器

MTA 必須與 DNS 伺服器通信，DNS 伺服器將域名轉換為 IP 地址，然後檢查收件人的域名以找到他們的郵件伺服器。如果找不到，則返回一個錯誤消息。

垃圾郵件和惡意軟件

因為發送電子郵件非常便宜，所以電子郵件經常被用來同時向許多用戶發送信息。一些垃圾郵件僅僅會令人厭煩，但另一些垃圾郵件可能會傳播惡意軟件。這些惡意軟件一經下載，便會禁用、劫持或改變電腦功能、監控活動、要求付款、加密或刪除數據，或傳播到其他電腦那裏。電子郵件過濾器掃瞄收到的電子郵件，查找垃圾郵件和惡意軟件的內容。

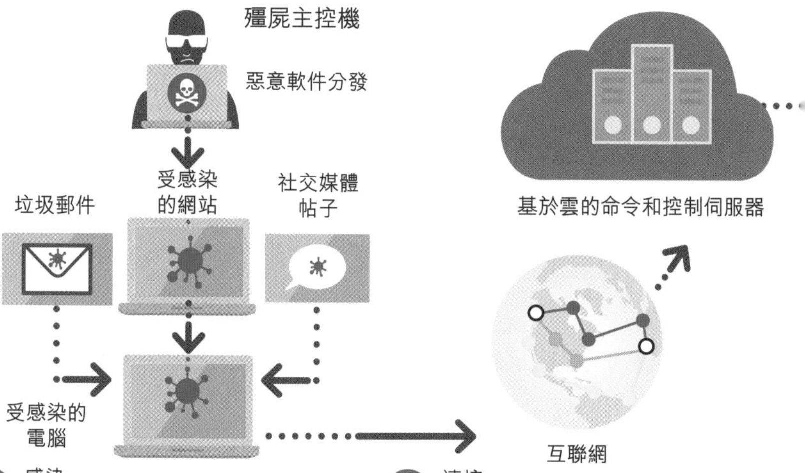

殭屍網絡是如何運作的

一個想匿名在網上進行惡意活動的黑客可能會破壞連接設備的安全性，從而創建一個由他們控制的設備組成的網絡 —— 殭屍網絡。

1 感染

黑客使用包含殭屍程序的惡意軟件，即執行自動化任務的應用程式。惡意軟件是分佈式的，一旦被下載，它便會感染用戶的電腦。

2 連接

殭屍程序會謹慎地指示受感染的電腦連接到命令與控制 (C&C) 伺服器。黑客利用這個伺服器來監視和控制殭屍網絡。

電子郵件檢索協議

電腦採用SMTP協定發送電子郵件，但是收件人使用遵循郵局協定（POP）或網際網路資訊存取協定（IMAP）的電子郵件客戶端來接收電子郵件。這兩套規則以不同的方式處理收到的電子郵件。

網際網路資訊存取協定（IMAP）

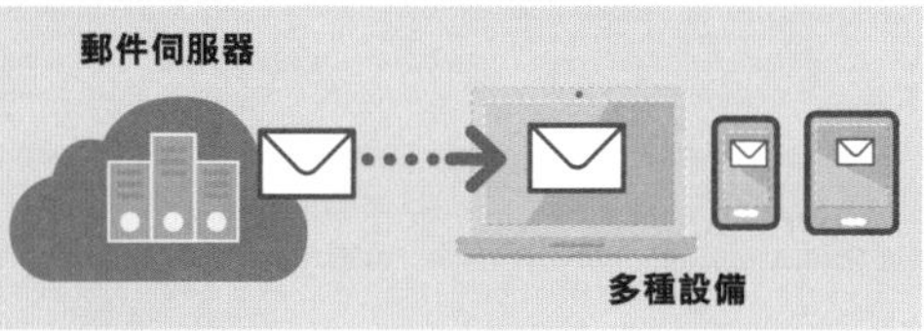

- 郵件客戶端與伺服器同步
- 電子郵件可以跨多台設備訪問和同步
- 電子郵件和附件不會自動下載到設備上
- 發送和接收的原始郵件存儲在伺服器上

郵局協定第三版（POP3）

- 郵件客戶端和伺服器未同步
- 電子郵件只能通過單個設備訪問
- 郵件會自動下載到設備上，然後從伺服器上刪除
- 發送和接收的郵件存儲在設備上

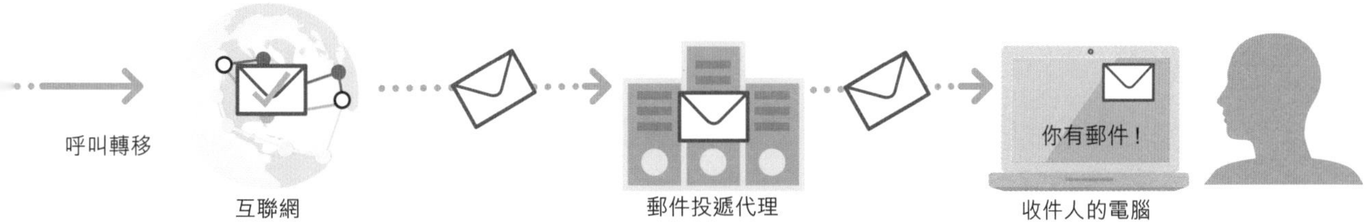

4 郵件發送給投遞代理

如果找到收件人的郵件伺服器，DNS便使用SMTP描述的傳輸過程將消息傳輸給他們的郵件投遞代理（MDA）。在那之前，郵件可能會先通過幾個郵件傳送代理。

5 投遞代理傳遞電子郵件

MDA在這個過程中執行最後的傳輸：從MTA接收郵件並將其發送給收件人，然後將其歸檔到用戶正確的電子郵箱收件箱中。

6 收到電子郵件

收件人打開收件箱並閱讀新郵件。訪問電子郵件的方式取決於用戶的郵件客戶端所採用的協議（見上文）。

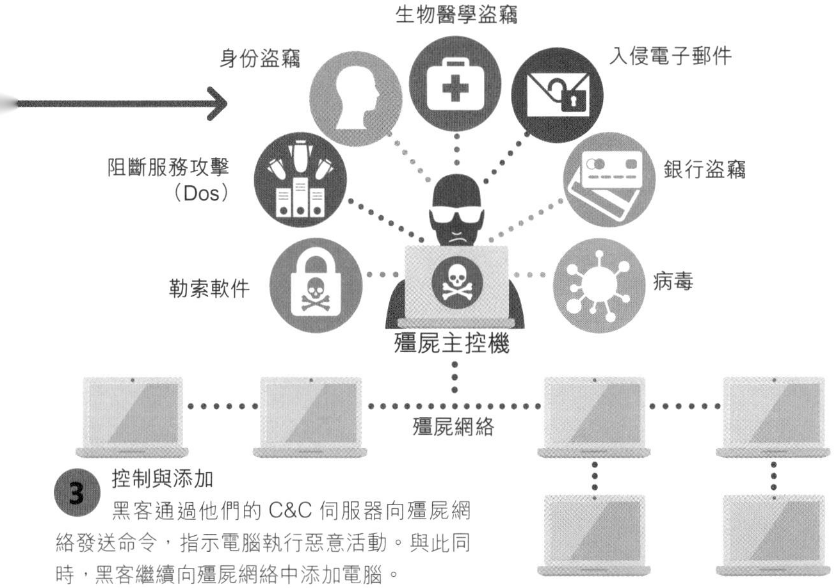

3 控制與添加

黑客通過他們的C&C伺服器向殭屍網絡發送命令，指示電腦執行惡意活動。與此同時，黑客繼續向殭屍網絡中添加電腦。

電子郵件加密

電子郵件通過使用公鑰加密來防止其被預期收件人以外的任何人讀取。加密的電子郵件只能使用正確的數學密鑰來解密。最簡單的做法是，發送方使用接收方的公鑰來加密消息，只有接收方可以用其私鑰解密。

Wi-Fi

無線區域網絡（Wi-Fi）利用無線電波使附近的設備，如手機、平板電腦、筆記本電腦、桌面電腦、打印機、數碼揚聲器和智能電視機，形成連接並無線交換數據。這是最受歡迎的移動通信方式。

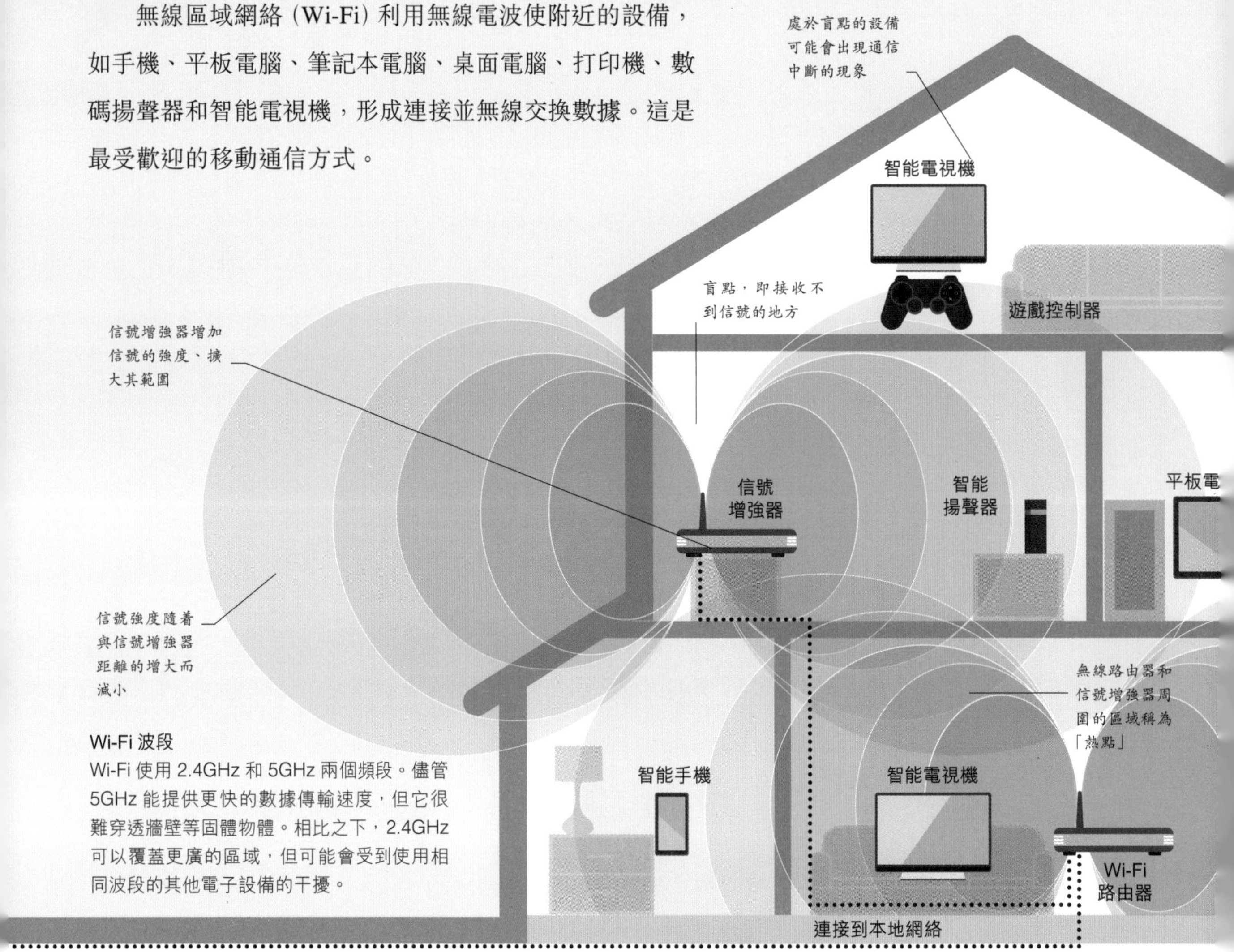

處於盲點的設備可能會出現通信中斷的現象
智能電視機
遊戲控制器
盲點，即接收不到信號的地方
信號增強器增加信號的強度、擴大其範圍
信號增強器
智能揚聲器
平板電
信號強度隨着與信號增強器距離的增大而減小
無線路由器和信號增強器周圍的區域稱為「熱點」
智能手機
智能電視機
Wi-Fi路由器
連接到本地網絡

Wi-Fi 波段

Wi-Fi 使用 2.4GHz 和 5GHz 兩個頻段。儘管 5GHz 能提供更快的數據傳輸速度，但它很難穿透牆壁等固體物體。相比之下，2.4GHz 可以覆蓋更廣的區域，但可能會受到使用相同波段的其他電子設備的干擾。

Wi-Fi 的工作原理

使用 Wi-Fi 將設備連接到互聯網需要一個內置的無線適配器，比如手機上的天線，來將數碼數據轉換為無線電信號。當用戶發送某種形式的媒體，如文本信息或照片時，適配器將其數碼形式編碼成無線電信號，並將其傳輸到路由器上。然後，路由器將無線電信號轉換回數碼數據，並通過有線連接將其傳輸到互聯網上。這個過程以同樣的方式反向工作，從而實現設備和互聯網之間的無線數據交換。

Wi-Fi 路由器

路由器在連接的設備和互聯網之間傳輸數據。它通過廣域網路（WAN）端口連接到互聯網，並通過區域網絡（LAN）端口或無線連接到區域網絡中的設備。

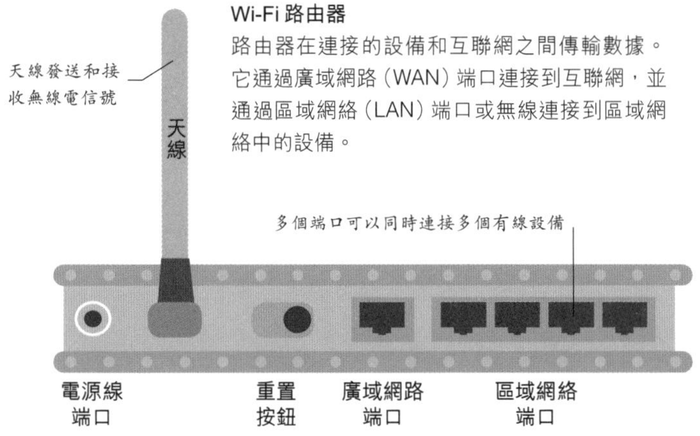

天線發送和接收無線電信號
天線
多個端口可以同時連接多個有線設備
電源線端口
重置按鈕
廣域網路端口
區域網絡端口

Wi-Fi 信號

Wi-Fi 信號的強度隨着設備和路由器之間距離的增大而迅速下降。無線網絡的覆蓋範圍通常在幾十米內，但也會根據頻率、傳輸功率和天線而變化。由於存在牆壁等障礙物，因此，儘管可以使用信號增強器來增強信號，但 Wi-Fi 信號在室內的覆蓋範圍仍然較小。

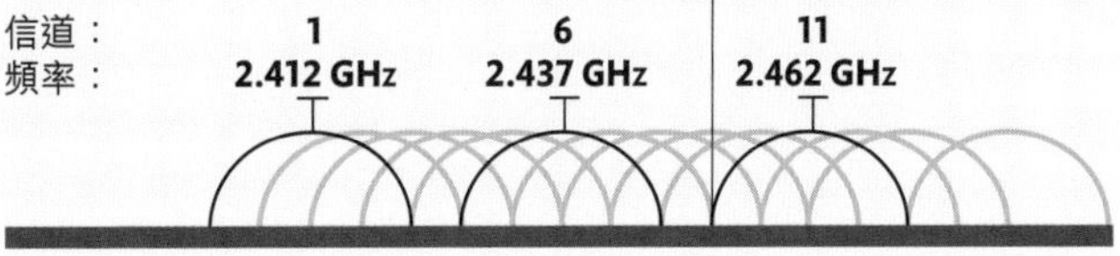
14 個信道中只有 3 個不與其他信道重疊
信道：
頻率：
1
2.412 GHz
6
2.437 GHz
11
2.462 GHz

2.4GHz 頻段

數據使用多個設備共享的特定頻率（信道）傳輸。使用多個信道可以實現更高效的通信，但在 2.4 GHz 頻段（如上圖所示），許多信道會重疊，從而造成干擾。

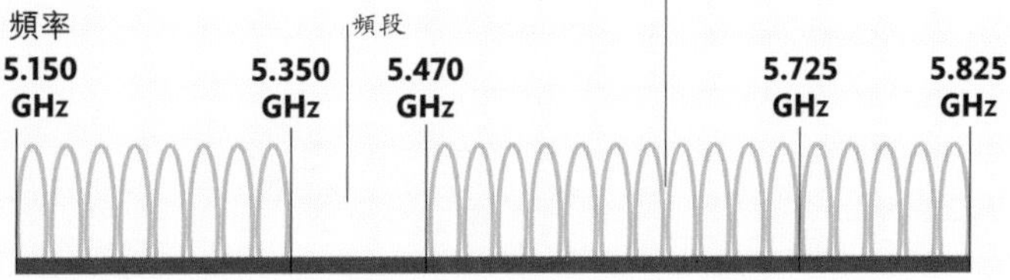
目前未使用 5.350GHz 到 5.470GHz 之間的頻段
無信道重疊，可防止干擾
頻率
5.150 GHz
5.350 GHz
5.470 GHz
5.725 GHz
5.825 GHz

5GHz 頻段

5GHz 頻譜有 24 個非重疊信道，利用更高的頻率。這意味着數據可以通過多個信道同時傳輸，從而提高效率和速度。歐洲的 Wi-Fi 系統可以使用 5.725 ～ 5.875GHz 的頻段，但僅限於短程、低功耗設備。

甚麼是頻寬？

頻寬指在一定時間內可以傳輸的數據量。更高的帶寬連接意味着更快的數據傳輸速度。

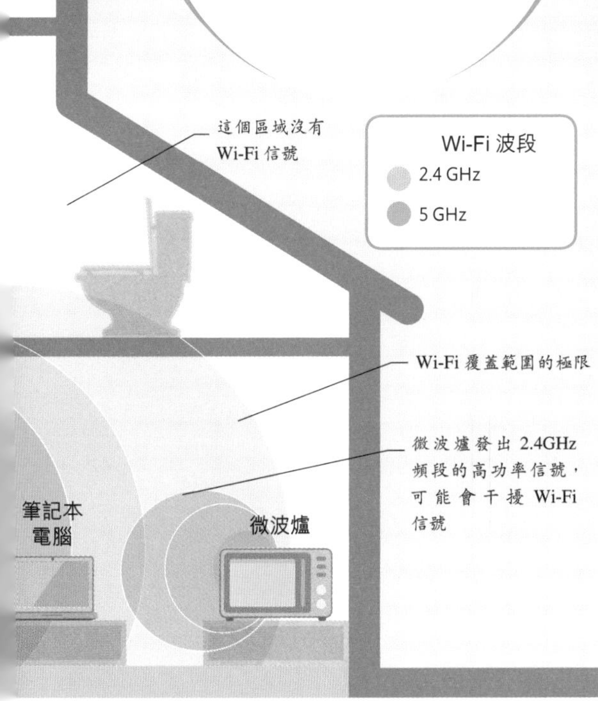
這個區域沒有 Wi-Fi 信號
Wi-Fi 波段
2.4 GHz
5 GHz
Wi-Fi 覆蓋範圍的極限
微波爐發出 2.4GHz 頻段的高功率信號，可能會干擾 Wi-Fi 信號
筆記本電腦
微波爐

攻擊 Wi-Fi

無線網絡連接很容易受到黑客的攻擊，因為黑客無須在同一棟大樓內或突破防火牆就能訪問 Wi-Fi 網絡。黑客可以通過各種方式破壞 Wi-Fi 安全，例如，收集設備傳輸和接收的信息。無線網絡可以通過 Wi-Fi 保護訪問來保證安全。這依賴於用户輸入經過驗證的密碼，並通過為每個數據包生成新的加密密鑰。

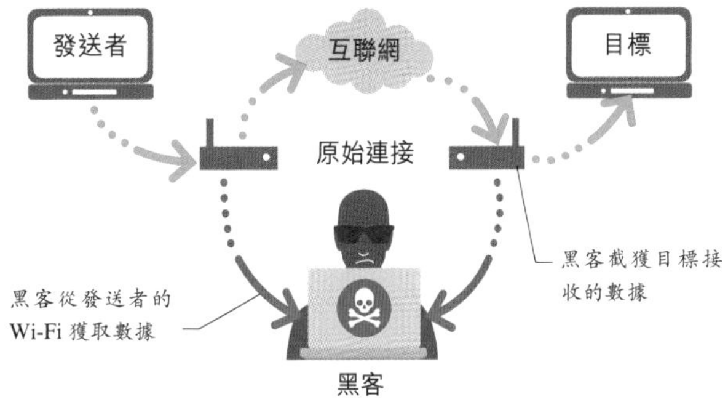
發送者
互聯網
目標
原始連接
黑客從發送者的 Wi-Fi 獲取數據
黑客截獲目標接收的數據
黑客

流動設備

流動設備是一種小型便攜式電腦設備。大多數現代流動設備可以連接互聯網（見第 196 ～ 197 頁）和其他設備，並使用平板觸控屏操作。

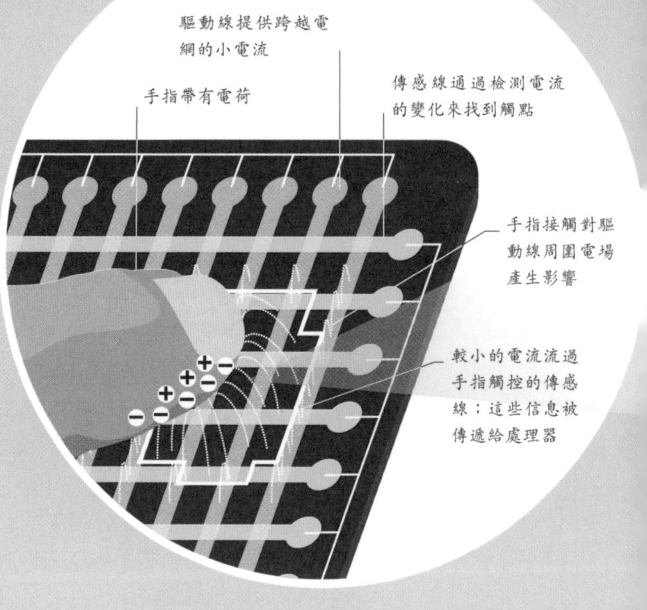
驅動線提供跨越電網的小電流
手指帶有電荷
傳感線通過檢測電流的變化來找到觸點
手指接觸對驅動線周圍電場產生影響
較小的電流流過手指觸控的傳感線；這些信息被傳遞給處理器

1 屏幕觸控
當指尖觸碰屏幕時，一小股電荷被拉向導電手指。電網上的電流下降，從而記錄下觸控。

流動設備組件
電容式觸控屏由一層驅動線和一層傳感線組成，它們在玻璃基板上形成網格。這個網格位於液晶顯示器的頂部，連接着觸控屏控制器晶片和設備的主處理器。

保護塗層
防護罩
黏結層
驅動線
傳感線
流動設備

藍牙是以 10 世紀丹麥**國王**的名字命名的，它的目的是**統一**設備間的**通信**。

觸控屏

觸控屏主要有兩種類型：電容式和電阻式。兩者都允許用戶通過簡單的觸控和手勢直接與設備上顯示的元素進行交互。流動設備的觸控屏最常見的是電容式觸控屏。它依賴指尖或觸控筆的導電特性，比其他觸控屏對手勢更敏感。電阻式觸控屏依賴對屏幕的外層施加的壓力，壓力使由透明電極薄膜製成的兩個導電層接觸。

流動設備類型

流動設備有很多類型，它們能滿足一系列的應用需求。一些流動設備可以實現多種功能，比如平板電腦；而另一些則是為特定目的，比如玩遊戲或拍攝視頻而設計的。為了方便收集人體每日運動數據，一些流動設備可以被戴在身上。

平板電腦
平板電腦是平板移動電腦。它們比智能手機大，但與智能手機有相似之處。

智能手機
智能手機也具有計算功能，能連接到互聯網和蜂窩網絡。

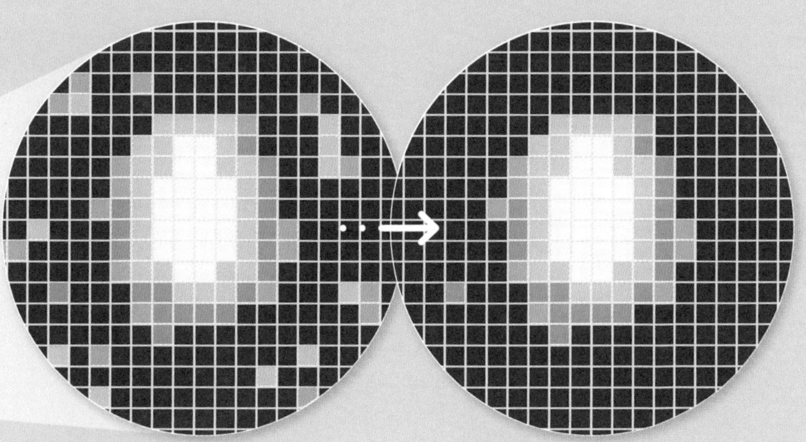

2 原始數據收集
測量電網每一點上電流的變化。指尖正下方的點電流的下降幅度最大。

3 消除雜訊
必須過濾掉電磁干擾或雜訊，以確保強而穩定的觸控響應。這種雜訊可能來自外部，如充電器等。

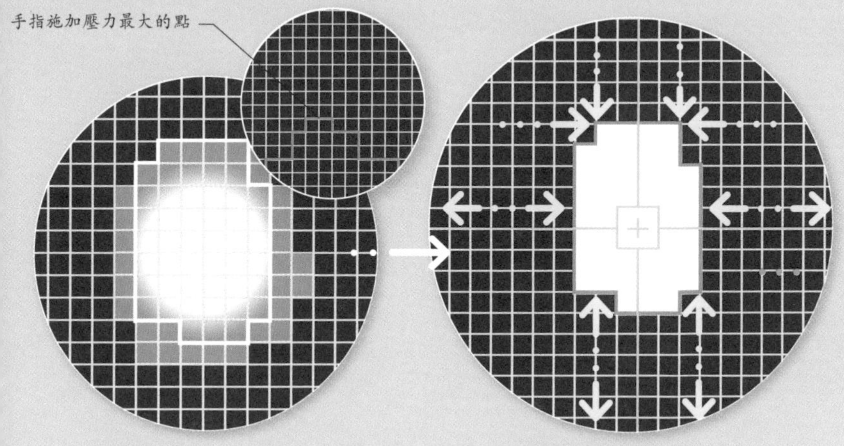

4 測量壓力點
識別與用戶指尖接觸的網格區域的大小和形狀，以確定施加最大壓力的點。

5 計算確切的座標
來自網格上每個點的電信號被發送到設備的處理器，處理器使用這些數據來計算指尖的精確位置。

連線

能夠與附近的其他設備連接和通信是流動設備最有用的特性之一。這些設備可以是物理連接的，但也可以使用無線電信號進行無線數據交換，這通常更方便。

藍牙
藍牙技術利用無線電波進行短距離通信。它允許流動設備使用無線電信號與其他設備進行無線連接，如藍牙耳機。

無線區域網絡（Wi-Fi）
Wi-Fi（見第 202 ～ 203 頁）允許本地網絡設備通過路由器進行無線通信，路由器也可以連接到互聯網。

無線射頻識別（RFID）
射頻識別標籤通常貼在商店或工廠的物品上，能發出獨特的無線電波，從而使流動設備能夠識別物品。

近場通信（NFC）
NFC 允許兩個非常近的設備進行通信，用於非接觸式支付系統和鑰匙卡。

智能手錶
智能手錶具有智能手機的大部分功能。

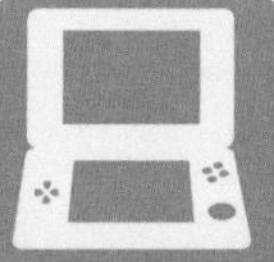

遊戲平台
裝有遊戲系統的設備，包含屏幕、控件、揚聲器和控制器。

電子書閱讀器
電子書閱讀器是為閱讀電子書而設計的。多採用電子紙技術（見第 208 ～ 209 頁）。

個人數碼助理（PDA）
PDA 是信息管理器。大部分可以接入互聯網，像手機一樣工作。

智能手機

智能手機是一種手持電腦，擁有廣泛的硬件和軟件功能。它們通常使用正面覆蓋的觸控屏（見第 204 ～ 205 頁）進行操作。智能手機運行移動操作系統，可以通過下載和安裝應用程式進行定製。

世界上第一款智能手機是甚麼？

IBM 的 Simon 是第一款智能手機，於 1994 年發佈。它重 510 克，帶有一個用於發送和接收傳真的數據機。

智能手機能做甚麼

智能手機結合了電話和小型電腦的功能。它們可以通過蜂窩網絡、Wi-Fi、藍牙和 GPS 進行通信，並配有攝像頭、麥克風、揚聲器和傳感器，而應用商店中有數百萬種不同的服務。這些功能強大、方便的設備的興起，導致了許多專用設備的消亡。

揚聲器
手機內置微型揚聲器，為通話和播放媒體提供聲音。它還支持免提通話的揚聲器功能。

麥克風
這使得智能手機具有電話的功能。它還具有錄音功能，可以與數碼助理進行通信。

照相機
幾乎所有的智能手機都有小型、低功耗的前後攝像頭，且大多數有數碼變焦功能和由發光二極管組成的閃光燈。

藍牙
藍牙晶片可以讓智能手機通過無線電信號與其他設備進行無線連接。它還可以讓智能手機與藍牙耳機連接。

衛星導航
衛星導航晶片連接到軌道上的衛星網絡，如美國的全球定位系統。衛星導航服務是通過應用程式訪問的。

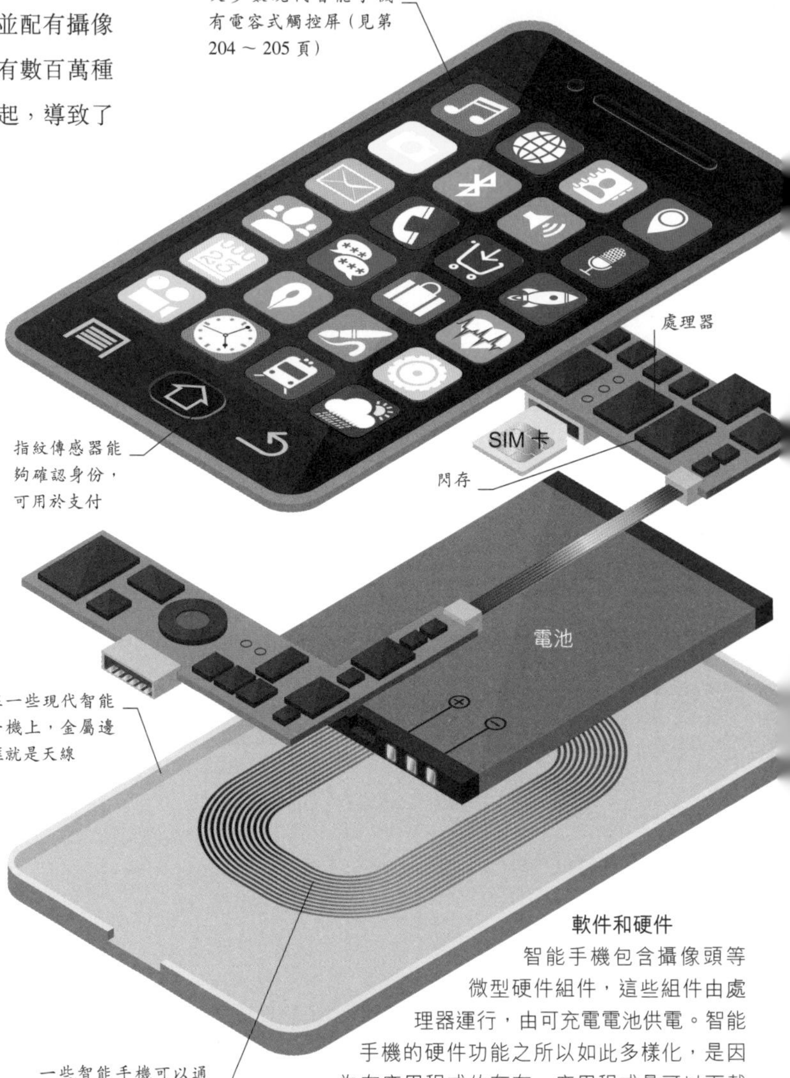
大多數現代智能手機有電容式觸控屏（見第 204 ～ 205 頁）
處理器
SIM 卡
指紋傳感器能夠確認身份，可用於支付
閃存
電池
在一些現代智能手機上，金屬邊框就是天線
一些智能手機可以通過感應線圈進行無線充電

軟件和硬件
智能手機包含攝像頭等微型硬件組件，這些組件由處理器運行，由可充電電池供電。智能手機的硬件功能之所以如此多樣化，是因為有應用程式的存在。應用程式是可以下載並安裝到設備上的專門程式。

信息傳送

短信包括通過移動網絡發送和接收的電子信息。大多數短信是通過短信息中心（SMSC）交換的，該中心允許發送不超過 160 個字符的短信息。然而，多媒體信息服務（MMS）使用移動網絡來交換包含照片、視頻和音頻的消息。

短信是如何發送的？

發件人的文本通過蜂窩信號塔傳送到移動交換中心（MSC），該中心找到發件人短消息中心的地址，並將文本轉發到那裏。SMSC 檢查收件人是否空閒。如果有空，它將通過 MSC 傳遞文本。否則，它會一直存儲文本，直到收件人空閒為止。

每一部**智能手機**都含有**金**、**銀**和鉑等貴金屬。

互聯網

智能手機可以通過 Wi-Fi 或蜂窩網絡連接到互聯網。大多數手機現在使用 4G，即第四代移動技術，它支持更快的加載速度。

遊戲站

智能手機可以用作便攜式遊戲機。與電玩主機不同，它們沒有專用顯卡，但是擁有強大的圖形處理單元，可以渲染圖像、動畫和視頻。

通訊錄

大多數智能手機有記錄聯繫信息的電子通訊錄。使用者可以通過社交媒體網站和電子郵件賬戶獲取信息，也可以通過語音命令進入數碼助理頁面進行訪問。

支付系統

智能手機可以通過多種方式進行非接觸式支付，包括無線電信號和類似銀行卡磁條的磁信號。支付通常需要一個驗證過程來確認身份。

音樂

音樂可以從應用程式中下載，通過 Wi-Fi 或手機連接傳輸，也可以從用戶的收藏中導入。智能手機支持多種文件格式，包括 MP3、AAC、WMA 和 WAV。

加速度傳感器

許多智能手機有微型加速度傳感器，可以測量加速度。這些傳感器用於檢測設備的方向，因此顯示屏可以根據手持設備的方式在橫向和縱向模式之間切換。它們也可以作為計步器和手機遊戲的輸入。

固定在電話外殼上的錨點

「指針」

固定電極

1 手機不動

固定電極位於矽質梳狀加速度傳感器的「指針」之間。電極和傳感器連接到電池上，因此傳感器被充電，在「指針」之間產生電場。當傳感器靜止時，沒有電流流動。

傳感器隨着運動而來回移動

電極和「指針」靠得更近，影響電場

2 運動檢測

傳感器會因運動而偏轉，其電荷會影響電極周圍的電場，從而產生電流。這些信息告訴處理器手機的移動速度和方向。

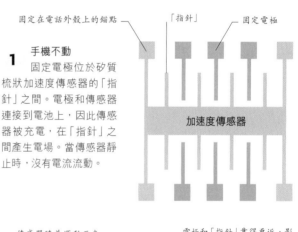

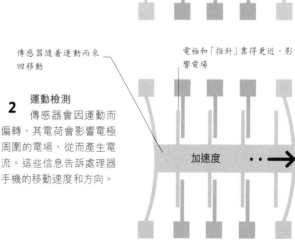

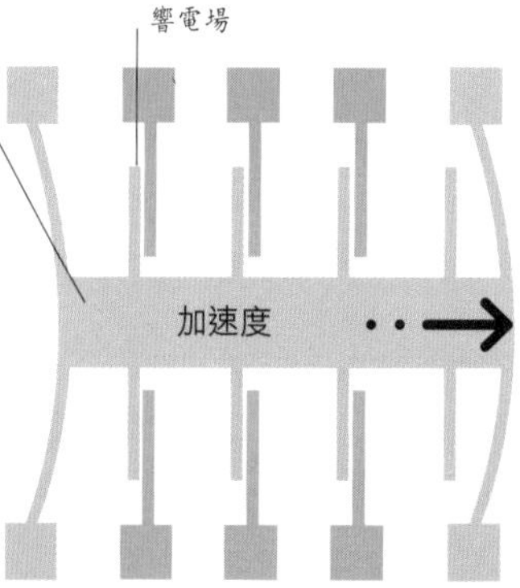

電子紙的工作原理

電子紙內部有數千個微小的微囊體，每個微囊體中都含有黑色的顏料顆粒和白色的顏料顆粒，它們位於透明的油性液體中。黑色顆粒帶負電荷，白色顆粒帶正電荷。若顯示器下的電晶體提供的是正電荷，則它可以吸引黑色顆粒，排斥白色顆粒。如果提供的是負電荷，則情況相反。設備的電腦控制電荷出現的位置，在顯示屏上形成黑白圖像和文本。如果一個微囊體的電荷一邊是負電荷，另一邊是正電荷，那麼它就會呈現出半白半黑的灰色。

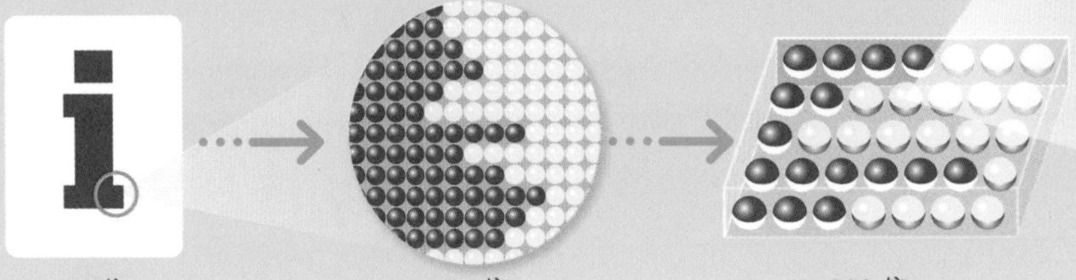

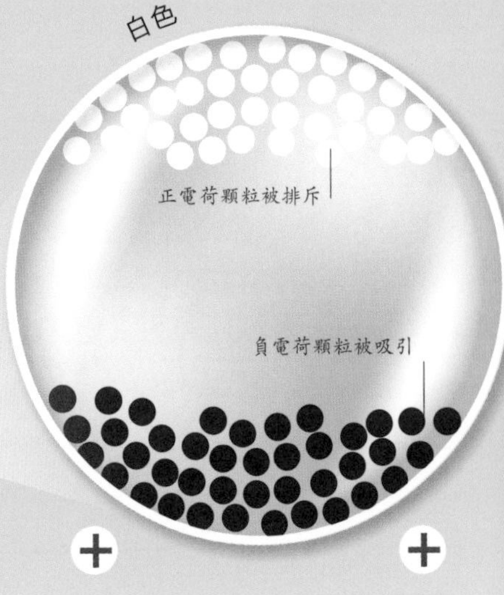

微囊體
在電子紙上組成文字和圖像的微囊體的粗細大約與人類的頭髮一樣。

圖例
＋ 正電荷　　－ 負電荷

1 黑色顆粒帶負電荷，而白色顆粒帶正電荷。顯示屏下的正電荷吸引黑色顆粒。

電子紙

一些電子書閱讀器使用電子紙製成的屏幕顯示文本頁面。和真正的紙一樣，電子紙也能反射光線，這使得它更適合閱讀文本，因為它可以減少眼睛疲勞，並且在陽光下也適合閱讀。

睡前閱讀電子書閱讀器比液晶平板電腦更好嗎？

可能是這樣的。使用平板電腦會讓人更難入睡，因為它發出的藍光會干擾調節睡眠的褪黑激素的作用。

在黑暗中閱讀

電子紙不像電腦屏幕那樣需要自己的光源。然而，為了在黑暗中也適合閱讀，許多電子書閱讀器在屏幕的一側有 LED 燈，以照亮屏幕。光穿過透明屏幕的內部，向下散射到電子紙上。

電子墨水技術正在被用於**開發圖案不斷變化的服裝**。

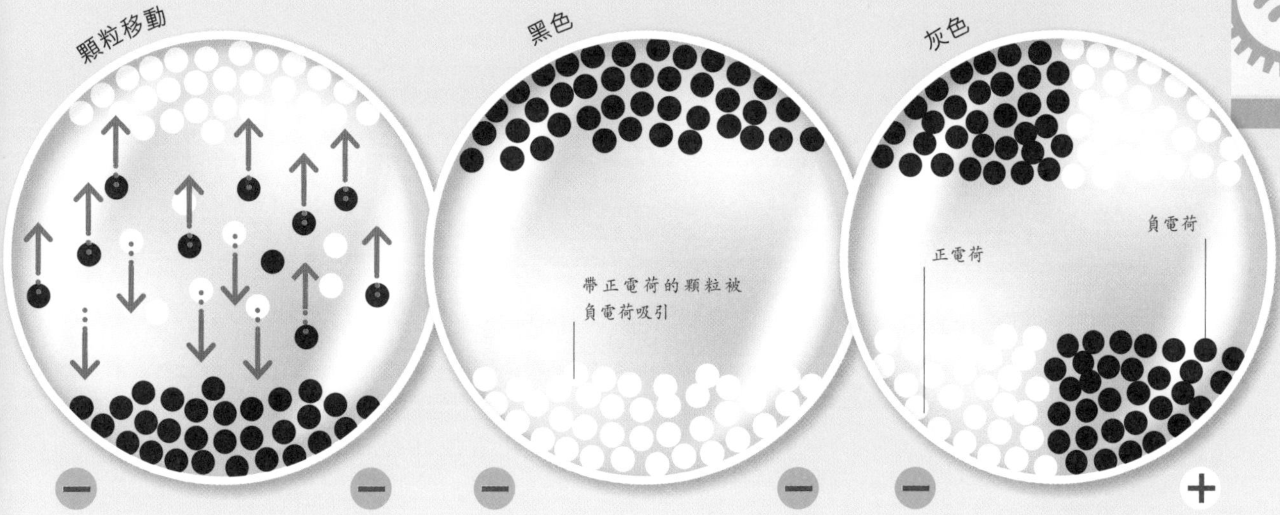

2 當在顯示屏下施加負電荷時，帶正電荷的白色顆粒與黑色顆粒交換位置。

3 白色顆粒被負電荷吸引，而帶負電荷的黑色顆粒被排斥。

4 設備內的電腦控制着不同類型的電荷出現的位置。黑色和白色顆粒的區域將呈現灰色。

電潤濕顯示技術

與電子紙一樣，電潤濕顯示技術的原理也是反射光。電潤濕顯示技術能顯示彩色，也可以顯示視頻，這是因為它的變化比電子紙快得多。在反光的白色塑膠板上有成千上萬個小隔間，每個小隔間裏都有一小滴黑色液體。來自電腦的信號施加一個電壓，使液體像窗簾一樣來回移動，吸收光或反射光。

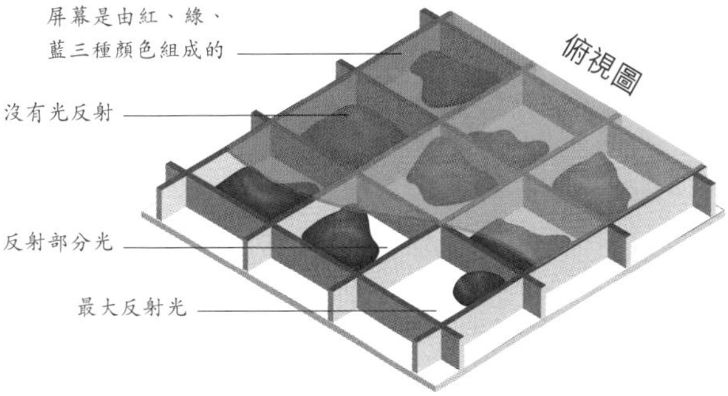

側視圖

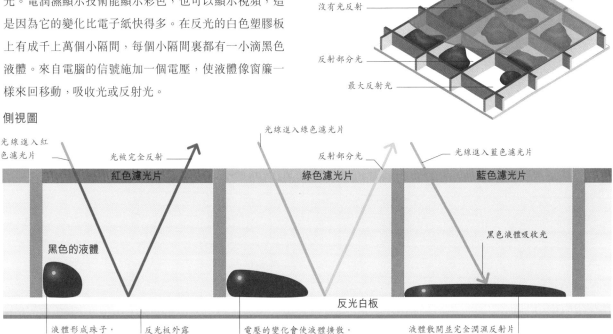

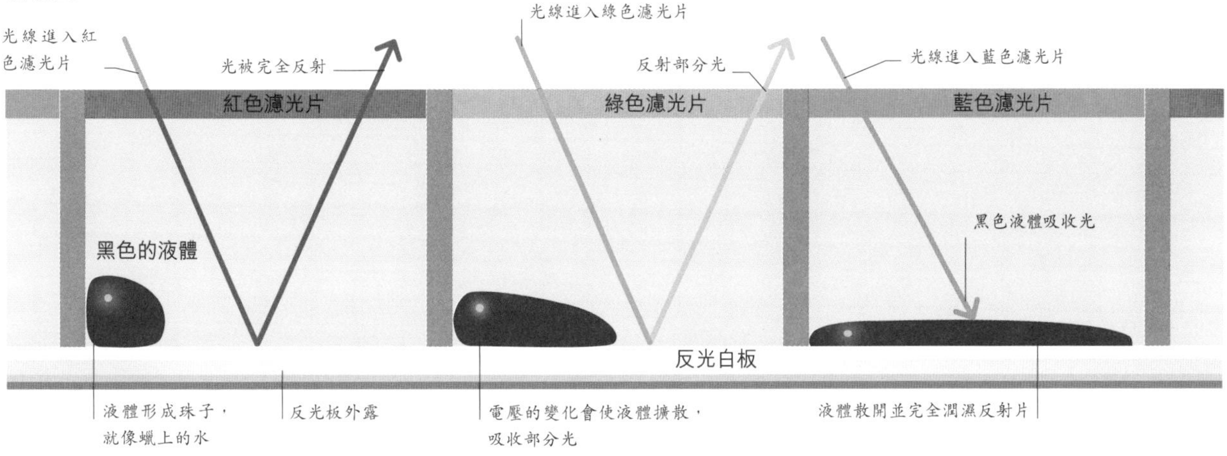

農業與食品科技

行式播種機

在傳統農業中，種植田地需要經過整地、開溝、播種及覆土等過程，這些過程都有壓實和侵蝕土壤的風險，而且很耗時。現代的行式播種機可以一次性完成大部分工作，將種子整齊播種，並施用化肥和殺蟲劑。最先進的行式播種機一次可以種植多達 72 行作物，且使用 GPS 實現每一行作物精確定位。

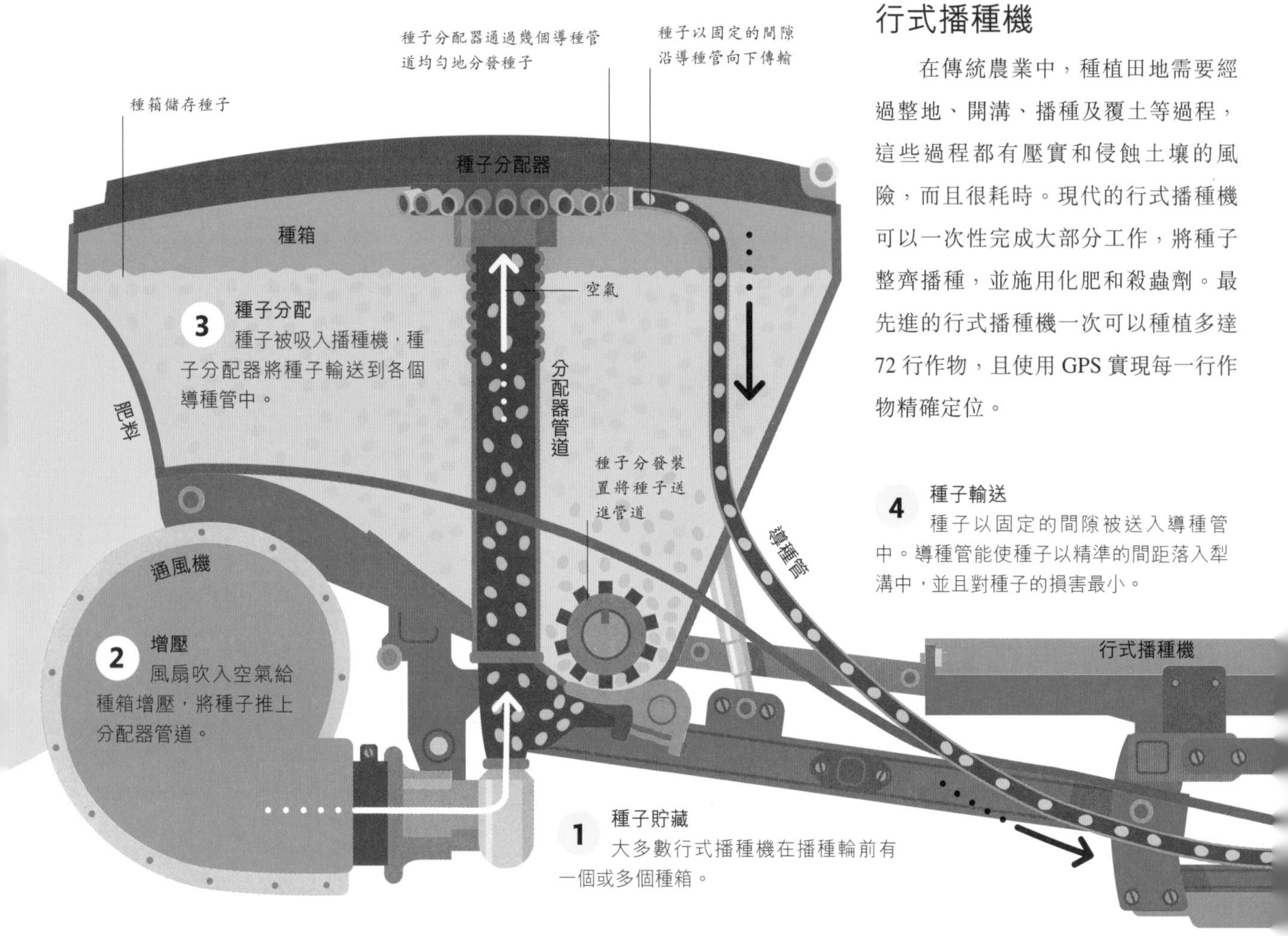

種子分配器通過幾個導種管道均勻地分發種子
種子以固定的間隙沿導種管向下傳輸
種箱儲存種子
種子分配器
種箱
空氣
3 種子分配
種子被吸入播種機，種子分配器將種子輸送到各個導種管中。
分配器管道
肥料
種子分發裝置將種子送進管道
導種管
4 種子輸送
種子以固定的間隙被送入導種管中。導種管能使種子以精準的間距落入犁溝中，並且對種子的損害最小。
通風機
2 增壓
風扇吹入空氣給種箱增壓，將種子推上分配器管道。
行式播種機
1 種子貯藏
大多數行式播種機在播種輪前有一個或多個種箱。

種植作物

用於播種的機器已經存在了數百年。然而，現代的播種機在播種面積和容量上都有了很大的提高，可以一次覆蓋大片土地，大大縮短了播種作物的時間。

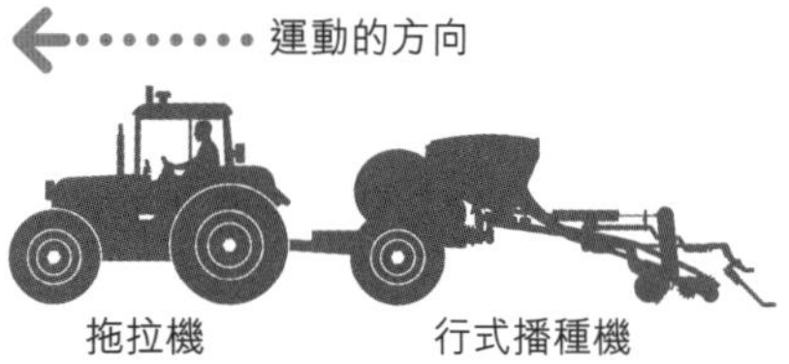

運動的方向
拖拉機
行式播種機

26.27 億噸 —— 2017 年世界糧食總產量。

灌溉

一些農民依靠自然降雨來灌溉作物，但在某些氣候條件下，作物可能也需要灌溉系統。從簡單的重力灌溉法到直接給植物根部澆水，灌溉的方法多種多樣。然而，灌溉可能也會帶來問題，例如：水可能會被浪費；如果使用未經處理的廢水，作物可能會受到污染，土壤中的鹽分也會增加。智能技術可以將水輸送到最需要的地方，而不是全面覆蓋。

地面灌溉

水浸潤整個地表，並借重力或溝渠流入犁溝。地面灌溉是一項勞動密集型工作，而且大量的水會因蒸發和徑流而流失，還有可能導致內澇。

滴灌

滴灌系統使用由多孔材料或穿孔材料製成的管道，這些管道被放置在地面或地下，能將水直接澆到作物的根部。

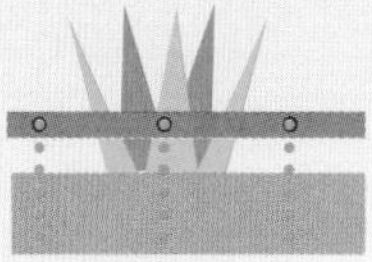

中心樞軸

灑水裝置在輪式塔上做圓周運動。這種方法可以在相對較短的時間內澆灌大面積土地。

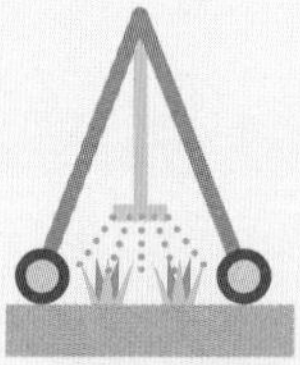

灑水器

水由頂部的高壓灑水器或移動平台上的噴槍分配。然而，噴灑時水會有所流失。

地下灌溉

地下多孔管道系統可以提高地下水位或將水直接排到根部區域。

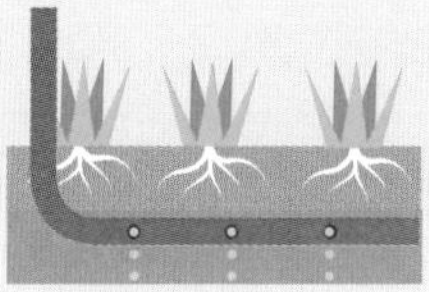

肥料管
軌距輪用於設定犁溝深度
壓實輪將種子周圍的土壤壓實
開溝輪切割V形犁溝
傾斜的閉合輪
施用液體肥料
耙線

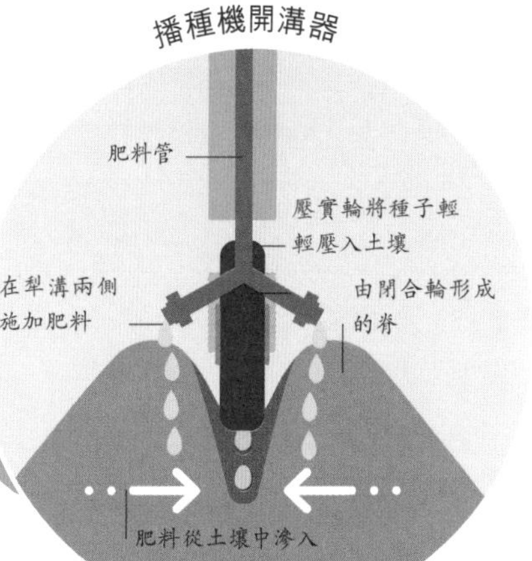
播種機開溝器
肥料管
壓實輪將種子輕輕壓入土壤
在犁溝兩側施加肥料
由閉合輪形成的脊
肥料從土壤中滲入

5 犁溝

為將土壤刨開至合適的深度和形狀，行式播種機使用輪子或刀片切割犁溝。種子以固定的間隙落在開溝輪後面，有時其旁邊還會被添加肥料或者殺蟲劑。

6 壓實種子

壓實輪通過滾動或滑動動作將種子壓入犁溝，以增加其與土壤和犁溝底部水分的接觸。它還可以防止種子反彈出去。

7 閉合和肥料輸送

傾斜的閉合輪將種子周圍的土壤緊緊壓實。如果之前沒有施肥，就把肥料加在犁溝的一側或兩側，然後用滾軸或耙子把表面整平。

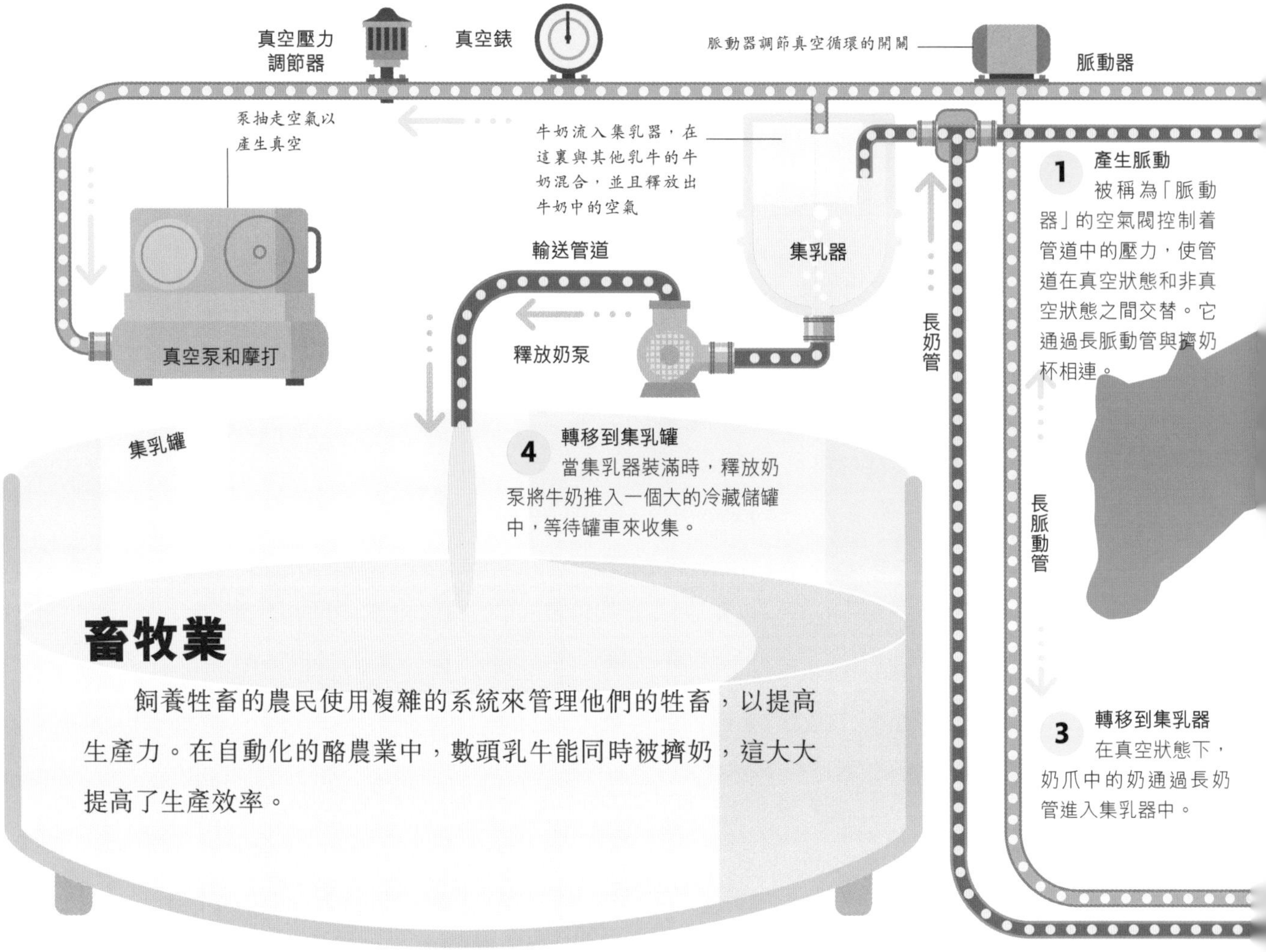
真空壓力
調節器
真空錶
脈動器調節真空循環的開關
脈動器
泵抽走空氣以
產生真空
牛奶流入集乳器，在
這裏與其他乳牛的牛
奶混合，並且釋放出
牛奶中的空氣
輸送管道
集乳器
長奶管
真空泵和摩打
釋放奶泵
集乳罐
1 產生脈動
被稱為「脈動器」的空氣閥控制着管道中的壓力，使管道在真空狀態和非真空狀態之間交替。它通過長脈動管與擠奶杯相連。
4 轉移到集乳罐
當集乳器裝滿時，釋放奶泵將牛奶推入一個大的冷藏儲罐中，等待罐車來收集。
長脈動管
3 轉移到集乳器
在真空狀態下，奶爪中的奶通過長奶管進入集乳器中。

畜牧業

飼養牲畜的農民使用複雜的系統來管理他們的牲畜，以提高生產力。在自動化的酪農業中，數頭乳牛能同時被擠奶，這大大提高了生產效率。

糞便中的甲烷

酪農業會產生大量的廢物，主要有糞便、牛舍和擠奶廳的沖洗污水。與來自水果和蔬菜作物的農業廢棄物一樣，這些廢物也需要被處理。許多大型農場使用厭氧沼氣池將廢物轉化為可用作肥料的無菌污泥，或是可用作燃料的甲烷氣體。一些農民還種植玉米等其他作物，他們將這些作物添加到沼氣池中，以增加天然氣產量和能源輸出。

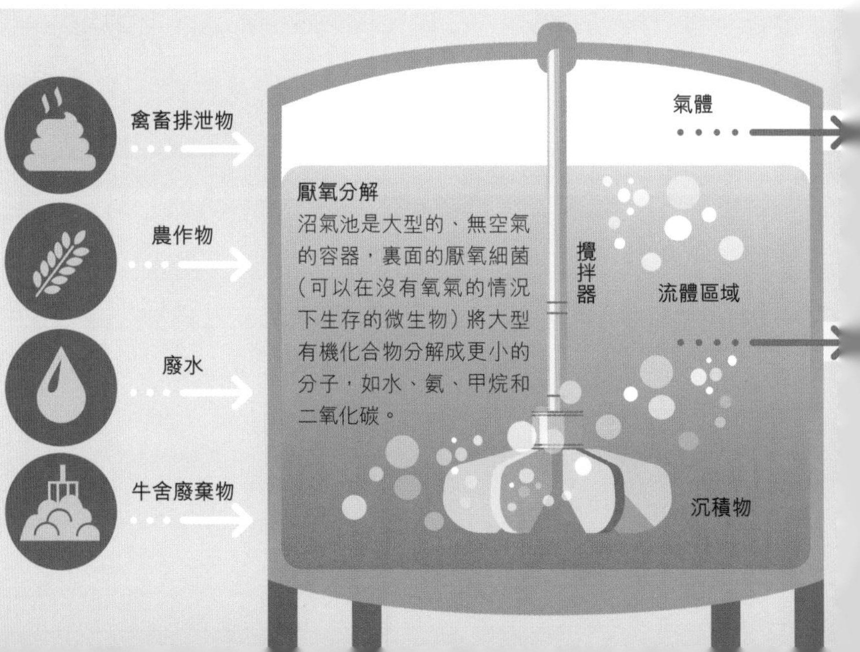
禽畜排泄物
農作物
廢水
牛舍廢棄物
氣體
厭氧分解
沼氣池是大型的、無空氣的容器，裏面的厭氧細菌（可以在沒有氧氣的情況下生存的微生物）將大型有機化合物分解成更小的分子，如水、氨、甲烷和二氧化碳。
攪拌器
流體區域
沉積物

空氣管道
連接其他乳牛的牛奶輸送管道
擠奶杯
擠奶杯簇
擠奶杯簇由四個擠奶杯和奶爪組成，並與長奶管和脈動管相連
圖例
空氣／真空運動
牛奶運動

擠奶機

擠奶機使用真空泵從乳牛的乳房中輕輕地抽取牛奶。牛奶被吸入四個內襯有橡膠的奶杯中。這些襯墊在乳頭和短管之間形成密封，將牛奶輸送給奶爪。之後牛奶通過長奶管被輸送到集乳器，最後進入大容量集乳罐。

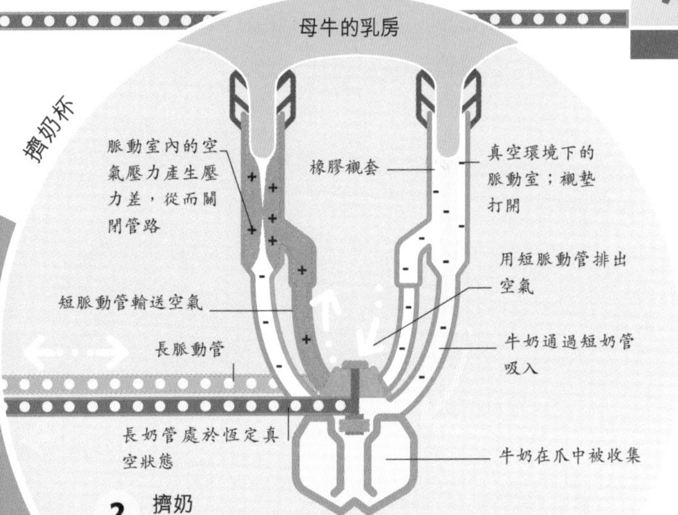
母牛的乳房
擠奶杯
脈動室內的空氣壓力產生壓力差，從而關閉管路
橡膠襯套
真空環境下的脈動室；襯墊打開
用短脈動管排出空氣
短脈動管輸送空氣
長脈動管
牛奶通過短奶管吸入
長奶管處於恆定真空狀態
牛奶在爪中被收集

2 擠奶

在擠奶階段（右），脈動器使脈動室中產生真空。由於襯墊的內部受到長奶管恆定的真空作用，因此襯墊的兩側沒有壓力差，可將牛奶從奶嘴中抽出。襯墊在非工作階段關閉（左）。

一台擠奶機每小時可以給 **100 頭乳牛擠奶**，而手工擠奶每小時只能擠 **6 頭**。

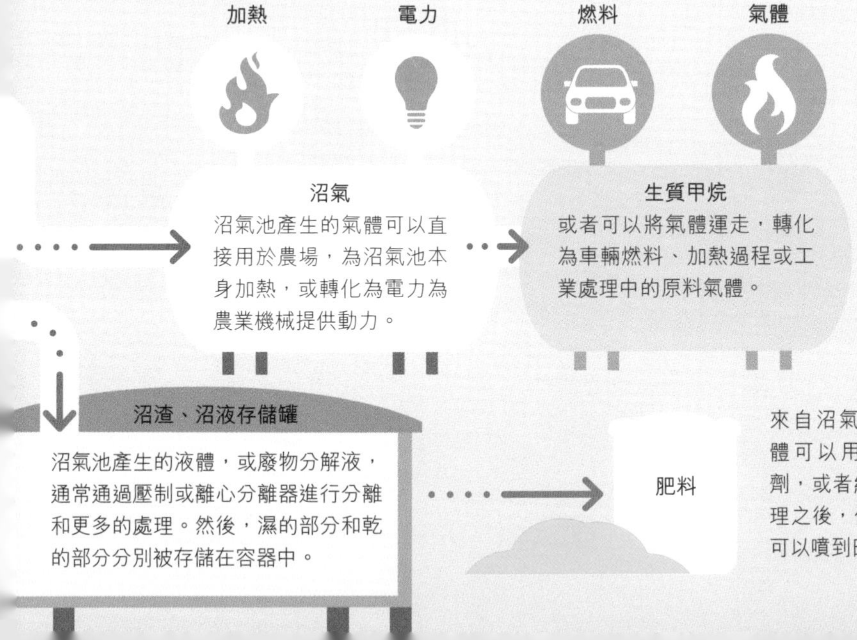
加熱
電力
燃料
氣體

沼氣

沼氣池產生的氣體可以直接用於農場，為沼氣池本身加熱，或轉化為電力為農業機械提供動力。

生質甲烷

或者可以將氣體運走，轉化為車輛燃料、加熱過程或工業處理中的原料氣體。

機械人在酪農業中有甚麼用途？

機械人的傳感器可以掃瞄乳牛的 ID 標籤，以檢測它最近是否被擠過奶，而機械人的機械臂可以取出並使用擠奶杯。

沼渣、沼液存儲罐

沼氣池產生的液體，或廢物分解液，通常通過壓制或離心分離器進行分離和更多的處理。然後，濕的部分和乾的部分分別被存儲在容器中。

肥料

來自沼氣池的固體可以用作土壤調節劑，或者經過去除病原體的處理之後，作為動物寢具；液體可以噴到田裏。

收割機

使用機器收割大量作物極大地減少了對體力勞動者的需求。最新的機械人技術可以用於採摘水果和蔬菜等作物，目前這些作物大部分是手工採摘的。

聯合收割機

聯合收割機是農業機械中最大的設備之一，它每小時可以收集大約 70 噸穀物。聯合收割機得名於將收割（切割）、脫粒（旋轉作物以分離穀物）和簸穀（吹氣以去除外殼或穀殼）等多個功能組合在一起。最後，聯合收割機還會將麥杆放回地裏。

1 切割
收割機的頭部是可拆卸的，可以根據不同的作物更換。一個標準的收割頭裝有一個刀杆。被切斷的作物落下時，會被一個旋轉的捲筒捲進頭部的割台螺旋推運器，緊接着被傳送帶送到脫粒滾筒內。

2 脫粒
在脫粒滾筒中，一組滾筒高速旋轉，將穀粒、穀殼和細小的碎屑從秸秆中分離出來，而秸秆則落在秸秆助行器上。

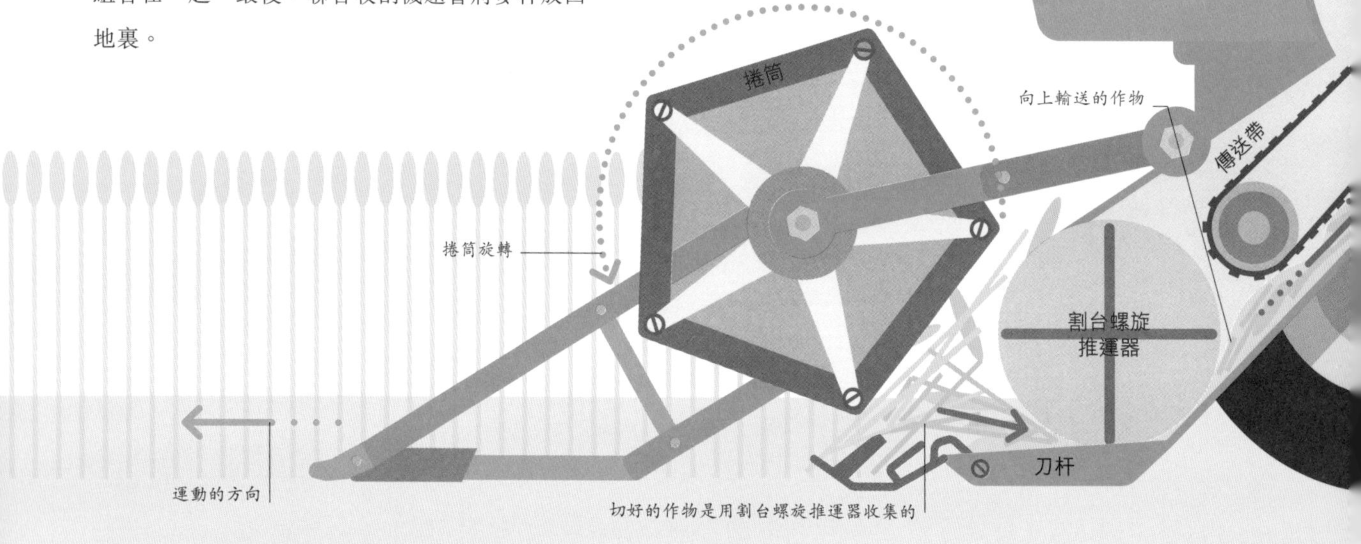

收割的未來發展

機械人採摘可能是未來水果和蔬菜採摘的主要方式。一些原型的採摘機械人使用傳感器來評估作物是否可以被收割。還有一些機械人則將這一功能與探測作物顏色的照相機相結合。採摘農產品需要精細處理；對於像蘋果這樣的水果，採摘機械人使用真空手臂來吸走水果，而對於其他水果，採摘機械人則使用工具小心翼翼地將水果從莖上剪下來。

控制單元
機械人手臂上的傳感器將數據發送到中央處理器。預先設定的顏色、成熟度或大小等標準決定了機械人是否會採摘番茄。

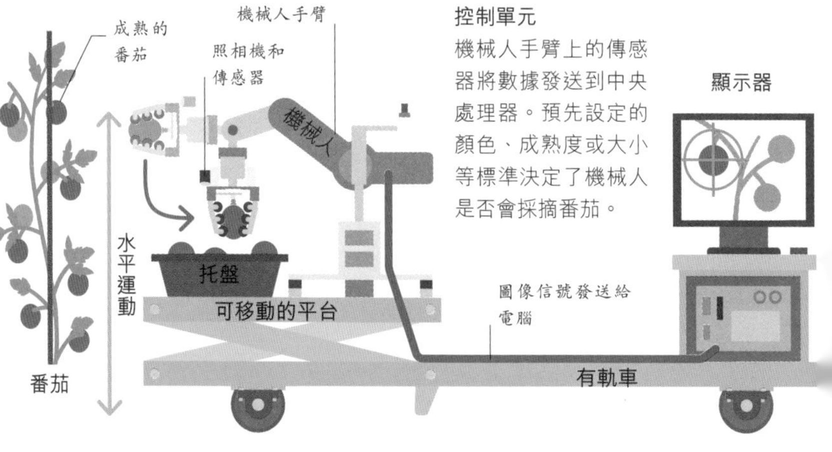

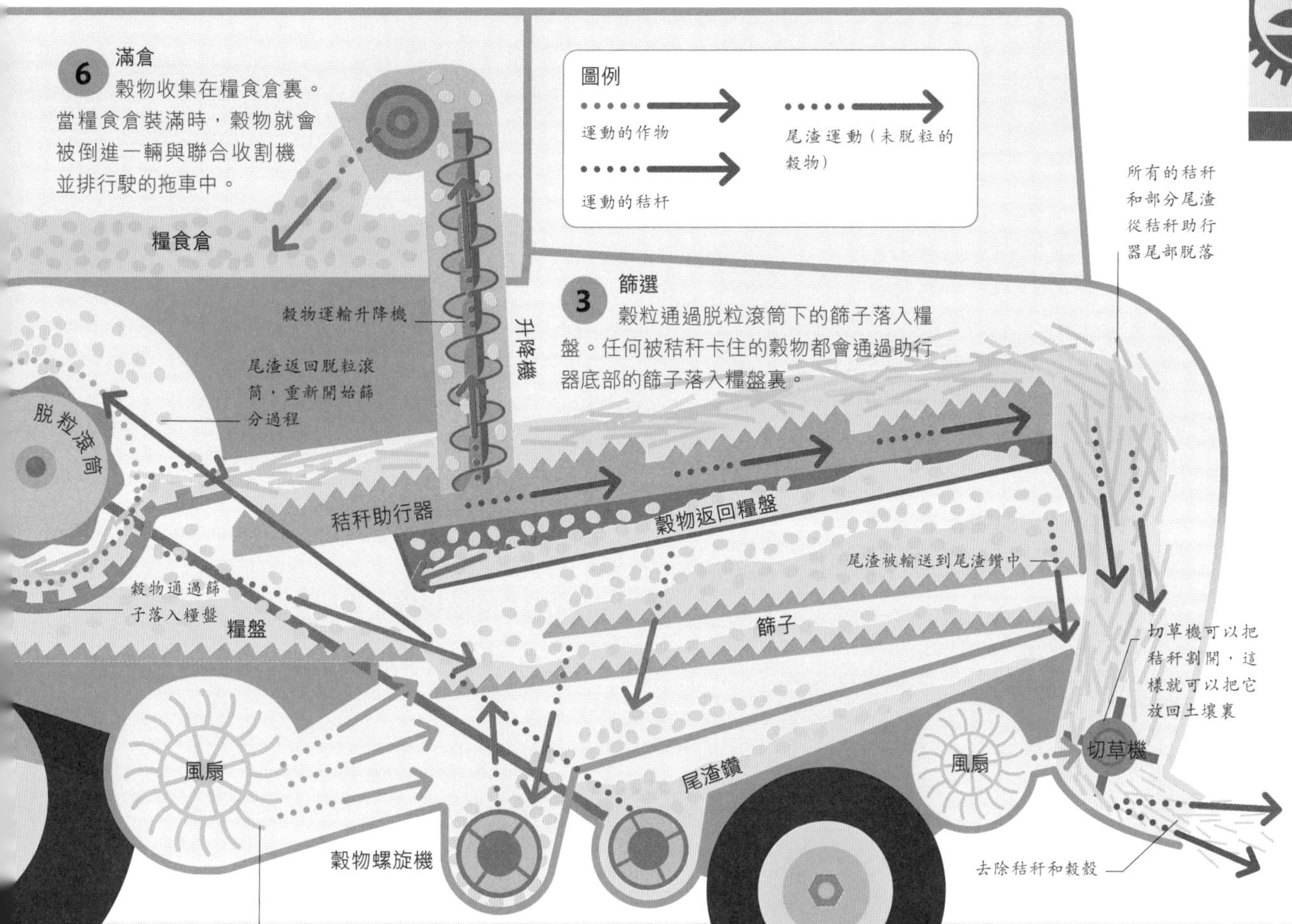
圖例
運動的作物
尾渣運動（未脫粒的穀物）
運動的秸杆
糧食倉
穀物運輸升降機
升降機
尾渣返回脫粒滾筒，重新開始篩分過程
脫粒滾筒
秸杆助行器
穀物返回糧盤
所有的秸杆和部分尾渣從秸杆助行器尾部脫落
尾渣被輸送到尾渣鑽中
穀物通過篩子落入糧盤
糧盤
篩子
切草機可以把秸杆割開，這樣就可以把它放回土壤裏
風扇
尾渣鑽
風扇
切草機
穀物螺旋機
去除秸杆和穀殼
風扇把穀殼吹到聯合收割機後面

6 滿倉
穀物收集在糧食倉裏。當糧食倉裝滿時，穀物就會被倒進一輛與聯合收割機並排行駛的拖車中。

3 篩選
穀粒通過脫粒滾筒下的篩子落入糧盤。任何被秸杆卡住的穀物都會通過助行器底部的篩子落入糧盤裏。

5 穀物進倉
穀物從糧盤中經過許多其他的篩子，然後通過穀物螺旋機和升降機進入糧食罐。

4 清除秸杆和穀殼
秸杆和穀殼被風扇吹出機器。秸杆可以先用切草機切碎。

常見的機械式採摘機

棉花收割機
棉花收割機有兩種類型。棉花采摘機用旋轉的錠子或尖頭從作物上直接摘取純棉花。脫棉機可以將整個棉花拔出，然後再用另一台機器去除不需要的部分。

紅菜頭收割機
旋轉刀片先去除葉子，然後輪子將紅菜頭抬到收割機上。紅菜頭通過清潔輥被刷去土壤，然後被放到一個儲存箱中。

機械搖樹機
機械搖樹機一般用於收割橄欖、堅果和其他不易碰傷的作物。這些機器使用一個液壓缸來抓住樹幹並搖晃樹幹使果實落下，然後收集這些落下的果實。

42個
——一蒲式耳**小麥**可以製成的**麵包**的數量。

無土耕種

為了滿足人們對食物不斷增長的需求，農民正在設計更有效的種植方法。無土耕種使農民幾乎可以在任何地方種植作物，且可以更精細地控制作物的生長條件，並將耕種對環境的影響降到最低。

水培農場的用水量僅為傳統農場的 10% 。

水栽培

在水培系統中，作物是在沒有土壤的情況下生長的。水培系統通過溶解在水中的營養物質對作物進行施肥，這些營養物質通常由泵輸送。營養水平可以根據作物類型進行調整，光照、通風、濕度和溫度也很容易控制。常見的水培系統有以下幾種類型。

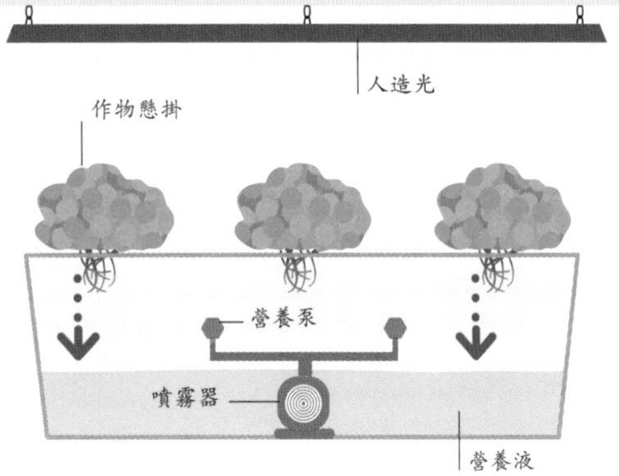

氣霧耕

植物的根部懸掛在水箱上，並被用營養泵輸送的霧化營養液潤濕。霧化營養液每隔幾分鐘噴灑一次，以防止根部乾燥。

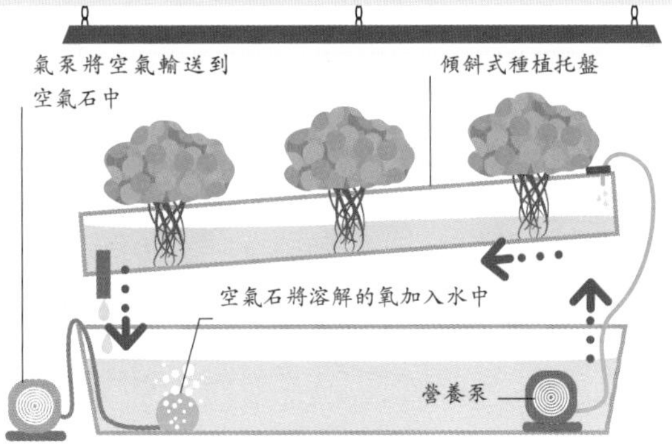

營養液膜技術

營養液被泵入一個種植托盤，並不斷地從根尖流過。托盤呈一定的角度傾斜，可以使水在重力作用下迴流到水箱中。

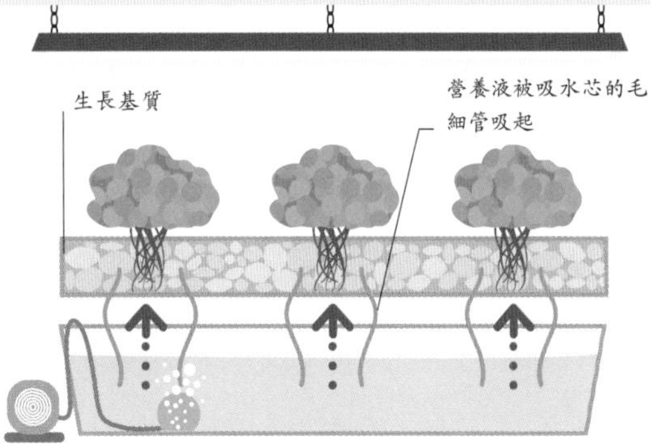

虹吸系統

作物生長在珍珠巖、椰油或蛭石等介質中。吸水芯的毛細管將貯槽中的營養液抽到生長基質中。

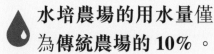

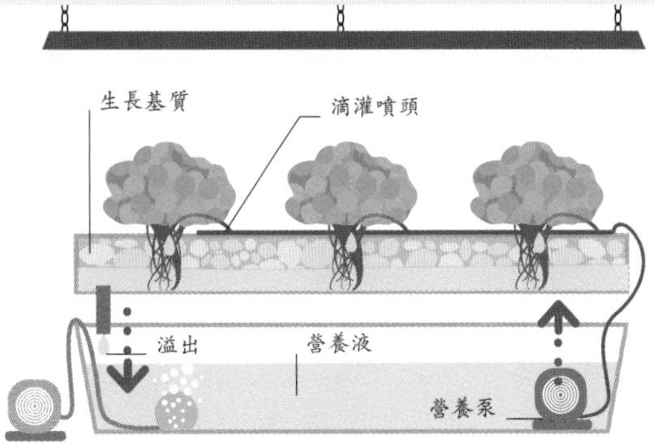

滴灌系統

定期將營養液滴到每棵植物周圍的生長基質上。多餘的營養液流出，返回系統中。

養耕共生

該系統結合了水培和水產養殖（在水箱中養殖魚類或海產品）。來自魚缸的水通過生長牀循環。魚排出的營養物質用來給作物施肥，淨化後的水返回魚缸。這些作物是自然施肥的，不需要除草劑或殺蟲劑，也沒有土壤傳播疾病的風險。魚也可以被食用。

水培農業能節省多少空間？

農民可以在與傳統農場相同的空間裏用水培方法種植 4 ～ 10 倍的植物。

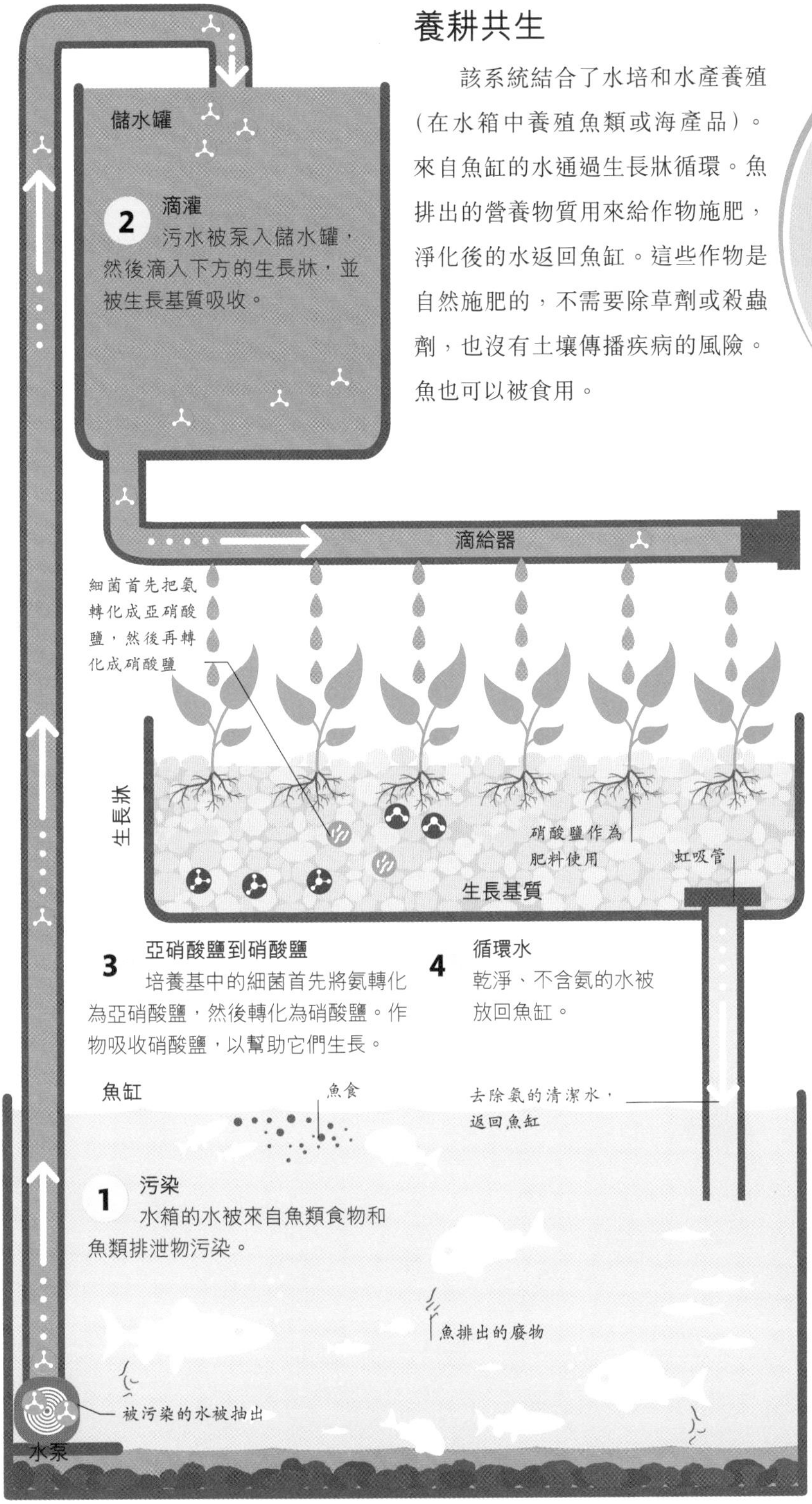
儲水罐
2 滴灌
污水被泵入儲水罐，然後滴入下方的生長牀，並被生長基質吸收。
滴給器
細菌首先把氨轉化成亞硝酸鹽，然後再轉化成硝酸鹽
生長牀
硝酸鹽作為肥料使用
虹吸管
生長基質
3 亞硝酸鹽到硝酸鹽
培養基中的細菌首先將氨轉化為亞硝酸鹽，然後轉化為硝酸鹽。作物吸收硝酸鹽，以幫助它們生長。
4 循環水
乾淨、不含氨的水被放回魚缸。
魚缸
魚食
去除氨的清潔水，返回魚缸
1 污染
水箱的水被來自魚類食物和魚類排泄物污染。
魚排出的廢物
被污染的水被抽出
水泵

垂直耕種

有朝一日，城市農場可能會在摩天大樓裏安裝無土系統。人們可以在垂直的貨架系統或輕型甲板上種植作物。機械人將照料和收割作物，而傳感器將監測作物的生長。

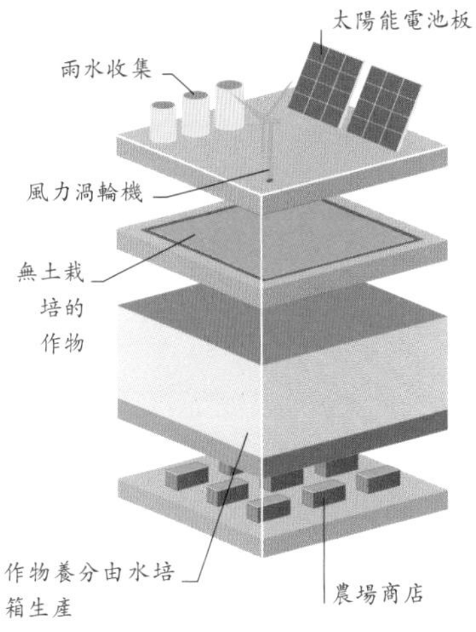
太陽能電池板
雨水收集
風力渦輪機
無土栽培的作物
作物養分由水培箱生產
農場商店

圖例

氨　細菌

亞硝酸鹽　硝酸鹽

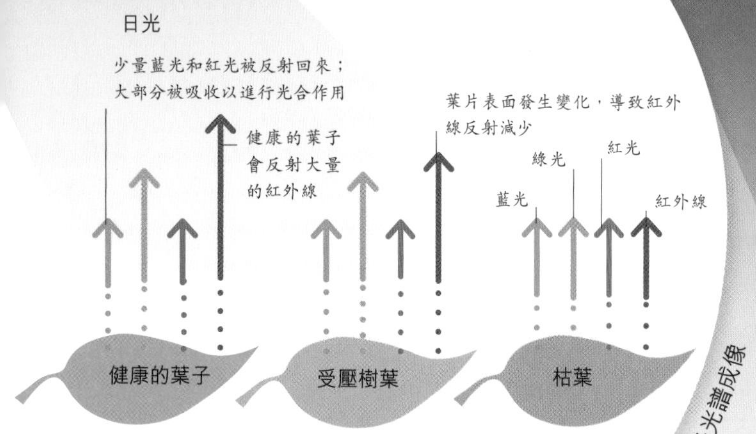

日光
少量藍光和紅光被反射回來；
大部分被吸收以進行光合作用
健康的葉子
會反射大量
的紅外線
葉片表面發生變化，導致紅外
線反射減少
綠光
紅光
藍光
紅外線
健康的葉子
受壓樹葉
枯葉
多光譜成像

葉子表面反射光線的方式取決於它的物理狀態。健康的葉子會吸收大部分的藍光和紅光作為光合作用的能量，但也會反射大量的綠光和紅外線。然而，當作物受到外部壓力影響（如由於疾病或自身脫水）時，它的生理特性會變化，所反射的綠光和紅外線將減少。

1 遠程成像

無人機用於陸地的航空勘測。許多無人機使用多光譜相機，有多個鏡頭。這使它們能夠在紅外線和可見光波段調查，以檢測土壤中的水位和作物的葉綠素含量。

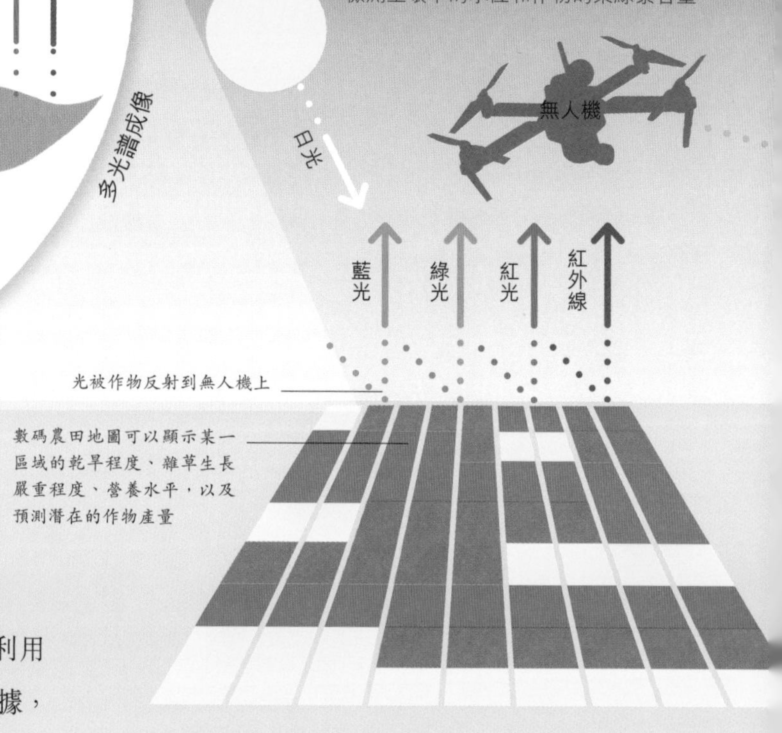

無人機
日光
藍光
綠光
紅光
紅外線
光被作物反射到無人機上
數碼農田地圖可以顯示某一區域的乾旱程度、雜草生長嚴重程度、營養水平，以及預測潛在的作物產量

精準農業

農業正日益數碼化。農民現在可以利用通信技術和電腦技術收集作物和牲畜的數據，然後利用這些數據更有效地管理他們的農場，並遠程控制各種機械。

監測作物

精準農業使農民能夠利用從田間傳感器到無人機和衛星等各種來源的數據來提高作物產量和減少浪費。利用全球定位系統的數據可以計算出精確的位置，從而對農田的每個部分進行精確管理。農民可以下載田間特定地點的信息，如雜草分佈或土壤 pH 值水平，並對每個地點進行單獨處理。接入互聯網的農業設備使農民能夠遠程管理他們的農場。

監控牲畜

牲畜身上可以附帶各種傳感器，為農民提供有用的信息。晶片和標籤方便對牲畜進行追蹤，這對尋找走失動物的農民很有用；農民也可以通過監管和零售系統精確識別動物。傳感器還可以提醒農民關注牲畜的醫療問題，或指示它們是否準備好交配或分娩。

電子耳標包含
牲畜的數據
頸圈可以監測頭部
是否有疾病跡象
標籤跟
蹤牲畜
的運動
內部傳感器測量胃酸

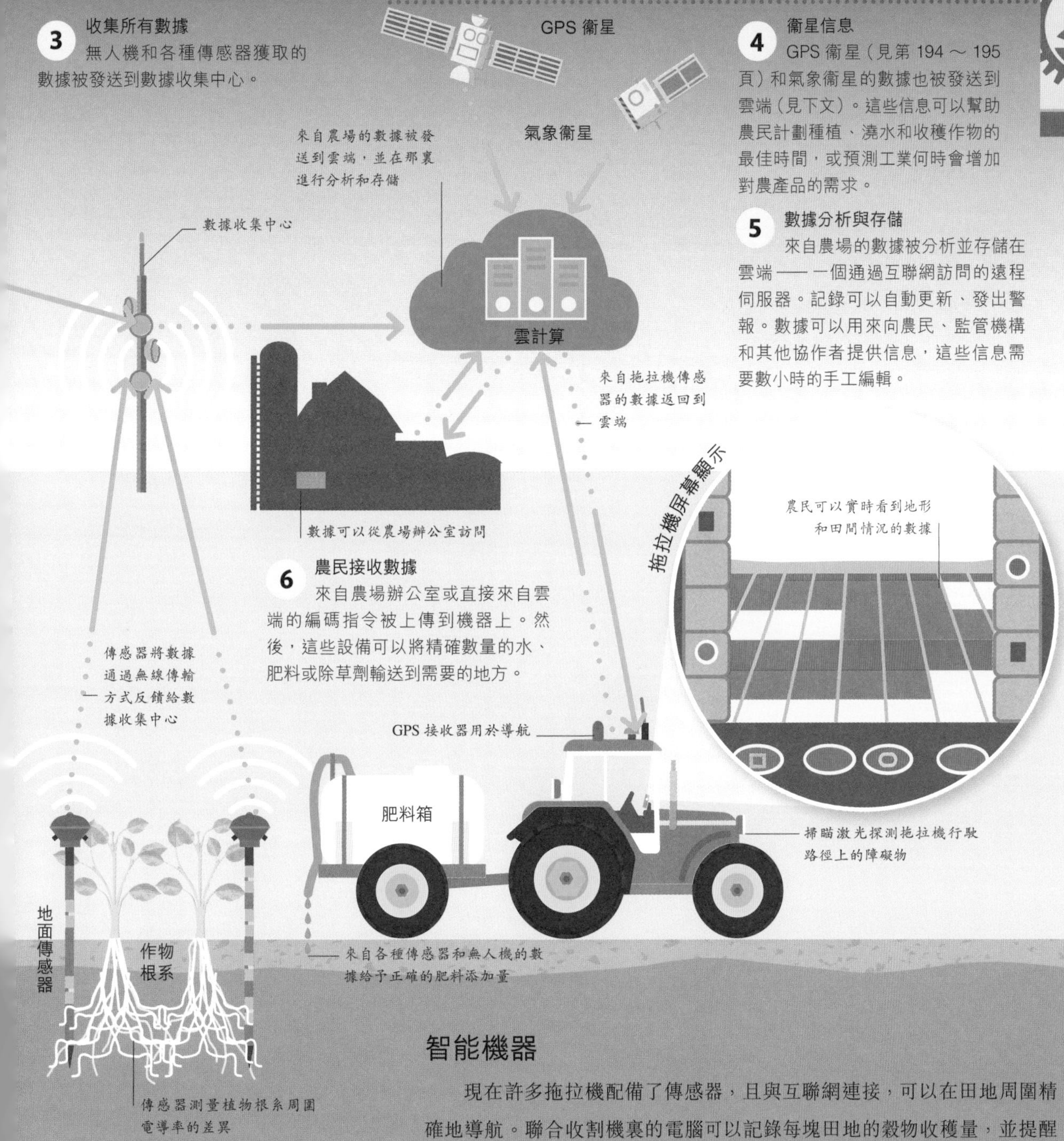
GPS 衛星
氣象衛星
來自農場的數據被發送到雲端，並在那裏進行分析和存儲
數據收集中心
雲計算
來自拖拉機傳感器的數據返回到雲端
拖拉機屏幕顯示
農民可以實時看到地形和田間情況的數據
數據可以從農場辦公室訪問
傳感器將數據通過無線傳輸方式反饋給數據收集中心
GPS 接收器用於導航
肥料箱
掃瞄激光探測拖拉機行駛路徑上的障礙物
地面傳感器
作物根系
來自各種傳感器和無人機的數據給予正確的肥料添加量
傳感器測量植物根系周圍電導率的差異

2 從地面收集數據

地面傳感器可以用來監測土壤中水、養分和肥料的水平。它們的工作原理是探測離子濃度以顯示化學成分的變化。還有一些傳感器被用來檢測土壤的壓實度和透氣性。

3 收集所有數據

無人機和各種傳感器獲取的數據被發送到數據收集中心。

4 衛星信息

GPS 衛星（見第 194 ～ 195 頁）和氣象衛星的數據也被發送到雲端（見下文）。這些信息可以幫助農民計劃種植、澆水和收穫作物的最佳時間，或預測工業何時會增加對農產品的需求。

5 數據分析與存儲

來自農場的數據被分析並存儲在雲端——一個通過互聯網訪問的遠程伺服器。記錄可以自動更新、發出警報。數據可以用來向農民、監管機構和其他協作者提供信息，這些信息需要數小時的手工編輯。

6 農民接收數據

來自農場辦公室或直接來自雲端的編碼指令被上傳到機器上。然後，這些設備可以將精確數量的水、肥料或除草劑輸送到需要的地方。

智能機器

現在許多拖拉機配備了傳感器，且與互聯網連接，可以在田地周圍精確地導航。聯合收割機裏的電腦可以記錄每塊田地的穀物收穫量，並提醒農民哪裏的產量低，以便施肥。未來農民可能會使用一隊隊的農業機械人來參與生產，它們可以夜以繼日地工作。栽培方法可以因人而異。水和肥料可以根據需要施用，雜草可以用激光而非除草劑去除，收割時可以只收割作物的有用部分，而非直接收割整株作物。

分類和包裝

農民一旦收穫了作物，就必須為運送作物到目的地做好準備。為了達到現代的質量控制標準，作物必須經過分類、洗滌、分級和包裝，以達到最佳狀態。

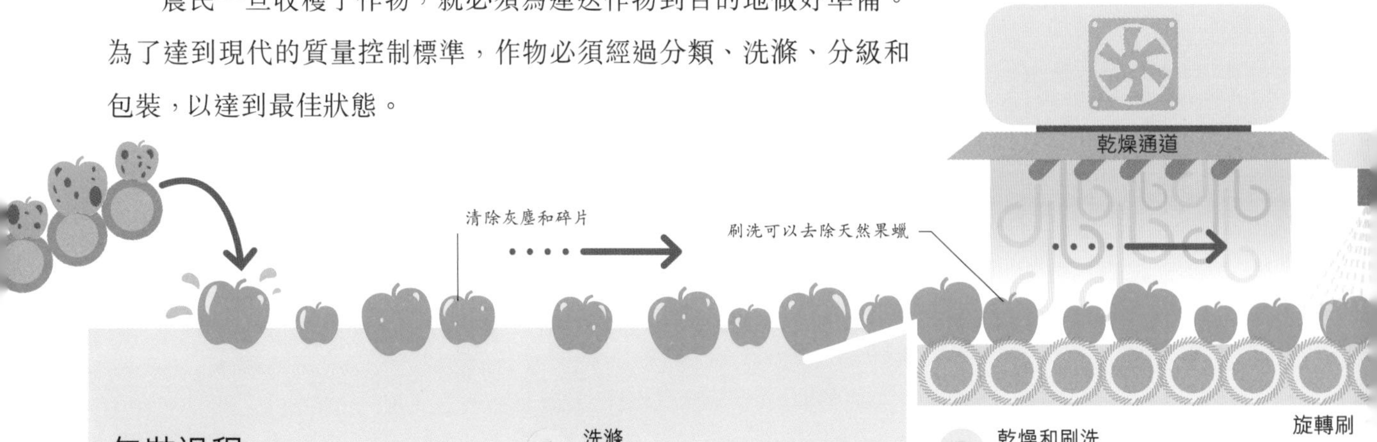
乾燥通道
清除灰塵和碎片
刷洗可以去除天然果蠟
旋轉刷

包裝過程

為了向顧客提供新鮮的農產品，農產品需要經過清洗、分級和包裝過程。這些勞動密集型的工作現在愈來愈多地由光學識別系統和分揀設備等自動化技術來完成。從笨重、泥濘的土豆到精緻的葡萄，這些系統和技術適用於各種水果和蔬菜。

1 洗滌

洗滌是通過在水箱中浸沒或通過高架噴霧器完成的。添加溫和的洗滌劑有助於去除農藥、病原體和污垢。

2 乾燥和刷洗

作物在經過旋轉刷的時候被乾燥，旋轉刷能清除在清洗過程中沒有被清除掉的表面沉積物。

冷卻和儲存

7 冷卻和儲存

在配送前，箱子被堆放到貨叉上，之後被送到倉庫進行冷卻和儲存。

光學分類

包裝廠經常使用光學分揀機來處理農產品。無論在傳送帶上，還是在自由落體分揀機（右）中，農產品在下落時都會從傳感器上方或下方通過。傳感器與圖像處理系統相連，將通過的農產品與預定義的選擇標準進行比較。不合格的農產品會觸發分離系統：不合格的產品將被丟棄，而其餘的農產品繼續進行進一步的處理。

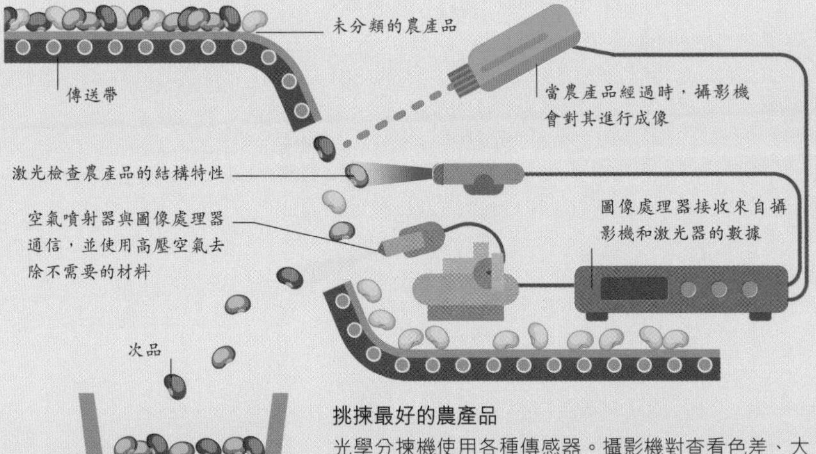
未分類的農產品
傳送帶
當農產品經過時，攝影機會對其進行成像
激光檢查農產品的結構特性
空氣噴射器與圖像處理器通信，並使用高壓空氣去除不需要的材料
圖像處理器接收來自攝影機和激光器的數據
次品

挑揀最好的農產品

光學分揀機使用各種傳感器。攝影機對查看色差、大小、形狀和缺陷的位置很有幫助；激光可以檢查農產品的結構特性，以檢測其上面是否附有其他物質。

3 上蠟

打蠟可以補充農產品在洗滌過程中丟失的天然蠟。也可以通過浸泡在殺菌劑中或輻照來減少農產品上面有機物的生長。

4 手工挑選

經驗豐富的工人將損壞或「患病」的農產品挑選出來，同時會移除未成熟和畸形的農產品。

光學分揀機每小時可以處理 **35 噸**農產品。

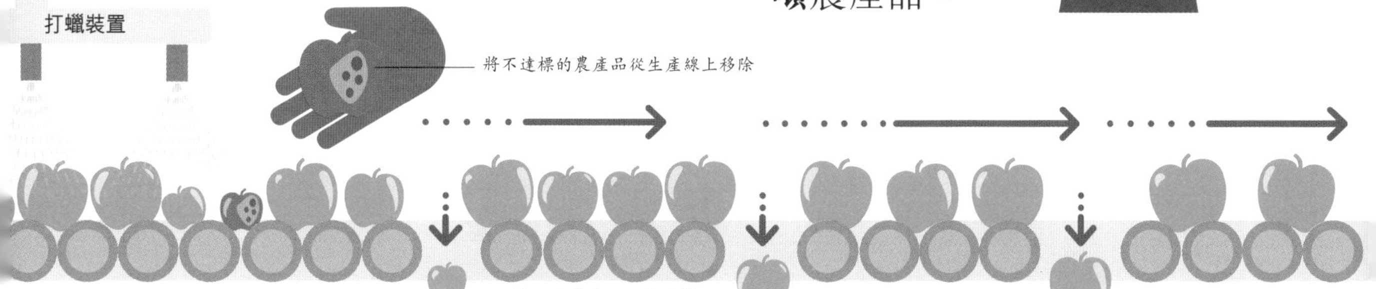
打蠟裝置
將不達標的農產品從生產線上移除

5 機械分級

基本尺寸是通過機械方式確定的，農產品會從傳送帶的縫隙中掉落或被轉移到另一條線上。

6 包裝

農產品被送到包裝流水線上。針對批量訂單的農產品，工人要小心地用大箱子或托盤進行包裝。針對單獨出售的農產品，工人會在密封和加蓋日期印章前稱重並包裝在袋子或其他容器中。

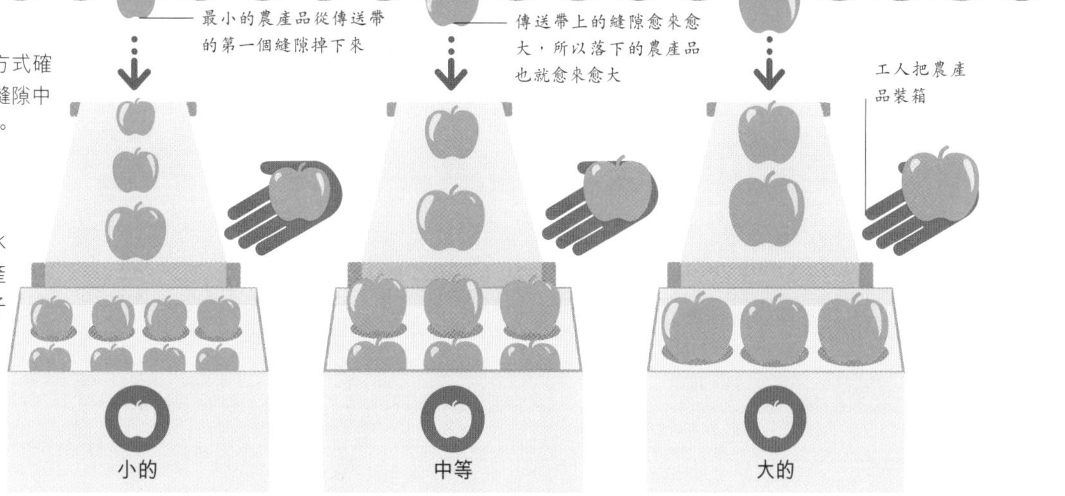
最小的農產品從傳送帶的第一個縫隙掉下來
傳送帶上的縫隙愈來愈大，所以落下的農產品也就愈來愈大
工人把農產品裝箱
小的
中等
大的

首次將紙板用於包裝是甚麼時候？

紙板發明於 1856 年，但直到 1903 年，它才首次被製成盒子並用於包裝。

氣調包裝

一些水果和蔬菜的呼吸速率很高，或者會釋放催熟氣體，從而導致保質期變短。改變包裝內的空氣可以減緩這一過程發生的速度。真空包裝去除了裏面的空氣，有助於減少酶反應和細菌生長。氣體沖洗用改良氣體混合物替代空氣，可以防止食品腐敗。可滲透的包裝材料可以讓產品產生的氣體擴散出去，並與環境水平保持平衡。

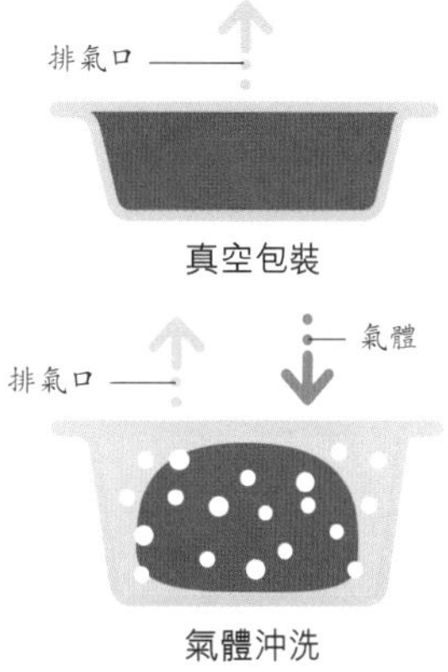
排氣口
真空包裝
排氣口
氣體
氣體沖洗

食物保存

食物很容易受到細菌、酶等的攻擊。它們會將食物降解，直到食物變得不能食用。幾千年來，人們發明了各種方法來盡可能地抑制這些情況發生。

巴士德消毒

巴士德消毒是一種用於牛奶、醬汁和果汁等液體的保存工藝。其具體流程是，在高溫下加熱一小段時間後再將其冷卻。溫度愈高，液體加熱的時間就會愈短。因為高溫足以殺死病原體、酵母和真菌，並使原本會分解液體的酶失去活性。加熱時間過長，會使牛奶等產品的稠度發生變化，所以經巴士德消毒的牛奶等產品必須冷藏保存。

1 存儲的生牛奶

生牛奶被儲存在一個平衡罐中。在巴士德消毒前，牛奶的溫度要保持在 4℃～5℃。

2 初始加熱

泵把牛奶吸進一個叫做「蓄熱器」的熱交換器中。進入的冷的生牛奶通過上面的管道進行預熱，管道上方裝有加熱過的牛奶，這些牛奶在這個過程中還會被繼續加熱。

3 二次加熱

生牛奶經過一個加熱區，在那裏，由熱水泵供應的充滿熱水的管道進一步加熱牛奶。這個長環狀的管子可以確保牛奶在合適的溫度下保持足夠長的時間。

4 檢查加熱牛奶

牛奶流進一個固定管，並在那裏被保存一段時間。管子頂部的導流泵確保只有經巴士德消毒的牛奶才能流出。如果牛奶溫度太高，就需開始冷卻過程。

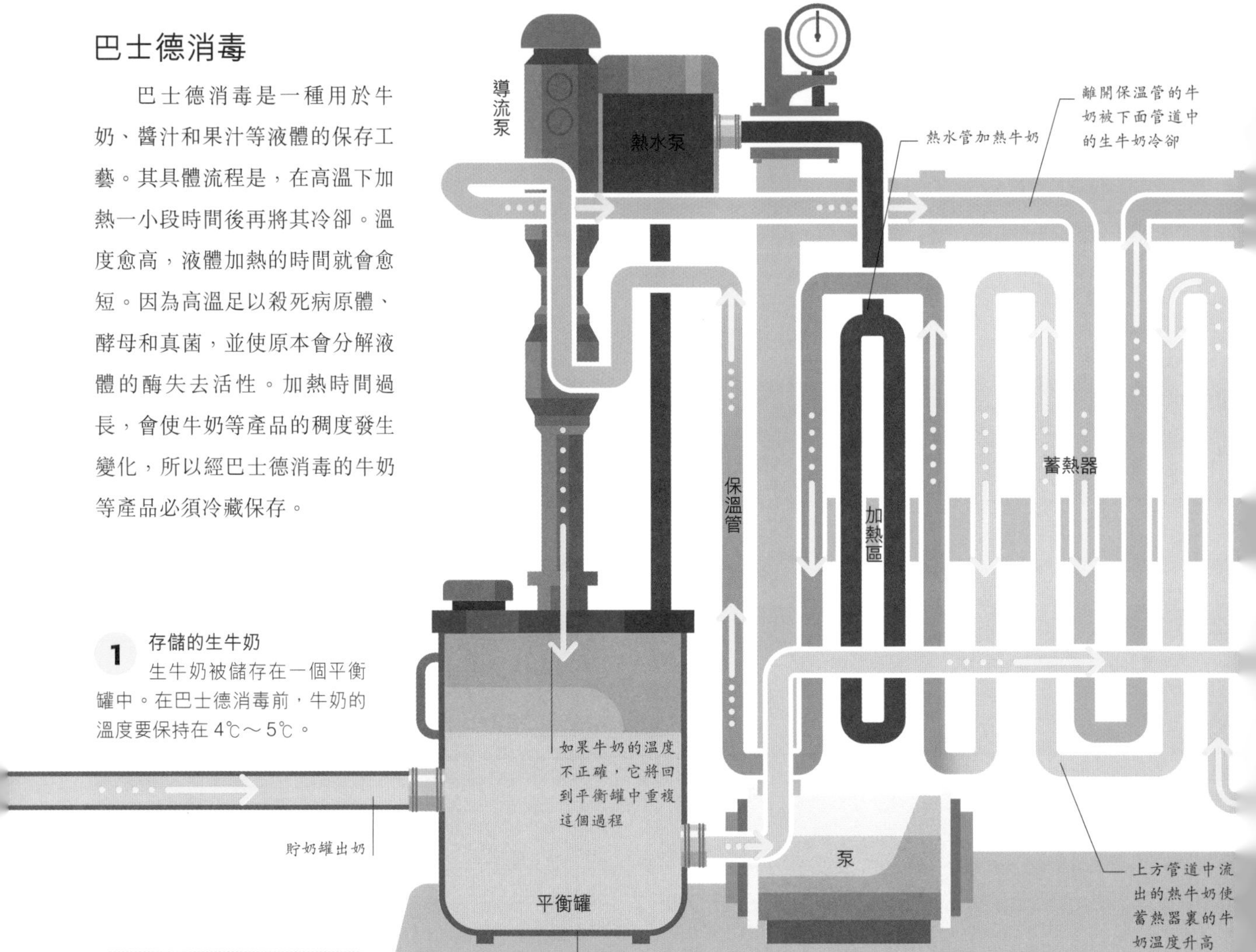

導流泵
熱水泵
熱水管加熱牛奶
離開保溫管的牛奶被下面管道中的生牛奶冷卻
保溫管
加熱區
蓄熱器
如果牛奶的溫度不正確，它將回到平衡罐中重複這個過程
貯奶罐出奶
泵
平衡罐
上方管道中流出的熱牛奶使蓄熱器裏的牛奶溫度升高
冷的生牛奶儲存在平衡罐中

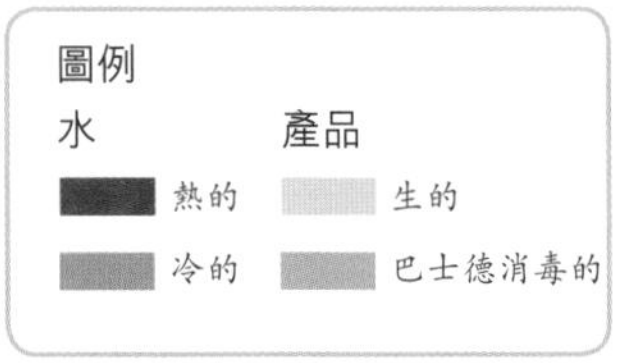

圖例
水
產品
熱的
生的
冷的
巴士德消毒的

6 冷卻
經過處理的牛奶在冷卻區由冷水泵提供的充滿冷水的管道迅速冷卻。

肉毒中毒是甚麼？

肉毒中毒是指因攝入含有肉毒桿菌產生的外毒素的食物而引起的急性中毒。肉毒中毒可能是致命的。

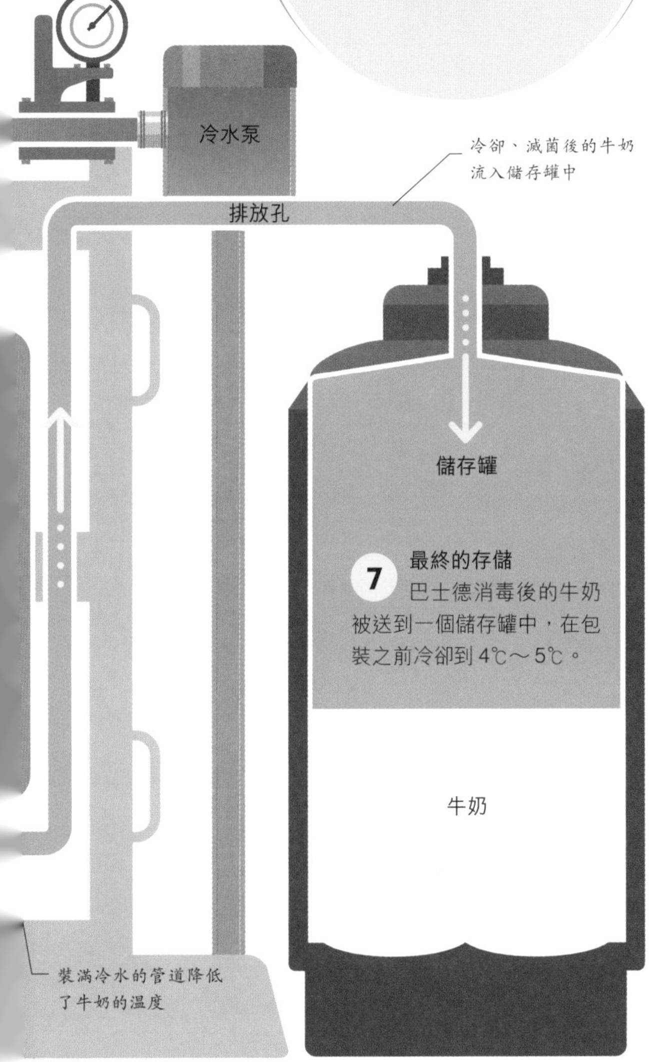
冷水泵
冷卻、滅菌後的牛奶流入儲存罐中
排放孔
儲存罐
牛奶
裝滿冷水的管道降低了牛奶的溫度

7 最終的存儲
巴士德消毒後的牛奶被送到一個儲存罐中，在包裝之前冷卻到 4℃～5℃。

5 初始冷卻
加熱的牛奶從保溫管流到蓄熱器的下半部分。它被下面管道里進來的冷牛奶冷卻。

保存方法

一些保存食物的方法從古代就開始被人們使用，現在仍在使用中。醃製、加糖、發酵、煙燻、冷藏、冷凍、裝罐，甚至掩埋，所有這些都創造了不利於微生物生存的條件。近年來，商業加工催生了新的保鮮技術的發展。

輻照
電離輻射可以殺死真菌、細菌和昆蟲，高劑量的電離輻射可以給食物殺菌，並減緩水果的成熟速度。

真空包裝
食物被密封在真空的塑膠袋裏。這可以防止食物被氧化，抑制細菌繁殖。

增壓
密封的食物被放在一個容器裏，然後往容器中加滿液體，產生高壓，從而令微生物失活。

食品添加劑
抗菌劑和抗氧化劑等物質被添加到產品中，以抑制微生物的生長和防止食物腐敗。

改變氣體
用二氧化碳或氮氣替代空氣，可以抑制微生物的生長，並使昆蟲窒息。

生物防腐劑
天然存在的微生物或抗菌劑可用於保存食物。這類方法常用於肉類和海產品的加工。

障礙技術
為微生物設置一系列需要克服的生存挑戰，如高酸度、添加劑和無氧環境。

脈衝電場
在使用電脈衝處理食物時，電脈衝會使細菌細胞膜穿孔而破裂，從而導致微生物失活。

穀物在高二氧化碳環境中可以儲存 5 年。

食品加工

為了延長食品保質期或讓顧客能更方便地食用，大多數待售的食品經過了某種加工。即使是新鮮的農產品，也要經過基本的加工流程。

最早的食品添加劑是甚麼？

鹽作為食物的調味劑以及肉類、蔬菜的防腐劑，已經被使用大約一萬年了。

即食食品

即食食品是加工食品的典型代表，主食和配菜經加熱後就可以食用。即食食品源於高度自動化的生產線，在一個連續的過程中，準備好的原料被烹飪和包裝。製作一道如千層麪這樣精緻的菜餚，一般需要好幾條生產線。

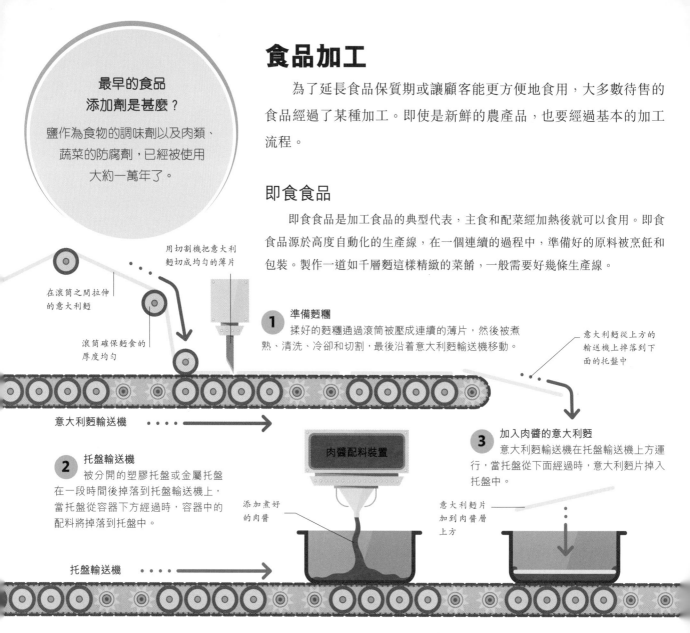

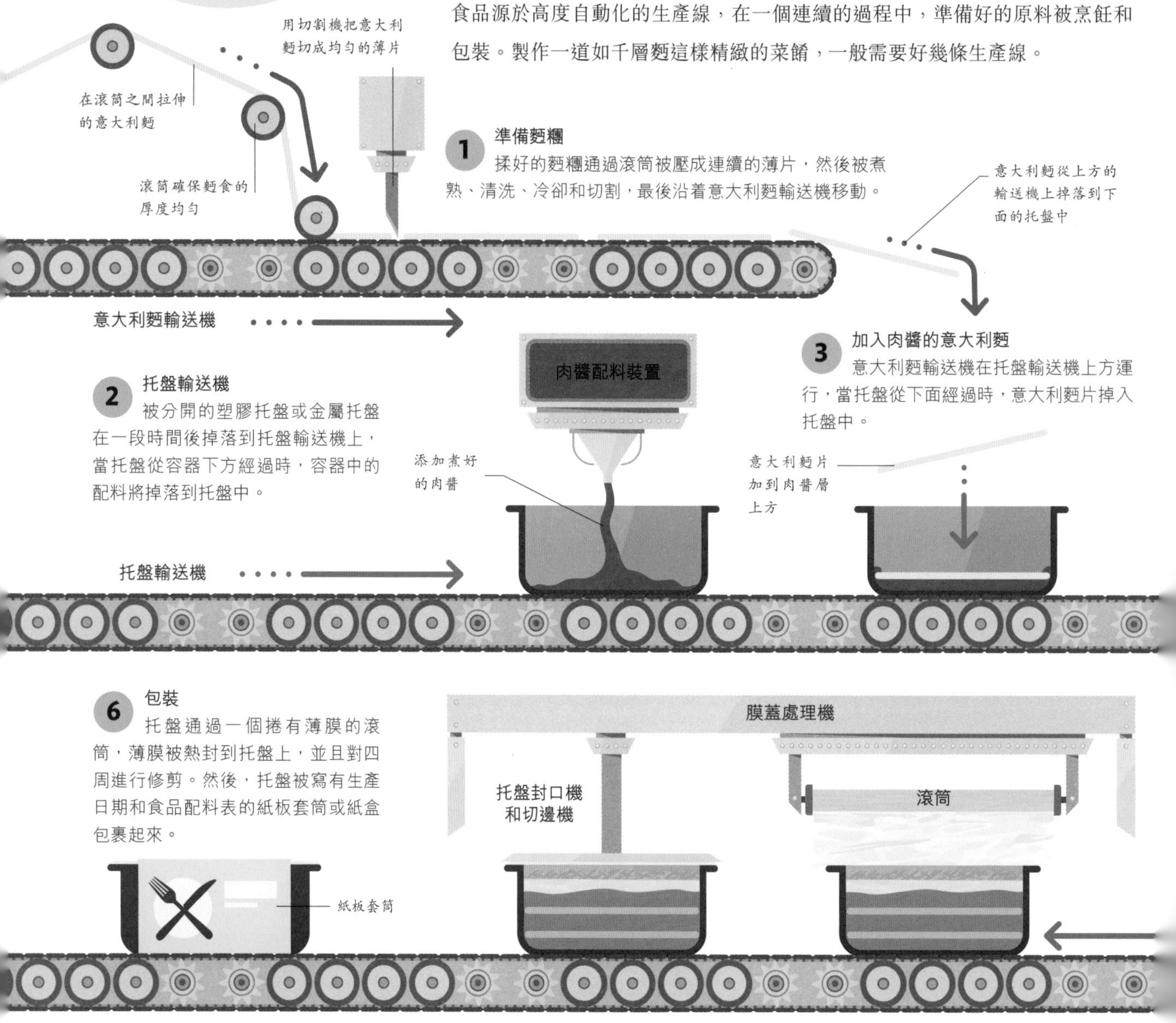

用切割機把意大利麪切成均勻的薄片
在滾筒之間拉伸的意大利麪
滾筒確保麪食的厚度均勻
意大利麪從上方的輸送機上掉落到下面的托盤中
意大利麪輸送機
肉醬配料裝置
添加煮好的肉醬
意大利麪片加到肉醬層上方
托盤輸送機
膜蓋處理機
托盤封口機和切邊機
滾筒
紙板套筒

1 準備麪糰
揉好的麪糰通過滾筒被壓成連續的薄片，然後被煮熟、清洗、冷卻和切割，最後沿着意大利麪輸送機移動。

2 托盤輸送機
被分開的塑膠托盤或金屬托盤在一段時間後掉落到托盤輸送機上，當托盤從容器下方經過時，容器中的配料將掉落到托盤中。

3 加入肉醬的意大利麪
意大利麪輸送機在托盤輸送機上方運行，當托盤從下面經過時，意大利麪片掉入托盤中。

6 包裝
托盤通過一個捲有薄膜的滾筒，薄膜被熱封到托盤上，並且對四周進行修剪。然後，托盤被寫有生產日期和食品配料表的紙板套筒或紙盒包裹起來。

添加劑

食品添加劑通常被認為是不健康的東西，但是能夠保持加工食品外觀、味道或延長其保質期的添加劑在很多時候又是必要的。加工過程會破壞食品的營養物質、顏色以及味道，所以必須使用添加劑進行「彌補」。常見的添加劑有膨鬆劑、防腐劑、增稠劑、酸化劑（增加酸度）、甜味劑和着色劑。許多添加劑是天然產物，所有的添加劑都必須符合監管標準。

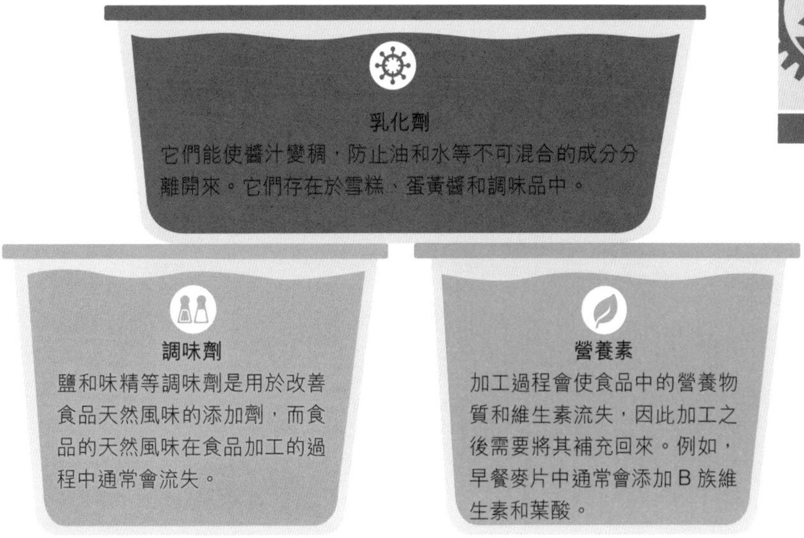
乳化劑
它們能使醬汁變稠，防止油和水等不可混合的成分分離開來。它們存在於雪糕、蛋黃醬和調味品中。
調味劑
鹽和味精等調味劑是用於改善食品天然風味的添加劑，而食品的天然風味在食品加工的過程中通常會流失。
營養素
加工過程會使食品中的營養物質和維生素流失，因此加工之後需要將其補充回來。例如，早餐麥片中通常會添加 B 族維生素和葉酸。

4 配料裝置添加調味品

托盤沿着傳送帶繼續移動，從配料裝置和意大利麪輸送機下方經過，配料裝置提供多層醬料，意大利麪輸送機則添加更多的面片。

最後給千層麪撒上碎芝士

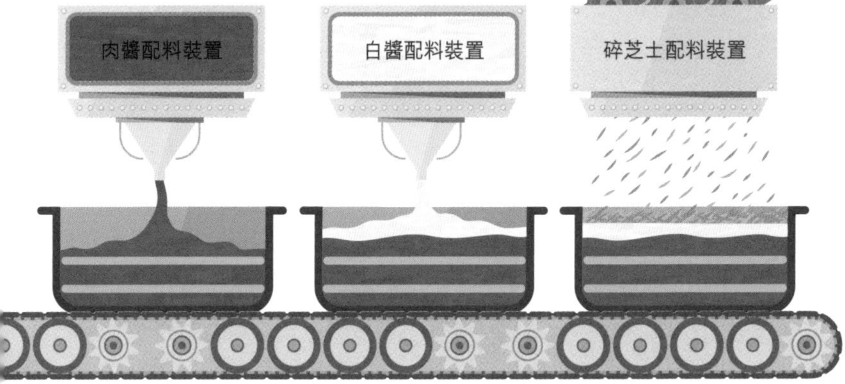
肉醬配料裝置
白醬配料裝置
碎芝士配料裝置

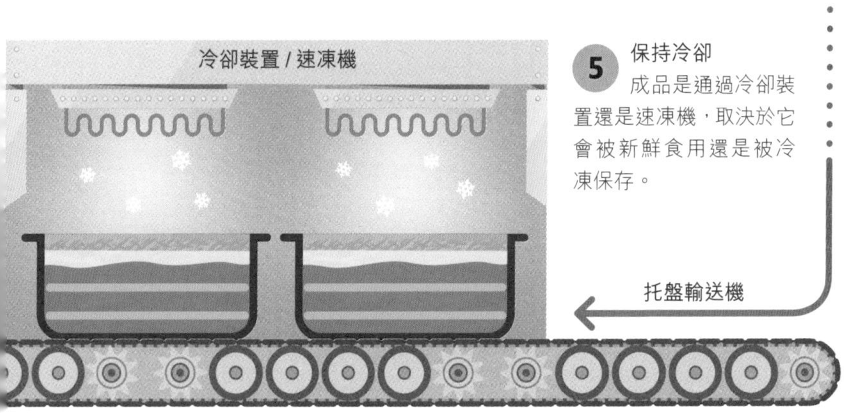
冷卻裝置 / 速凍機
托盤輸送機

5 保持冷卻

成品是通過冷卻裝置還是速凍機，取決於它會被新鮮食用還是被冷凍保存。

1953 年，為了用完感恩節滯銷的火雞，美國人發明了即食餐。

飛機餐

由於在高空中我們的嗅覺和味覺能力下降，因此飛機上的即食食品必須添加額外的添加劑。在氣壓低、濕度大的機艙內，鹽和糖的味道很難被嚐出來，因此飛機餐經常添加香料以增加口感。

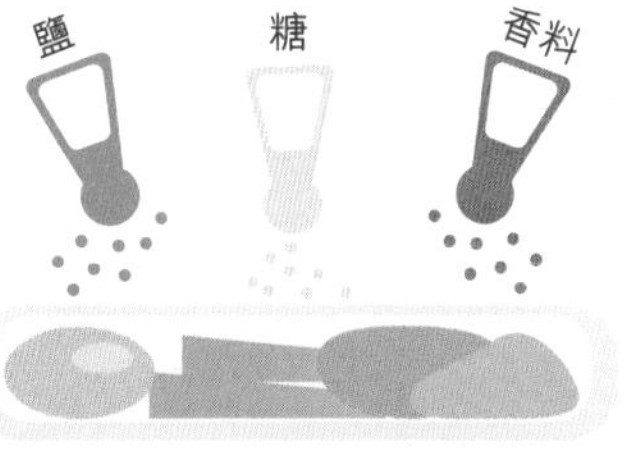
鹽
糖
香料

飛機餐

基因改造

基因改造作物和動物已經對農業產生了巨大的影響。儘管人們經常認為這是應對巨量人口增長的唯一方法，但世界多個地方的人們對此技術的使用仍存在異議。

農桿菌法

農桿菌是一種能夠將自身基因和其他植物的基因進行轉換的細菌。這使得它成為一個能將選定的基因植入其他植物從而進行基因改造操作的有效工具。

基因槍法（粒子轟擊細胞法）

適用於對農桿菌法不起作用的植物。最早使用的將改造材料注入植物細胞內部的工具是改裝後的氣槍。

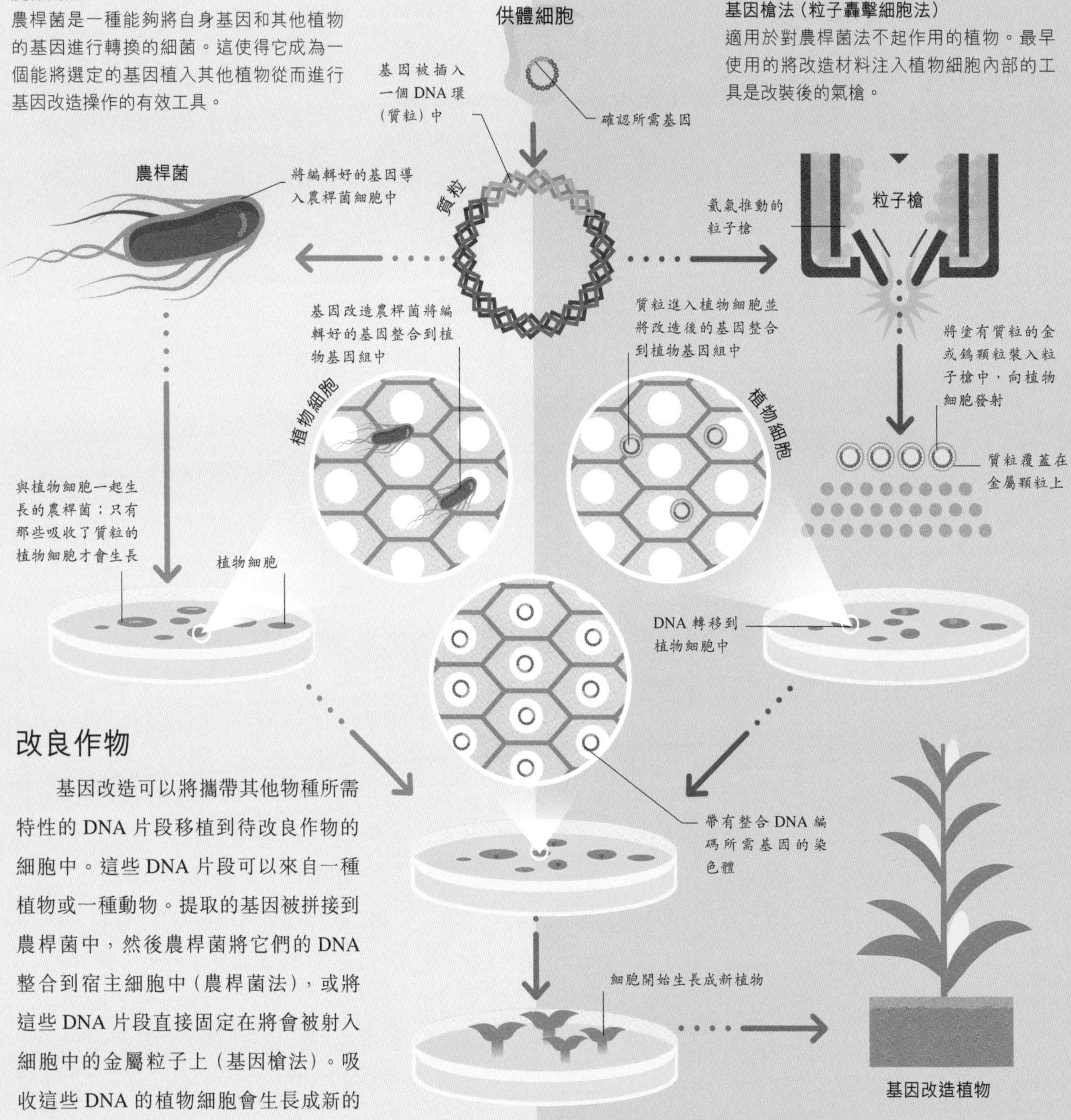

供體細胞
確認所需基因
基因被插入一個 DNA 環（質粒）中
質粒
農桿菌
將編輯好的基因導入農桿菌細胞中
氦氣推動的粒子槍
粒子槍
基因改造農桿菌將編輯好的基因整合到植物基因組中
質粒進入植物細胞並將改造後的基因整合到植物基因組中
植物細胞
植物細胞
將塗有質粒的金或鎢顆粒裝入粒子槍中，向植物細胞發射
質粒覆蓋在金屬顆粒上
與植物細胞一起生長的農桿菌；只有那些吸收了質粒的植物細胞才會生長
植物細胞
DNA 轉移到植物細胞中
帶有整合 DNA 編碼所需基因的染色體
細胞開始生長成新植物
基因改造植物

改良作物

基因改造可以將攜帶其他物種所需特性的 DNA 片段移植到待改良作物的細胞中。這些 DNA 片段可以來自一種植物或一種動物。提取的基因被拼接到農桿菌中，然後農桿菌將它們的 DNA 整合到宿主細胞中（農桿菌法），或將這些 DNA 片段直接固定在將會被射入細胞中的金屬粒子上（基因槍法）。吸收這些 DNA 的植物細胞會生長成新的植物。

基因改造動物

　　雖然基因改造作物已經在一些地方實現了商業化種植，但大多數基因改造動物仍處於研究階段。人們正在培育基因改造牲畜，以使牲畜身上具有重要商業價值的特性得到強化，如更好的生長率、抗病能力、肉質或後代存活率。例如，基因改造三文魚的生長速度是傳統三文魚的兩倍。

第一種在市場上出售的**基因改造**作物是**番茄**。

基因改造動物

　　基因改造牲畜已經開始產出少數農牧產品，而其他農牧產品的基因改造生產正在研發中。基因改造動物指在動物的 DNA 中插入另一個物種的基因。基因改造動物的一種用途是生產藥品。飼養動物並從它們身上提取藥物比建立一條製藥生產線生產藥物要便宜，但目前，開發人員僅限於從牛奶、雞蛋或其他對動物本身無害的產品中提取藥物。動物尿液也有研究潛力，因為它不受限於動物的性別或年齡。

動物	用途
乳牛 	基因改造乳牛可以用來生產多種產品，如含有人乳鐵蛋白的牛奶，這種蛋白質可以被用於治療感染。科學家還生產出了適合乳糖不耐受患者飲用的乳糖含量較低的基因改造牛奶。
豬 	科學家正在研究如何改造豬的基因，以使這種動物的器官適用於人體器官移植。豬經過基因改造改造還可以產生植酸酶，這種酶可以減少豬的磷排泄量，從而減少養殖廢物污染。
山羊 	基因改造山羊可以產生人類抗凝血酶，這是一種防止血液凝固的蛋白質（見下圖）。科學家通過將蜘蛛體內的絲蛋白基因植入山羊的DNA中，培育出了能夠產出含絲蛋白基因羊奶的山羊。
綿羊 	科學家通過在綿羊的DNA中插入一個與脂肪酸產生相關的蛔蟲基因，培育出了肉中含有大量ω-3脂肪酸的綿羊。有的綿羊經過基因改造，攜帶了亨廷頓病的基因，使科學家可以在羊身上研究這種疾病。

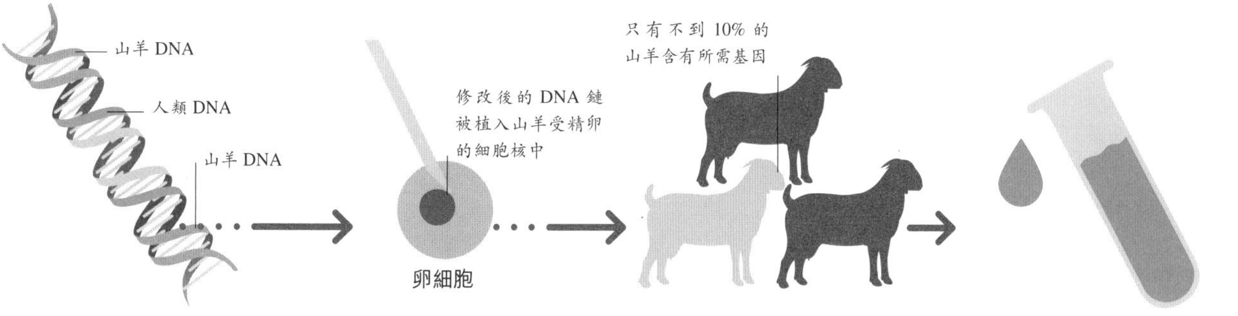

1 修改 DNA
一段含有抗凝血酶（可減少凝血）編碼的人類 DNA 被插入山羊 DNA 中。

2 植入 DNA
修改後的 DNA 鏈被注射到山羊受精卵的細胞核中，然後受精卵被植入母山羊體內，母山羊將胚胎培育到足月。

3 測試後代
對後代進行測試，看它們是否攜帶抗凝血酶基因。那些攜帶該基因的山羊將被培育成一羣基因改造山羊。

4 提取蛋白質
將基因改造山羊的奶進行過濾和純化，一隻基因改造山羊一年可以產生的抗凝血酶相當於從 9 萬份由人類所獻的血中所提取的量。

醫療
技術

心臟起搏器

心臟起搏器是一種植入人體胸部後通過電池供電的設備，它通過向心臟發送電脈衝來糾正心跳異常。

正常心臟活動

當神經信號使心肌收縮時，心跳便會產生。信號來自心臟裏的神經組織。每次心跳都從竇房結（天然起搏器）發出信號開始，以使上腔室（心房）收縮；然後信號傳遞到房室結，並向下到達下腔室（心室），使其收縮。

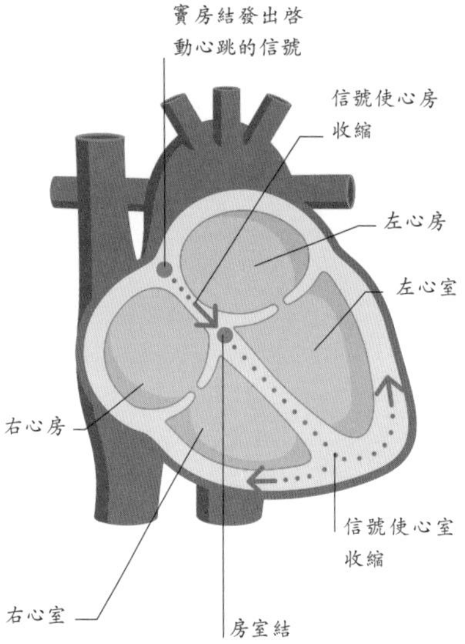

竇房結發出啓動心跳的信號
信號使心房收縮
左心房
左心室
右心房
信號使心室收縮
右心室
房室結

無鉛起搏器

一些心臟起搏器不需要導線也能工作。這些微小的裝置通過導管直接植入右心室。它們包含一個電池和一個可以感知並在必要時糾正心律的微晶片。該微晶片還能將數據傳輸到安裝在皮膚上的電極上，使心臟活動能夠被外部設備監測到。

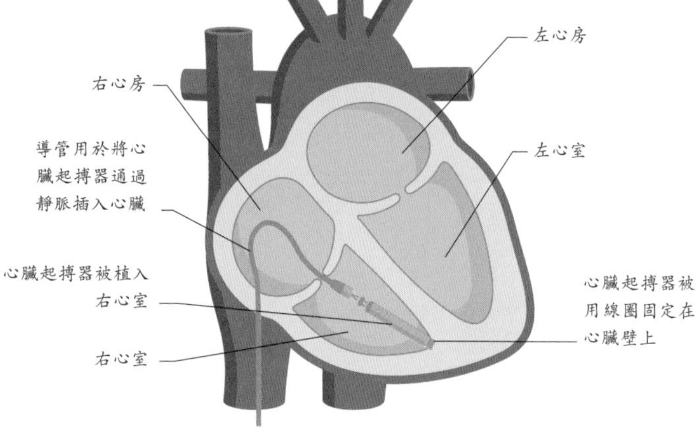

右心房
導管用於將心臟起搏器通過靜脈插入心臟
心臟起搏器被植入右心室
右心室
左心房
左心室
心臟起搏器被用線圈固定在心臟壁上

我有心臟起搏器，還可以使用手機嗎？

可以，但手機應該與心臟起搏器保持至少 15 厘米的距離。沒有證據表明 Wi-Fi 或其他無線網絡設備會干擾心臟起搏器工作。

心臟起搏器的工作原理

在一些心臟疾病中，心臟的神經組織不能正常工作，因此心臟跳動得太慢、太快，或者跳動節奏異常。心臟起搏器可以植入患者的胸部，調節心跳。有些心臟起搏器作用於心臟的一個腔室，而有些心臟起搏器作用於兩個或三個腔室，以確保各個腔室都以正常節奏工作。

雙心室同步起搏器

這種設備被用於患有心臟衰竭等疾病的人。他們的心室不能同時收縮。雙心室同步起搏器有三條導線，同時向右心房和兩個心室發送信號，使心室的收縮同步。雙心室同步起搏器治療有時也被稱為「心臟再同步治療」（CRT）。

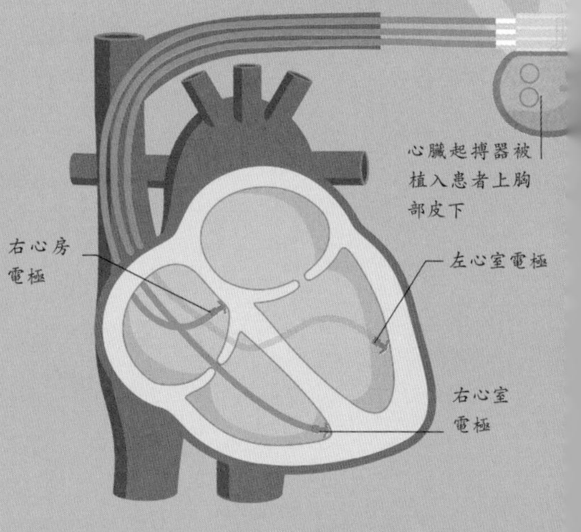

心臟起搏器被植入患者上胸部皮下
右心房電極
左心室電極
右心室電極

全世界每年有超過 **100 萬**個**心臟起搏器被植入人體**。

植入型心律轉復除顫器(ICD)

植入型心律轉復除顫器適用於因心律失常而隨時有生命危險的人。與心臟起搏器一樣，ICD 可以監測到非常快或混亂的心跳；在這種情況下，ICD 給心臟一個小的電擊（心臟轉複）或一個大的電擊（除顫）來重建正常的心律。有時，ICD 會與心臟起搏器結合使用。

雙心腔起搏器

這個裝置有兩根導線：一根用於右心房，一根用於右心室。它用於糾正來自心臟神經組織的錯誤信號，這些信號會導致異常的心跳節奏。通過發送校正信號，雙心腔起搏器使心室以正常節奏收縮。

1 雙心腔起搏器監控心臟
心臟腔室內的電極不斷監測心臟內的電信號，並將有關這一活動的數據發送給雙心腔起搏器內的微處理器。微處理器會識別信號異常或丟失。

2 雙心腔起搏器檢測到異常信號
當微處理器識別出異常信號時，它會指示雙心腔起搏器中的脈衝發生器向心臟中的電極傳輸低壓電脈衝。脈衝刺激心室內的肌肉收縮。

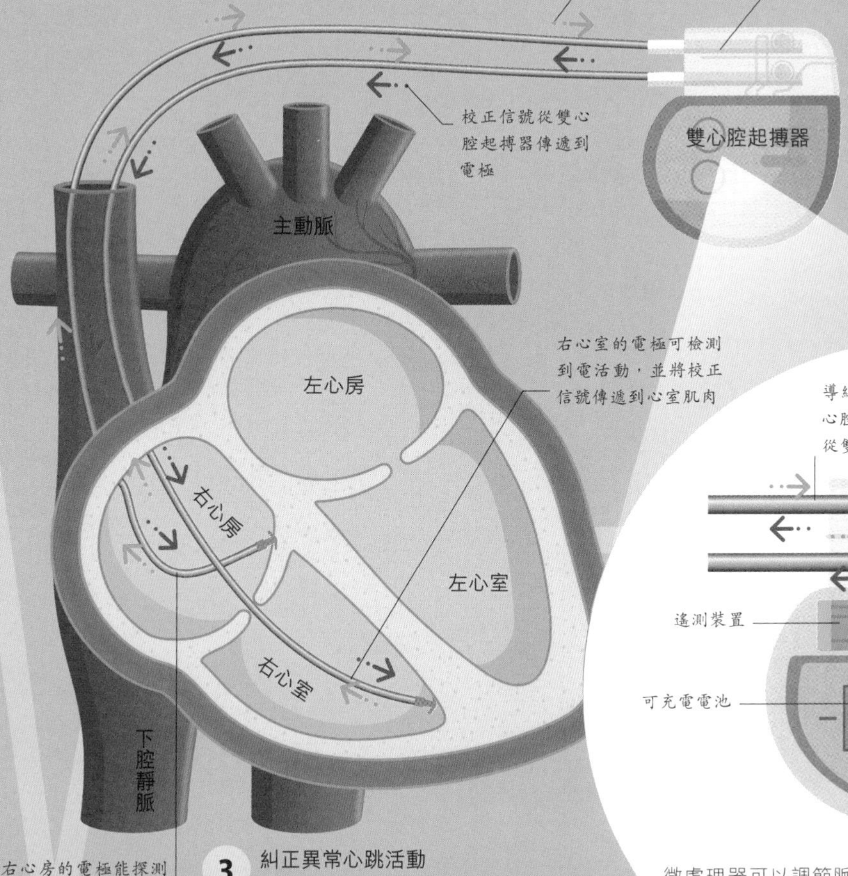
電極的信息傳遞到雙心腔起搏器
雙心腔起搏器被植入上胸部皮下
校正信號從雙心腔起搏器傳遞到電極
雙心腔起搏器
主動脈
右心室的電極可檢測到電活動，並將校正信號傳遞到心室肌肉
左心房
右心房
左心室
右心室
下腔靜脈
右心房的電極能探測到心房的電活動，並將校正信號傳遞給心房肌肉

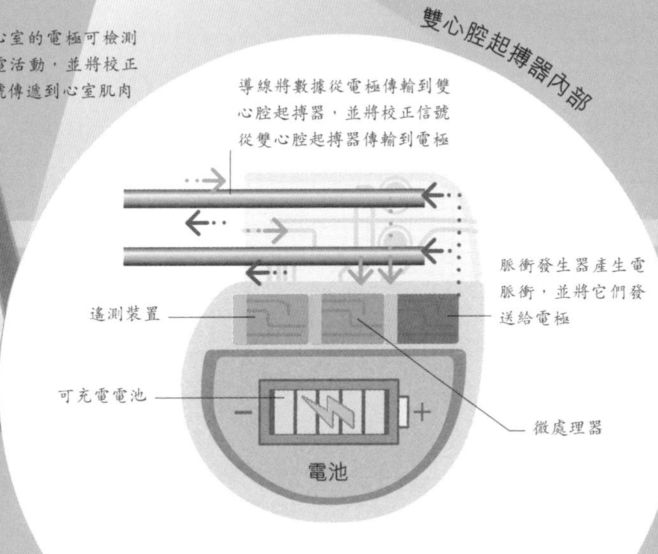
雙心腔起搏器內部
導線將數據從電極傳輸到雙心腔起搏器，並將校正信號從雙心腔起搏器傳輸到電極
脈衝發生器產生電脈衝，並將它們發送給電極
遙測裝置
可充電電池
微處理器
電池

微處理器可以調節脈衝發生器發出的電脈衝，它還包含一個存儲器和一個監視器來收集心臟活動的數據。與微處理器相連的是一個遙測裝置，它與外部電腦交換數據。電源由可充電電池提供。

3 糾正異常心跳活動
一旦心跳恢復正常，雙心腔起搏器就會停止發送電脈衝。但是，它會繼續監測心臟並收集數據。這些數據可以被傳遞到外部電腦上，使醫生能夠評估雙心腔起搏器的工作情況。

X 光影像技術

X 光影像技術用於觀察身體內部組織和檢測疾病，如骨折或腫瘤。儘管 X 光影像技術需要人體暴露在輻射中，但是它通常是快捷且無痛的。

X 光會增加患癌症的風險嗎？

是的，在應用 X 光的同時，需注意其對正常機體的傷害，採取防護措施。平均來說，對胸部、四肢或牙齒進行一次普通 X 光檢查，被檢查者患癌症的風險增加不到百萬分之一。

數碼 X 光影像

被檢查者被安置在 X 光機和探測器之間。X 光機發出的 X 光穿過人的身體到達探測器，探測器將捕獲的 X 光模式轉換為數碼信號。然後，這些信號被電腦處理成圖像，顯示在顯示器上。

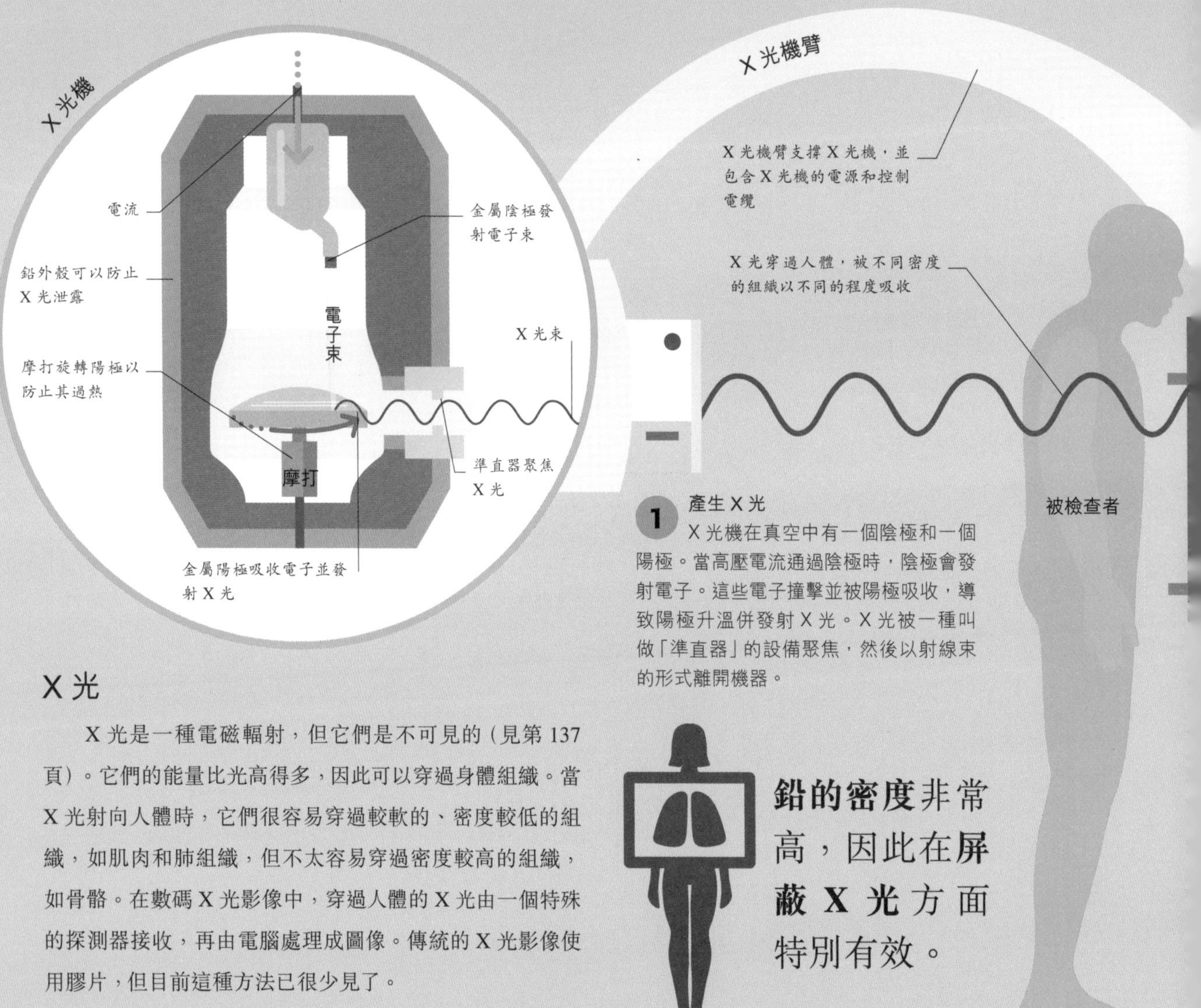
X 光機
電流
鉛外殼可以防止 X 光泄露
摩打旋轉陽極以防止其過熱
摩打
金屬陰極發射電子束
電子束
X 光束
準直器聚焦 X 光
金屬陽極吸收電子並發射 X 光
X 光機臂
X 光機臂支撐 X 光機，並包含 X 光機的電源和控制電纜
X 光穿過人體，被不同密度的組織以不同的程度吸收
被檢查者

1 產生 X 光

X 光機在真空中有一個陰極和一個陽極。當高壓電流通過陰極時，陰極會發射電子。這些電子撞擊並被陽極吸收，導致陽極升溫併發射 X 光。X 光被一種叫做「準直器」的設備聚焦，然後以射線束的形式離開機器。

鉛的密度非常高，因此在**屏蔽 X 光**方面特別有效。

X 光

X 光是一種電磁輻射，但它們是不可見的（見第 137 頁）。它們的能量比光高得多，因此可以穿過身體組織。當 X 光射向人體時，它們很容易穿過較軟的、密度較低的組織，如肌肉和肺組織，但不太容易穿過密度較高的組織，如骨骼。在數碼 X 光影像中，穿過人體的 X 光由一個特殊的探測器接收，再由電腦處理成圖像。傳統的 X 光影像使用膠片，但目前這種方法已很少見了。

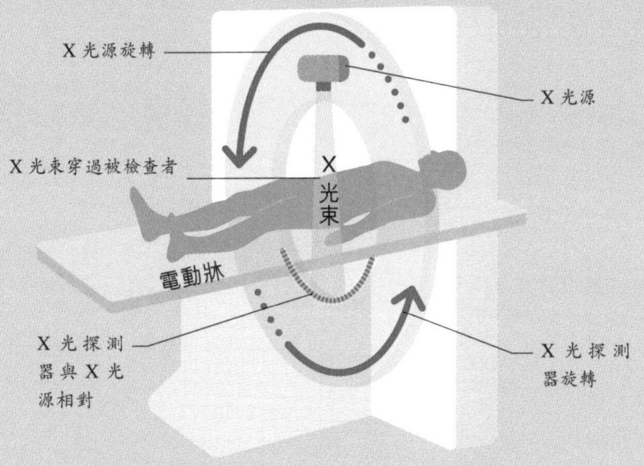
X 光源旋轉
X 光源
X 光束穿過被檢查者
X
光
束
電動牀
X 光探測器與 X 光源相對
X 光探測器旋轉

電腦斷層掃瞄

電腦斷層掃瞄（CT）採用的也是 X 光影像技術。檢查時，X 光源和探測器圍繞被檢查者旋轉，被檢查者躺在一張電動牀上，每次掃瞄時牀都向前移動。該探測器在接收 X 光時非常敏感，其圖像信號經電腦處理後會生成非常詳細的人體組織 3D 圖像。

其他類型的醫用X光

除了數碼X光影像和CT，X光還有其他醫療用途，其中一些需要使用造影劑（對X光不透明的物質）來突出特定的組織。

牙科X光掃瞄
低劑量X光掃瞄檢查牙齒和頜骨，可以發現蛀牙、膿腫、牙齦或頜骨疾病等牙齒問題。

骨密度掃瞄
低劑量X光掃瞄可以顯示所有低骨密度區域；這一方式通常被用於掃瞄脊椎或骨盆，以檢查是否患有骨質疏鬆症。

乳房X光掃瞄
對乳房進行低劑量的X光掃瞄，可以發現乳房的異常，如腫瘤；通常用於篩查女性乳腺癌。

血管造影術
注射液體造影劑後，對心臟和血管進行數碼X光影像，以清楚地顯示這些結構的內部。

X光透視檢查
將X光投射到熒光屏上，可以實時看到身體活動部位的情況，或者跟蹤醫療設備在身體中的移動。

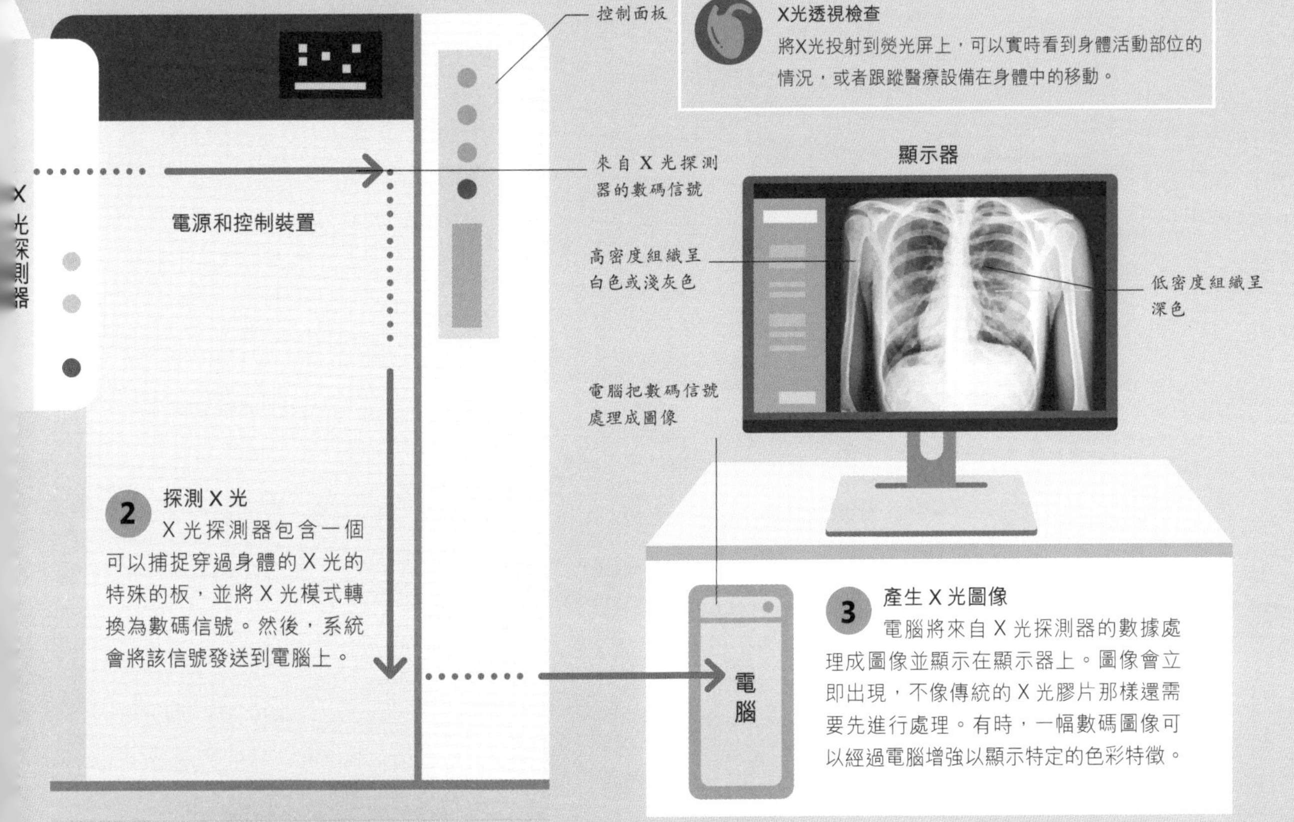
X 光探測器
控制面板
電源和控制裝置
來自 X 光探測器的數碼信號
顯示器
高密度組織呈白色或淺灰色
低密度組織呈深色
電腦把數碼信號處理成圖像
電腦

2 探測 X 光
X 光探測器包含一個可以捕捉穿過身體的 X 光的特殊的板，並將 X 光模式轉換為數碼信號。然後，系統會將該信號發送到電腦上。

3 產生 X 光圖像
電腦將來自 X 光探測器的數據處理成圖像並顯示在顯示器上。圖像會立即出現，不像傳統的 X 光膠片那樣還需要先進行處理。有時，一幅數碼圖像可以經過電腦增強以顯示特定的色彩特徵。

磁力共振

磁力共振成像（MRI）是一種利用強大的磁場和無線電波產生身體內部結構細節圖像的技術。

電磁鐵

電流通過線圈會產生磁場，把線圈變成電磁鐵。電流愈強，磁場就愈強。磁力共振成像掃瞄器中的超導電磁鐵被液氦過度冷卻，變得幾乎沒有電阻，因此允許非常高的電流流過電磁鐵，並產生極強的磁場。

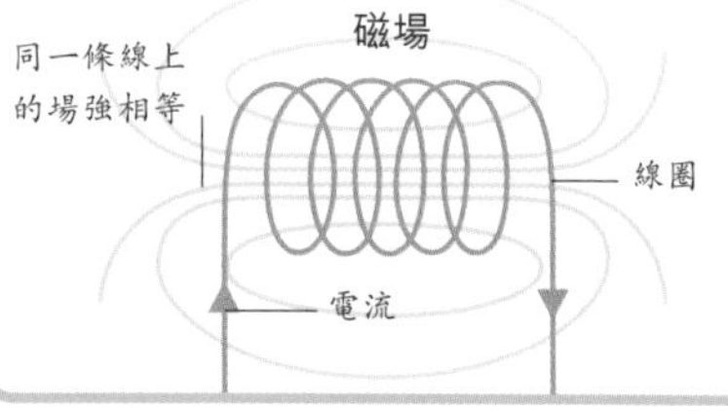

磁力共振成像掃瞄器的工作原理

磁力共振成像掃瞄器包含磁鐵和射頻線圈。電動牀將被檢查者移動到機器內。主電磁鐵產生非常強的磁場，使人體細胞內的質子（原子中帶正電荷的粒子）對齊。梯度磁鐵改變磁場，以選擇身體的特定區域進行成像。射頻線圈發出無線電波來激發質子。質子發出的無線電信號被射頻線圈檢測到，並被發送給電腦，電腦將無線電信號數據處理成圖像。MRI 類似於數碼 X 光影像或 CT（見第 234 ～ 235 頁），但會顯示更多的細節，尤其是軟組織的細節。

掃瞄過程

磁力共振成像作用於氫原子核中的質子，而氫是人體內最豐富的元素之一。它的工作原理是讓質子與強磁場對齊，然後用無線電波激發它們，在它們回到原來位置時探測它們釋放的能量。

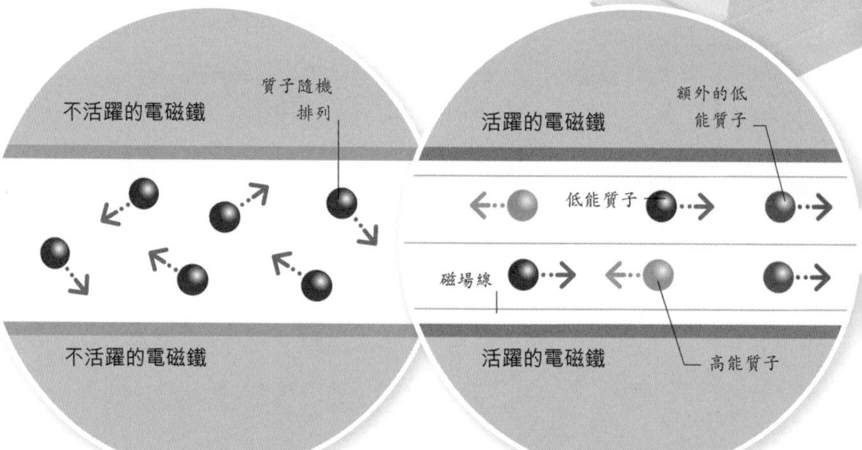

1 正常態質子

每個氫原子的原子核中均含有一個質子。每個質子都有一個微小的磁場，它繞着磁場的軸旋轉。通常，質子自旋轉的方向是隨機的。

2 電磁鐵開啟

當電磁鐵開啟時，質子沿着磁場排列，它們可能與磁場方向相同（低能態），也可能相反（高能態）。正向排列的質子比反向排列的質子稍多一些。

磁力共振成像掃瞄器的電磁鐵產生的磁場強度是**地球磁場的 4 萬倍**。

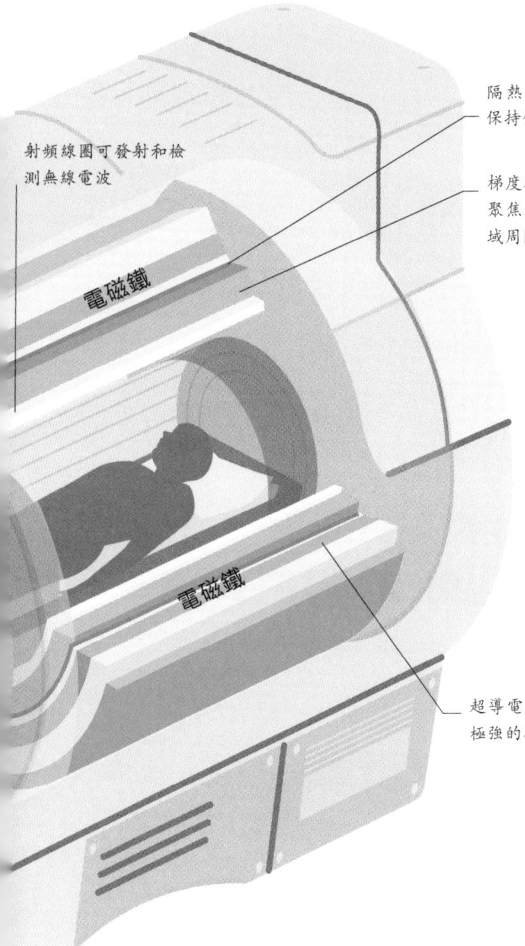
隔熱層使液氦保持低溫
射頻線圈可發射和檢測無線電波
梯度磁鐵將磁場聚焦在待掃瞄區域周圍
電磁鐵
電磁鐵
超導電磁鐵產生極強的磁場

MRI 的特殊用途

特定類型的磁力共振成像掃瞄器可以用來提供關於身體組織的額外信息。例如，造影劑（掃瞄顯示為白色的物質）可以用來突出特定的組織。其他類型的MRI 可以用於實時顯示某些組織的生理功能或物理活動。

類型	用途
磁力共振血管造影	將造影劑注入血液中以突出顯示血管內部，並顯示出所有阻塞、縮小或損壞的區域。
功能磁力共振成像（fMRI）	用來檢測大腦中的血液流量；血流量較高的區域，大腦活動活躍，反之亦然。
實時磁力共振成像	用多個磁力共振成像連續記錄身體的活動，如心跳或關節的運動。
MRI和PET（正電子發射斷層顯像）聯合	PET使用注入的放射性物質來顯示組織的活性。MRI和PET聯合可顯示組織的結構和活性。

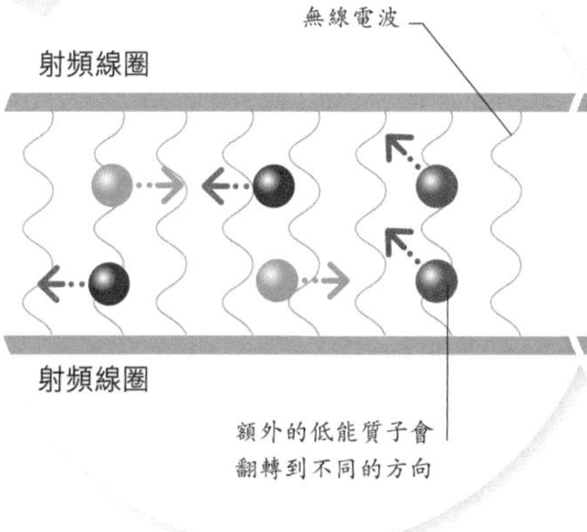
無線電波
射頻線圈
射頻線圈
額外的低能質子會翻轉到不同的方向

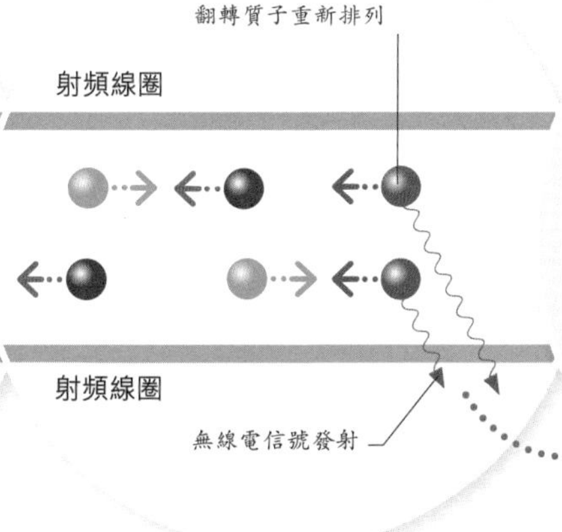
翻轉質子重新排列
射頻線圈
射頻線圈
無線電信號發射

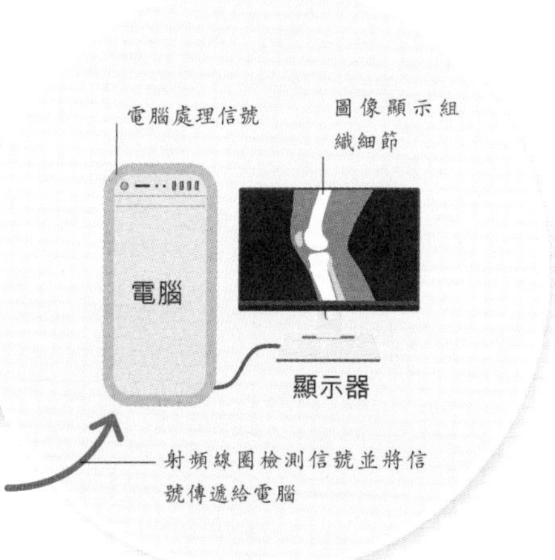
電腦處理信號
圖像顯示組織細節
電腦
顯示器
射頻線圈檢測信號並將信號傳遞給電腦

3 無線電波脈衝發射

射頻線圈發出無線電波，使質子改變排列方向。所有的質子都會翻轉，但額外的低能質子與其他質子的方向不同。

4 質子發射無線電信號

在激發的無線電波停止後，翻轉的質子恢復到低能態並重新調整。在此過程中，它們將吸收的能量以無線電信號的形式釋放出來，這些信號被射頻線圈接收。

5 信號被處理成圖像

信號被傳送給電腦，電腦將其處理成圖像。不同身體組織中的質子產生不同的信號，因此圖像可以清晰、詳細地顯示組織。

微創手術

微創手術是在人體上切出較小開口而不用大開口的手術。微創手術也可以用一種從人體自然腔道（如口腔）插入的靈活內窺鏡來開展。

第一台微創手術是甚麼時候進行的？

第一台微創手術是 1901 年在狗身上進行的。第一台在人類身上進行的微創手術的時間是 1910 年。

微創手術是如何進行的

在皮膚上開一個小切口，然後在切口內插入被稱為「套管針」的中空器械，以使內窺鏡和其他器械能在切口保持打開的狀態下使用。硬式內窺鏡將光傳輸到手術部位，這樣醫生便可以直接通過目鏡或顯示器（如果目鏡上裝有攝影機的話）觀察手術部位。手術器械通過不同的切口插入手術部位，這樣醫生就可以完成切割、縫合組織或夾住血管等任務。

硬式內窺鏡

硬式內窺鏡包括將光傳輸到手術部位的光纖電纜和將圖像從手術部位傳遞到目鏡的透鏡。通常，目鏡上連接着一個攝影機，圖像可以傳輸到監視器上，為醫生提供清晰的視野。

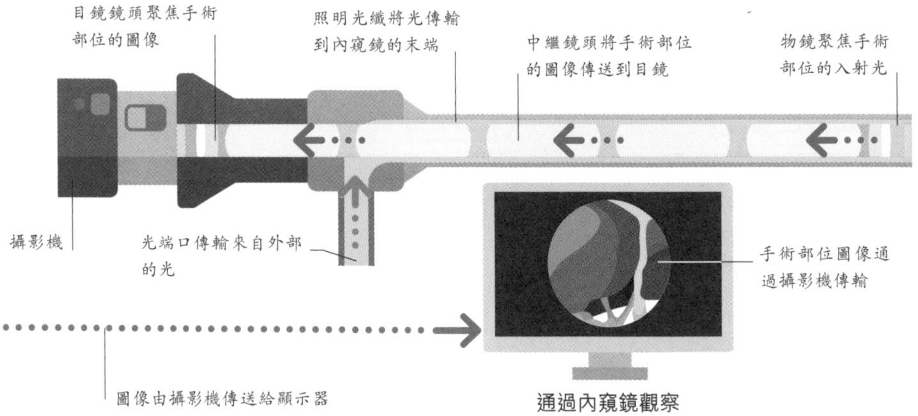

目鏡鏡頭聚焦手術部位的圖像
照明光纖將光傳輸到內窺鏡的末端
中繼鏡頭將手術部位的圖像傳送到目鏡
物鏡聚焦手術部位的入射光
攝影機
光端口傳輸來自外部的光
手術部位圖像通過攝影機傳輸

通過內窺鏡觀察

腹腔鏡手術

腹腔鏡手術是一種在腹部使用硬式內窺鏡進行的微創手術。二氧化碳氣體被泵入腹部給器官周圍留出空間，然後醫生插入硬式內窺鏡來觀察手術部位。進行手術的儀器可以通過腹部的其他小切口插入。

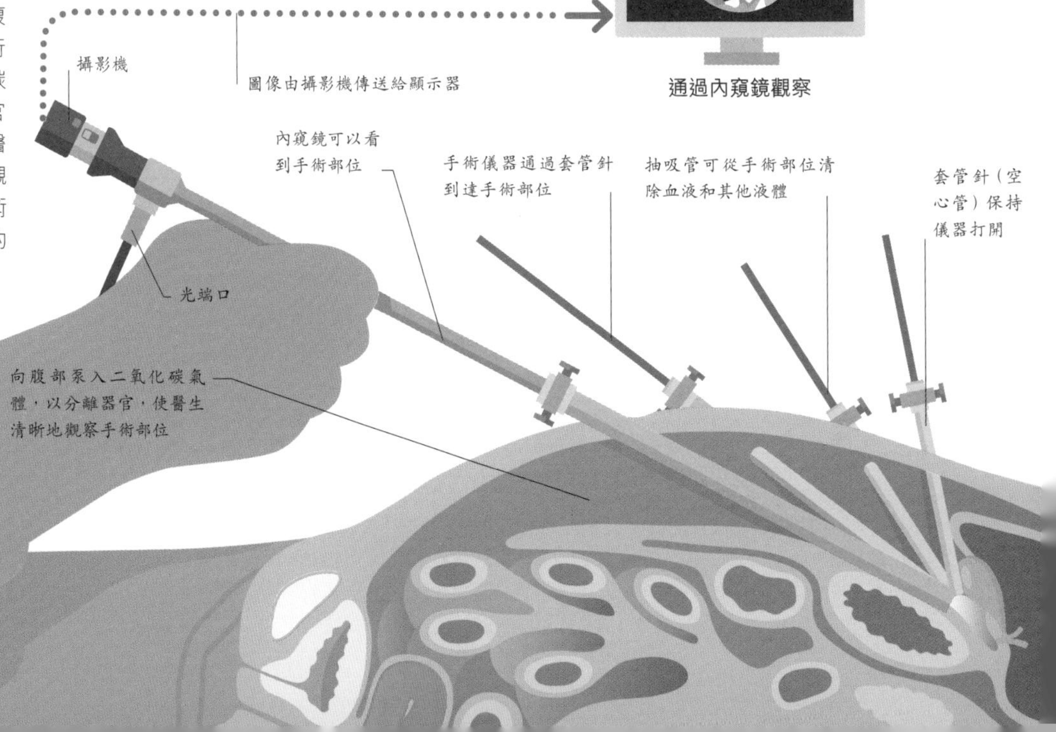

攝影機
圖像由攝影機傳送給顯示器
內窺鏡可以看到手術部位
手術儀器通過套管針到達手術部位
抽吸管可從手術部位清除血液和其他液體
套管針（空心管）保持儀器打開
光端口
向腹部泵入二氧化碳氣體，以分離器官，使醫生清晰地觀察手術部位

軟式內窺鏡檢查

在這種形式的手術中，軟式內窺鏡通過口腔或其他人體自然腔道，如氣管或腸道進入體內。軟式內窺鏡由將光傳輸到手術部位的光纖，及在末端將圖像從手術部位發回給顯示器的攝影機組成。它還具有將空氣、水和手術器械輸送到手術部位的通道。

10,000 條是軟性內窺鏡中的光纖數量。

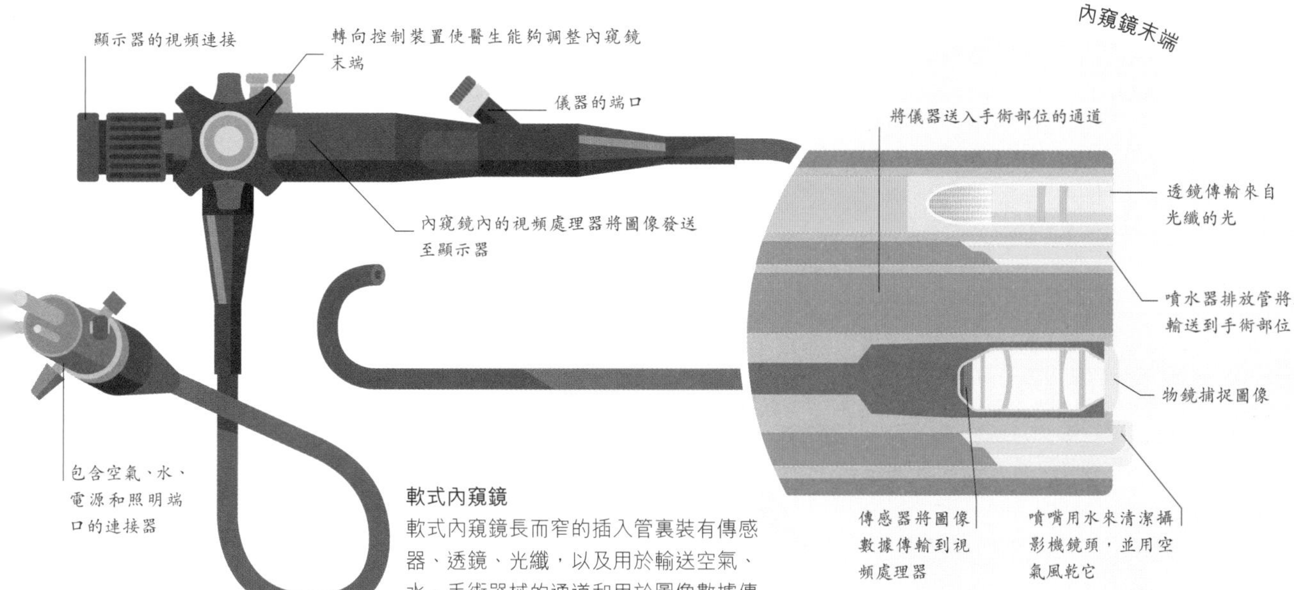
顯示器的視頻連接
轉向控制裝置使醫生能夠調整內窺鏡末端
儀器的端口
內窺鏡末端
將儀器送入手術部位的通道
透鏡傳輸來自光纖的光
內窺鏡內的視頻處理器將圖像發送至顯示器
噴水器排放管將水輸送到手術部位
物鏡捕捉圖像
包含空氣、水、電源和照明端口的連接器
傳感器將圖像數據傳輸到視頻處理器
噴嘴用水來清潔攝影機鏡頭，並用空氣風乾它

軟式內窺鏡
軟式內窺鏡長而窄的插入管裏裝有傳感器、透鏡、光纖，以及用於輸送空氣、水、手術器械的通道和用於圖像數據傳輸的線路。醫生可以通過內窺鏡頂部的控制裝置引導內窺鏡進入人體內。

機械人輔助手術

現在，一些形式的微創手術可以在機械人系統的幫助下進行。機械人的機械臂被安裝在患者旁邊的手推車上。一隻機械臂上的內窺鏡將體內的視圖傳輸到醫生的控制台和視頻顯示器上，其他的機械臂持有手術儀器。外科醫生使用控制台上的機械手來調整患者體內的儀器。機械人輔助手術的優點之一是可以減少抖動，從而能夠更精確地控制儀器。

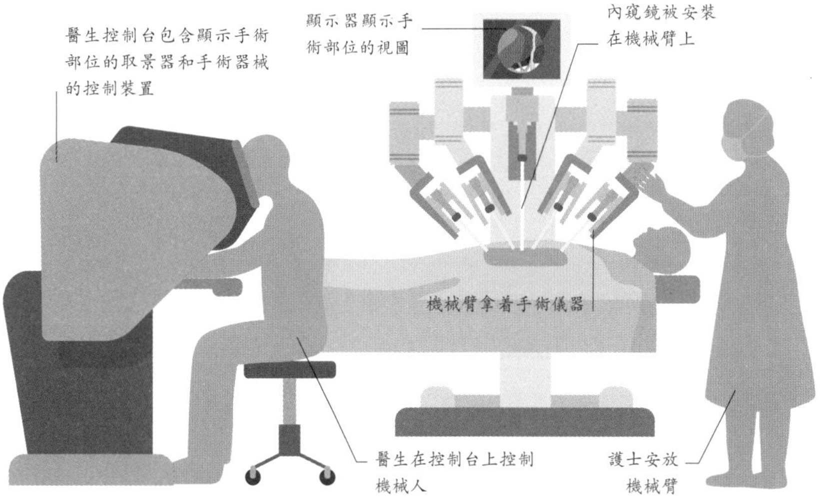
醫生控制台包含顯示手術部位的取景器和手術器械的控制裝置
顯示器顯示手術部位的視圖
內窺鏡被安裝在機械臂上
機械臂拿着手術儀器
醫生在控制台上控制機械人
護士安放機械臂

義肢

義肢是一種用來取代缺失肢體並幫助使用者進行正常活動的裝置。義肢的種類包括相對簡單的機械裝置，以及與使用者自身神經系統交互的複雜的電子或機械肢體。

觸控傳感器

人們正在開發各種各樣的假手來恢復使用者的觸覺。這些系統不僅將信號從使用者的肌肉傳遞到假體上，還將信號從假體傳回大腦。指尖上的傳感器檢測壓力和振動，並將數據傳遞給電腦晶片。電腦晶片將數據轉換成信號，然後傳遞給附着在使用者手臂神經上的植入物，再由植入物向大腦發送脈衝。

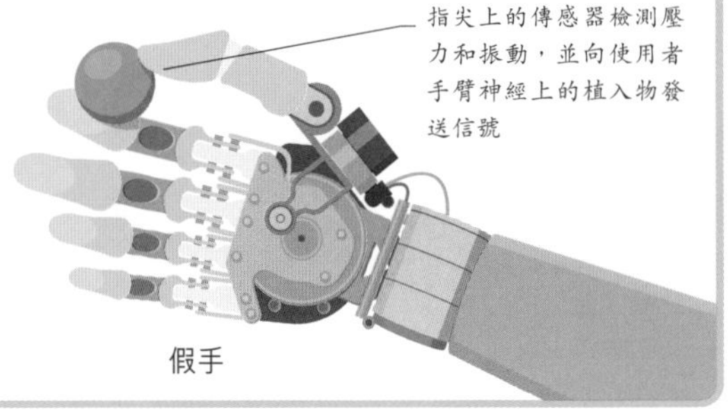
指尖上的傳感器檢測壓力和振動，並向使用者手臂神經上的植入物發送信號
假手

從大腦到手臂肌肉的神經信號

肌電式假臂是如何工作的

電極可以檢測殘肢肌肉神經發出的電信號。這些電信號被傳送到微處理器，微處理器將電信號轉換成數據，用來下達指令給摩打以控制手腕和手部的移動。

1 傳感器檢測電信號

位於假臂接受腔內表面或植入殘臂肌肉的傳感器可以檢測手臂肌肉神經發出的電信號。這些電信號是肌肉在受到來自大腦的神經信號刺激後收縮時發出的。

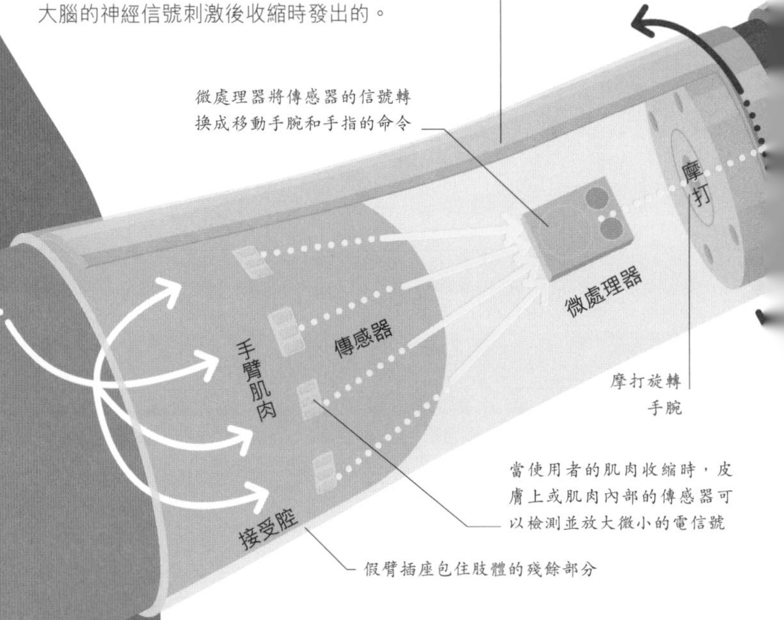
可充電電池為微處理器和移動手腕、拇指和手指的摩打提供動力
微處理器將傳感器的信號轉換成移動手腕和手指的命令
摩打
微處理器
傳感器
手臂肌肉
摩打旋轉手腕
當使用者的肌肉收縮時，皮膚上或肌肉內部的傳感器可以檢測並放大微小的電信號
接受腔
假臂插座包住肢體的殘餘部分

假臂

最簡單的一種假臂是機械式的，它由連接到對側肩膀的電纜操縱，並帶有用於鉤住物體的金屬鈎。更復雜的肌電式假臂使用電極接收來自殘肢肌肉神經的脈衝信號，並將其轉換為電信號，從而驅動摩打來調動假臂和假手。那些失去大部分或全部手臂的人可以使用定向肌肉神經移植。失去手臂肌肉的神經被重新連接到身體的其他肌肉上；當使用者想要移動手臂時，該處的肌肉收縮，放置在肌肉上的傳感器將信號傳輸給假臂。

使用**跑步刀片**的運動員必須**不斷運動**以保持**平衡**。

人類首次使用義肢是甚麼時候？

至少在 3,000 年前，人造的身體部位就開始被使用了。現存最古老的義肢是在一具古埃及木乃伊上發現的由木頭和皮革製成的腳趾。

3 手部活動

手腕、手指由摩打驅動。某些類型的假臂可以使手指一起活動以進行動力抓取，或者以協調的方式活動以進行精確的任務。

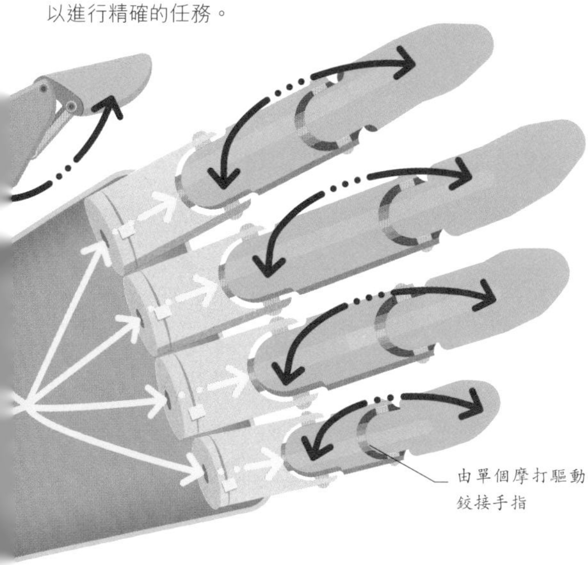
由單個摩打驅動的
鉸接手指

2 數據發送給微處理器

肌肉神經發出的電信號被發送到微處理器，微處理器將這些數據轉換成命令，啟動手和手腕上的摩打。不同的信號可以產生不同類型的握力。

跑步刀片

運動員使用的跑步刀片是由多層碳纖維黏合而成的，這使它們既輕便又堅固、靈活。鞋底有用於牽引的踏板或鞋釘。當運動員着地時，刀片彎曲，然後隨着「腳」的轉動，刀片反彈，釋放能量來推動運動員前進。

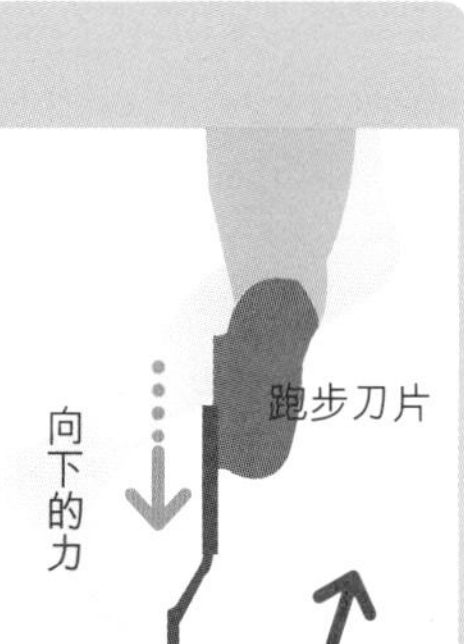
向下的力
跑步刀片
推力

假腿

假腿不僅可以支撐使用者，而且可以模仿自然腿的一些功能。它們是由碳纖維等輕質材料製成的。在某些類型中，使用者的重量由鈦塔承擔，而在其他類型中，則由堅硬的外殼承擔。同時，假腿可能包括一個用於推進的儲能腳和一個由電腦控制的膝蓋，以調節運動和穩定性。

膝上義肢

大多數假體有靈活的膝蓋和腳踝。最簡單的關節是機械的。還有一些義肢裝有傳感器和微處理器，可以操縱液壓或氣動系統來控制義肢。

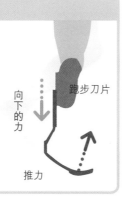

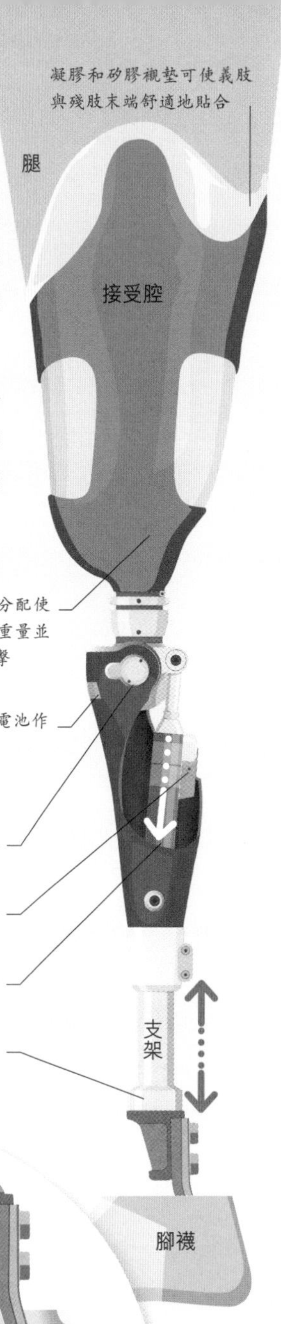
凝膠和矽膠襯墊可使義肢
與殘肢末端舒適地貼合
腿
接受腔
接受腔分配使
用者的重量並
吸收衝擊
可充電電池作
為電源
傳感器檢測膝關節的角度和運動速度
微處理器控制流體或空氣的釋放
活塞吸收衝擊並提供支撐
支架
支架可以根據使用者
的高度進行調整
腳襪

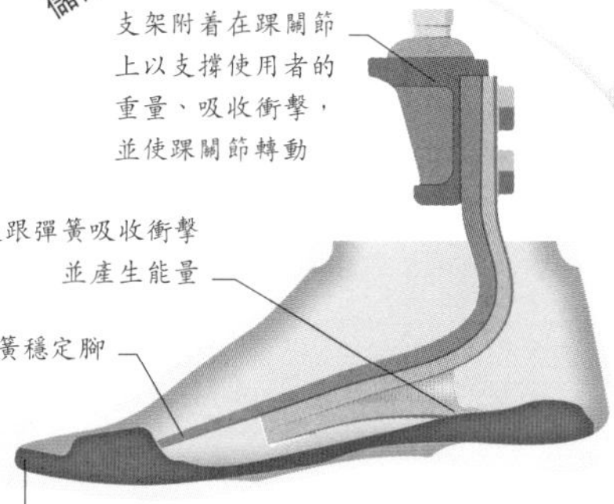
儲能腳
支架附着在踝關節
上以支撐使用者的
重量、吸收衝擊，
並使踝關節轉動
後跟彈簧吸收衝擊
並產生能量
前足彈簧穩定腳
腳板在腳移動時分散重量並彎曲

儲能腳的後跟有一個類似彈簧的結構。當使用者在上面施加重量時，彈簧就會壓縮；當鞋跟抬起時，彈簧釋放出的能量推動使用者向前移動。

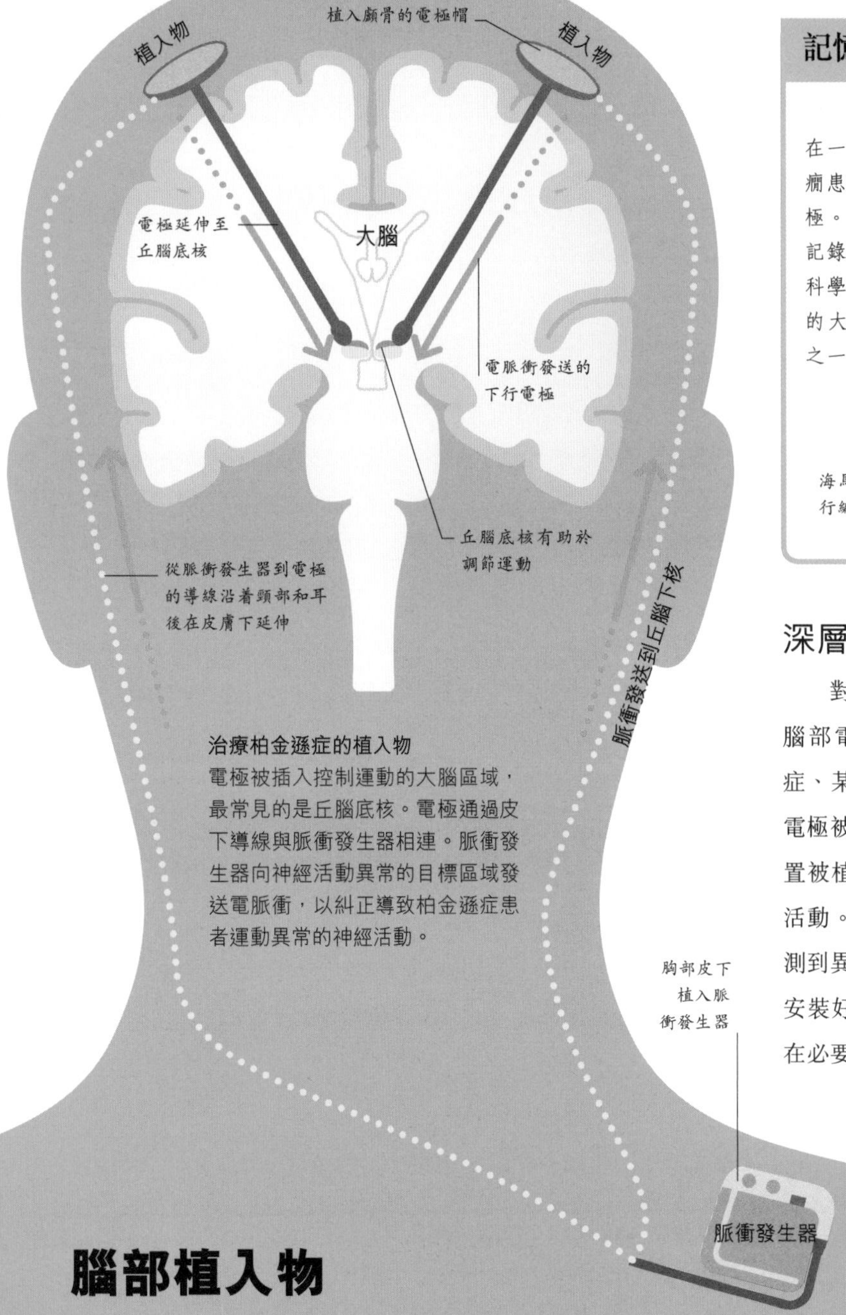

植入顱骨的電極帽
植入物
植入物
電極延伸至
丘腦底核
大腦
電脈衝發送的
下行電極
丘腦底核有助於
調節運動
從脈衝發生器到電極
的導線沿着頸部和耳
後在皮膚下延伸
脈衝發送到丘腦下核
胸部皮下
植入脈
衝發生器
脈衝發生器

治療柏金遜症的植入物

電極被插入控制運動的大腦區域，最常見的是丘腦底核。電極通過皮下導線與脈衝發生器相連。脈衝發生器向神經活動異常的目標區域發送電脈衝，以糾正導致柏金遜症患者運動異常的神經活動。

腦部植入物

腦部植入物是一種植入大腦的人工設備，它與一個或多個其他設備一起工作，以改善或恢復人因受傷或疾病而缺失的大腦功能。感官植入物通過神經系統與大腦連接，可能有助於恢復聽覺或視覺。這類植入技術仍處於研究初期。

記憶植入物

科學家正在開發腦部植入物來改善記憶。在一項研究中，科學家對已經有腦部植入物的癲癇患者的大腦中一個叫做海馬體的區域插入了電極。當患者完成記憶測試時，他們的大腦信號被記錄了下來。隨後，在他們進行類似的測試時，科學家用之前被記錄下來的大腦信號來刺激他們的大腦。這種刺激使患者的記憶力提高了三分之一。

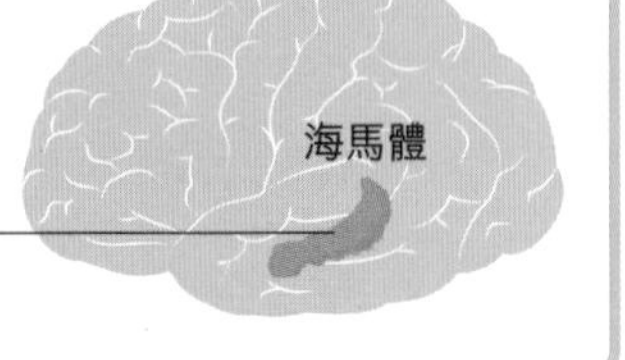

海馬體
海馬體對記憶進
行編碼和回憶

深層腦部電刺激手術

對大腦深處特定神經細胞組的刺激，即深層腦部電刺激手術（DBS），可以幫助恢復柏金遜症、某些運動障礙或癲癇患者的正常大腦活動。電極被植入大腦；一個被稱為「脈衝發生器」的裝置被植入胸部或胃部，發出電脈衝來調節大腦的活動。該裝置可以連續工作，或者只有當電極檢測到異常神經信號（如癲癇發作）時才工作。裝置安裝好後，專家對脈衝發生器進行編程，使它只在必要時產生脈衝。

大腦電極是由甚麼組成的？

植入大腦的電極是由金或鉑銥合金等物質製成的，它們能很好地傳導電脈衝，而且不會傷害腦組織。

1 攝影機捕捉圖像
使用者戴的眼鏡架上裝有微型攝影機。攝影機捕捉圖像，並通過電線將圖像傳輸到使用者佩戴的便攜式視頻處理器（VPU）上。

3 數據傳輸到視網膜植入物
發射器將信號傳遞給位於眼球一側的接收器。接收器包括檢測信號的天線和發送脈衝刺激視網膜植入物的電子裝置。

4 植入物向大腦發送數據
植入物由附着在視網膜上的電極陣列組成。電極刺激視網膜上其餘細胞，使其沿視神經向大腦中產生視覺感知的地方發送信號。

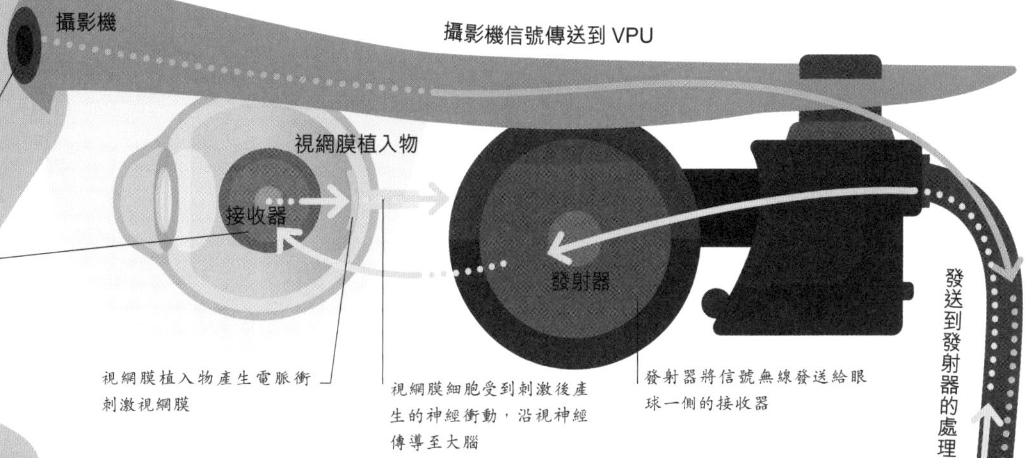
攝影機
攝影機信號傳送到 VPU
視網膜植入物
攝影機向 VPU 發送信號
接收器
接收器將信號從發射器傳送給視網膜植入物
發射器
視網膜植入物產生電脈衝刺激視網膜
視網膜細胞受到刺激後產生的神經衝動，沿視神經傳導至大腦
發射器將信號無線發送給眼球一側的接收器
發送到發射器的處理信號

仿生眼
視網膜（眼底後部的感光層）細胞受損會導致視力喪失。視網膜植入物，比如仿生眼系統，可以將光轉換為數據，繞過受損的視網膜細胞，將數據發送到大腦。

感官植入物

一些腦部植入物被用來恢復神經不能有效地向大腦發送信息的人的視力或聽力。視網膜植入物可以通過刺激視神經向大腦發送神經衝動來幫助恢復視力。耳蝸內的植入物通過刺激聽覺神經將神經衝動從內耳傳遞到大腦。如果聽覺神經不工作，植入物可以被直接安裝在腦幹上來刺激細胞向大腦發送信號。

2 處理來自攝影機的視頻數據
VPU 將圖像轉換成像素化的「亮度圖」，然後將其編碼為數碼信號。它會將這些信號發送給安裝在用戶眼鏡一側的發射器。

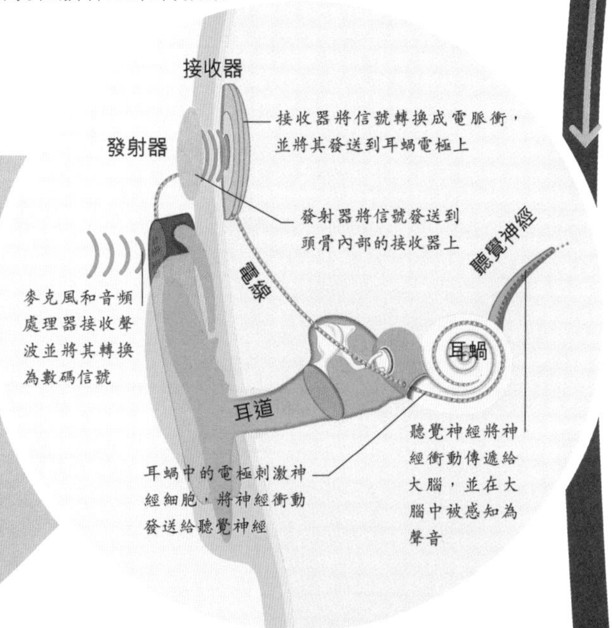
接收器
接收器將信號轉換成電脈衝，並將其發送到耳蝸電極上
發射器
發射器將信號發送到頭骨內部的接收器上
聽覺神經
電線
麥克風和音頻處理器接收聲波並將其轉換為數碼信號
耳蝸
耳道
耳蝸中的電極刺激神經細胞，將神經衝動發送給聽覺神經
聽覺神經將神經衝動傳遞給大腦，並在大腦中被感知為聲音

人工耳蝸
在正常情況下，聲音振動通過耳膜和中耳骨傳到耳蝸。耳蝸結構中的毛細胞將這些振動轉化為電信號，然後沿着聽覺神經傳遞到大腦。如果耳蝸不能正常工作，那麼可以安裝人工耳蝸，將信號直接傳送給聽覺神經。

用於**腦深部電刺激**的脈衝發生器的**電池**可以持續使用大約 **9 年**。

基因檢測

基因是帶有遺傳信息的 DNA —— 我們細胞中的一種特殊分子的片段，它提供了「指導」身體如何發育和發揮功能的編碼。基因測試為的是識別任何可能導致基因給出錯誤指令的問題，包括任何可能由父母遺傳給孩子的疾病。

染色體和基因

每個人的體細胞中包含 23 對染色體，它們被細分為基因。每個基因都是由被稱為「核苷酸」的單位組成的。這些單位有糖磷酸骨架和四種鹼基之一：腺嘌呤 (A)、胞嘧啶 (C)、鳥嘌呤 (G) 或胸腺嘧啶 (T)。腺嘌呤總與胸腺嘧啶配對，胞嘧啶與鳥嘌呤配對。鹼基序列構成了 DNA 的編碼。

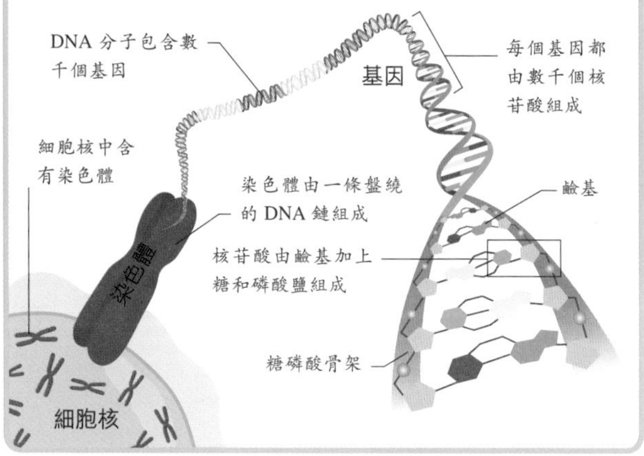

DNA 分子包含數千個基因
基因
每個基因都由數千個核苷酸組成
細胞核中含有染色體
染色體由一條盤繞的 DNA 鏈組成
鹼基
核苷酸由鹼基加上糖和磷酸鹽組成
染色體
糖磷酸骨架
細胞核

人類細胞大約含有 **2 萬個基因**。

染色體檢測

每個人的體細胞中含有 46 條染色體 —— 一半遺傳自母親，一半遺傳自父親。科學家可以對一個人全部的染色體進行研究，這種研究被稱為「染色體組型」，以查看一個人體內是否有多餘、缺失或異常的染色體。

準備一個染色體組型

在染色體組型分析中，當細胞分裂形成新的細胞時，染色體盤繞成獨特的「X」形狀。染色體被染色、配對並按大小順序排列以產生染色體組型。

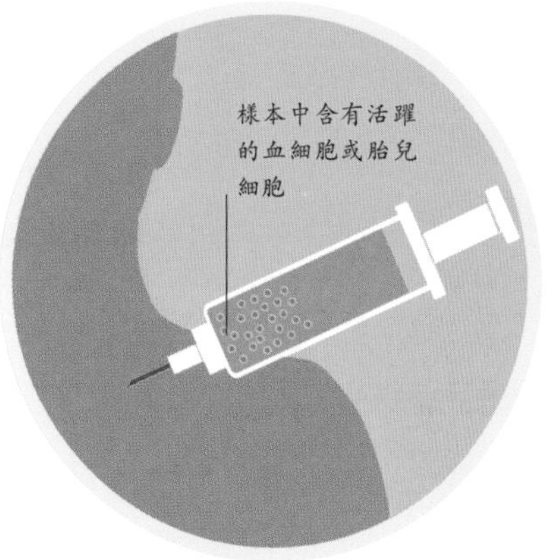

樣本中含有活躍的血細胞或胎兒細胞

1 收集細胞樣本

細胞樣本取自人的血液或骨髓。對胎兒進行基因檢測時，細胞取自孕婦的羊水或胎盤。

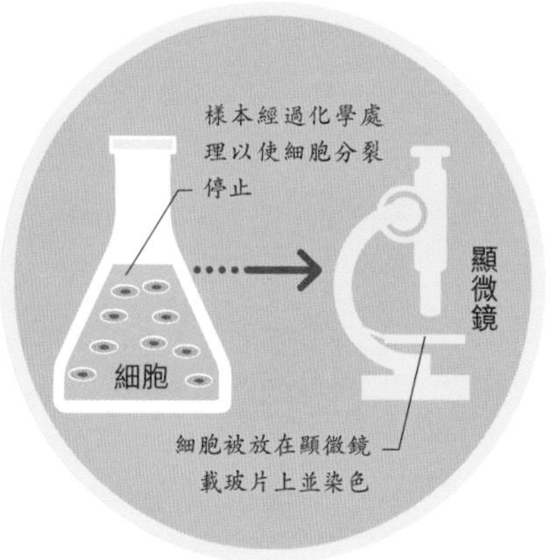

樣本經過化學處理以使細胞分裂停止
顯微鏡
細胞
細胞被放在顯微鏡載玻片上並染色

2 提取染色體

當染色體盤繞時，分裂的細胞會被一種化學物質處理以阻止細胞分裂。細胞被放置在顯微鏡載玻片上並染色，以突顯染色體。

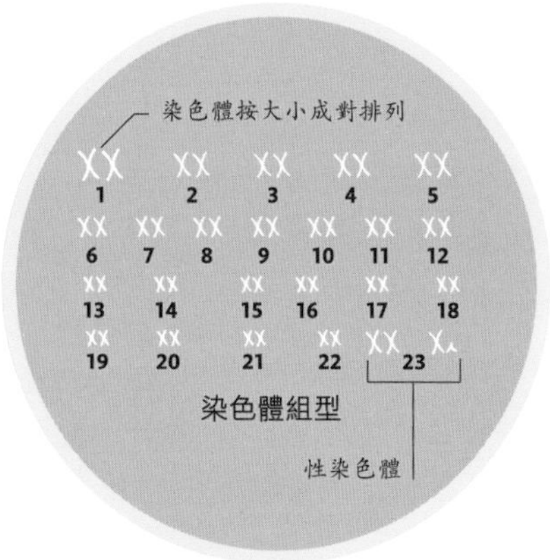

染色體按大小成對排列
1 2 3 4 5
6 7 8 9 10 11 12
13 14 15 16 17 18
19 20 21 22 23
染色體組型
性染色體

3 染色體被分類

染色體被分類並配對成 22 對常染色體（非性染色體）和一對性染色體（女性為 XX，男性為 XY），產生染色體組型。

基因檢測

一些檢測可以讓科學家發現個別基因的異常，如多餘或缺失物質，或鹼基在錯誤的位置。異常的存在並不總是表明有問題；這可能是一種沒有副作用的變異。然而，有些異常會影響健康，因此專家對檢測結果的判斷與解讀很重要。

DNA 測序

在一種被廣泛使用的 DNA 測序方法中，科學家將改變過的熒光核苷酸鹼基加到 DNA 鏈的末端，以突出每個鹼基。熒光標記有四種類型 —— 四種核苷酸鹼基（A、T、C 或 G）分別對應一種。

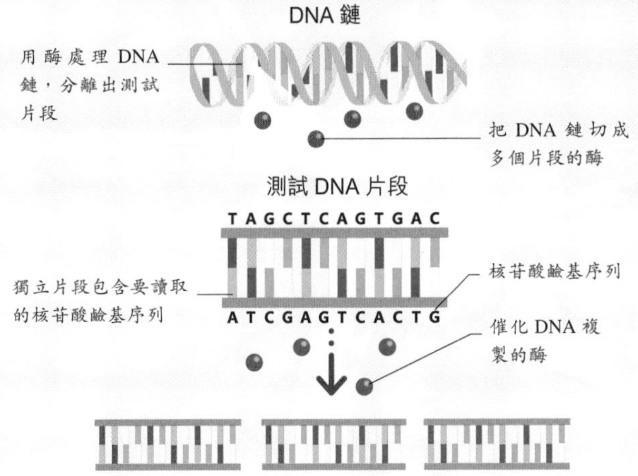
DNA 鏈
用酶處理 DNA 鏈，分離出測試片段
把 DNA 鏈切成多個片段的酶
測試 DNA 片段
TAGCTCAGTGAC
獨立片段包含要讀取的核苷酸鹼基序列
核苷酸鹼基序列
ATCGAGTCACTG
催化 DNA 複製的酶

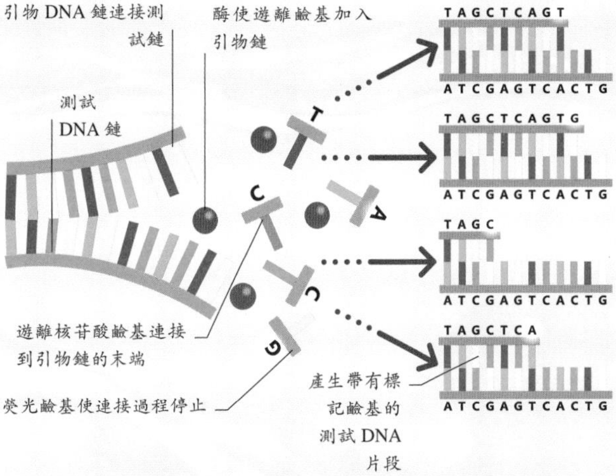
引物 DNA 鏈連接測試鏈
酶使遊離鹼基加入引物鏈
測試 DNA 鏈
遊離核苷酸鹼基連接到引物鏈的末端
熒光鹼基使連接過程停止
TAGCTCAGT
ATCGAGTCACTG
TAGCTCAGTG
ATCGAGTCACTG
TAGC
ATCGAGTCACTG
TAGCTCA
ATCGAGTCACTG
產生帶有標記鹼基的測試 DNA 片段

1 分離測試 DNA 片段

DNA 樣本的來源有多種，如臉頰細胞、唾液、頭髮或血液。樣本用一種酶處理，這種酶把 DNA 切割成片段，以便分離出待分析的 DNA 片段。然後，使用另一種酶處理這個測試 DNA 片段，使其被複製數百次，以產生足夠大的測試 DNA 鏈進行分析。

2 標記測試 DNA 中的鹼基

測試 DNA 鏈與引物 DNA 鏈、一種酶、遊離核苷酸鹼基，以及用熒光標記的核苷酸鹼基（熒光鹼基）混合。引物 DNA 鏈連接到測試 DNA 鏈上，遊離核苷酸鹼基連接到引物的末端。當加入熒光鹼基時，這個過程就停止了。每個產生的 DNA 片段最終都帶有一個標記鹼基，對應於測試 DNA 片段上的一個鹼基。

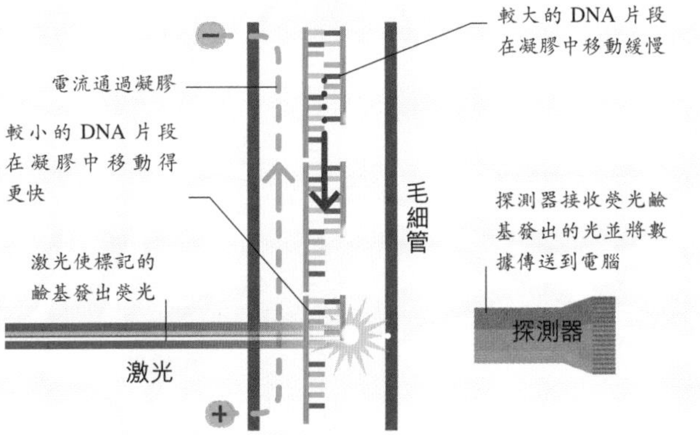
較大的 DNA 片段在凝膠中移動緩慢
電流通過凝膠
較小的 DNA 片段在凝膠中移動得更快
毛細管
探測器接收熒光鹼基發出的光並將數據傳送到電腦
激光使標記的鹼基發出熒光
探測器
激光

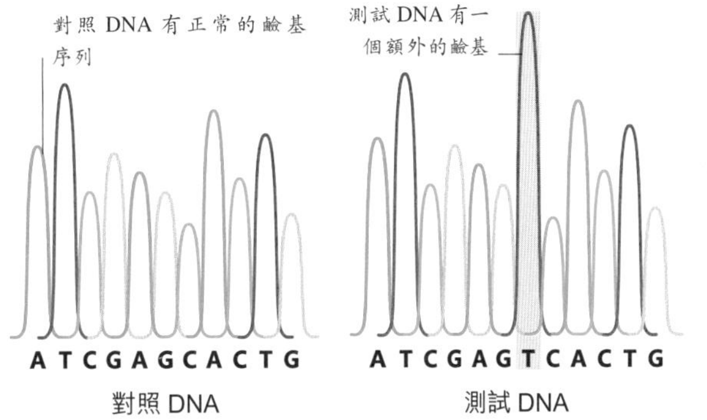
對照 DNA 有正常的鹼基序列
測試 DNA 有一個額外的鹼基
ATCGAGCACTG
ATCGAGTCACTG
對照 DNA
測試 DNA

3 檢測測試 DNA 片段中的標記鹼基

測試 DNA 片段通過細管（毛細管）中的凝膠。電流使測試 DNA 片段移動，最終按長度排序；標記鹼基的順序反映了測試 DNA 片段上鹼基的順序。當每個測試 DNA 片段通過激光時，其標記的鹼基會發出熒光，探測器會按順序讀取每個 DNA 片段。

4 電腦分析

探測器將測試 DNA 片段中的鹼基序列傳送給電腦。電腦利用這些數據生成一種稱為「色譜圖」的圖像，在色譜圖中，核苷酸序列以圖像和字母的形式顯示出來。將測試生成的 DNA 色譜圖與一個正常的 DNA 色譜圖進行對比以識別任何差異。

體外受精

體外受精，又稱「試管受精」，指將哺乳動物的精子和卵子置於適宜的體外培養條件下以完成受精過程的技術。女性服用藥物使卵巢產生比平時更多的卵子，卵子被收集起來，在實驗室裏與精子結合。如果有卵子受精，受精卵發育幾天後會被放入女性的子宮裏。多餘的受精卵可以冷凍起來供以後使用。

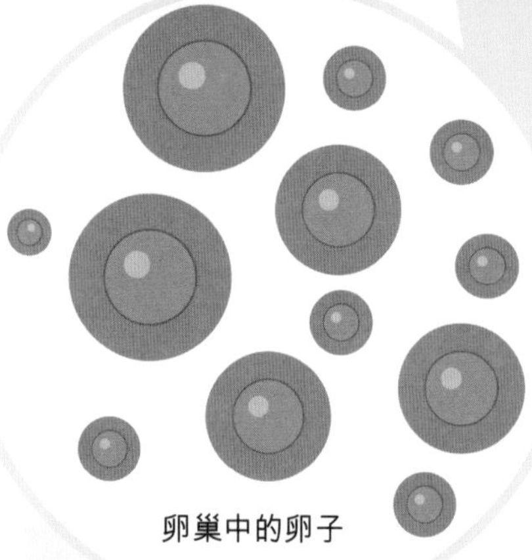

1 激素刺激

藥物可以刺激卵巢中的卵泡成熟，並發育成卵子。當有足夠的卵子後，再注射藥物使卵巢排出卵子。

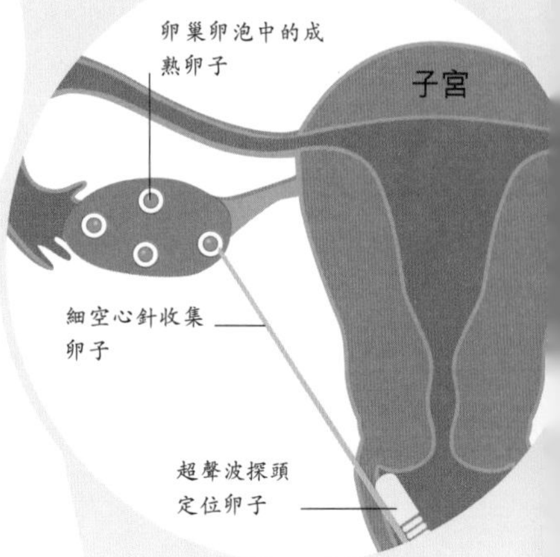

2 卵子被收集起來

將一個超聲波探頭插入陰道中來識別成熟的卵子，然後用一根非常細的空心針收集 8 ～ 15 個卵子。

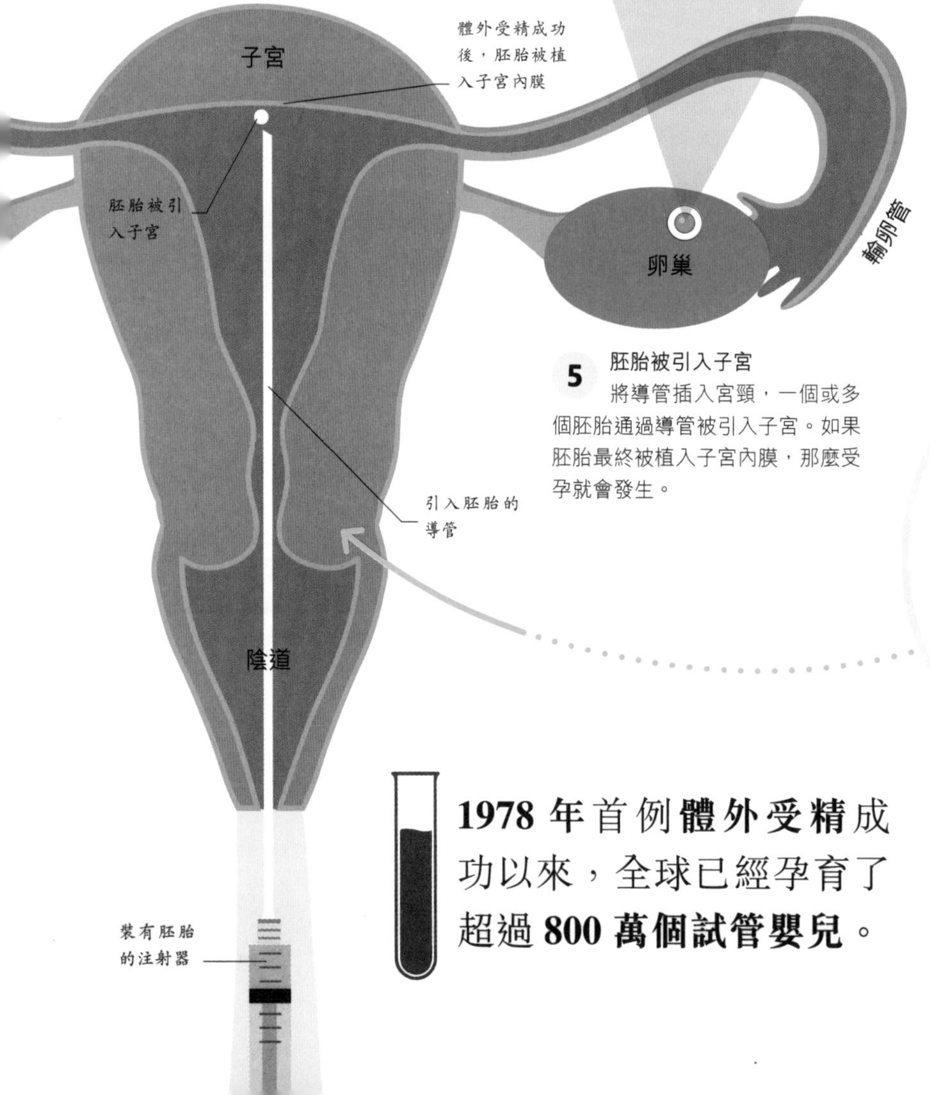

5 胚胎被引入子宮

將導管插入宮頸，一個或多個胚胎通過導管被引入子宮。如果胚胎最終被植入子宮內膜，那麼受孕就會發生。

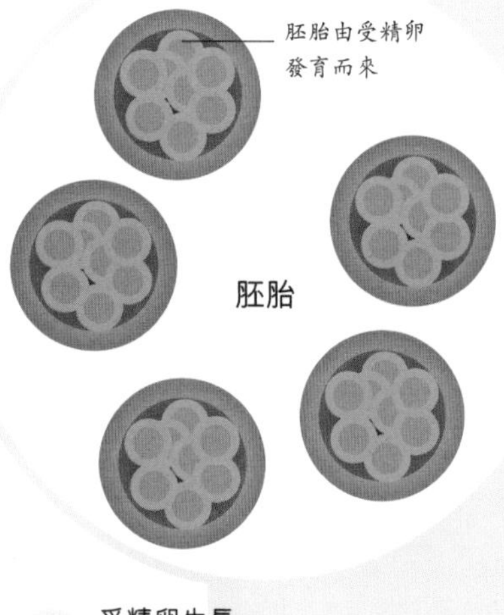

1978 年首例體外受精成功以來，全球已經孕育了超過 800 萬個試管嬰兒。

4 受精卵生長

受精卵被放置 3 天後生長為細胞羣。為了最大限度地提高成功植入子宮的概率，這些細胞羣需要先生長出 8 個左右的細胞（稱為「胚胎」），然後才能被移植到女性體內。

輔助生育

輔助生育技術用來幫助人們懷上健康的嬰兒。最常見的方法是宮內人工授精（IUI）和體外受精（IVF）。

宮內人工授精

正常情況下，受精發生在性交後精子與輸卵管中的卵子融合時，由此產生的受精卵植入子宮內膜形成胚胎。在宮內人工授精過程中，精子通過導管（一種薄的空心管）進入子宮。如果女性不能自然懷孕，或男性沒有足夠的健康精子，需要使用捐贈的精子，則可以推薦採用宮內人工授精。

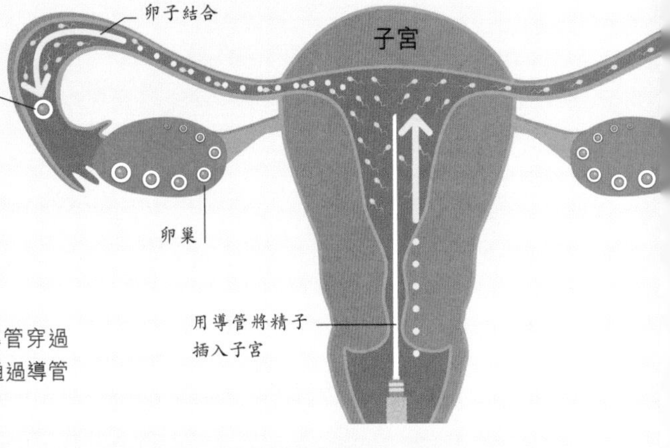

宮內人工授精的過程
IUI 是在排卵後進行的。導管穿過子宮頸進入子宮。精子則通過導管進入子宮。

體外受精過程
一種方法是從女性身上採集卵子，從男性身上採集精子，在實驗室裏使精子和卵子結合在一起。另一種方法是將精子注射到卵子中以確保受精，這種技術被稱為「卵細胞質內單精子注射」。無論採用哪種方法，最終受精卵會被植入子宮內膜。

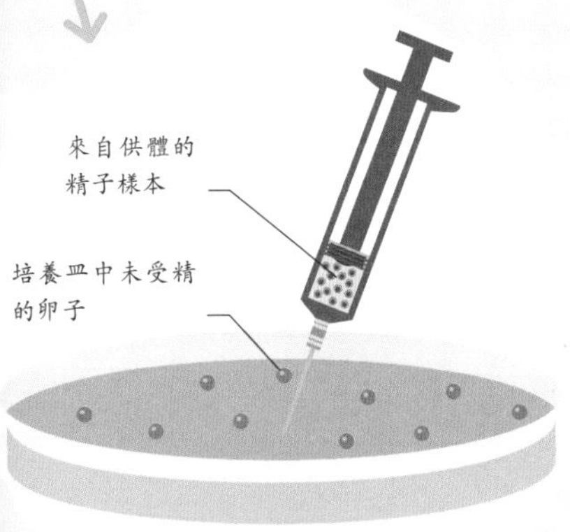

培養皿

3 精子與卵子結合
檢查卵子的質量，然後與精子結合，並在 37℃ 的培養皿中培育。第二天要檢查結合體，查看是否有受精的卵子。

年齡會影響生育能力呢？

大約在 25 歲之後，女性的生育能力便會隨着年齡的增長而下降，到 35 歲左右時下降得最厲害。男性的生育能力也從 20 多歲時開始下降，但降幅較小。

卵細胞質內單精子注射（ICSI）

進行卵細胞質內單精子注射時，男性提供精子樣本。然後，從中選擇一個健康的精子，直接注射到從女性體內取出的卵子中。ICSI 主要用於治療男性不育症。

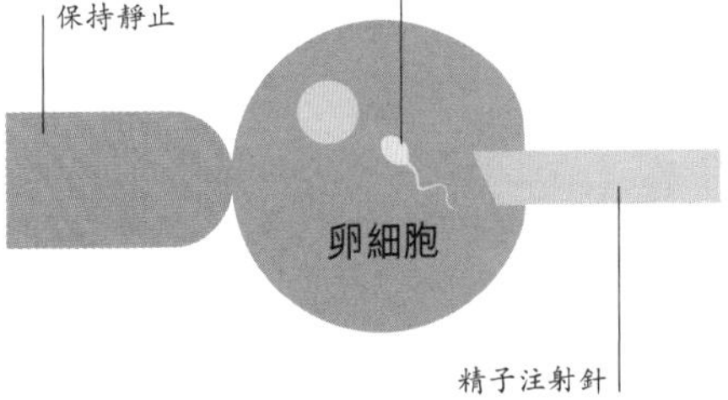

索引 Index

（按筆畫序）
粗體頁碼為主要條目

六畫

七畫

八畫

九畫

十畫

十一畫

十二畫

十三畫

十四畫

十五畫

十六畫

十七畫

十八畫

十九畫

致謝

DK 出版社感謝以下人士在出版過程中提供協助：
Joe Scott（繪圖）、Page Jones、Shahid Mahmood 及 Duncan Turner（設計）、Alison Sturgeon（編輯）、Helen Peters（索引）、Katie John 及 Joy Evatt（校對）；Steve Connolly、Zahid Durrani 及 Sunday Popo-Ola（在「物料和建築科技」提供意見），以及 Tom Raettig（在「汽車的運作原理」提供意見）。